The Art & Science
of Foodpairing

食物风味
搭配科学

[比] 彼得·库克魁特（Peter Coucquyt）

[比] 贝纳尔·拉鲁斯（Bernard Lahousse） 著　王丹 译

[比] 约翰·朗根比克（Johan Langenbick）

华中科技大学出版社
http://press.hust.edu.cn

有书至美
BOOK & BEAUTY

中国·武汉

图书在版编目（CIP）数据

食物风味搭配科学／（比）彼得·库克魁特（Peter Coucquyt），（比）贝纳尔·拉鲁斯（Bernard Lahousse），（比）约翰·朗根比克（Johan Langenbick）著；王丹译．—武汉：华中科技大学出版社，2023.3

ISBN 978-7-5680-8789-6

Ⅰ．①食… Ⅱ．①彼… ②贝… ③约… ④王… Ⅲ．①食品风味 Ⅳ．①TS971

中国版本图书馆CIP数据核字（2022）第222116号

简体中文版由Octopus Publishing Group Limited授权华中科技大学出版社有限责任公司在中华人民共和国境内（但不含香港、澳门和台湾地区）出版、发行。

湖北省版权局著作权合同登记　图字：17-2022-080号

食物风味搭配科学
Shiwu Fengwei Dapei Kexue

［比］彼得·库克魁特（Peter Coucquyt）
［比］贝纳尔·拉鲁斯（Bernard Lahousse）著
［比］约翰·朗根比克（Johan Langenbick）
王丹 译

出版发行：华中科技大学出版社（中国·武汉）　　　电话：（027）81321913
　　　　　华中科技大学出版社有限责任公司艺术分公司　（010）67326910-6023

出 版 人：阮海洪

责任编辑：莽　昱　谭晰月
责任监印：赵　月　郑红红　　　　　　　　　　　封面设计：邱　宏

制　　作：北京博逸文化传播有限公司
印　　刷：广东省博罗县园洲勤达印务有限公司
开　　本：889mm×1194mm　　1/16
印　　张：24.25
字　　数：264千字
版　　次：2023年3月第1版第1次印刷
定　　价：298.00元

本书若有印装质量问题，请向出版社营销中心调换
全国免费服务热线：400-6679-118　竭诚为您服务
版权所有　侵权必究

目录

引言

有些食材的搭配乍看之下可能很奇特，但只是因为我们缺乏既有的参考。例如，墨西哥瓦哈卡魔力酱（Oaxacan mole negro），这种搭配鸡肉食用的味道浓郁的酱汁其实是以巧克力为主要原料（译者注：魔力酱是由辣椒和香料制成的墨西哥酱料，常与火鸡、猪肉搭配食用）。在日本、中国和韩国，人们会将红小豆（red adzuki beans）捣碎成糊状，加糖后制成各种甜点，而意大利人则会在冰激凌上淋上意大利黑醋（译者注：balsamic vinegar，以葡萄为原料酿制，色泽深浓，香味独特）。

这说明食材的搭配其实没有对错之分。无论是偏爱在厨房里随心所欲，还是坚持按照食谱来做，我们遇到的大多数食材都是凭直觉搭配的。这并非一件坏事，但依赖直觉搭配一般都局限于我们所熟悉的组合，要么基于个人喜好，要么基于某些文化的经典搭配。这也是为什么我们很多人对烹饪厌倦。但是，一旦超越自家厨房的界限，你会发现有无限的潜在搭配正等着你去探索。

自2007年成立以来，食物搭配公司（Foodpairing）致力于与来自全球各地的著名厨师、侍酒师和各大品牌合作，完成了一些振奋人心的项目。在本书中，我们将介绍食物搭配公司的历史和科学背景，并解释为什么猕猴桃和生蚝等不同寻常的组合适合搭配在一起。我们将探索香气的世界，并讨论它们在菜谱创作中的作用，以及香气如何在大脑中被侦测且被认为是某种风味。你将学会使用食谱制作工具，并一窥世界顶级厨师的灵感与见解。本书旨在激发让人惊喜、愉悦而印象深刻的饮食搭配灵感。

食物搭配公司的故事

贝纳尔·拉鲁斯（Bernard Lahousse）

为什么有些食材适宜搭配，而有些食材却不行？这个问题无疑困扰着我们很多食品行业的从业者。

对食品科学和美食的浓厚兴趣引领我进入了生物工程领域。2005年，我开始四处打听，看看比利时是否有厨师有兴趣与食品科学家合作，以拓展他们的烹饪实践。我的首批合作者是列尼时代气息餐厅（L'Air du Temps）的米其林星级厨师相勋·德甘伯（Sang-Hoon Degeimbre）和德拉诺特田野餐厅（In de Wulf）的主厨科比·德斯拉莫茨（Kobe Desramaults）。我们定期会面，集思广益，讨论他们正在制作的潜在菜单。在一次会面时，相勋问我："贝纳尔，为什么我在闻猕猴桃的时候也会闻到大海的味道？这有可能吗？"

幸运的是，我的一位生物工程师同事杰洛恩·兰姆廷（Jeroen Lammertyn，比利时鲁汶大学教授）会使用气相色谱-质谱联用仪（GC-MS）。我们对猕猴桃进行了香气分析，发现除了果香味的酯类（fruity esters），猕猴桃还含有相当浓度的绿叶香、青草香和脂肪味的醛类，这些醛类具有类似生蚝和其他贝类的海洋香气。这两种看似不相关的成分之间的芳香联系构成了我们第一个食物搭配的基础，于是一道新菜——奇味生蚝（kiwitre）便诞生了。自此，德甘伯的独特创意成就了时代气息餐厅菜单上的一道招牌菜。

在深入研究食物搭配的科学原理时，我产生了一个设想，即适合搭配在一起的食材拥有共同的香味。我想知道是否有人和我有着同样的困惑。我发现，在1992年，瑞士香精原料研究公司芬美意（Firmenich）香料（译者注：芬美意是一家从事香精原料研

奇味生蚝

食物搭配公司的故事要从主厨相勋·德甘伯独创的一道菜说起：将生蚝放在切成丁的猕猴桃上，配上面包丁和浸有青柠汁的椰子奶油。猕猴桃和生蚝都有一种类似海洋的香气。

关键香气相同的食物原材料更适宜搭配

弗朗索瓦·本齐（François Benzi）和赫斯顿·布鲁门塔尔（Heston Blumenthal）的共同发现

1992年，食品化学家弗朗索瓦·本齐在意大利埃里切参加了一场研讨会。一次在会议中心闲逛时，本齐闻到了醉人的茉莉清香，他停下来细嗅这独特的香气，却注意到除了明显的花香，茉莉花中还含有的吲哚分子，它也存在于肝脏中。这让本齐开始设想茉莉花和肝脏是否适合搭配食用。在随后的研讨会上，他尝试了这次构想，发现它们简直是绝妙的搭配。

无独有偶，几年后，英国布雷小镇肥鸭餐厅（The Fat Duck）的主厨赫斯顿·布鲁门塔尔尝试使用诸如腌制鸭肉、干火腿和鳀鱼这些咸味的食材来提升巧克力的风味。在多次尝试后，他发现了鱼子酱和白巧克力这一怪异但美妙的组合："结果出乎我的意料，鱼子酱改变了巧克力的风味，让巧克力变得浓郁顺滑，同时又让巧克力具备了咸味和奶油香味。看来鱼子酱和白巧克力似乎是天造地设的一对。"

为了探究这一不同寻常的成功搭配背后的科学原理，布鲁门塔尔联系了弗朗索瓦·本齐。本齐通过实验进行分析，比较了鱼子酱和巧克力这两种原料的香气特征。结果如何呢？巧克力和鱼子酱拥有同样的芳香分子。因此，他们得出结论，香气类似的原材料适宜搭配。在这一发现的鼓舞下，布鲁门塔尔又尝试了更多看似不同寻常的搭配。

究和生产的巨头公司，总部位于瑞士日内瓦）的食品化学家弗朗索瓦·本齐也有类似的发现。我联系了他，我们在日内瓦见了几次面，并讨论了适合搭配在一起的食材含有相同芳香分子这一猜想。

随着奇味生蚝这道菜肴的风靡，我与德甘伯的合作吸引了其他厨师的兴趣，他们也开始向我寻求建议，包括西班牙斗牛犬餐厅（El Bulli）的主厨费朗·亚德里亚（Ferran Adrià）和荷兰米其林三星奥德·斯鲁伊斯餐厅（Oud Sluis）的时任主厨塞尔吉奥·赫尔曼（Sergio Herman）。当时是2007年，正值分子美食热潮，许多厨师都急于用食物搭配理论来检验自己的作品，从而确定凭直觉搭配的食材是否共享芳香成分。

同年，在名厨云集的西班牙圣塞巴斯蒂安"最高美食会议"（译者注：Lo Mejor de la Gastronomia，由西班牙烹饪协会举办，是西班牙厨界盛会）上，德甘伯和我应邀展示了我们对食物搭配科学的研究。以德甘伯的奇味生蚝这道菜中猕猴桃和生蚝的搭配为例，我请来了我的同事列文·德古维奥（Lieven Decouvreur）做设计，在食物搭配的网站上，将食材的芳香联系做了可视化处理。而这一设计让我们的理论颇受欢迎，食物搭配公司的网站在运行的第一个月就收获了超过10万次的点击量。之后的事情便自然而然了。几个月后，我回到西班牙，参加了由艾丽西亚基金会（Alicia Foundation）

食物搭配公司的故事

组织的圆桌会议，与费朗·亚德里亚主厨、赫斯顿·布鲁门塔尔主厨、厄尔尼诺塞勒德能罗卡餐厅（El Celler de Can Roca）的琼·罗卡（Joan Roca）主厨以及美食作家哈罗德·麦吉（Harold McGee）一起探讨食物搭配理论。

尽管食物搭配公司主张的理论在全球美食界引发热议，但令我讶异的是，在我参加的烹饪会议上，比利时本土活跃的餐饮界在这里却籍籍无名。因此，2009年，我与几位同事和比利时的本土厨师在布鲁日组织了"弗拉芒原始派"（The Flemish Primitives）烹饪节，对弗朗索瓦·本齐和赫斯顿·布鲁门塔尔在这一领域的早期贡献致以敬意。在活动中，每位厨师都要采用香气类似的食材制作一道独特的菜肴。在制作食物时，比利时名厨彼得·古森斯（Peter Goossens）、格特·德·曼格勒（Gert De Mangeleer）、菲利普·克拉斯（Filip Claeys），以及来自世界各地的厨师，包括赫斯顿本人、阿尔伯特·亚德里亚（Albert Adrià）和本·罗切（Ben Roche）与比利时大学和食物公司进行了合作，后者协助他们实施食物搭配。

"弗拉芒原始派"活动吸引了来自30多个国家的1000多名食客，之后我又收到了更多合作意向。厨师、调酒师，甚至是食品公司都来寻求合作，于是我联系了前同事约翰·兰根比克（Johan Langenbick），以及比利时布拉斯夏著名的卡斯特尔·威瑟夫餐厅（Kasteel Withof）的厨师彼得·库克特（Peter Coucquyt）。2009年，我们共同创立了食物搭配公司。

在首届"弗拉芒原始派"活动大获成功后，我们又举办了更多活动，活动吸引了国际烹饪界的众多名厨，包括马格努斯·尼尔森（Magnus Nilsson）、米歇尔·布拉斯（Michel Bras）、罗卡兄弟（Roca brothers）和勒内·雷泽皮（René Redzepi）。在我们的一次活动中，勒内第一次品尝到了巴西厨师亚历克斯·阿塔拉（Alex Atala）的名菜——亚马孙切叶蚁（Amazonian leaf-cutting saúva ants）。

从那时起，食物搭配公司在全球范围内已经拥有来自140多个国家的20多万名会员。迄今为止，我们已经分析了3000多种不同的食材，建立了世界上最大的风味数据库。为了进行食材探源，我们曾深入哥伦比亚高地去了解咖啡品种，深潜到西班牙海底去寻找海藻，进入巴西和秘鲁的亚马孙雨林深处寻找异国风味食材，如切叶蚁（一种带有香茅香味的蚂蚁）和杜古比酱（tucupi sauce）——一种萃取自木薯根的调味品。在食物搭配公司的数据库中进行搜索，就会发现香气匹配的食材：捕获的海鲜、秘鲁黑薄荷（huacatay）、韩式辣酱（gochujang）、土耳其干辣椒（urfa biber）、卡曼橘（菲律宾的柑橘类水果）以及众多的巧克力和啤酒（毕竟我们是比利时人。译者注：巧克力和啤酒是比利时文化中的瑰宝，深受人们喜爱）。

通过对每种食物原材料特有的香气特征进行编目，我们能够确定哪些原料具有相同的芳香化合物。食物原材料的香气特征相当复杂，通常由一系列不同的香气分子组成，这一点我们将在后文深入探讨。因此，能够识别食材之间的香气联系，有助于厨师和调酒师有效改进搭配。

实践出真知，我们得出结论：食材中的芳香分子之间发生复杂的相互作用，这使得关键香气相似的食材更适宜搭配。

赫斯顿·布鲁门塔尔

布雷镇，肥鸭餐厅

食物搭配（或我通常所说的风味搭配）在烹饪领域中已经拥有一席之地。你可能认为它一直都有这样的地位，但事实上，这一概念直到20世纪90年代才出现。当时，我开始探寻某些特定食物组合完美搭配的潜在原因。我没有与其他厨师同行共同进行研究，也没有任何经验可循，仅仅凭借着直觉和好奇心的引导，尽可能地搭配不同的食材。

事情的转机出现在和我的一位科学界朋友的谈话中，我注意到，如果我问他关于食材的特定组合的问题，他往往会查询"食品中的挥发化合物"（Volatile Compounds in Food，简写为"VCF"）数据库，看看这些食材是否含有共同的化合物。

我为这一发现感到兴奋，虽然这一技术现在多为食品公司和化学制造商所用，而未应用于厨房，但我认为它在厨房与在实验室同样适用。我可以用它来寻找各种奇妙的、意想不到的味道搭配，此前我已经找到了另一权威参考资料：斯蒂芬·阿克坦德（Steffen Arctander）的《香料和香精的天然来源》（*Perfume and Flavor Materials of Natural Origin*）一书。以樱桃为例，我可以检测某一种原料的组成化合物，然后再找到含有共同化合物的其他食材，这样双方就能互为补充。

于是，在我孜孜不倦地探寻与求索下，风味搭配应运而生。我很快就意识到，食材的分子结构如此复杂，即便它与另一种食材含有多种共同化合物，也远不能保证它们就适合搭配。

因此，食物搭配是一种奇妙的创意工具，但只有在与厨师的直觉、想象力以及最重要的情感一起使用时，才能发挥其作用。食物搭配是一个很好的开端，但你仍然需要探索、尝试，当然，还要不断品尝。

对烹饪创意的追求和让人耳目一新的风味组合让赫斯顿·布鲁门塔尔成为声名远扬的米其林三星名厨。

食物搭配：摆脱杂食者的困境

12

人每天都会进食，我们往往都是不假思索地直接做出选择，但这并不代表做这些决定是很容易的。人类是杂食动物，这意味着原则上我们可以吃任何种类的植物或动物。我们在地球上繁衍生息，因为我们几乎在任何地方都能找到食物。

杂食者总在小心戒备着那些潜在的危险物质：味道苦涩的食物可能有毒，酸或辣的食物会导致疼痛，变质食物的气味警告我们不要触碰。熟悉意味着安全，只有吃我们熟悉的食物才会安全。但在选择食物时，安全并非我们唯一的考量。

人类和其他物种一个共同的特征在于避免单调、寻求多样化。这也并非坏事，单调的饮食可能会导致我们错失关键的营养物质。追求变化意味着，一旦我们习惯了某种事物，我们就会有动力去探寻新的体验。我们想要新的食物、新的口味，以让我们保持新鲜感。但同时，这些食物也带来了隐藏的风险，因为我们不知道它们是否可以安全食用。只吃熟悉的食物并保持安全，与冒着生病的风险体验令人兴奋的新口味，这两种对立势力构成了所谓的"杂食者的困境"[注1]。

如何知道新食物会不会和我们熟悉的食物一样美味呢？

人们如今很少遇到真正危险的食物。在食品科学家和营养学家的努力下，我们几乎可以在世界任何地方买到食用后不会有负面影响的食品。在西方，健康的、不会产生过敏反应的消费者能够选择种类、数量几乎无限的食品和饮料。那么新的问题出现了：到底要吃什么？

我们生活在一个食品选择多元化的时代。当你选择或烹饪的食物未能带来令人期待的新风味时，这无疑是令人失望的。如果你经营一家餐厅或食品公司，那么，不断开发新的菜谱和产品就是一项挑战，因为很难预测哪种口味能够满足现有的顾客的需求，并吸引新的顾客。而食物搭配公司理论的存在正是为了实现这一目标。了解哪些香气和味道成分构成了食品和饮料的风味，就有可能预测哪些新的组合会是绝佳搭配。

注1：见参考文献1

关键香气

当两种不同食材间的关键香气浓度适当时，双方就会成为彼此的绝佳拍档。这一理论构成了食物搭配公司和本书的基石。但关键香气是什么？我们又如何知晓食品中挥发性有机化合物的组成？哪些挥发性有机化合物是重要的，或者说适当浓度是多少？这都是后文中我们将要攻克的问题。

挥发性有机化合物

试想象香奈儿5号这样的标志性香水。你可能会在第一时间识别出它的香味，而训练有素的鼻子可以分析出包括意大利香柠檬、柠檬、橙花和依兰的前调，茉莉、蔷薇^{译注}、鸢尾花和铃兰的中调，以及香根草、檀香木、香草、琥珀和广藿香的后调在内的多种香味。精油由不同挥发性有机化合物（VOCs）组成，能够赋予香水更为独特而复杂的香气特征。它们都是有机化学品，在室温下很容易从固态或液态蒸发成气体。你可以在任何地方找到挥发性有机化合物，当然包括我们吃的食物，而分子挥发的趋势就是我们所说的挥发性。

一款精美的香水会经历三个挥发阶段。前调或头调含有最易挥发的化合物，通常只持续5～30分钟。持续时间较长的中调或主调往往在喷洒后30分钟左右出现。由于分子量较重，后调只有在使用后约1小时才开始出现，因为它的挥发时间更长。相反，前调的分子量较轻，更易挥发。这就是为什么最明显的香气分子往往是轻量级的，让人们更易感知。

在我们所吃的食物中，已经发现了超过1万种不同的挥发性有机化合物。为了让人们更易感知这些芳香化合物，它们必须具备足够的挥发性才能通过空气，经鼻前通路（当我们闻东西时）或鼻后通路（当我们吃喝时，另见第19页）到达鼻腔内的嗅觉受体。

译注："Rose"在西方出现在香水和食品中的基本都是大马士革蔷薇，故本书中统一译为蔷薇。

香味挥发的不同阶段

根据芳香分子挥发速度不同，香水的香味通常分为三个阶段。前调提供第一印象——通常是意大利香柠檬、大茴香或薰衣草等较清新的香味，一般只持续5～30分钟。更突出的中调则赋予香水个性，如蔷薇、松香或黑胡椒。一旦前调开始消散，中调就会出现，可持续3小时。更为深沉而复杂的后调在1小时后才会出现，但可留香数天，如香草或雪松。

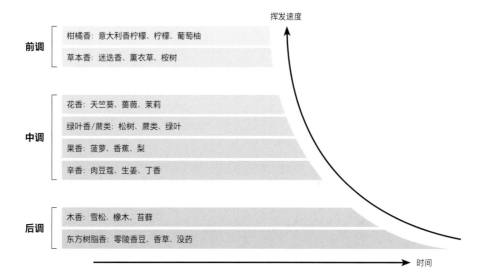

关键香气

我们可以借助气相色谱仪（GC）和质谱仪（MS）对任何成分或产品中存在的不同挥发性有机物的数量进行分离、识别和量化。

将食材的溶解样品送入气相色谱仪，气相色谱仪会将其汽化，样品会穿过盘绕的色谱柱，分离成单个的物质进入质谱仪。根据分子量的不同，化合物以不同的速度通过质谱仪的检测器，然后检测器将每种化合物的保留时间在图上（见下图）以一系列峰值的形式记录。各种物质通过检测器的时间被称为保留时间。下图中每个峰值的位置代表了每种化合物的不同保留时间，每个峰下的面积代表了待分析食材中存在的分子数量，以此计算浓度。

食品中的芳香化合物很难检测，因为它们的分子量往往相对较低（在某些情况下每千克中不超过15毫克）。然而，气相色谱-质谱联用仪可以快速准确地检测出微量物质，这使其成为分析食品中挥发性化合物的有效工具。

下图：草莓的香气特征

在以下草莓气相色谱图中，并不是每一个峰都构成了草莓的风味，因为只有少数分子可以被人类感知。至少有五类芳香分子构成草莓的果香：椰子味的内酯类、果香味的酯类、具有绿叶香的醛类、焦糖香的呋喃酮类和奶酪香的有机酸类。下图芳香分子（加粗字体）构成草莓的关键香气。

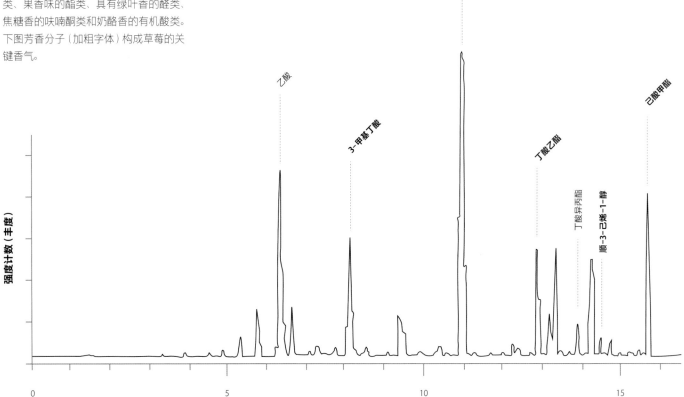

枫糖香气弥漫纽约

2005年10月的一天，枫糖浆的香气弥漫曼哈顿岛、皇后区和新泽西州。市政府官员花了几年时间才锁定这股神秘香气的源头：一家坐落于新泽西州北卑尔根的香精香料公司，将几升香精化合物——葫芦巴内酯倒入了哈德逊河。葫芦巴内酯浓度较低时是焦糖味，闻起来类似枫糖浆或烧焦的糖；而在浓度较高时，它闻起来则像印度咖喱中常用的一种香料——葫芦巴。葫芦巴内酯溶解在水中时的香气识别阈值（译者注：阈值又叫临界值，是指一个效应能产生的最低值或最高值。）极低（十亿分之零点六），这也是为什么哈德逊河两岸的居民抱怨闻到一种奇怪的甜味。纽约市环境保护局在分析了空气样本和风向读数后，终于在2009年解开了"枫糖浆之谜"。

什么是关键香气物质？

每种芳香分子都有其独特的香气检测阈值，即人类可以检测到挥发性化合物的最低浓度。而芳香分子的不同检测浓度存在着相当大的差异性。对于像土臭素这样的物质，只要1000吨中含有几毫克，也就是比一个奥运会规格的游泳池中一滴水的量还少，我们就能检测到其独特的泥土气味。

归根结底，只有一部分挥发性化合物决定特定原材料的香气特征。这些关键香气物质的浓度会超过香气识别阈值。以咖啡为例，咖啡中含有1000多种可以轻易被气相色谱-质谱联用仪检测到的挥发性化合物，但其中只有三四十种形成了人们感知到的少数几种烘烤、坚果、焦糖及其他风味。

当然，我们还必须考虑到每个个体的香气阈值。从过于敏感到完全失嗅，即无法闻到特定香气，个体对特定芳香分子的感知能力可能相差数十倍。

15

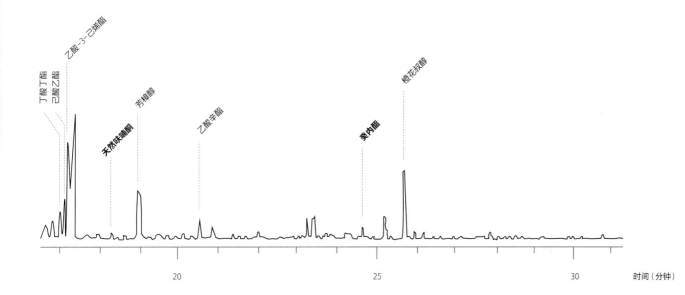

香气是综合形成的

当分析草莓香气时,你会发现芳香分子并没有草莓的香气。相反,草莓香气是果香味的酯类、椰子味的内酯、焦糖香、绿叶香和奶酪香的组合。如果没有草莓芳香分子,我们又如何能够检测出草莓香气呢?

心理物理学研究已有力证明,对香气物质混合物的感知不仅仅是简单叠加单个香气成分。如果混合物含有四种以上的物质成分,香气物质就会失去其个性,并生成一种全新的香气,即拥有原单一成分所不具备的独特性。这一现象被称为香气的综合形成过程。神经生理学实验证实,特定的皮质神经元对二元香气物质混合物发生反应,但对其单个成分却没有反应。这意味着,光凭单个香气物质的香气描述不足以识别和预测完整食物的香气。在食物搭配公司,我们使用机器学习算法来破译仪器得到的结果,解释人类如何感知香气。

改变基质(Matrix)

当某芳香分子被定义为关键香气物质时,并不意味着它是一成不变的。诸如基质(水、空气、酒精或脂肪)、温度和香气分子之间的潜在协同作用等因素也会影响顶空(比如啤酒的百香果味就是不同分子相互作用的结果)[注1]。

芳香分子在溶剂中的表现不同,取决于其物理特性。疏水性的芳香分子不喜欢水,它们更易溶解在脂肪中。当疏水性芳香分子被水分子包围时,它们往往会进入顶空,在那里,其更容易被嗅觉感知。相反,亲水性芳香分子对水分子有亲和力,也愿意留在液体中。酒精(乙醇)具有部分疏水性,这也是为何在葡萄酒或烈酒中的疏水性芳香分子和酒精共存。液态水与酒精的比例决定了哪种香气更易被感知。

注1:香气分子所处的环境被称为基质,比如用酒杯品鉴红酒时,红酒杯里的酒液就是基质,而杯中剩余的空间被称作顶空(headspace)。

葡萄酒

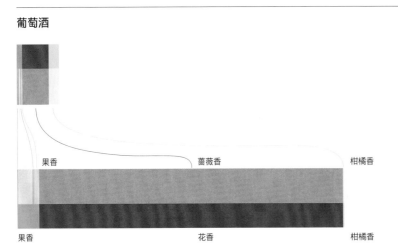

果香　　　　　蔷薇香　　　　　柑橘香

果香　　　　　花香　　　　　柑橘香

无酒精葡萄酒

左图:酒精对风味的影响

通过对含酒精和无酒精的琼瑶浆(译者注:Gewürztraminer,一种粉红色皮的酿酒葡萄,香味独特,略带辛辣)的酒香进行比较,可以看出两者在味道上的明显差异:葡萄酒的果香远逊于不含酒精的葡萄汁。

饮料中的酒精含量越高,更多的亲水性芳香分子就会逸出到顶空。而水的比例越高,则会有更多的疏水性芳香分子逸出到顶空。例如,在威士忌中加水会带来迥然不同的微妙新风味。

添加其他芳香分子

　　芳香分子低于嗅觉阈值并不意味着它不能被感知。芳香分子可与结构、香气相似的分子互动产生协同或加成效果（见下图1）。例如，辛酸乙酯和癸酸乙酯的化学结构相似，两者混合物的嗅觉阈值比它们单独存在时更低。

　　相似香气物质的组合也能产生新的香气，闻起来比其单个挥发性成分的总和还要浓烈。蓝纹奶酪浓烈而独特的气味混合了2,3-丁二酮（又称双乙酰）的奶油味芳香分子和3-甲基丁酸的奶酪、黄油香。芳香分子之间的相互作用也不总是合乎逻辑，例如，香奈儿5号香水中加入了脂肪味的醛类来增添花香。但这也取决于浓度，例如，威士忌内酯浓度较低时会使得乙酸异戊酯更容易感知，但在浓度较高时却会压制它的香气。

芳香分子间相互作用

化合物浓度过低时无法单独被感知，但只要它们组合成的混合物超过了香气识别阈值，我们就能识别到这种香气。更多的情况下，人们能联想到的某一食材或产品的香气源于许多不同香气物质的相互作用。

1.协同效应或增效作用指混合物中相似香气物质组合在一起，生成一种全新的香气，其味道比单个挥发性物质的总和还要浓烈。

2.抑制效应由芳香分子间复杂的相互作用引发，使嗅觉受体神经元感知单个成分而非混合物的香气。例如，果香味的酯类异戊酸乙酯可抑制2-异丁基-3-甲氧基吡嗪的甜椒香气。

3.压制效应是指混合物的香气强度弱于混合物中香气最强烈的芳香分子，但混合物的香气仍比混合物中其他分子强烈。

4.遮蔽效应是指混合物的香气和强度与其中一种成分相同（也就是别的成分的香气被遮蔽）。

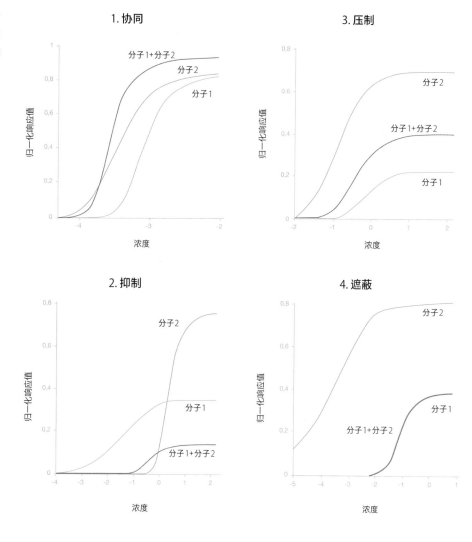

嗅觉VS味觉

人们常常会误以为我们只靠嘴就能感知味道。而事实上，人们对味道的感知与食材中芳香成分有更多的关联。这种芳香成分挥发性强，足以让鼻腔上部的气味受体感知到。嗅觉系统负责检测气态芳香分子，而口腔中的味觉受体只能感知五种基本味觉分子——甜、咸、酸、苦、鲜（当它们溶于液体时）。近期研究表明，人们超过90%的味觉体验与嗅觉有关。

饮食涉及嗅觉、味觉和三叉神经之间复杂的协同作用，当然还要靠视觉和听觉的协同感知。

香味感知

人的鼻腔里有大约400种气味受体，据说能够检测上万亿种不同气味。这说明，嗅觉系统可以感知大量复杂而微妙的气味，与味觉受体薄弱的感知力形成了鲜明对比。一项20世纪20年代的研究表明，人类可以闻到大约1万种不同的气味，但纽约洛克菲勒大学神经生物学家莱斯利·B.沃萨尔（Leslie B.Vosshall）的一项近期实验又将这一数值拓宽[注2]。

在实验中，沃萨尔从一组128个单独气味分子中创建了三种不同的混合物，小瓶中分别包含10、20和30种组合成分。每个受试者分到三小瓶不同气味的混合物：其中一瓶气味不同，另两瓶气味相同，需要识别出气味不同的混合物。如果气味混合物有半数以上不同物质，受试者基本上能够识别出其中的不同。沃萨尔从这一实验发现推断出，人类能够辨别平均1万亿种气味。要说人类能识别出上万种气味明显有些低估，但1万亿种气味又过于夸张，人类真正能识别的气味数量很可能介于两者之间。

如何品酒

试想第一次品尝美酒的情景。当你倾斜酒杯，充分感受酒香时，最易挥发的味道会沿着酒杯的边缘上升，并逸出到顶空。涌动的芳香分子通过鼻孔向鼻腔通道顶部的嗅上皮进发。在鼻腔通道中，毛发状纤毛通过一层黏膜延伸，捕获香气分子，这些分子溶解，并与被称为嗅觉受体细胞的特殊神经元结合。

嗅觉受体将香气信号沿着感觉细胞传递到位于大脑额叶正下方的嗅球。随后，信号继续向上到梨状皮层中的感觉神经元，在此，香气分子与不同受体在不同程度上发生相互作用，让受体记录每一个香气分子的独特活动模式。当受体细胞将香气信息传递到大脑的不同区域，如杏仁核群和丘脑时，酒的整体风味就像一幅点彩画一样开始成形。这就是鼻前嗅觉探测——我们接收气味的主要手段。

下图：食物的感官特性

香气和味觉同属四大感官特性，与食物的外观和质地一同决定了我们如何进行选择、接受和摄取食物。

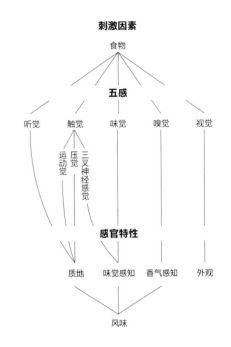

感知风味的小练习

给自己倒上一杯橙汁，捏着鼻子喝一口。你能描述一下你刚才尝到的味道吗？可能有一点酸甜味，但没有什么别的味道。现在再喝一口，这次不用捏鼻子。你应该会尝到同样的酸味，但这次多了扑面而来的柑橘味道，或者说是柑橘香。这就是我们所说的完整的风味体验。试试用捏鼻子的方法品尝咖啡。你品尝到的将不是复杂的风味，而仅仅是咖啡的苦涩。

注2：见参考文献2

需要注意的是，沿着杯沿上升的酒香前调与靠近酒面的后调香味不同。摇晃酒杯让酒香溢出，让原本困于酒面之下的后调挥发物充分涌流。而幸运的是，人类大脑中含有4000万个嗅觉受体神经元，用来接收不同的气味。大脑会记录新气味的特征，这样我们下次闻到时就能辨别。

鼻后嗅觉检测是我们接收气味的次要手段，这也是为何品酒专家在品酒时会运用各种口腔搅动技巧。吞咽或咀嚼会将空气通过鼻咽通道推向上层，同时带入食品和饮品中的芳香分子。当你浅尝酒的同时吸溜空气，迫使空气进入喉咙后部，增加芳香分子与嗅上皮接触的机会。随后，各种信号再次通过嗅觉经束传递到大脑。你甚至可能会发现以前从未注意到的香味。喝下酒后酸味或苦味的尾韵是酒中丹宁酸的杰作。

下图：接收气味

在鼻后嗅觉探测中，通过吞咽产生的真空会让气味分子穿过喉咙和鼻腔，到达嗅球。你可以在吞咽前或后用嘴深吸一口气来强化风味体验，例如，在品酒时吸溜空气。

鼻后嗅觉探测

梨状皮层
嗅球
嗅上皮
味觉皮层
丘脑
海马体
杏仁核群
吸气路径
芳香分子

嗅球和气味受体

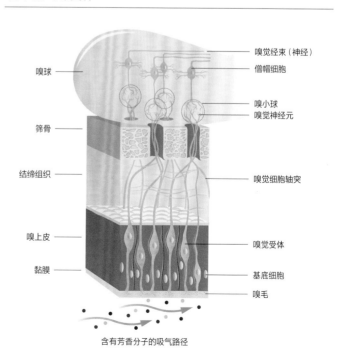

嗅球
筛骨
结缔组织
嗅上皮
黏膜
嗅觉经束（神经）
僧帽细胞
嗅小球
嗅觉神经元
嗅觉细胞轴突
嗅觉受体
基底细胞
嗅毛

含有芳香分子的吸气路径

嗅觉VS味觉

味道的发端：口腔

与我们许多人在学校所学的不同，舌头上没有专门负责区分甜、酸、咸、苦和鲜味的特定区域。舌头的每个部分都能辨别五味，尽管某些区域味蕾可能更多。人们误认为我们只用舌尖感受甜味，舌根感受苦味，这很可能是因为苦味在口中停留时间更久。

在舌头上被称为舌乳头的小突起内、口腔后部和上颚，嵌有5000～10000个味蕾。当我们进食或饮水时，味觉物质这种化学物质（比如糖、盐和酸）会刺激每个味蕾内的50～100个特定受体，将信号从神经纤维末梢传导到脑神经，再传到脑干的味觉区域。之后，神经冲动从丘脑传导到大脑皮层的特定区域，让我们注意该特定味道。

G-蛋白偶联受体负责感知甜、苦和鲜这几种味觉物质。T1r2和T1r3受体复合物由两种蛋白质形成，可识别甜味物质，如蔗糖、果糖、甜菊糖和糖精等人造甜味剂。常见于咸味食物中的谷氨酸盐（如L-谷氨酸，它的钠盐就是味精）可以与受体蛋白T1r1/T1r3结合，这些受体还可以识别鸟苷酸——一种香菇里的鲜味物质。

为了避免误食有毒物质，人类拥有更多感知苦味物质的感觉受体，TAS2R味觉受体（译者注：一种苦味受体）至少有100种已知变体，这说明了它们在进化中的重要性。咸味和酸味物质直接通过瞬时受体电位（TRP）通道进入味觉受体，瞬时受体电位是细胞膜表面的微小孔隙。我们还有对脂肪酸产生反应的受体，大概是因为我们的身体需要脂肪以供生存。一些科学家认为，人类具备能感知金属味的受体，但这仍有待证实。

下图：味蕾结构图

人类舌头的表面镶嵌有多达10000个味蕾，而每个味蕾又由多达100个味觉受体细胞组成。

舌头表面

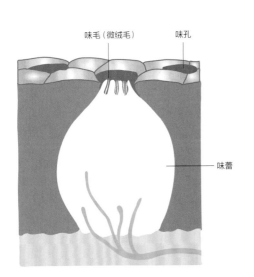

味毛（微绒毛）　味孔

味蕾

味蕾

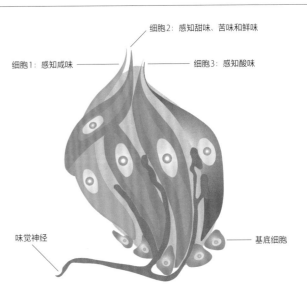

细胞2：感知甜味、苦味和鲜味

细胞1：感知咸味　　细胞3：感知酸味

味觉神经　　基底细胞

分子质量（m）是特定分子的质量，以原子质量单位（u）或道尔顿（Da）为单位。芳香分子的平均分子质量不到200道尔顿，相当于3×10^{21}个分子，约等于1克。

甜香是什么？

糖分子（蔗糖）重342道尔顿，对鼻前嗅觉来说因为过重而无法检测并记录，所以当我们说某物闻着甜时，实际上指的是香草和肉桂风味的嗅觉及味觉联想，这是我们熟知的含糖量高的甜点的风味。"甜"通常也指果香和焦糖风味，但这些联想是主观的，受文化背景或个人体验影响。在法国，通常用香草为甜品增添风味，所以在菜肴中加入这种香料可能会让人觉得比实际更甜。然而，在越南，新鲜柠檬汁经常被用来赋予饮品甜味，因此消费者可能会在柠檬和甜味之间形成联想。

三叉神经刺激感受

除了基础五味，人们在进食时还会体验到愉悦感，有时还会感到疼痛。温度、质地、疼痛和凉感等三叉神经感觉可以增强嗅觉和味觉体验。一些化学物质可以刺激三叉神经，向大脑发送信号。以四川花椒为例，它含有羟基-α-山椒素，能引起麻木的刺痛感。千日菊素给千日菊（一种原产于巴西的植物的可食用花）和其他几种植物带来了镇痛疗效。辣椒素赋予辣椒灼烧感，薄荷醇则留下了薄荷清凉效果，碳酸软饮料中的气泡则来自柠檬酸。

食物质地在我们享受食物时的作用也至关重要。你可能会本能地把一片变质的薯片或受潮的麦片吐出来。但是，口感传达的不仅仅是食物的物理状态和结构，它还能将触觉、温度、疼痛和按压等一切感觉告知口腔感觉系统。

位于舌头上和口腔上皮层的特殊受体向大脑发送信号，传递关于人们食物规格、形状和质地的信息。在舌前和口腔中聚集有更多的感觉受体，超过了其他身体部位。这些受体会立即告知人们某样食物是美味可口还是不合口味，这是进化中自我防御机制的证明，对人类生存至关重要。

味觉形成于大脑

嗅觉是综合性的，而与嗅觉不同的是，人们的味觉感知却是分析性的，这意味着各个味觉可以在大脑中分隔开来。纽约市哥伦比亚大学生物化学、分子生物物理学和神经科学教授查尔斯·S. 朱克（Charles S. Zuker）最近发现，味觉感知并非发生在舌头上，而是发生在大脑中，其触发大脑中负责不同味觉的神经元。朱克博士认为："舌头上的专用味觉受体感知甜、苦等味道，但赋予这些化学物质意义的却是大脑[注3]。"

你是超级味觉者吗？

大约有25%的人是超级味觉者。他们对味道而非香气过于敏感，对他们来说，甜、酸、咸的食物都有很强的刺激性，而一些蔬菜、咖啡或啤酒等苦味饮料则让人难以忍受。

判断你是否是超级味觉者，则由舌头上菌状舌乳头数量决定。在直径6毫米的区域内，普通人有15～35个菌状舌乳头，超级味觉者有多达60个，而占人口25%的"味盲"拥有的数量则不足15个。

注3：见参考文献3

香气的重要性

在人类进化过程中，香气作为味觉体验的关键驱动力，在人类生存中起到了至关重要的作用。从微生物学的角度来看，嗅觉可以避免人们误食不适宜食用的食物。只要闻到臭鸡蛋或过期海鲜令人厌恶的氨气味，你就会自然选择另一种（更安全的）食物。女性在怀孕时的味觉和嗅觉增强，这大概是为了保护自己和未出生的孩子，避免摄入可能造成潜在伤害的食物，而婴儿在出生后不久也能识别母亲的气味。

在社会联系中，香气同样是必不可少的线索。在不列颠哥伦比亚大学心理学系的一项研究中，96名女性受试者随机分配到一件T恤，可能是一件崭新的T恤，或是被伴侣或陌生的人穿过的T恤。受试者在闻过味道后接受一个压力测试，闻到并正确识别出伴侣T恤的女性皮质醇水平较低，而被分配到闻陌生人T恤的女性皮质醇水平升高。这一结果表明，即使在潜意识中，人类对气味也极为敏感[4]。

嗅觉生物学

随着人类进化到食物链顶端，我们对嗅觉的依赖逐渐减少，而更多地依靠视觉生存。嗅觉受体神经元的数量是衡量生物体辨别气味能力的标准之一。研究表明，人类大约有350个功能性受体基因，而老鼠则有1100个受体基因[5]。然而，人类辨别气味的能力可能与大脑中枢嗅觉区域及其处理从鼻子和嘴巴接收气味输入的能力关联更大。

下图：嗅觉在生存中的作用

近期研究表明，在不同物种识别对自身生存至关重要的特定气味时，进化的作用不可小觑。老鼠极善于探测捕食者，而狗则对天然猎物中的苯酚非常敏感。双峰驼的嗅觉受体十分熟悉土臭素的气味，能在80千米的距离内嗅到绿洲湿润的泥土气味。在感受水果和鲜花中常见的醛类物质方面，人类的嗅觉比狗还灵敏，同时对血液和尿液气味也十分敏锐[6]。而事实证明，人类的气味感知能力甚至强于最灵敏的气相色谱设备[7]。

注4：见参考文献4
注5：见参考文献5
注6：见参考文献6
注7：见参考文献7

嗅觉之争：人类VS老鼠

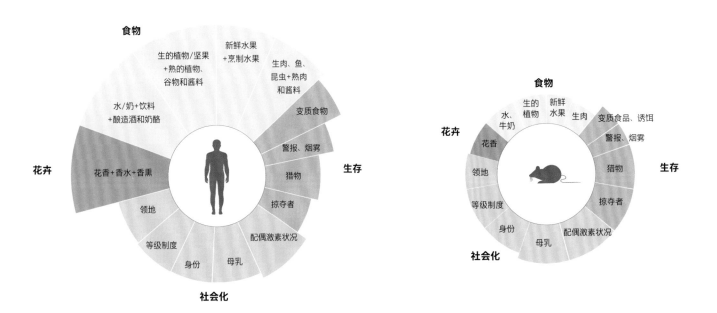

每20个人类基因中有1个气味受体

人体共有2万个基因。而令人难以置信的是，在这些基因中，每20个就有1个是气味受体。因此设想人类的DNA是一个图书馆，这意味着每20本书中就有1本藏有关键的气味信息，让我们能够检测和解读不同的气味。

我们嗅觉的作用方式不仅仅通过功能性受体神经元的数量来衡量，其他变量也会影响我们感知气味的能力。例如，鼻腔的大小。脑容量大也会使人类在区分气味时认知能力更强。

除了气味的初步处理，在将新的气味与曾经闻过的气味进行比较时，人类认知能力也强于其他物种。在语言系统的协同作用下，我们能够识别并且归类日常生活中遇到的熟悉和不熟悉的气味。人们认为，这种强联想力构成了人类嗅觉的基础，并且弥补了人类气味受体神经元少于其他哺乳动物的不足。随着时间的推移，和其他物种相比，人类对嗅觉的依赖可能趋于减弱，但品酒师、调香师和感官专家训练有素的鼻子证明，经过训练的人类嗅觉同样敏锐。

人类与其他物种不同的另一关键点在于，我们会在食用前对大部分食物进行加工。我们烹饪、发酵、调味和组合食材的精妙手段，让我们有幸比其他物种体验更为广泛的香气。

没有两个人能闻到相同的气味

近期研究发现，由于遗传变异，人们的嗅觉受体中大约有30%是不同的。嗅觉受体共同工作，约400种专门的传感器组成复杂网络，能够检测和分析不同的气味。例如，当你闻到肉桂的香气时，它会激活受体，将香气信息（柑橘调的柠檬、辛辣的肉桂、丁香和樟脑）编码成模式化信号，并传送到大脑。这些编码模式被大脑识别，这样你就能识别出闻到的食材是肉桂。

在这400种气味受体中，大约有140种受体因人而异，使得人们对环境气味感知不同。以色列魏茨曼科学研究所研发了一种嗅觉测试，要求受试者使用一组54个香气描述词来识别34种独立香气。根据受试者的反应，地球上的每个人都能生成其独特的嗅觉"指纹"[注8]。

24　风味联想：学会喜欢

我们对某种食物的偏好或厌恶很少是与生俱来的，大多数时候，人们的经历塑造了偏好。食物癖好并非"生而如此"，而是一个心理学问题。

俄国生理学家伊万·巴甫洛夫（Ivan Pavlov，1849—1936年）在研究狗的消化系统时，注意到在一段时间后，他的狗甚至在接受食物之前就开始流口水了。他发现，任何与食物有关的刺激（在他的经典条件反射实验中，蜂鸣器或节拍器的声音就是刺激）最终都会引起自发分泌唾液。类似的学习过程也支配着人类的偏好与厌恶学习。条件反射原理有助于解释人们如何能逐渐喜欢上最初厌恶的味道。摄取食物的一个积极影响在于可以得到建立联想所需的奖励。这种奖励可以是带来能量（比如糖类的能量），也可以是生理影响，比如酒或咖啡因带来的愉悦感。酒和咖啡因都是苦的，但由此而来的愉悦感却可以克服人们对苦味的天生厌恶，甚至让我们学会喜欢苦味。而那些危害小的奖励，如凉水在口中的清凉感，也能起到作用。当这种奖励与某种特定的味道联系在一起时，人们就会通过反复地接触而养成对它的喜爱。

我们也可以通过将一种新味道（无感甚至厌恶）与喜欢的味道联系起来，学会喜欢新味道。这种偏好转移被称为评价性条件反射，或食物方面的风味联想学习。反复将一种新味道与我们熟悉和喜欢的味道搭配，我们也能学会喜欢这种新的味道。甜味广受欢迎，在学习喜欢味道时，它是一个很好的搭配选择。在苦咖啡或纯酸奶中加糖，会让它立刻变得更容易接受。随着时间的推移，我们也会对不加糖的版本产生兴趣，甜味关联就完成了它的魔法。

把偏好的味道和厌恶的新味道联系起来，会让你喜欢上原本厌恶的味道。对食物搭配公司而言，这是一个绝妙发现。如果喜欢新搭配中的一种味道，那么随着时间的推移，也会喜欢上该搭配中的其他味道。

风味联想学习：搭配偏好和厌恶的食材，学会喜欢厌恶的味道

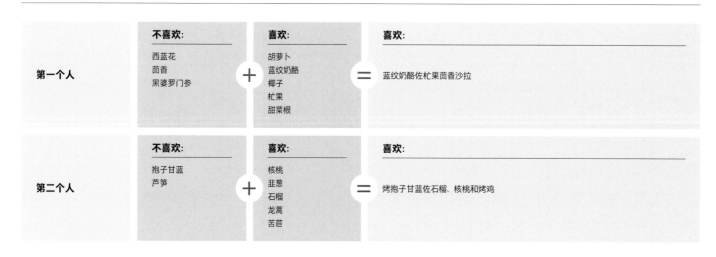

	不喜欢：	喜欢：	喜欢：
第一个人	西蓝花 茴香 黑婆罗门参	胡萝卜 蓝纹奶酪 椰子 杧果 甜菜根	蓝纹奶酪佐杧果茴香沙拉
第二个人	抱子甘蓝 芦笋	核桃 韭葱 石榴 龙蒿 苦苣	烤抱子甘蓝佐石榴、核桃和烤鸡

芳香分子

食物的每种香气都来源于其中的前体物质，例如碳水化合物、氨基酸、脂肪酸或维生素。有些香气在食物原材料中已经存在，而其他香气则是在烹饪或加工的过程中形成的。

大多数能让我们联想到的新鲜水果的香味，都是在水果成熟过程中生成的。在水果生长阶段，糖类可能会代谢为淀粉，甚至是脂质（例如橄榄）。随着水果逐渐成熟，上述物质和其他前体物质会被转化为次级代谢产物，而水果的关键香气便由此而来。当然，品种、阳光和土壤也会决定水果的风味和甜度。

完整的蔬菜几乎或完全没有明显的香气。以黄瓜为例，只有在切开黄瓜后，被破坏的细胞膜中的不饱和脂肪酸才会暴露在氧气中，引发酶促氧化反应，并产生带有黄瓜独特香气的壬二烯醛和壬烯醛。

在烹饪过程中，加热会引发一系列非酶促反应，从而产生新的风味。此时，食物原材料中的水分开始蒸发成水蒸气，促成氧化反应和焦糖化反应。温度达到140℃时会发生美拉德反应（译者注：指氨基酸和还原糖之间发生的化学反应，使食物变成褐色并产生独特的香味），形成数百种新的芳香分子，其中最突出的就是烘焙、烧烤和油炸的香气。原材料中的氨基酸与糖类结合，使得烹饪后的食物表面形成诱人的褐色外皮。温度达到160℃时会发生焦糖化反应：食物原材料中原有的糖类会变成金黄色或褐色，并生成更像坚果和焦糖的风味。

发酵是另一种非酶促过程，酵母或细菌使食物原材料中的糖分子分解为酒精和二氧化碳。在细菌或酵母利用糖类发酵的过程中，发酵速度会影响某些芳香化合物的产生，例如啤酒发酵。其他发酵产品还有红酒、鱼露和泡菜。

香味的构成

芳香族是一类挥发性化合物，包含某种具有碳、氢、氧、氮和硫五种基本原子的结构。每一种芳香化合物都具有独特的化学结构，我们由此可以了解其香味的强度和持久度。许多挥发性结构由4～16个碳原子组成。具有较少碳原子的芳香分子更易挥发；而分子结构越长，香味就更加复杂、持久。每多一个碳原子，香味的持久度便会加倍。通常认为，拥有8～10个碳原子的芳香分子具有最令人愉悦的香味。

食物原材料中最重要的芳香化合物可以根据它们相似的化学结构分为不同的类别。这些化合物可以按照决定芳香分子特性的官能基进一步分类。

芳香性结构

目前，我们的食物中已经确定了大约1万种挥发性化合物。在描述食物、香水和其他产品中的化学物质时，我们采用的是同一套化学命名法。第26页列出了与我们的饮食最为相关的芳香分子。

碳原子的力量

芳香分子中含有的碳原子越多，香味就越持久。例如，丙醛的果香味消失速度比十二醛的肥皂味快得多。

丙醛：果香味

己醛：青草香味

壬醛：柑橘香味

十二醛：肥皂味

芳香分子

1.醛类

醛类的嗅觉阈值较低。随着碳链增长，绿叶香、柑橘香和脂肪味都很容易被识别。

- **正己醛**（C6）是一种六碳链醛，具有清新的绿叶香，常见于苹果、番茄和鳄梨等食材。
- **壬醛**（C9）的气味类似于橘子皮。
- **十一醛**（C11）具有脂肪和蜡味，类似于橄榄油和黄油。

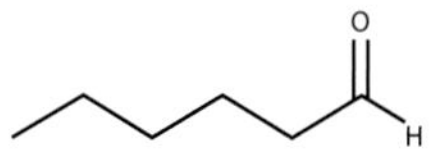

正己醛

在烹饪或发酵过程中，氨基酸的转化会形成各种支链醛，产生类似巧克力中麦芽香的风味。其他常见支链醛还包括**香草醛**（香草）、**肉桂醛**（肉桂）和**苯甲醛**（扁桃仁）。

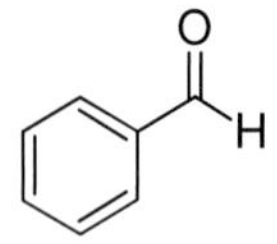

苯甲醛

不饱和醛类赋予苹果、草莓和番茄清新的草香。它也是新鲜芫荽和黄瓜香味的主要来源。薯条和炸鸡中也充满了这类蜡味和脂肪味的化合物。因为薯条和鸡皮中的氨基酸（蛋白质）在牛油或其他油脂中炸制时会转化为不饱和醛。

2.醇类

根据浓度的不同，醇类有机化合物有果香、蜡味，甚至肥皂味。啤酒、白兰地和朗姆酒的发酵过程往往会产生果香。而柠檬和橙子等柑橘类水果也含有醇类，这也是它们的蜡质香味的来源。土臭素的泥土气味和1-辛烯-3-醇的蘑菇味都是天然生成的。

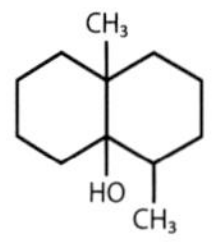

土臭素

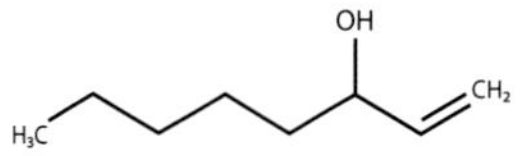

1-辛烯-3-醇

3.酮类

酮类化合物的香气各有不同，其香气描述包括黄油香、榛子香（如榛子典型的榛子酮味）和花香。两种最为常见的花香型酮类化合物如下：

- **β-大马酮**赋予苹果、浆果、番茄和威士忌以花香。
- **β-紫罗兰酮**是紫罗兰和覆盆子中紫罗兰香气的来源。

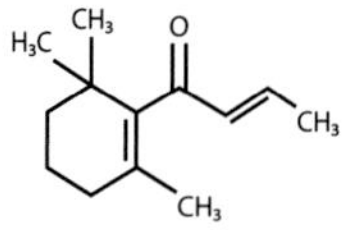

β-大马酮

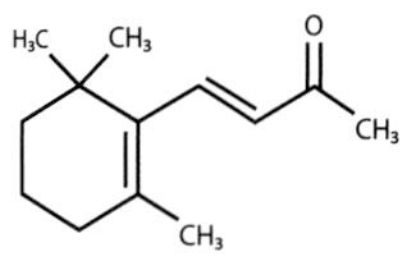

β-紫罗兰酮

4.酯类

所有水果都含有酯类。乙醇酯类，如丁酸乙酯是果香的关键来源。乙醇酯类分子链中多出的碳原子可将果香或热带水果的香气转化为类似梨香、朗姆酒味，甚至肥皂味。像丁酸乙酯这样的酯类具有一般果香，而其他酯类的香气则更为具体，如香蕉味的乙酸异戊酯或菠萝味的正己酸乙酯。发酵也会生成酯类，我们在啤酒中就发现了酯类，既包括苹果香味的乙醇酯类，也有香蕉香味的乙酸酯。

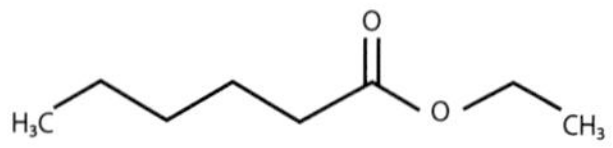

正己酸乙酯

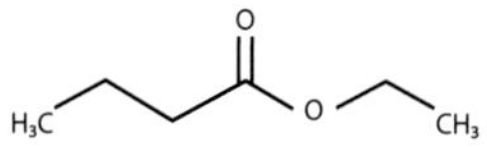

丁酸乙酯

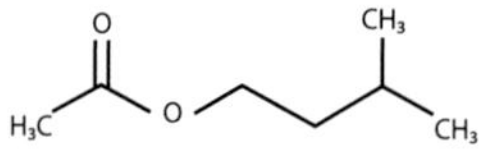

乙酸异戊酯

5.内酯类

内酯是环状酯，由不同原子组成的环状物构成。顾名思义，内酯（lactone，英文中"lact"前缀是"乳"的意思）在奶制品中十分常见。γ-内酯闻起来似椰香或蜜桃香，它的特征结构是呋喃环。δ-内酯的结构基于吡喃环，因此具有奶油香或椰香。

- 威士忌内酯由威士忌在橡木桶中陈酿时产生，散发着木质香或椰香。
- 茉莉内酯具有类似桃、杏的果香，于茉莉花和其他花卉、核果类和生姜的精油中自然生成。

十二内酯

威士忌内酯

6.酸类

酸是发酵的副产品。乙酸这样碳链较短的酸会散发出刺鼻的汗味，而碳链较长的酸刺激性减弱，更多呈现出奶油、奶酪的风味。

乙酸

7.萜烯类

萜烯、类萜和倍半萜是柑橘、草本香料和香料木质香、松香的来源。这些天然衍生的化合物是精油的主要芳香成分。

- 柠檬烯有甘甜的柑橘香。
- 蒎烯有松香味，是杜松子和金酒的典型香味。

柠檬烯　　　　蒎烯

在氧化作用中，氧分子附着于萜烯类结构上，将其转化为类萜：

- 薄荷醇有清凉的薄荷香。
- 芳樟醇是新鲜芫荽的主要成分，常被描述为肥皂味。

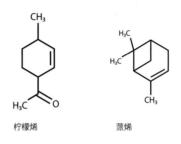

薄荷醇　　　　芳樟醇

倍半萜是一种萜烯醛，通常存在于柑橘类水果、草本香料和香料中，如香茅中含有香叶醛和橙花醛。倍半萜也同样存在于巴西切叶蚁中，散发柑橘柠檬香。

8.呋喃和呋喃类化合物

呋喃类物质形成于美拉德反应过程中，由食材中的油脂在加热和烹饪中氧化生成。

- 葫芦巴内酯浓度较低时具有枫糖浆或焦糖味，但在浓度较高时，闻起来又像葫芦巴或咖喱。

葫芦巴内酯

9.呋喃酮类

烘焙巧克力和咖啡等食材时，随着美拉德反应发生，其中的呋喃类物质（见上条）会转化为天然呋喃酮分子，从而生成全新的焦糖风味。天然呋喃酮也天然存在于草莓和菠萝等新鲜食材中，也因此可被称为草莓呋喃酮或菠萝呋喃酮。

呋喃酮

10.酚类

甲氧基苯酚有辛辣味。

- 丁香酚赋予丁香温和、辛辣的香味。

丁香酚

建立你的香气数据库

与质地或味道等其他感官输入不同，我们对嗅觉的感知和大脑阐释香气的方式大多由过往的经验决定。大多数人很少会单独闻到单个芳香分子的香气。在日常生活中，我们总是会接触到化学结构和浓度各异的香气物质。

目前科学尚不能完全阐释，为何人类更善于区分混杂的挥发性化合物，而不是识别单个芳香分子。即使是训练有素的感官专家也很难在涉及8种或更多混合化合物中识别出4种以上的气味物质[注9]。这些混合物被认知为一种全新气味，失去了各自的特征。而混合物达到8种化合物以上时，最终会出现"嗅觉白色"现象（编审注：类比不同颜色的光可混成白色光）。20多种不同气味的物质组成混合物，只要它们的强度基本相同，并且均匀地分布在嗅觉空间中，那么这一混合物就会趋向于气味相似，即使它们没有任何相同的香气化合物[注10]。

为了理解每日大量、复杂的气味刺激，我们的嗅觉系统已经进化到在任何时刻都只会分辨出真正相关的气味。处理这些气味物质混合物意味着我们的大脑必须能够立刻并同时进行识别、编码，并将接收到的嗅觉信息存储到熟悉的空间和时间地图中，也就是"气味对象"，以便我们能够在需要时回忆起来。

拓宽参照系

如果你曾经阅读过葡萄酒的品鉴说明，但却无法察觉到其中提到的任何一种味道，那你可能会想知道专家们在谈论葡萄酒、咖啡、奶酪、巧克力和其他精美食品时，为何语言如此华丽而又丰富多彩。他们怎么会知道闻到的是什么香气？

侍酒师不断闻酒和品酒来建立他们的"香气数据库"，这有助于为他们所遇到的大量挥发性化合物建立足够的参考物。个人经历和文化背景的不同塑造了不同的参照系。最熟悉的景象、香气、声音、味道和口感往往构成我们日常习惯或用餐偏好，而其他因素则可能与我们过去的特定记忆或某些情感相结合。

随着参照物种类的增加，分析食材中微妙的芳香差异也会更容易，尤其是当试图描述像巧克力这样的加工食品时。巧克力由大约1500种不同的香气物质组成，而其中50～100种香气物质高于香气识别阈值。由于不存在单一的巧克力芳香分子，因此识别出食材的细微差别将有助于更好地理解其复杂性。最显而易见的香气联系可能让我们印象深刻，但那些不那么明晰的香气可能会激发你不曾想到的有趣的食材新搭配。

香气占据整个味道体验过程的80%，但大多数人都用苦、甜、酸、咸等词来描述食物或饮料。我们首先注意到味觉物质，因为大脑需要更长的时间创建新的香气联系，或从我们现有记忆库中去检索。在建立香气数据库时，请将目光投向厨房之外的地方。

> **识别香气的小练习**
>
> 拓宽个人香气数据库的关键在于，让自己尽可能多地接触不同的食材和产品。多闻闻所有你能闻到的东西。首先从你食品柜里的香料开始。如果不用眼睛看，你能闻出肉桂和丁香的区别吗？那丁香和肉豆蔻呢？牛至和马郁兰呢？姜黄粉和生姜粉呢？

注9：见参考文献9
注10：见参考文献10

气味和记忆

你是否曾经闻到过某种气味，触发了你可能已经遗忘的遥远记忆？也许新鲜出炉的饼干那温暖的烘焙香味唤醒了童年记忆，也许一些路过的陌生人的香水或古龙水让你想起了曾经的恋人。某些气味能唤起我们强烈的情感反应，这并非巧合。当传入的气味通过鼻子时，气味信息由嗅球处理，它的纤维直通杏仁核群和海马体，而这两个大脑区域负责情感和记忆。再没有其他感官刺激如视觉、听觉或触觉通过杏仁核群和海马体，这就解释了为何气味能引起如此强烈的反应。

侍酒师在描绘酒的矿物风味时，会联想到新修的草地或海浪的香气。香气丰富多样，永无止境。在描绘香气时，我们自然会在熟知的物体、事件或概念的基础上进行联想，并最终采用果香、花香、柑橘香、绿叶香、苔藓味、木香、松香、烟熏、麝香、泥土味等描述语。

将这些描述语与每次进食时的三叉神经感觉相比较。新鲜薄荷中的薄荷醇有轻微的凉感，而花椒中的山椒素分子（见第21页）则会引发麻木的刺痛感。咖啡、茶叶和红酒单宁的苦涩口感会让你的口腔感觉干涩起皱。

训练感官

若非犒赏自己，多数人对饮食习以为常，当然除了那些恰好以嗅闻和品尝食物为职业的人士。学会区分不同的食材和产品需要一些有意识的努力和训练，即便是常规的一日三餐，也为我们提供了大量的机会来提升味觉和嗅觉。

在认识各种各样的新产品和食材时，一定要识别并记录它们的名称。建立参照系统能帮助记忆历久弥新。

在每一次的嗅闻和品尝之间稍事休息，以免出现味觉疲劳和暂时性嗅觉丧失。可以随时让嘴巴休息一会儿，吃上一块饼干或喝一杯温水来中和味道。如果你发现所有的东西闻起来都一样，可以好好闻一闻你的腋窝（认真的！）或手掌。我们自己的体味有中和作用。很快你就会发现自己识别不同味道和香气的能力有所提高，所以应尽可能多地尝试新事物。

食物搭配公司的工作方法

食物搭配公司研发了一套基于香气类型及其描述语的香气分类系统。有了这种"气味语言",我们就可以对遇到的所有食材和产品的香气特征进行描述并将其可视化。

芳香分子、描述语和香气分类

为了将不同香气物质之间的香气联系可视化,我们创建了一个虚拟的三维空间来模拟食物搭配公司的数据库中所有1万个芳香分子之间的联系。这个密集的感知网揭示了某些分子群之间惊人的相似性。我们将一些分子拆分为单独的组别,如绿叶香和蔬菜香。我们总计确定了14个独立香气类型组别,并用来描述不同食材香气特征中的广泛香气。根据每个分子的基本香气,这些香气类型又精确地被划分为描述语这一子类别(查看整个香气网络,请访问odournetwork.foodpairing.com)。

每个香气分子都有自己独特的基础香味。以菠萝为例,菠萝中含有己酸甲酯,这种香气物质的基础香味闻起来像水果。在分析一种食材后,我们再观察哪些挥发性化合物超过了香气识别阈值,然后确定各种香气分子的基香,这样就可将各个分子分配到相应的描述语组中。描述语标签会告诉我们芳香分子的基香:当我们使用"菠萝"这一标签时,就意味着该描述语组中的所有分子都具有独特的菠萝香气。在食物搭配公司的数据库中,我们共计识别1万个芳香分子,并将其分为14种不同的香气类型和70个描述语组。这一分类可以帮助我们将所有产品组别中被分析食材的风味特征可视化。

食物搭配公司的方法论

前提是,拥有相同关键芳香分子的食材搭配在一起好吃,这是我们创造性的方法论的科学基础。任意几种食材的香气分子里若能找出一个子集是相同的,则证明这些食材的香气有一定的重合度,因此会是绝配。

食品搭配的科学性始于对食材或产品的香气分析。由此生成的搭配基于对主要香气物质的选择。若这些香气物质的浓度高,就能足够感知香气。

在本书中,我们呈现了香气轮盘和搭配表格,以将食材香气特征的主要成分可视化(见第32页)。

第31页: 食物搭配公司的香气分类

本书中介绍的每一种食材都在70种香气描述语系统的基础上进行分类和描述,它们共分为从果香到化学气味等14种关键香气类型。

香气分类与描述语

果香

酯类在许多水果（如草莓、香蕉、菠萝和其他热带水果）的香气特征中起着关键作用。根据浓度的不同，内酯有桃香或椰香，常见于水果、牛奶、奶酪和其他乳制品。

- 苹果香、香蕉香、浆果香、椰香、果香、葡萄香、桃香、菠萝香、热带水果香

柑橘香

柠檬、青柠、葡萄柚和醋栗含有大多数柑橘香调，这一香调也常见于芫荽籽、香茅和柠檬香蜂草等原料中。

- 柑橘香、葡萄柚香、柠檬香、橙香

花香

β-大马酮、β-紫罗兰酮和 (Z)-1,5-辛二烯-3-酮是蔷薇、紫罗兰和天竺葵的醉人香气的来源，同时也赋予苹果、梨、覆盆子和甘薯等食材花香。

- 花香、天竺葵香、蜂蜜味、蔷薇香、紫罗兰香

绿叶香

依据醛类浓度不同，绿叶香气味各异，从黄瓜香到脂肪味（如橄榄油），从新鲜收割的草到蜡味（如橘子皮）。磨碎的谷物也含有绿叶香挥发性化合物，闻起来像燕麦片，而环氧化物则给海藻带来金属气味。

- 黄瓜香、脂肪味、青草香、绿叶香、燕麦味、蜡味

草本香

薄荷醇和百里香酚赋予新鲜薄荷和百里香独特的草本香。

- 草本香、薄荷香、百里香味

蔬菜香

甜椒、蘑菇和土豆的蔬菜香主要来源于吡嗪、1-辛烯-3-酮和甲硫基丙醛。葱花和芥菜类有含硫挥发性化合物，在烹饪时，会产生新的硫味、土豆味和蘑菇味芳香分子。

- 甜椒味、卷心菜味、芹菜味、大蒜味、蘑菇味、洋葱味、土豆味

焦糖味

呋喃酮、麦芽酚和葫芦巴内酯等化合物有类似焦糖和枫糖浆的甜蜜焦糖味。

- 焦糖味、枫糖香

烘烤香

美拉德反应生成新的挥发性化合物，这些化合物闻起来类似烘烤或爆米花。一些烘烤香类似麦芽香或咖啡香，而吡嗪和土臭素则近似泥土味。

- 咖啡香、泥土味、油炸味、麦芽香、爆米花味、烘烤香

坚果香

苯甲醛是扁桃仁提取物中的特征效应化合物，而零陵香豆令人沉迷的甘草芬芳则来自香豆素。酮类赋予榛子独特的香气。

- 榛子香、坚果香、零陵香豆味

木质香

有些食材含有木质香味的萜烯和蒎烯（松木香）。用木头来烤肉、鱼或任何其他食材都会赋予其木香和烟熏味，而冷熏鱼或肉的过程则会使肉质充满酚类化合物。

- 意大利黑醋香、酚香、松木香、烟熏味、木质香

辛辣味

香料的温暖香调来自芳香分子，如肉桂醛、对异丙基苯醛、丁香酚（丁香）和香草醛。樟脑和草蒿脑（大茴香）则提供了更多清新香调。

- 大茴香味、樟脑味、肉桂味、丁香味、孜然味、辛香味、辛辣味、香草味

奶酪香

奶油、黄油和熟奶酪都有奶酪香。醋和发酵的乳制品，如酸奶、酪乳（也叫白脱奶）和酸奶油等，都含有其他奶酪和酸性挥发物。

- 酸味、黄油味、奶酪香、奶油味。

动物气味

强烈的动物气味与以肉为基础的食材有关，如鹿肉或鱼肉。肝脏含有芳香分子吲哚，同时还可以闻到粪便味、泥土味、酚醛味、香水味，甚至是花香。粪臭素同样有类似动物的气味，闻起来像粪便或麝猫。

- 动物气味、鱼腥味、肉味

化学气味

烧焦味、霉味、汽油味、肥皂味和溶剂味（如油漆或胶水）等用来描述因储存或包装不当而产生的异常气味。

- 烧焦味、灰尘味、汽油味、肥皂味、溶剂味

香气轮盘是食材的独特香气特征的视觉呈现。它由两个独立的圆环组成：内环展示14种不同的香气类型，外环表示该食材中香气描述语代表的香气类型的浓度（见第31页）。

给定食材香气特征中不存在的香气类型呈灰色。例如，在藜麦的香气轮盘中，我们看到这种谷物不含动物气味或化学气味。

内环与外环的色带之间的距离越大，该色带所代表的香气类型的浓度就越高。在此例中，绿叶香气类型——黄瓜香、脂肪味、青草香、绿叶香和燕麦味距离内环最远，其次是蔬菜香、焦糖味和辛辣味的香气类型。薄荷香用来描述草本香型，最接近内环，浓度较低。

外环色带的厚度和长度表示每种香气描述语所代表的浓度。在蔬菜香气类型中，甜椒味是最突出的香气描述语，其次是蘑菇味和土豆味。

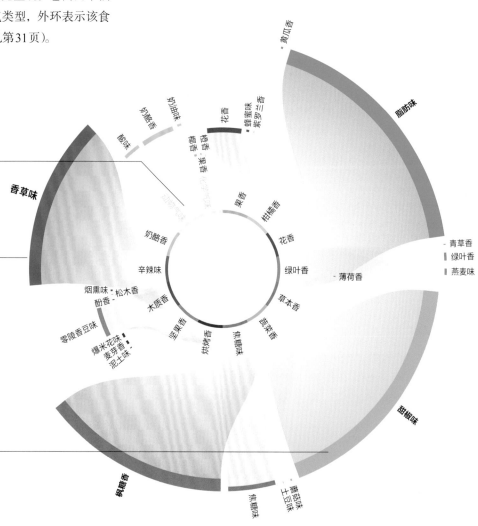

指纹香气轮盘

有些食材用小香轮来表示，以简化的形式传递关键香气信息。

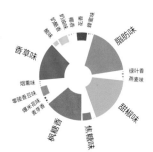

如何读懂搭配表格

搭配表格中的主要食材用粗体字表示。下文以熟藜麦为例,并列出了10种潜在的搭配食材。上方彩色点对应香气轮盘中从果香到化学气味等14种不同的香气类型,横排的小点则代表主要食材和10种建议搭配的香气特征的示意图。

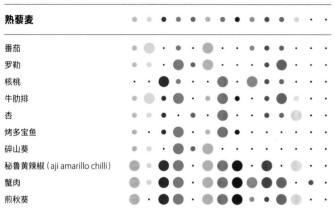

彩色圆点表示食材中存在某种香气类型,颜色缺失则表示该香气类型不存在。观察第一行,我们可以看到熟藜麦的香气特征并不具有动物气味和化学气味类型。再看第一列,除了核桃,这个表格中的每一种食材都含有果香。

大圆点表示主要食材和建议的互补搭配,搭配和食材共享该类型特定芳香分子。从第二行的圆点来看,番茄与熟藜麦共享柑橘香和蔬菜香芳香分子,以及其他五种香气类型。

准备就绪,开始搭配!

本书中240个香气轮盘都附有一个搭配表格,其中列出了主要食材的10种潜在搭配,还有700多种食材仅以搭配表格形式呈现。在开发新食谱时,可以利用搭配表格来建立食材之间的香气桥梁。

开始搭配时,首先选择主要食材下方的潜在搭配选项。对藜麦来说,如上图所示,一种选择是熟藜麦与新鲜的番茄、罗勒、蟹肉和杏配对,制作出一道清爽的夏季沙拉。同时还可使用第372页开始的"食材索引"来扩大搜索范围,查找其中一种建议搭配的搭配表格。从上面的表格中,你可以首先选择熟藜麦和罗勒,然后参考罗勒的搭配表格(见第73页),并从其中建议的10种搭配中任选一种,譬如,西班牙辣香肠(chorizo)。然后,你还可以查询西班牙辣香肠的搭配表格(见第287页),以寻求更多的可能搭配。

食谱可视化

本书的食材与搭配章节从第40页的猕猴桃开始,到第371页的生蚝结束,精选食物搭配公司和来自世界各地的厨师们创造的食谱,如相勋·德甘伯主厨的招牌奇味生蚝。每一道菜谱都配有一张图,展示了其中最重要的食材,并将它们之间的关键香气联系可视化,用彩色的圆点表示不同的香气类型,如下文中猕猴桃的香气图所示。

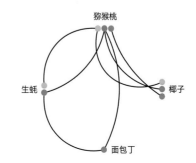

从食材搭配到美味佳肴

食物搭配公司可根据食材的香味联系，轻松发现新的食材搭配方法，但想要开发诱人菜肴，勾起你的食欲，这还不够。如何才能让你的菜谱更上一层楼呢？当你选择食材时，不要忘记考虑味道和口感。平衡风味（香气）、味道和口感等要素，让菜肴更富层次感。达成平衡在理论上可能听起来很简单，但在厨房里进行实际操作绝非易事。

反差质地

我们对一切饮食的质地都很敏感。想想看，我们觉得诱人的菜品往往质地丰富，而缺乏质感的菜品吃几口就会变得乏味。我们的团队已经确定了60种不同类型的口感，并将其分为两大类：软质和脆/酥质。诀窍是在每一类中至少加入一种对比鲜明的质感，让你的菜品更加立体化。薯条配鳄梨酱或番茄酱、丝滑的巧克力慕斯配上饼干或碎屑等组合，都是经典的搭配，说明我们对软质食物和脆质食物的反差搭配有着天然的偏好。

反差味道

不要太过急切，尝试在5种反差味道（甜、咸、酸、苦和鲜）中至少加入2种口味，来平衡你的菜肴和饮品。在下图中，箭头表示哪种味道可以相互平衡。比如，盐可以用来减少苦味。这就是为什么一些巧克力片饼干食谱要加一点盐来平衡黑巧克力的苦味。盐也可用来平衡甜味，比如海盐焦糖。同样的道理，你可以通过加入酸味来中和甜点的甜度。

需要记住的是，你使用的每一种食材都会对三叉神经产生某种影响，无论是触觉、与温度相关的感觉、涩味、油腻感、辛辣感、麻木感、凉感还是酒精的轻微灼烧感。在制作菜品的时候，一定要考虑到这些感觉，因为它们都会对胃肠体验产生一定的影响。

一道菜的要素

平衡香气、味道和质地，为菜肴香气增添层次。

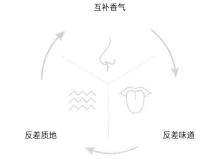

互补香气

反差质地　　　　　　　　反差味道

平衡反差味道

加入反差味道，可以减少或中和菜品中某一元素的影响。

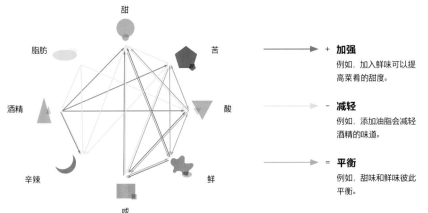

甜

脂肪

苦

酒精

酸

辛辣

鲜

咸

→ **+ 加强**
例如，加入鲜味可以提高菜肴的甜度。

→ **- 减轻**
例如，添加油脂会减轻酒精的味道。

→ **= 平衡**
例如，甜味和鲜味彼此平衡。

食物搭配：基础知识简介

香气类型和香气描述语

本书中食物原材料共分为14种香气类型，在此之下精确到70种香气描述语体系。

 果香 苹果香、香蕉香、浆果香、椰香、果香、葡萄香、桃香、菠萝香、热带水果香

 柑橘香 柑橘香、葡萄柚香、柠檬香、橙香

 花香 花香、天竺葵香、蜂蜜味、蔷薇香、紫罗兰香

 绿叶香 黄瓜香、脂肪味、青草香、绿叶香、燕麦味、蜡味

 草本香 草本香、薄荷香、百里香味

 蔬菜香 甜椒味、卷心菜味、芹菜味、大蒜味、蘑菇味、洋葱味、土豆味

 焦糖味 焦糖味、枫糖香

 烘烤香 咖啡香、泥土味、油炸味、麦芽香、爆米花味、烘烤香

 坚果香 榛子香、坚果香、零陵香豆味

 木质香 意大利黑醋味、酚香、松木香、烟熏味、木质香

 辛辣味 大茴香味、樟脑味、肉桂味、丁香味、孜然味、辛香味、辛辣味、香草味

 奶酪香 酸味、黄油味、奶酪香、奶油味

 动物气味 动物气味、鱼腥味、肉味

 化学气味 烧焦味、灰尘味、汽油味、肥皂味、溶剂味

如何读懂香气轮盘

- 香气轮盘由两个独立圆环组成：内环展示14种不同的香气类型，外环表示该食材中香气描述语代表香气类型的浓度。
- 每种波浪状色带的长度和/或高度表示所呈现的香气类型的浓度。
- 不存在的香气类型呈灰色。
- 有些食材用小香轮表示，以简化形式传递关键香气信息。

如何读懂搭配表格

- 主要食材用粗体字表示，下方列出10种潜在搭配食材。
- 上方彩色圆点对应香气轮盘中14种不同香气类型，而横排的小圆点则代表主要食材和10种建议搭配的香气特征。
- 彩色圆点表示原材料中存在某种香气类型，颜色缺失则表示该香气类型不存在。
- 大圆点表示主要食材和互补搭配共享该类型特定芳香分子。

如何开始搭配

- 在搭配表格中，首先选择主要食材下方的一项或多项潜在搭配。
- 同时还可使用第372页开始的"食材索引"来扩大搜索范围，进一步查找其中一种建议搭配的搭配表格，在不同食材之间建立香气桥梁（见第33页"准备就绪，开始搭配！"部分）。

本书的食材安排

- 每一章节开头讲述主要食材（如猕猴桃）和相关食材（如奇异莓）的香气轮盘，再列出搭配表格。主要食材通常是搭配表格的潜在搭配之一，但同样是该章节正文或食谱中提到的食材。

关于食材的说明

- 如未提及烹饪方法（例如煮、焗或煎），则分析食材未经烹饪。例如，欧洲鲈鱼是指新鲜生鱼，而非煎欧洲鲈鱼。
- 有些食材是取其香气（通过浸泡的方式），之后舍弃食材本身，比如干草。

食物搭配：基础知识简介

香气类型和香气描述语

本书中食物原材料共分为14种香气类型，在此之下精确到70种香气描述语体系。

果香		苹果香、香蕉香、浆果香、椰香、果香、葡萄香、桃香、菠萝香、热带水果香
柑橘香		柑橘香、葡萄柚香、柠檬香、橙香
花香		花香、天竺葵香、蜂蜜味、蔷薇香、紫罗兰香
绿叶香		黄瓜香、脂肪味、青草香、绿叶香、燕麦味、蜡味
草本香		草本香、薄荷香、百里香味
蔬菜香		甜椒味、卷心菜味、芹菜味、大蒜味、蘑菇味、洋葱味、土豆味
焦糖味		焦糖味、枫糖香
烘烤香		咖啡香、泥土味、油炸味、麦芽香、爆米花味、烘烤香
坚果香		榛子香、坚果香、零陵香豆味
木质香		意大利黑醋味、酚香、松木香、烟熏味、木质香
辛辣味		大茴香味、樟脑味、肉桂味、丁香味、孜然味、辛香味、辛辣味、香草味
奶酪香		酸味、黄油味、奶酪香、奶油味
动物气味		动物气味、鱼腥味、肉味
化学气味		烧焦味、灰尘味、汽油味、肥皂味、溶剂味

如何读懂香气轮盘

- 香气轮盘由两个独立圆环组成：内环展示14种不同的香气类型，外环表示该食材中香气描述语代表香气类型的浓度。
- 每种波浪状色带的长度和/或高度表示所呈现的香气类型的浓度。
- 不存在的香气类型呈灰色。
- 有些食材用小香轮表示，以简化形式传递关键香气信息。

如何读懂搭配表格

- 主要食材用粗体字表示，下方列出10种潜在搭配食材。
- 上方彩色圆点对应香气轮盘中14种不同香气类型，而横排的小圆点则代表主要食材和10种建议搭配的香气特征。
- 彩色圆点表示原材料中存在某种香气类型，颜色缺失则表示该香气类型不存在。
- 大圆点表示主要食材和互补搭配共享该类型特定芳香分子。

如何开始搭配

- 在搭配表格中，首先选择主要食材下方的一项或多项潜在搭配。
- 同时还可使用第372页开始的"食材索引"来扩大搜索范围，进一步查找其中一种建议搭配的搭配表格，在不同食材之间建立香气桥梁（见第33页"准备就绪，开始搭配！"部分）。

本书的食材安排

- 每一章节开头讲述主要食材（如猕猴桃）和相关食材（如奇异莓）的香气轮盘，再列出搭配表格。主要食材通常是搭配表格的潜在搭配之一，但同样是该章节正文或食谱中提到的食材。

关于食材的说明

- 如未提及烹饪方法（例如煮、焗或煎），则分析食材未经烹饪。例如，欧洲鲈鱼是指新鲜生鱼，而非煎欧洲鲈鱼。
- 有些食材是取其香气（通过浸泡的方式），之后舍弃食材本身，比如干草。

感知复杂度

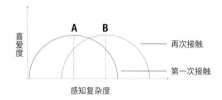

感知复杂度

喜爱度

—— 再次接触

—— 第一次接触

感知复杂度

芳香的复杂性

这不仅仅涉及使用不同食材的数量问题，香气的复杂性在餐盘上以各种形式汇聚。食材可以有许多共同的芳香分子，如C组中的食材，也可以像D组中的食材一样各不相同。但正如E组所示，看似不相关的元素也可以形成一个协调的整体。

A

B

C

D

E

QR

感知菜肴的丰富度

左图基于香气、味道、口感、质地和外观等特征变量，绘制出了一道菜的丰富度感知与人对该菜的喜爱度之间的相关性。我们可以看到，当一道菜丰富度增加时，大多数人会有积极反应，但只是在一定程度上。一旦元素过多，使一道菜变得过于复杂，人们的兴趣就会减弱。

优化菜肴的丰富度

在学习使用香气时，一开始时不要超过5种食材，这样更容易在完善搭配的同时平衡风味。在食材选择和食客的个人或文化偏好之外，优化菜肴的丰富度还取决于以下要素：食谱中不同芳香分子的总数、菜品中每种食材的香气类型和描述语，以及它们是否有相似之处。此外，还取决于哪些味觉分子同样存在。在菜肴中，可区分的元素越突出，菜品就越复杂。

为了说明我们所说的丰富度，参考左图A-E图形：

A组是三种共享强烈香气关联的食材。巧克力、焦糖和咖啡都含有烘烤香、焦糖味和坚果香调。使用这些食材制作的甜品就是我们所说的"重调"。在这种情况下，香气相似的食材的变化会产生更微妙的复杂性，将巧克力与覆盆子的果香、柑橘香和花香结合则无此效果。重调让我们可以在一道菜中加入大量的香草、香料或其他密切相关的食材，而不会变成充满对比元素的大杂烩。

但是，如果我们在巧克力甜点中加入扁桃仁和罗勒，B组会突然变得更加复杂，因为有5种对比鲜明的食材要在味道和质地上取得平衡。要解决盘中过于拥挤的问题，一个办法是只选择几种能提供鲜明对比的食材。

C组是一组非常相似的食材，如不同品种的黑巧克力，它们拥有相同的烘烤香、焦糖味和坚果香芳香分子。相反，D组是一组香气特征迥然不同的食材，包括鸡肉、辣椒、巧克力、大茴香和花生。

最后，E组代表传统墨西哥名菜——魔力酱烧鸡（Mole de pollo）。需要注意的是，D组和E组的成分相同，但配比不同，这说明个人喜好和文化背景可能会导致人们对一道菜的复杂性的接受度截然不同。

最成功的食物搭配是在丰富与和谐之间取得巧妙平衡。作为人类，我们渴望多样性，但也会寻找熟悉的元素或结构，以帮助我们追寻新体验[11]。"多样性统一"这一美学原则由心理学家丹尼尔·伯莱因（Daniel Berlyne）提出，满足了我们的好奇心和学习欲望，同时也让不同元素以我们愉悦的方式得到有效处理[12]。

注11：见参考文献11
注12：见参考文献12

食材与搭配

猕猴桃

在与其他甜味和咸味食材搭配时，猕猴桃的果香味的酯类和草味醛能带来清爽的口感

说到原产地，猕猴桃（又名奇异果）之名其实颇有点用词不当（译者注：猕猴桃英文"kiwi"和新西兰国鸟奇异鸟的英文相同，容易让人误以为是新西兰的特有水果）。猕猴桃藤原产于中国（译者注：《诗经》中有关于猕猴桃的记载："隰有苌楚，猗傩其枝，夭之沃沃，乐子之无知。"其中称猕猴桃为苌楚），其种子直到20世纪初才引入新西兰种植者手中。而时至今日，新西兰猕猴桃远销全世界。20世纪20年代，新西兰首次培育出毛茸茸的棕皮海沃德猕猴桃（Hayward kiwi），它口感香甜清爽、香气浓郁、果肉嫩绿，其间还点缀着黑色种子，至今仍广受欢迎。

猕猴桃虽然个头不大，却富含纤维素、钾、维生素E和β-胡萝卜素等抗氧化剂，其维生素C含量超过橙子。猕猴桃中的蛋白酶可消化蛋白质，甚至会引发一些人严重的过敏反应。吃太多猕猴桃会产生烧灼感，而对这一感觉熟悉的人往往都经历过针晶体咬舌刺口：这些草酸钙晶体会在口腔内造成微细的擦伤，当擦伤与猕猴桃中的酸接触时，就会产生灼烧感。

新鲜猕猴桃可作为有效嫩肉剂，其中的猕猴桃素和酶可切断肉的结缔组织。在制作韩式烤肉酱（Korean barbecue marinades）时，通常是每450克（1磅）的肉用一小勺的猕猴桃汁，放太多会导致酱汁沦为一团糨糊。

奇味生蚝

相勋·德甘伯，时代气息餐厅，比利时

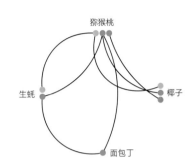

在品尝猕猴桃时，很少有人会注意到其中微妙的海洋气息，但这些清新青草气息的醛类物质正是食物搭配公司和相勋·德甘伯主厨经典猕猴桃和生蚝搭配的灵感来源。奇味生蚝用生蚝搭配酸甜的猕猴桃丁，配上脆脆的面包丁，最后再淋上注入鲜青柠汁的浓醇椰浆。

相关的香气特征：奇异莓（Kiwi berry）

奇异莓是原产于日本（注：也包括中国和韩国）的藤本植物—软枣猕猴桃（*Actinidia arguta*）的果实。它的外形类似迷你猕猴桃，黑色种子同样呈放射状展开，但它含有更多辛辣丁香和焦糖芳香分子，味道更为香甜可口。外层没有绒毛更让奇异莓成为绝佳零食。

	果香	柑橘香	花香	绿叶香	草本香	蔬菜香	焦糖味	烘烤香	坚果香	木质味	辛辣味	奶酪香	动物气味	化学气味
奇异莓	●	●	●	●	●	●				●				
香煎鹌鹑	●	●	●	●	●	●	●	●	●	●	●	●	●	●
榛子	●	●	●	●	●	●	●	●	●	●	●	●	●	●
紫叶鼠尾草	●		●	●	●	●	●			●	●			●
烤扇贝王	●	●	●	●	●	●	●	●	●	●	●	●	●	●
秘鲁米拉索尔辣椒（mirasol）	●	●	●	●	●	●	●	●	●	●	●	●	●	●
干式熟成牛肉	●	●	●	●	●	●	●	●	●	●	●	●	●	●
煮南瓜	●		●	●	●	●	●	●		●	●	●		●
黑蒜泥	●	●	●	●	●	●	●	●	●	●	●	●	●	●
淡味酱油	●		●	●	●	●	●	●		●	●	●	●	●
罗勒	●	●	●	●	●	●	●	●		●	●	●	●	●

猕猴桃

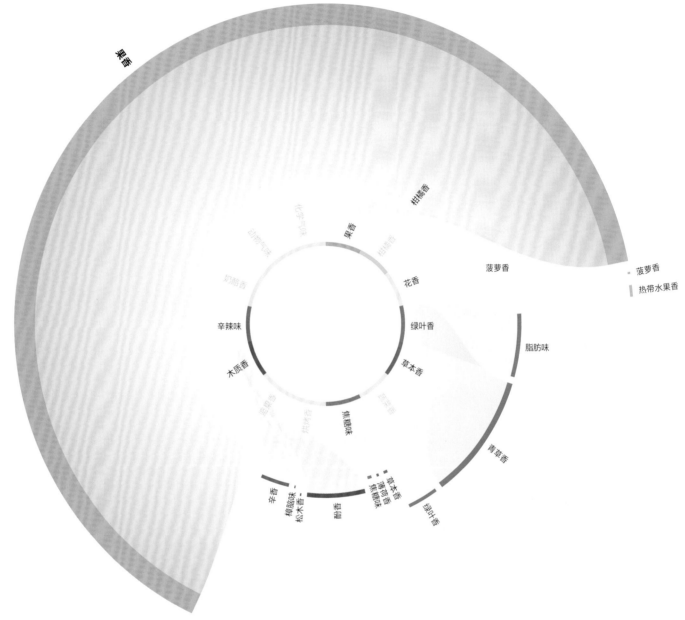

猕猴桃的香气特征

猕猴桃蕴含苹果和菠萝酯香的鲜明果香味，在冰沙、水果沙拉和甜点中可与其他食材完美搭配。猕猴桃中一些果香味的酯类同样存在于比利时三料啤酒和比利时金啤酒（译者注：Belgian tripel and blonde beer，比利时名酒，三料啤酒口感复杂、酒体浓厚，带有麦芽香和水果酯香；金啤酒色泽清亮、口感清爽，带有微妙的酵母香气）中。而其中的薄荷香又与蔓越莓、白蘑菇和戈贡佐拉奶酪（译者注：Gorgonzola，一种著名的意大利蓝奶酪，风味辛辣刺激，口味浓郁）的香气相通。主厨相励·德甘伯发现猕猴桃和生蚝共享青草香气，由此创造了奇味生蚝这道风靡一时的佳肴。许多其他鱼类和贝类同样含有青草醛类。

	果香	柑橘香	花香	绿叶香	草本香	蔬菜香	焦糖味	烘烤香	坚果香	木质香	辛辣味	奶酪香	动物气味	化学气味
猕猴桃	●	●	·	●	●	·	·	·	·	·	●	·	·	·
腌葡萄叶	·	●	●	●	·	·	·	·	●	·	●	·	·	·
龙蒿叶	·	●	●	●	·	·	·	·	·	·	●	·	·	·
煮豆角	·	·	●	●	·	·	●	·	●	·	●	·	·	·
和牛	·	·	●	●	·	·	·	·	·	·	·	·	·	·
干葛缕子叶	·	●	●	●	·	●	·	·	·	·	●	·	·	·
干欧白芷根	·	●	●	●	●	·	·	·	·	·	●	·	·	·
哈密瓜	·	●	●	●	·	●	·	·	·	·	●	·	●	·
阿尔贝吉纳特级初榨橄榄油	●	●	●	●	·	·	·	·	·	·	·	·	●	·
戈贡佐拉奶酪	·	●	●	●	·	·	·	·	·	·	●	·	·	·
多宝鱼	·	·	●	●	·	·	·	·	·	·	·	·	·	·

经典搭配：猕猴桃和甜瓜

猕猴桃和甜瓜共享多种果香味的酯类，其中大多数带有热带水果香。特别是异丁酸乙酯，香气类似甜瓜，常见于多种甜瓜品种。在水果沙拉和奶昔中，猕猴桃和甜瓜是绝佳拍档。

潜在搭配：猕猴桃和佛手瓜

在路易斯安那州，佛手瓜又被称为米利顿（mirliton），果皮呈鲜绿色，果肉呈白色，口感脆嫩。在丰富的克里奥尔和卡真美食（译者注：路易斯安那州两大菜系，集欧式古典餐饮文化和非洲特色饮食于一体，博采众长，辛辣刺激）中，佛手瓜是基础菜肴，常与对虾搭配食用。它的食用方法多样，生食、煮、烤或炒样样皆可。

猕猴桃和奇异莓的食材搭配

列标题（各表通用）：果香　柑橘香　花香　绿叶香　草本香　蔬菜香　焦糖味　烘烤香　坚果香　木质香　辛辣味　奶酪香　动物气味　化学气味

甜瓜
- 烤绿芦笋
- 甜西番果
- 烤猪肝
- 雪维菜
- 煮面包蟹蟹肉
- 秘鲁黑辣椒
- 格鲁耶尔干酪
- 番石榴
- 韩式鱼露
- 猕猴桃

煮佛手瓜
- 猕猴桃
- 串番茄
- 烤多佛鳎鱼
- 黑豆蔻
- 香煎鸭胸
- 塞利姆胡椒[注1]
- 番木瓜
- 烤兔肉
- 塔罗科血橙
- 烤箱烤牛排

印尼甜酱油
- 猕猴桃
- 格鲁耶尔干酪
- 香煎猪大排
- 苹果
- 烤夏威夷果
- 融化黄油
- 甘草
- 甜菜根
- 豆蔻籽
- 椰枣

黄色查特酒
- 龙卡尔奶酪
- 猕猴桃
- 迷迭香蜂蜜
- 烤绿芦笋
- 雪莲果
- 泰国卡奥（kaew）杜果干
- 伊比利亚火腿（黑标）
- 香煎野鸭
- 红毛丹
- 罐装番茄

山葵叶
- 串番茄
- 黑莓
- 草莓
- 鲭鱼排
- 清蒸芥菜
- 香煎鸡胸排
- 抱子甘蓝
- 鳄梨
- 猕猴桃
- 萝卜

莳萝籽
- 番木瓜
- 柚子皮
- 李杏
- 紫叶鼠尾草
- 羽衣甘蓝
- 米兰萨拉米香肠
- 小牛高汤
- 猕猴桃
- 煮欧防风
- 煎甜菜根

注1：埃塞俄比亚木瓣树的果

潜在搭配：奇异莓和鹌鹑

虽然奇异莓和鹌鹑共享大量芳香分子（见第40页），但奇异莓和鹌鹑的组合却并不常见。试着用奇异莓果酱搭配鹌鹑和榛子酱，也许还可以加一点黑蒜，增添果香和焦糖味，让风味层次感突出。

潜在搭配：狝猴桃和苹果

狝猴桃的青草香调来源于正己醛，这也正是苹果的主要芳香分子之一（见第44页）。在一些橄榄油中也发现了正己醛，这也是为何其香气可从绿叶香、青草香到果香和苹果香。

香煎鹌鹑

	果香	柑橘香	花香	绿叶香	草本香	蔬菜香	焦糖味	烘烤香	坚果香	木质香	辛辣味	奶酪香	动物气味	化学气味
琉璃苣花														
豌豆														
青柠														
咖喱草														
日本网纹瓜														
酸浆果														
烟熏梨木														
煮洋蓟														
牡蛎叶														
牛奶巧克力														

科尼卡布拉橄榄油

	果香	柑橘香	花香	绿叶香	草本香	蔬菜香	焦糖味	烘烤香	坚果香	木质香	辛辣味	奶酪香	动物气味	化学气味
香瓜														
清蒸鲻鱼														
布里奶酪														
和牛														
狝猴桃														
烤花生														
金冠苹果														
烤苤蓝														
牛奶巧克力														
生蚝														

泰式红咖喱酱

	果香	柑橘香	花香	绿叶香	草本香	蔬菜香	焦糖味	烘烤香	坚果香	木质香	辛辣味	奶酪香	动物气味	化学气味
马里昂黑莓														
帕尔玛火腿														
藏红花														
腌鳀鱼														
煮红薯														
蔷薇果干														
奇异莓														
烤兔肉														
荔枝														
格鲁耶尔干酪														

黑麦面包丁

	果香	柑橘香	花香	绿叶香	草本香	蔬菜香	焦糖味	烘烤香	坚果香	木质香	辛辣味	奶酪香	动物气味	化学气味
博斯科普苹果（Boskoop apple）														
狝猴桃														
味醂（日本甜料酒）														
日本网纹瓜														
煮甜玉米														
烤甜菜根														
烤羔羊菲力														
熟印度香米														
波本香草														
陈年雪莉酒醋														

腌葡萄叶

	果香	柑橘香	花香	绿叶香	草本香	蔬菜香	焦糖味	烘烤香	坚果香	木质香	辛辣味	奶酪香	动物气味	化学气味
狝猴桃														
葫芦巴叶														
熟单粒小麦														
葎草芽（啤酒花芽）														
百香果														
芫荽叶														
香橙														
烤箱烤培根														
烤红薯														
胡萝卜														

43

苹果

果香、花香、青草香、辛辣味和奶酪香只是苹果的一些基本香气描述。无论是博斯科普苹果、蜜脆苹果（译者注：Honeycrisp，原产于美国，口感脆甜多汁）、富士苹果（译者注：Fuji，原产于日本，口感爽脆超甜、香味扑鼻），还是其他几千种苹果品种中的某一种，每个人都能找到自己的心头好。

现代栽培的苹果都可追溯至同一个祖先：新疆野苹果（*Malus sieversii*，也称塞威士苹果），至今在哈萨克斯坦和中国的新疆维吾尔自治区仍然可以寻觅其踪影。新疆野苹果味道鲜美可口，大约4000年前在天山山脉培育。后来，商人们将新疆野苹果的种子沿丝绸之路向外传播，并与其他野生品种进行杂交，其中最著名的是味道酸涩的欧洲野苹果（*Malus sylvestris*）。人类继续选择性培育新杂交品种，以获得更好的口感、质地、香气、大小等品质，并能抗病虫害等。

果肉软嫩的品种适合做果泥和苹果酱。苹果果胶含量高，这种天然果胶可帮助果冻、果酱增稠。这种万能水果口感丰富，任君挑选，当之无愧地成为派、挞类、奶酥、脆皮水果馅饼和蛋糕等各类甜点的首选原料。

- 在犹太新年庆祝活动"哈桑纳节"（Rosh Hashanah）中，人们将苹果片浸入蜂蜜中，以祝愿新的一年甜甜蜜蜜、硕果累累。

- 在北美，未经过滤的苹果汁被称为"苹果西打"（apple cider），也可经发酵酿制含酒精的硬西打（hard cider，在英国直接称为cider）。

- 盛名远扬的苹果白兰地卡尔瓦多斯（Calvados）产自法国诺曼底奥日，经二次蒸馏陈酿而成，已被授予原产地保护（译者注：Appellation d'Origine Controlée，AOC，法国葡萄酒分级体系中最高级，表示品质得到法国政府认可）。近年来，苹果白兰地（Applejack）在美国重新流行，这款白兰地浓度高，经传统冰冻蒸馏法（译者注：与热蒸馏方式不同，口感香气更为浓郁饱满）酿制，并在旧波本桶中陈酿而成。

各种口味的苹果

现代上千种培育的苹果都与新疆野苹果和欧洲野苹果共享相同基因组，这真是令人惊叹。从广义上讲，这很可能是为何不同品种的栽培苹果具有相同果香、花香、青草香、辛辣味和奶酪香等香气类型。然而，每种栽培苹果都有其独特的香气特征，这源于生长条件、收获阶段和储藏方法等因素的影响，甚至储藏地的氧气和二氧化碳含量也会影响苹果的风味。

苹果在生长早期就形成风味。随着果实生长，会产生脂肪酸和氨基酸，并通过酶和氧化作用分解成新的芳香化合物。果实在树上生长时间越长，产生的脂肪酸就越多，风味层次更为复杂。苹果过早采收，会导致香气特征不足，流失风味。

这可能是一种微妙的平衡，因为有些品种［特别是早季栽培品种，如发现号（译者注：Discovery，产自英国，脆嫩多汁，口感酸甜）和姬娜（译者注：Gala，产自新西兰，口感清脆，自带甜味）］不宜储存。像这样的苹果，一旦成熟就应该立即采摘，否则风味会受到影响，质地也会变得绵软。这时榨汁就不失为一种好方法，既能庆祝丰收，又能减少浪费。

大多数用于烹饪的苹果品种起初酸度较高，但它们适宜贮藏，而且随着时间增长会更为清甜可口，这时就不需要额外的甜味剂。许多晚季苹果可储存达6个月之久。

特定苹果品种的香气特征包含了许多其他苹果品种中的酯类和醛类的混合物：乙酸己酯主要生成果香的苹果味，而青苹果中的正己醛、反式-2-己烯醛和丁醛则赋予水果更为复杂的层次感。在这些共同风味影响化合物之外，每种苹果的关键风味特征在于一组关键的香气物质，这种独特的挥发性成分正是苹果作为一个整体独特芳香特征的来源。

通过对四个流行品种——考克斯黄苹果（译者注：Cox's Orange Pippin，英国苹果品种，肉质芳香而酥脆多汁）、博斯科普苹果、乔纳金苹果（译者注：Jonagold，产自美国，是金蛇果和乔纳森苹果的杂交品种，口感爽脆酸甜）和艾尔斯塔苹果（译者注：Elstar，原产自荷兰，果皮呈红黄相间，口感松脆）进行比较，可以看出不同栽培品种之间风味多变，每个品种都有其独特描述语，使其不同于其他品种（见第45页和第46页）。

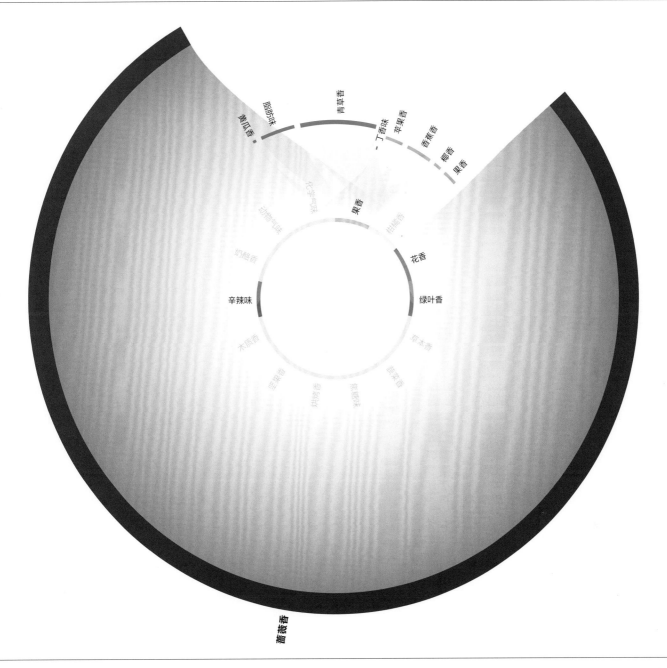

考克斯黄苹果的香气特征

考克斯黄苹果的香气源于β-大马酮，带有一种特有的花香和蔷薇香。在苹果中，这种化合物的香气类似水果本身的香气。而考克斯黄苹果中的β-大马酮带有额外的芳香分子，闻起来类似果香、苹果香和绿叶香。相较我们分析的其他品种而言，这赋予了考克斯黄苹果浓郁的苹果味。

	果香	柑橘香	花香	绿叶香	草本香	蔬菜香	焦糖味	烘烤香	坚果香	木质香	辛辣味	奶酪香	动物气味	化学气味
考克斯黄苹果	●	·	●	●	·	·	·	·	·	·	·	●	·	·
兔眼蓝莓	●	●	●	●	·	●	●	●	●	●	●	●		·
清蒸多宝鱼	·	·	●	●	·	·	·	●	●	●	●	·	●	·
熏制大西洋鲑鱼	·	·	●	●	·	·	●	●	●	●	●	●	·	·
熟绿豆	●	·	●	●	●	●	·	●	●	●	●	·	·	·
丁香	●	·	●	●	·	·	·	●	●	●	●	·	·	·
生蚝	·	·	●	●	·	·	·	●	·	●	●	·	●	·
沙拉地榆叶	●	·	●	●	●	·	·	●	●	●	●	·	·	·
干木槿花	●	·	●	●	·	·	·	●	●	●	●	·	·	·
鸭儿芹	●	·	●	●	●	·	·	●	●	●	·	·	·	·
帕玛森奶酪	●	·	●	●	·	·	·	●	●	●	●	●	·	·

经典搭配：苹果和奶酪

除了香气类似，乔纳金苹果与布里奶酪、布瑞本苹果（译者注：Braeburn apple，原产于新西兰，口感甜脆爽口、香气馥郁、皮薄多汁）、帕玛森奶酪等组合也实现了甜咸的完美对比。此外，清脆多汁的苹果与奶酪的质地对比，让口感更为愉悦。

潜在搭配：苹果和干草

干草（见第47页搭配表格）在烹饪中应用范围颇广，从干草熏制奶酪到干草浸制冰激凌。在干草床上烤蛤贝或生蚝，炖肉时加入新鲜干草，或者让牛肉或鸽肉等肉类在脂肪和干草的覆盖下熟成，都可增添风味。

苹果品种

46

艾尔斯塔苹果的香气特征

如果你喜欢酸涩的柑橘味苹果，可以试试艾尔斯塔苹果，它的香气类似辛辣丁香。

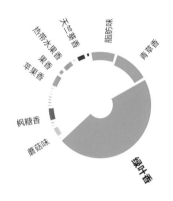

艾尔斯塔苹果	果香	柑橘香	花香	绿叶香	草本香	蔬菜香	焦糖味	烘烤香	坚果香	木质香	辛辣味	奶酪味	动物气味	化学气味
香蕉														
烤兔肉														
烤腰果														
烤箱烤汉堡														
火龙果														
浸煮大西洋鲑鱼排														
架烤牛肋排														
干牛肝菌														
松子														
熟藜麦														

乔纳金苹果的香气特征

相较其他种类而言，椰香和香蕉香赋予乔纳金苹果更多的热带水果风味。

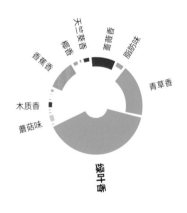

乔纳金苹果	果香	柑橘香	花香	绿叶香	草本香	蔬菜香	焦糖味	烘烤香	坚果香	木质香	辛辣味	奶酪味	动物气味	化学气味
烤小牛胸腺														
伊比利亚火腿（黑标）														
小酸模														
杧果														
石榴汁														
甜瓜														
布里奶酪														
香煎鸭胸														
煎鸵鸟肉														
零陵香豆														

博斯科普苹果的香气特征

与前两种苹果相比，博斯科普苹果含有更为浓郁的果香、苹果香和天竺葵香，还带有一些绿叶香、脂肪味、辛辣大茴香味和燕麦味。

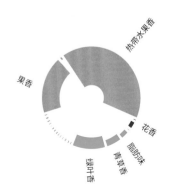

博斯科普苹果	果香	柑橘香	花香	绿叶香	草本香	蔬菜香	焦糖味	烘烤香	坚果香	木质香	辛辣味	奶酪味	动物气味	化学气味
红茶														
烤兔肉														
意大利香柠檬														
香蕉														
香煎鸭胸														
意大利萨拉米腊肠														
菠萝														
兰比克啤酒														
葡萄柚														
沙棘果														

潜在搭配：艾尔斯塔苹果和熟藜麦

艾尔斯塔苹果和熟藜麦的主要芳香分子相同，都拥有柑橘香、绿叶香、蔬菜香、焦糖味、坚果香、木质香、辛辣味和奶酪香。下面依次列出的熟藜麦搭配，为这两种食材之间的香气联系提供了更多的可能性。

经典搭配：布瑞本苹果和燕麦片

什锦水果麦片（Bircher muesli）在20世纪初研制，最初由新鲜苹果、浸泡过的燕麦片、柠檬汁、坚果、奶油和蜂蜜组成。这种健康膳食并不作为病人的早餐，而是午餐或晚餐的健康开胃菜。

苹果和苹果酱的食材搭配

香气类别（列）：果香、柑橘香、花香、绿叶香、草本香、蔬菜香、焦糖味、烘烤香、坚果香、木质香、辛辣味、奶酪香、动物气味、化学气味

熟藜麦
- 煮欧防风
- 欧洲月桂叶
- 盐渍樱花叶
- 玉米黑粉菌
- 番茄酱
- 日本网纹瓜
- 红甜椒
- 熟切达奶酪
- 煎茶
- 白松露

人头马VSOP干邑白兰地
- 烤欧洲海鲈
- 菠萝汁
- 乔纳金苹果
- 烤扇贝王
- 豆浆
- 醋栗
- 皮夸尔特级初榨橄榄油
- 意大利夏巴塔面包
- 烤肉咖喱酱
- 香煎鸭胸

沙棘果
- 博斯科普苹果
- 意大利夏巴塔面包
- 烟熏葡萄藤
- 烤红甜椒
- 哈密瓜
- 烤大雁注
- 比尔森啤酒
- 烘焙阿拉比卡咖啡豆
- 甲壳高汤
- 欧洲月桂叶

燕麦片
- 竹笑鱼
- 陈年雪莉酒醋
- 布瑞本苹果
- 炖小斑猫鲨（斑点更少的角鲨）
- 煮洋蓟
- 格鲁耶尔干酪
- 烤羊肉
- 巴约纳火腿
- 烤榛子酱
- 红茶

干草
- 牛奶
- 意大利萨拉米香肠
- 石榴
- 泰国皱皮柠檬叶
- 番茄
- 零陵香豆
- 干枸杞
- 熟卡姆小麦（东方小麦）
- 裙带菜
- 厚皮菜

山桑子
- 杜果
- 接骨木花
- 杏脯
- 莳萝
- 苦橙皮
- 博斯科普苹果
- 波本威士忌
- 绿茶
- 铁扒比目鱼
- 烤大雁

注：在中国，大雁是国家二级保护动物。

经典搭配：苹果和焦糖

在苹果上覆盖一层热乎乎的焦糖、太妃糖或冰糖，再撒上烤坚果，这便是万圣节最受欢迎的美食。

经典搭配：苹果和焦糖

在苹果上覆盖一层热乎乎的焦糖、太妃糖或冰糖，再撒上烤坚果，这便是万圣节最受欢迎的美食。

经典搭配：苹果酱和土豆

荷兰传统菜肴荷兰土豆泥（hete bliksem），又称"热闪电"，由土豆泥、焦糖洋葱和苹果酱制成。这道香甜可口的土豆泥在德语中被称为"Himmel und Erde"，意为"天与地"：苹果代表天空，土豆代表大地。

苹果和苹果酱的食材搭配

48

黄油焦糖

	果香	柑橘香	花香	绿叶香	草本香	蔬菜香	焦糖味	烘烤香	坚果香	木质香	辛辣味	奶酪香	动物气味	化学气味
热切达奶酪														
香煎鸡胸排														
烤箱烤牛排														
伊索特干辣椒（isot pepper）														
炖鳕鱼														
烤黑芝麻														
白灼鱿鱼														
烤绿芦笋														
卡琳达草莓														
秘鲁黄辣椒														

煮土豆

	果香	柑橘香	花香	绿叶香	草本香	蔬菜香	焦糖味	烘烤香	坚果香	木质香	辛辣味	奶酪香	动物气味	化学气味
甜菜叶														
巴西莓														
白灼鱿鱼														
煎茶														
牡蛎叶														
塔希提香草														
鱼子酱														
煮蚕豆														
草莓														
熟贻贝														

姜汁汽水

	果香	柑橘香	花香	绿叶香	草本香	蔬菜香	焦糖味	烘烤香	坚果香	木质香	辛辣味	奶酪香	动物气味	化学气味
番荔枝														
肉豆蔻干皮														
姬娜苹果														
野生意大利香柠檬花														
干樱花														
新鲜薰衣草叶														
煮红鲻鱼														
煮榅桲														
格鲁耶尔干酪														
干式熟成牛肉														

泡泡果

	果香	柑橘香	花香	绿叶香	草本香	蔬菜香	焦糖味	烘烤香	坚果香	木质香	辛辣味	奶酪香	动物气味	化学气味
煮面包蟹肉														
罐装椰奶														
皮夸尔特级初榨橄榄油														
皮夸尔黑橄榄														
戈贡佐拉奶酪														
布瑞本苹果														
蜜瓜														
铁扒比目鱼														
杏														
阳桃														

蒸芜菁叶

	果香	柑橘香	花香	绿叶香	草本香	蔬菜香	焦糖味	烘烤香	坚果香	木质香	辛辣味	奶酪香	动物气味	化学气味
萨尔齐琼（salchichón）香肠														
煮佛手瓜														
草菇														
腰果														
苹果														
格鲁耶尔干酪														
帕尔玛火腿														
熟贻贝														
煮灰胡桃南瓜														
炖柠檬鲽														

拉克酒

	果香	柑橘香	花香	绿叶香	草本香	蔬菜香	焦糖味	烘烤香	坚果香	木质香	辛辣味	奶酪香	动物气味	化学气味
戈贡佐拉奶酪														
梨														
姬娜苹果														
蔓越莓														
龙蒿														
开心果														
干牛肝菌														
日本网纹瓜														
胡萝卜														
帕达诺奶酪														

潜在搭配：苹果酱和梨果仙人掌（译者注：原产于墨西哥，果实可食用，也可入药）

在墨西哥，梨果仙人掌果实常与各种沙拉、汤、咸味菜肴和甜点搭配食用，但最常见的吃法还是在炎热的日子里当作提神的小点心。在马耳他，当地种植的梨果仙人掌用于制作仙人掌甜酒（bajtra），这是一种水果利口酒，味道甘甜可口。

经典菜品：苹果和块根芹蛋黄酱（译者注：经典调味酱，通常以切碎的块根芹、洋葱、泡菜和蛋黄酱混合制成）

苹果是经典法式块根芹蛋黄酱的完美搭档，由切丝的生块根芹（见第50页）、蛋黄酱、第戎芥末、法式酸奶油（crème fraiche）或酸奶和柠檬汁混合制成，还可加入切碎的核桃以增添风味。

梨果仙人掌	果香	柑橘香	花香	绿叶香	草本香	蔬菜香	焦糖味	烘烤香	坚果香	木质香	辛辣味	奶酪香	动物气味	化学气味
厚皮菜														
蒸羽衣甘蓝														
烤葵花子														
橘子														
苹果酱														
萝卜														
香煎鸡胸排														
熟黑米														
鲭鱼排														
青椒														

粉红佳人苹果	果香	柑橘香	花香	绿叶香	草本香	蔬菜香	焦糖味	烘烤香	坚果香	木质香	辛辣味	奶酪香	动物气味	化学气味
白蘑菇														
樱桃白兰地														
大茴香籽														
牛轧糖														
日式鱼露														
芒斯特干酪														
卡沙夏														
煮块根芹														
无糖可可粉														
香煎雉鸡[注1]														

青椒	果香	柑橘香	花香	绿叶香	草本香	蔬菜香	焦糖味	烘烤香	坚果香	木质香	辛辣味	奶酪香	动物气味	化学气味
紫叶鼠尾草														
罗勒														
杏														
秘鲁黑薄荷														
烤箱烤培根														
拉宾斯樱桃（Lapins cherry）														
苹果														
鳄梨														
沙丁鱼														
生蚝														

烤大雁	果香	柑橘香	花香	绿叶香	草本香	蔬菜香	焦糖味	烘烤香	坚果香	木质香	辛辣味	奶酪香	动物气味	化学气味
黑加仑														
煮土豆														
红甜椒粉														
熟欧芹根														
姜泥														
大吉岭红茶														
茉莉花														
烤飞蟹														
粉红佳人苹果														
盐渍樱花														

欧当归籽	果香	柑橘香	花香	绿叶香	草本香	蔬菜香	焦糖味	烘烤香	坚果香	木质香	辛辣味	奶酪香	动物气味	化学气味
金盏花														
胜利草莓														
烤箱烤汉堡														
八角														
苹果酱														
意大利香柠檬														
番荔枝														
四川花椒														
牛奶巧克力														
莫利洛黑樱桃（Morello cherry）														

绿查特酒	果香	柑橘香	花香	绿叶香	草本香	蔬菜香	焦糖味	烘烤香	坚果香	木质香	辛辣味	奶酪香	动物气味	化学气味
味噌鱼														
干香蕉片														
番茄														
烤黄盖鲽														
杧果														
肋眼牛排														
香煎野林鸽[注2]														
烤茄子														
粉红佳人苹果														
烤腰果														

注1、注2：雉鸡、野林鸽在我国是保护动物。

块根芹

块根芹很少得到应有的赞扬。这种粗糙的根茎类蔬菜在汤中或作为主菜配菜时味道尤其鲜美，但它还在各种不同食材之间构筑了芳香联系，从海螯虾到草莓，甚至巧克力。因此，不要被块根芹的节状外观吓倒：从开胃菜到甜点，这种未受重视的食材是所有食材的好搭档。

生块根芹香味主要类似柑橘香、木质香和松木香，而芹菜茎的风味则更多类似青草香、桃香和菠萝香的果香。块根芹还含有挥发性化合物，闻起来有轻微的薄荷香和蜂蜜味的香气。

块根芹的白色球状根部和绿叶茎同出一株植物，这也是两者味道相似的原因。事实上，块根芹和芹菜70%挥发性化合物相同，而这种富含淀粉的根茎类蔬菜余下30%的风味特征则为其他食材提供了芳香联系。

块根芹生吃或熟食时风味各异，这也正是它的用处所在。生块根芹根有一种微妙的芹菜味，并带有坚果的质感，与芹菜茎的清脆质感（或纤维感）截然不同。块根芹擦或切成丝后和苹果或醋等酸味食材搭配相得益彰，因而在沙拉中也是常见食材。酸性调味品也有助于防止块根芹变色。

相比之下，熟块根芹味道微甜、口感滑腻，适宜和奶酪、蘑菇或烤肉一同食用。

- 块根芹（*Apium graveolens* var. *rapaceum*）又称芹菜根，西班牙语中称作 "cepa de apio"，有时也指同属的南美根茎类蔬菜 "秘鲁胡萝卜"（*Arracacia xanthorrhiza*）。
- 不要再用土豆泥了，尝试用块根芹泥和其他冬季蔬菜，如烤抱子甘蓝、菊苣（比利时菊苣）、苹果和梨来搭配雉鸡、野兔[注1]或鹿肉[注2]等野味。
- 想要激发块根芹的风味，可尝试将未削皮的块根芹在烤箱中以180℃的温度烘烤。待冷却后去除根部硬皮，并将温度降至50℃。将块根芹皮铺在烤盘上，然后再放回烤箱，直到完全干燥，干的块根芹皮就可用于给汤调味。

从叶用到根的块根芹

丹·巴伯尔（Dan Barber），纽约波坎蒂克山区石谷仓蓝山餐厅（Blue Hill at Stone Barnes）主厨

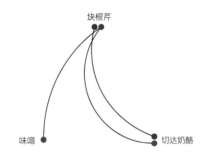

对厨师、作家兼活动家丹·巴伯尔而言，从农场到餐桌（译者注：新型饮食方式，由餐馆在当地采购食物，或者直接从农民或生产者那里购买食材，烹调后直接送上餐桌，健康环保）的概念始于种子和土壤。他开设的位于石谷仓的蓝山餐厅是纽约州北部石谷仓食品和农业中心的组成部分。该中心是一个教育中心兼农场。巴伯尔所用食材来自他自己的田地和牧场，以及哈德逊谷当地的其他农场。丹·巴伯尔倡导注重蔬菜烹饪方法，他在位于纽约市格林威治村的蓝山餐厅原址创立快闪店 "wastED"，旨在通过利用食材的边角料来减少食物浪费。

在这道菜谱中，主厨丹·巴伯尔充分利用了块根芹的每一部分，从绿叶到主体下部延伸的细长次生根。他将节状根茎去皮并切成四份，然后同融化黄油一同在蔬菜汤中炖煮。将柔嫩的炖块根芹、烤次生根和用块根芹叶制成的鲜绿色酱汁一同装盘。再将煮熟的块根芹球茎浇上用白味噌调味的切达奶酪末，配上新鲜的温室沙拉菜，再拌上柠檬油醋汁。最后再配上用块根芹坚韧外皮制作的茶汤一同食用。

注1、注2：野兔、鹿在我国是保护动物。

煮块根芹

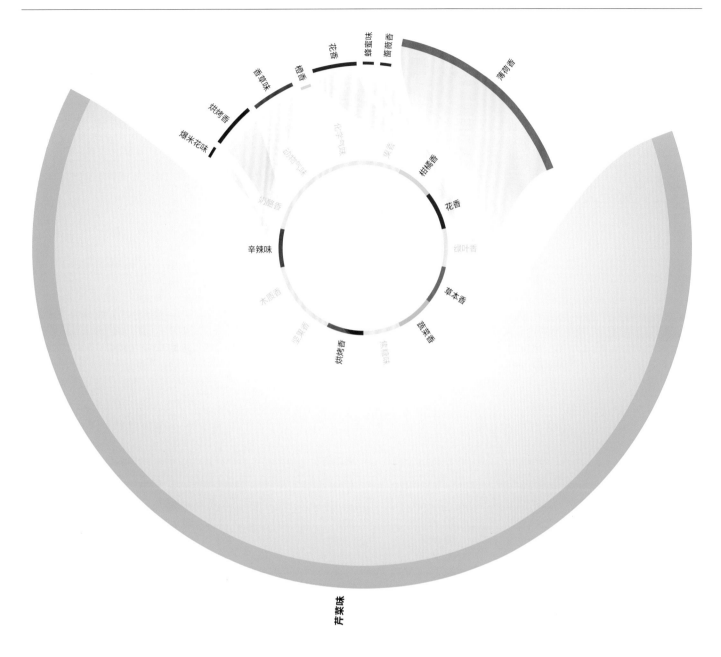

煮块根芹的香气特征

块根芹的蜂蜜味与紫苏叶、花生酱和鸭肉相配，与蚕豆、芝麻酱、蓝纹奶酪、帕玛森奶酪、韩式大酱（Korean doenjang）和黑蒜等食材有着同样的香气。煮块根芹的薄荷香可与黑莓、番石榴、葡萄柚、猕猴桃、甜菜根、罗勒、莳萝、薄荷、茴香、鼠尾草和迷迭香产生芳香联系。

	果香	柑橘香	花香	绿叶香	草本香	蔬菜香	焦糖味	烘烤香	坚果香	木质香	辛辣味	奶酪香	动物气味	化学气味
煮块根芹	·	●	●	·	●	·	·	●	·	·	●	·		·
橙子	●	●	●	●	●	·	●	●	·	·	·	·		
秘鲁黄辣椒	·	·	●	·	·	·	·	●	●	·	●	●	·	
鳄梨	·	●	·	·	·	·	·	●	●	·	·	·		
香煎珍珠鸡	·	·	●	●	·	·	·	●	·	●	●	●	·	
山羊奶酪	·	·	●	·	·	·	●	●	·	·	●	●	●	
烤花生	·	●	·	·	·	·	●	●	·	·	·	·		
烤黄盖鲽	·	·	●	●	·	·	●	●	·	·	●	●	·	
阿方索杧果（Alphonso mango）	·	●	●	·	·	·	·	●	·	·	●	●	·	
牛奶酸奶	·	·	●	·	·	·	·	·	·	·	●	●	·	
烤红薯	·	●	●	·	·	·	●	●	·	·	·	·		

块根芹的食材搭配

潜在搭配：生块根芹和褐虾

在经典的块根芹蛋黄酱（见第49页）配方的基础上，不加芥末，而是加入一些香草，像是虾夷葱或龙蒿，甚至图贝肉片一同食用。对虾可搭配褐虾，便可搭配龙蒿，甚至图贝肉片一同食用。

主厨的配方：块根芹和切达奶酪

主厨丹·巴伯尔将块根芹与用白味噌调味的切达奶酪末一同搭配（见第50页）。块根芹和切达奶酪与奶酪共享爆米花味。蔷薇香和蜂蜜味、辛辣香草分子也可与奶酪完美搭配。熟块根芹中的蔷薇香和蜂蜜味，玫瑰香和蜂蜜味。熟块根芹中的辛辣香草分子也可与奶酪完美搭配。

生块根芹丝

	鱼腥味	花香味	柑橘味	坚果烘焙味	青草味	焦糖味	硫化烤肉味	木质香料味	玫瑰香蜂蜜味
香煎野林鸽	•	•	•	•	•	●	●	•	○
熟长粒米	•	•	•	•	•	●	●	•	○
烤褐虾	•	•	•	•	•	●	•	•	○
干葱婆子叶	●	•	●	•	•	•	•	●	●
番石榴	●	•	●	•	•	•	●	●	●
多香果	●	•	●	•	•	•	•	●	●
胡萝卜	•	•	•	•	•	•	•	•	•
干枫树叶	•	•	•	●	●	•	•	•	•
烤鲽鱼	•	•	•	●	●	•	•	•	•
柠檬香蜂草	●	○	●	●	•	•	•	●	●

李子罐头

	鱼腥味	花香味	柑橘味	坚果烘焙味	青草味	焦糖味	硫化烤肉味	木质香料味	玫瑰香蜂蜜味
香烤猪五花	●	•	●	•	•	•	●	•	○
煮块根芹	●	•	●	•	•	•	●	•	●
海胆	●	•	●	●	•	•	•	•	●
蓝莓醋	●	•	●	●	•	•	•	•	●
煮去皮甜菜根	●	•	●	●	•	•	•	•	●
北京烤鸭	●	•	●	●	•	•	•	•	●
绿番茄 (tomatillo)	●	•	●	●	•	•	•	•	●
熟菰米	●	•	●	●	•	•	•	•	●
干牛肝菌	●	•	●	•	•	•	•	•	●
无花果干	●	•	●	●	•	•	•	•	●

大茴香籽

	鱼腥味	花香味	柑橘味	坚果烘焙味	青草味	焦糖味	硫化烤肉味	木质香料味	玫瑰香蜂蜜味
粉红佳人苹果	•	•	•	●	•	•	•	•	○
煮紫薯	•	•	●	●	•	•	•	•	●
熟卡姆小麦	•	•	●	●	•	•	•	•	●
柠檬皮屑	•	•	●	●	•	•	•	•	●
烤野猪肉[注1]	•	•	●	●	•	•	•	•	●
香煎大虾	•	•	●	●	•	•	•	•	●
生块根芹末	•	•	●	●	•	•	•	•	●
姜黄根	•	•	●	●	•	•	•	●	●
留兰香	•	•	●	●	•	•	•	●	●
白萝卜	•	•	●	●	•	•	•	●	●

淡味切达奶酪

	鱼腥味	花香味	柑橘味	坚果烘焙味	青草味	焦糖味	硫化烤肉味	木质香料味	玫瑰香蜂蜜味
芫荽叶	•	•	●	•	•	●	●	•	○
小麦面包丁	•	•	●	•	•	●	●	•	●
红橘	•	•	●	•	•	●	●	•	●
红甜椒粉	●	•	●	•	•	●	●	•	●
辣根泥	•	•	●	•	•	●	●	•	●
木槿花	•	•	●	•	•	•	•	•	●
干葛缕子叶	•	•	●	•	•	•	•	•	●
皮夸尔黑橄榄	•	•	●	•	●	•	●	●	●
煮鲑鱼翅	•	•	●	•	●	•	●	●	●
西冷牛排	•	•	●	•	●	•	●	●	●

班兰叶

	鱼腥味	花香味	柑橘味	坚果烘焙味	青草味	焦糖味	硫化烤肉味	木质香料味	玫瑰香蜂蜜味
烤大雁	•	•	●	•	●	●	●	•	○
烤飞蟹	•	•	●	•	●	●	●	•	●
烤腰果	•	•	●	•	●	●	●	•	●
炖鳕鱼	•	•	●	•	●	●	●	•	●
全熟蛋黄	•	•	●	•	●	●	●	•	●
生块根芹末	•	•	●	●	●	●	●	•	●
熟印度香米	•	•	●	•	●	●	●	●	●
大豆奶油	•	•	●	•	●	●	●	●	●
烤箱烤汉堡	•	•	●	•	●	●	●	●	●
烤榛子	•	•	●	●	●	●	●	●	●

熟卷心菜

	鱼腥味	花香味	柑橘味	坚果烘焙味	青草味	焦糖味	硫化烤肉味	木质香料味	玫瑰香蜂蜜味
野蒜	•	•	●	•	•	●	●	•	●
豆角	•	•	●	•	•	●	●	•	●
草莓番石榴	●	•	●	•	•	●	●	•	○
山竹	•	•	●	•	•	●	●	•	●
曼萨尼亚 (Manzanilla) 初榨橄榄油	•	•	●	•	•	●	●	•	●
煮牛肉	●	•	●	•	•	●	●	•	●
煮块根芹	•	•	●	•	•	●	●	•	○
烤脊髓	•	•	●	•	•	●	●	•	●
烤多佛鳎鱼	•	•	●	•	•	●	●	•	●
熟菰米	•	•	●	•	•	●	●	•	●

注1：在我国，野猪是保护动物。

潜在搭配：块根芹和薰衣草

食用薰衣草与迷迭香相似，其新鲜叶子的用法也相同：将薰衣草浸泡在牛奶或奶油中，制成香浓冰激凌；或在饮料中加入薰衣草味纯糖浆；又或在甜点中加入薰衣草糖。在烤蔬菜时，也可将薰衣草加入百里香、迷迭香、月桂叶和鼠尾草等香草中。

潜在搭配：块根芹和香草

香草可在甜、咸食品之间构筑芳香联系，例如，熟块根芹和奶油奶酪共含香草醛化合物（见第54页），同时共享蔷薇香。大麦芽与煮块根芹中的花蜜香、蔬菜香和烘烤香类似，也可以与波本香草搭配。

新鲜薰衣草叶

	果香	柑橘香	花香	绿叶香	草本香	蔬菜香	焦糖味	烘烤香	坚果香	木质香	辛辣味	奶酪香	动物气味	化学气味
石榴														
南酸枣														
白萝卜														
煮块根芹														
香茅														
咖喱叶														
绿胡椒														
煎饼														
橘子														
马德拉斯（Madras）咖喱酱														

鲜奶油奶酪

	果香	柑橘香	花香	绿叶香	草本香	蔬菜香	焦糖味	烘烤香	坚果香	木质香	辛辣味	奶酪香	动物气味	化学气味
薄荷														
哈密瓜														
西班牙辣香肠														
煮块根芹														
刺松藻														
北京烤鸭														
大豆味噌														
熟贻贝														
波本香草														
蓝莓														

熟荞麦面

	果香	柑橘香	花香	绿叶香	草本香	蔬菜香	焦糖味	烘烤香	坚果香	木质香	辛辣味	奶酪香	动物气味	化学气味
甜瓜														
燕麦饮料														
煮块根芹														
生蛋黄														
扁叶欧芹（flat-leaf parsley）														
鲜食蔷薇花瓣														
熟法兰克福香肠														
烤开心果														
烤西葫芦														
煮鳐鱼翅														

大麦芽

	果香	柑橘香	花香	绿叶香	草本香	蔬菜香	焦糖味	烘烤香	坚果香	木质香	辛辣味	奶酪香	动物气味	化学气味
煮块根芹														
炖黑线鳕														
多肉江蓠藻														
波本香草														
烤鲽鱼														
北京烤鸭														
黑莓														
路易博士茶														
橙皮														
布瑞本苹果														

香草

香草是世界上广受欢迎的香料之一，其香味主要来源于香气分子香草醛。而木质香、果香和烟熏味又进一步丰富了香草甜美、复杂的香气特征。

香荚兰（*Vanilla planifolia*），又称马达加斯加波本香草，是最为常见的栽培品种。波本香草以其浓郁的奶油味和木质-意大利黑醋香而闻名，是我们大多数人所能联想的香草的味道。

香荚兰是一种兰科植物，原产于墨西哥和中美洲，最早为阿兹特克人种植食用。当今世界上75%的商业香草产自马达加斯加岛和留尼汪岛（旧称为波本岛）。香荚兰需要三年才开花，开花时每一株都必须由人工授粉。授粉后长出香草荚，或称香草豆，在成熟之前（从绿色变为淡黄色）被采摘下来（译者注：若留在藤蔓上等待成熟，香草荚会爆豆露出种子，失去利用价值）。

收获的豆荚经过汆烫或蒸煮，并在毛毯上发酵并进行生香处理。这一过程会引发酶反应，破坏细胞和植物组织，并进一步引发氧化作用。在高温高湿的环境下，随着香草味分子生成，豆荚外壳变黑。然而，承载香草特有香味的并不是这几千枚小种子，而是豆荚外壳内黏稠的棕色液体，它才是香草香甜气息的载体。

接下来，经发酵的香草豆荚会进行烘干处理，以留住香味，并去除多余水分，防止腐烂。然后，将干燥的豆荚转移到铺有防油纸的盒子里，使其"熟成"3～6个月，香草的香味更加融合。随后依据香气和水分含量进行分级并分成不同类别。香草豆荚生产需要长达18个月的劳动密集种植和晒制过程，难怪它是价格仅次于藏红花的昂贵香料。

天然香草生产成本高、耗时长，且不能满足全球需求。因此，合成香草精成了常见替代品。这种合成香草精的原料里包含丁香油，丁香油里可提取名为丁香酚的油性液体，将其加工可转化为香草醛。

- 香草应用范围极广，被用于赋予各种物品以香甜的香气，从食品饮料（可口可乐公司是世界上较大的香草消费商之一）到我们所用的化妆品和香水。除了本身作为一种味道，香草还经常用以丰富其他食品饮料的风味，如在咖啡和巧克力中加入香草。
- 减少食谱中糖分含量，加入香草以替代。要自制香草味糖，可将砂糖与香草豆荚混合，然后放在密封的罐子里6～8周，让糖充分吸收香草的香气。
- 要自制香草精，需将100克香草豆荚（空壳的也行）与1升伏特加混合，并将混合物浸泡6～8周，然后过滤。

相关的香气特征：塔希提香草

塔希提香草来自另一种植物塔希提香荚兰（*Vanilla tahitensis*），其香味较波本香草更为浓郁，香草味和大茴香味各占其香气特征的45%，还夹杂淡淡花香。

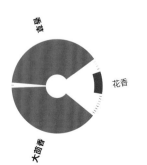

	果香	柑橘香	花香	绿叶香	草本香	蔬菜香	焦糖味	烘烤香	坚果香	木质香	辛辣味	奶酪香	动物气味	化学气味
塔希提香草	●	·	●	●	·	·	·	●	●	●	●	●	·	·
竹荚鱼	·	·	●	●	●	·	·	●	●	●	●	●	·	·
秘鲁红辣椒	·	·	●	●	●	·	·	●	·	●	●	·	·	·
香煎白蘑菇	·	·	●	●	●	·	·	●	·	●	●	·	·	·
架烤牛肋排	·	·	●	·	·	·	·	●	·	●	●	●	·	·
香煎鹿肉	·	·	●	·	·	·	·	●	·	●	●	·	·	·
大吉岭红茶	·	·	●	·	·	·	·	●	·	●	●	·	·	·
烤多佛鳎鱼	·	·	●	·	·	·	·	●	·	●	●	●	·	·
熟切达奶酪	·	·	●	·	·	·	·	●	·	●	●	●	·	·
草莓	·	·	●	·	·	·	·	●	·	·	●	●	·	·
煮灰胡桃南瓜	·	·	●	●	·	·	·	●	·	●	●	●	·	·

波本香草

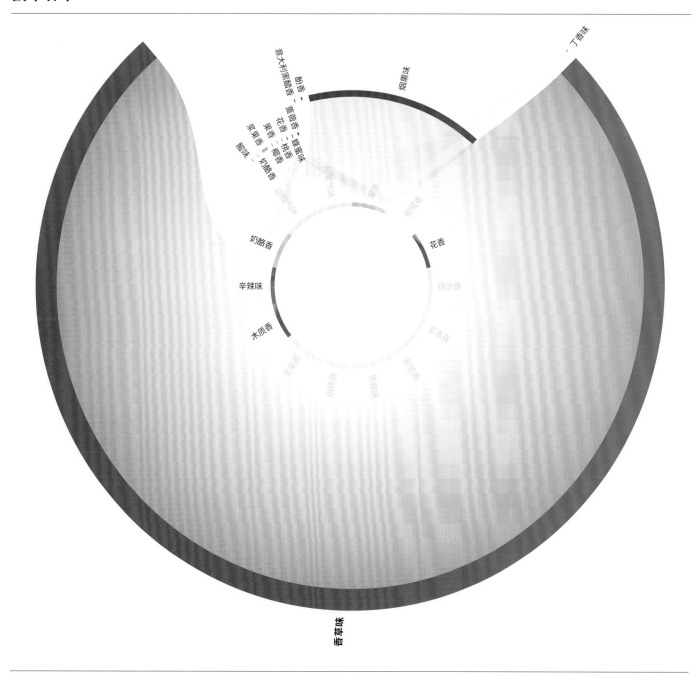

意大利黑醋香 酚香 蔷薇香 花香 桃香味 浆果香 果香 椰香 酸味 奶酪香 动物气味 奶酪香 辛辣味 木质香 香草味 花香 绿叶香 烟熏味 丁香味

波本香草的香气特征

波本香草香气分析显示，在其复杂的香气特征中，82%源于主要芳香分子香草醛。酚类为木质香的脂味的来源，而奶酪香、椰香和桃香分子则使这种特殊香草的奶油风味浓郁。波本香草带有烟熏味，这意味着它可与糙米、番茄、螃蟹、桂皮（中国肉桂）和黑橄榄组合。而其意大利黑醋香与罗勒、番石榴和柠檬味天竺葵也可搭配。

	果香	柑橘香	花香	绿叶香	草本香	蔬菜香	焦糖味	烘烤香	坚果香	木质香	辛辣味	奶酪香	动物气味	化学气味
波本香草	●	·	●	●	·	·	·	·	·	●	●	●	·	·
烤箱烤猪肋排	·	·	●	●	·	·	●	·	·	·	●	●	·	·
烤红甜椒	·	·	●	●	·	●	·	·	·	●	●	·	·	·
炙烤羊羔肉	·	·	●	●	·	·	·	·	·	●	●	●	·	·
熟糙米	·	·	●	●	·	·	·	·	·	●	●	●	·	·
雪维菜	·	·	●	●	·	·	·	·	·	·	·	·	·	·
煮褐虾	●	·	●	●	·	·	·	·	●	●	●	·	·	·
煮土豆	●	·	●	·	·	·	·	·	·	·	·	·	·	·
番茄	●	·	●	●	·	·	·	·	·	●	●	·	·	·
煮面包蟹蟹肉	●	·	●	●	·	·	·	·	·	●	●	·	·	·
卡蒙贝尔奶酪	·	·	●	●	·	·	·	·	·	●	●	●	·	·

潜在搭配：白芦笋和香草

芦笋的味道苦中带甜。为凸显其甜味，可用煮白芦笋搭配白酱（beurre blanc sauce）。酱汁的酸味（例如柠檬汁或白葡萄酒醋）可中和这一搭配的油腻和甜度。

潜在搭配：香草和日本白酱油

白酱油中大豆成分仅为10%，其余部分则由小麦组成，颜色浅。除了与芦笋、南瓜和藜麦等食材香气类似，这种日本酱油还可与塔希提香草搭配，可尝试在海盐焦糖蛋糕和甜点中加入白酱油。

香草的食材搭配

煮白芦笋	果香	柑橘香	花香	绿叶香	草本香	蔬菜香	焦糖味	烘烤香	坚果香	木质香	辛辣味	奶酪香	动物气味	化学气味
刺松藻														
浸煮鳟鱼														
大豆味噌														
蚝油														
腌鳀鱼														
海鲷														
塔希提香草														
烤小牛胸腺														
烤榛子														
烤菊苣根														

白酱油	果香	柑橘香	花香	绿叶香	草本香	蔬菜香	焦糖味	烘烤香	坚果香	木质香	辛辣味	奶酪香	动物气味	化学气味
煮南瓜														
黑莓														
塔希提香草														
煮白芦笋														
熟藜麦														
烤红甜椒														
和牛														
烤兔肉														
粉红佳人苹果														
香煎雉鸡肉														

烤箱烤猪肋排	果香	柑橘香	花香	绿叶香	草本香	蔬菜香	焦糖味	烘烤香	坚果香	木质香	辛辣味	奶酪香	动物气味	化学气味
味醂（日本甜料酒）														
煮甜菜根														
木槿花														
淡味切达奶酪														
葫芦巴叶														
扇贝王														
煮洋蓟														
白灼鱿鱼														
蚕豆														
秘鲁黑辣椒														

黑麦面包	果香	柑橘香	花香	绿叶香	草本香	蔬菜香	焦糖味	烘烤香	坚果香	木质香	辛辣味	奶酪香	动物气味	化学气味
香煎珍珠鸡														
海苔片														
大西洋鲑鱼片														
烤野兔														
黄瓜														
烤扇贝王														
烤夏威夷果														
拉古萨诺（Ragusano）奶酪														
塔希提香草														
煮火腿														

火龙果	果香	柑橘香	花香	绿叶香	草本香	蔬菜香	焦糖味	烘烤香	坚果香	木质香	辛辣味	奶酪香	动物气味	化学气味
波本香草														
布里奶酪														
芥末														
豆角														
干杜松子														
干桉树叶														
迷迭香														
香煎野鸭														
烤菱鲆														
现煮过滤咖啡														

煎秋葵	果香	柑橘香	花香	绿叶香	草本香	蔬菜香	焦糖味	烘烤香	坚果香	木质香	辛辣味	奶酪香	动物气味	化学气味
雪维菜														
现磨咖啡														
烟熏大西洋鲑鱼														
煮灰胡桃南瓜														
烤开心果														
塔希提香草														
烤甜菜根														
黑巧克力														
茉莉花														
草莓														

经典搭配：香草和奶油

香草醛分子易溶于脂肪，当加入奶油等高脂肪含量的食材中时，香草味会更为浓郁。脂肪分子在口中融化速度慢，因此香草的风味也会更持久。

经典搭配：香草和巧克力

最早关于香荚兰的记录可追溯至墨西哥，阿兹特克人用它来制作巧克力热饮索可拉（xocoatl，见第58页）。墨西哥产的香草香甜浓郁，带有轻微辛辣烟草味。想要自制一杯辛辣、苦中带甜的索可拉热饮，可以在热水中加入无糖可可粉、香草和切片辣椒，并在饮用前过滤，一杯香浓可口的巧克力热饮就完成了。

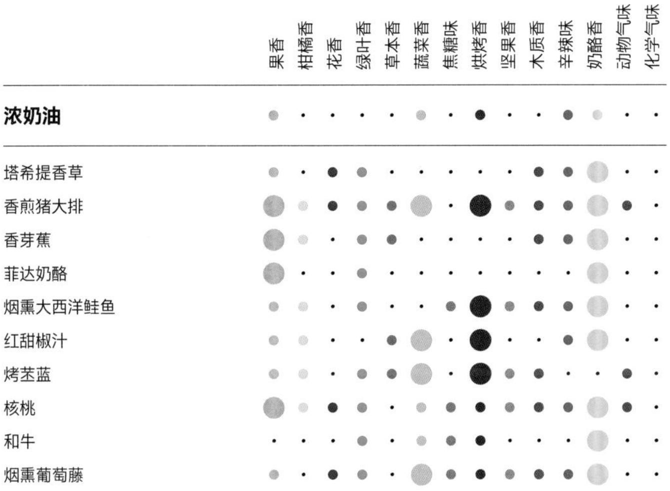
果香 柑橘香 花香 绿叶香 草本香 蔬菜香 焦糖味 烘烤香 坚果香 木质香 辛辣味 奶酪香 动物气味 化学气味
浓奶油
塔希提香草
香煎猪大排
香芽蕉
菲达奶酪
烟熏大西洋鲑鱼
红甜椒汁
烤芜蓝
核桃
和牛
烟熏葡萄藤

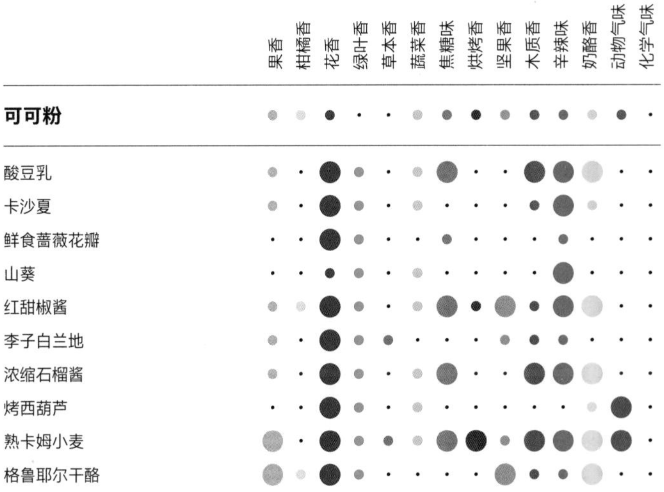
果香 柑橘香 花香 绿叶香 草本香 蔬菜香 焦糖味 烘烤香 坚果香 木质香 辛辣味 奶酪香 动物气味 化学气味
可可粉
酸豆乳
卡沙夏
鲜食蔷薇花瓣
山葵
红甜椒酱
李子白兰地
浓缩石榴酱
烤西葫芦
熟卡姆小麦
格鲁耶尔干酪

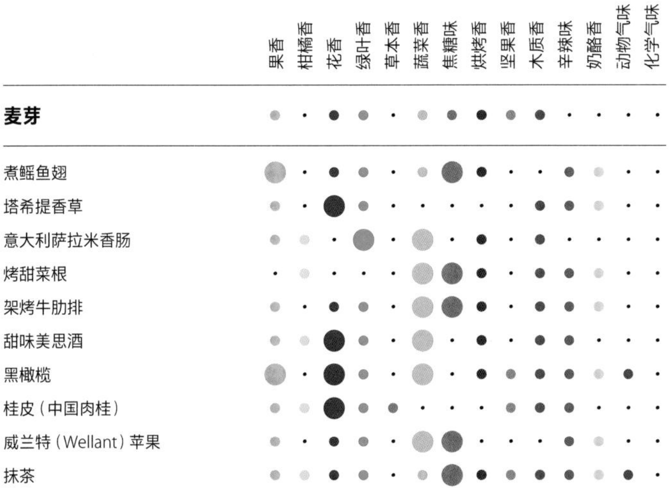
果香 柑橘香 花香 绿叶香 草本香 蔬菜香 焦糖味 烘烤香 坚果香 木质香 辛辣味 奶酪香 动物气味 化学气味
麦芽
煮鳐鱼翅
塔希提香草
意大利萨拉米香肠
烤甜菜根
架烤牛肋排
甜味美思酒
黑橄榄
桂皮（中国肉桂）
威兰特（Wellant）苹果
抹茶

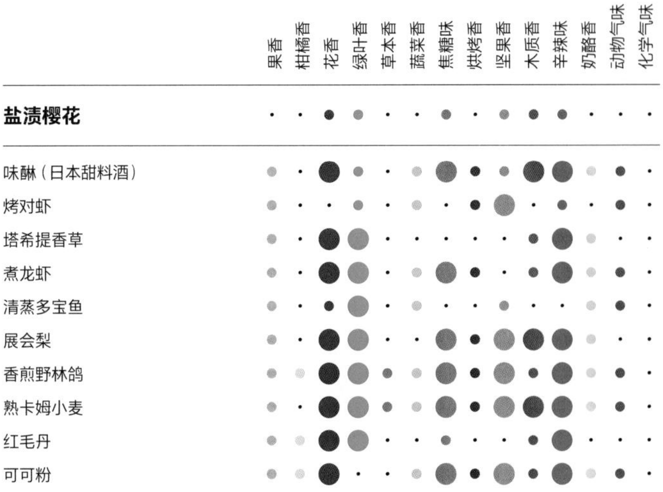
果香 柑橘香 花香 绿叶香 草本香 蔬菜香 焦糖味 烘烤香 坚果香 木质香 辛辣味 奶酪香 动物气味 化学气味
盐渍樱花
味醂（日本甜料酒）
烤对虾
塔希提香草
煮龙虾
清蒸多宝鱼
展会梨
香煎野林鸽
熟卡姆小麦
红毛丹
可可粉

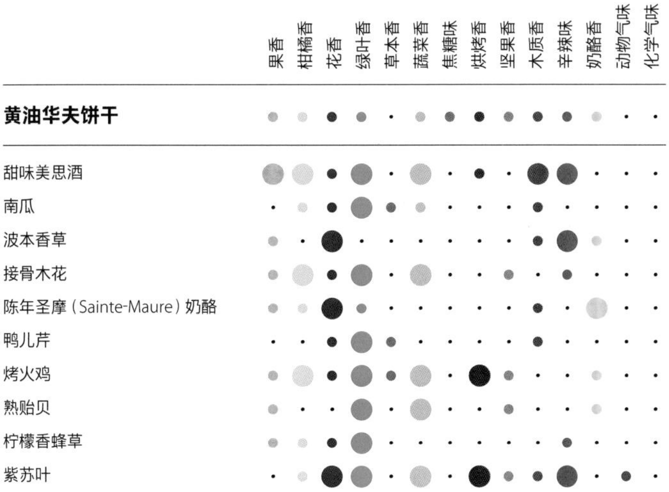
果香 柑橘香 花香 绿叶香 草本香 蔬菜香 焦糖味 烘烤香 坚果香 木质香 辛辣味 奶酪香 动物气味 化学气味
黄油华夫饼干
甜味美思酒
南瓜
波本香草
接骨木花
陈年圣摩（Sainte-Maure）奶酪
鸭儿芹
烤火鸡
熟贻贝
柠檬香蜂草
紫苏叶

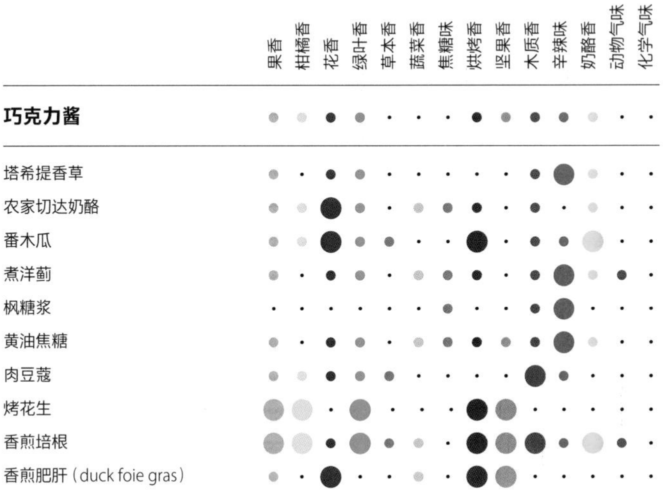
果香 柑橘香 花香 绿叶香 草本香 蔬菜香 焦糖味 烘烤香 坚果香 木质香 辛辣味 奶酪香 动物气味 化学气味
巧克力酱
塔希提香草
农家切达奶酪
番木瓜
煮洋蓟
枫糖浆
黄油焦糖
肉豆蔻
烤花生
香煎培根
香煎肥肝（duck foie gras）

巧克力

巧克力味道香甜，带有烘烤香、坚果香和焦糖味，同时含有微量天然刺激物质，如咖啡因、可可碱、苯乙胺和花生四烯酸乙醇胺（译者注：anandamide，源自梵语"ananda"，意为平和幸福，让人感到放松满足）。

早期在古陶器中发现的化合物可可碱的痕迹表明，奥尔梅克人（Olmecs，公元前1200—前400年）最早饮用可可豆，当时可可豆就作为饮料食用。后来，阿兹特克人和玛雅人传承了这一饮品，并称之为索可拉。在制作时，可可豆经由发酵、干燥和烘烤，随后被磨成深色糊状，并与水、玉米、辣椒、香草、胭脂树红（annatto，一种由胭脂树种子制成的橙红色着色剂和调味剂）以及其他草本香料和香料混合。但不同于当今香甜可口的墨西哥热巧克力，索可拉味道苦涩。

16世纪，西班牙征服者在前往新大陆的航行中发现了可可豆，并将它带回国。后来，可可豆在欧洲大陆逐渐盛行，糖、蜂蜜及其他甜味剂及调味料也被添加到巧克力饮料中。19世纪中期，英国巧克力制造商弗莱公司（J.S.Fry & Sons）推出第一款固体巧克力棒。

如今，巧克力热切爱好者对黑巧克力赞不绝口，有些人喜欢含可可含量高达90%的巧克力棒。牛奶巧克力的制作方法是在黑巧克力的基础上加入牛奶或奶粉以及炼乳，使其风味更为纯正且奶香浓郁。制作白巧克力时，要将可可液过滤，将可可固体与可可脂分离。然后对可可脂采取脱臭处理，以减少其独特的气味，并与牛奶或奶粉以及糖混合。白巧克力不含任何可可粉，也失去了黑巧克力和牛奶巧克力的复杂风味。有些巧克力师傅在白巧克力中加入少量未经除臭的可可脂，使其风味更加复杂，这样白巧克力会有细微的橙香、蘑菇味、花香、坚果香和泥土味。

从可可豆到巧克力棒

巧克力的制作过程极为复杂，每一步都会产生复杂的新风味和香味。可可豆三大品种包括克里奥罗（译者注：Criollo，顶级的可可品种，常见于中美与南美，花香、果香、坚果香馥郁）、佛拉斯特罗（译者注：Forastero，常见于南美与西非，产量高，口味苦涩）和特立尼达（译者注：Trinitario，前两种可可的杂交品种，传承二者优势，产量高而香醇味美，风味特征独特，一旦经由加工，这些特征就会显现）。然而，环境因素，如产地、土壤条件、气候和成熟度，以及收获和发酵过程都会在一定程度上影响巧克力的风味特征及变化。甚至种植园与邻近农场或种植园的距离远近等因素也会影响到风味。因此，巧克力通常会用产地描述，例如，相较于哥斯达黎加黑巧克力，秘鲁黑巧克力的果香和花香更为馥郁，而前者坚果香更为醇厚。

生可可豆口感极为苦涩。为了制作巧克力，需将白色黏稠果肉中的可可豆从豆荚中分离，成堆或成箱摆放发酵。当果香、柑橘香、花香、奶酪香、坚果香和扁桃仁香芳香分子形成时，可可豆和果肉会变为红褐色。随着发酵时间增长，可可豆中的果香和奶酪香会更为浓郁。不过，必须注意防止可可豆发酵时间过长，否则会产生霉味或腥味。

发酵后的可可豆经过干燥和烘烤，又生成坚果香、烘烤香、焦糖味、辛辣味、花香甚至泥土味等芳香分子，让巧克力风味馥郁、引人沉迷。但干燥和储存方法不当会导致可可豆中出现令人生厌的腐臭味和橡胶味，类似于硬纸板的气味。

制作巧克力的最后一步是精炼（conching），将烤可可豆与可可脂、可可液、牛奶或奶粉、糖和香草一同研磨、加热和搅拌，过程持续可从数小时到约一周，以赋予巧克力柔顺光滑、奶油般的质地。随后，经由冷却过程，巧克力便制作完成了。精炼阶段温度上升会引发美拉德反应，产生焦糖味、辛辣味和奶酪香的挥发性化合物（见第25页），这一过程同样有助于平衡巧克力的酸度。

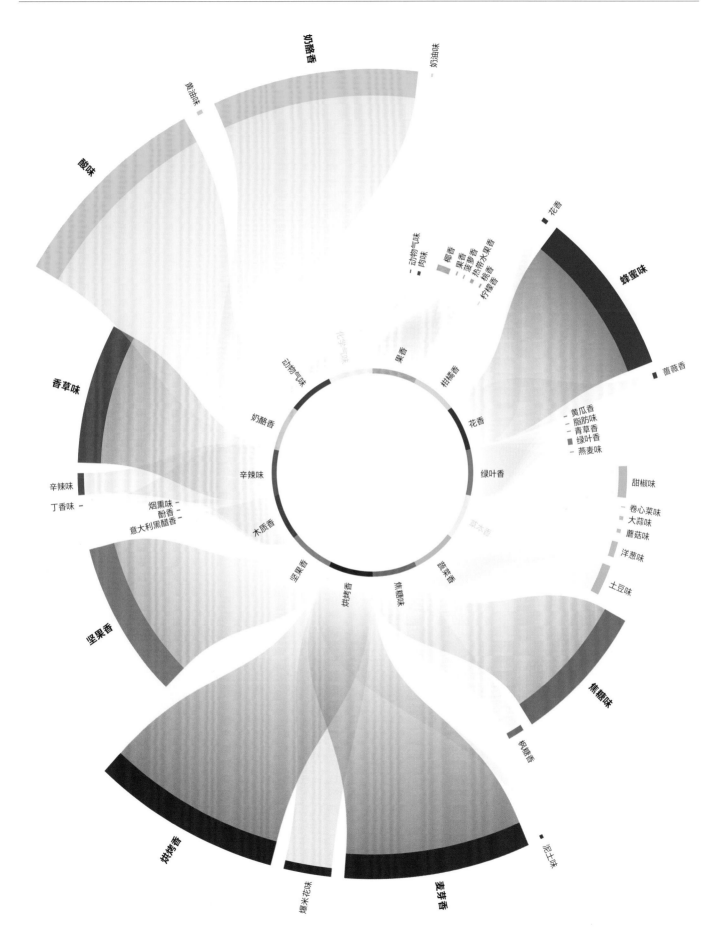

奶酪香

奶油味

黄油味

酸味

动物气味
肉味
椰香
果香
花香
波萝香
热带水果香
柠檬香

蜂蜜味

蔷薇香

香草味

化学气味
动物气味
果香
柑橘香
花香
绿叶香

黄瓜香
脂肪味
青草香
绿叶香
燕麦味

辛辣味
丁香味

奶酪香

辛辣味

甜椒味

烟熏味
酚香
意大利黑醋香

木质香

卷心菜味
大蒜味
蘑菇味
洋葱味

土豆味

坚果香

坚果香
烘烤香
焦糖味
蔬菜香

焦糖味

枫糖香

烘烤香

麦芽香

泥土味

爆米花味

经典搭配：牛奶巧克力和草莓

草莓中一个关键分子是4-羟基-2,5-二甲基-3(2H)-呋喃酮，即草莓呋喃酮。这一化合物在巧克力制作过程中也会生成，比草莓中的草莓呋喃酮更甜、焦糖味更浓。在肉类中，其咸味和肉香更浓，这也是为何一些厨师在搭配野味的酱汁里最后加上一点巧克力。

潜在搭配：黑巧克力和西蓝花

黑巧克力中含有一种植物性含硫化合物，在熟西蓝花和其他一些蔬菜中也能找到。在巧克力蛋糕、松饼和布朗尼中加入西蓝花、甜菜根、灰胡桃南瓜或西葫芦，可有效增加蔬菜摄入。

巧克力的种类

60

黑巧克力的香气特征

与牛奶巧克力相比，黑巧克力风味复杂而苦涩，风味特征显著，包括果香、花香、烘烤香、焦糖味、辛辣味和木质香。在某些情况下，你甚至可能会察觉到燕麦的绿叶香，或是甜椒蔬菜香等细微的香气。这些芳香联系让一些意想不到的搭配成为可能，比如巧克力配芦笋、甜菜根、甜椒、西蓝花、灰胡桃南瓜、黄瓜、欧芹、豌豆、土豆和番茄，试想柔顺光滑的奶油巧克力慕斯配上新鲜草莓和烤红甜椒（见第59页香气轮盘）。

黑巧克力	果香	柑橘香	花香	绿叶香	草本香	蔬菜香	焦糖味	烘烤香	坚果香	木质香	辛辣味	奶酪香	动物气味	化学气味
桂皮（中国肉桂）														
白蘑菇														
食用大黄														
野苣菜														
盐渍樱花叶														
煮西蓝花														
洋槐蜜														
塔希提香草														
紫苏叶														
花生酱														

牛奶巧克力的香气特征

与黑巧克力相较而言，牛奶巧克力焦糖味、果香和花香挥发物较少，但柑橘香更浓。它风味复杂度低、奶香味醇厚。

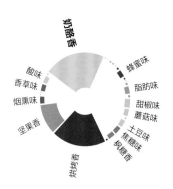

牛奶巧克力	果香	柑橘香	花香	绿叶香	草本香	蔬菜香	焦糖味	烘烤香	坚果香	木质香	辛辣味	奶酪香	动物气味	化学气味
可涂抹辣香肠														
波本香草														
味噌鱼														
芝麻哈尔瓦酥糖														
白灼鱿鱼														
玛拉波斯草莓														
轩尼诗VS干邑														
煮龙虾														
烤芝麻														
烤绿芦笋														

白巧克力的香气特征

白巧克力的基本风味特征由脂肪味、奶油味、奶酪香和焦糖味的芳香分子组成，还带有一些桃香和椰香内酯。

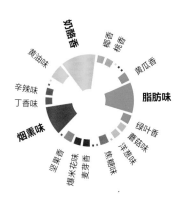

白巧克力	果香	柑橘香	花香	绿叶香	草本香	蔬菜香	焦糖味	烘烤香	坚果香	木质香	辛辣味	奶酪香	动物气味	化学气味
柠檬香蜂草														
接骨木果														
苹果汁														
皮斯科酒														
巴西莓														
烟熏培根														
辣根泥														
胡椒薄荷														
黑胡椒粉														
红葡萄														

经典搭配：白巧克力和胡椒薄荷

在美国，胡椒薄荷巧克力（peppermint bark）在圣诞节颇受欢迎。在家就能轻松制作，以薄荷油味的黑巧克力片为基底，上面覆一层薄荷味的白巧克力，最顶端饰以大块薄荷味的条状拐杖糖。

主厨搭配：白巧克力和小麦草

小麦草富含维生素和抗氧化剂，享有"超级食物"的美誉。它闻起来像刚修剪的草坪，而白巧克力中也可找到类似的青草芳香，这也是巧克力师多米尼克·波森尼（Dominique Persoone）研发白巧克力酱配绿小麦草汁的灵感所在。

巧克力和鱼子酱

赫斯顿·布鲁门塔尔，伯克郡布雷小镇肥鸭餐厅

许多黑巧克力蛋糕、巧克力曲奇和其他巧克力甜点食谱中都会加入少许盐，这是因为盐能中和巧克力的苦味，使甜品中其他风味得以凸显。主厨赫斯顿·布鲁门塔尔将这一食品科学要点铭记在心，开始尝试不同食材搭配。从板鸭到鳗鱼，从干火腿到鱼子酱，他将巧克力同各种食材逐一搭配。最终，鱼子酱巧克力组合风味独特，令人耳目一新，自此，光滑细腻的白巧克力圆盘配少量咸味冰鲜鱼子酱就成了布鲁门塔尔餐厅的经典之作。

"惊喜制造者"

多米尼克·波森尼，比利时布鲁日巧克力线（The Chocolate Line）专卖店

多米尼克·波森尼制作巧克力的灵感有些源自时令原料，而另一些则源于他的环球旅行。"马拉喀什"是一款味道甜美，内含绿茶的薄荷味巧克力；"绿色东京"（Green Tokyo）将山葵与扁桃仁糖膏和巧克力酱搭配（见第62页），而一款有着卡沙夏、辣椒、芫荽和青柠风味的巧克力则使他回忆起自己的巴西之旅。类似的搭配还包括健康小麦草和花椰菜配白巧克力酱。他的菜单上甚至还有一款鳗鱼味巧克力酱配绿色草本植物。

波森尼在一款特别巧克力中加入了利多卡因，能在舌头上留下刺痛感，但最为声名远扬的也许非"巧克力发射器"莫属。它以滚石乐队主唱米克·杰格（Mick Jagger）命名，由可可粉与芬芳的草本香料混合制成，给人带来刺激嗅觉体验，也为波森尼赢得了"惊喜制造者"（Shock-latier）之名。

巧克力的食材搭配

鱼子酱	果香	柑橘香	花香	绿叶香	草本香	蔬菜香	焦糖味	烘烤香	坚果香	木质香	辛辣味	奶酪香	动物气味	化学气味
戈贡佐拉奶酪			●		●							●		
苏玳葡萄酒		●	●											
日本酱油			●				●							
熟贻贝			●											
酸奶油							●							
熏大西洋鲑鱼片				●										
白芦笋			●			●								
发酵硬粒小麦面包							●							
香芽蕉							●							
鳕鱼片														

小麦草	果香	柑橘香	花香	绿叶香	草本香	蔬菜香	焦糖味	烘烤香	坚果香	木质香	辛辣味	奶酪香	动物气味	化学气味
豆角			●	●										
帕玛森干酪			●				●							
塔希提香草			●											
哈瓦那红椒											●			
烤细鳞绿鳍鱼								●						
可可粉							●							
烤兔肉														
香煎雉鸡								●						
秘鲁红辣椒											●			
酸浆果		●												

主厨搭配：巧克力酱配扁桃仁糖膏与山葵

山葵和巧克力共享绿叶和甜椒香气。在"绿色东京"巧克力中，多米尼克·波森尼（见第61页）将这两种原料相结合，取得了意想不到的效果，辛辣刺鼻的山葵与香甜脂浓的巧克力酱对比鲜明。

经典搭配：巧克力和花生

花生与巧克力共享一些芳香分子，这就是巧克力和花生会成为经典搭配的原因。士力架用层层牛轧糖、焦糖、花生和牛奶巧克力相混合，历史可追溯至1930年。你也可以自创搭配：尝试用黑巧克力或白巧克力，或是在你最喜欢的巧克力酱食谱中加入花生酱。

巧克力的食材搭配

香气类别（各表格列标题）：果香、柑橘香、花香、绿叶香、草本香、蔬菜香、焦糖味、烘烤香、坚果香、木质香、辛辣味、奶酪味、动物气味、化学气味

山葵

苤蓝
香蕉
小白菜（pak choi）
蓝莓
鳄梨
西葫芦
阿尔贝吉纳（Arbequina）橄榄油
樱桃番茄
芝麻菜
食用大黄

花生

紫色鼠尾草
干式熟成牛肉
桃
白巧克力
肉桂
泰国皱皮柠檬叶
马德拉斯咖喱酱
香煎猪大排
海鲷
融化黄油

奇峰朗姆酒

煎大虾
和牛
紫苏叶
卡蒙贝尔奶酪
哥伦比亚咖啡
大豆味噌
肉桂
黑巧克力
香蕉
香煎鹌鹑

韩式烤牛肉

烤甜菜根
煮土豆
日本酱油
烤腰果
海茴香（sea fennel）
柠檬香蜂草
牛奶巧克力
抹茶
煎大虾

蔓越莓

接骨木花
帕达诺奶酪
阿尔贝吉纳特级初榨橄榄油
椰汁
黑巧克力
水牛奶酪
波特酒
红酒醋
盐渍鳕鱼干
清蒸宽叶羽衣甘蓝

日本清酒

蓝纹奶酪
皮夸尔黑橄榄
阿让（Agen）西梅
黑巧克力
格鲁耶尔干酪
烤羔羊肉
巴约纳火腿
牡蛎叶
腌鳗鱼
烤褐虾

经典搭配：巧克力和柑橘

牛奶巧克力比黑巧克力柑橘香更浓郁，因此适宜与柠檬、青柠、意大利香柠檬、葡萄柚和日本柚子等柑橘类水果搭配，试想香橙巧克力条或各种糖渍橙皮和巧克力的搭配。除此之外，牛奶巧克力还可与姜和香茅等柑橘味食材组合。

主厨搭配：巧克力和花椰菜

比利时巧克力师多米尼克·波森尼早期的创作之一是将白巧克力酱和花椰菜泥混搭，上面覆一层苦巧克力。花椰菜（见第64页）和某些黑巧克力中也有类似的硫味、洋葱味和柑橘香。

中国柠檬皮屑[注1]	果香	柑橘香	花香	绿叶香	草本香	蔬菜香	焦糖味	烘烤香	坚果香	木质香	辛辣味	奶酪香	动物气味	化学气味
	•	•	•	•				•			•	•	•
君度酒	•	•	•	•			•	•		•				
榛子	•	•		•			•	•		•				
接骨木果汁	•	•	•	•			•							
拉宾斯樱桃	•	•	•	•										
黑巧克力	•	•	•				•	•		•				
水牛奶酪		•	•											
甜菜根汁	•		•	•							•			
黑莓	•			•										
香煎猪大排	•	•	•	•			•	•						
迷迭香			•	•	•			•						

烤红甜椒酱	果香	柑橘香	花香	绿叶香	草本香	蔬菜香	焦糖味	烘烤香	坚果香	木质香	辛辣味	奶酪香	动物气味	化学气味
	•	•	•	•				•				•	•	•
百香果	•	•	•											
接骨木果	•	•	•	•										
煮块根芹	•		•					•				•		
鲜食蔷薇花瓣	•		•											
炙烤羔羊肉	•	•					•	•	•	•	•			
煮面包蟹蟹肉	•		•	•			•	•	•	•	•	•		
粉蕉（dwarf banana）	•	•	•				•	•		•				
牛奶巧克力	•	•	•	•			•	•	•	•				
烤榛子酱	•	•	•				•	•	•			•		
香煎珍珠鸡	•	•	•	•			•	•	•	•	•	•		

熟绿豆	果香	柑橘香	花香	绿叶香	草本香	蔬菜香	焦糖味	烘烤香	坚果香	木质香	辛辣味	奶酪香	动物气味	化学气味
	•	•	•	•				•				•	•	•
烤红鲻鱼	•	•	•	•	•	•	•	•	•	•	•	•		
烤牛肉	•	•	•	•	•	•	•	•	•	•	•			
海茴香	•	•	•	•				•		•	•			
干木槿花	•		•	•			•	•		•	•			
无花果干	•	•	•	•			•	•		•	•			
白巧克力	•	•	•	•			•	•	•	•				
煎甜菜根	•		•	•			•	•						
煮面包蟹蟹肉	•	•	•	•			•	•	•	•	•	•		
红橘	•	•	•	•										
山桑子	•	•	•	•						•	•			

美国明斯特干酪	果香	柑橘香	花香	绿叶香	草本香	蔬菜香	焦糖味	烘烤香	坚果香	木质香	辛辣味	奶酪香	动物气味	化学气味
	•	•	•	•				•				•	•	•
烤大雁	•	•	•				•	•		•				
烤小牛胸腺	•	•	•				•	•		•				
串番茄	•		•	•				•						
拉宾斯樱桃	•	•	•	•				•						
烤对虾	•	•	•				•	•						
熟贻贝	•	•	•				•	•						
甜菜叶	•		•	•				•						
煮青蟹	•	•	•	•				•				•		
荔枝	•	•	•	•				•						
白巧克力	•	•	•	•			•	•	•	•				

启波特雷干辣椒	果香	柑橘香	花香	绿叶香	草本香	蔬菜香	焦糖味	烘烤香	坚果香	木质香	辛辣味	奶酪香	动物气味	化学气味
	•	•	•	•				•			•		•	•
架烤牛肋排	•	•	•	•		•	•	•	•	•		•		
桂皮（中国肉桂）	•	•	•	•				•		•	•	•		
雪维菜	•		•	•		•	•	•		•				
煮豌豆	•		•	•			•	•						
茉莉花茶	•		•	•				•		•	•			
炖条长臀鳕	•	•	•	•		•	•	•		•	•	•		
泰国皱皮柠檬叶	•	•	•	•				•		•				
紫苏	•		•	•				•			•			
日本酱油	•	•	•	•		•	•	•		•	•	•		
牛奶巧克力	•	•	•	•			•	•	•	•				

烤黑芝麻	果香	柑橘香	花香	绿叶香	草本香	蔬菜香	焦糖味	烘烤香	坚果香	木质香	辛辣味	奶酪香	动物气味	化学气味
	•	•	•	•				•				•	•	•
粉蕉	•	•	•				•	•		•				
黑莓	•		•	•				•						
白巧克力	•	•	•	•			•	•	•	•				
味醂（日本甜料酒）	•	•	•	•			•	•		•				
烤牛肉	•	•	•	•	•	•	•	•	•	•	•			
烤榛子酱	•	•	•				•	•	•			•		
烤飞蟹	•	•	•				•	•				•		
香煎雉鸡	•	•	•	•			•	•	•	•	•	•		
酥油（ghee）	•		•				•	•		•		•		
烤细鳞绿鳍鱼	•	•	•				•	•						

注1：中国柠檬，原产中国故得名，在中国多作为观赏植物，但引入美国后走上了餐桌。

花椰菜

生花椰菜中的硫代葡萄糖苷（glucosinolates）的香气类似洋葱和熟卷心菜，而其余青草和柑橘芳香的化合物则为这种芸薹属植物的整体风味赋予了清新感。

芸薹属植物与同属蔬菜家族相关亲缘物种享有相同挥发性化合物。熟花椰菜和西蓝花共同含有二甲基硫醚、三硫醚、壬醛和芥酸。花椰菜的大部分风味来自3-（甲硫基）丙基异硫氰酸酯，这种化合物会影响特征风味，它也是卷心菜、抱子甘蓝和德国酸菜的风味源头。

"芸薹属"和"十字花科蔬菜"两词经常互换使用。十字花科最早指所有开花植物，包括可食用和不可食用的植物。20世纪初，植物学家开始将十字花科蔬菜更细致地划分为芸薹属，以和该科内其他不可食用植物区分。如今，花椰菜栽培品种分为多种色泽和大小，从常见白色花头到紫色、橙色，甚至是罗马花椰菜。花椰菜带有密密麻麻的小花球，与西蓝花、卷心菜、抱子甘蓝、羽衣甘蓝、宽叶羽衣甘蓝和苤蓝同属十字花科芸薹属植物。

处理花椰菜时需充分发挥想象力。花椰菜的每个部分都可利用，生吃、腌制、煮、蒸、碾压成酱、烘、烤、炸，样样皆可。注意不要把花椰菜做得太熟，尤其在煮或蒸时，以免营养成分流失。花椰菜花头富含硫代葡萄糖苷、多酚、矿物质、维生素和抗氧化剂。紫色花椰菜含有大量花青素，而β-胡萝卜素则赋予橙色花头独特的色泽。白色和绿色花椰花头同样有益健康，是硫代葡萄糖苷的重要来源。

为什么煮花椰菜比烤花椰菜流失更多风味？

某些食材含有更多的亲水芳香分子，相较其他食材而言，花椰菜就是其中之一。亲水分子，顾名思义，指对水分子有亲和力，因此易被液体吸引。煮花椰菜时，其中的亲水芳香分子逃逸到水中，花椰菜也流失了风味。而这些珍贵芳香分子并不仅仅停留在沸水中，还会蒸发到空中，最终整个厨房都会弥漫着一股花椰菜味。

要想保存食材风味，油脂是关键。用黄油或者食用油来拌、炒花椰菜，可以在烹饪过程中形成一层保护层，有效锁住亲水芳香分子，如此就能更好地留存花椰菜的蔬菜风味。同样的方法也适用于芦笋。在烹调之前，先给芦笋茎涂上油脂。若想真正突出花椰菜或芦笋风味，则可选择烤制。

花椰菜和芦笋只是包含高浓度亲水芳香分子蔬菜中的两例，这意味着它们在水煮后会变得淡而无味。而疏水性芳香分子则正好相反，它们讨厌水。不同烹饪手法，如发酵、焯水、清蒸、油炸、烘烤，甚至是切分食材，都会导致新风味生成或风味流失。因此，了解所用食材的亲水性或疏水性特征，有助于找到最佳烹饪方法。

- 煮花椰菜会加重硫味。为了防止硫味弥漫厨房，只需在烹饪汁水中加入一些油或黄油，脂肪分子会困住硫味的芳香分子。

煮花椰菜

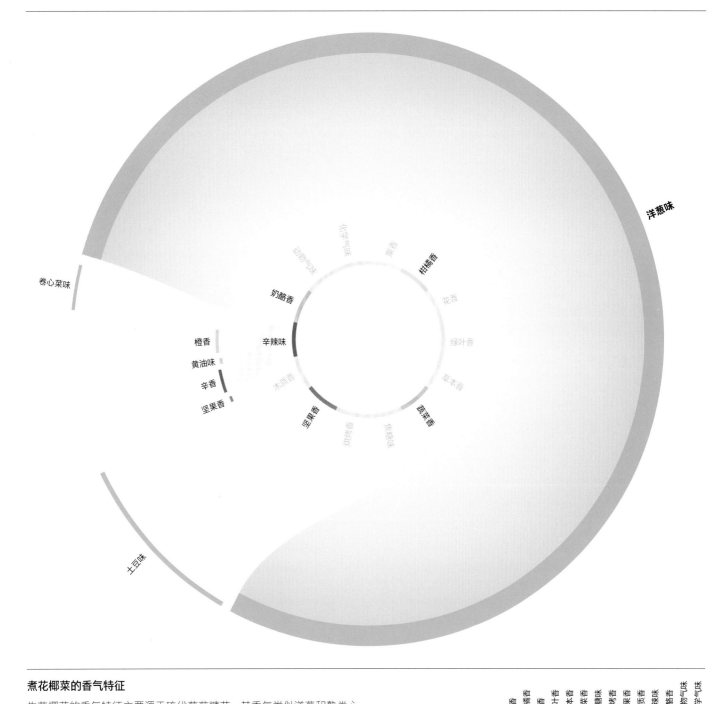

洋葱味

卷心菜味

橙香
黄油味
辛香
坚果香

奶酪香
辛辣味

化学气味
动物气味
果香
柑橘香
花香
绿叶香
草本香
蔬菜香
焦糖味
坚果香
木质香
烘烤味

土豆味

煮花椰菜的香气特征

生花椰菜的香气特征主要源于硫代葡萄糖苷，其香气类似洋葱和熟卷心菜，而其余青草和柑橘芳香化合物则为这种芸薹属植物的整体风味赋予清新感。柑橘香则让人想起橙子的芳香。水煮或清蒸花椰菜又会产生新风味。硫代葡萄糖苷的硫味让位于新的蔬菜香，香气类似熟土豆和蘑菇。而随着温度的升高，泥土味、烘烤味等挥发性化合物逐步成形，伴随着一些浓烈的黄油味。

	果香	柑橘香	花香	绿叶香	草本香	蔬菜香	焦糖味	烘烤香	坚果香	木质香	辛辣味	奶酪香	动物气味	化学气味
煮花椰菜	·	·	·	·	·	·	·	·	·	·	·	·	·	·
辣椒酱	·	·	·	·	·	·	·	·	·	·	·	·	·	·
完整脱壳燕麦	·	·	·	·	·	·	·	·	·	·	·	·	·	·
海岸葱	·	·	·	·	·	·	·	·	·	·	·	·	·	·
日本酱油	·	·	·	·	·	·	·	·	·	·	·	·	·	·
烤野猪肉	·	·	·	·	·	·	·	·	·	·	·	·	·	·
熟菠菜	·	·	·	·	·	·	·	·	·	·	·	·	·	·
烤多宝鱼	·	·	·	·	·	·	·	·	·	·	·	·	·	·
肉汁	·	·	·	·	·	·	·	·	·	·	·	·	·	·
金华火腿	·	·	·	·	·	·	·	·	·	·	·	·	·	·
芜菁甘蓝	·	·	·	·	·	·	·	·	·	·	·	·	·	·

主厨搭配：花椰菜配肉豆蔻和葡萄

在马佳里兹餐厅（Mugaritz），主厨安多尼·路易斯·阿杜里斯（Andoni Luis Aduriz）用来搭配花椰菜和葡萄的贝夏梅尔酱（béchamel）实际上是一种不含蛋黄的意式风味冰激凌，以牛奶和肉豆蔻冷饮为基底。肉豆蔻给这道菜带来了清新的柠檬香气。

潜在搭配：花椰菜和烤多宝鱼

烤制过程中的热量激发了多宝鱼中的土豆味，因此可与同样含有该香气的煮花椰菜（见第65页）搭配。

经典甜品：冷肉豆蔻贝夏梅尔酱配花椰菜和葡萄

西班牙马佳里兹餐厅安多尼·路易斯·阿杜里斯

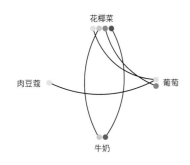

安多尼·路易斯·阿杜里斯无疑是当代极具影响力的厨师之一。他热衷于创新，同时不忘美食传统根基，在两者之间取得了巧妙平衡。在他位于西班牙北部的马佳里兹餐厅，食客可尽享独特的味觉体验：土豆变成了可以吃的石头，外形仿佛鹅卵石，细尝却是口感香绵。卡蒙贝尔奶酪在苹果浓缩液中发酵形成了丝绒般苦涩口感。玩上一盘抓骰子游戏，可以换取一勺鱼子酱。羔羊还带着皮毛便送上餐桌，巧克力蛋糕中可吹出肥皂泡。

马佳里兹餐厅在1998年开业，坐落于田园风情浓厚的埃伦特里亚村，距圣塞巴斯蒂安仅20分钟车程，如今，它已成为热衷新奇食物的食客的美食胜地。但相较于餐厅，马佳里兹更像是美食研发实验室。餐厅每年有4个月不对外开放。在此期间，阿杜里斯和他的团队全身心投入到美食研发中。他们从当地丰富的传统美食、产品和食材中汲取灵感，力求在巴斯克美食与前卫元素之间追寻平衡。自2006年以来，马佳里兹餐厅已荣获米其林二星，并名列圣佩莱格里诺世界50最佳餐厅的前五强。

在巴斯克地区，在同一道菜中加入蔬菜和水果并不常见。花椰菜和葡萄并非传统搭配，但这两种食材的共同点不仅仅在于季节性。花椰菜与葡萄共享黄油香气，而葡萄的酸甜多汁更衬托出花椰菜的蔬菜香。在西班牙，花椰菜常与肉豆蔻碎调味的贝夏梅尔酱搭配食用，因此，马佳里兹团队决定在这道季节性花椰菜与葡萄菜肴中加入少许芳香、辛辣的肉豆蔻，让两者风味互补，同时也向传统西班牙菜致敬。

肉豆蔻	果香	柑橘香	花香	绿叶香	草本香	蔬菜香	焦糖味	烘烤香	坚果香	木质味	辛辣味	奶酪香	动物气味	化学气味
鲜食蔷薇花瓣														
香煎对虾														
鼠尾草														
咖喱叶														
葡萄柚														
煮去皮甜菜根														
塔罗科血橙														
香煎猪大排														
欧防风														
开心果														

葡萄	果香	柑橘香	花香	绿叶香	草本香	蔬菜香	焦糖味	烘烤香	坚果香	木质味	辛辣味	奶酪香	动物气味	化学气味
香蕉														
梨汁														
熟豌豆														
黑蒜泥														
煮洋蓟														
烤西葫芦														
泰国皱皮柠檬														
意大利辣香肠														
北京烤鸭														
香煎对虾														

潜在搭配：花椰菜和海岸葱

海岸葱是百合科的一种小型球茎植物，带有一种温和蒜味，和煮花椰菜 （见第65页）一样含有一些含硫化合物。可尝试用它来代替乏味的洋葱作为装饰食材。

潜在搭配：花椰菜和草莓

花椰菜含有一些橙子芳香化合物，因此可以与各种柑橘类水果搭配。而草莓等许多其他水果中也含有柑橘香，这使得花椰菜和草莓的搭配成为可能（见第68页）。

花椰菜的搭配食材

摩洛血橙

	果香	焦糖香	硫黄香	木本香	焙烤香	坚果香	半萜烯香	辛辣香	柑橘香	奶酪香	动物气味	化学气味
炒小白菜	•				•		•			•		•
酸奶油	•	•		•	•	•	•	•	•	•		•
熟黑米	•			•	•	•	•	•	•			•
炒蛋	•	•		•	•	•	•	•	•	•		•
菜籽油	•	•		•	•	•	•	•	•			•
烤火鸡	•	•		•	•	•	•	•	•			•
荞麦	•			•	•	•	•	•	•	•		•
干木槿花	•			•			•		•			•
花椰菜	•					•	•		•		•	•
鲭鱼排	•	•		•			•		•			•

芒斯特干酪

	果香	焦糖香	硫黄香	木本香	焙烤香	坚果香	半萜烯香	辛辣香	柑橘香	奶酪香	动物气味	化学气味
秘鲁米拉索尔辣椒	•			•		•	•	•	•		•	•
煮海螯虾	•			•	•	•	•	•	•	•		•
韩式辣酱	•			•	•	•	•	•	•	•		•
葫芦巴叶	•			•	•	•	•	•	•	•		•
大吉岭红茶	•			•	•	•	•	•	•	•		•
炸红虾	•			•	•	•	•	•	•	•		•
炖大西洋狼鱼	•			•	•	•	•	•	•	•		•
烤猪培根	•			•	•	•	•	•	•	•		•
煮花椰菜	•						•		•	•	•	•
野蒜	•						•		•	•		•

海岸葱

	果香	焦糖香	硫黄香	木本香	焙烤香	坚果香	半萜烯香	辛辣香	柑橘香	奶酪香	动物气味	化学气味
巴氏杀菌番茄汁	•	•		•	•	•	•	•	•	•		•
意大利夏巴塔面包	•	•		•	•	•	•	•	•	•		•
红茶	•	•		•	•	•	•	•	•	•		•
白吐司面包	•	•		•	•	•	•	•	•	•		•
猪肉汁	•	•		•	•	•	•	•	•	•		•
琉璃苣	•	•		•	•	•	•	•	•	•		•
淡水龙虾	•	•		•	•	•	•	•	•	•		•
小酸模	•			•	•	•	•	•	•	•		•
黑加仑	•	•		•	•	•	•	•	•	•		•
熟贻贝	•	•		•	•	•	•	•	•	•		•

烤多宝鱼

	果香	焦糖香	硫黄香	木本香	焙烤香	坚果香	半萜烯香	辛辣香	柑橘香	奶酪香	动物气味	化学气味
接骨木花	•			•	•	•	•	•	•	•		•
熟鹰嘴豆	•			•	•	•	•	•	•	•		•
银叶欧芹	•			•	•	•	•	•	•	•		•
柚子	•			•	•	•	•	•	•	•		•
啤草芽（啤酒花芽）	•			•	•	•	•	•	•	•		•
盐渍樱花	•			•	•	•	•	•	•	•		•
烤榛果	•			•	•	•	•	•	•	•		•
皮夸尔黑橄榄	•			•	•	•	•	•	•	•		•
甜菜根	•			•	•	•	•	•	•	•		•
肉桂	•			•	•	•	•	•	•	•		•

日式鱼露

	果香	焦糖香	硫黄香	木本香	焙烤香	坚果香	半萜烯香	辛辣香	柑橘香	奶酪香	动物气味	化学气味
煮灰胡桃南瓜	•			•		•	•		•	•		•
煮柠檬鳎	•			•	•	•	•		•	•		•
烤西葫芦	•			•	•	•	•		•	•		•
熟贻贝	•			•	•	•	•		•	•		•
塔希提香草	•			•	•	•	•		•	•		•
烤海螯虾	•			•	•	•	•		•	•		•
煮花椰菜	•			•	•	•	•		•	•		•
熟糙米	•			•	•	•	•		•	•		•
圣丹尼火腿	•			•	•	•	•		•	•		•
融化黄油	•			•	•	•	•		•	•		•

草莓

作为世界上消费最多的浆果，草莓有多达上百种商业化栽培品种，且口感和香气特征各异。当今最为人熟知的草莓品种是美国森林莓栽培品种和美国西海岸松树草莓的杂交品种，前者具有浓郁的果香，而后者的菠萝香气馥郁。

这些芬芳的浆果含有低浓度的天然呋喃酮，常见于草莓和菠萝等多种水果，因此也称为草莓呋喃酮或菠萝呋喃酮。随着草莓成熟，呋喃酮浓度增加，生成更为浓郁的果香和焦糖味。

呋喃酮常见于各类食物，从咖啡、巧克力到熟肉、黑啤酒和酱油等，是广受欢迎的化合物之一，甚至连母乳中也有其踪影，难怪人类天生对它情有独钟。呋喃酮分子浓度的不同会引发食材香气特征的变化，从类似草莓或菠萝的果香到焦糖味和带有细微咸味的棉花糖甜香。

许多关键芳香分子由酶反应形成，也可在碰撞或加热过程中生成。因此烹饪草莓也可增加呋喃酮含量。试想把草莓熬制成美味的糖水草莓时会有何种美妙反应。加热草莓时，果香的草莓呋喃酮和焦糖味的呋喃酮分子数量急剧上升，同时伴随花香、干酪奶油香和坚果香。同理，除了草莓，炖、烤、焗任何水果亦有同种反应。

呋喃酮

低浓度呋喃酮是香甜的水果香，而纯呋喃酮则具有类似的焦糖味，还隐约流露出清汤的香气。

螃蟹配草莓西班牙冷汤

食物搭配公司的食谱

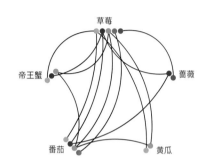

番茄和草莓香气特征中均含 β-大马酮分子，因而共享蔷薇香。经典菜肴安达卢西亚冷汤通常由成熟的夏日番茄、红甜椒和黄瓜烹调而成。此处我们用新鲜草莓代替红甜椒，并配以甜蟹肉。

首先在热油锅中加入橄榄油烹制新鲜蟹肉，随后用海盐、黑胡椒和少量碎青柠皮调味。将蟹肉摆放在盘子上，加入几勺番茄草莓冷汤，再滴上一滴橄榄油。最后用一些新鲜可食用蔷薇花瓣和地榆叶沙拉装饰，以突出冷汤中清新的黄瓜香和花香。

草莓

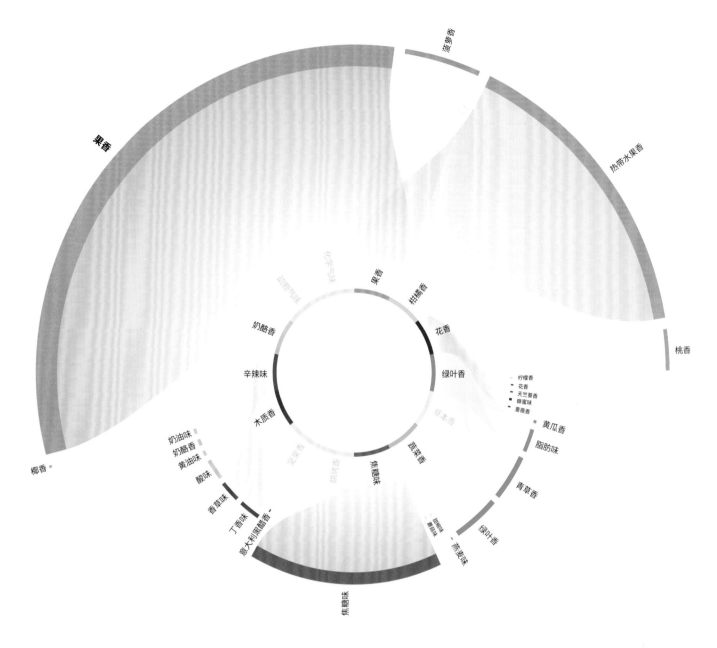

草莓的香气特征

草莓特有的果香和花香源于少量几种挥发性有机化合物，如酯类，而不仅仅来自某种特定的影响特征的风味化合物。低浓度呋喃酮带来愉悦的草莓甜香，还隐含菠萝味。在草莓成熟过程中，挥发物经由酶反应形成，随着草莓近乎完全成熟，其数量急速增加。成熟草莓独特香味的关键香气包括果香、花香、焦糖味和奶酪香。而依据品种差异，有些草莓还带有柑橘香。

	果香	柑橘香	花香	绿叶香	草本香	蔬菜香	焦糖味	烘烤香	坚果香	木质香	辛辣味	奶酪香	动物气味	化学气味
草莓														
黄油														
黑巧克力														
奶油奶酪														
椰子汁														
烤羔羊肉														
马鲁瓦耶（Maroilles）奶酪														
琉璃苣														
花生酱														
烤葵花子														
煮佛手瓜														

主厨搭配：草莓配番茄和蔷薇花瓣

可食用蔷薇花瓣在草莓冷汤（见第68页）中突出了花香和蔷薇芬芳，但它们更常用于为水果果冻和果酱增添香气。用蔷薇花瓣制成的简易糖浆可用于鸡尾酒、柠檬汽水或果汁饮料，也可将花瓣浸入牛奶或奶油中，制成香甜可口的冰激凌慕斯。

潜在搭配：草莓和鲻鱼

食物搭配公司研究的一道历史食谱源于16世纪。将红鲻鱼与迷迭香同煮，配上奶油酱、酸葡萄汁和枣，最后再点缀以草莓、醋栗和葡萄干。你也可尝试用鲻鱼来搭配这种听起来奇怪却异常美味的组合。

草莓的食材搭配

鲜食蔷薇花瓣	果香	柑橘香	花香	绿叶香	草本香	蔬菜香	焦糖味	烘烤香	坚果香	木质香	辛辣香	奶酪味	动物气味	化学气味
白蘑菇														
煮鳐鱼翅														
皮肖利（Picholine）初榨橄榄油														
烤红甜椒酱														
粉红佳人苹果														
帕玛森干酪														
柠檬香蜂草														
烤小牛胸腺														
橙子														
藏红花														

清蒸鲻鱼	果香	柑橘香	花香	绿叶香	草本香	蔬菜香	焦糖味	烘烤香	坚果香	木质香	辛辣香	奶酪味	动物气味	化学气味
昆布														
科尼卡布拉（Cornicabra）橄榄油														
荔枝														
草莓														
熟菰米														
熟蛤蜊														
葡萄干														
烤夏威夷果														
白菜														
塔希提香草														

爱尔桑塔草莓	果香	柑橘香	花香	绿叶香	草本香	蔬菜香	焦糖味	烘烤香	坚果香	木质香	辛辣香	奶酪味	动物气味	化学气味
肯塔基纯波本威士忌														
石榴汁														
鲜姜根														
秘鲁米拉索尔辣椒														
熟藜麦														
巴氏杀菌番茄汁														
阿方索杜果														
油桃														
香蕉														
法式褐色鸡高汤														

西葫芦	果香	柑橘香	花香	绿叶香	草本香	蔬菜香	焦糖味	烘烤香	坚果香	木质香	辛辣香	奶酪味	动物气味	化学气味
香蕉泥														
百香果														
野生草莓														
食用大黄														
清蒸鲻鱼														
龙蒿														
香煎鸡胸排														
萝卜														
紫罗兰花														
荔枝														

番茄	果香	柑橘香	花香	绿叶香	草本香	蔬菜香	焦糖味	烘烤香	坚果香	木质香	辛辣香	奶酪味	动物气味	化学气味
萝卜														
芜菁														
苦橙皮														
菊苣（比利时菊苣）														
干葛缕子叶														
烤黄盖鲽														
阿方索杜果														
格鲁耶尔干酪														
草莓														
香煎雉鸡														

香瓜	果香	柑橘香	花香	绿叶香	草本香	蔬菜香	焦糖味	烘烤香	坚果香	木质香	辛辣香	奶酪味	动物气味	化学气味
草莓														
香煎鹿肉														
烤多佛鳎鱼														
秘鲁黑薄荷														
菠萝														
蔷薇果干														
酸浆果														
红菊苣														
皮夸尔橄榄油														
蚕豆														

经典搭配：草莓和君度酒

草莓罗曼诺夫（Strawberries Romanoff）这道甜品是将草莓浸渍在橙味利口酒（如君度酒或柑曼怡）中，然后与软化冰激凌和鲜奶油混合制成。

可能搭配：草莓和罗勒

草莓和牛至共享柑橘柠檬香气，还带有丁香和樟脑的辛辣味。罗勒（见第72页）中也包含类似辛辣味，与牛至、百里香和马郁兰同属薄荷家族的成员。

君度酒	果香	柑橘香	花香	绿叶香	草本香	蔬菜香	焦糖味	烘烤香	坚果香	木质香	辛辣味	奶酪香	动物气味	化学气味
熟藜麦														
石榴														
椰子饮料														
山羊奶酪														
覆盆子														
烤海螯虾														
刺松藻														
薰衣草蜂蜜														
扇贝王														
甜樱桃														

野生草莓	果香	柑橘香	花香	绿叶香	草本香	蔬菜香	焦糖味	烘烤香	坚果香	木质香	辛辣味	奶酪香	动物气味	化学气味
牛至														
木薯根酱														
秘鲁黄辣椒														
斯派库鲁斯饼干														
香煎对虾														
绿芦笋														
甜菜根脆片														
马萨拉咖喱酱														
香煎鹿肉														
埃曼塔尔（Emmental）干酪														

接骨木果汁	果香	柑橘香	花香	绿叶香	草本香	蔬菜香	焦糖味	烘烤香	坚果香	木质香	辛辣味	奶酪香	动物气味	化学气味
草莓														
海茴香														
红橘														
小豆蔻籽														
柠檬香天竺葵叶														
肉豆蔻														
干桉树叶														
姜黄根														
甜菜根														
芹菜叶														

洋甘菊	果香	柑橘香	花香	绿叶香	草本香	蔬菜香	焦糖味	烘烤香	坚果香	木质香	辛辣味	奶酪香	动物气味	化学气味
草莓														
苹果														
肉豆蔻														
红茶														
香芽蕉														
黄油														
南瓜														
梨														
米克（Meeker）覆盆子														
开心果														

厚皮菜	果香	柑橘香	花香	绿叶香	草本香	蔬菜香	焦糖味	烘烤香	坚果香	木质香	辛辣味	奶酪香	动物气味	化学气味
扁桃仁														
煮豌豆														
烤多宝鱼														
草莓														
串番茄														
食用大黄														
哈密瓜														
桃														
梅子														
香煎鸭胸														

罗勒

在各地烹饪文化中，罗勒都占据一席之地。罗勒归属薄荷家族，多达数百个品种，且香气特征和用途各异。其中最声名远扬的是甜罗勒（*Ocimum basilicum*），它叶片宽大、光滑，主要用于意大利青酱或卡布里沙拉（译者注：Caprese salad，源于意大利卡布里岛，以鲜奶酪、番茄和甜罗勒制成）。它的香气类似于草本植物香、柑橘香、樟脑味和木质松香挥发物的混合体，同时还有辛香味、辛辣味、丁香味和大茴香味的香调。

墨西哥罗勒含有香豆素等辛辣味，赋予其叶子独特的肉桂香。在烹饪的最后时刻，东南亚厨师会将泰国罗勒（*O. thyrsiflora*）的尖叶片加入咖喱和汤中，使之带有浓郁的大茴香味，因为高温会破坏罗勒的鲜味。圣罗勒（*O. tenuiflorum*或*sanctum*）赋予泰国炒菜辛辣、丁香味，如泰式打抛鸡丁（译者注：pad kaprow gai，在泰语中，"pad"意为"炒"，"Krapow"为"罗勒"，Gai为"鸡肉"，字面意思就是"罗勒炒鸡肉"），这是一种用甜椒制作的鸡丁菜。许多印度家庭都种植圣罗勒，用以制作果汁或草药茶。在传统阿育吠陀医学中，这种神圣的草本香料长久以来因其保存功效而备受重视。

没有罗勒？那也没关系

食物搭配的科学让重现任何食材风味成为可能。例如，通过研究新鲜罗勒的个别香气类型，我们可以用其他干香料代替罗勒，重现其风味。因此，无论是碰巧手头没有，还是难以买到新鲜罗勒，在没有罗勒的情况下，仍然可以尽享罗勒的风味。

每种味道都由至少几种不同香气类型和描述语构成。为了复制罗勒对嗅觉的影响，我们首先要确定这种香草的关键香气类型和描述语：柑橘香、樟脑香、胡椒味、丁香味、大茴香味和木质味的松木香。在再现风味时需要记住，每种成分的替代物都会带有几种香味，而非简单的一种香气。因此，替代物最好选择关键香气相同且浓度高的，避免混合时增添任何多余的味道。换言之，这些替代物的其他香气分子应浓度极低。

新鲜罗勒和生姜、芫荽、杜松子、香茅以及鼠尾草共享柑橘芳香分子。而辛辣味则需要更细致的划分。罗勒又可进一步划分为三个独立描述语：首先是樟脑香，它同样存在于丁香、肉桂、肉豆蔻和芫荽叶中；其次是辛辣味和丁香味，它在丁香、鼠尾草和月桂叶中同样存在；第三类是大茴香味，类似丁香、甘草和龙蒿。最后，我们可用生姜、小豆蔻、迷迭香、百里香或红椒粉来代替罗勒的木质香。

在最终确定这款混制罗勒精油（加入橄榄油有助于防止芳香分子蒸发）香料之前，我们试验了多种原料组合，以确保芳香匹配、适宜。在开始制作之前，首先确保原料和搅拌器、搅拌碗充分冷却，任何热量都会导致芳香分子流失。

不含罗勒的罗勒精油

3克芫荽籽

0.5克干月桂叶

0.2克干百里香

0.1克干龙蒿

1颗豆蔻荚里的籽

1颗丁香

少许肉桂粉

少许姜粉

50毫升橄榄油

首先将除橄榄油以外的所有材料放入冷却搅拌机或搅拌碗中，简单搅拌或混合。再加入橄榄油，搅拌至乳液光滑。

将乳液转移到密封容器中，放置一夜，让芳香分子被充分吸收。

罗勒

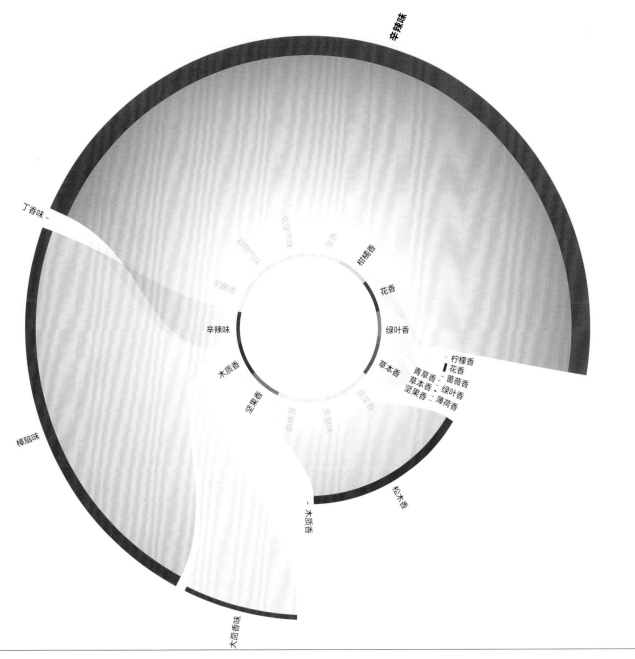

罗勒的香气特征

罗勒的香气特征来源于六种关键化合物：柑橘香的芳樟醇、樟脑味的桉树脑和木质松香味的蒎烯，以及另外三种不同辛辣挥发物——胡椒味的β-月桂烯、丁香味的丁香酚和大茴香味的草蒿脑。高温会破坏罗勒鲜味，所以记住到烹饪最后一刻才能将新鲜罗勒叶加入菜肴。

	果香	柑橘香	花香	绿叶香	草本香	蔬菜香	焦糖味	烘烤香	坚果香	木质香	辛辣味	奶酪香	动物气味	化学气味
罗勒	·	·	●	●	●	·			·	●	●		·	·
熟赤豆	●	·	●	●	●	·	·	●	●	●	●	●	·	·
茴蘆香	●	●	●	·	●	●	·	●	·	●	●	●	·	·
西班牙辣香肠	●	●	●	·	●	·	·	●	●	●	●	●	·	·
煮中华绒螯蟹	●	●	●	·	●	·	·	●	●	●	·	·	·	·
柠檬挞	●	●	●	●	·	·	·	●	●	●	·	·	·	·
熟绿扁豆	●	·	●	●	●	·	·	●	●	●	●	●	·	·
煮面包蟹	●	●	●	·	●	·	·	●	●	●	●	·	·	·
烤羔羊菲力	●	●	●	·	·	·	·	●	●	●	●	●	·	·
豆蔻籽	●	●	●	●	·	·	·	●	·	●	●	●	·	·
奥弗涅蓝纹奶酪	●	·	●	●	·	·	·	·	●	●	●	●	·	·

经典搭配：罗勒和帕达诺奶酪

帕达诺奶酪同帕玛森奶酪的香气特征和质地相似，产自意大利北部同一地区，但其生产区域更广，生产所受限制也更少（译者注：所需发酵时间短，且全年都可制作，方法更为简易，因而价格也更便宜）。在制作青酱时，便可用帕达诺奶酪代替帕玛森奶酪。

潜在搭配：罗勒和波森莓

波森莓是欧洲覆盆子、欧洲黑莓和洛根莓的杂交品种，而洛根莓则由覆盆子和黑莓杂交而来。这种大颗黑色浆果质地柔软、味道酸甜可口，多生长在新西兰和美国东海岸的俄勒冈州至加州。

罗勒的食材搭配

帕达诺奶酪	果香	柑橘香	花香	绿叶香	草本香	蔬菜香	焦糖味	烘烤香	坚果香	木质香	辛辣味	奶酪香	动物气味	化学气味
莳萝														
枸杞														
韩式酱油														
煮土豆														
熟藜麦														
烤羔羊肉														
黑巧克力														
黑加仑														
煮鳕鱼片														
番石榴														

波森莓	果香	柑橘香	花香	绿叶香	草本香	蔬菜香	焦糖味	烘烤香	坚果香	木质香	辛辣味	奶酪香	动物气味	化学气味
罗勒														
马翁金酒														
烤箱烤培根														
腌制葡萄叶														
布里奶酪														
酸浆果														
猕猴桃														
柠檬挞														
柠檬酒														
橙汁														

龙眼	果香	柑橘香	花香	绿叶香	草本香	蔬菜香	焦糖味	烘烤香	坚果香	木质香	辛辣味	奶酪香	动物气味	化学气味
开心果														
杧果														
百里香														
白胡椒粉														
塔罗科血橙														
罗勒														
蔓越莓汁														
日本网纹瓜														
红橘														
马格利酒（makgeolli，韩国米酒）														

尖吻鲈	果香	柑橘香	花香	绿叶香	草本香	蔬菜香	焦糖味	烘烤香	坚果香	木质香	辛辣味	奶酪香	动物气味	化学气味
烤箱烤土豆														
罗勒														
绿芦笋														
烤开心果														
白松露														
酸浆果														
石榴														
秘鲁黑辣椒														
烤箱烤培根														
巴约纳火腿														

碧根果	果香	柑橘香	花香	绿叶香	草本香	蔬菜香	焦糖味	烘烤香	坚果香	木质香	辛辣味	奶酪香	动物气味	化学气味
全熟蛋黄														
罗勒														
迷迭香														
接骨木果														
橘子皮														
煮豆角														
干洋甘菊														
孜然														
煮茄子														
香煎鸭胸														

酸樱桃	果香	柑橘香	花香	绿叶香	草本香	蔬菜香	焦糖味	烘烤香	坚果香	木质香	辛辣味	奶酪香	动物气味	化学气味
香煎珍珠鸡														
番茄														
海鳌虾														
红甜椒酱														
罗勒														
香煎鹿肉														
丁香														
芥末														
百里香														
波本威士忌														

潜在搭配：罗勒和金酒

罗勒碎金酒（Gin Basil Smash）由德国汉堡狮子（Le Lion）酒吧星级调酒师乔尔格·梅尔（Joerg Meyer）于2008年构思，这款翠绿的鸡尾酒迅速风行。制作时，需准备大量罗勒叶与柠檬汁混合，放入鸡尾酒摇杯中，然后加入金酒和糖浆，再放入冰块摇动。饮用时，滤入冰镇岩石杯中。

潜在搭配：白切鸡、罗勒和西瓜

水煮鸡胸排（见第185页）可与罗勒和西瓜（见第76页）搭配。这三种食材都包含柑橘香、绿叶香和些许花香。

香气类别（表头）：果香 | 柑橘香 | 花香 | 绿叶香 | 草本香 | 蔬菜香 | 焦糖味 | 烘烤香 | 坚果香 | 木质香 | 辛辣味 | 奶酪香 | 动物气味 | 化学气味

植物学家艾雷干金酒

- 香煎猪大排
- 烤扁桃仁
- 烤肉咖喱酱
- 昆布
- 肯特杧果
- 阿让西梅
- 生蚝
- 罗勒
- 煮洋蓟
- 玉米饼

蔷薇香天竺葵花

- 番木瓜
- 姜泥
- 烤肉咖喱酱
- 水牛奶酪
- 葡萄柚
- 罗勒
- 豆蔻籽
- 芫荽叶
- 烤猪五花
- 扁桃仁

眉豆

- 番茄酱
- 大茴香籽
- 罗勒
- 韭葱
- 烤箱烤猪肋排
- 烤多佛鳎鱼
- 比尔森啤酒
- 奶油
- 皮肖利初榨橄榄油
- 牛高汤

西洋菜

- 罗勒
- 蓝莓
- 雪维菜
- 水牛奶酪
- 肉桂
- 烤飞蟹
- 烤野猪肉
- 意大利香柠檬
- 牡蛎叶
- 烧鹅

西瓜

西瓜的香气特征类似黄瓜，这并不奇怪，两者都隶属葫芦科。此外，这种甜美多汁的瓜果也含有微妙柑橘香、天竺葵香以及燕麦味。

如今，西瓜多达1000多种栽培品种，通常生食、榨汁或制成冰镇甜点，有时甚至可烤食，是夏日清凉小食。西瓜的绿色果皮也可腌制食用。在中国和越南，西瓜中坚果味的黑瓜子可以炒着吃，还可以用盐淡腌。在中国新年期间，宁夏西瓜子进入千家万户，寓意幸福丰饶。

西瓜起源可追溯至5000年前。在非洲东北部，西瓜的祖先黄瓤苦味西瓜首次在苏丹和埃及干旱沙漠气候下种植。埃及人选择性培育耐旱甜瓜，果肉也由淡黄色变为桃红色。到了3世纪，西瓜从地中海传播到欧洲各地，也因其有益健康、口味甜美而备受喜爱。

西瓜番茄红素含量在水果和蔬菜中高居首位，这种抗氧化剂也是西瓜红色的源头。西瓜同时富含钾和维生素B6、维生素A和维生素C。西瓜亦有黄色或橙色品种，它们缺乏番茄红素。

与其他瓜类不同，西瓜中黑色的籽遍布果肉，吃起来异常费时，也会造成大量浪费。因此最受欢迎的西瓜是不育的无籽杂交品种，只含有小粒、白色的残余种子。首个无籽西瓜诞生于50多年前。

- 用西瓜代替番茄片，试试新口味的卡布里沙拉，口感美妙。
- 鲟鱼鱼子酱和西瓜组合看似怪异，但双方共享绿叶黄瓜香和蔬菜土豆味芳香分子，其组合味美可口。

西瓜佐生蚝

南非帕特诺斯特（Paternoster）沃尔夫盖特餐馆（Wolfgat），科布斯·范·德·默伟（Kobus van der Merwe）

西瓜 ———— 生蚝

科布斯·范·德·默伟幼年时曾和祖母一起在南非开普省西海岸的斯坦威采集海藻和野生黄瓜。那是一片沙丘和沿海平原，位于甘斯拜（Gansbaai）、厄加勒斯角和布雷达斯多普镇之间。几年后，他的超本土化厨艺创新让奥普·科普（Oep ve Koep）这家小型家庭餐馆和帕特诺斯特渔村成为美食胜地。如今，他的个人餐厅沃尔夫盖特更是让各方食客慕名前来。

主厨范·德·默伟的品味菜单每日都有新花样，其灵感源于季节更替、邻近的草木和各类丰富的当地时蔬。在致力创新的同时，他尊崇帕特诺斯特烹饪传统和斯坦威自然环境。

在南非，西瓜是夏天的代名词，可作早餐，也可作为传统烤肉中的清爽小食。在沃尔夫盖特餐厅，主厨科布斯·范·德·默伟将西瓜与新鲜西海岸生蚝和非洲冰草（soutslaai，一种本土食用的冰叶日中花）搭配。先腌制有原始苦味的西瓜品种卡费尔西瓜（译者注：tsamma，原产于非洲卡拉哈里沙漠，当地人称"查马"）和马卡坦瓜（译者注：一种野生甜瓜，果肉呈黄色），配以冰草这种多肉植物表面水囊泡自带的咸味，加上鲜嫩爽滑的生蚝，形成了完美对比，最后再佐以香甜冰爽的西瓜冰沙。

西瓜

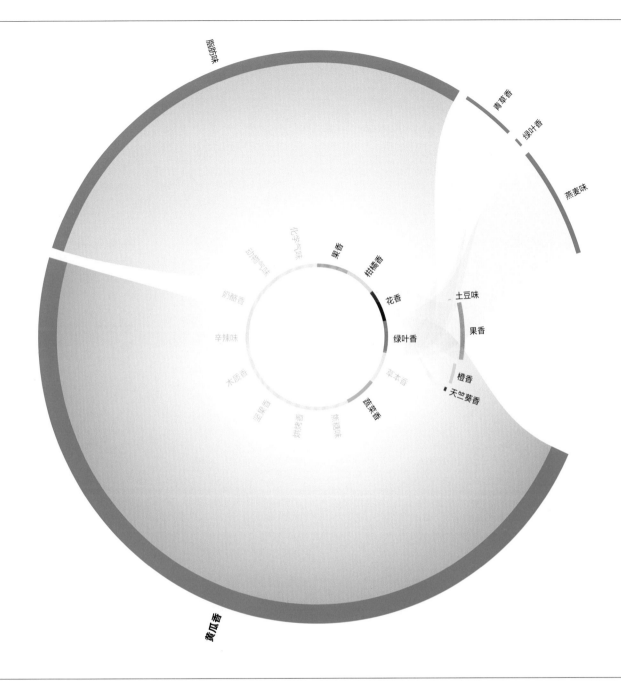

西瓜的香气特征

除了主导的黄瓜香和脂肪味，西瓜还包含果香、花香、天竺葵香和燕麦味，可与翡麦 (Freekeh)、腰果、荷兰金酒、大吉岭红茶和裙带菜构筑香气联系。西瓜口感甜美多汁，与近亲黄瓜相似，因而粉红色果肉与咸味食材搭配相得益彰，而3,6-壬二烯醛则赋予厚果皮以黄瓜香。

	果香	柑橘香	花香	绿叶香	草本香	蔬菜香	焦糖味	烘烤香	坚果香	木质香	辛辣味	奶酪香	动物气味	化学气味
西瓜	●	●	●	●	·	●	·	·	·	·	·	·	·	·
罗望子	●	·	●	●	●	●	·	·	·	·	·	·	·	·
秘鲁黄辣椒	●	·	●	●	●	●	·	●	·	●	·	·	·	·
黑蒜泥	●	·	●	●	●	●	·	·	·	·	·	·	·	·
煮洋蓟	●	·	●	●	●	●	·	·	·	·	·	·	·	·
水煮鸡胸排	●	·	●	●	●	●	·	·	·	·	·	·	·	·
摩洛哥初榨橄榄油	●	·	●	●	●	●	·	·	·	·	·	·	·	·
烤细鳞绿鳍鱼	●	·	●	●	●	●	·	·	·	·	·	·	·	·
大吉岭红茶	●	·	●	●	●	●	·	·	·	·	·	·	·	·
烤榛子酱	·	·	●	●	·	●	·	·	·	·	·	·	·	·
腌鳗鱼	·	·	●	●	·	●	·	·	·	·	·	·	·	·

潜在搭配：西瓜和翡麦

翡麦是一种古老谷物，在尚未成熟时便要收割，并在去除外壳前烘干绿色麦粒。尚未成熟的翡麦在烘烤时会生成新分子（未在其他烘烤谷物中发现），譬如绿叶香、燕麦味和脂肪味，可与西瓜搭配。

潜在搭配：西瓜和鳀鱼

在一片冰凉多汁的西瓜上撒上盐，西瓜风味会更为浓郁且香甜可口。西瓜含有甜、酸和苦味分子，盐可以减少苦味，故甜味随之增加。尝试用腌鳀鱼佐以西瓜也可起到同样的效果。

西瓜的食材搭配

78

熟翡麦	果香	柑橘香	花香	绿叶香	草本香	蔬菜香	焦糖味	烘烤香	坚果香	木质香	辛辣味	奶酪香	动物气味	化学气味
	•	•	●	•		•		•	•	•	•	•		•
西葫芦	•	•	●	•						•	•			
泰国皱皮柠檬	•	•	●	•						●	•			
绿茶	•	•	●	●	•	•	•	•		•				●
烟熏培根	•		●	●	•	•	●	●		•				
蘑菇酱	●	•	●	●	•	●	●	●	•	●	•	•	•	
酢橘	•	•	●	•	•			•	•	•				
马鞭草	•	•	●	•						●	•			
煮洋蓟	•		●	•		•				●	•	•		
煮竹笋	•	•	●	•	•		•			●	•			
羊肚菌	•	•	●	●				•						

腌鳀鱼	果香	柑橘香	花香	绿叶香	草本香	蔬菜香	焦糖味	烘烤香	坚果香	木质香	辛辣味	奶酪香	动物气味	化学气味
	•	•	●	•		•		•		•	•	•	•	•
烟熏大西洋鲑鱼片	•	●	•	•				•		•	•	●		•
韩式辣酱			●	●	•	•	•	●		•	•	●		
农家切达奶酪	•	•	●	•		•	•	●	•	•		•		
刺松藻	•		•	•				●			•	•		
巴氏杀菌山羊奶	•		•			•	•	●	•	•		•		
西冷牛排	•	•	•					•			•			
熟翡麦	•	•	●	•		•		•	•	•	•	•	•	
日本清酒	•	•	•	•				●			•			
水煮鸡胸排	•	•	•	•			•	●		•	•			
意大利夏巴塔面包	•	•	•				•	●	•	•	•	●		

鸽高汤	果香	柑橘香	花香	绿叶香	草本香	蔬菜香	焦糖味	烘烤香	坚果香	木质香	辛辣味	奶酪香	动物气味	化学气味
	•	•	•			•		•		•	•	•		
椰子	•	•	●							•	•			
鳄梨	•	•	•					●		•				
大麦芽	•	•	●	•		•	●	●	•	•				
西瓜	•	•	•							•				
烤榛子酱	•	•	•	•	•	•	●	●	•	●		•		
煮土豆	●	•	•	•		•		●		•				
炖大西洋狼鱼	•	•	●	•				•		•				
烤牛肉	•	•	•	•				●		•				
番木瓜	●	•	●	•				•		•				
海岸葱	•	●	•					●		•				

烟熏培根	果香	柑橘香	花香	绿叶香	草本香	蔬菜香	焦糖味	烘烤香	坚果香	木质香	辛辣味	奶酪香	动物气味	化学气味
	•		●	●	•	•	●	●		•				
绿卷心菜	●	•	•	●	•	●	●	●	•	●	•			
干牛肝菌	•	•	●	●	•	●	●	●	•	●	●	•		
全麦面包	•	•	●	●		•	●	●	•	●	•	•		
白巧克力	●	•	●	•		•	●	●	•	●	•			
扇贝王	•	•	•	•		•	•	●		•	•			
葎草芽（啤酒花芽）	•	•	●	●	•	•	•	●		●	•			
清蒸鲻鱼	•	•	•	•			•	●		•				
白芦笋	●	•	●	●		•	•	●	•	•				
秘鲁红辣椒	•	•	•	•				●		•	•			
西瓜	•	•	•							•				

苜蓿芽	果香	柑橘香	花香	绿叶香	草本香	蔬菜香	焦糖味	烘烤香	坚果香	木质香	辛辣味	奶酪香	动物气味	化学气味
	•	•	●	•		•		•		•	•	•		
阿方索杜果	●	●	●	●	•	●	●	●	•	●	●			
熟藜麦	●	●	●	●	•	●	●	●	•	●	•			
烤鸡胸排	•	•	●	•		•	•	●		•	•			
莳萝	•	•	●	•		•		●		•	●			
西瓜	•	•	●	•				•		•				
杏	•	●	●	•				•		•				
高斯蓝纹奶酪	•	•	●	•				●		•	•			
法棍面包	•	•	●	●		•	●	●	•	●	•			
榛子油	•	•	●	•		•	●	●		•				
泰国青椒	•	•	•	•				●		•				

干贝	果香	柑橘香	花香	绿叶香	草本香	蔬菜香	焦糖味	烘烤香	坚果香	木质香	辛辣味	奶酪香	动物气味	化学气味
	•	•	•	•		•		•		•	•	•		
塞利姆胡椒	•	•	●	•				●		•	•			
西瓜	•	•	•	•				•		•				
烤牛肉	•	•	•	•				●		●				
煮鲑鱼	•	•	•	•			•	●		•				
熟菰米	•	•	●	•		•	•	●		•	•			
巴约纳火腿	•	•	●	•			•	●	•	•	•			
羽衣甘蓝	•	•	•	•		•		•		•	•			
甜菜根	•	•	●	•		•	•	●		•				
桂皮（中国肉桂）	•	●	●	•				●		•	•			
甜樱桃	•	●	•	•				•		•				

The aroma categories are: 果香 柑橘香 花香 绿叶香 草本香 蔬菜香 焦糖味 烘烤香 坚果香 木质香 辛辣味 奶酪香 动物气味 化学气味

可能搭配：西瓜和腰果

烤腰果中含有高浓度芳香分子，和西瓜中的燕麦味香调一致，香气类似青草香、脂肪味。

经典搭配：西瓜和龙舌兰酒

龙舌兰酒（见第80页）取自龙舌兰（原产于墨西哥的多肉植物）草心（鳞茎）蒸馏而成，和西瓜共享绿叶香和脂肪香调。

烤腰果	果香	柑橘香	花香	绿叶香	草本香	蔬菜香	焦糖味	烘烤香	坚果香	木质香	辛辣味	奶酪香	动物气味	化学气味
柠檬马鞭草	·	●	●	●	·				·	·				
接骨木花	●	●	●	●	·	·		●	·	·	·			·
洛根莓干	●	·	●	●	·	·		●	·	·	·			
半硬山羊奶酪	·	·	●	●	·	·	·	·	·	·		●		●
煮大龙虾	·	·	●	●	·	·	·	·	·	·	·	·		·
黑松露	·	·	●	●	·	●	●	●	●	●	·	·		
木槿花	·	●	●	●	·	·		·	·	·	·			
芹菜叶	●	·	●	●	●	·	·		·	·				
干式熟成牛肉	●	●	●	●	·	●	●	●	·	●	●	●	·	●
淡水龙虾	·	·	●	·	·	·	●	●	·	·	·	·		●

苏玳葡萄酒	果香	柑橘香	花香	绿叶香	草本香	蔬菜香	焦糖味	烘烤香	坚果香	木质香	辛辣味	奶酪香	动物气味	化学气味
西瓜	·	·	●	●	·	·					·			
咖喱草	·	●	●	·	●	·			·	·	·			
山桑子	●	●	●	●	·	·		●	·	●	●	●		·
干式熟成牛肉	●	●	●	●	·	●	●	●	·	●	●	●	●	●
甜菜根	●	·	●	●	·	·	·	●	·	●	·			
白巧克力	●	·	●	●	·	●	●	●	●	●	●	·		·
菠萝	●	·	●	●	·	·	·	●	·	·	·			·
干牛肝菌	·	·	●	●	·	●	·	●	·	·	·			
炙烤羔羊肉	●	·	●	●	·	·	●	●	·	●	●	●	●	·
塔希提香草	●	·	●	·	·	·	●	●	·	●	●	●	●	·

土豆	果香	柑橘香	花香	绿叶香	草本香	蔬菜香	焦糖味	烘烤香	坚果香	木质香	辛辣味	奶酪香	动物气味	化学气味
爆米花	·	·	●	●	·	●	·	●	·	·	·			
水煮鸡胸排	●	·	●	●	·	●	·	●	·	·	·			
煮豌豆	●	·	●	●	·	●	·	·	·	·	·			
清蒸鲻鱼	·	·	●	·	·	●	·	●	·	·	·			
香煎培根	●	·	●	●	·	●	●	●	·	·	·	·		
橘子皮	·	·	●	●	·	●	·	●	·	·	·			
油烤扁桃仁	●	·	●	●	·	·	·	●	·	·	·			
海苔片	●	·	●	●	●	●	·	●	·	·	·			
红甜椒	●	·	●	●	●	●	·	·	·	·				
西瓜	●	·	●	●	·	·		·			·			

哈瓦那俱乐部窖藏7年朗姆酒	果香	柑橘香	花香	绿叶香	草本香	蔬菜香	焦糖味	烘烤香	坚果香	木质香	辛辣味	奶酪香	动物气味	化学气味
烤红薯	·	·	●	●	·	·	·	●	·	·	·			
熟切达奶酪	●	·	●	●	·	·	·	·	·	·	·			
香煎鹿肉	●	·	●	●	·	·	·	●	·	·	·			
煮面包蟹	●	·	●	●	·	·	·	●	·	·	·			
西瓜	·	●	●	●	·	·		·			·			
香煎培根	●	·	●	●	·	●	●	●	·	·	·	·		
葡萄柚	●	●	●	●	·	·	·	·	·	·	·			
杧果	●	·	●	●	·	·	·	●	·	·	·			
韩式大酱	●	·	●	●	·	●	·	●	·	·	·			
扁桃仁	●	●	·	●	·	·	·	●	●	·	·			

龙舌兰酒

龙舌兰酒由蓝色龙舌兰蒸馏而成，被誉为墨西哥的国酒。生长在高海拔地区的龙舌兰能生产出果香、花香浓郁的龙舌兰酒，而低海拔地区的龙舌兰则泥土味和辛辣味浓郁。

作为梅斯卡尔酒的一种，自16世纪伊始，龙舌兰酒就开始在墨西哥酿造，原料为哈利斯科州巴耶斯地区的龙舌兰。巨大的蓝色龙舌兰草心（译者注：种植的蓝色龙舌兰生长8～12年以后，人们会把它的叶子砍掉，只留下中心的鳞茎，因此称为草心）形似波萝，采用西班牙发酵酒——梅斯卡尔酒的传统技法和欧洲蒸馏工艺加工，在传统石造或砖造烤炉（西班牙语中称为"horno"）或现代的高压釜（译者注：用于强热高压工序的密封坚固容器）中慢慢蒸烤，将多糖转化为果糖。在缓慢烘烤过程中，引发的美拉德反应会使煮熟的龙舌兰草心中的含糖汁液（aguamiel）生成新的烘烤味的芳香分子。随后，含糖汁液经至少两次发酵和蒸馏。将第二次蒸馏后的清酒装瓶，作为白色或银色龙舌兰酒出售。深色微陈年龙舌兰（译者注：reposado，一般陈酿时间介于2个月到1年之间）和陈年龙舌兰（译者注：anejo，至少陈酿一年，但一般不宜超过5年）则在橡木桶中进一步陈酿，以发展出更为柔和、复杂的香气。

龙舌兰产地包括特基拉、埃尔阿雷纳尔和阿马蒂坦三城，这三座城市已被联合国教科文组织认定为世界文化遗产保护区。为获得墨西哥官方标准（译者注：NOM，墨西哥的强制性安全标志，用以表示产品是符合相关的NOM标准）原产地认证，龙舌兰酒必须使用该地区生长的龙舌兰加工，并符合龙舌兰酒管理委员会规范。

顶级龙舌兰酒采用100%纯蓝色龙舌兰，但即使在这一类别中，不同品牌之间的风味特征仍差异显著，受到龙舌兰成熟度、制糖方法、水质和陈酿过程的影响。

- 龙舌兰酒可用于快速制作冰激凌。将少量果酱、奶油和糖混合。龙舌兰酒中的酒精成分可起到防冻功效，阻止大冰晶生成，从而获得奶油般的质感。
- 日出龙舌兰（the Tequila Sunrise）是一款颇受欢迎的龙舌兰鸡尾酒，由龙舌兰酒、橙汁和石榴糖浆调制而成。

蜜甜龙舌兰酒

托尼·康尼格罗（Tony Conigliaro），鸡尾酒实验室，伦敦

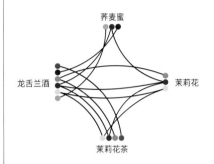

托尼·康尼格罗是调酒界的传奇人物。他的研究实验室——"鸡尾酒实验室"位于伦敦东部，在此他和技术团队一同创新手段，从每种原料中提取必要的香气和风味。康尼格罗调制的酒之所以有如此魔力，部分原因在于他能唤起特定的情感记忆：小啜一口"雪花"（Snow），仿佛置身寒冷冬日，随之而来的是一系列复杂香气、风味和质感，尾韵悠长。

康尼格罗认为，研发鸡尾酒的关键在于如何将不同风味分层，以创造出从头韵到尾韵不断递进的迷人风味体验，正如蜜甜龙舌兰酒：以龙舌兰酒为基调，再佐以红茶，其单宁酸特性丰富了层次却不会颠覆整体风味。再加入少许荞麦蜜以增添甜度。茉莉花茶含有与荞麦蜜相同的泥土味，但其淡淡花香能平衡这款鸡尾酒的风味。

白色龙舌兰酒

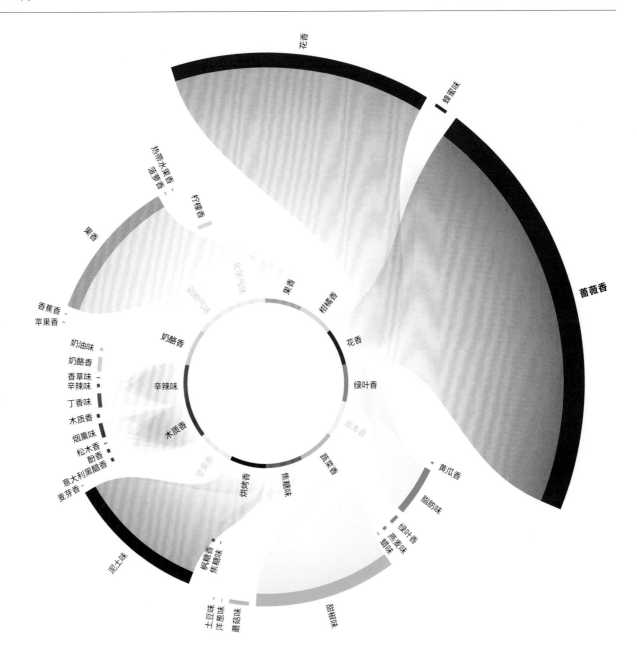

白色龙舌兰酒的香气特征

龙舌兰酒的香气特征分析显示，香气分子来自（生）蓝龙舌兰和生产过程中的加热和发酵程序。龙舌兰酒的烟熏味源于其辛辣味、丁香味的芳香分子，因而可与红椒粉、罗勒和大虾等原料搭配。白色或银色龙舌兰酒在蒸馏后需立即装瓶，或只在中性橡木桶中短暂陈酿。微陈年龙舌兰在白橡木桶中至少陈酿2个月，而陈年龙舌兰至少需放置1年。超陈年龙舌兰酿（extra anejo tequila）需在橡木桶中陈酿至少3年。在陈酿过程中，带有坚果香、零陵香豆-椰香的栎内酯和橡木桶内的威士忌内酯会浸入香气特征中。丁香味、香草味和烟熏味更为浓郁，而其他化合物则会蒸发。

	果香	柑橘香	花香	绿叶香	草本香	蔬菜香	焦糖味	烘烤香	坚果香	木质香	辛辣味	奶酪香	动物气味	化学气味
唐胡里奥龙舌兰酒	•	•	•	•	•	·	·	·	·	•	•	·		
椰枣	·	•	·	·	·	·	·	•	·	·	·			
木槿花	·	•	•	•	·	·	·	•	·	·	·	·		
芫荽叶	·	•	•	•	·	·	·	·	·	•	·	·		
干腌火腿	·	•	•	•	·	·	·	•	·	•	·	·		
煎饼	·	·	•	•	·	·	·	•	·	•	·	·		
格鲁耶尔干酪	·	•	•	•	•	·	·	·	•	·	·	·		
煮去皮甜菜根	·	·	•	•	•	·	·	·	·	•	·	·		
日本柚子	·	•	•	•	•	·	·	·	·	•	·	·		
台式鱼露	·	·	·	·	·	·	·	•	•	•	•	·	·	
香煎野鸭	·	•	•	•	•	•	•	•	·	•	·	·	·	

主厨搭配：龙舌兰酒、荞麦蜜和茉莉花茶

托尼·康尼格罗用荞麦蜜给蜜甜龙舌兰酒鸡尾酒（见第80页）增添甜味，其泥土味使该酒基调的烟熏味更为浓郁。花香茉莉花茶和荞麦蜜中共享泥土味，加入龙舌兰中以平衡风味。

普罗科（Pulque）

普罗科是一种乳白色、黏稠、微酸的饮料，酒精含量低（4%～7%），其采用新鲜龙舌兰汁自然发酵。在阿兹特克语中，普罗科前身被称为"metl octli"，"metl"意为"龙舌兰"，"octli"代表"酒"。

龙舌兰酒的食材搭配

82

荞麦蜜	果香	柑橘香	花香	绿叶香	草本香	蔬菜香	焦糖味	烘烤香	坚果香	木质香	辛辣味	奶酪香	动物气味	化学气味
树番茄														
烤甜菜根														
无花果														
干伏牛花														
干平菇														
熟菠菜														
巴约纳火腿														
干式熟成牛肉														
大豆味噌														
烤黄盖鲽														

普罗科（发酵龙舌兰饮料）	果香	柑橘香	花香	绿叶香	草本香	蔬菜香	焦糖味	烘烤香	坚果香	木质香	辛辣味	奶酪香	动物气味	化学气味
小豆蔻籽														
百香果														
陈年圣摩奶酪														
覆盆子														
香煎猪大排														
番石榴														
戈贡佐拉干酪														
煮胡萝卜														
荔枝														
烟熏大西洋鲑鱼														

茉莉花茶	果香	柑橘香	花香	绿叶香	草本香	蔬菜香	焦糖味	烘烤香	坚果香	木质香	辛辣味	奶酪香	动物气味	化学气味
泰国杞果														
芫荽籽														
意大利香柠檬														
干杜松子														
烤羔羊菲力														
腌黄瓜														
甘草														
番木瓜														
串番茄														
烟熏大西洋鲑鱼														

格鲁耶尔干酪	果香	柑橘香	花香	绿叶香	草本香	蔬菜香	焦糖味	烘烤香	坚果香	木质香	辛辣味	奶酪香	动物气味	化学气味
蒸韭葱														
清蒸宽叶羽衣甘蓝														
莫利洛黑樱桃														
豌豆														
参薯														
红菊苣														
干牛肝菌														
可可粉														
烤箱烤牛排														
煮鲑鱼														

椰枣	果香	柑橘香	花香	绿叶香	草本香	蔬菜香	焦糖味	烘烤香	坚果香	木质香	辛辣味	奶酪香	动物气味	化学气味
生蚝														
多肉江蓠藻														
熟贻贝														
香煎白洋菇														
香蕉														
哈瓦那青椒														
烤箱烤牛排														
柠檬														
甜樱桃														
油烤扁桃仁														

木槿花	果香	柑橘香	花香	绿叶香	草本香	蔬菜香	焦糖味	烘烤香	坚果香	木质香	辛辣味	奶酪香	动物气味	化学气味
芫荽叶														
素高汤														
烤箱烤培根														
烤箱烤牛排														
煮豆角														
草菇														
鲭鱼排														
核桃														
苹果酱														
红甜椒汁														

经典搭配：辣根佐龙舌兰酒

血腥玛丽亚（Bloody Maria），顾名思义为血腥玛丽（译者注：Bloody Mary，酒精含量较低的红色鸡尾酒，由伏特加、番茄和各类配料调制而成，因颜色似鲜血而得名）的衍生食谱，由龙舌兰酒与番茄汁、青柠汁、伍斯特郡酱、塔巴斯科辣椒酱、辣根、香芹盐和胡椒粉调制而成。

经典搭配：龙舌兰酒和柑橘类

龙舌兰酒中含有高浓度芳樟醇，其也是柠檬（见第84页）香气特征中的关键香气分子。柑橘类果汁常见于许多以龙舌兰酒为基调调制的鸡尾酒中，如玛格丽塔（margarita）和帕洛玛（Paloma），前者由龙舌兰酒、橙皮甜酒和青柠汁调制而成，后者则以龙舌兰酒、青柠汁、葡萄柚汁和苏打水调制。

辣根泥	果香	柑橘香	花香	绿叶香	草本香	蔬菜香	焦糖味	烘烤香	坚果香	木质香	辛辣香	奶酪香	动物气味	化学气味
姜泥														
水牛奶酪														
榛果酱														
巴氏杀菌番茄汁														
茉莉花														
雪维菜														
皮夸尔黑橄榄														
塔希提香草														
干伏牛花														
葎草芽（啤酒花芽）														

橙皮甜酒	果香	柑橘香	花香	绿叶香	草本香	蔬菜香	焦糖味	烘烤香	坚果香	木质香	辛辣香	奶酪香	动物气味	化学气味
西班牙辣香肠														
雪莲果														
昆布														
草菇														
煮牛肉														
铁扒比目鱼														
烤花生														
梅子														
哈密瓜														
百里香														

芹菜籽	果香	柑橘香	花香	绿叶香	草本香	蔬菜香	焦糖味	烘烤香	坚果香	木质香	辛辣香	奶酪香	动物气味	化学气味
塞利姆胡椒														
摩洛血橙														
释迦果														
南瓜														
煮洋蓟														
褐虾														
煮青蟹														
鹰嘴豆														
昆布														
番石榴														

葡萄柚汁	果香	柑橘香	花香	绿叶香	草本香	蔬菜香	焦糖味	烘烤香	坚果香	木质香	辛辣香	奶酪香	动物气味	化学气味
煮大龙虾														
虹鳟鱼														
蔷薇果干														
猪肉														
干葛缕子根														
小酸模														
马鲁瓦耶奶酪														
桉树蜜														
蜜瓜														
香煎多佛鳎鱼														

烤鳐鱼翅	果香	柑橘香	花香	绿叶香	草本香	蔬菜香	焦糖味	烘烤香	坚果香	木质香	辛辣香	奶酪香	动物气味	化学气味
酸樱桃														
美国明斯特干酪														
煮冬瓜														
蔷薇果干														
漆树														
卡曼橘														
烤骨髓														
龙舌兰酒														
腐乳														
烤夏威夷果														

金快活银龙舌兰酒	果香	柑橘香	花香	绿叶香	草本香	蔬菜香	焦糖味	烘烤香	坚果香	木质香	辛辣香	奶酪香	动物气味	化学气味
罗克福尔奶酪														
野生草莓														
烤小牛胸腺														
烤扁桃仁片														
烤羔羊肉														
生蚝														
煮鲑鱼														
伊索特干辣椒														
阿拉比卡咖啡														
甜樱桃														

柠檬与青柠

柠檬、青柠和柑橘家族其他成员的香气特征各异，但其香气组成均以萜烯、类萜和萜醛为特征。相比之下，草莓、苹果和香蕉等非柑橘类水果则多由酯类和醛类组成。

萜烯是天然存在于柑橘中的挥发性化合物。柠檬烯是一种橙香味萜烯，最常见于柑橘果皮中。类萜，萜烯的衍生物，也是广义的萜烯类里的一个分支，包括柑橘味的芳樟醇、松香味的蒎烯、丁香味的丁香酚以及薄荷醇。一些柑橘还含有香叶醇，这是一种带有柑橘香和微妙花香的萜醛。

所有的柑橘类水果的香气特征都由以上几种挥发性化合物在不同浓度下组合而成。事实上，只有少数几种芳香分子为特定品种。葡萄柚和柚子含有化合物香柏酮和1-对孟烯-8-硫醇，后者通常被称为"葡萄柚硫醇"。

柑橘类水果的果皮和果肉都可用于烹饪，甜咸皆宜。它们还适宜保存。在印度，咸辣的腌青柠（lime pickle）是一种流行的调味品，而北非烹调惯用手法是加入盐渍柠檬。

柑橘类水果的果皮厚度差异大。有些栽培品种的果皮中含有大量苦涩的白色橘络，它们适合榨汁或调味，但却并非橘子酱等需要用到整个果皮的食谱的上佳之选。

柑橘类水果通常都经过防腐剂处理，所以需用果皮的食谱应使用未打蜡的水果。

- 在秘鲁和墨西哥名菜柠汁腌鱼生（ceviches）中，新鲜青柠汁用以烹饪鱼生和海鲜。
- 墨西哥尤卡坦半岛传统美食青柠鸡汤（Sopa de lima）以鸡肉和青柠调制而成。
- 橘子皮中包含大量精油。在鸡尾酒中加入一小块柠檬或青柠，鸡尾酒风味会更上一层楼，带有绿叶香、蜡味、脂肪味、辛辣味和草本香。

柠檬酥皮派鸡尾酒

食物搭配公司的食谱

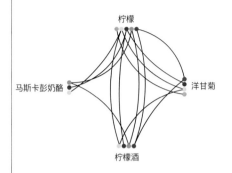

在夜晚以一杯香甜的柠檬酥皮派鸡尾酒作为结尾吧！首先将浸渍了洋甘菊的普通糖浆和柠檬凝乳（lemon curd）放入鸡尾酒摇杯中，洋甘菊会激发柠檬中的花香。再加入柠檬酒来突出鸡尾酒的柑橘香，然后挤上新鲜柠檬汁来平衡甜度。

在摇杯中加入蛋清，以重现蛋白酥皮的泡沫质感。再来一两勺马斯卡彭奶酪以丰富这款饮品的风味和质感。然后用浸入式搅拌机乳化混合物，加入冰块充分摇晃。最后将鸡尾酒滤入冰镇玻璃杯中，上层饰以扁桃仁饼干碎。

柠檬

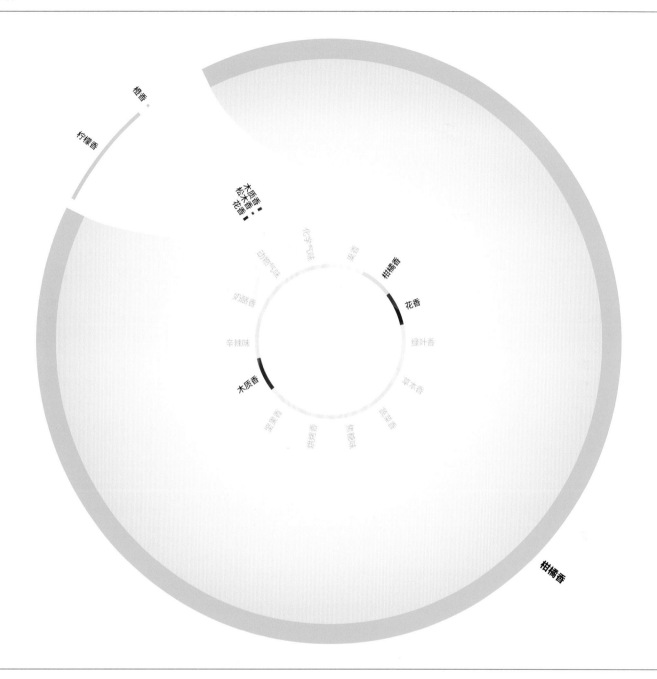

柠檬的香气特征

鲜榨柠檬汁的香气主要由柠檬醛和香叶醛构成。在柠檬香的化合物之外，还有木质香带轻微柑橘香的萜品烯，樟脑香、木质香和松香味的蒎烯。柠檬还包含花香、绿叶香、果香和辛辣味（如搭配表格所示）。柠檬和青柠pH值相同，但一般认为青柠汁（见第87页搭配表）更清新醒神，归因于其果皮中清新的绿叶香和青草香，还有隐约的樟脑味和清凉的薄荷味。

	果香	柑橘香	花香	绿叶香	草本香	蔬菜香	焦糖味	烘烤香	坚果香	木质香	辛辣味	奶酪香	动物气味	化学气味
柠檬														
哈密瓜														
块根芹														
考克斯黄苹果														
香蕉														
肉豆蔻干皮														
生蚝														
海胆														
漆树														
干式熟成牛肉														
菊苣														

经典菜品：柠檬和意大利干酪派

柠檬乳酪蛋糕是一种简易乳酪蛋糕，以柠檬皮屑调味，为那不勒斯嘉年华的传统美食，标志着大斋期的开始。

经典饮品：柠檬酒

意大利的阿马尔菲海岸以芳香浓郁的柠檬以及由此制成的利口酒而闻名。制作柠檬酒，首先将柠檬皮在格拉巴酒（译者注：grappa，意大利人用葡萄酒酒渣酿制而成的白兰地，口感柔顺、芳香浓郁）或伏特加酒中浸泡数周，使其释放出精油，然后过滤并将含有柠檬精油的酒与糖浆混合。

柑橘果皮

柠檬皮屑的香气特征

柠檬皮屑中含有大量精油，相较柠檬汁中的柠檬醛和香叶醛而言，它含有更多 γ-萜品烯和 α-蒎烯。

青柠皮的香气特征

青柠的香气特征主要由松油醇和柠檬醛构成，这也是为何青柠的柑橘香淡于柠檬，而辛辣薄荷香浓郁。松油醇化合物还赋予其花香和松木香。

柠檬皮屑	果香	柑橘香	花香	绿叶香	草本香	蔬菜香	焦糖味	烘烤香	坚果香	木质香	辛辣味	奶酪香	动物气味	化学气味
蓝纹奶酪														
朗姆酒														
布里奶酪														
香蕉														
山羊奶														
干莳萝籽														
小豆蔻籽														
接骨木花														
香煎培根														
干牛至														

青柠皮	果香	柑橘香	花香	绿叶香	草本香	蔬菜香	焦糖味	烘烤香	坚果香	木质香	辛辣味	奶酪香	动物气味	化学气味
酸豆乳														
红甜椒酱														
煮洋蓟														
罗望子														
多宝鱼														
卡蒙贝尔奶酪														
甜菜根脆片														
苍白茎藜籽														
粉蕉														
雪维菜														

经典搭配：青柠和卡沙夏（巴西甘蔗酒）

青柠常见于多款经典鸡尾酒，譬如莫吉托、玛格丽塔和巴西卡皮利亚鸡尾酒（the Brazilian caipirinha），后者由卡沙夏（用发酵甘蔗汁蒸馏酿制而成）、捣过的青柠和糖混合而成。

经典搭配：阿方索杜果和青柠汁

一些青柠汁就能带出杜果最为成熟多汁的风味。制作一份简易、无须冰激凌机的冰激凌，只需将冷冻杜果块与青柠汁、青柠皮、蜂蜜和酸奶在食品加工器中混合搅拌至奶油状，便可立即品尝。

柠檬和青柠的食材搭配

各图表列头（由左至右）：果香、柑橘香、花香、绿叶香、草本香、蔬菜香、焦糖味、烘烤香、坚果香、木质香、辛辣味、奶酪香、动物气味、化学气味

卡沙夏
- 清蒸鲻鱼
- 柠檬香蜂草
- 百里香
- 烤骨髓
- 烤茎蓝
- 樱桃番茄
- 烤火鸡
- 煮佛手瓜
- 马苏里拉奶酪
- 煮鳕鱼片

青柠汁
- 金枕榴梿
- 切达奶酪
- 煮胡萝卜
- 兰比克啤酒
- 阿方索杜果
- 煮欧防风
- 黑加仑酒
- 肉豆蔻
- 罗勒
- 鲜薰衣草花

干牛至
- 烤鸡胸排
- 意大利辣香肠
- 熟印度香米
- 煮欧防风
- 烤腰果
- 柠檬皮屑
- 孜然
- 黑加仑
- 煮茄子
- 斑豆

阿方索杜果
- 啤酒花
- 菊苣
- 野生洋甘菊
- 紫罗兰花
- 马鲁瓦耶奶酪
- 埃曼塔尔干酪
- 巴氏杀菌番茄汁
- 西葫芦
- 鳕鱼片
- 香煎鹿肉

椴树花
- 香茅
- 黑莓
- 鳄梨
- 莳萝
- 杜果
- 煮豌豆
- 青柠皮
- 格鲁耶尔干酪
- 香煎培根
- 清蒸鲻鱼

高良姜
- 百里香
- 烤栗子
- 青柠汁
- 苦艾酒
- 黑加仑
- 清蒸红鲻鱼
- 茴香茎
- 干月桂叶
- 接骨木花
- 熟赤豆

经典搭配：柠檬和芥末调味汁

尝试不加入醋，而将柠檬汁与橄榄油和芥末混合制成油醋汁，还可按照个人喜好滴上几滴蜂蜜来平衡酸度。蜂蜜和芥末调味汁与皱叶莴苣（frisée）、比利时菊苣等苦味叶片特别适配。

经典菜谱：柠檬蒜蓉

柠檬蒜蓉是一种简单意大利调味品，以切碎的芫荽、柠檬和大蒜切碎制成，常用于装饰炖肉菜肴，如米兰式炖小牛腿，也可用于烤鸡或烤鱼。

柠檬和青柠的食材搭配

气味类别（列）：果香、柑橘香、花香、绿叶香、草本香、蔬菜香、焦糖味、烘烤香、坚果香、木质香、辛辣味、奶酪香、动物气味、化学气味

芥末
- 柠檬挞
- 炒蛋
- 苹果醋
- 意大利萨拉米香肠
- 展会梨
- 煮灰胡桃南瓜
- 接骨木果
- 香煎猪大排
- 深焙扁桃仁
- 水牛奶酪

扁叶欧芹
- 烤红鲻鱼
- 小豆蔻叶
- 灰胡桃南瓜泥
- 海苔片
- 煮龙虾尾
- 熟苔麸谷粒
- 青柠
- 香煎雉鸡
- 葫芦巴叶
- 蚕豆

皱叶莴苣
- 和牛
- 熟糙米
- 红羊奶酪
- 红甜椒粉
- 甜樱桃
- 醋栗
- 香煎猪大排
- 覆盆子
- 柠檬
- 生蚝

亚力酒
- 煮白芦笋
- 煮洋蓟
- 无花果
- 海苔片
- 大西洋鲑鱼片
- 梅子
- 干式熟成牛肉
- 紫苏叶
- 柠檬
- 煮土豆

糖渍欧白芷
- 干金酒
- 柠檬挞
- 萨尔齐琼香肠
- 罐装番茄
- 煮鳕鱼片
- 丁香
- 姜片
- 酸浆果
- 牛奶巧克力
- 松子

香蕉甜酒
- 圣摩奶酪
- 荞麦蜜
- 绿茶
- 柠檬
- 烤箱烤汉堡
- 塔希提香草
- 干木槿花
- 烤扇贝王
- 秘鲁米拉索尔辣椒
- 鲭鱼

潜在搭配：柠檬、青柠、日向夏

日向夏是一种生长于日本的圆形黄色柑橘类水果。它可能是柚子与日本柚子的杂交品种，口感酸甜可口。日向夏的白色橘络部分没有苦味，可以和多汁果肉一同食用，只需像平时吃苹果一样剥皮切片，再撒上一点糖就可直接食用。

经典搭配：柑橘和辣椒

在泰式菜肴中，青柠和辣椒（见第90页）可谓天作之合，酸、甜、辣、咸等口味完美交融。酸橘汁内通常加入糖，以平衡辣椒辛辣刺激的口感。

日向夏

	果香	柑橘香	花香	绿叶香	草本香	蔬菜香	焦糖味	烘烤香	坚果香	木质香	辛辣味	奶酪香	动物气味	化学气味
柠檬青柠苏打水														
米克覆盆子														
拉宾斯樱桃														
拿破仑橘子利口酒														
苦艾酒														
扁叶欧芹														
水牛奶酪														
黑莓														
肉桂														
茴香茎														

烤肉咖喱酱

	果香	柑橘香	花香	绿叶香	草本香	蔬菜香	焦糖味	烘烤香	坚果香	木质香	辛辣味	奶酪香	动物气味	化学气味
释迦果														
欧洲海鲈														
布里奶酪														
青柠														
阿方索杧果														
干式熟成牛肉														
煮土豆														
秘鲁黄辣椒														
香煎野林鸽														
熟翡麦														

胡椒薄荷

	果香	柑橘香	花香	绿叶香	草本香	蔬菜香	焦糖味	烘烤香	坚果香	木质香	辛辣味	奶酪香	动物气味	化学气味
竹荚鱼														
烟熏葡萄藤														
粉红胡椒														
欧洲海鲈														
烤箱烤土豆														
柠檬皮屑														
素高汤														
杧果														
干桉树叶														
香煎猪大排														

漆树

	果香	柑橘香	花香	绿叶香	草本香	蔬菜香	焦糖味	烘烤香	坚果香	木质香	辛辣味	奶酪香	动物气味	化学气味
甘达 (Ganda) 火腿														
香煎鹌鹑														
煮面包蟹蟹肉														
哈瓦那青椒														
煮龙虾														
格鲁耶尔干酪														
烤花生														
柠檬														
清蒸鲤鱼														
罗勒														

土耳其咖啡

	果香	柑橘香	花香	绿叶香	草本香	蔬菜香	焦糖味	烘烤香	坚果香	木质香	辛辣味	奶酪香	动物气味	化学气味
全麦面包														
克莱曼小柑橘														
牛奶巧克力														
墨西哥玉米饼														
巴鲁坚果干														
燕麦片														
酸浆果														
爱尔桑塔 (Elsanta) 草莓														
烤箱烤牛排														
柠檬挞														

辣椒

辣椒有200多个品种，颜色、大小和辣度各异。和甜椒一样，辣椒和甜椒同属辣椒属或茄科，这也是两者共享一些相同香气分子的根源所在。

辣椒可分为五大主要的栽培种：一年生辣椒（*Capsicum annuum*，如墨西哥辣椒）、灌木状辣椒（*Capsicum frutescens*，如塔巴斯科辣椒）、中国辣椒（*Capsicum chinense*，如哈瓦那辣椒）、下垂辣椒（*Capsicum baccatum*，如秘鲁黄辣椒）以及柔毛辣椒（*Capsicum pubescens*，如秘鲁红辣椒）。辣椒被官方认定为一种浆果，用途多样，新鲜的、干燥处理的、完整的或磨成粉末的皆可使用。

辣椒的辣度源于辣椒果实中的辣椒素，其可以用史高维尔指数（The Scoville scale）衡量，辣椒素富集在白色的胎座和子房隔膜，而非辣椒籽。辣椒素分子会触发三叉神经的辣椒素受体（Transient receptor potential vanilloid 1, TRPV1），从而记录辣度和痛觉。一般而言，在口腔温度为43℃时，这些受体会产生灼烧感，但辣椒素能让口腔对34℃的温度做出反应，而人类正常体温为37℃。随后三叉神经向大脑发出信息，作为回应，大脑释放脑啡肽（译者注：脑下垂体分泌的生物化学合成物激素，能产生止痛效果与欣快感）止痛，由此引发食用辛辣食物的麻木感。下次嘴里上火时，试试喝杯牛奶，因为牛奶中的酪蛋白会包裹辣椒素分子，阻断三叉神经辣椒素受体反应。

辣椒叶味道微苦，但辣度不如辣椒，亦可像青菜一样烹饪。在韩国，辣椒叶可作为泡菜腌制；而在日本，腌制辣椒叶的方式是用酱油和味醂熬制。

- 泰式辣椒酱（nam prik）由鸟眼椒、大蒜、红葱头、虾酱、鱼露和青柠汁制成。

秘鲁美食中的辣椒

亮橙色的秘鲁黄辣椒起源可追溯至16世纪的印加帝国。秘鲁黑辣椒是秘鲁食用第二多的辣椒，而秘鲁红辣椒是现存最古老的驯化辣椒。

- 烩鸡肉（Causa rellena con pollo）是一道秘鲁的经典料理，在加入了秘鲁黄辣椒和蒜瓣的土豆泥中夹一层鸡肉、牛油果和水煮蛋。
- 白酱土豆（Papa a la huancaína）是一道安第斯料理，用秘鲁黄辣椒和乳酪等做成的白酱浇在煮土豆上，搭配水煮蛋。

秘鲁式大虾刺身（Tiradito de camaron）

阿斯特丽德·古斯切（Astrid Gutsche）和加斯顿·阿库里欧（Gastón Acurio），阿斯特丽德&加斯顿餐厅（Astridy Gastón），利马，秘鲁

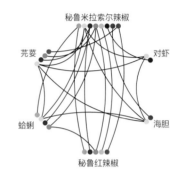

主厨阿斯特丽德·古斯切和加斯顿·阿库里欧夫妇一直致力于推广秘鲁当代美食。在他们位于利马的餐厅阿斯特丽德&加斯顿，这对夫妻搭档提供的套餐将秘鲁不同烹饪传统、技术与当地食材完美融合。早在融合料理（fusion cooking）概念风行前，西班牙、非洲、日本、中国和意大利的移民潮就已为秘鲁烹饪技术的大融合做出了贡献。

"Tiradito" 是一道秘鲁式刺身。与酸橘汁腌鱼不同的是，临上桌才加入辛辣、柑橘香的被称为"虎奶"的腌汁来腌制鱼肉，以防止鱼肉变质，从而保持鱼肉新鲜。阿斯特丽德和加斯顿采用大虾佐以秘鲁黄辣椒酱，以增加辛辣味。

这道菜的其他配料有：生鱼片［以盐、极其辛辣的秘鲁红黄椒（ají limo）和芫荽略腌］、海胆、蛤蜊、芫荽油、秘鲁玉米、茶拉卡酱（chalaca，用秘鲁米拉索尔辣椒、秘鲁红辣椒、洋葱和柠檬汁混合）、一些可食花和新鲜草本香料。

经典搭配：辣椒和墨西哥美食

辣椒在墨西哥美食中的踪影随处可觅，不同辣度的辣椒被用于制作各式美食：咸干李子（saladitos）、油炸调味鱼（pickled escabeche）、爆浆奶酪辣椒（chiles rellenos）、魔力酱、辣椒肉酱（chilli con carne）、墨西哥烤猪肉（Cochinita Pibil）等。

经典搭配：辣椒和复杂香气

辣椒与各类复杂香气都能很好地搭配，例如，泰国红、绿、黄咖喱中的多种不同香料组合；南亚美食的香料组合；酸辣味果阿咖喱鱼（Goan fish curry）和浓郁而温和的鸡肉玛萨拉中都可见辣椒的踪迹。

辣椒品种

秘鲁黄辣椒的香气特征

这种独特的果味辣椒带有苹果和菠萝的芳香气息、辛辣味、木质香和少许奶酪香，新鲜黄辣椒或晒干制成米拉索尔辣椒均可使用。秘鲁黄辣椒的史高维尔指标（译者注：数值越高，辣度越高）仅为40000～50000单位。

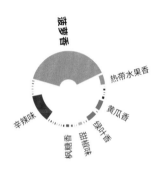

秘鲁黄辣椒	果香	柑橘香	花香	绿叶香	草本香	蔬菜香	焦糖味	烘烤香	坚果香	木质香	辛辣味	奶酪香	动物气味	化学气味
芹菜														
白灼鱿鱼														
佩德罗-希梅内斯雪莉酒														
旱金莲叶														
熟扇贝王														
肉桂														
烤猪五花														
蓝莓														
薄荷														
烤扁桃仁片														

秘鲁黑辣椒的香气特征

秘鲁黑辣椒味甜而辣度低，以柑橘香、花香和烟熏味、草本香的复杂香气而备受青睐。

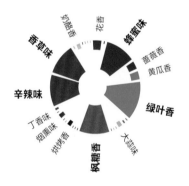

秘鲁黑辣椒	果香	柑橘香	花香	绿叶香	草本香	蔬菜香	焦糖味	烘烤香	坚果香	木质香	辛辣味	奶酪香	动物气味	化学气味
梨														
卷心菜嫩叶														
鱼子酱														
香煎肥肝														
大西洋鲑鱼片														
烤猪五花														
葫芦巴叶														
黑巧克力														
肉桂														
糖渍柠檬皮														

秘鲁红辣椒的香气特征

这种多肉辣椒的史高维尔评级在30000～100000个单位。其果肉多汁，带有果香、香蕉香、黄油奶酪香和焦糖味。

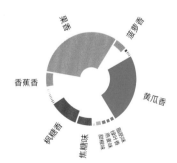

秘鲁红辣椒	果香	柑橘香	花香	绿叶香	草本香	蔬菜香	焦糖味	烘烤香	坚果香	木质香	辛辣味	奶酪香	动物气味	化学气味
煮西蓝花														
香茅														
日本网纹瓜														
煮灰胡桃南瓜														
鲭鱼														
莫利洛黑樱桃														
煮褐蟹肉														
粉蕉														
香煎野林鸽														
茉莉花														

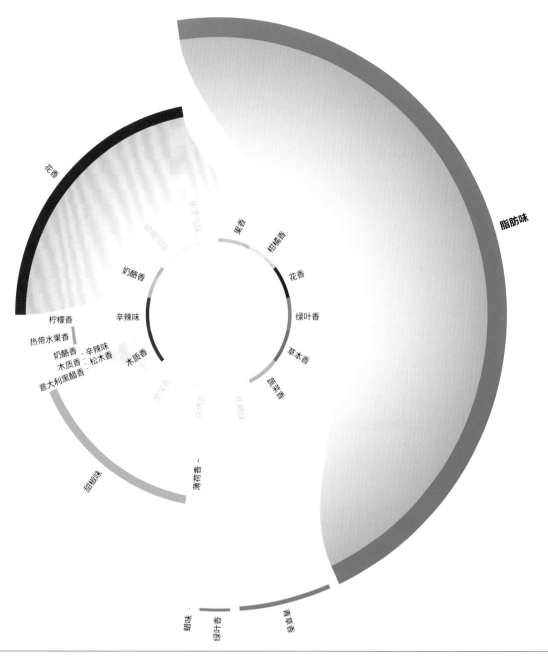

哈瓦那青椒

哈瓦那青椒的香气特征

哈瓦那青椒和甜椒同属茄科，这也是为何哈瓦那青椒香气特征中带有甜椒味。绿叶香、脂肪味和青草香是所有类型青椒共通的关键香气，而根据青椒品种差异，又各自带有花香、果香或柑橘香。

	果香	柑橘香	花香	绿叶香	草本香	蔬菜香	焦糖味	烘烤香	坚果香	木质香	辛辣味	奶酪香	动物气味	化学气味
哈瓦那青椒	·	·	●	●	●	·	·	·	●	●	●	·	·	·
柚子	●	●	●	●	·	·	·	·	·	●	●	·	·	·
李杏	·	●	●	●	●	·	·	·	·	●	·	·	·	·
紫苏叶	·	●	●	●	●	●	·	·	·	●	·	·	·	·
甘达火腿	·	·	●	●	●	·	·	·	·	·	·	·	·	·
清蒸鲻鱼	·	·	●	●	·	·	·	·	·	·	·	·	·	·
巴西切叶蚁	·	●	●	●	·	·	·	·	·	·	·	·	·	·
熟南瓜	·	·	●	●	●	·	●	●	·	·	·	·	·	·
皱叶莴苣	·	·	●	●	●	·	·	·	·	·	·	·	·	·
熟贻贝	·	·	●	●	·	·	·	·	·	·	·	·	·	·
葡萄	·	●	●	●	·	·	·	·	·	●	●	·	·	·

哈瓦那红椒

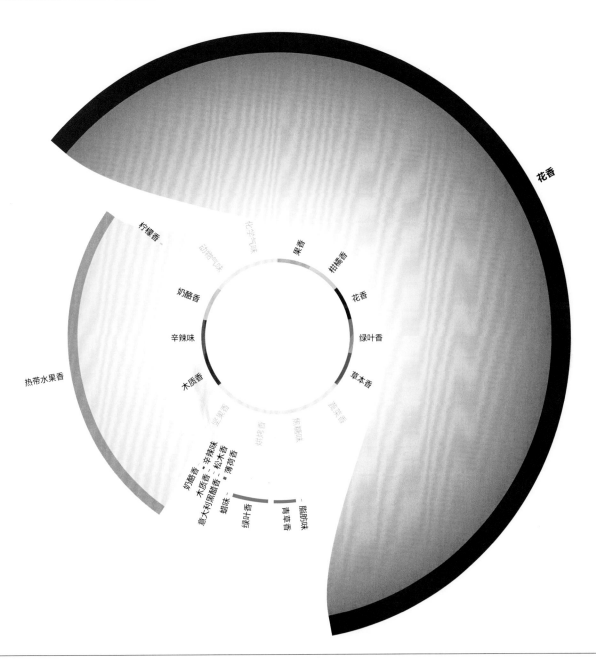

花香

柠檬香
奶酪香
辛辣味
热带水果香
木质香

动物气味
果梅
柑橘香
花香
绿叶香
草本香

意大利黑醋香－辛辣味
木质香－松木香
蜡味－薄荷香
奶酪香
绿叶香
青草香

坚果香
烘烤香

哈瓦那红椒的香气特征

哈瓦那红椒在成熟过程中发生了一些酶的活性变化，特别是脂质降解产物的形成，导致在由绿变红过程中失去了绿色脂香分子，从而生成浓郁的花香。搭配表格中所示的蔬菜香也随之出现。史高维尔指数将哈瓦那红椒辣度排在15万～32.5万个单位，这一魔鬼辣度当然不太适宜胆小之人。

	果香	柑橘香	花香	绿叶香	草本香	蔬菜香	焦糖味	烘烤香	坚果香	木质香	辛辣味	奶酪香	动物气味	化学气味
哈瓦那红椒	●	●	●	●	●	●				●	●			●
芝麻菜	·	·	●	●	●	·								
野蒜	·	·	●	●	●					●				
草莓番石榴	·	●	●	●	·		●	●		●	●	●		
南酸枣	·	●	●	●	●	·		●		●	●	●		
柠檬马鞭草	·	·	●	●	●					●	●	●		
烤花生	·	·	●	●	·			●	●	●				
巴约纳火腿	·	·	●	●	·				●	●	●			
干平菇	·	●	·	●	·				●	●				
乌鱼子	·	·	●	●	·	●				●				
豌豆	·	·	●	·	●	●				●				

经典搭配：辣椒和牛肉

墨西哥风味的菜辣椒肉酱以牛肉和辣椒为基调，19世纪在得克萨斯州圣安东尼奥的"辣椒女王"（chili queens）手中风靡开来。

厨师搭配：辣椒、海胆、芫荽

海胆、辣椒和芫荽都带有柑橘香，这在阿斯特丽德和加斯顿的秘鲁生鱼片食谱中得到充分利用，他们还用到了四种辣椒。

辣椒的食材搭配

烤牛肉

果香 · 柑橘香 · 花香 · 绿叶香 · 草本香 · 蔬菜香 · 焦糖味 · 烘烤香 · 坚果香 · 木质香 · 辛辣味 · 奶酪香 · 动物气味 · 化学气味

- 日式面包糠
- 哈瓦那青椒
- 橘子酱
- 炖柠檬鲽
- 姜泥
- 皮夸尔黑橄榄
- 香茅
- 展会梨
- 熟藜麦
- 桃

海胆

果香 · 柑橘香 · 花香 · 绿叶香 · 草本香 · 蔬菜香 · 焦糖味 · 烘烤香 · 坚果香 · 木质香 · 辛辣味 · 奶酪香 · 动物气味 · 化学气味

- 烤肉咖喱酱
- 柚子
- 深焙扁桃仁
- 鲜姜根
- 煮甜菜根
- 罗勒
- 小豆蔻籽
- 干桉树叶
- 香煎猪大排
- 马苏里拉奶酪

烟熏梨木

果香 · 柑橘香 · 花香 · 绿叶香 · 草本香 · 蔬菜香 · 焦糖味 · 烘烤香 · 坚果香 · 木质香 · 辛辣味 · 奶酪香 · 动物气味 · 化学气味

- 煮蚕豆
- 小豆蔻籽
- 哈瓦那青椒
- 紫苏叶
- 烤红鲻鱼
- 格鲁耶尔干酪
- 白巧克力
- 煮南瓜
- 甜西番果
- 酪乳

拉古萨诺（Ragusano）奶酪

果香 · 柑橘香 · 花香 · 绿叶香 · 草本香 · 蔬菜香 · 焦糖味 · 烘烤香 · 坚果香 · 木质香 · 辛辣味 · 奶酪香 · 动物气味 · 化学气味

- 红薯片
- 乡村面包
- 哈瓦那青椒
- 海苔片
- 多宝鱼
- 布里欧修
- 煮洋蓟
- 烤榛子
- 熟贻贝
- 烤猪五花

人心果

果香 · 柑橘香 · 花香 · 绿叶香 · 草本香 · 蔬菜香 · 焦糖味 · 烘烤香 · 坚果香 · 木质香 · 辛辣味 · 奶酪香 · 动物气味 · 化学气味

- 肋眼牛排
- 西梅罐头
- 苹果花
- 枇杷
- 香煎鸡胸排
- 乌鱼子
- 斯蒂尔顿干酪
- 烟熏大西洋鲑鱼
- 蓝莓醋
- 秘鲁黄辣椒

蛇皮果

果香 · 柑橘香 · 花香 · 绿叶香 · 草本香 · 蔬菜香 · 焦糖味 · 烘烤香 · 坚果香 · 木质香 · 辛辣味 · 奶酪香 · 动物气味 · 化学气味

- 哥伦比亚咖啡
- 巧克力牛奶
- 红菊苣
- 菠萝汁
- 木薯酱
- 榛子
- 秘鲁米拉索尔辣椒
- 烤小牛胸腺
- 烤红甜椒酱
- 草莓

经典菜品：烟花女意面

在意大利，辣椒被用于制作辣味番茄酱（*sugo all'arrabbiata*），它可用于制作烟花女意面。用番茄、大蒜、橄榄和腌刺山柑烹饪而成。

经典搭配：辣椒、杜果、羌姜

杜果沙司酱是由杜果丁、红洋葱、墨西哥辣椒、青柠汁和切碎新鲜羌姜叶（见第96页）调制而成。它口感清新，带有柑橘香，是烤肉、海鲜、鱼肉塔可饼和卡真、加勒比料理的理想搭档。

以下每张图表的列从左到右对应的风味类别为：焙烤香、坚果香、焦糖香、乳酪香、动物香、木香、柑橘香、花香、坚果味果香、木本味果香、奶油味果香、辛香、蔬菜香、化学香、泥土/霉香、青草香。

腌刺山柑

	焙烤香	坚果香	焦糖香	乳酪香	动物香	木香	柑橘香	花香	坚果味果香	木本味果香	奶油味果香	辛香	蔬菜香	化学香	泥土/霉香	青草香
鲜番茄汁	•	•	•	•	●	•	•	●	•	•	•	•	●	•	•	•
白比司面包	•	●	●	•	•	•	•	●	•	•	•	•	●	•	●	•
皮斯科酒	•	•	●	•	•	•	•	•	•	•	•	•	•	•	●	•
油菜花蜜	•	●	●	•	•	•	●	•	•	●	•	•	•	•	●	•
番木瓜	•	•	•	•	•	•	●	•	•	●	•	•	•	•	•	•
印度玛萨拉咖喱酱	•	•	•	•	•	•	•	•	•	•	•	•	•	•	•	•
蔓越莓	•	•	•	•	•	•	●	•	•	•	•	•	•	•	•	•
巴约纳火腿	•	•	•	•	•	•	•	•	•	•	•	•	•	•	•	•
煮南瓜	•	•	•	•	•	•	•	•	•	•	•	•	•	•	•	•
小豆蔻籽	●	•	●	•	•	•	•	•	•	●	•	•	•	•	•	•

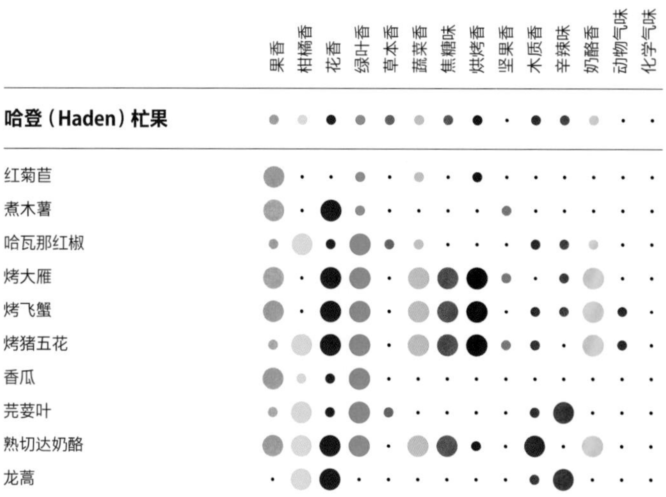

琉璃苣花

	焙烤香	坚果香	焦糖香	乳酪香	动物香	木香	柑橘香	花香	坚果味果香	木本味果香	奶油味果香	辛香	蔬菜香	化学香	泥土/霉香	青草香
蜜瓜	●	•	•	•	•	•	•	•	•	•	•	•	•	•	•	•
日式面包糠	●	●	●	•	•	•	•	•	•	•	•	•	•	•	•	•
秘鲁米拉索尔辣椒	●	●	●	•	•	•	•	•	•	●	•	•	•	•	●	●
酸浆果	●	•	●	•	•	•	●	•	•	●	•	•	•	•	●	•
干海莲子	●	•	●	•	•	•	●	•	•	●	•	•	•	•	•	•
香煎鹌鹑	•	•	●	•	•	•	●	•	•	●	•	•	•	•	•	•
石榴	•	•	●	•	•	•	•	•	•	●	•	•	•	•	•	•
甜樱桃	•	•	•	•	•	•	•	•	•	●	•	•	•	•	•	•
烤鱿鱼	•	•	•	•	•	•	•	•	•	•	•	•	•	•	●	•
爆米花	●	●	●	•	•	•	•	•	•	●	•	•	•	•	●	•

野接骨木果

	焙烤香	坚果香	焦糖香	乳酪香	动物香	木香	柑橘香	花香	坚果味果香	木本味果香	奶油味果香	辛香	蔬菜香	化学香	泥土/霉香	青草香
秘鲁黑辣椒	•	•	•	•	•	•	●	•	•	●	•	•	•	•	●	•
杂粮面包	●	●	•	•	•	•	●	•	•	●	•	•	•	•	●	•
现磨咖啡	●	●	•	•	•	•	●	•	•	●	•	•	•	•	●	•
哈密瓜	•	•	•	•	•	•	•	•	•	•	•	•	●	•	•	•
比尔森啤酒	•	•	•	•	•	•	•	•	•	•	•	•	•	•	•	•
野生草莓	•	•	•	•	•	•	●	•	•	●	•	•	•	•	•	•
香煎鹌鹑	•	•	•	•	•	•	●	•	•	●	•	•	•	•	•	•
秘鲁黄辣椒	•	•	•	•	•	•	●	•	•	●	•	•	•	•	•	•
深焙扁桃仁	●	●	•	•	•	•	●	•	•	●	•	•	●	•	●	•
黑豆	•	•	•	•	•	•	•	•	•	•	•	•	•	•	•	•
香煎鸡胸排	•	•	•	•	•	•	●	•	•	●	•	•	●	•	•	•
煮树番茄	•	•	•	•	•	•	●	•	•	•	•	•	●	•	•	•

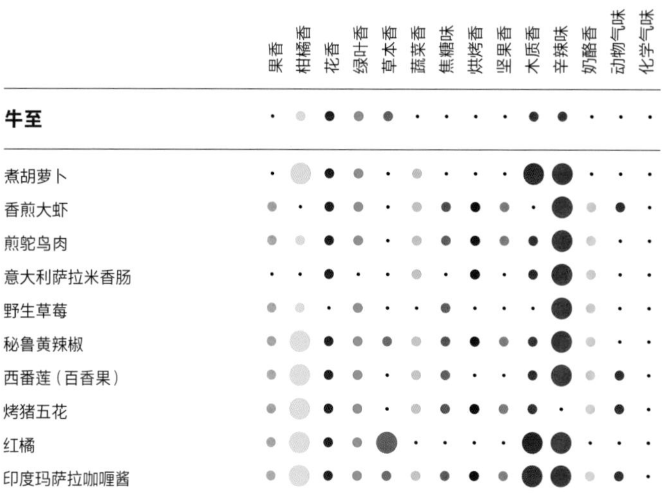

哈登（Haden）杜果

	焙烤香	坚果香	焦糖香	乳酪香	动物香	木香	柑橘香	花香	坚果味果香	木本味果香	奶油味果香	辛香	蔬菜香	化学香	泥土/霉香	青草香
红菊苣	●	•	•	•	•	•	●	•	•	●	•	•	•	•	●	•
煮木薯	●	●	●	•	•	•	●	•	•	●	•	•	•	•	●	•
哈瓦那红椒	●	•	●	•	•	•	●	•	●	●	•	•	•	•	●	•
烤大雁	●	●	●	•	•	•	●	●	●	●	•	•	•	•	•	•
烤飞蟹	●	●	●	•	•	•	●	●	●	●	•	•	•	•	●	•
烤猪五花	●	●	●	•	•	•	●	●	●	●	•	•	•	•	●	•
香瓜	•	•	●	•	•	•	•	●	•	•	•	•	•	•	●	•
羌姜叶	●	•	●	•	•	•	●	•	●	●	•	●	•	•	●	•
熟切达奶酪	●	•	●	•	•	•	●	•	●	●	•	●	•	•	●	•
龙蒿	●	•	●	•	•	•	●	•	●	●	•	●	•	•	●	•

梅干（日式盐渍梅干）

	焙烤香	坚果香	焦糖香	乳酪香	动物香	木香	柑橘香	花香	坚果味果香	木本味果香	奶油味果香	辛香	蔬菜香	化学香	泥土/霉香	青草香
黑巧克力	●	•	•	•	•	•	•	•	•	●	•	•	•	•	•	•
炒小白菜	●	•	•	•	•	•	•	•	•	●	•	•	•	•	●	•
甜西番果	●	•	•	•	•	•	●	•	•	●	•	•	•	•	●	•
帕达诺奶酪	●	•	•	•	•	•	●	•	•	●	•	•	•	•	●	•
秘鲁红辣椒	●	•	•	•	•	•	●	•	•	●	•	•	•	•	●	•
桃	●	•	•	•	•	•	●	•	•	●	•	•	•	•	●	•
龙蒿	•	•	•	•	•	•	●	•	•	●	•	•	•	•	•	•
柠檬香蜂草	•	•	•	•	•	•	●	•	•	●	•	•	•	•	•	•
巴氏杀菌番茄汁	•	•	•	•	•	•	●	•	•	●	•	•	•	•	•	•
马德拉斯咖喱酱	●	•	•	•	•	•	●	•	•	●	•	•	•	•	●	•

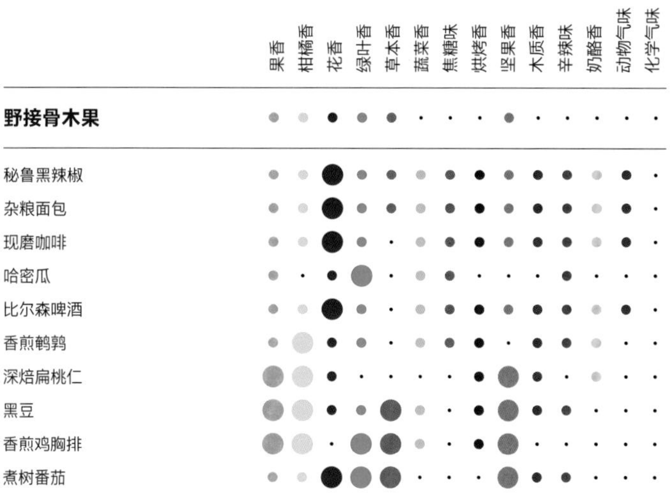

牛至

	焙烤香	坚果香	焦糖香	乳酪香	动物香	木香	柑橘香	花香	坚果味果香	木本味果香	奶油味果香	辛香	蔬菜香	化学香	泥土/霉香	青草香
煮胡萝卜	•	•	•	•	•	•	●	•	•	●	•	•	•	•	•	•
香煎大虾	●	•	•	•	•	•	●	●	•	●	•	•	•	•	•	•
煎蛇鸟肉	●	•	•	•	•	•	●	●	•	●	•	•	•	•	•	•
意大利萨拉米香肠	●	•	•	•	•	•	●	●	•	●	•	•	•	•	•	•
野生草莓	●	•	•	•	•	•	●	●	•	●	•	•	•	•	•	•
秘鲁黄辣椒	●	•	•	•	•	•	●	●	•	●	•	•	•	•	•	•
西番莲（百香果）	•	•	●	•	•	•	•	•	•	●	•	•	•	•	•	•
烤猪五花	•	•	●	•	•	•	•	•	•	●	•	•	•	•	•	•
红椒	●	•	•	•	•	•	●	●	•	●	•	•	•	•	•	•
印度玛萨拉咖喱酱	●	•	•	•	•	•	●	●	•	●	•	•	•	•	•	•

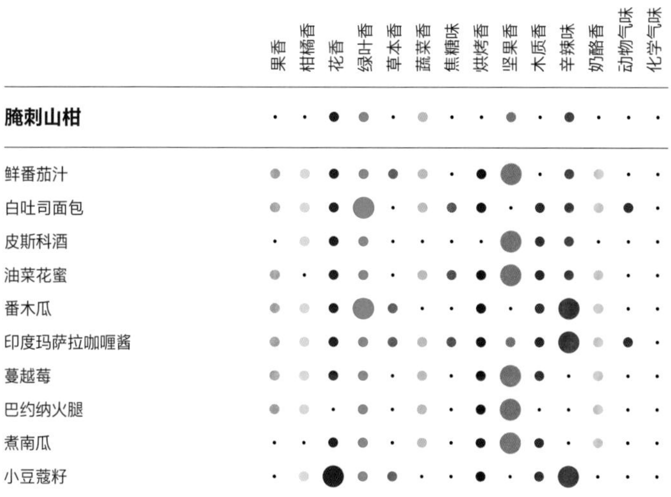

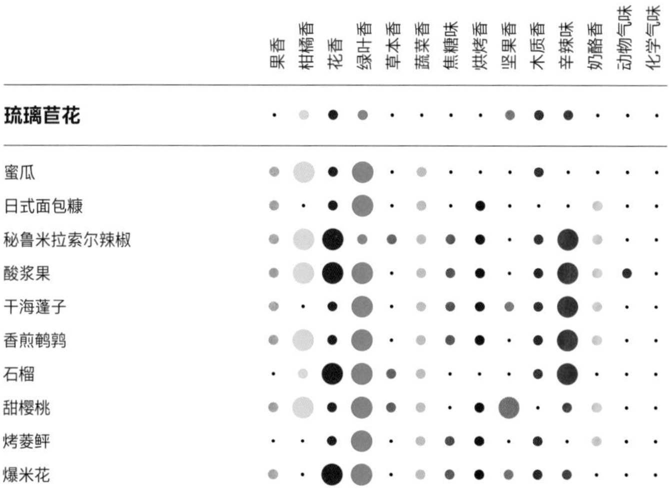

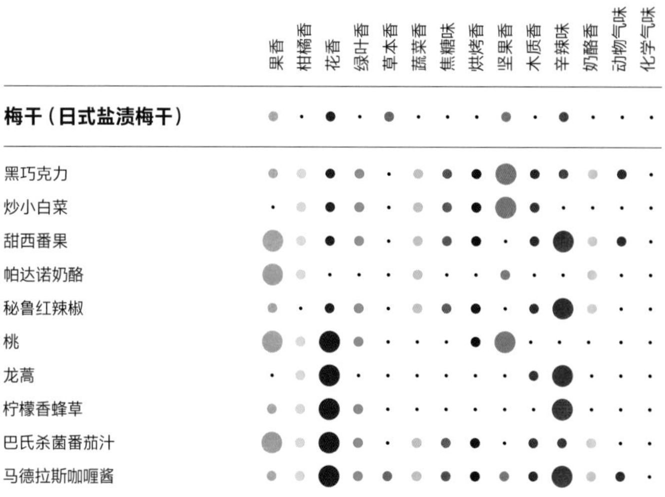

芫荽

新鲜芫荽，又称芫荽或中国芫荽，在亚洲和中南美洲菜肴中广泛使用。从叶子到根部，这种草本植物全身可食，而新鲜叶子和干籽最常用于烹饪。

芫荽是伞形科植物，和芹菜、欧防风、胡萝卜、欧芹、雪维菜、欧当归、孜然和大茴香同属芳香花科植物。

人们对新鲜芫荽的爱恨往往两极分化：有些人喜欢它的青草香、柑橘味的柠檬香，这些香气使菜肴清新，而有些人则讨厌它的"肥皂味"。芫荽中含有醛类化合物，这种天然生成化学物质同样产生于肥皂的制作过程中，相当比例的人对这种物质感到生理性厌恶或敏感。想要降低芫荽的肥皂味，只需将芫荽叶碾碎后再放入菜中，这一举动会释放出除味酶，将醛类转化为其他物质。

芫荽籽主要是芫荽果实，被用于制作格拉姆玛萨拉（Garam masala），这是一种风味浓郁的印度混合香料。在亚洲之外，芫荽籽广泛用于腌制蔬菜。在东南亚烹饪手法中，用芫荽根赋予腌汁和咖喱以浓郁风味。

除了少数葡萄牙菜，欧洲烹饪几乎很少使用新鲜芫荽叶，但芫荽籽经常用于给蛋糕和面包等烘焙食品调味。

- 在墨西哥美食中，新鲜芫荽叶常用于装饰墨西哥塔可饼、烤肉、鱼或汤，它们同样是鳄梨酱和辣番茄酱（salsa）的主要原料，如番茄沙拉（*pico de gallo*）就由切丁番茄、洋葱、芫荽叶和青柠汁制成。

芳樟醇

芳樟醇是一种天然生成的芳香化合物，常见于多种花卉和香料。依据浓度各异，其香气从柑橘香或柑橘柠檬香到花香、蜡味，甚至木质香。在芫荽籽中，芳樟醇分子结构使之具有甜美的花香，而在薰衣草中，芳樟醇则是木质香、薰衣草香。

芳樟醇

作为一种萜，芳樟醇是新鲜芫荽香气的主要构成。

相关的香气特征：芫荽籽

由于芳樟醇化合物浓度高，芫荽籽比芫荽叶的柑橘香更浓郁，同时还带有一些木质味的松香。

	果香	柑橘香	花香	绿叶香	草本香	蔬菜香	焦糖味	烘烤香	坚果香	木质香	辛辣味	奶酪味	动物气味	化学气味
芫荽籽	·	·	●	●				·		●				
煮树番茄	●	·	●	●	●			·		●				
全熟蛋黄	·	·	●	●			●	·		●				
无花果干	·	·	●	●			●	·		●				
烤鸡	●	·	●	●			●	●		●				
葡萄干	·	·	●	●			●	●		●				
烤红薯	●	·	●	●			●	●		●				
烤猪五花	·	·	●	●			●	●		●				
水牛奶酪	●	·	●	●			●	●		●		●		
黑加仑	●	●	●	●			·	·		●				●
橘子皮	●	●	●	●			·	●		●				●

芫荽叶

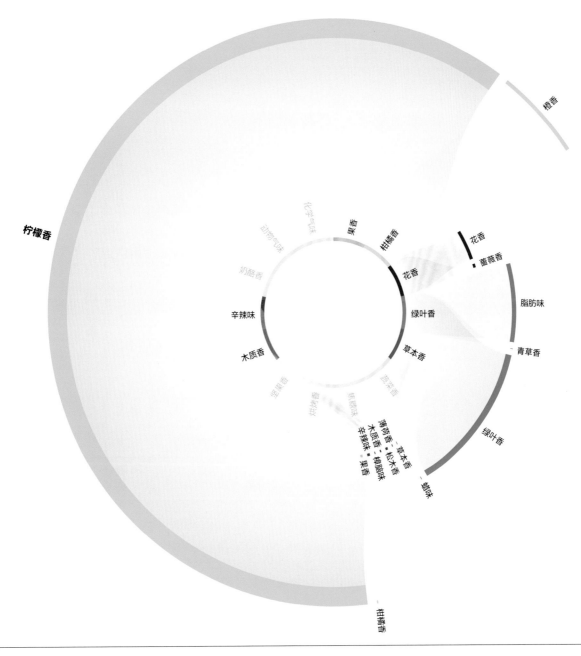

芫荽叶的香气特征

芫荽叶中绿叶脂肪味和微妙的柑橘柠檬香源于醛类,而另一个主要芳香分子为芳樟醇,由于浓度较低,芳樟醇在芫荽叶中为木质香。

	果香	柑橘香	花香	绿叶香	草本香	蔬菜香	焦糖味	烘烤香	坚果香	木质香	辛辣味	奶酪香	动物气味	化学气味
芫荽叶	●	●	●	●	●	●	●	●	●	●	●	●		●
毛豆	·	·	●	●	●	·	·	●	·	·	·	·	·	
罐装番茄	●	●	●	●	●	●	·	●	·	●	●	·	·	·
羊肚菌	·	·	●	●	●	●	·	●	·	·	·	·	·	·
半硬质山羊奶酪	·	·	·	●	●	●	·	●	·	·	·	·	·	·
威廉姆梨	·	·	●	●	●	·	·	●	·	·	·	·	·	·
萝卜	·	·	●	●	●	●	·	●	·	·	·	·	·	·
香蕉	●	·	●	●	●	·	·	●	·	·	·	·	·	·
煮褐虾	·	●	·	●	●	●	·	●	·	●	●	·	·	·
百香果	●	●	●	●	●	·	·	●	·	●	●	·	·	·
胡萝卜	●	●	●	●	●	●	·	●	·	●	●	·	·	·

潜在搭配：芫荽叶和羊肚菌

芫荽叶和羊肚菌共享木质香。同类香气的草本植物，如薄荷、印度藏茴香（ajowan）和百里香，则可突出这一芳香关联。

经典搭配：芫荽籽和葛缕子籽

俄式黑麦面包是一种俄罗斯深色酸面包，用糖浆增添甜味，以芫荽籽和葛缕子籽调味。

芫荽叶和芫荽籽的食材搭配

羊肚菌	果香	柑橘香	花香	绿叶香	草本香	蔬菜香	焦糖味	烘烤香	坚果香	木质香	辛辣味	奶酪香	动物气味	化学气味
黑巧克力														
烟熏大西洋鲑鱼片														
烤箱烤牛排														
伊比利亚猪油														
戈贡佐拉奶酪														
百里香														
烤花生														
薄荷														
梨														
印度藏茴香籽														

葛缕子籽	果香	柑橘香	花香	绿叶香	草本香	蔬菜香	焦糖味	烘烤香	坚果香	木质香	辛辣味	奶酪香	动物气味	化学气味
煮胡萝卜														
烤肉咖喱酱														
意大利萨拉米香肠														
糖渍柠檬皮														
凯特杜果														
萨尔齐琼香肠														
煮耶路撒冷洋蓟														
葡萄柚														
鲜薰衣草叶														
椰油														

核桃	果香	柑橘香	花香	绿叶香	草本香	蔬菜香	焦糖味	烘烤香	坚果香	木质香	辛辣味	奶酪香	动物气味	化学气味
切达奶酪														
烤野兔														
海胆														
南瓜														
烤猪肝														
大豆味噌														
烤骨髓														
覆盆子														
煮树番茄														
芫荽叶														

红薯	果香	柑橘香	花香	绿叶香	草本香	蔬菜香	焦糖味	烘烤香	坚果香	木质香	辛辣味	奶酪香	动物气味	化学气味
紫苏														
伊索特干辣椒														
甜瓜														
食用大黄														
烤野猪肉														
巴西莓														
李子														
烤红鲻鱼														
芫荽叶														
肉桂														

煮褐虾	果香	柑橘香	花香	绿叶香	草本香	蔬菜香	焦糖味	烘烤香	坚果香	木质香	辛辣味	奶酪香	动物气味	化学气味
云莓														
野苣菜														
开菲尔酸奶														
菜籽油														
芫荽叶														
黄瓜														
酸奶油														
埃曼塔尔干酪														
达斯莱克特（Darselect）草莓														
烤多宝鱼														

绿薄荷酒	果香	柑橘香	花香	绿叶香	草本香	蔬菜香	焦糖味	烘烤香	坚果香	木质香	辛辣味	奶酪香	动物气味	化学气味
韩式辣酱														
煎茶														
烟熏樱桃木														
桃														
芫荽叶														
荔枝														
葡萄干														
烤小牛胸腺														
牛奶巧克力														
水牛奶酪														

经典搭配：芫荽籽和肉豆蔻干皮

在芫荽籽之外，作为经典印度混合香料的辛辣香料粉还包括肉豆蔻干皮、小豆蔻、肉桂、孜然、丁香、月桂叶和黑胡椒。

潜在搭配：芫荽籽和鱼肉

芫荽籽所富有的甜美花香使之成为鱼肉（见第100页）的理想拍档。芫荽籽与条长臀鳕搭配绝佳，这种海鱼归属鳕鱼家族，生活在于欧洲寒冷海域，是肉质嫩滑的鳕鱼的又一替代之选。

肉豆蔻干皮	果香	柑橘香	花香	绿叶香	草本香	蔬菜香	焦糖味	烘烤香	坚果香	木质香	辛辣味	奶酪香	动物气味	化学气味
	•	•	●	•	•		•	●	•	●	●			
烤扁桃仁	●	•	●	•	•		•	●	•	●	•			
苹果	•	•	●	•	•		•	•		•	●			
迷迭香	·	●	●	●	●			•		●	●			
干洋甘菊	•	•	●	●	●			•		●	●			
熟茄子	●	•	●	•	•		•	•		•	•			
蔓越莓	●	•	●	•	•		•	●		•	•			
中国柠檬皮屑	·	●	●	•	•		•	•		•	•			
香煎猪大排	●	•	●	•	•		•	●	•	•	•			
罗勒	•	•	●	●	●	•		•	•	●	●			
黄油	●	•	●	•	•		•	•		•	•			

炖条长臀鳕	果香	柑橘香	花香	绿叶香	草本香	蔬菜香	焦糖味	烘烤香	坚果香	木质香	辛辣味	奶酪香	动物气味	化学气味
	•	•	●	•	•	•	•	●	•	•	•			
蔷薇香天竺葵花	•	•	●	●	●		•	•	•	•	•			
皱叶欧芹	•	•	●	●	●	●		•		•	•			
百香果	•	●	●	•	•		•	•		•	•			
芫荽籽	•	•	●	•	●			•		●	●			
青酱	•	•	●	●	●	•		•	•	•	•			
熟香米	•	•	●	•	•	●		●	•	•	•			
甲壳高汤	•	•	●	•	•	●	●	●	●	●	●			
姜泥	•	•	●	•	●	•	●	●	•	●	●			
香煎大虾	•	•	●	•	•	●	●	●	●	●	●			
番茄	•	•	●	●	●	●	●	●	•	●	●			

萨凯帕（Ron Zacapa）23年典藏朗姆酒	果香	柑橘香	花香	绿叶香	草本香	蔬菜香	焦糖味	烘烤香	坚果香	木质香	辛辣味	奶酪香	动物气味	化学气味
	•	●		•			•	•		•	•			
芫荽籽	·	•	●	•	●			•		●	●			
布里奶酪	●	•	●	●	•	•	•	●	•	•	•			
老抽	•	•	●	●	●	●	●	●	•	●	●	•		
人参果	●	•	●	•	•	•		•		•	•			
腌鳀鱼	·	•	●	•	•		●	●		•	•			
意大利香柠檬	•	●	●	•	•			•		•	•			
南酸枣	●	•	●	•	•		•	●		•	•			
烤腰果	•	•	●	●	●	●	●	●	●	●	●			
干式熟成牛肉	•	•	●	●	●	•	●	●	●	●	●	•		
烤肉咖喱酱	•	●	●	●	●	●	●	●	•	●	●			

日本柚子	果香	柑橘香	花香	绿叶香	草本香	蔬菜香	焦糖味	烘烤香	坚果香	木质香	辛辣味	奶酪香	动物气味	化学气味
	•	•	●	•	•			•		•	•			
干荸澄茄浆果	•	•	●	•	•	●		•		●	●			
布里奶酪	•	•	●	●	•	•	•	●	•	•	•			
鳕鱼片	•	•	●	•	•		•	●		•	•			
素高汤	•	•	●	•	•	●	•	•		●	●			
干桉树叶	•	•	●	●	●	•		•		●	●			
多香果	•	•	●	•	●	•	•	●	•	●	●			
青酱	•	•	●	●	●	•		•	•	•	•			
芫荽籽	•	•	●	•	●			•		●	●			
无花果	●	•	●	•	•		•	●		•	•			
竹荚鱼	•	•	●	•	•		•	●		•	•			

开心果	果香	柑橘香	花香	绿叶香	草本香	蔬菜香	焦糖味	烘烤香	坚果香	木质香	辛辣味	奶酪香	动物气味	化学气味
	●	●	●	•	•		•	●		•	•			•
熟贻贝	●	•	•	•	•		•	•		•	•	•		
牛肉	•	•	●	•	•		•	●		•	•	•		
蔗糖浆	•	•	●	•	•		•	●		•	•			
深焙扁桃仁	●	●	•	•	•		•	●		•	•			
香蕉	●	•	●	●	●		•	•		•	•			
芫荽籽	·	•	●	•	●			•		●	●			
咖喱叶	•	•	●	●	●			•		●	●			
葡萄柚皮	•	•	●	•	•		•	●		●	●			
油桃	●	•	●	●	●		•	•		•	•			
干葛缕子叶	·	•	●	•	•			●	•	●	●			

鱼

说到生鱼，不同种类的鱼的风味及微妙差异难以区分，但烹饪会改变鱼的风味特征，从草本和植物味道变得更为味美多滋。无论是盐渍、清蒸、油炸、炙烤、烘焙还是烟熏，新的烘烤和肉香分子开始形成，任何烹调方法都将大幅度改变鱼的风味。

一条鱼自被捕捞开始，其中多不饱和脂肪酸会转变为挥发性化合物，散发出独特的草本、金属味，香气类似青草香、黄瓜香、苹果香、蘑菇味，甚至甜瓜香。寿司中生鱼片和黄瓜搭配正是此理。

生鱼经历快速降解过程，会产生独特的气味。随着时间增长，这些令人生厌的芳香化合物会进一步增多，产生难闻的鱼腥味，这时便过了最佳赏味期。鳐鱼鱼翅散发的臭味就类似氨气。

可持续发展

在食物搭配公司，我们致力于在英国北海（译者注：the North Sea，英国东海岸附近的大西洋海域）推行可持续发展海鲜烹饪，推广副渔获物（译者注：捕捞其他种类鱼时意外捕获的东西）的海鲜搭配。仅在当地的北海水域，每天就有大量鲜为人知的鱼种被拖网渔船无意中捕获或捞取。虽然大部分副渔获物都会被送回，以换取流行鱼种，但大多数鱼存活时间短，未能幸免于难。商业捕鱼所造成的破坏性后果在世界各地水域都很常见。

北海厨师联盟（The North Sea Chefs）由比利时和荷兰厨师集结而成，他们在餐厅菜单上介绍当地副渔获物，希望以此来提高人们对这些鱼类的认知和喜爱。食物搭配公司与欧洲渔业基金会（the European Fishery Fund）和北海厨师联盟合作，对从猫鲨到条长臀鳕等30种副渔获物进行分析，以确定其风味特征和潜在的食材搭配，希望它们能进入厨师和消费者的菜单中。

多佛鳎鱼

鳎（*Solea solea*）是比目鱼的一种，栖息于海底，俗称多佛鳎鱼或黑鳎。它的鱼肉质紧实又柔嫩多汁，是商业上较为珍贵的副渔获鱼种之一，在北大西洋、北海部分海域和地中海的温暖海域全年都可捕获。不过，其最佳赏味期在产卵期过后，从6月到次年1月，这时肉质更为紧实而鲜美。

地中海风味多佛鳎鱼

罗卡兄弟（The Roca brothers），罗卡之家（El Celear de Can Roca），西班牙

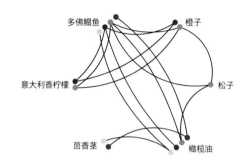

1986年，当乔安·罗卡（Joan Roca）、约瑟夫·罗卡（Josep Roca）和乔迪·罗卡（Jordi Roca）在父母20年前餐厅旧址旁创办罗卡之家时，他们并未料到家乡赫罗纳很快会变身为美食胜地。自此，在罗卡兄弟手中，小小的家族事业发展为美食帝国，兄弟三人各司其职，大哥乔安·罗卡是主厨，二哥约瑟夫是侍酒大师，而小弟乔迪在甜点制作上独具匠心。他们从自然景致和加泰罗尼亚的时令产品中汲取灵感，用烹饪创新作为料理表达的艺术手段。

乔安·罗卡的多佛鳎鱼食谱是实践运用食物搭配公司原则的教科书式的典范。这道菜品既尊崇经典，又推陈出新，带来意想不到的惊喜。多佛鳎鱼片先经简单低温烹制，随后加入少许橄榄油并在冬青枥木上烤制。鱼肉旁放置一排依次排列的乳状液体：橄榄、松子、橙子、意大利香柠檬和茴香。最后在鱼肉上放置这些乳状液对应的元素，同样依序排列：一颗橄榄油珠、新鲜松子仁、腌制橙皮、一朵白色小鼠尾草花和一枝茴香草。

烤多佛鳎鱼

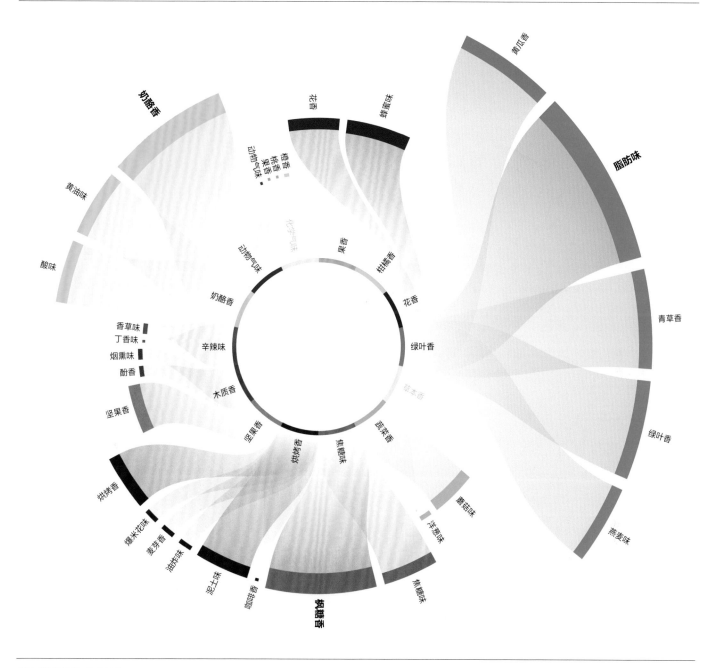

烤多佛鳎鱼的香味特征

烤多佛鳎鱼中的主要芳香化合物之一是双乙酰，生成于美拉德反应过程中，带有黄油香味，此外还会生成苯甲醛分子，这可能正是一些饕客认为多佛鳎鱼带有的微妙甜味。新鲜鱼肉中通常带有青草香、油脂味和黄瓜香挥发物，而烘烤过程还会产生一种粪臭素，赋予其鱼腥味。

	果香	柑橘香	花香	绿叶香	草本香	蔬菜香	焦糖味	烘烤香	坚果香	木质香	辛辣味	奶酪香	动物气味	化学气味
烤多佛鳎鱼														
香瓜														
迷迭香蜂蜜														
海胆														
葡萄柚汁														
芥末														
盐渍樱花叶														
巴氏杀菌番茄汁														
哥伦比亚咖啡														
阿尔贝吉纳特级初榨橄榄油														
亚力酒														

潜在搭配：竹荚鱼和盐渍樱花
盐渍樱花[注1]花香浓郁，可代替海盐调味，增添日式樱花花香。

潜在搭配：细鳞绿鳍鱼和鳀鱼汤
鳀鱼汤相当于日式出汁，以干鳀鱼和昆布烹制，这种清淡味美的汤汁可为许多韩式汤羹和炖菜打底。

102

竹荚鱼

大西洋竹荚鱼是一种白色油性鱼类，富含 Ω-3 脂肪酸，有益心脏健康，在秋季风味最佳。在新鲜鱼肉的典型草本香、绿叶香外，我们的香气分析还发现了一些出人意料的木质香、烟熏味和烤爆米花味的芳香分子。

竹荚鱼肉质肥美，适宜用明火炙烤、烤箱烘烤和腌制等方式烹制，在西班牙、葡萄牙和日本颇受欢迎。竹荚鱼常和醋搭配食用，例如葡萄牙美食醋渍炸竹荚鱼（*carapaus de escabeche*）。

细鳞绿鳍鱼

细鳞绿鳍鱼在其所属鱼类中体型最大。近期，这种栖居在北海海底的鱼类往往因其不同寻常的外表而被拖网渔船抛出，直到最近才开始出现在更多餐厅的菜单上。细鳞绿鳍鱼肉质肥厚，蘑菇味、天竺葵香浓郁，放在鱼汤和炖菜中最为合适。它用途丰富，甚至还可搭配薯条。要想来个简餐，可以清蒸或用烘焙纸包裹烘烤，无论是在烤箱里烤到外皮焦脆，还是用烧烤架整条或片成鱼片明火炙烤，风味都异常鲜美。建议搭配阿尔贝吉纳橄榄油、樱桃番茄、炒鸡蛋，甚至猕猴桃，来烘托其辛香和胡椒味。

鱼类的可持续发展

竹荚鱼的香气特征
竹荚鱼与生扇贝和海鲈鱼共享木质香，其爆米花味的化合物可与洋蓟、藜麦、西班牙辣香肠相配，而其烟熏味则可与西瓜、甜菜根和酱油组合。

	果香	柑橘香	花香	绿叶香	草本香	蔬菜香	焦糖味	烘烤香	坚果香	木质香	辛辣味	奶酪味	动物气味	化学气味
竹荚鱼														
胡椒薄荷														
卡蒙贝尔奶酪														
黑麦面包														
淡水龙虾														
面包屑														
法棍面包														
大吉岭红茶														
粉红佳人苹果														
盐渍樱花														
茉莉花														

细鳞绿鳍鱼的香气特征
细鳞绿鳍鱼的蘑菇味可中和韩式大酱、芝麻酱或伊索特干辣椒的浓郁风味，而其天竺葵香与草莓、洋蓟、蚕豆、翡麦或龙虾搭配相得益彰。

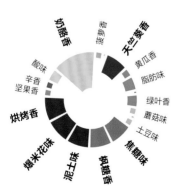

	果香	柑橘香	花香	绿叶香	草本香	蔬菜香	焦糖味	烘烤香	坚果香	木质香	辛辣味	奶酪味	动物气味	化学气味
烤细鳞绿鳍鱼														
芹菜														
鳀鱼汤														
玛拉波斯草莓														
覆盆子														
可涂抹辣香肠														
毛豆														
意大利香柠檬														
大吉岭红茶														
烤红甜椒														
煮茄子														

注1：根据中国《食品安全法》和《新食品原料安全性审查管理办法》，目前只允许关山樱花用于食品制作。婴幼儿、孕妇及哺乳期妇女需谨慎食用樱花。

主厨搭配：竹荚鱼和甜西番果

甜西番果原产于安第斯山脉，口感甜美芳香的甜西番果的花香与竹荚鱼相呼应，同时它也是秘鲁酸橘汁腌鱼的绝佳腌料。

主厨搭配：竹荚鱼和秘鲁黑薄荷

秘鲁黑薄荷是万寿菊科的一种草本植物。它芳香浓郁、带有柑橘香和薄荷香，常用于多种秘鲁酱料，而其新鲜的芫荽绿叶的香气与竹荚鱼搭配绝佳。

酸橘汁腌竹荚鱼

食物搭配公司的食谱

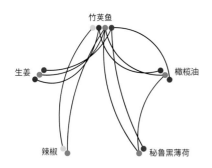

这道菜是秘鲁传统酸橘汁腌鱼的简易做法。首先将竹荚鱼去皮，用盐擦拭鱼片，并腌20分钟，吸干水分并使鱼肉紧致。

在这道菜中，传统做法中的虎奶被甜西番果取代，它是百香果的近亲，风味更为甜美。将甜西番果、新鲜青柠汁、特级初榨橄榄油、红洋葱片、红甜椒碎和鲜姜混合，并将新鲜秘鲁黑薄荷叶与橄榄油混合，搅打至顺滑。

再将用盐腌制好的鱼片用凉水浸洗，并在秘鲁黑薄荷腌汁中简单浸泡。最后将鱼肉摆盘，并洒上一些甜西番果腌汁，淋上秘鲁黑薄荷油。

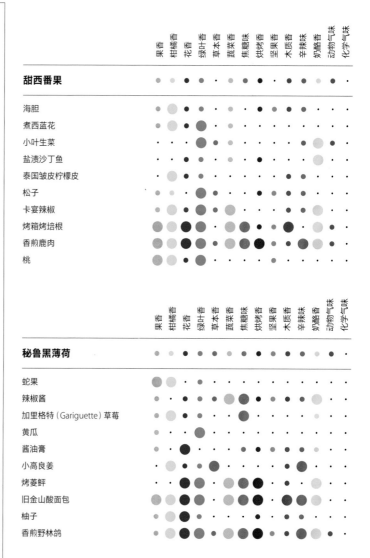

甜西番果：果香、柑橘香、花香、绿叶香、草本香、蔬菜香、焦糖味、烘烤香、坚果香、木质香、辛辣味、奶酪味、动物气味、化学气味

海胆、煮西蓝花、小叶生菜、盐渍沙丁鱼、泰国皱皮柠檬皮、松子、卡宴辣椒、烤箱烤培根、香煎鹿肉、桃

秘鲁黑薄荷：果香、柑橘香、花香、绿叶香、草本香、蔬菜香、焦糖味、烘烤香、坚果香、木质香、辛辣味、奶酪味、动物气味、化学气味

蛇果、辣椒酱、加里格特（Gariguette）草莓、黄瓜、酱油膏、小高良姜、烤菱鲆、旧金山酸面包、柚子、香煎野林鸽

经典菜品：法式香煎鱼排（sole meunière）

多佛鳎鱼的经典做法之一是法式香煎鱼排，给整条带骨鱼片裹上面粉，然后在融化的黄油中慢煎。煎好后从锅中取出，再在黄油中加入新鲜柠檬汁和欧芹碎，用勺子均匀淋于鱼身。

经典搭配：鱼和海苔片

黄瓜香气的（E,Z）-2,6-壬二烯醛和天竺葵香气的（Z）-1,5-辛二烯-3-酮，在生鱼的的风味中至关重要。海苔片多用于制作寿司，香气特征多为绿叶香，同时带有黄瓜香、蜡味和绿叶香。

鱼类的食材搭配

104

食材搭配表（各列香气特征：果香、柑橘香、花香、绿叶香、草本香、蔬菜香、焦糖味、烘烤香、坚果香、木质香、辛辣味、奶酪香、动物气味、化学气味）

烤羔羊肉
- 烘烤苹果
- 竹荚鱼
- 熟福尼奥谷物
- 薰衣草蜂蜜
- 煎甜菜根
- 番石榴
- 烤箱烤土豆
- 覆盆子泥
- 熟菰米
- 黑巧克力

海苔片
- 番石榴
- 黄油
- 绿茶
- 生蚝
- 煮鳕鱼片
- 烤花生
- 烤腰果
- 墨西哥玉米饼
- 梅子
- 烤多宝鱼

松子
- 海鲷
- 泰国红咖喱酱
- 烤扇贝王
- 烤牛肉
- 海茴香
- 皮夸尔黑橄榄
- 南瓜
- 塔罗科血橙
- 黑豆
- 红甜椒粉

猴王 47 黑森林干金酒
- 羊肚菌
- 熟法国蓝钓黄金紫贻贝
- 曼彻格（Manchego）奶酪
- 煮茄子
- 干香蕉片
- 杏脯
- 泰国普巧杜果干
- 腌葡萄叶
- 清蒸鲻鱼
- 香煎鸭胸肉

鲜薰衣草花
- 煮块根芹
- 香茅
- 牛后腿肉
- 煮鳕鱼片
- 金橘皮
- 百里香
- 黑加仑
- 小牛高汤
- 塞利姆胡椒
- 干牛至

马格利酒（韩国米酒）
- 多宝鱼
- 百里香
- 香茅
- 四川花椒
- 萨尔齐琼香肠
- 熟松茸
- 烤茄子
- 烤黄盖鲽
- 烤兔肉
- 酸樱桃

105

经典菜品：马赛鱼汤（bouillabaisse）

潜在搭配：烤鲽鱼和红甜椒

这道汤源自马赛，将鱼肉、茴香和番茄相组合，传统上搭配以橄榄油、大蒜和辣椒制成的普罗旺斯酱汁（rouille）食用。在上文（第100页）中，罗卡兄弟也尝试用橄榄油在多佛鳎鱼和茴香间构筑芳香联系。

红甜椒（见第106页）中的绿叶中香和香花香，在用橄榄油微煎后香气更为馥郁。与烤鲽鱼风味相配。

茴香茎

	果香	花香	柑橘香	草本香	焙烤香	辛辣香	木香	坚果香	焦糖香	乳酪香	动物香	化学气息
深焙扁桃仁	•			•	•			•		•		•
烤野猪肉	•	•	•				•		•			•
罗勒	•	•	•			•	•					•
龙蒿	•	•	•	•		•	•					•
多宝鱼	•			•		•	•					•
肉豆蔻	•		•	•	•	•	•					•
薄荷	•		•	•			•					•
杜果	•		•	•			•			•		•
黑可可酒	•						•					•
摩洛血橙	•	•	•	•		•	•			•		•

烤鲽鱼

	果香	花香	柑橘香	草本香	焙烤香	辛辣香	木香	坚果香	焦糖香	乳酪香	动物香	化学气息
赤霞珠葡萄酒	•	•		•		•						•
琉璃苣	•	•		•		•	•			•		•
牡蛎叶	•	•		•		•	•			•		•
红甜椒	•			•		•	•			•		•
鱼子酱	•			•		•	•			•		•
干牛肝菌	•			•		•	•			•		•
火龙果	•			•	•	•	•			•		•
煮南瓜	•			•	•	•	•			•		•
烤榛子酱	•			•	•	•	•			•		•
烤肉咖喱酱	•			•	•	•	•			•		•

格里奥特（Griotte）酸樱桃

	果香	花香	柑橘香	草本香	焙烤香	辛辣香	木香	坚果香	焦糖香	乳酪香	动物香	化学气息
熟糙米	•	•		•			•					•
烤多佛鳎鱼	•	•		•			•			•		•
秘鲁米拉索尔辣椒	•	•		•			•			•		•
香煎鹌鹑	•	•		•			•			•		•
烤大雁	•	•		•			•			•		•
蜜瓜	•	•		•			•			•		•
牛奶巧克力	•	•		•			•	•		•		•
接骨木花	•	•		•			•	•		•		•
罗勒	•	•		•			•	•		•		•
紫叶鼠尾草	•	•		•			•	•		•		•

绵羊酸奶

	果香	花香	柑橘香	草本香	焙烤香	辛辣香	木香	坚果香	焦糖香	乳酪香	动物香	化学气息
无花果干	•	•	•	•						•		•
西班牙辣香肠	•	•	•	•						•		•
橙子	•	•	•	•						•		•
水煮鸡胸排	•	•	•	•						•		•
切达奶酪	•	•	•	•						•		•
荔枝	•	•	•	•						•		•
油炸扁桃仁	•	•	•	•						•		•
熟黑婆罗门参	•	•	•	•						•		•
胡椒薄荷	•	•	•	•						•		•
炖鳕鱼	•	•	•	•						•		•

姜汁啤酒

	果香	花香	柑橘香	草本香	焙烤香	辛辣香	木香	坚果香	焦糖香	乳酪香	动物香	化学气息
烤圣蓝	•	•		•						•		•
青柠蜂蜜	•	•		•						•		•
墨西哥玉米薄饼	•	•		•						•		•
熟黑婆罗门参	•	•		•						•		•
蔓越莓	•	•		•						•		•
烤青鳕	•	•		•						•		•
烤南瓜子	•	•		•						•		•
水牛奶酪	•	•		•						•		•
百香饼	•	•		•						•		•
烤红甜椒	•	•		•						•		•

烤菱鲆

红甜椒

106 2-甲氧基-3-异丁基吡嗪分子，又称甜椒吡嗪，是甜椒独特绿叶蔬菜香的来源，它同样赋予赤霞珠细微甜椒味。

甜椒原产于南美洲。在16世纪，西班牙和葡萄牙殖民者从新大陆带回了早期野生甜椒，不久之后，甜椒栽培遍布欧洲。甜椒和辣椒都是一年生辣椒（*Lapsicam annuum*），富含抗氧化剂，但口味却不如辣椒一般火辣刺激。

甜椒一年四季均有出产，在夏秋之交产量达到顶峰。同一株植物可产出色彩丰富的甜椒，且色泽艳丽。不同颜色的甜椒采摘时间不同，红甜椒完全成熟后采摘，达到最佳甜度；青甜椒尚未成熟就已采摘；而其余甜椒则会在藤上停留更久，颜色也会从由黄色变为橙色直至红色。特级甜椒甚至还包括深浅不一的巧克力色、紫色和象牙色。

红甜椒粉

红甜椒粉是成熟红甜椒晒干后磨成的粉，其风味多元，匈牙利甜美而略带辣味的红椒粉（*édesnemes*，意为"高贵甜味"，常被称为匈牙利红椒粉）、深红色西班牙烟熏红椒粉（Spanish pimentón），都是西班牙海鲜饭的主要原料。

相对新鲜甜椒而言，红甜椒粉含有较少绿叶香的甜椒吡嗪。干燥过程使其香味向焦糖味和枫糖香转化，同时激发出紫罗兰花香、蜂蜜味、奶酪香和酸味。

- 匈牙利炖牛肉（goulash）是匈牙利国菜，用牛肉、小牛肉、猪肉或羊肉加红甜椒、胡萝卜、洋葱、大蒜、葛缕子籽和新鲜欧芹炖制而成。随后用红甜椒粉调味，再配上面疙瘩（spätzle）一起食用，面疙瘩是一种柔软的鲜鸡蛋面，亦可见于奥地利和德国南部。
- 匈牙利酿甜椒（töltött paprika）是将猪肉碎和米饭塞入红甜椒中，以红甜椒粉和新鲜欧芹调味，然后用番茄酱熬制而成。

烤红甜椒	果香	柑橘香	花香	绿叶香	草本香	蔬菜香	焦糖味	烘烤香	坚果香	木质香	辛辣味	奶酪香	动物气味	化学气味
布里欧修														
浓奶油														
熟糙米														
香煎鸭肉														
烤箱烤牛排														
烤菱鲆														
白芦笋														
炖鳕鱼														
红毛丹														
煮海螯虾														

黄甜椒酱	果香	柑橘香	花香	绿叶香	草本香	蔬菜香	焦糖味	烘烤香	坚果香	木质香	辛辣味	奶酪香	动物气味	化学气味
哈瓦那红椒														
褐虾														
大豆味噌														
煎茶														
黑蒜泥														
香煎鸭胸														
杏														
香煎雏鸡														
粉红佳人苹果														
罗勒														

红甜椒

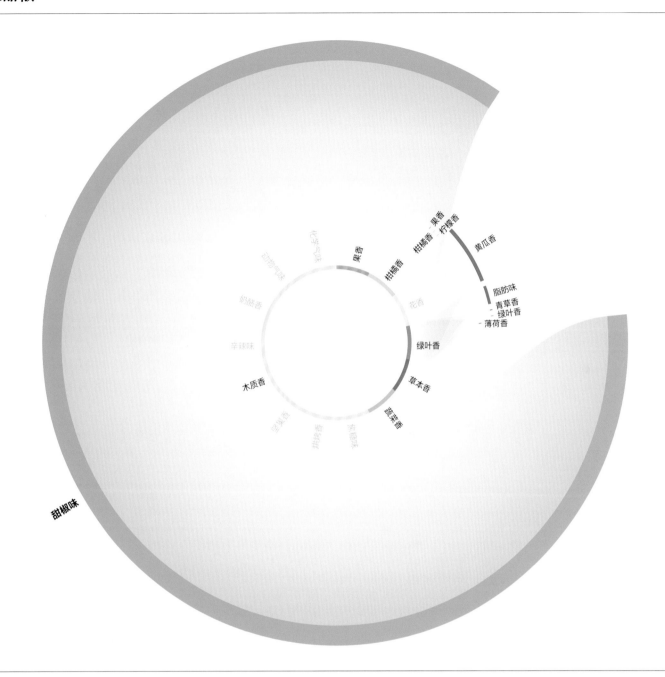

红甜椒的香气特征

因香气识别阈值极低，2-甲氧基-3-异丁基吡嗪分子是生甜椒中油脂味、类似黄瓜的绿叶香最主要的来源，不过也有一些别的化合物同样带来这种味道。随着甜椒逐步成熟、甜度提高，其香气特征也更趋复杂。(E)-2-己烯醛和(E)-2-己醇开始形成，进而生成更具果香的绿叶香，这也是不同颜色甜椒风味和香气差异的缘故。

	果香	柑橘香	花香	绿叶香	草本香	蔬菜香	焦糖味	烘烤香	坚果香	木质香	辛辣味	奶酪香	动物气味	化学气味
红甜椒	●	●	·	●	●	·		·		·	·	·		·
烤夏威夷果	●	●	●	●	·	·	●	●	●	●	·		·	·
干海蓬子	●	·	●	●	●	·	●	●	●	●	·	·	·	·
欧洲海鲈	●	·	●	●	●	·	●	●	●	●	·	·	·	·
干欧白芷根	●	●	●	●	●	·	●	●	●	●	·	●	·	·
甜樱桃	●	●	●	●	●	·	●	●	●	●	·	●	·	·
荔枝	●	●	●	●	●	·	●	●	●	●	·	·	·	·
蚕豆	·	●	●	●	●	●	●	●	●	·	·	·	·	·
煮土豆	●	·	●	●	●	●	●	●	●	●	·	·	·	·
海苔片	●	●	●	●	●	·	●	●	●	●	·	·	·	·
意大利香柠檬	·	●	●	●	●	·	●	●	●	●	·	·	·	·

经典搭配：小牛肉和红甜椒

红甜椒配小牛肉在意大利和南欧国家是常见经典组合。烤小牛肉和红甜椒共享果香和绿叶香，而烤熟的红甜椒的焦糖味则与肉的甜味相得益彰。

潜在搭配：烤红甜椒和莲雾

莲雾或蜡苹果，在菲律宾又称"macopa"，它是一种热带树果。莲雾名称中虽带有"apple"，但二者相似之处仅在于粉红色果皮，而实际上莲雾果皮有多种颜色，从淡绿色到紫黑色不等。莲雾果肉柔软多汁，甜味可与烤红甜椒的甜味和奶酪香互补。

红甜椒和红甜椒粉的食材搭配

烤箱烤小牛肉	果香	柑橘香	花香	绿叶香	草本香	蔬菜香	焦糖味	烘烤香	坚果香	木质香	辛辣味	奶酪香	动物气味	化学气味
芜菁甘蓝							•							
奇异莓	•		•	•		•	•							
烤红甜椒	•	•	•	•		•	•	•			•		•	
双璜酱油			•	•		•	•	•			•		•	
苹果酱			•	•		•								
拉宾斯樱桃	•		•	•		•	•						•	
红酸模	•		•	•		•	•							•
桂皮			•											
熟蛤蜊			•											
腌黄瓜	•													

莲雾	果香	柑橘香	花香	绿叶香	草本香	蔬菜香	焦糖味	烘烤香	坚果香	木质香	辛辣味	奶酪香	动物气味	化学气味
淡味酱油			•										•	•
姜泥		•	•	•										
扇贝王			•											
韩式辣酱			•	•		•								
桂皮			•							•	•			
芹菜叶			•	•		•								
烤红甜椒			•											
烤小牛胸腺			•	•			•	•						
烤榛子			•	•										
薄荷			•											

苤蓝	果香	柑橘香	花香	绿叶香	草本香	蔬菜香	焦糖味	烘烤香	坚果香	木质香	辛辣味	奶酪香	动物气味	化学气味
烤火鸡	•		•			•	•	•						
烤红甜椒			•	•			•							
蒸芥菜叶				•							•			
黄瓜				•										
意大利夏巴塔面包			•				•	•						
樱桃番茄			•											
韭葱			•											
萝卜			•											
芝麻菜			•			•								•
布里奶酪			•										•	

布里欧修	果香	柑橘香	花香	绿叶香	草本香	蔬菜香	焦糖味	烘烤香	坚果香	木质香	辛辣味	奶酪香	动物气味	化学气味
烤红甜椒			•	•								•		
黄瓜				•										
扇贝			•										•	
沙丁鱼	•													
烤羔羊肉	•	•	•	•			•	•		•		•	•	
红茶			•	•			•	•		•		•		
格鲁耶尔干酪			•	•			•	•				•		
斯蒂尔顿（Stilton）干酪			•					•			•			
洋槐蜜			•											
酸奶油				•				•			•			

熟糙米	果香	柑橘香	花香	绿叶香	草本香	蔬菜香	焦糖味	烘烤香	坚果香	木质香	辛辣味	奶酪香	动物气味	化学气味
红橘皮		•	•	•										
青柠汁		•	•	•										
甘夏蜜柑		•	•	•										
梨		•	•	•										
花椰菜			•			•								
巴氏杀菌番茄汁			•	•		•	•							
甲壳高汤			•	•		•	•							
烤红甜椒		•	•	•		•	•	•					•	
煮牛肉			•	•		•	•	•					•	
香煎雉鸡			•	•		•	•	•					•	

熟法兰克福香肠	果香	柑橘香	花香	绿叶香	草本香	蔬菜香	焦糖味	烘烤香	坚果香	木质香	辛辣味	奶酪香	动物气味	化学气味
杏脯	•	•	•				•					•		
卡曼橘		•	•											
哈登杜果	•	•	•	•			•	•			•	•		
绿茶			•	•			•				•			
裙带菜			•											
哥伦比亚咖啡	•	•	•				•	•			•	•		
埃曼塔尔干酪			•	•										•
烤红甜椒		•	•	•			•	•				•	•	
甲壳高汤	•		•	•										
旧金山酸面包	•	•	•									•		

经典搭配：鱼和红甜椒粉

地中海地区的鱼汤，如马赛鱼汤、蒜味蛋黄鱼羹（*bourride*）和西班牙海鲜煲（*zarzuela*），用干红甜椒粉之味来烘托本土鱼肉的香甜可口，而西班牙则采用罗拉甜椒（译者注：Ñora peppers，个小，几乎无辣度，味道香甜）烹调海鲜饭。

经典搭配：红甜椒、百里香和大蒜

在南欧多种经典菜肴和酱料中，烤红甜椒常与大蒜（见第110页）组合，两种食材共享绿叶香和蔬菜香，而百里香也常与这两种食材搭配，赋予菜肴木质香、草本香和辛辣味。

韭葱

风味类别：果香、柑橘香、花香、绿叶香、草本香、蔬菜香、焦糖味、烘烤香、坚果香、木质香、辛辣味、奶酪香、动物气味、化学气味

- 熟菰米
- 紫甘蓝
- 香煎鸡胸排
- 烤箱烤土豆
- 多宝鱼
- 红甜椒粉
- 煮海螯虾
- 炖柠檬鲽
- 鳗鱼汤
- 昂贝尔（Ambert）奶酪

百里香

风味类别：果香、柑橘香、花香、绿叶香、草本香、蔬菜香、焦糖味、烘烤香、坚果香、木质香、辛辣味、奶酪香、动物气味、化学气味

- 红甜椒酱
- 干海蓬子
- 清蒸多宝鱼
- 蒜泥
- 熟贻贝
- 橙皮
- 肉桂
- 黑加仑
- 柚子
- 烤箱烤培根

督威啤酒

风味类别：果香、柑橘香、花香、绿叶香、草本香、蔬菜香、焦糖味、烘烤香、坚果香、木质香、辛辣味、奶酪香、动物气味、化学气味

- 煮火腿
- 香煎大虾
- 可涂抹辣香肠
- 红甜椒粉
- 布里欧修
- 煮西葫芦
- 李杏
- 龙蒿
- 香煎鹿肉
- 煮面包蟹蟹肉

烤兔肉

风味类别：果香、柑橘香、花香、绿叶香、草本香、蔬菜香、焦糖味、烘烤香、坚果香、木质香、辛辣味、奶酪香、动物气味、化学气味

- 班兰叶
- 芝麻油
- 煮块根芹
- 甜菜根脆片
- 红甜椒
- 酸浆果
- 干木槿花
- 蓝莓果醋
- 熟松茸
- 熟卡姆小麦

烟熏葡萄藤

风味类别：果香、柑橘香、花香、绿叶香、草本香、蔬菜香、焦糖味、烘烤香、坚果香、木质香、辛辣味、奶酪香、动物气味、化学气味

- 蒜泥
- 龙蒿
- 红甜椒粉
- 煮土豆
- 牛奶巧克力
- 翡麦
- 皮夸尔特级初榨橄榄油
- 香煎鹿肉
- 烤飞蟹
- 巴氏杀菌山羊奶

八角

风味类别：果香、柑橘香、花香、绿叶香、草本香、蔬菜香、焦糖味、烘烤香、坚果香、木质香、辛辣味、奶酪香、动物气味、化学气味

- 斐济果
- 椰奶
- 柠檬马鞭草
- 煮青蟹
- 褐虾
- 红甜椒
- 干当归籽
- 羊肚菌
- 塔希提香草
- 腌刺山柑

大蒜

大蒜中超过四分之三的芳香分子是硫味的蔬菜香，香气类似洋葱，而其中一些化合物为大蒜特有。大蒜切片或碾碎会引发化学反应，生成新的含硫气味的芳香分子。

自古以来，大蒜就因其烹饪和药用价值而备受重视。早在约公元前1750年，在阿卡德楔形文字泥板文书记载的野味派（wild fowl pie）食谱中，巴比伦人就将大蒜列为烹饪原料，其构成了世界公认最早食谱的一部分。古埃及人则用大蒜配粥喂养奴隶，来提高生产力。法老墓中象形文字、插画、雕刻和大蒜遗迹都可佐证这种"臭蔷薇"（译者注：源于意大利俚语，大蒜虽然和蔷薇花一样有层叠美丽的花瓣，却没有蔷薇香气，只有臭味，因此称为"臭蔷薇"）在古埃及文化中的地位举足轻重。

在中国、古希腊和古罗马，大蒜亦不可或缺。古罗马诗人贺拉斯就抱怨过大蒜："大蒜的臭味可以把爱人熏到床的另一边。"而古希腊哲学家泰奥弗拉斯托斯则记载了古希腊几种大蒜栽培品种。

大蒜最早源于中亚吉尔吉斯斯坦、塔吉克斯坦、土库曼斯坦和乌兹别克斯坦地区。游牧民族采集野生大蒜鳞茎，旅途中随身携带并在当地种植。在大蒜栽培史中，大蒜都是无性繁殖，简单种下蒜瓣或整个鳞茎即可，而非从种子中长出。在刚过去的几百年里，种植者才在大蒜驯化品种中采用选择性育种。如今，大蒜品种繁多，在世界各地文化中广泛运用。在地中海酱料中，譬如蒜泥蛋黄酱（aioli）、西班牙蒜蓉酱（allioli）、青酱（pesto）、蒜泥土豆酱（skordalia）、欧芹蒜泥酱（persillade）和柠檬蒜蓉（gremolata）等，大蒜都是主要原料。

为何切蒜会改变蒜香

新鲜大蒜去皮后气味极淡，但只要将蒜瓣切片、磨碎或剁碎，气味就会变得刺鼻而浓郁，难以洗去。这是由于破坏大蒜瓣细胞壁会释放一种名为蒜氨酸的无味含硫化合物，而蒜氨酸酶会分解蒜氨酸，形成新挥发物蒜素，即蒜蓉中的主要芳香化合物。

蒜素化合物状态不稳定，很快转化为其他含硫化合物，如二烯丙基二硫醚（大蒜过敏反应成因）、烯丙硫醇、烯丙基甲基硫醚和烯丙基甲基二硫醚。烯丙基甲基硫醚化合物在体内代谢和排出时间较其他化合物更长，下次口中带有大蒜味时，你就会知道谁是罪魁祸首了。

相关的香气特征：烤蒜泥

美拉德反应生成新的烘烤、焦糖和坚果香气化合物。在削弱大蒜浓烈的气味之外，烘烤还能激发果香、花香和辛辣味。

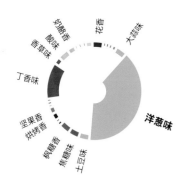

	果香	柑橘香	花香	绿叶香	草本香	蔬菜香	焦糖味	烘烤香	坚果香	木质香	辛辣味	奶酪香	动物气味	化学气味
烤蒜泥	●	●	●	●	●	●	●	●	●	●	●	●	●	●
鲜薰衣草叶			●	●	●									
紫叶鼠尾草			●	●	●									
番石榴	●	●	●	●	●	●		●	●					
煮豆角			●	●	●	●								
加里格特草莓	●	●	●		●			●	●					
甘达火腿			●				●	●	●					
西冷牛排			●				●	●	●					
煮龙虾尾			●			●	●	●	●					
熟卡姆小麦	●		●				●	●	●					
烤黄盖鲽	●		●				●	●	●					

蒜蓉

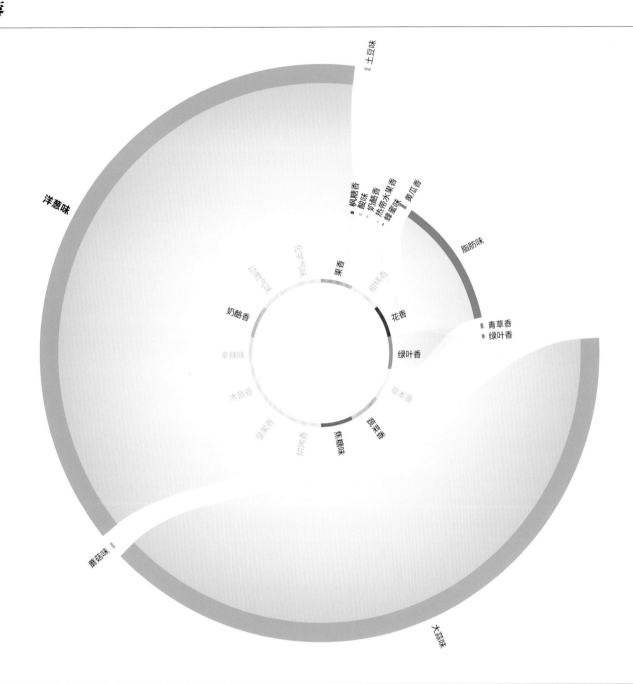

蒜蓉的香气特征

在含硫蔬菜味之外，新鲜大蒜还含有2-甲基丁酸乙酯，其构筑了与菠萝和杜果的果香联系。

	果香	柑橘香	花香	绿叶香	草本香	蔬菜香	焦糖味	烘烤香	坚果香	木质香	辛辣味	奶酪香	动物气味	化学气味
蒜蓉														
白吐司面包														
格鲁耶尔干酪														
巴氏杀菌番茄汁														
褐色小牛高汤														
烤红甜椒														
橙汁														
古布阿苏果酱														
熟单粒小麦														
燕麦饮料														
尚贝里味美思酒														

经典搭配：烤蒜和面包

烤蒜（见第110页）中的坚果香、零陵香豆香是烤蒜佐脆皮法棍味美的原因。这一风味意味着烤大蒜与秘鲁黑辣椒（见第90页）、藜麦或熟翡麦搭配也是不错的尝试。

主厨搭配：黑蒜和草莓

大蒜和草莓常在花园中一同种植（大蒜刺鼻的气味可驱赶昆虫），而如下文食物搭配公司的食谱所示，这一组合在厨房里同样适配。黑蒜和新鲜蒜蓉都含有果香，与草莓实乃绝佳组合。

112 | **黑蒜和美拉德反应**

与人们认知相异，黑蒜并非经由发酵而来。大蒜鳞茎在温度约为60℃的高温高湿环境中，陈化4～6周，引发美拉德反应。大蒜中的酶分解糖类和氨基酸，随之产生类黑精，这种源于美拉德反应的深褐色物质正是大蒜变黑的幕后黑手。低温慢烤攫取大蒜原本的气味，使之丧失刺鼻的气味和生脆的口感，而变得酸甜绵软、果香浓郁，所含抗氧化剂数量也翻倍。

黑蒜仍含有与生蒜相同的含硫化合物，但浓度极低。烘烤过程激发酸味和果香，这也是为何有些人会认为黑蒜和罗望子口感相似。尝试在牛肉、鸡肉、鸭肉或多佛鳎鱼等菜品加入黑蒜，增添趣味。

黑蒜带有咸鲜味，常用于咸味菜式，而这种风味浓郁的葱属植物还含有异戊醛，在果香之外又赋予其巧克力的复杂风味，黑蒜在甜点中便有了用武之地，我们便研发了一道黑蒜冰激凌（见右图）。

黑蒜冰激凌佐草莓

食物搭配公司的食谱

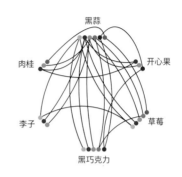

这道黑蒜冰激凌搭配新鲜水果沙拉同食。李子在肉桂、八角和香草荚的混合香料中经一夜浸泡，再搭配草莓制成水果沙拉，并在上方放置微波炉烹制的甜美松软的开心果蛋糕，而冰镇巧克力酱可烘托冰激凌的各种风味。

黑蒜泥的香气特征

黑蒜的焦糖味弱于烤蒜，其香甜的枫糖香使之成为韩式大酱、酱油和韩式泡菜的绝佳搭配，而其花香与黑莓、蓝莓和百香果更是相得益彰。

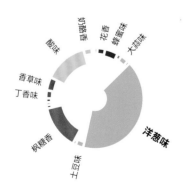

	果香	柑橘香	花香	绿叶香	草本香	蔬菜香	焦糖味	烘烤香	坚果香	木质香	辛辣味	奶酪香	动物气味	化学气味
黑蒜泥	●	·	●	●	●	·	●	●	●	●	●	●	·	·
意大利夏巴塔面包	●	●	●	·	●	●	●	●	●	●	●	●	·	·
现磨过滤咖啡	●	●	●	·	·	●	●	●	●	●	·	●	·	·
埃曼塔尔干酪	●	·	●	·	·	●	●	●	●	·	·	●	·	·
牛肉	·	·	●	·	·	●	●	●	●	●	●	●	·	·
巴氏杀菌番茄汁	●	·	●	·	●	●	●	●	●	·	·	●	·	·
浓奶油	·	·	●	·	·	●	●	●	●	·	·	●	·	·
香菇	·	·	·	·	·	●	·	·	·	·	·	●	·	·
甜瓜	·	·	●	·	●	●	·	·	·	·	·	·	·	·
牛奶酸奶	·	·	·	·	·	●	·	·	·	·	·	●	·	·
橙皮	●	●	●	·	·	●	·	·	●	·	·	·	·	·

潜在搭配：黑蒜和巧克力

黑蒜中巧克力般甜而不腻的风味让它成为巧克力布朗尼中不同寻常而又颇具惊喜的配料。它的果香、花香也为其他甜品搭配提供了可能性，譬如与橙子、甜瓜或黑浆果组合。

潜在搭配：黑蒜和甜舌草花（Dushi Button flower）

甜舌草，又称阿兹特克甜草（Aztec sweet herb），是甜舌草植物的极小头状花序，其叶可食。阿兹特克甜草口味香甜，带有类似薄荷和百里香的浓郁草本香和樟脑味，可与风味同样复杂的黑蒜搭配。

大蒜的食材搭配

可可碎
- 抹茶
- 麦片粥
- 扁桃仁榛子果仁酱
- 豆浆
- 烤羔羊肉
- 烤花生
- 香煎培根
- 烘焙罗布斯塔咖啡豆
- 干牛肝菌
- 草莓

甜舌草花
- 白萝卜
- 伊迪阿扎巴尔（Idiazabal）奶酪
- 萨尔齐琼香肠
- 干葛缕子叶
- 比利时菊苣
- 柠檬马鞭草
- 姜黄根
- 石榴汁
- 皮夸尔橄榄油
- 黑蒜泥

李子白兰地
- 意大利辣香肠
- 香煎鹿肉
- 煮南瓜
- 黑蒜泥
- 大吉岭红茶
- 鲜食蔷薇花瓣
- 肉桂
- 熟黑婆罗门参
- 葡萄
- 烟熏大西洋鲑鱼

香煎鸭胸
- 茉莉花茶
- 日本网纹瓜
- 黑加仑
- 煮花椰菜
- 煮大龙虾
- 阿方索杧果
- 黑橄榄
- 刺松藻
- 煮南瓜
- 黑蒜泥

煮火鸡
- 绿茶
- 埃曼塔尔干酪
- 烤褐虾
- 烤茄子
- 生蚝
- 黄甜椒酱
- 海苔片
- 腌鳀鱼
- 甜菜根
- 黑蒜泥

迷迭香
- 金橘
- 水煮鸡胸排
- 烤多宝鱼
- 黑蒜泥
- 牛肉
- 香茅
- 橘子皮
- 杧果
- 欧防风
- 煮去皮甜菜根

各图表头（香气分类）：果香、柑橘香、花香、绿叶香、草本香、蔬菜香、焦糖味、烘烤香、坚果香、木质香、辛辣味、奶酪香、动物气味、化学气味

经典菜品：大蒜香炖鸡

取40瓣未剥皮的蒜瓣炖鸡，盖上锅盖慢炖，配上面包一同食用最佳。面包不仅可蘸上蒜汁，还可等蒜瓣从锅中取出后剥掉蒜皮，将蒜泥涂抹在烤制法棍上。

经典搭配：大蒜和罗望子

香料汤（Rasam）是印度南部一道传统汤羹，用大蒜和罗望子汁（将几块干罗望子浸泡在热水中制成）调配而成。汤中加入黑胡椒、孜然、辣椒和姜黄根粉等香料调味，点缀以芫荽叶，与米饭一同食用，开胃消食。

大蒜的食材搭配

114

白吐司面包 食材搭配表
行：越南鱼露、煮白芦笋、半硬质山羊奶酪、煮西蓝花、卡雷德莱斯特（Carré de l'Est）奶酪、哈密瓜、帕玛森干酪、熟蛤蜊、西班牙辣香肠、烤花生
列（香气类别）：果香、柑橘香、花香、绿叶香、草本香、蔬菜香、焦糖味、烘烤香、坚果香、木质香、辛辣味、奶酪香、动物气味、化学气味

罗望子 食材搭配表
行：熟欧洲康吉鳗、蒜蓉、藏红花、绿藻、褐虾、花生酱、西冷牛排、煮楤梼、煮灰胡桃南瓜、姬娜苹果

煮大龙虾 食材搭配表
行：香煎珍珠鸡、烤茶蓝、黑蒜泥、刺松藻、展会梨、清蒸鲻鱼、塔希提香草、黑麦面包丁、帕达诺奶酪、烤羔羊肉

虾夷葱 食材搭配表
行：黑松露、烤花生、参薯、煎甜菜根、斯蒂尔顿干酪、番石榴、煮鲑鱼、熟菰米、大蒜、生蚝

抱子甘蓝 食材搭配表
行：烤火鸡、韩式辣白菜、蒸芥菜叶、北京烤鸭、罐装番茄、意大利夏巴塔面包、烤肉咖喱酱、酸奶油、熟菰米、黑蒜泥

嘉宝果 食材搭配表
行：煮耶路撒冷洋蓟、干爪哇长胡椒、花生油、炖条长臀鳕、煮欧防风、豌豆、百里香、野蒜、香茅、煮去皮甜菜根

潜在搭配：大蒜和煎仙人掌叶

仙人掌叶是墨西哥烹饪中常见的食材，生食、熟食皆可。仙人掌叶的烹饪手法类似牛排，带有类似芦笋的温和青草香，而其绿叶蔬菜香则使之成为烤蒜泥的好拍档。

潜在搭配：大蒜和红薯

烤蒜泥和黑蒜风味复杂、层次多变，和红薯（见第116页）中的花香、咸味和烘烤香相得益彰。两者均可搭配淡味酱油和百香果汁。

115

煎仙人掌叶	果香	柑橘香	花香	绿叶香	草本香	蔬菜香	焦糖味	烘烤香	坚果香	木质香	辛辣味	奶酪香	动物气味	化学气味
烤黄盖鲽														
煎茶														
干式熟成牛肉														
格里欧汀（Griottines）酒渍樱桃														
黑巧克力														
熟眉豆														
熟白冰柱萝卜														
熟翡麦														
烤蒜泥														
番茄														

淡味酱油	果香	柑橘香	花香	绿叶香	草本香	蔬菜香	焦糖味	烘烤香	坚果香	木质香	辛辣味	奶酪香	动物气味	化学气味
姜饼														
烤红薯														
烤菊苣根														
烤骨髓														
牛奶巧克力														
蓝莓														
埃曼塔尔干酪														
黑蒜泥														
香煎鸭胸														
斯特拉樱桃														

熟黑婆罗门参	果香	柑橘香	花香	绿叶香	草本香	蔬菜香	焦糖味	烘烤香	坚果香	木质香	辛辣味	奶酪香	动物气味	化学气味
韩式辣酱														
烤蒜泥														
柚子														
蛇果														
无花果														
紫苏叶														
烤火鸡														
煮面包蟹蟹肉														
桂皮														
香煎鹌鹑														

百香果汁	果香	柑橘香	花香	绿叶香	草本香	蔬菜香	焦糖味	烘烤香	坚果香	木质香	辛辣味	奶酪香	动物气味	化学气味
黄油														
猕猴桃														
黑蒜泥														
柠檬香蜂草														
肉桂														
烤猪五花														
水牛奶酪														
烤红薯														
秘鲁黄辣椒														
煮豆角														

红薯

生红薯通常带有果香，但其香气特征会随果肉颜色而变化。这些淀粉类块茎品种多达数百种，果肉颜色从白色到米色、黄色、橙色、粉色、甚至紫色不等。果肉颜色较浅的往往甜度较低，不如深色的湿润。橙瓤红薯 β-胡萝卜素含量高，煮熟后会转化为花香、紫罗兰芳香分子，而紫薯花青素含量高，香气特征比其他品种更复杂，带有蔷薇香、柑橘香和草本香。

与人们所认为的不同，红薯是一种藤本植物，根叶皆可食，富含维生素A、维生素B和维生素C、β-胡萝卜素、矿物质（钙、铁和钾元素）、纤维和蛋白质。红薯栽培品种营养丰富，原产于美洲热带地区，自美洲传播到太平洋地区，最终进入亚洲和东南亚，这两个区域至今仍是世界上较大的红薯生产国和消费国。

红薯在烹饪中用途多样，经常作为美味小零食来享用，几乎不会有人在一盘美味红薯片面前唉声叹气。此外，红薯块茎亦可经烘干、研磨和筛选制成红薯粉，可用作汤羹、酱汁和肉汁的增稠剂。对那些有无麸质需求的人群来说，红薯也是制作面包、蛋糕、松饼、曲奇和甜甜圈的不二之选。

红薯每一部分皆可食用。在菲律宾，红薯的嫩芽和叶子加入酱油和醋同炒，并搭配炸鱼食用。新鲜的红薯叶子还可做成沙拉，并用鱼露和虾酱增鲜。红薯在毛利语中称为库马拉（Kumara），新西兰人常把库马拉烤制或做成库马拉薯片，配上酸奶油和甜椒酱同食。

- 红薯派是美国南部的特产，制作流程与南瓜派相似，将红薯泥与黄油、牛奶、鸡蛋、糖、香草、生姜、肉豆蔻、肉桂和多香果混合制成馅料。
- 在秘鲁，酸橘汁腌鱼通常与鲜橙色红薯（camote）同食。

加勒比风味焦糖布蕾

杰森·霍华德（Jason Howard），英国当代加勒比风味厨师

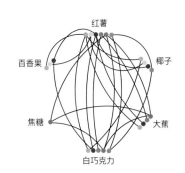

伦敦主厨杰森·霍华德生长于加勒比海岛国巴巴多斯和圣文森特，他自此汲取灵感，展现风味多彩的加勒比风情美食。这些岛国是多元文化的大熔炉，非洲、美洲印第安、法国、东印度、西班牙、中国和阿拉伯美食在此碰撞出激动人心的火花。霍华德大厨凭借其现代主义审美和精湛烹饪技巧，以大胆风味组合和标志性香料、果香来挑逗人们的味觉。

霍华德在这道加勒比风味的焦糖布蕾中加入了红薯、大蕉和椰子等热带食材，在烤红薯焦糖布蕾中注入香草和肉豆蔻风味，待表面焦糖化后，再在布蕾上方饰以椰子味海绵蛋糕、大蕉奶油、酸甜果酱、新鲜百香果和白巧克力屑，使之更为香甜可口。

红薯

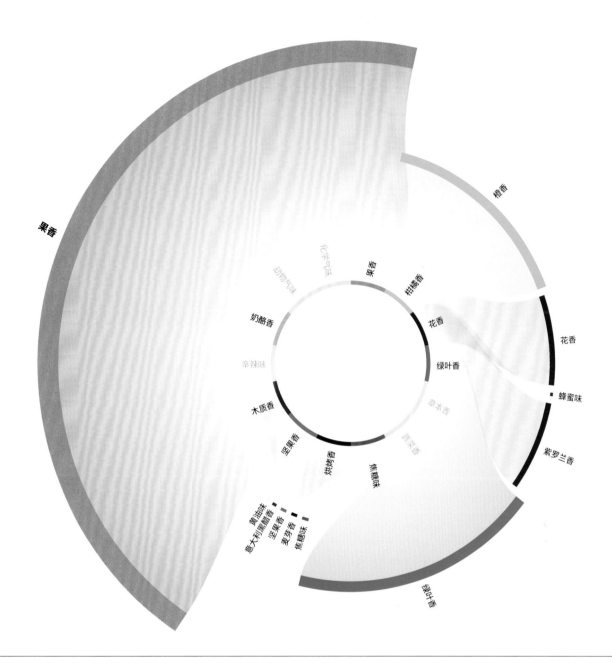

红薯的香气特征

在果香之外，由于苯甲醛分子的存在，红薯还带有坚果风味。这些散发着扁桃仁香气的分子为红薯和苹果、桃、樱桃、熟欧防风和烤火鸡构筑了芳香联系，这些是感恩节、圣诞节的经典美食组合。

	果香	柑橘香	花香	绿叶香	草本香	蔬菜香	焦糖味	烘烤香	坚果香	木质香	辛辣味	奶酪香	动物气味	化学气味
红薯	·	·	●	●	·	·	●	·	●	·	·	·	●	·
肯特杞果	·	●	·	·	·	·	·	·	·	·	·	·	·	·
烤猪五花	·	●	●	·	·	·	·	●	●	●	·	●	·	·
哈密瓜	·	·	●	·	·	·	·	·	·	·	·	·	·	·
黑莓	·	·	●	·	·	·	·	·	·	·	·	·	●	·
黄瓜	·	·	●	·	·	·	·	·	·	·	·	·	·	·
烤花生	●	●	●	·	·	·	·	·	●	·	·	·	·	·
北京烤鸭	●	●	●	●	·	·	·	·	●	·	·	●	·	·
皱叶莴苣	·	●	●	●	·	·	·	●	·	·	·	·	·	·
干木槿花	·	●	●	●	·	·	●	●	·	·	·	·	·	·
尖吻鲈	·	●	·	·	·	·	·	·	·	·	·	●	·	·

潜在搭配：煮红薯和杜果

在辛辣、奶油状杜果红薯咖喱中加入椰奶和辣椒，搭配大虾或鲑鱼同食，味美可口。

潜在搭配：烤红薯和伏牛花果

烤红薯和干伏牛花共享柑橘香。伏牛花果最常见于伊朗美食中，几个世纪以来，这些鲜红色的小浆果同样在欧洲和世界其他地区广泛使用，其功效和橘子皮类似，它能使菜肴色泽艳丽又带有独特的酸味。

相关的香气特征

煮红薯

煮红薯能淡化果香，从而使花香、紫罗兰香和焦糖味更为浓郁，但不会生成许多煮制食材中出现的土豆味的甲硫基丙醛。

	果香	柑橘香	花香	绿叶香	草本香	蔬菜香	焦糖味	烘烤香	坚果香	木质香	辛辣味	奶酪香	动物气味	化学气味
煮红薯	●	·	●	·	·	●	·	·	·	·	·	·		
意大利黑醋	·	●	●	·	·	·	·	·	·	·	·	·		
煮洋蓟	·	●	●	·	·	·	·	·	●	·	·	·		
咖喱叶	·	·	●	·	·	·	·	·	·	·	·	·		
草莓	·	●	●	·	·	·	·	·	●	·	·	·		
野薄荷	·	·	●	·	·	·	·	·	●	·	·	·		
鲜食蔷薇花瓣	·	·	●	·	·	·	·	·	·	·	·	·		
杜果	·	●	●	·	·	·	●	·	●	·	·	·		
干式熟成牛肉	·	·	●	·	·	·	●	·	●	·	·	·		
烟熏大西洋鲑鱼	·	·	·	·	·	·	·	●	●	●	·	·		
苹果酱	·	·	●	·	·	·	·	·	·	·	·	·		

烤红薯

烤红薯使果香、坚果香和花香更为馥郁，并生成木质香的烃类、呋喃和大量芳樟醇，此类芳香分子同样可见于芫荽。

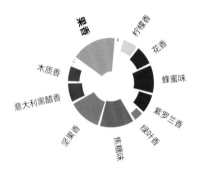

	果香	柑橘香	花香	绿叶香	草本香	蔬菜香	焦糖味	烘烤香	坚果香	木质香	辛辣味	奶酪香	动物气味	化学气味
烤红薯	·	·	●	·	·	·	·	·	·	·	·	·		
盐渍樱花叶	·	·	·	·	·	·	·	●	·	·	·	·		
熟乡村火腿	●	·	●	·	·	·	·	·	●	·	·	·		
干伏牛花	·	●	·	·	·	·	·	·	·	·	·	·		
韩式鱼露	·	·	●	·	·	·	·	·	●	·	·	·		
肉桂	·	·	●	·	·	·	●	·	●	●	·	·		
松子	●	·	●	·	·	·	·	·	●	·	·	·		
清蒸多宝鱼	·	·	·	·	·	·	·	·	·	·	·	·		
烤扁桃仁	·	·	●	·	·	·	·	·	●	·	·	·		
罗勒	·	·	●	·	·	·	·	·	●	·	·	·		
小豆蔻籽	·	●	●	·	·	·	·	·	●	·	·	·		

经典搭配：红薯和火鸡

在美国南部，感恩节烤火鸡通常会在顶部搭配装饰棉花糖的烤红薯，与传统土豆泥、豆角和蔓越莓果酱同食。

潜在搭配：红薯和干邑

蔷薇香的 β-大马酮是干邑（见第120页）中的关键香气化合物，同样可见于某些种类红薯。而类胡萝卜素降解，如生红薯中 β-胡萝卜素，亦会生成 β-大马酮。

红薯的食材搭配

烤火鸡

食材	果香	柑橘香	花香	绿叶香	草本香	蔬菜香	焦糖味	烘烤香	坚果香	木质香	辛辣味	奶酪香	动物气味	化学气味
冬瓜	•	•	●	•	●	•	●	●	•	•	•	•		
干欧白芷根	•	●	•	●	•	●	•	•	•	●	•			
姬娜苹果	•	●	●	•	•	●	•	•	•	•	•			
普通百里香	•	•	●	●	●	•	•	•	•	•	•			
龙卡尔（Roncal）奶酪	•	•	•	●	•	●	•	•	•	•	•			
厚皮菜	•	●	●	●	•	●	•	●	•	•	●			
酱油膏	●	•	●	•	•	•	●	●	•	•	●	•		
干平菇	•	●	●	●	•	•	•	●	•	•	•			
核桃	●	●	●	●	•	•	●	●	●	•	●			
甜樱桃	●	●	●	●	•	•	•	•	•	•	•			

肯特杜果

食材	果香	柑橘香	花香	绿叶香	草本香	蔬菜香	焦糖味	烘烤香	坚果香	木质香	辛辣味	奶酪香	动物气味	化学气味
日本网纹瓜	•	•	●	●	•	•	•	•	•	•	•			
烤肉咖喱酱	•	•	•	●	•	●	•	•	●	●	●	•		
煮鲑鱼	•	•	•	●	•	●	•	•	•	•	•	•		
韩式大酱	•	•	●	●	●	●	•	●	•	•	●			
烤鸡	•	•	•	●	•	●	•	•	•	•	•			
干海蓬子	•	•	•	●	●	●	•	•	•	•	•			
米兰萨拉米香肠	●	●	•	●	•	•	•	●	●	•	•			
黄瓜	•	•	●	●	•	•	•	•	•	•	•			
榛子	●	●	●	●	•	•	•	●	●	•	•			
煮鳕鱼片	●	●	•	●	•	•	•	●	•	•	•			

干伏牛花果

食材	果香	柑橘香	花香	绿叶香	草本香	蔬菜香	焦糖味	烘烤香	坚果香	木质香	辛辣味	奶酪香	动物气味	化学气味
巧克力酱	●	•	●	•	•	•	●	●	●	•	•			
肉桂	•	●	•	●	•	•	•	●	●	•	•			
蔓越莓汁	•	•	•	●	•	•	•	●	•	•	•			
罗勒	•	●	•	●	•	•	•	●	•	•	•			
扁叶欧芹	•	•	●	●	•	•	•	●	•	•	•			
紫苏叶	•	•	•	●	•	•	•	●	•	•	•			
秘鲁黑辣椒	•	•	•	•	•	•	•	•	•	•	•			
马德拉斯咖喱酱	•	●	•	●	•	•	•	●	•	•	•			
现磨过滤咖啡	•	•	•	•	•	•	•	●	•	•	•			
甜西番果	•	•	●	●	•	•	•	•	●	•	•			

10年玛尔维萨马德拉酒

食材	果香	柑橘香	花香	绿叶香	草本香	蔬菜香	焦糖味	烘烤香	坚果香	木质香	辛辣味	奶酪香	动物气味	化学气味
紫叶鼠尾草	•	●	●	●	•	•	•	●	•	●	•	•		
熟荞麦面	•	•	●	●	•	•	•	•	•	•	•			
烤红薯	●	•	●	●	•	•	●	●	•	•	•			
烤红鲻鱼	●	•	●	●	•	•	•	●	•	●	●	•		
无花果干	●	•	●	●	•	•	●	●	•	•	•			
炒小白菜	•	•	●	●	•	●	•	•	•	•	•			
可可粉	•	•	●	•	•	•	●	●	•	•	•			
桉树蜜	•	•	●	●	•	•	●	●	•	•	•			
鹰嘴豆	●	•	•	●	•	•	•	•	•	•	•	•		
海胆	•	•	•	●	•	•	•	•	•	●	●	•		

夏香薄荷

食材	果香	柑橘香	花香	绿叶香	草本香	蔬菜香	焦糖味	烘烤香	坚果香	木质香	辛辣味	奶酪香	动物气味	化学气味
百香果酱	●	•	●	•	•	•	•	•	•	•	●			
糖渍橙皮	•	●	●	•	•	•	•	•	•	•	•			
黑豆蔻	•	•	•	•	•	•	•	•	•	●	●			
姜黄根	•	•	•	●	•	•	•	•	•	•	●			
黑种草籽	•	•	•	●	●	•	•	•	•	•	●			
意大利香柠檬	•	●	●	•	•	•	•	•	•	•	•			
煮去皮甜菜根	•	•	•	●	•	•	•	•	•	•	•			
块根芹	•	•	•	●	•	•	•	•	•	●	●			
土荆芥	•	•	•	●	•	•	•	•	•	•	•			
烤红薯	●	•	•	●	•	•	•	●	•	•	•			

熟印度香米

食材	果香	柑橘香	花香	绿叶香	草本香	蔬菜香	焦糖味	烘烤香	坚果香	木质香	辛辣味	奶酪香	动物气味	化学气味
留兰香	•	•	●	●	•	•	•	•	•	•	•			
洛根莓	•	•	●	•	•	•	•	•	•	•	●			
红葡萄	•	•	●	•	•	•	•	•	•	•	●			
煮茄子	●	•	●	●	•	•	•	●	•	•	●			
煮红薯	●	•	●	●	•	•	•	●	•	•	•			
格鲁耶尔干酪	•	•	●	•	•	•	•	●	•	•	•			
烤花生	●	•	●	•	•	•	•	●	●	•	•			
香煎培根	●	•	●	•	•	•	•	●	•	•	●			
清蒸鲻鱼	•	●	•	●	•	•	•	•	•	●	●			
烤箱烤汉堡	●	•	●	•	•	•	•	●	•	•	●			

干邑

干邑品鉴风味因酒龄而变化。陈酿时间短的干邑可能会有蔷薇、香草或烘烤坚果、香料的风味，而陈酿达十年以上的干邑则会产生"陈酿"(rancio)特有的香味，这标志着好酒的诞生。干邑风味层次丰富，包含蔷薇香、香草、木质和烤坚果、香料风味，而随着时间推移，风味随之改变，巧克力、蜜饯水果风味突出。陈酿时间最长的顶级干邑带有雪松、烟草和肉豆蔻的辛辣风味。

干邑为特殊法定产区酒种，深受葡萄酒和烈酒爱好者的喜爱。它以产地法国干邑镇命名，经二次蒸馏而成，只在干邑限定产区生产，包括夏朗德省、滨海夏朗德省大部分地区，以及多尔多涅省和德塞夫勒省部分地区。在以上限定产区以下又划分为6个葡萄园(crus)。每个葡萄园土壤成分、气候各异，产出干邑以原产地命名，风土与产区印记浓厚。

干邑的生产方法

为保持原产地命名，干邑的生产要遵循非常严格的产地、产区和生产方法标准。首先要对白玉霓(译者注：Ugni Blanc，干邑酿造主要法定葡萄品种，晚熟而高酸低糖)、白福儿(译者注：Folle Blanche，干邑酿造主要葡萄品种，后由于对灰霉菌高敏感而逐渐被白玉霓取代)和鸽笼白(译者注：Colombard，果实中等密实，柔软多汁，酸度高)葡萄进行压榨，形成基酒，其中葡萄含量不低于90%。

其次，采用夏朗德壶式蒸馏法(Charentais distillation)进行蒸馏。在铜制蒸馏器中进行"二次蒸馏"，将第一步所得基酒转移到蒸馏器中加热，获得"粗酒"(brouillis)和"酒头"(heads)，酒精含量为27%～30%。之后将粗酒返回蒸馏器进行第二次蒸馏，再分为"酒头"、"酒心"(hearts)、"酒次"(second)和"酒尾"(tail)。二次蒸馏后得到的"酒心"是一种无色精馏液(eau de vie)，即生命之水，其香气特征比原基酒略微复杂。

在干邑二次蒸馏后，其中大部分果香、烘烤香和麦芽香的挥发物就已出现。这些化合物会促进干邑最终风味的形成，但干邑获得风味最重要的途径源于熟成过程。随着干邑在橡木桶中不断成熟，在多种因素共同作用下，数百种挥发性化合物开始生成。

首先，生命之水在新橡木桶中陈酿并软化单宁，随后再转移到旧橡木桶中，以获得更为丰富精醇的风味。特朗赛的橡木桶让单宁更柔和，辛辣味的椰香浓郁，而在利穆赞的橡木桶中，陈酿干邑则风味均衡，烟熏香草和单宁的酸味馥郁。烟熏橡木桶则使干邑带有几分木质香、烘烤香。

挥发速度受温度、湿度和酒桶大小影响：温度越高，表面积越大，挥发速度越快。酒精挥发速度快于水，酒液每年以大约3%的挥发率逸出"天使份额"(angels' share)，为酒桶中的空气流动留下空间，从而导致氧化作用发生。将干邑陈酿过程中所有因素考虑在内，最终酒精浓度应在40%左右。

相关的香气特征：白葡萄酒干邑

白葡萄酒干邑使用天然酵母菌对基酒进行数周发酵，生成独特花香，酸度低而果香、柑橘香浓郁，酒精度仅为7%～8%。

相关的香气特征：烈酒干邑

生命之水的香气特征中的许多挥发物与基酒相同，当花香淡去，果香、烘烤香和麦芽香更为浓郁。

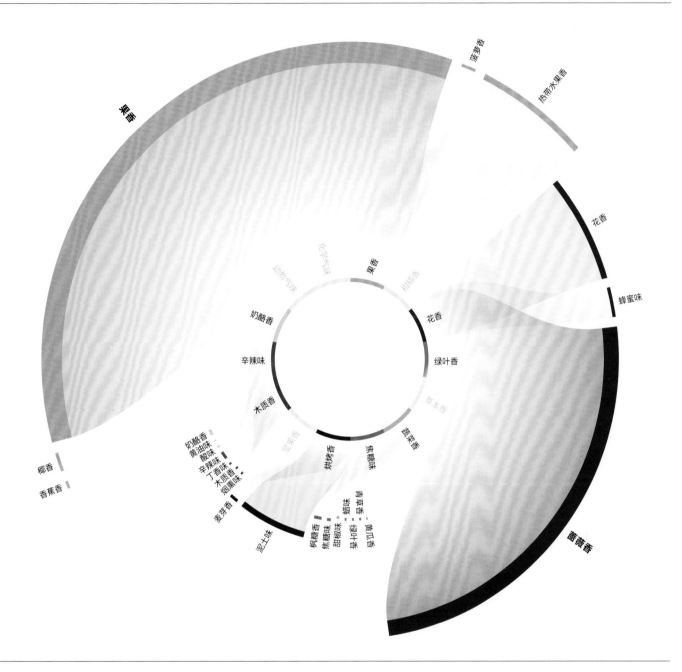

轩尼诗VS干邑的香气特征

随着干邑在橡木桶中逐步成熟，β-大马酮浓度降低，最初的蔷薇香会转化为苹果香。VS和VSOP标签代表干邑在橡木桶中陈酿年数：VS代表"Very Special"，陈酿时间至少为2年；VSOP代表"Very Superior Old Pale"，是由不同干邑混合而成，其中最年轻的干邑在橡木桶中陈酿至少4年，有时也称为"珍藏"（Reserve）或"陈年"（Old）干邑。

轩尼诗VS干邑	果香	柑橘香	花香	绿叶香	草本香	蔬菜香	焦糖味	烘烤香	坚果香	木质香	辛辣味	奶酪香	动物气味	化学气味
生蚝														
毛豆														
藏红花														
绿茶														
皱叶菊苣														
烤扇贝王														
烤多宝鱼														
意大利萨拉米腊肠														
比利时菊苣														
煮西蓝花														

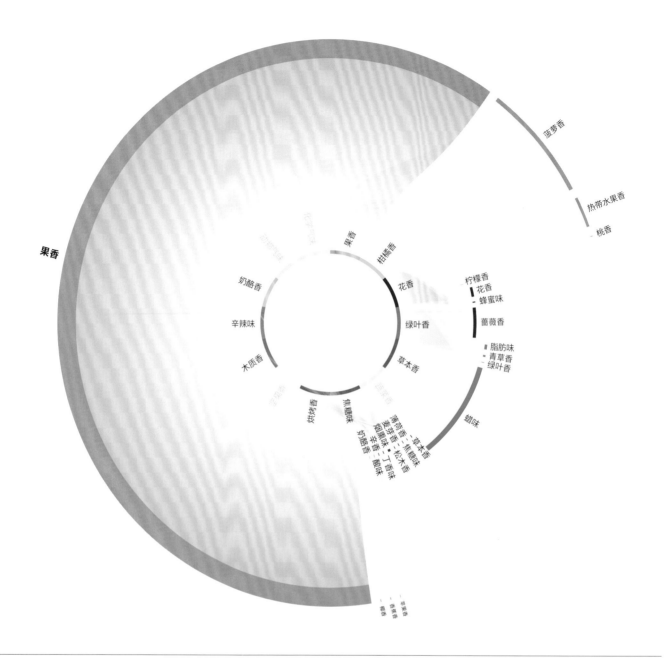

果香

轩尼诗XO干邑的香气特征

XO干邑平均陈酿时间可达10～20年甚至更久，又称"特级干邑"（Extr）、"特珍藏干邑"（Old Reserve）或"陈年干邑"（Hors d'Age），有时还可称为"拿破仑干邑"（Napoléon）。陈酿时间较长的干邑中在成熟过程中形成果香味的酯类，最终生成成熟水果风味和椰香。

轩尼诗XO干邑	果香	柑橘香	花香	绿叶香	草本香	蔬菜香	焦糖味	烘烤香	坚果香	木质香	辛辣味	奶酪香	动物气味	化学气味
泰国皱皮柠檬叶														
烤榛子酱														
烤红甜椒														
熟糙米														
沙丁鱼														
红橘														
哥伦比亚咖啡														
蚕豆														
炖小斑猫鲨														
樱桃果酱														

潜在搭配：XO干邑和红橘

拿破仑橘子利口酒（Mandarine Napoléon）是一款由干邑和红橘酿制而成的利口酒，并添加草本和香料成分。其香气特征来自干邑和橘子双方。红橘的花香、柑橘香和木质香与干邑的果香、花香相融，而丁香和大茴香等香料又赋予其草本香和辛辣味。

潜在搭配：干邑和香菇

干邑品牌多样，有些品种中可能含有1-辛烯-3-醇，香气类似蘑菇。这种香气物质是香菇（见第124页）中关键的芳香分子之一，赋予其独特的泥土气息和蘑菇味。

干邑的食材搭配

各表的香气列（从左至右）：果香、柑橘香、花香、绿叶香、草本香、蔬菜香、焦糖味、烘烤香、坚果香、木质香、辛辣味、奶酪香、动物气味、化学气味

红橘

- 煮耶路撒冷洋蓟
- 辣椒酱
- 鸡油菌
- 烤葵花子
- 野生洋甘菊
- 蒸韭葱
- 茴香茶
- 亚麻籽
- 煮佛手瓜
- 干伏牛花

拿破仑橘子利口酒

- 煮褐虾
- 小豆蔻籽
- 青柠
- 葎草芽（啤酒花芽）
- 水牛奶酪
- 胡萝卜
- 鲜姜根
- 桂皮
- 烤箱烤培根
- 秘鲁黑辣椒

接骨木果

- 轩尼诗XO干邑
- 红茶
- 油烤扁桃仁
- 荔枝
- 斑豆
- 苹果汁
- 菠萝
- 埃曼塔尔干酪
- 香煎野鸭[注1]
- 黄油华夫饼干

野蒜

- 接骨木果汁
- 格鲁耶尔干酪
- 梨汁
- 番石榴
- 鲜番茄汁
- 蓝莓
- 黑松露
- XO干邑
- 煮茄子
- 哈密瓜

火麻仁

- 柿子
- 牡蛎叶
- 熟切达奶酪
- 人头马天醇XO 特优香槟干邑白兰地
- 番茄
- 煮面包蟹蟹肉
- 褐色小牛肉高汤
- 皮夸尔特级初榨橄榄油
- 巴氏杀菌山羊奶
- 甜菜叶

注1：野鸭在我国为保护动物。

香菇

香菇是亚洲传统美食中的主要食材，鲜香浓郁，能提升菜肴风味，其浓郁蘑菇味源于芳香分子1-辛烯-3-醇［又称"蘑菇醇"（mushroom alcohol）］。

香菇味道鲜美，大多产自中国或朝鲜半岛，但日本香菇（shiitake）却最受追捧。在日语中，"take"意为"蘑菇"，而"shii"则指培育蘑菇的特定树种。在日本，香菇菌丝年幼时被放入原木钻孔中，随后迁入森林茁壮成长。成长于森林的香菇带有圆形的深褐色伞帽，边缘弯曲，而下方菌柄则环绕着湿润、紧密的菌褶，呈放射状。品质一般的香菇则在控制气候的温室中培育，它们被放入塑料袋中，袋中装满富含纤维素的木屑和米糠混合物，用以缩短生长期、提高产量。在木屑中生长的香菇，顶部干燥、扁平，缺乏原木品种的浓郁芳香、迷人风味。

鲜香菇VS干香菇

完整的鲜香菇香味淡雅，而切开香菇会破坏其中细胞，并释放出酶，与现存芳香化合物发生化学反应，从而生成香气浓郁的新芳香分子，包括1-辛烯-3-醇在内。若想寻找成熟香菇，则要看菌褶的大小，菌褶聚集了大部分芳香化合物，越大发育越成熟，而小而未成形的菌褶风味寡淡。

干香菇风味比鲜香菇更浓郁，在亚洲烹饪中同样常见。它们可赋予汤羹咸鲜味，如日式出汁（Japanese dashi）和蘸酱。在购买干香菇时，应寻找重量较轻、伞帽呈深褐色的香菇，这样的香菇在干燥过程中品控优良。干香菇应在收获后1年内食用，以确保在最佳赏味期内，还可避免霉菌产生。

- 日式味噌汤中常加入鲜香菇作为配料。
- 在煨、炖菜和中式炒菜中，香菇常被用于增香调味，如经典素食罗汉斋。

相关的香气特征：干香菇

相较鲜香菇而言，干香菇蘑菇味芳香分子更多，香菇味更浓郁，此外还带有洋葱味和草本香。

洋葱味 / 蘑菇味 / 草本香

	果香	柑橘香	花香	绿叶香	草本香	蔬菜香	焦糖味	烘烤香	坚果香	木质香	辛辣香	奶酪香	动物气味	化学气味
干香菇	·		·	·	·	●	·	·	·	·	·	·		·
韩式辣白菜	●	·	●	●	·	●	●	●	·	·	●	·	●	·
架烤牛肉	●	·	●	●	·	●	●	●	·	·	●	·	●	·
淡水龙虾	·	·	●	·	·	●	●	●	·	·	·	·	·	
黑加仑	·	·	●	●	·	●	●	·	·	·	·	·	·	·
煮蚕豆	·		●	·	·	●	·	·	·	·	·	·	·	·
波兰蓝纹奶酪	·	·	·	·	·	●	·	·	·	·	·	●	·	·
大蒜	·		●	·	·	●	·	·	·	·	·	·	·	·
煮花椰菜	·		·	·	·	●	·	·	·	·	·	·	·	·
熟黑婆罗门参	·		·	·	·	●	·	·	·	·	·	·	·	·
煮块根芹	·	·	·	·	·	●	·	·	·	·	·	·	·	·

香菇

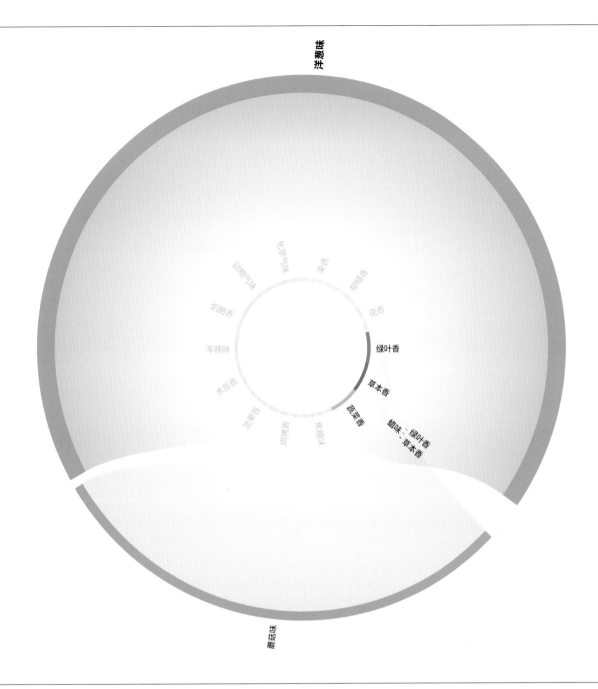

香菇的香气特征

与各类蘑菇一样，香菇独特的蘑菇味源于1-辛烯-3-醇，这种芳香分子带有轻微的泥土气息，混杂着些微草本和干草香。鲜香菇香气特征中还含有含硫化合物。

	果香	柑橘香	花香	绿叶香	草本香	蔬菜香	焦糖味	烘烤香	坚果香	木质香	辛辣香	奶酪味	动物气味	化学气味
香菇	·	·	·	●	●	●	·	·	·	·	·	·	·	·
多宝鱼	●	·	●	●	●	·	·	●	·	·	●	·	●	·
北京烤鸭	●	·	●	●	·	●	●	●	●	●	●	·	●	·
烤榛子酱	·	·	●	·	·	●	●	●	●	●	●	·	●	·
干椰肉	●	·	●	●	·	●	●	●	●	●	●	·	·	·
可可粉	●	·	●	·	·	●	●	●	●	●	●	·	·	·
煮鲑鱼	●	·	●	●	·	●	·	●	·	·	●	·	·	·
番石榴	●	●	●	●	●	●	●	●	●	●	·	·	·	·
布里奶酪	●	·	●	·	·	●	·	●	·	·	●	●	●	·
抱子甘蓝	●	·	●	·	·	●	·	●	·	·	●	·	·	·
干木槿花	●	·	●	●	●	●	●	●	●	●	·	·	·	·

经典搭配：日式料理中的香菇

香菇是一种流行的天妇罗食材，可与由出汁、味醂、酱油和现磨萝卜泥制成的酱汁一同食用。若要制作素出汁，则可将干香菇与昆布同煮。

经典菜品：香菇扒小白菜

这道上海素斋是春节期间的传统菜肴，将浸泡后的干香菇放入高汤炖煮，加入蚝油、酱油、糖、芝麻油和料酒调味，再搭配焯水小白菜，鲜美可口。

香菇的食材搭配

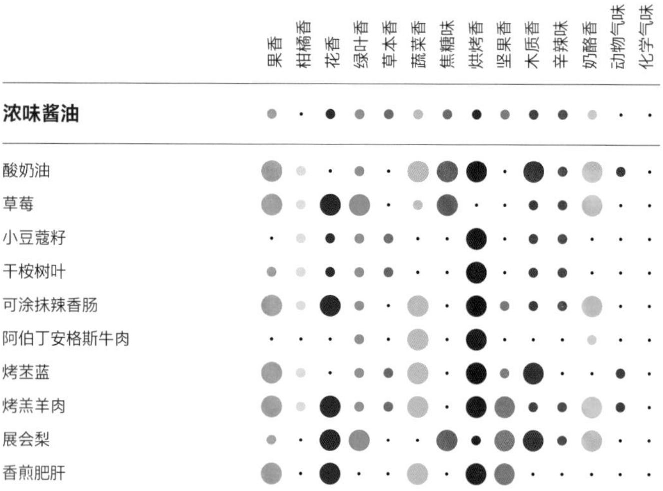

香味类别（列）：果香、柑橘香、花香、绿叶香、草本香、蔬菜香、焦糖味、烘烤香、坚果香、木质香、辛辣味、奶酪香、动物气味、化学气味

浓味酱油

- 酸奶油
- 草莓
- 小豆蔻籽
- 干桉树叶
- 可涂抹辣香肠
- 阿伯丁安格斯牛肉
- 烤苤蓝
- 烤羔羊肉
- 展会梨
- 香煎肥肝

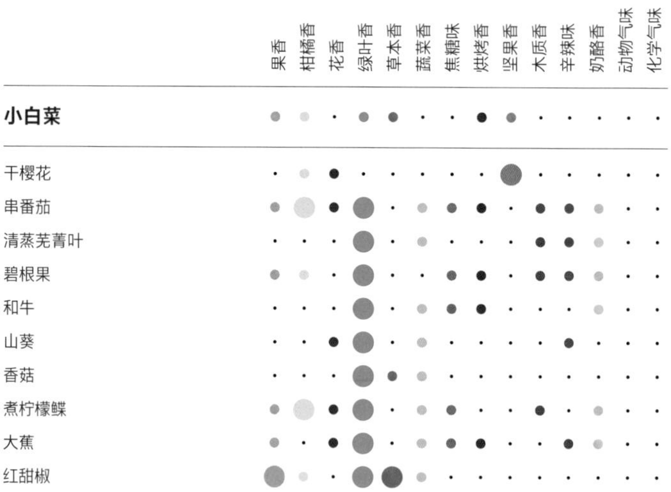

小白菜

- 干樱花
- 串番茄
- 清蒸芜菁叶
- 碧根果
- 和牛
- 山葵
- 香菇
- 煮柠檬鲽
- 大蕉
- 红甜椒

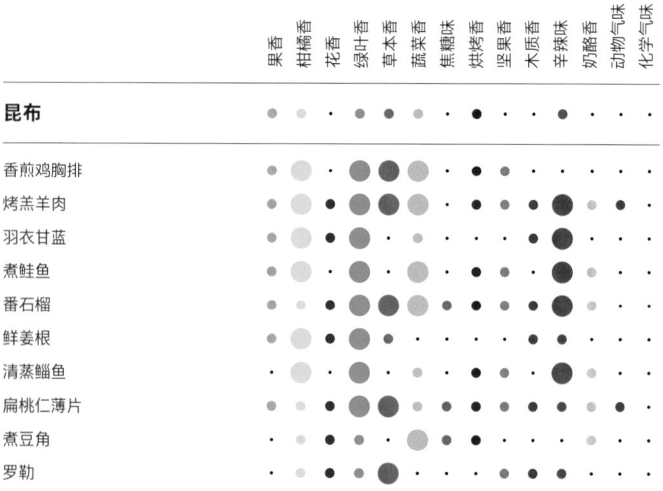

昆布

- 香煎鸡胸排
- 烤羔羊肉
- 羽衣甘蓝
- 煮鲑鱼
- 番石榴
- 鲜姜根
- 清蒸鲻鱼
- 扁桃仁薄片
- 煮豆角
- 罗勒

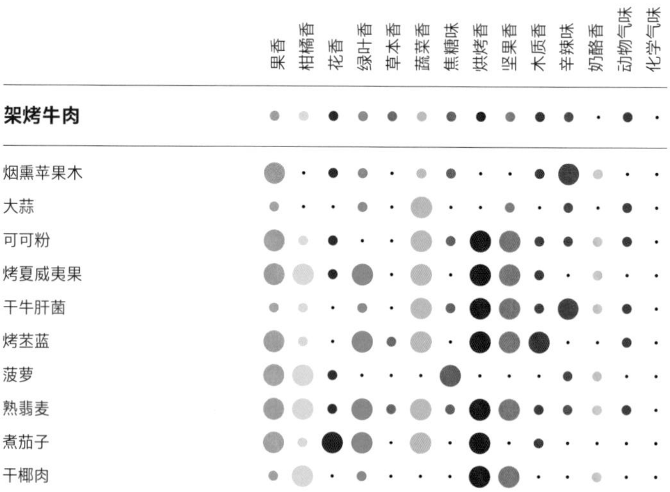

架烤牛肉

- 烟熏苹果木
- 大蒜
- 可可粉
- 烤夏威夷果
- 干牛肝菌
- 烤苤蓝
- 菠萝
- 熟翡麦
- 煮茄子
- 干椰肉

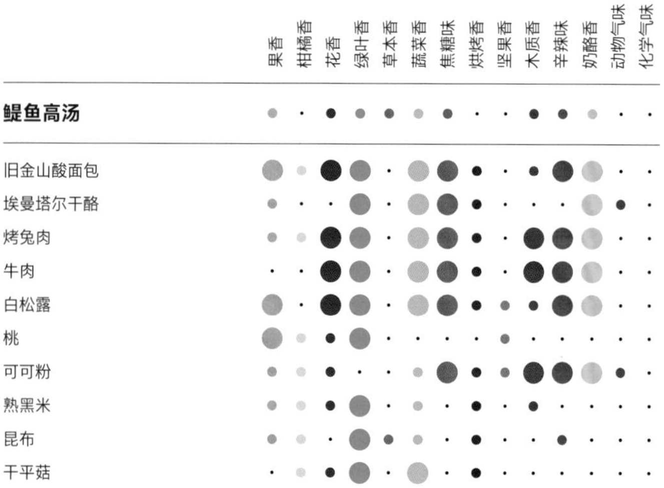

鳀鱼高汤

- 旧金山酸面包
- 埃曼塔尔干酪
- 烤兔肉
- 牛肉
- 白松露
- 桃
- 可可粉
- 熟黑米
- 昆布
- 干平菇

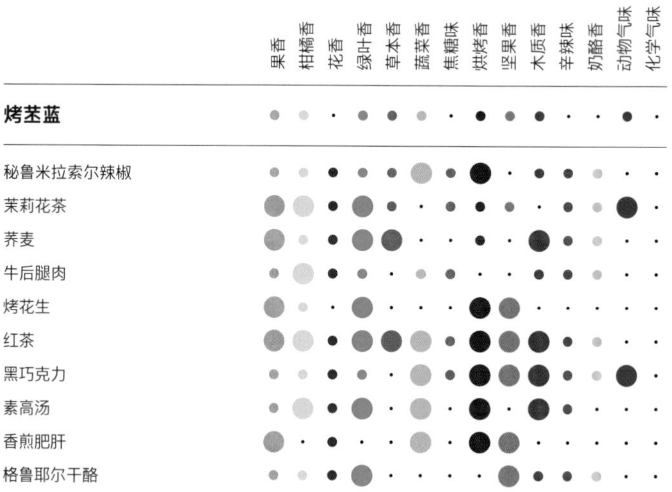

烤苤蓝

- 秘鲁米拉索尔辣椒
- 茉莉花茶
- 荞麦
- 牛后腿肉
- 烤花生
- 红茶
- 黑巧克力
- 素高汤
- 香煎肥肝
- 格鲁耶尔干酪

126

潜在搭配：香菇和木槿花

干木槿花和鲜香菇（见第125页）共享草本和蔬菜芳香化合物，味道偏酸，在菌类菜肴中可尝试用木槿花粉代替柠檬皮，更添清新风味。

潜在搭配：香菇、烤百合和肉桂

烤百合和香菇同属亚洲美食中大热食材，共享蔬菜香、蘑菇味，而烤百合还含有丁香和樟脑般的辛辣味，使之成为肉桂（见第128页）的绝佳搭配。

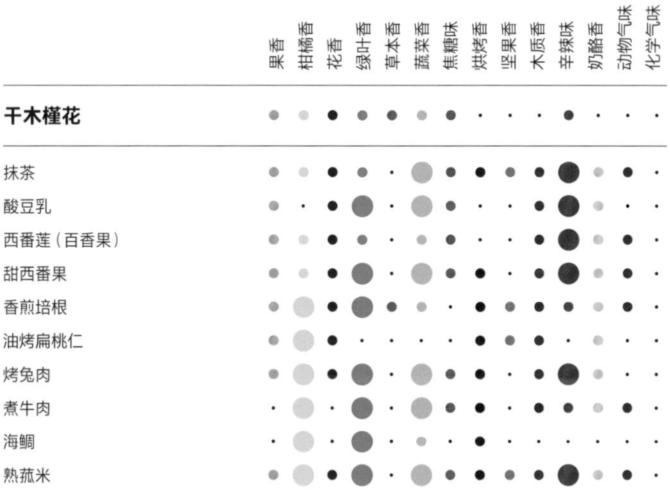

果香
柑橘香
花香
绿叶香
草本香
蔬菜香
焦糖味
烘烤香
坚果香
木质香
辛辣味
奶酪香
动物气味
化学气味
干木槿花
抹茶
酸豆乳
西番莲（百香果）
甜西番果
香煎培根
油烤扁桃仁
烤兔肉
煮牛肉
海鲷
熟菰米

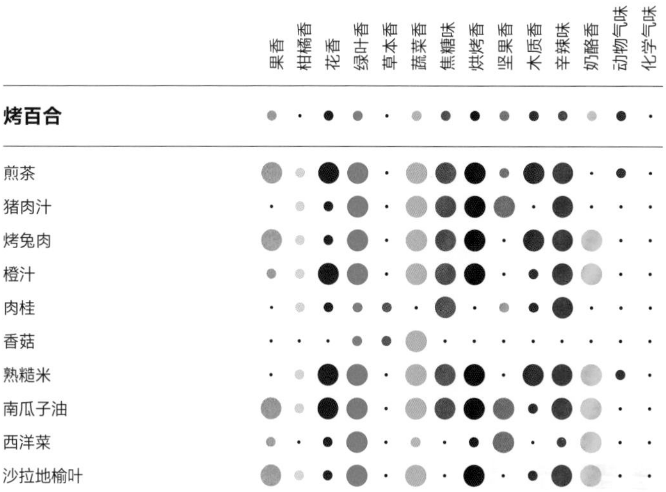

果香
柑橘香
花香
绿叶香
草本香
蔬菜香
焦糖味
烘烤香
坚果香
木质香
辛辣味
奶酪香
动物气味
化学气味
烤百合
煎茶
猪肉汁
烤兔肉
橙汁
肉桂
香菇
熟糙米
南瓜子油
西洋菜
沙拉地榆叶

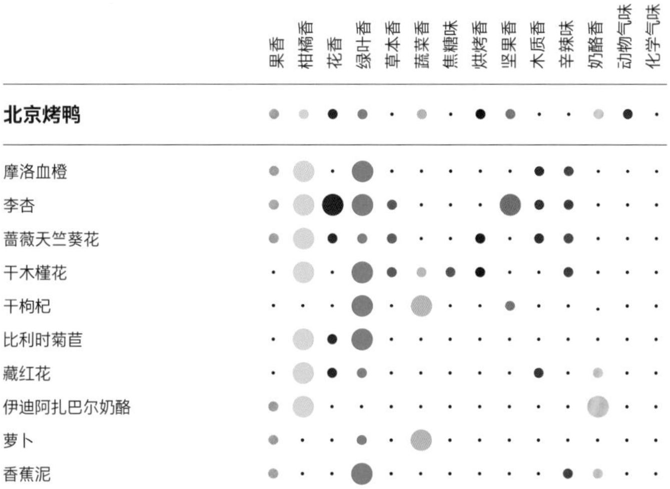

果香
柑橘香
花香
绿叶香
草本香
蔬菜香
焦糖味
烘烤香
坚果香
木质香
辛辣味
奶酪香
动物气味
化学气味
北京烤鸭
摩洛血橙
李杏
蔷薇天竺葵花
干木槿花
干枸杞
比利时菊苣
藏红花
伊迪阿扎巴尔奶酪
萝卜
香蕉泥

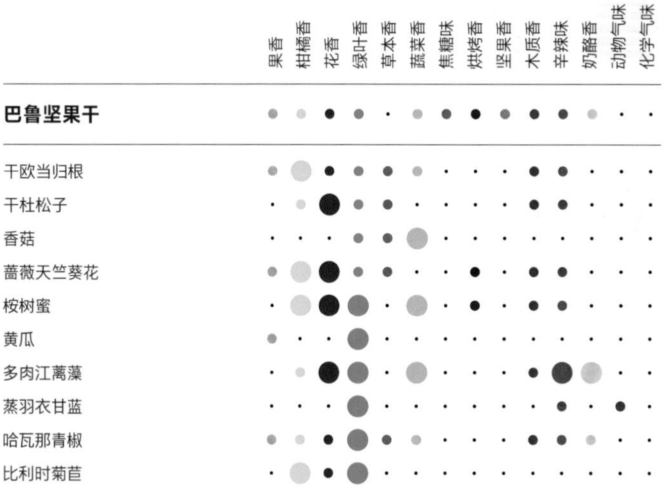

果香
柑橘香
花香
绿叶香
草本香
蔬菜香
焦糖味
烘烤香
坚果香
木质香
辛辣味
奶酪香
动物气味
化学气味
巴鲁坚果干
干欧当归根
干杜松子
香菇
蔷薇天竺葵花
桉树蜜
黄瓜
多肉江蓠藻
蒸羽衣甘蓝
哈瓦那青椒
比利时菊苣

肉桂

在英文中，香料锡兰肉桂（*Cinnamomum zeylanicum*）和桂皮（*Cinnamomum cassia*）通常统称为肉桂，而双方实则不同。前者原生于斯里兰卡，萃取自锡兰肉桂（*C. zeylanicum/ C. verum*）这种常青树的干燥树皮，外表皮呈棕色、味甜，常用于西方、中东、北非和拉美菜系；而后者则原生于中国和东南亚部分地区，香气浓郁，略带苦味。超市里大多数罐装肉桂粉通常由锡兰肉桂和桂皮混合而成，有时仅包含桂皮。

据传，古希腊人和古罗马人早已开始使用肉桂，其货源可能来自中东商贩。此后，寻找肉桂来源成了15世纪和16世纪欧洲探险家的动机之一。葡萄牙人首先在斯里兰卡（当时称锡兰）发现了肉桂，斯里兰卡至今仍为世界上大部分地区供应肉桂。后来，法国人将肉桂引入塞舌尔群岛。

锡兰肉桂树皮中的精油含有高浓度肉桂醛，赋予其独特的肉桂香味。此外，樟脑类挥发性化合物，如1,8-桉叶素（亦称桉树脑）和丁香味的丁香酚，也在一定程度上生成肉桂中的辛辣味。

桂皮含有和肉桂相同的肉桂醛、1,8-桉叶素和丁香酚，但浓度不同。桂皮肉桂醛含量低，而香豆素含量高，这种分子带有新鲜收割青草的香气，亦是零陵香豆中主要的芳香分子。

- 肉桂叶比树皮丁香味更浓郁，干燥后可加入草药茶中，或在牙买加炖菜、咖喱和抓饭（译者注：通常由大米、各类蔬菜和肉烹调而成，风味浓郁）中代替月桂叶。
- 苹果和肉桂是绝佳的甜品拍档，经典法式苹果挞和美式苹果派都广受欢迎。
- 在中东和北非菜品中，肉桂常被用作甜味和咸味调料，摩洛哥鸡肉塔吉锅（Moroccan chicken tagine）中以杏脯和扁桃仁提香，再加入肉桂，芳香浓郁。
- 中国五香粉由桂皮、八角、丁香、小茴籽和四川花椒混合制成。
- 在巧克力中加入肉桂，通常是热巧克力饮料中，在16世纪肉桂首次传到西班牙后，热巧克力便盛行一时。

相关的香气特征：桂皮

相较锡兰肉桂而言，桂皮带有独特温暖香气、风味浓郁，多具坚果香、木质香和酚类烟熏味。坚果味来自扁桃仁香苯甲醛和香豆素。

	果香	柑橘香	花香	绿叶香	草本香	蔬菜香	焦糖味	烘烤香	坚果香	木质香	辛辣味	奶酪香	动物气味	化学气味
桂皮	●	·	●	●	●		●	●	●	●	●	●		·
香煎野林鸽	·	●	⬤	●	●		·	●	●	●	●	●	●	·
展会梨	·	·	⬤	●	·		·	●	●	⬤	●	●	·	·
甜瓜	·	·	⬤	●	·			●	●	●	●	●	·	·
烤野兔	·	·	⬤	●	·		·	●	●	●	●	●	·	·
莲雾	·	·	⬤	⬤	·			●	●	●	●	●	·	·
烤飞蟹	·	·	⬤	●	·		·	●	●	⬤	⬤	●	●	·
深焙扁桃仁	·	●	⬤	●	·		●	●	●	●	●	●	●	·
青柠	·	●	●	●	·		·	●	●	●	⬤	●	·	·
熟黑婆罗门参	·	·	⬤	●	·		·	●	●	●	⬤	●	·	·
清蒸鲻鱼	·	·	●	●	·		●	●	⬤	●	●	●	●	·

肉桂

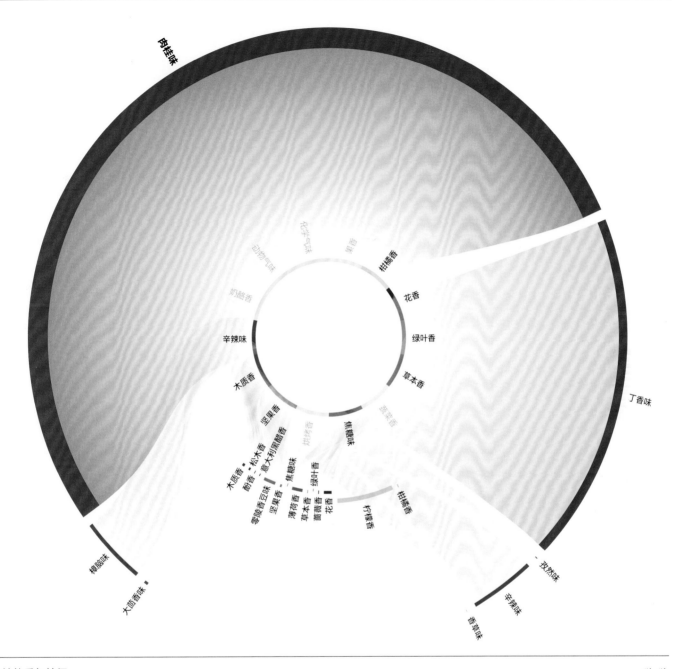

肉桂味

化学气味　动物气味　　果香　柑橘香
奶酪香
辛辣味　　　　　　　　　　　花香
木质香　　　　　　　　　　　绿叶香
坚果香　　　　　　　　　　　草本香
　　　　　　　　　　　　　　蔬菜香
木质香：松木香－意大利黑醋香
酚香：　　　　　　　　焦糖香　　　焦糖味
零陵香豆香　坚果香－绿叶香　　　烘烤香
　　薄荷香－草本香　蔷薇香　花香　　皇璃柑
　　　　　　　　　　　　　　皇璃柑橘
樟脑味　　　　　　　　　　　　孜然味
大茴香味　　　　　　　　　　辛辣味
　　　　　　　　　　　　香草本味　　丁香味

肉桂的香气特征

香料精油中单一特征效应化合物的香气最易辨别，如肉桂中的肉桂醛，一闻就能认出。肉桂中带有橙香芳樟醇、柠檬烯和香叶醛，相较桂皮的柑橘风味更为浓郁，同时这些芳香分子也使肉桂的香气清新。

	果香	柑橘香	花香	绿叶香	草本香	蔬菜香	焦糖味	烘烤香	坚果香	木质香	辛辣香	奶酪香	动物气味	化学气味
肉桂	·	·	●	●	·	·	·	·	·	·	·	·	·	·
煮南瓜	·	·	●	●	·	·	·	●	●	·	·	·	·	·
炸薯条	·	·	●	●	·	·	·	·	·	●	●	·	·	·
草菇	·	·	●	·	·	·	·	·	·	●	●	·	·	·
淡水小龙虾	·	·	●	·	·	·	·	·	·	·	●	·	·	·
帕达诺奶酪	·	·	●	·	·	·	·	·	·	·	●	●	·	·
刺松藻	·	·	●	·	·	·	·	·	·	·	●	·	·	·
蜜瓜	·	·	●	●	·	·	·	·	·	·	·	·	·	·
甘夏蜜柑	·	●	●	●	●	·	·	·	·	●	●	·	·	·
煮去皮甜菜根	·	·	●	·	·	·	·	·	●	●	●	·	·	·
干式熟成牛肉	·	●	●	●	·	·	·	·	·	●	●	●	·	·

经典菜品：肉桂法式吐司

在制作法式吐司时，在蛋奶混合液中加入香草和肉桂，这两种香料共享柑橘香和木质香，然后佐以新鲜草莓、黑莓或覆盆子，口感顺滑而橘香浓郁。

经典菜品：黎巴嫩鸡汤

这道中东大锅菜将一只鸡与洋葱和胡萝卜等蔬菜放入鸡汤或水中同煮，并加入肉桂、胡椒、多香果和月桂叶调味。上菜前几分钟加入粉丝，并撒上欧芹，摆上柠檬角，随喜好挤入汤中。。

肉桂和桂皮的食材搭配

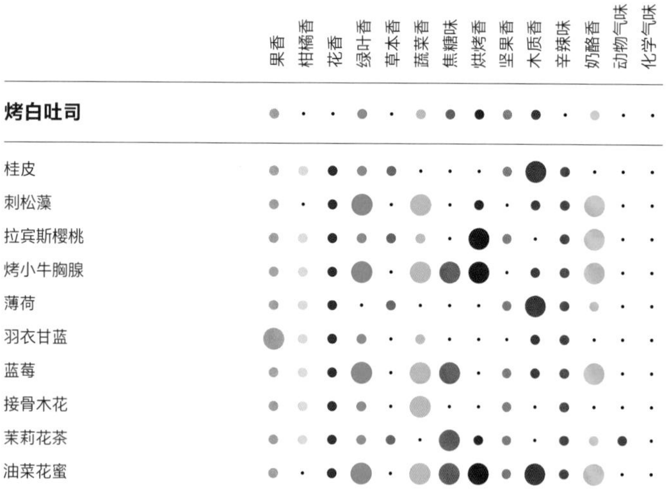
果香
柑橘香
花香
绿叶香
草本香
蔬菜香
焦糖味
烘烤香
坚果香
木质香
辛辣味
奶酪香
动物气味
化学气味
烤白吐司
桂皮
刺松藻
拉宾斯樱桃
烤小牛胸腺
薄荷
羽衣甘蓝
蓝莓
接骨木花
茉莉花茶
油菜花蜜

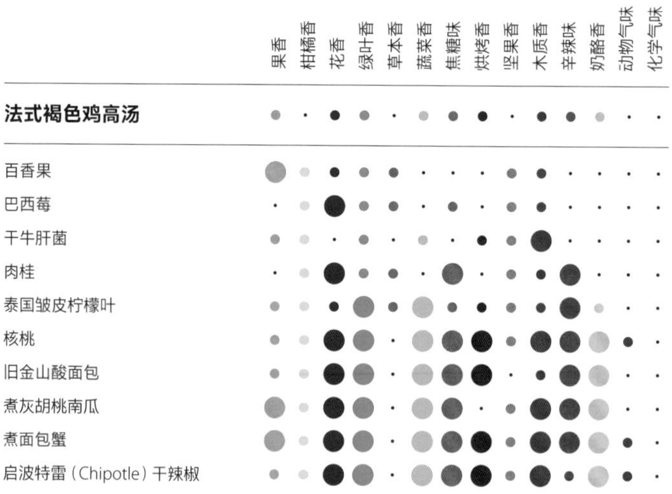
果香
柑橘香
花香
绿叶香
草本香
蔬菜香
焦糖味
烘烤香
坚果香
木质香
辛辣味
奶酪香
动物气味
化学气味
法式褐色鸡高汤
百香果
巴西莓
干牛肝菌
肉桂
泰国皱皮柠檬叶
核桃
旧金山酸面包
煮灰胡桃南瓜
煮面包蟹
启波特雷（Chipotle）干辣椒

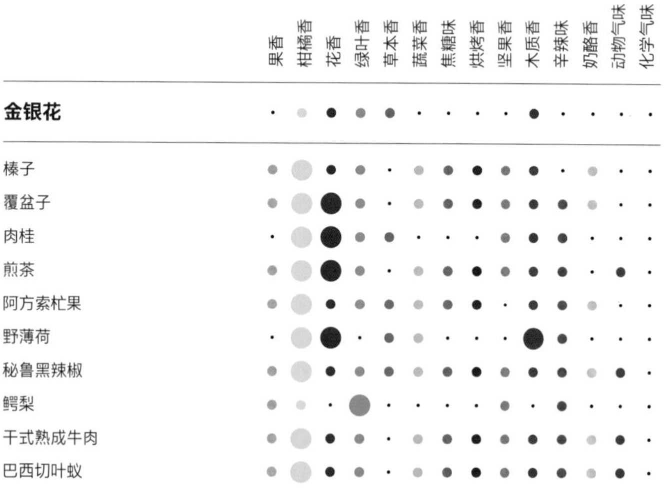
果香
柑橘香
花香
绿叶香
草本香
蔬菜香
焦糖味
烘烤香
坚果香
木质香
辛辣味
奶酪香
动物气味
化学气味
金银花
榛子
覆盆子
肉桂
煎茶
阿方索杧果
野薄荷
秘鲁黑辣椒
鳄梨
干式熟成牛肉
巴西切叶蚁

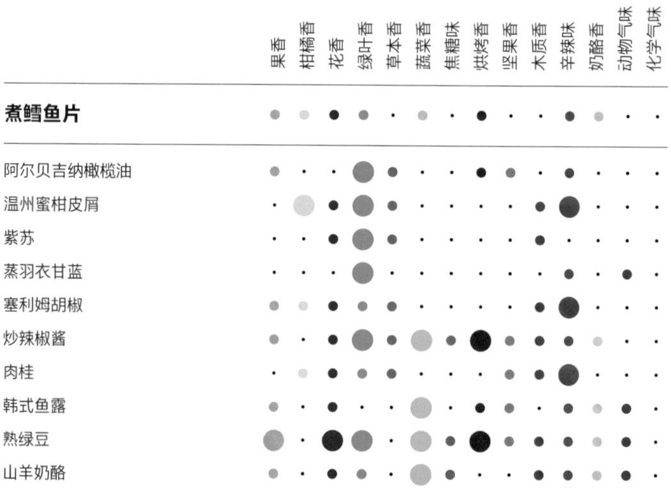
果香
柑橘香
花香
绿叶香
草本香
蔬菜香
焦糖味
烘烤香
坚果香
木质香
辛辣味
奶酪香
动物气味
化学气味
煮鳕鱼片
阿尔贝吉纳橄榄油
温州蜜柑皮屑
紫苏
蒸羽衣甘蓝
塞利姆胡椒
炒辣椒酱
肉桂
韩式鱼露
熟绿豆
山羊奶酪

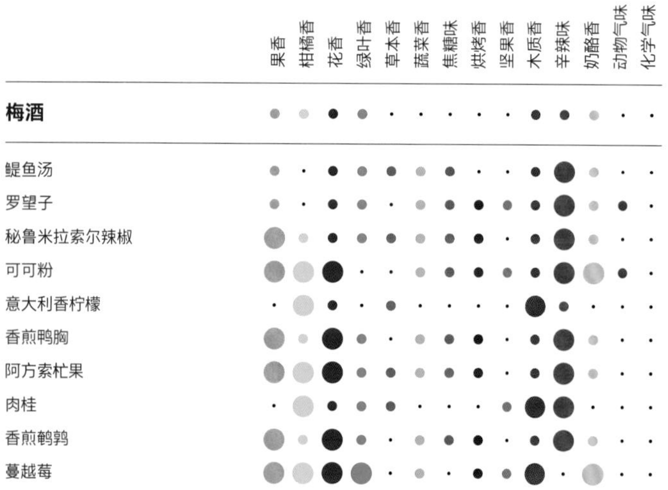
果香
柑橘香
花香
绿叶香
草本香
蔬菜香
焦糖味
烘烤香
坚果香
木质香
辛辣味
奶酪香
动物气味
化学气味
梅酒
鳀鱼汤
罗望子
秘鲁米拉索尔辣椒
可可粉
意大利香柠檬
香煎鸭胸
阿方索杧果
肉桂
香煎鹌鹑
蔓越莓

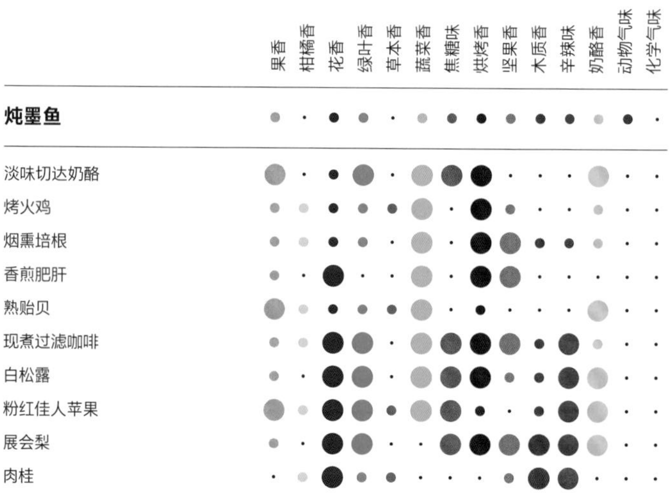
果香
柑橘香
花香
绿叶香
草本香
蔬菜香
焦糖味
烘烤香
坚果香
木质香
辛辣味
奶酪香
动物气味
化学气味
炖墨鱼
淡味切达奶酪
烤火鸡
烟熏培根
香煎肥肝
熟贻贝
现煮过滤咖啡
白松露
粉红佳人苹果
展会梨
肉桂

经典组合：南瓜香料

传统南瓜派以肉桂、生姜、肉豆蔻、多香果和丁香等香料混合调味。这一南瓜香料组合历史可追溯至1890年，但直到2003年，美国咖啡馆中才有南瓜拿铁（译者注：最早由星巴克员工首创，将浓缩咖啡与蒸汽牛奶、肉桂、丁香和肉豆蔻南瓜调味汁混合，推出后迅速风靡全美）。

潜在搭配：肉桂和椰子

肉桂和椰子（见第132页）共享柠檬味的芳樟醇分子，这一分子常见于柑橘类水果。

以下气味类别列（两表通用）：果香、柑橘香、花香、绿叶香、草本香、蔬菜香、焦糖味、烘烤香、坚果香、木质香、辛辣味、奶酪香、动物气味、化学气味。

南瓜 各食材与南瓜的香气匹配度（•表示强度，空格表示无）：

食材	果香	柑橘香	花香	绿叶香	草本香	蔬菜香	焦糖味	烘烤香	坚果香	木质香	辛辣味	奶酪香	动物气味	化学气味
南瓜	•	•	•	•	•					•				
香蕉	•	•	•	•	•					•				
黑蒜泥	•		•	•		•		•		•				
干牛肝菌	•	•	•	•	•					•				
烤羔羊肉	•	•	•	•				•		•	•			
香煎培根	•	•	•	•	•		•	•		•				
芫荽叶	•	•	•	•	•					•				
番石榴	•	•	•	•	•					•	•			
摩洛血橙	•	•	•	•	•					•				
生蚝	•	•	•	•	•					•				
留兰香	•	•	•	•				•		•	•			

柚子皮

食材	果香	柑橘香	花香	绿叶香	草本香	蔬菜香	焦糖味	烘烤香	坚果香	木质香	辛辣味	奶酪香	动物气味	化学气味
柚子皮	•	•	•	•	•					•				
清蒸鲻鱼	•	•	•	•	•				•	•				
熟印度香米	•	•	•	•				•		•				
烤火鸡	•	•	•	•				•		•				
椰汁	•	•	•	•						•	•			
水煮鸡胸排	•	•	•	•	•					•				
烤榛子	•	•	•	•				•	•	•				
罗勒	•	•	•	•	•					•	•			
百里香	•	•	•	•	•					•	•			
肉桂	•	•	•	•				•		•	•			
野薄荷	•	•	•	•						•	•			

金针菇

食材	果香	柑橘香	花香	绿叶香	草本香	蔬菜香	焦糖味	烘烤香	坚果香	木质香	辛辣味	奶酪香	动物气味	化学气味
金针菇	•	•	•	•	•	•				•				
柠檬香蜂草	•	•	•	•	•					•	•			
扁叶欧芹	•	•	•	•	•					•				
烟熏培根	•	•	•	•	•		•	•		•	•			
黑莓	•	•	•	•	•	•	•	•		•	•	•		
桂皮	•	•	•	•				•		•	•			
大茴香籽	•		•	•						•	•	•		
黑麦面包	•		•	•				•		•	•	•		
甘草	•		•	•				•		•	•	•		
青柠树蜜	•		•	•	•					•				
烤多宝鱼	•	•	•	•	•	•	•	•		•	•	•		

花生油

食材	果香	柑橘香	花香	绿叶香	草本香	蔬菜香	焦糖味	烘烤香	坚果香	木质香	辛辣味	奶酪香	动物气味	化学气味
花生油	•	•	•	•	•			•		•	•			
桂皮	•	•	•	•				•		•	•			
秘鲁米拉索尔辣椒	•	•	•	•	•			•		•	•			
煮树番茄	•	•	•	•	•			•		•	•			
蜜瓜	•	•	•	•	•					•	•			
全熟蛋黄	•	•	•	•	•			•		•	•			
熟卡姆小麦	•	•	•	•	•			•		•	•			
烤野猪[注1]肉	•	•	•	•	•			•		•	•			
雪维菜	•	•	•	•	•					•	•			
烤多宝鱼	•	•	•	•	•		•	•		•	•	•		
鲜食蔷薇花瓣	•	•	•	•	•					•	•			

雪维菜

食材	果香	柑橘香	花香	绿叶香	草本香	蔬菜香	焦糖味	烘烤香	坚果香	木质香	辛辣味	奶酪香	动物气味	化学气味
雪维菜	•	•	•							•	•			
苹果	•	•	•	•						•	•			
野罗勒	•	•	•	•						•	•			
香煎猪大排	•	•	•	•				•		•	•			
桂皮	•	•	•	•				•		•	•			
芫荽籽	•	•	•	•						•	•			
葡萄柚	•	•	•	•						•	•			
鲜食蔷薇花瓣	•	•	•	•						•	•			
熟藜麦	•	•	•	•				•		•	•			
梨汁	•	•	•	•						•	•			
肉豆蔻	•	•	•	•						•	•			

炖牛肉汤

食材	果香	柑橘香	花香	绿叶香	草本香	蔬菜香	焦糖味	烘烤香	坚果香	木质香	辛辣味	奶酪香	动物气味	化学气味
炖牛肉汤	•	•	•	•				•		•	•			
肉桂	•	•	•	•				•		•	•			
加里格特草莓	•	•	•	•						•	•			
煮西葫芦	•	•	•	•		•				•	•			
烤黄盖鲽	•	•	•	•				•		•	•			
烤榛子	•	•	•	•				•	•	•	•			
煮龙虾	•	•	•	•				•		•	•			
塔希提香草	•	•	•	•				•		•	•			
黑巧克力	•	•	•	•				•	•	•	•			
无花果	•	•	•	•						•	•			
蔓越莓	•	•	•	•						•	•			

注1：野猪在我国是保护动物。

椰子

新鲜椰子的香气特征主要源于内酯，它使椰肉带有浓郁的椰香。此外，椰子中还带有辛辣味，赋予其些许果香，并在椰子和苹果、芦笋、豌豆和绿茶之间构筑了芳香联系。

在植物学上，椰子树果实被归类为核果类而非坚果。呈鲜绿色的果实未成熟时便被采摘，取其电解质含量丰富的椰汁和柔软果肉，果汁和果肉中富含纤维和健康脂肪酸。随着椰子逐步成熟，外壳会变成棕色，质地坚硬而纤维化，内部白色果肉同样硬化，可晒干并切碎制成椰蓉或加工成椰油和椰浆。

椰树最常生长在东南亚、南亚、墨西哥和巴布亚新几内亚的热带沿海。近年来，椰子广受欢迎，但在原生状态下难以直接食用，因而以多种形式出售，用途各异。除了上述制成椰蓉、椰浆和椰油，还可以制成椰奶、椰汁、椰粉、压缩成椰块或干燥制成椰片。

要开椰子，首先需小心地在椰子顶部三个"软眼"中任取两个钻孔，并将其中的椰汁倒出。随后将椰子放在坚硬、结实的表面上，敲击顶部软眼附近的一条脊线，椰子会受力裂开，随后可用刀子将白色果肉剥出。

- 多种糖果和甜点都用到了椰蓉，如法式奶油椰子蛋糕（*rochers à la noix de coco*），亦称为椰子马卡龙。
- 在多米尼加，椰子、生姜和肉桂是经典甜品组合。
- 在马来西亚，椰奶被用来制作绿色班兰椰丝卷（*kuih dadar/kuih tayap*），这种甜美卷饼的内馅是用棕榈糖浸泡过的椰蓉制作的。

达伦·普切斯（Darren Purchese）经典之作——椰子百香果生姜薄荷蛋糕

伯奇与普切斯甜点吧（Burch & Purchese），墨尔本，澳大利亚

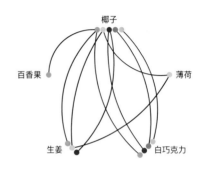

出生于英国的糕点师达伦·普切斯与甜点的不解之缘源自其幼时的经历，那时他常和母亲用花园中的新鲜水果制作派、面包和甜食。随后他进入伦敦著名的萨沃伊酒店工作，并在此邂逅著名的蜜桃梅尔巴，由此开启了其厨艺生涯。如今，普切斯和妻子凯斯·克莱林博尔德（Cath Claringbold）共同掌管墨尔本伯奇与普切斯甜点吧。普切斯以其技艺精湛的圆环蛋糕而蜚声在外，也让他登上了澳大利亚版的《厨艺大师》（Master Chef）节目。

这款椰子百香果生姜薄荷圆环蛋糕在甜点吧2011年开业时制作。普切斯以盐渍燕麦和姜汁饼干混合而成的脆皮为基底，上覆一层薄百香果果酱，再层叠以香浓百香果凝乳和椰香味西米，在热带水果层外铺一层轻薄的椰子慕斯，最后用一团团姜味棉花糖、绿薄荷果酱和白薄荷巧克力威化加以装饰。这款蛋糕达到了风味和质地的完美平衡，成为甜点吧迄今为止最受欢迎的糕点。

椰子

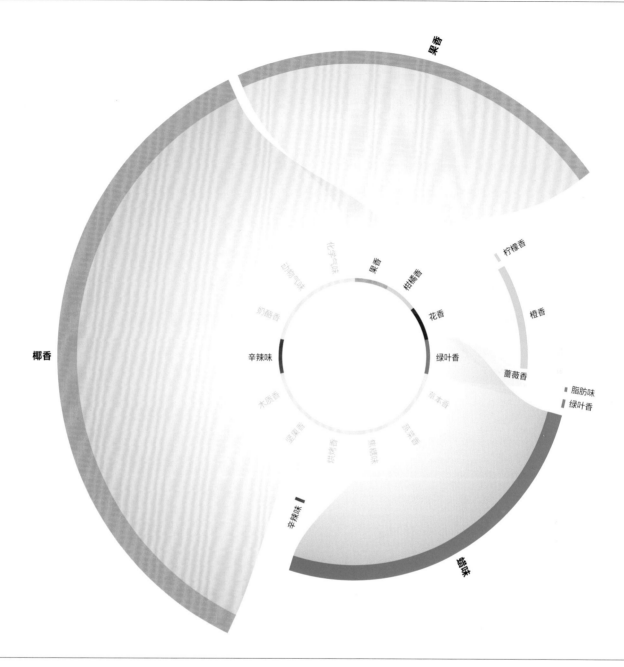

椰子的香气特征

椰子独特的甜味由果香味的酯类、椰香内酯和绿叶香、蜡味和油脂味醛类
混合而成，而橙香及柑橘香使香味层次更丰富。

	果香	柑橘香	花香	绿叶香	草本香	蔬菜香	焦糖味	烘烤香	坚果香	木质香	辛辣味	奶酪香	动物气味	化学气味
椰子	·	·	●	·	·	·	·	·	·	·	·	●	·	·
清蒸多宝鱼	●	·	●	·	·	·	·	·	·	·	·	·	●	·
熟单粒小麦	·	●	●	·	·	·	·	·	·	·	·	·	·	●
卡蒙贝尔奶酪	·	·	●	●	·	·	·	·	·	·	·	·	·	·
香煎猪大排	·	·	●	●	·	·	·	·	·	·	·	·	·	·
生蚝	·	·	●	·	·	·	·	·	·	·	·	·	·	·
香煎鸭胸	·	·	●	·	·	·	·	·	·	·	·	·	·	·
鲜姜根	·	·	●	·	·	·	·	·	·	·	·	·	·	·
丁香	·	·	●	·	·	·	·	·	·	·	·	·	·	·
香茅	·	·	●	·	·	·	·	·	·	·	·	·	·	·
秘鲁米拉索尔辣椒	·	·	●	·	·	·	·	·	·	·	·	·	·	·

潜在搭配：椰子和紫罗兰

达伦·普切斯将椰子与百香果搭配（见第132页），而百香果可与紫罗兰组合，因此椰子和紫罗兰间也存在芳香联系。这些食材共享花香和蜂蜜味，所以可尝试将椰子、酸奶与紫罗兰糖组合，或许还可再来点蜂蜜制作成冷饮。

经典搭配：椰奶和米饭

椰子饭常见于世界各地文化，根据当地食材还会加入不同香料，如生姜、香茅和班兰叶。在泰国，甜糯椰子饭和杧果同食，而加勒比豆饭则由米饭、椰奶、苏格兰帽椒（译者注：产自加勒比海区域，极辣，带有独特泥土味和杏味）和红豆烹调而成。

134

罐装椰奶的香气特征

椰奶中挥发性的脂肪酸生成高浓度的绿叶香芳香分子，而其中一些脂肪酸经氧化成辛醛化合物，带有柑橘香、绿叶香和脂肪味。

	果香	柑橘香	花香	绿叶香	草本香	蔬菜香	焦糖味	烘烤香	坚果香	木质香	辛辣味	奶酪香	动物气味	化学气味
罐装椰奶														
熟黑米														
清蒸鲻鱼														
桃														
梅子														
阿方索杜果														
油烤扁桃仁														
鳕鱼片														
番石榴														
烤兔肉														
布里奶酪														

椰奶

椰奶风靡东南亚、加勒比和南美北部部分地区。制作时首先将成熟棕色椰子中的白色果肉磨碎，并浸泡在热水中，释放其中的乳液，将浮在表面的乳液撇去。然后反复过滤剩余液体，直到达到所需浓度。

椰奶口感丰富，这主要是因为其脂肪含量高。这些脂肪往往能延长芳香分子在口腔中停留的时间，从而带来浓郁的风味体验。此外，这些脂肪还使椰奶口感如奶油般顺滑。

成熟椰子果肉中富含脂肪酸。将椰肉磨碎后与水混合，椰肉中的脂肪酸轻易逸出到水中，这也是为何椰奶香气特征中相当一部分源于绿叶香的芳香分子。椰奶生产过程中氧化形成的脂肪酸包括辛醛，带有柑橘香、绿叶香和脂肪味。

椰子的食材搭配

	果香	柑橘香	花香	绿叶香	草本香	蔬菜香	焦糖味	烘烤香	坚果香	木质香	辛辣味	奶酪香	动物气味	化学气味
百香果														
小酸模														
紫罗兰花														
西葫芦														
煮龙虾尾														
意大利辣香肠														
龙蒿														
罗勒														
曼彻格奶酪														
烤羔羊肉														
秘鲁黄辣椒														

	果香	柑橘香	花香	绿叶香	草本香	蔬菜香	焦糖味	烘烤香	坚果香	木质香	辛辣味	奶酪香	动物气味	化学气味
意大利起泡酒（spumante）														
罐装椰奶														
百香果														
黑加仑														
水牛奶酪														
薄荷														
干式熟成牛肉														
烤猪五花														
针叶樱桃														
煮鳕鱼片														
蓝纹奶酪														

潜在搭配：椰子和树番茄

树番茄，又称墨西哥灯笼番茄，是番茄的近亲，同属茄科。树番茄源于墨西哥，可生食或搭配各类菜肴，和欧芹酱尤为相配。树番茄可用于赋予食物柑橘酸甜味，从炖菜、蘸酱、咖喱到血腥玛丽酒都搭配。

经典搭配：椰子、高良姜和泰国皱皮柠檬叶

椰汁鸡汤是一道经典泰式汤，以鸡汤和椰奶烹调，并加入高良姜、泰国皱皮柠檬叶、香茅、鸟眼辣椒、鱼露、青柠和新鲜芫荽叶调味，椰香馥郁，清甜可口。

椰子的食材搭配

	果香	柑橘香	花香	绿叶香	草本香	蔬菜香	焦糖味	烘烤香	坚果香	木质香	辛辣味	奶酪香	动物气味	化学气味
椰汁														
烤羔羊肉														
红鲑鱼罐头														
陈年圣摩奶酪														
接骨木果汁														
覆盆子														
熟香米														
韩式鱼露														
熟苔麸谷粒														
芫荽叶														
羊肚菌														

	果香	柑橘香	花香	绿叶香	草本香	蔬菜香	焦糖味	烘烤香	坚果香	木质香	辛辣味	奶酪香	动物气味	化学气味
树番茄														
土豆														
青柠														
草菇														
罐装椰奶														
西班牙辣香肠														
香煎鸡胸排														
深焙扁桃仁														
阿让西梅														
熟黑婆罗门参														
清蒸鲥鱼														

	果香	柑橘香	花香	绿叶香	草本香	蔬菜香	焦糖味	烘烤香	坚果香	木质香	辛辣味	奶酪香	动物气味	化学气味
玛雅龙白兰地（Mariacron Weinbrand）														
烤火鸡														
柠檬香蜂草														
烤小牛肉														
椰子														
接骨木果														
埃曼塔尔干酪														
煮青蟹														
煮灰胡桃南瓜														
煮龙虾尾														
紫苏苗														

	果香	柑橘香	花香	绿叶香	草本香	蔬菜香	焦糖味	烘烤香	坚果香	木质香	辛辣味	奶酪香	动物气味	化学气味
圣摩奶酪														
杧果														
白巧克力														
鸡胸排														
干椰肉														
猪大排														
皮夸尔黑橄榄														
布里欧修														
意大利黑醋														
百香果														
覆盆子														

	果香	柑橘香	花香	绿叶香	草本香	蔬菜香	焦糖味	烘烤香	坚果香	木质香	辛辣味	奶酪香	动物气味	化学气味
梨汁														
戈贡佐拉奶酪														
牛至														
软肉菠萝蜜														
大茴香籽														
杧果														
即食椰子片														
梅子														
薄荷														
甘草														
干高良姜														

	果香	柑橘香	花香	绿叶香	草本香	蔬菜香	焦糖味	烘烤香	坚果香	木质香	辛辣味	奶酪香	动物气味	化学气味
牛角包														
巴西切叶蚁														
大吉岭红茶														
香蕉														
秘鲁黑辣椒														
熟黑婆罗门参														
接骨木花														
皮夸尔黑橄榄														
葡萄干														
煎甜菜根														
椰子														

泰国皱皮柠檬

泰国皱皮柠檬与普通青柠共享柑橘香和松木香，但它独有的香茅醛、香茅醇和香叶醇化合物又赋予其浓郁的绿叶香和花香。泰国皱皮柠檬叶厚而富有光泽，一般在新鲜时使用，其绿叶香甚至浓于果实。

　　这种柑橘类水果在东南亚名称各异，厨师和家庭大厨常将其深绿色的叶子加入汤、炖菜和蒸菜中。近年来，因原称谓（kaffir lime）与南非种族隔离时期仇恨言论相关，被泰国皱皮柠檬（makrut lime）逐步取代，并为西方各国公认。

　　泰国皱皮柠檬精油含有香茅醛，其在斯里兰卡被加入护发素和驱虫剂中，据说泰国皱皮柠檬就原产于此地。

- 泰国皱皮柠檬叶在柬埔寨语中称为"kraunch soeuth"。在柬埔寨菜肴中，将泰国皱皮柠檬叶碾碎，与泰国皱皮柠檬酸汁、辣椒、香茅、高良姜、姜黄根、大蒜和红葱头一同捣碎，制成辣酱（krueng），这是许多菜肴的基础。
- 泰国皱皮柠檬在越南称为"trúc"或"chanh sá"，叶片常用于给汤调味，如加入越南河粉中，或切成薄片加入烤肉酱中。
- 泰国皱皮柠檬本身汁液少，但泰国和老挝厨师会将其绿色果皮捣碎，然后加入辛辣咖喱中。咸味的泰国鱼露（nam pla）是许多泰式咖喱的另一个关键风味。

干泰国皱皮柠檬叶

列：果香、柑橘香、花香、绿叶香、草本香、蔬菜香、焦糖味、烘烤香、坚果香、木质香、辛辣味、奶酪香、动物气味、化学气味

- 烘焙阿拉比卡咖啡豆
- 米克覆盆子
- 蓝莓醋
- 鹰嘴豆
- 核桃碎
- 红甜椒汁
- 素高汤
- 蜜瓜甜酒
- 巴西切叶蚁
- 释迦果

泰国皱皮柠檬皮屑

- 雷尼尔樱桃
- 素高汤
- 龙蒿
- 蓝莓
- 橙汁
- 黑豆蔻
- 蔓越莓
- 鲜食蔷薇花瓣
- 黑胡椒
- 碧根果

泰国皱皮柠檬

- 雷尼尔（Rainier）樱桃
- 绿橄榄
- 葡萄
- 罗望子
- 印度月桂叶
- 龙蒿
- 百里香
- 荔枝
- 鲜食蔷薇花瓣
- 红茶

泰国鱼露

- 煮洋蓟
- 烤猪肝
- 蓝莓
- 甜味美思酒
- 博斯科普苹果
- 烘焙阿拉比卡咖啡豆
- 巴约纳火腿
- 帕马森奶酪
- 烤羔羊肉
- 烤兔肉

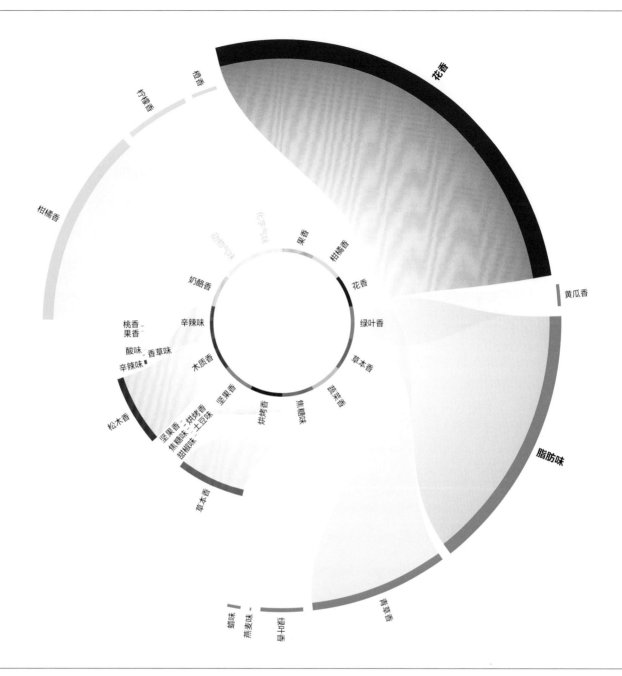

泰国皱皮柠檬叶的香气特征

出人意料的是，在绿叶香、花香和松木香之外，泰国皱皮柠檬叶还包含一些草本香，使其与杏、杜果、甜椒和块根芹构筑香气联系。而更令人惊讶的是可可吡嗪的存在。这些坚果、可可味的芳香分子同样可见于巧克力、咖啡、腰果、土耳其伊索特干辣椒粉和大虾中。其中花香和柑橘柠檬香又与比尔森啤酒（见第138页）香气相通。

	果香	柑橘香	花香	绿叶香	草本香	蔬菜香	焦糖味	烘烤香	坚果香	木质香	辛辣味	奶酪味	动物气味	化学气味
泰国皱皮柠檬叶	·	·	●	●	·	●	·	●	●	·	●	·	·	·
黑孜然	●	●	·	·	·	·	·	·	·	●	●	●	·	·
干式熟成牛肉	●	●	●	●	●	·	●	●	●	●	●	●	·	·
秘鲁黄辣椒	●	●	●	●	●	●	●	●	●	●	●	●	·	·
八角	·	●	·	●	·	·	·	●	·	●	●	·	·	·
烤兔肉	·	●	·	●	·	●	●	●	●	●	●	●	·	·
展会梨	●	●	●	●	·	·	●	●	●	·	·	●	·	·
清蒸鲷鱼	·	●	●	●	●	●	●	·	●	●	●	·	·	·
烤夏威夷果	·	●	·	●	·	·	●	●	●	●	●	●	·	·
熟菰米	·	●	●	●	·	●	●	●	●	●	●	·	·	·
椰子	●	●	●	·	·	·	●	●	●	·	·	·	·	·

比尔森啤酒

比尔森啤酒的啤酒花风味浓郁，而根据所使用啤酒花种类，可以品尝到不同的绿叶香和花香，或是果香和柑橘香。比尔森啤酒以其鲜爽可口、清亮透明、头韵浓郁顺滑、余味干净而风靡于世。

这种拉格啤酒以当今捷克比尔森市命名，历史可追溯至1842年。当地酿酒师邀请巴伐利亚著名酿酒师约瑟夫·格罗尔（Josef Groll）为他们研发新啤酒，风味类似其家乡流行的种类。不同于他们之前所见或所尝的任何啤酒，格罗尔研发的这种淡金色啤酒将摩拉维亚麦芽、萨兹啤酒花和当地拉德布扎河的软水相组合，经啤酒厂下方砂岩过滤，酿成的啤酒清爽顺滑。

现代比尔森啤酒颜色淡而透明，从淡黄色到金黄色不等，且口味淡。大品牌生产的比尔森啤酒面向大众，风格特征不突出，酒精含量一般在4.5%～5%。小型啤酒厂才更有可能生产啤酒花风味浓郁的比尔森啤酒。

当今从啤酒桶里接到或商店里出售的大多数比尔森啤酒均为捷克或德国风格。捷克拉格啤酒大多保留原始风味，清爽顺滑、风味平衡，酒精含量在4.5%～5%。当今一些精酿啤酒商也生产未经过滤的比尔森啤酒，以展示萨兹啤酒花的独特风味。德国酿酒师则使用贵族酒花——4种数个世纪以来生长于特定地区的酒花品种，让浅色啤酒层次丰富、苦味柔和，同时带有花香和草本香。

比尔森啤酒的风味如何形成

比尔森啤酒的生产始于大麦发芽和干燥，这一过程被称为麦芽制作。在发芽过程中形成了新的绿叶香、焦糖味的芳香分子，而干燥过程中产生的热量则会生成烘烤香、丁香味。酿酒师使用淡色麦芽生产比尔森啤酒，但当这种麦芽用于其他风格啤酒的酿造时，通常会在高温下进行烘烤或熏制。高温意味着啤酒中深焙、烟熏和酚类的香气更为浓郁。

然后将干麦芽磨碎并与热水混合成麦芽汁，同时酶将谷物中的淀粉转化为糖类。当麦芽汁煮沸时，美拉德反应生成其他焦糖和烤爆米花风味的挥发物。此时加入啤酒花稳定质地，并丰富啤酒的风味层次。这种锥状小花在带来愉悦苦味外，还赋予麦芽汁绿调、苹果香、葡萄柚柑橘香、热带菠萝香或花蜜香，使之风味更趋复杂。

麦芽汁冷却后，便加入酵母开始发酵过程，将麦芽中的糖分转化为酒精和二氧化碳。我们通常联想到的啤酒中的果香、花香和奶酪香生成于啤酒发酵过程。果香从甜美发酵香到苹果香、葡萄香和香蕉、椰子风味热带水果香不等。

发酵后，将比尔森啤酒装入温度调节罐中，使风味完全浸透。然后，放入不锈钢罐中贮藏并装瓶，以确保风味恒定。

比尔森啤酒和食品

在烹调中，比尔森啤酒以其清淡、干爽、风味平衡而著称。例如，用啤酒调制的鱼汤或蔬菜汤、沙拉醋汁，或在豆类、猪肉、鸡肉或清淡野味炖菜中加入啤酒。它还能很好地平衡风味浓郁的菜肴，如土豆和切达奶酪汤或奶酪火锅。

在煎鱼或制作天妇罗时，用比尔森啤酒作为面糊中的主要液体，可使口感酥脆。将面糊放入热油中时，二氧化碳会形成气泡，而啤酒中的起泡剂则可防止气泡爆裂。酒精蒸发速度同样快于水，这有助于保持面糊干爽酥脆，一些派皮配方中加入伏特加也是出于此原理。一些面包师也会在制作酸面包时加入比尔森啤酒，啤酒花的花香可以增强发酵酸面包的风味。

作为食物的好搭档，比尔森啤酒花带有轻微花香和苦味，使之成为淡水鱼类、海鲜以及墨西哥菜、亚洲面食或咖喱等辛辣菜肴搭配的不二之选。

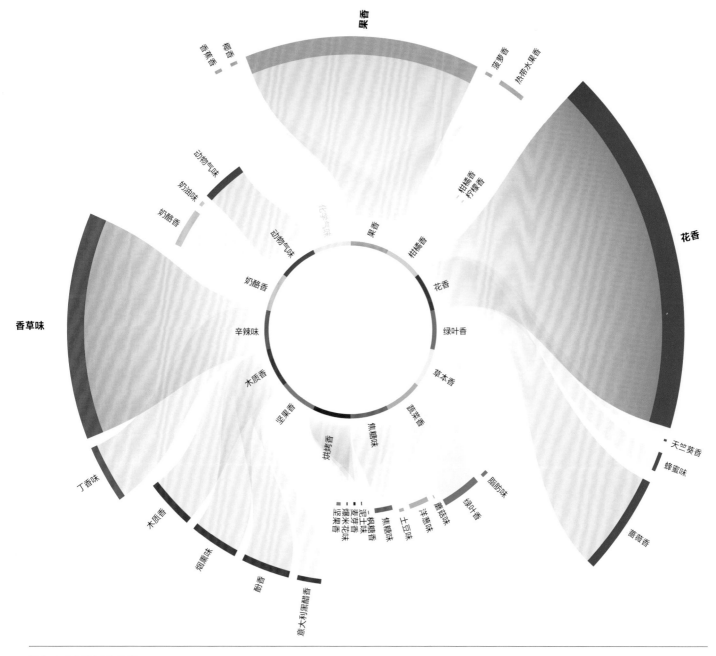

比尔森啤酒的香气特征

和各类啤酒一样，比尔森啤酒的风味特征由大麦麦芽、啤酒花和窖藏酵母
中各种芳香分子组合而成。各类啤酒和奶酪之间带有特殊的亲和感。比
尔森啤酒清新爽口、花香浓郁，与新鲜山羊奶酪或牛奶奶酪、温斯利代干
酪等脆硬奶酪都极为相配。比尔森啤酒中的花香和柑橘香与鲜生姜（见第
140页）构筑了芳香联系。

	果香	柑橘香	花香	绿叶香	草本香	蔬菜香	焦糖味	烘烤香	坚果香	木质香	辛辣味	奶酪香	动物气味	化学气味
比尔森啤酒														
埃曼塔尔干酪														
干牛肝菌														
波本香草														
皮夸尔黑橄榄														
醋栗														
架烤牛肋排														
浓缩石榴酱														
熟黑婆罗门参														
酸浆果														
波本威士忌														

生姜

生姜和姜黄根、小豆蔻同属姜科植物。它用途多样，可以生食，也可糖渍，制成干姜、磨粉抑或保存在甜、咸食材中。

生姜典型风味特征描绘语为"柑橘香"和"辛辣味"，但其实际风味更为复杂。生姜精油中的主要成分姜烯，其赋予生姜独特的味道，而姜酚又带来强烈辛辣口感。这种根茎植物中还包含花香和柑橘香挥发物，其提升了整体风味层次。

据传，在经由贸易流传到西方之前，生姜早在5000年前就已在中国和印度作为健康补品使用。它药用价值高，可用于治疗感冒发热、消化不良、恶心呕吐，此外，还可用于关节炎等症状。在中国、韩国、印度、日本、越南等国家和加勒比海地区，生姜也是一种关键的烹饪原料。世界各地不同类型的生姜香气特征各异，中国生姜比澳大利亚生姜更辛辣，而澳大利亚生姜则带有柠檬味。

鲜生姜、熟姜和干姜

在干燥或烹饪过程中，生姜与各类食材一样在分子层面发生变化，从而改变整体风味。要想知晓不同生姜适用何种食谱，就要了解这些化学变化造成的风味影响。

姜酚是一种辛辣的非挥发性化合物，常见于鲜生姜中，可用于消炎和抗氧化。姜酚辣度不如辣椒素或黑胡椒中胡椒碱，但亦能给菜肴带来温和辣度。嫩姜通常在5个月左右采摘，皮薄而脆弱，味道温和。生姜成熟时间越长，纤维含量越丰富，味道亦更趋辛辣。

烹调生姜时，姜酚转化为姜油酮，味道更甜、香味更足、刺鼻味减弱。姜油酮赋予姜汁汽水和姜汁啤酒独特的口感，也是生姜蜜饯比新鲜生姜更温和的缘由。

干姜明显比鲜生姜更辣，在干燥过程中水分蒸发，其中姜酚转化为姜烯酚分子，辣度翻倍。当制作南瓜派等甜点时，或菜肴需要额外辣度时，都可加入干姜粉。

- 鲜生姜是印度烹饪中一种重要的食材，与大蒜一起碾碎后加入菜肴，构成了许多荤、素和豆类菜肴的基础。生姜同样用于饮品，如印度奶茶（*masala chai*）和印度南部的酸奶饮料（*sambharam*）。

- 在中国，粤菜、淮扬菜和川菜常用到新鲜姜片、蒜片和葱片，通常用于在起锅时爆油，然后再加入剩余材料。

- 日本腌姜（红生姜）在日本广受欢迎，用薄姜根片与紫苏叶和梅酢（一种红色酸盐水，亦称为梅子醋，是梅干制作中的副产品，并非真醋）腌制而成。在韩国，生姜也是腌制的关键食材，是韩式泡菜中的重要原料。

- 干姜多用于烘焙，特别是姜饼、燕麦姜饼、碧根果派、调味饼干和加勒比海朗姆酒蛋糕等传统烘焙食品。

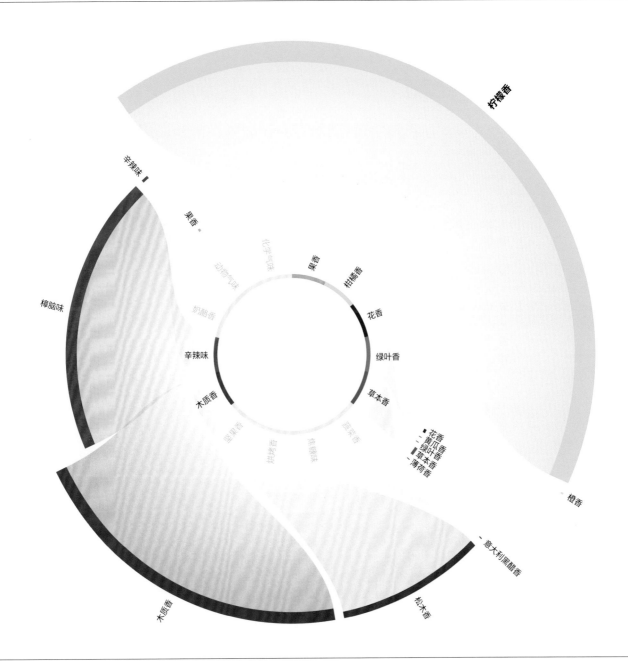

鲜姜根的香气特征

鲜生姜的香气特征主要源于柠檬、柑橘香的香叶醛和花香的芳樟醇。香叶醛可见于香茅、秘鲁黑薄荷、泰国皱皮柠檬叶、马德拉斯咖喱酱、苦橙和马黛茶（yerba maté，南美特产茶类饮料，富含咖啡因，烟熏风味馥郁）中。芳樟醇通常可见于芫荽籽，但这种类萜物质同样存在于四川花椒、咖喱叶、柚子、日本柚子和橙汁中。

	果香	柑橘香	花香	绿叶香	草本香	蔬菜香	焦糖味	烘烤香	坚果香	木质香	辛辣味	奶酪香	动物气味	化学气味
鲜姜根	●	●	●	●	●	●	·	·	·	●	●	·	·	·
龙蒿	·	●	●	●	·	·	·	·	·	·	●	●	·	·
柠檬汁	·	●	●	●	·	·	·	·	·	·	●	●	·	·
香煎猪大排	●	●	●	·	●	●	·	●	●	●	●	●	●	·
素高汤	●	●	●	·	●	●	●	●	·	●	●	●	·	·
迷迭香	·	●	●	●	●	·	·	·	·	●	●	●	·	·
开心果	·	●	●	●	●	·	●	·	●	·	●	●	·	·
鲜薰衣草花	·	●	●	●	●	·	·	·	·	●	●	●	·	·
伦敦干金酒	·	●	●	●	●	·	·	·	·	●	●	●	·	·
哈密瓜	●	·	●	·	●	●	●	·	●	·	·	·	·	·
海胆	●	●	●	·	·	●	·	·	·	·	●	·	●	●

経典搭配：生姜和卡曼橘

卡曼橘是菲律宾流行的一种柑橘类杂交品种，与生姜共享柑橘香、木质香和松木香。菲律宾酱料（Toyomansi）是经典的菲律宾风味蘸酱，由酱油和卡曼橘汁简单混合而成，还可加入生姜和黑胡椒。

潜在搭配：生姜和茴香草

茴香草的风味综合了反式茴香脑（香气类似大茴香）、薄荷、樟脑味的茴香酮和罗勒味的草蒿脑。它与生姜共享木质香、松木香和柑橘香，搭配相得益彰。

生姜的食材搭配

142

卡曼橘

	果香	柑橘香	花香	绿叶香	草本香	蔬菜香	焦糖味	烘烤香	坚果香	木质香	辛辣味	奶酪香	动物气味	化学气味
烤扇贝王														
烤小牛胸腺														
鲜姜根														
泰国红咖喱酱														
煎鸵鸟肉														
羽衣甘蓝														
君度酒														
桃														
芫荽叶														
迷迭香														

茴香草

	果香	柑橘香	花香	绿叶香	草本香	蔬菜香	焦糖味	烘烤香	坚果香	木质香	辛辣味	奶酪香	动物气味	化学气味
粉红佳人苹果														
甜西番果														
绿橄榄														
姜泥														
干葛缕子籽														
咖喱叶														
柠檬														
柑橘														
煮青蟹														
熟黑婆罗门参														

烤飞蟹

	果香	柑橘香	花香	绿叶香	草本香	蔬菜香	焦糖味	烘烤香	坚果香	木质香	辛辣味	奶酪香	动物气味	化学气味
酪乳														
甜樱桃														
琉璃苣														
法兰克福熟香肠														
昆布														
鲭鱼排														
煮南瓜														
羽衣甘蓝														
姜泥														
哥伦比亚咖啡														

熟切达奶酪

	果香	柑橘香	花香	绿叶香	草本香	蔬菜香	焦糖味	烘烤香	坚果香	木质香	辛辣味	奶酪香	动物气味	化学气味
萨尔齐琼香肠														
干木槿花														
乌鱼子														
巴西莓														
阿伯丁安格斯牛肉														
小豆蔻籽														
烤花生														
煮西蓝花														
姜泥														
甜菜根														

烤红葱头

	果香	柑橘香	花香	绿叶香	草本香	蔬菜香	焦糖味	烘烤香	坚果香	木质香	辛辣味	奶酪香	动物气味	化学气味
姜饼														
雅文邑白兰地（Armagnac）														
百吉饼														
梅斯卡尔酒（mezcal）														
丁香														
烤夏威夷果														
韩式辣白菜														
褐色小牛肉高汤														
10年陈酿布尔马德拉酒														
黑朗姆酒														

浸煮大西洋鲑鱼排

	果香	柑橘香	花香	绿叶香	草本香	蔬菜香	焦糖味	烘烤香	坚果香	木质香	辛辣味	奶酪香	动物气味	化学气味
橙汁														
帕玛森干酪														
全熟蛋黄														
覆盆子果酱														
意大利香柠檬														
煎茶														
黄瓜														
姜泥														
炸薯条														
烤猪五花														

潜在搭配：生姜和红毛丹果

红毛丹的名字来自马来语 "rambut"，意为 "头发"，这种热带水果约为鸡蛋大小，表皮呈橙红色，上面覆盖长而柔软的鲜绿色毛刺。它与荔枝有亲缘关系，但其果肉柔软，颜色淡，口味偏酸。和荔枝一样，红毛丹同样适用于鸡尾酒和水果沙拉。

经典菜品：苗家红烧肉

苗族现主要聚居在中国和东南亚。在一道经典的苗族菜谱中，将酱油腌制猪五花肉放入汤中炖煮，并加入红糖、生姜和八角调味，还可加入香茅（见第144页），它和生姜一样与猪肉非常搭配。最后快熟时再加入煮鸡蛋。

以下各表的列标题（香气类别）依次为：果香、柑橘香、花香、绿叶香、草本香、蔬菜香、焦糖味、烘烤香、坚果香、木质香、辛辣味、奶酪香、动物气味、化学气味。表中圆点大小表示各香气类别的强弱，空白表示无。

红毛丹	果香	柑橘香	花香	绿叶香	草本香	蔬菜香	焦糖味	烘烤香	坚果香	木质香	辛辣味	奶酪香	动物气味	化学气味
	·	·	●	·	·	·	·	●	·	·	·	·	·	·
烤甜菜根	·	·	●	·	·	●	●	●	·	·	●	·	·	
热印度香米	·	●	·	●	·	·	·	●	·	·	●	·	·	
欧洲鲈鱼	·	·	●	●	·	·	·	●	·	·	·	·	·	
生蚝	·	·	●	●	·	·	·	·	·	·	·	·	·	
辣椒酱	·	●	·	●	●	·	·	●	·	·	·	·	·	
煮西蓝花	·	●	·	●	·	·	·	·	·	·	·	·	·	
桃	·	·	●	·	·	·	·	·	·	·	·	·	·	
炒小白菜	·	·	●	·	·	·	·	·	·	·	·	·	·	
大吉岭红茶	·	·	●	●	·	·	·	●	·	·	·	·	·	
姜汁啤酒	·	·	●	●	·	·	·	●	·	·	·	·	·	

烤猪五花	果香	柑橘香	花香	绿叶香	草本香	蔬菜香	焦糖味	烘烤香	坚果香	木质香	辛辣味	奶酪香	动物气味	化学气味
	·	·	●	·	·	·	●	●	·	·	●	·	●	·
清蒸宽叶羽衣甘蓝	·	·	●	·	·	·	·	·	·	·	·	·	·	
西梅罐头	·	·	●	·	·	·	●	·	·	·	·	·	·	
小叶莴苣	·	·	●	·	·	·	·	·	·	·	·	·	·	
煮欧防风	·	·	●	·	·	·	·	·	·	·	·	·	·	
煮洋蓟	·	·	●	●	·	●	●	●	●	●	●	·	·	
藏红花	·	·	●	·	·	·	·	·	·	·	·	·	·	
煮块根芹	·	·	●	·	·	·	·	·	·	·	·	·	·	
香茅	·	·	●	●	·	·	·	·	·	●	·	·	·	
姜泥	·	·	●	●	·	·	·	●	·	·	·	·	·	
大吉岭红茶	·	·	●	●	·	·	·	●	·	·	·	·	·	

紫罗兰花	果香	柑橘香	花香	绿叶香	草本香	蔬菜香	焦糖味	烘烤香	坚果香	木质香	辛辣味	奶酪香	动物气味	化学气味
	·	·	●	·	·	·	·	·	·	·	·	·	·	·
蚕豆	·	·	●	·	·	·	·	·	·	●	·	·	·	
百香果	●	·	●	●	●	·	·	·	·	·	·	·	·	
煮胡萝卜	·	·	●	·	·	·	·	·	·	·	·	·	·	
热翡麦	·	·	●	·	·	·	·	●	·	·	·	·	·	
龙蒿	·	·	●	·	·	·	·	·	·	·	●	·	·	
西葫芦	·	·	●	●	·	·	·	·	·	·	·	·	·	
鲜姜根	·	·	●	·	·	·	·	·	·	·	·	·	·	
煮芹菜	·	·	●	·	·	·	·	·	·	·	●	·	·	
煮面包蟹蟹肉	·	·	●	·	·	·	·	·	·	·	·	·	·	
黑加仑果酒	·	·	●	·	·	·	·	·	·	·	·	·	·	

李子汁	果香	柑橘香	花香	绿叶香	草本香	蔬菜香	焦糖味	烘烤香	坚果香	木质香	辛辣味	奶酪香	动物气味	化学气味
	·	·	●	·	·	·	·	·	·	·	·	·	·	·
典藏雪莉酒醋	●	·	●	·	·	·	·	·	·	●	·	·	·	
百香果	●	·	●	·	·	·	·	·	·	·	·	·	·	
接骨木花	·	·	●	·	·	·	·	·	·	·	·	·	·	
姜泥	·	·	●	·	·	·	·	·	·	·	·	·	·	
烤猪五花	·	·	●	·	·	·	·	·	·	·	·	·	·	
紫苏叶	·	·	●	·	·	·	·	·	·	·	·	·	·	
烤肉咖喱酱	·	·	●	·	·	·	·	·	·	·	·	·	·	
煮树番茄	·	·	●	·	·	·	·	●	·	·	·	·	·	
番木瓜	●	·	●	·	·	·	·	·	·	·	·	·	·	
多香果	·	·	●	·	·	·	·	·	·	·	·	·	·	

西班牙天然极干型卡瓦起泡酒	果香	柑橘香	花香	绿叶香	草本香	蔬菜香	焦糖味	烘烤香	坚果香	木质香	辛辣味	奶酪香	动物气味	化学气味
	●	·	●	·	·	·	●	·	●	·	·	·	·	·
芫荽叶	·	●	·	●	·	·	·	·	·	·	·	·	·	
鲜姜根	·	·	●	·	·	·	·	·	·	·	·	·	·	
烤箱烤猪大排	·	·	·	·	·	●	●	●	●	·	·	·	·	
清蒸鲴鱼	·	·	●	·	·	·	·	·	·	·	·	·	·	
煎甜菜根	·	·	·	·	·	·	●	·	·	·	·	·	·	
烘焙罗布斯塔咖啡豆	·	·	●	●	●	●	●	●	●	●	●	·	●	
柚子	·	●	·	·	·	·	·	·	·	·	·	·	·	
熟切达奶酪	●	·	●	●	·	·	·	●	·	·	·	●	·	
阿方索杧果	●	·	●	●	·	·	·	·	·	·	·	·	·	
双璜酱油	·	·	●	●	·	●	●	●	●	·	·	·	·	

豆腐	果香	柑橘香	花香	绿叶香	草本香	蔬菜香	焦糖味	烘烤香	坚果香	木质香	辛辣味	奶酪香	动物气味	化学气味
	●	·	●	·	·	·	●	·	·	·	·	·	·	·
红薯片	·	●	·	●	·	·	●	·	·	·	●	·	·	
烤大雁	●	·	●	●	·	·	·	●	·	·	●	·	·	
大吉岭红茶	●	·	●	●	·	·	·	●	·	·	·	·	·	
爆米花	●	·	·	·	·	·	●	·	·	·	·	·	·	
姜泥	●	·	●	·	·	·	·	·	·	·	·	·	·	
香煎野林鸽	●	·	●	●	·	·	·	●	·	·	●	·	●	
雪莉酒醋	●	·	●	·	·	·	·	·	·	·	·	·	·	
甲壳高汤	●	·	●	·	·	·	·	·	·	·	·	·	·	
大豆味噌	●	·	●	·	·	·	·	·	·	·	·	·	·	
格鲁耶尔干酪	●	·	●	●	·	●	●	●	●	·	·	●	·	

香茅

香茅（Lemongrass），顾名思义，与柠檬共享柑橘芳香分子，它同样含有大量薄荷醇，带有清爽薄荷香。

香茅茎秆长、呈纤维状，似葱，而这种草本植物为热带植物。在用香茅做菜时，首先需要先用刀背砸碎茎秆，释放出精油，然后再加入汤中。在装点菜肴时，将茎秆硬质纤维状的外层剥去，留下柔软的内层茎秆薄片。在腌制肉类和海鲜时，为避免汁液流失，最好将香茅直接磨碎并加入混合调料中。

香茅被广泛用于各式东南亚菜肴，与其他芳香的草本香料结合可平衡鱼露中浓烈的鱼腥味、硫味和麦芽香。其自带微妙的柑橘香、花香和薄荷香，也是一种流行的草药茶。

- 泰式青咖喱酱由香茅、芫荽籽、孜然、泰国皱皮柠檬、绿胡椒、高良姜、青鸟眼辣椒、大蒜、红葱头和虾酱等多种香料混合而成，并与鱼露和椰奶混合。
- 香茅坚韧的外茎可用于泡茶。将三根新鲜香茅在热水中泡制10分钟左右即可饮用，若有需要，还可加入生蜂蜜和柠檬汁同饮。

为何切叶蚁风味类似香茅？

亚历克斯·阿塔拉（Alex Atala），D.O.M餐厅，圣保罗，巴西

亚历克斯·阿塔拉是巴西当之无愧的美食大师，他致力于推广本土食材和可持续生态种植。他位于圣保罗 D.O.M.餐厅的菜单精简而巧妙，融入来自巴西各地不同寻常的食材，甚至有亚马孙雨林的切叶蚁。

我们没想到这些小动物看似平平无奇，一旦品尝，误解立马消除了，巴西切叶蚁风味鲜美、十分独特。我们通过香气分析发现，切叶蚁含有大量的橙花醛和香叶醛，这些成分同样存在于香茅中。此外，它还含有高浓度的芳樟醇，赋予其花香、柑橘香和木质香。

阿塔拉用从亚马孙州北部圣加布里埃尔达卡绍埃拉的雨林中采集的红切叶蚁作为几道招牌菜的香辛料。最为声名远扬的甜点是菠萝配切叶蚁，将一只红色切叶蚁放在一块鲜美多汁的菠萝上，一口吞下，热带水果风味和切叶蚁香茅的风味充斥整个口腔，风味迷人。

相关的香气特征：巴西切叶蚁

切叶蚁的香气特征与香茅相似。橙花醛和香叶醛带来柠檬和柑橘香气，而芳樟醇则为整体风味增添花香、柑橘香和木质香。

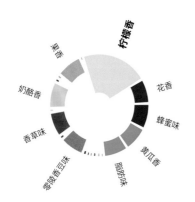

	果香	柑橘香	花香	绿叶香	草本香	蔬菜香	焦糖味	烘烤香	坚果香	木质香	辛辣味	奶酪香	动物气味	化学气味
巴西切叶蚁														
桃														
香煎珍珠鸡														
烤红甜椒酱														
帕玛森干酪														
黑橄榄														
可可粉														
烤猪五花														
秘鲁黄辣椒														
柠檬														
烤茄子														

香茅

香茅的香气特征

香茅质地坚韧、饱满，柠檬香源于化合物柠檬烯，以及浓烈的柑橘味香叶醛。香茅还包含甜度高、柑橘味弱的橙花醛，香气类似柠檬皮。此外，其他芳香分子又带来花香、木质香和草本香。其中清新薄荷香则源于薄荷醇——薄荷中的主要化合物之一，同样可见于洋甘菊、罗勒、百里香、覆盆子和杧果。

	果香	柑橘香	花香	绿叶香	草本香	蔬菜香	焦糖味	烘烤香	坚果香	木质香	辛辣味	奶酪香	动物气味	化学气味
香茅														
烤茄子														
煮蚕豆														
白萝卜														
熟卡姆小麦														
梅子														
百里香														
百香果														
香煎猪大排														
干桉树叶														
孜然														

潜在搭配：香茅和茉莉花茶

想要一杯香浓醒神饮品，可在冰茉莉花茶中加入用香茅浸泡的糖浆，再加入一些菠萝汁，果香四溢。

经典搭配：香茅、紫苏、猪肉和虾仁

顺化牛肉粉（Bún bò huế）是一道经典的越南米粉，上面放有牛腩和少量新鲜香草，如泰国罗勒、越南芫荽和紫苏叶。汤汁清香可口，由猪骨、牛骨、干虾、香茅、洋葱、大蒜、芹菜和鱼露烹调而成。

香茅的食材搭配

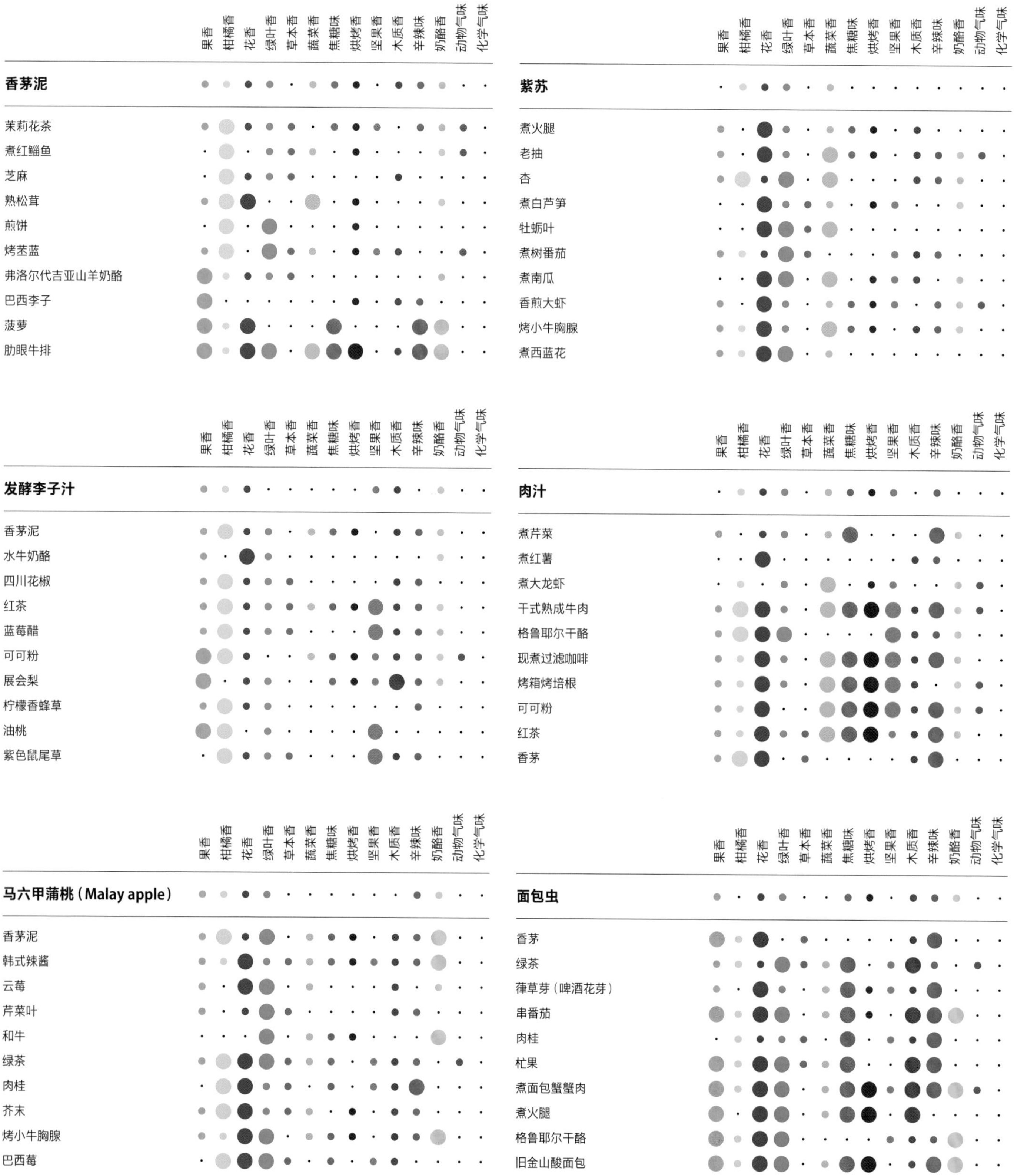

香茅泥搭配食材表（果香、柑橘香、花香、绿叶香、草本香、蔬菜香、焦糖味、烘烤香、坚果香、木质香、辛辣味、奶酪香、动物气味、化学气味）：茉莉花茶、煮红鲻鱼、芝麻、熟松茸、煎饼、烤苤蓝、弗洛尔代吉亚山羊奶酪、巴西李子、菠萝、肋眼牛排

紫苏搭配食材表：煮火腿、老抽、杏、煮白芦笋、牡蛎叶、煮树番茄、煮南瓜、香煎大虾、烤小牛胸腺、煮西蓝花

发酵李子汁搭配食材表：香茅泥、水牛奶酪、四川花椒、红茶、蓝莓醋、可可粉、展会梨、柠檬香蜂草、油桃、紫色鼠尾草

肉汁搭配食材表：煮芹菜、煮红薯、煮大龙虾、干式熟成牛肉、格鲁耶尔干酪、现煮过滤咖啡、烤箱烤培根、可可粉、红茶、香茅

马六甲蒲桃（Malay apple）搭配食材表：香茅泥、韩式辣酱、云莓、芹菜叶、和牛、绿茶、肉桂、芥末、烤小牛胸腺、巴西莓

面包虫搭配食材表：香茅、绿茶、葎草芽（啤酒花芽）、串番茄、肉桂、杧果、煮面包蟹蟹肉、煮火腿、格鲁耶尔干酪、旧金山酸面包

潜在搭配：巴西切叶蚁和帕玛森干酪

切叶蚁带有柑橘香，类似香茅，这一香气同样存在于帕玛森干酪中，但这并非两种食材相搭配的原因，双方共享的椰香味的内酯才是正解所在。

潜在搭配：香茅和甲壳动物

甲壳类动物（见第148页）的风味得益于柑橘类食材的加入，在平衡甜味的同时，增添清新风味。

巴西切叶蚁的食材搭配

巴西切叶蚁食材搭配图表，风味类别列为：果香、柑橘香、花香、绿叶香、草本香、蔬菜香、焦糖味、烘烤香、坚果香、木质香、辛辣味、奶酪香、动物气味、化学气味

帕玛森干酪
- 阳桃
- 菠萝
- 巴西李子
- 杧果粉
- 蜜瓜
- 香煎培根
- 阿方索杧果
- 香煎鹌鹑
- 韩式大酱
- 烤苤蓝

意大利辣香肠
- 覆盆子
- 巴西切叶蚁
- 干香蕉片
- 黑橄榄
- 帕玛森干酪
- 香茅
- 土耳其咖啡
- 烤牛肉
- 西班牙天然极干型卡瓦起泡酒
- 甲壳高汤

米浆
- 马德拉斯咖喱酱
- 煮块根芹
- 巴西切叶蚁
- 罗望子
- 煮鲣鱼翅
- 香煎珍珠鸡
- 可可粉
- 帕玛森干酪
- 煮褐虾
- 番茄

完整脱壳燕麦
- 煮龙虾
- 椰子饮料
- 烤鸡胸排
- 煮南瓜
- 香煎鸭胸
- 意大利萨拉米香肠
- 西冷牛肉
- 草莓
- 巴西切叶蚁
- 日本酱油

格拉巴酒
- 奎东茄
- 淡味酱油
- 红茶
- 烤夏威夷果
- 大吉岭红茶
- 巴西切叶蚁
- 杧果
- 米酒
- 接骨木果
- 沙棘果

马黛茶
- 意大利香柠檬
- 番茄
- 香茅
- 伦敦干金酒
- 薄荷
- 荔枝汁
- 咖喱叶
- 鲜姜根
- 烤黑豆蔻
- 鲜芫荽

甲壳类动物

龙虾、螃蟹、虾和淡水小龙虾等甲壳类动物风味清淡温和，带有绿叶香，且略带腥味。烹调会改变其风味，不同于鱼类和贝类，熟甲壳类动物香气类似肉香、坚果香和爆米花味。

在风味特征改变之外，龙虾、螃蟹、大虾和淡水小龙虾烹饪后也会变为红色。甲壳类动物体内甲壳蓝蛋白中含有红色染料虾青素。烹饪过程使甲壳蓝蛋白变性，释放虾青素至壳和肉中。

龙虾

当今人们所食用的龙虾很可能来自大西洋中某处礁石遍布的海底。美国和欧洲龙虾在冷水中成长，温度为12℃～18℃。它们的蟹钳强劲有力，肉质比温水龙虾更为香甜滑嫩。

最具商业捕捞价值的龙虾为美洲螯龙虾（*Homarus americanus*）和欧洲螯龙虾（*Homarus gammarus*）。在欧洲，东斯海尔德龙虾极受欢迎，它们蓝黑色的外骨骼上遍布橙色斑点，让渔民能够在荷兰东斯海尔德河沿岸的嶙峋岩石中轻易寻觅其踪迹，并进行持续捕捞。

- 要想感受新鲜龙虾肉的鲜美嫩滑，往往只需最简单的烹饪手法：上锅蒸熟后，淋上柠檬汁和温热黄油酱即可食用。
- 贝尔维龙虾的做法是将冰镇龙虾尾巴放置在生菜上，配上流心鸡蛋、番茄、蛋黄酱和鸡尾酒酱同食。
- 纽伯格龙虾的做法是将煮熟龙虾放入奶油酱中，并用干邑、雪莉酒、白兰地或马德拉酒调味，再淋上塔巴斯科辣椒酱或辣椒粉，配上吐司同食。
- 美式龙虾是将龙虾放入浓郁的奶油干邑番茄酱中，酱汁中会加入龙虾壳一起熬制，最后点缀新鲜欧芹碎和龙蒿碎。

面包蟹

面包蟹栖息在大西洋浅水区，遍布北海至北非沿岸。这些食腐动物爪子呈黑色，环境适应性极强，在西欧海产工业捕获量中占比大。面包蟹蟹钳中白肉肉质饱满，约占体重三分之一，体内其余的肉被称为褐肉。雄蟹蟹钳肉往往比雌蟹更为香甜。

- 经典的比利时螃蟹鸡尾酒用料与贝尔维龙虾（见上文）相同，不同之处在于装入杯中上餐。新兴版本中亦包含鳄梨、莴苣、葡萄柚和鸡尾酒酱。

相关的香气特征：煮面包蟹肉

煮面包蟹与煮龙虾共享肉香、坚果香、爆米花香和土豆风味化合物。此外，蟹肉带有鲜明绿叶香，类似于海螯虾。而烹调过程又会生成果香味的酯类。

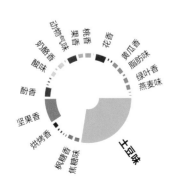

	果香	柑橘香	花香	绿叶香	草本香	蔬菜香	焦糖味	烘烤香	坚果香	木质香	辛辣味	奶酪味	动物气味	化学气味
煮面包蟹肉	●	●	●	●	●	●	●	●	●	●	●	●	●	·
红甜椒	●	●	·	●	●	·	●	●	●	·	·	·	·	
全熟蛋黄	●	●	·	·	●	·	●	●	●	●	●	●	●	
炒辣椒酱	●	●	●	●	●	·	●	●	●	●	●	●	·	
海苔片	●	●	●	●	●	·	●	●	●	●	●	·	·	
烤布雷斯鸡鸡皮	●	●	·	●	●	·	●	●	●	●	·	·	·	
黄瓜	●	●	·	●	●	·	·	·	·	·	·	·	·	
浸煮大西洋鲑鱼排	●	●	·	●	●	·	●	●	●	●	·	·	·	
干腌火腿	●	●	●	●	●	·	●	●	●	●	●	●	●	
熟茄米	●	●	●	●	●	·	●	●	●	●	●	·	·	
葡萄柚	●	●	●	●	●	·	●	●	●	●	·	·	·	

煮龙虾尾

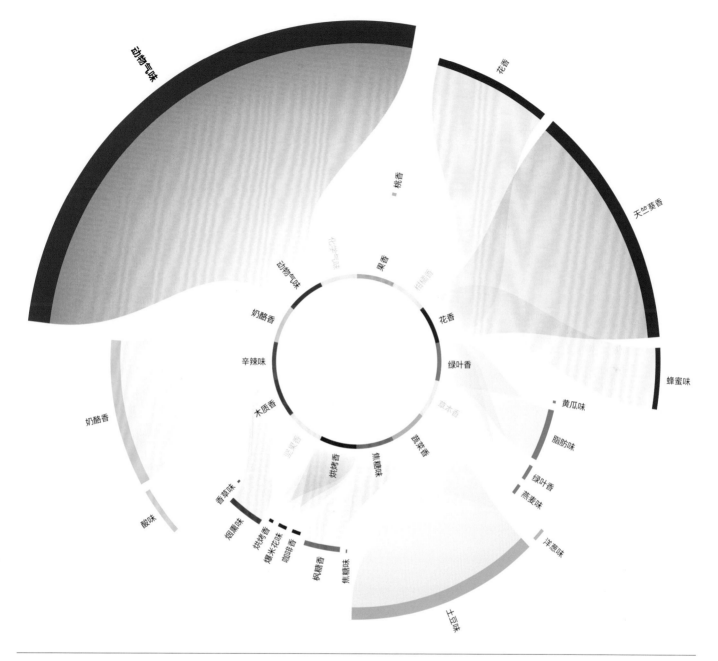

煮龙虾尾的香气特征

煮龙虾带有肉香、坚果香和爆米花味，而烹饪过程中高温会引发脂肪的氧化和其他酶反应，生成土豆味和天竺葵香。随着温度升高，美拉德反应和斯特克勒尔降解反应（见第183页）发生，肉香分子开始形成。

	果香	柑橘香	花香	绿叶香	草本香	蔬菜香	焦糖味	烘烤香	坚果香	木质香	辛辣味	奶酪香	动物气味	化学气味
煮龙虾尾	●	·	●	●	·	·	·	●	●	●	●	·	●	·
樱桃番茄	●	·	●	●	·	●	·	·	·	·	·	·	·	·
米酒	●	·	●	●	·	●	·	·	·	·	·	●	·	·
干式熟成牛肉	●	·	●	●	·	●	●	●	●	●	●	●	●	●
煎茶	●	·	●	●	●	●	●	●	●	●	●	·	●	●
姜泥	●	·	●	●	●	●	·	●	·	●	●	·	·	·
红毛丹	●	·	●	●	●	●	·	·	·	●	·	·	·	·
日本柚子	·	·	●	●	●	·	·	·	·	●	·	·	·	·
烤箱烤汉堡	·	·	●	●	·	●	●	●	●	●	●	●	·	·
烤绿芦笋	●	·	●	●	●	●	·	●	·	●	·	·	·	·
苍白茎藜籽	●	·	●	●	●	●	●	●	●	●	●	●	●	●

煮海螯虾

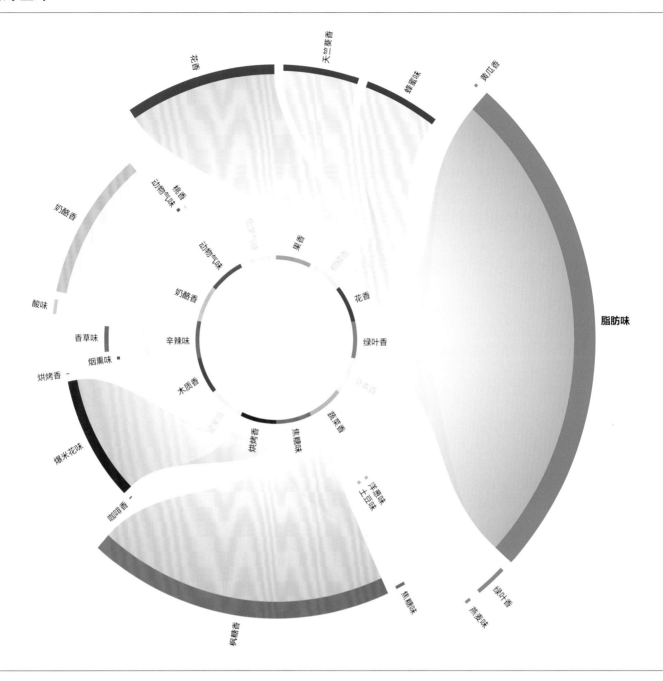

煮海螯虾的香气特征

熟海螯虾风味类似龙虾，但肉香、土豆味较弱。大量枫糖香挥发化合物让这种小甲壳类动物甜味更浓。此外，其香气特征亦带有绿叶香、脂肪味和爆米花味。爆米花味源于特征效应化合物2-乙酰基-1-吡咯啉，经由烹饪过程后会更加浓郁。

	果香	柑橘香	花香	绿叶香	草本香	蔬菜香	焦糖味	烘烤香	坚果香	木质香	辛辣味	奶酪香	动物气味	化学气味
煮海螯虾	●	·	●	●	·	·	·	●	●	·	·	●	·	●
烤布雷斯鸡鸡皮	·	·	●	●	·	·	·	·	·	·	·	·	·	·
梅子	●	·	●	●	·	·	·	·	●	·	·	·	·	·
甜酱油	·	·	●	●	·	·	●	·	●	·	·	●	·	·
芝麻油	·	·	●	●	·	·	·	●	●	·	·	●	·	●
扁叶欧芹	·	·	·	●	●	·	·	·	·	·	·	·	·	·
煮冬瓜	·	·	·	●	·	·	·	·	·	·	·	·	·	·
煮火腿	●	·	·	●	·	●	●	●	●	·	·	·	·	·
墨西哥玉米饼	·	·	●	●	·	●	●	●	●	·	·	·	·	·
油桃	●	·	●	●	·	·	·	·	·	·	·	·	·	·
胡萝卜	·	·	●	●	●	●	·	·	·	·	·	·	·	·

主厨搭配：小龙虾和现磨咖啡

下文将要介绍一道海螯虾食谱，用现磨咖啡制作一道菜似乎有点异想天开。这道菜风味和咖啡迥然不同，带有咖啡中的香草味和烘烤香而非咖啡香，堪称惊艳之作。

经典食材：甲壳高汤

和经典鱼汤一样，甲壳高汤常用作酱料和汤的底料，用虾、蟹或龙虾壳代替鱼骨烹调而成。在日本北海道，以螃蟹打底的汤被用于制作冰激凌。赫斯顿·布鲁门塔尔也曾在他的肥鸭餐厅供应螃蟹冰激凌，佐以螃蟹烩饭。

蔬菜沙拉酱佐海螯虾

食物搭配公司的食谱

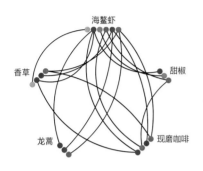

在这道食谱中，海螯虾与黄甜椒蘸酱同食。制作蘸酱时，将黄甜椒泥与黄原胶、蛋清、柠檬汁和盐混合，然后逐步加入特级初榨橄榄油，不断搅拌，直到形成沙拉状乳液。嫩煎海螯虾，淋上香草豆荚浸渍花生油和现磨咖啡，再配上蘸酱同食。

海螯虾

海螯虾，又称挪威海螯虾、都柏林海湾虾、斯堪比虾或挪威龙虾，是来自海洋的美食馈赠，在法国尤其受欢迎。它既非龙虾，亦非大虾，原产于大西洋东北部和地中海部分地区。它长约20厘米（8英寸），呈橘粉色。海螯虾剥壳尤为麻烦，但肉质饱满细腻、香甜味美，值得一尝。

● 在经典的法国菜中，海螯虾常以煮制、嫩煎或烘烤手段烹饪。尼龙小龙虾用黄油、韭葱和橙子煎制，常出现在开胃菜或蛋黄沙拉酱中，亦可用大蒜黄油简单烤制，或与鲜意面如意式小方饺同食用。

现磨咖啡	果香	柑橘香	花香	绿叶香	草本香	蔬菜香	焦糖味	烘烤香	坚果香	木质香	辛辣味	奶酪香	动物气味	化学气味
藏红花														
青椒														
藿香花														
南瓜子油														
煮楹桲														
野接骨木果														
芒斯特干酪														
水牛奶														
鲜食蔷薇花瓣														
树番茄														

甲壳高汤	果香	柑橘香	花香	绿叶香	草本香	蔬菜香	焦糖味	烘烤香	坚果香	木质香	辛辣味	奶酪香	动物气味	化学气味
哥伦比亚咖啡														
巴氏杀菌番茄汁														
格鲁耶尔干酪														
卡沙夏														
老抽														
十年陈酿布尔马德拉酒														
煮洋蓟														
干牛肝菌														
清蒸鲥鱼														
烤开心果														

潜在搭配：青瓜酸乳酪酱汁和海鳌虾

青瓜酸乳酪酱汁主要由希腊咸绵羊酸奶或山羊酸奶和黄瓜碎制成。它带有绿叶香、脂肪味和独特的黄瓜清香，这一香气特征同样可见于甲壳类动物，因而与海鳌虾适配。

潜在搭配：龙虾和苍白茎藜籽

在南美洲，苍白茎藜长久以来一直作为主食，与藜麦关系密切。和藜麦一样，这些小粒红褐色谷物种子不含麸质，蛋白质含量高，享有超级食品的美誉。它用途多样，可把加入冰沙、甜点和烘焙食品中，抑或将熟苍白茎藜加入沙拉同食。

甲壳类动物的食材搭配

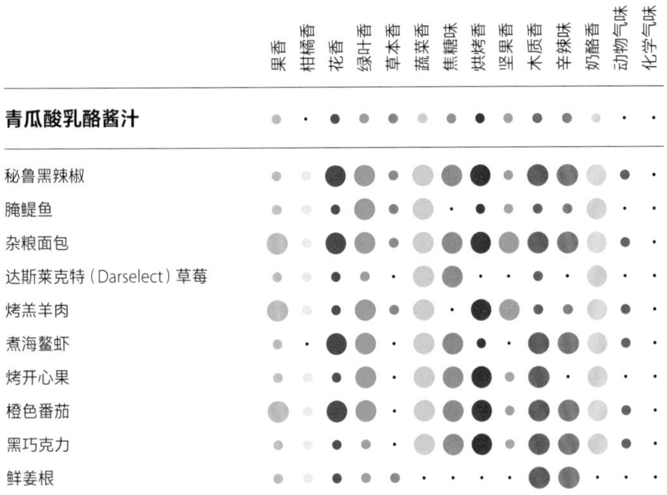

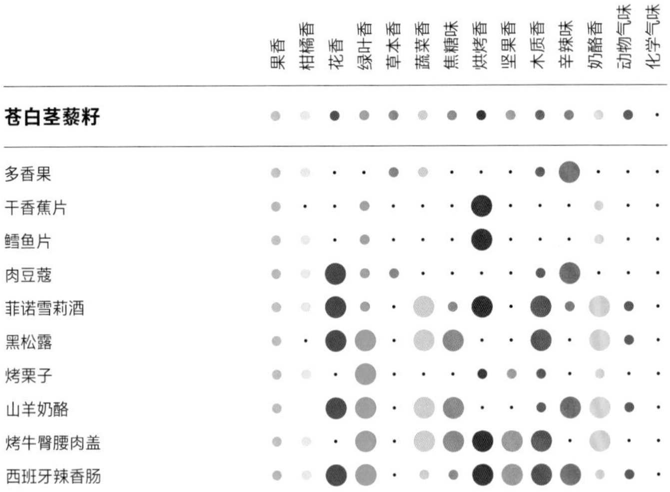

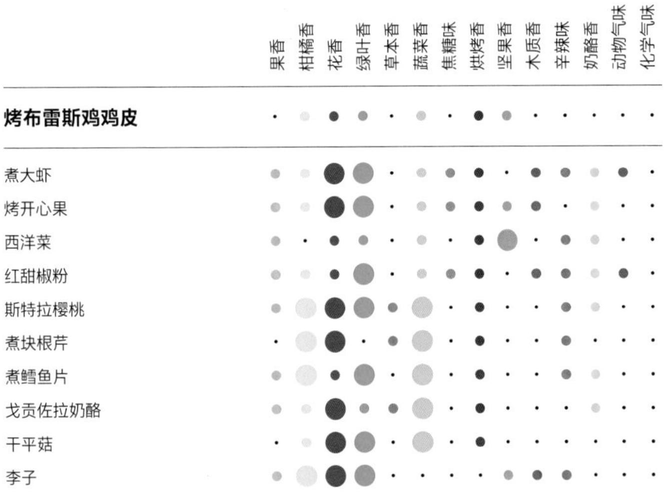

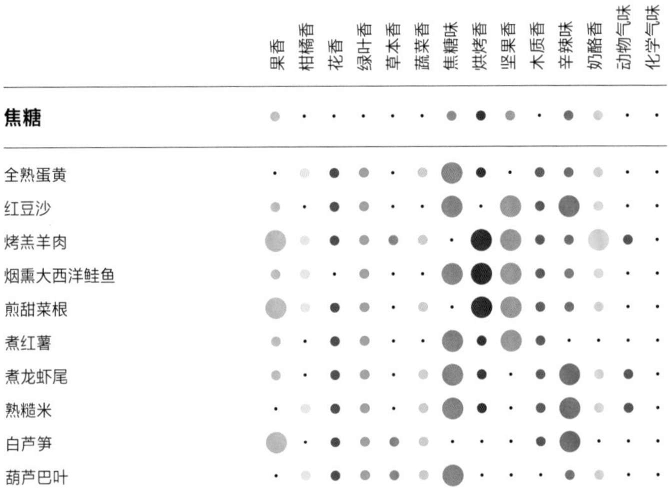

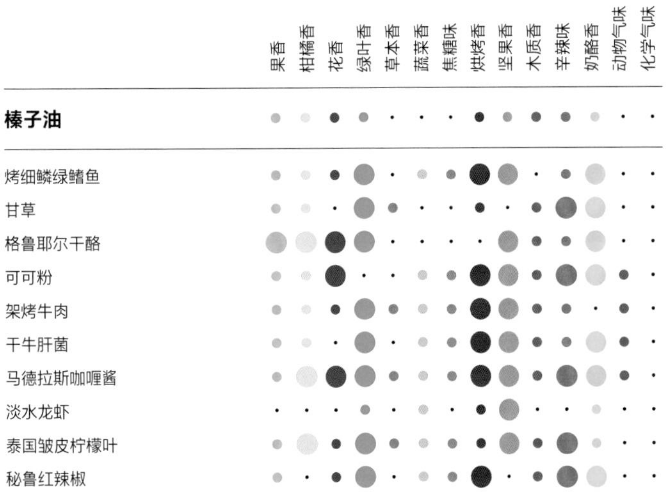

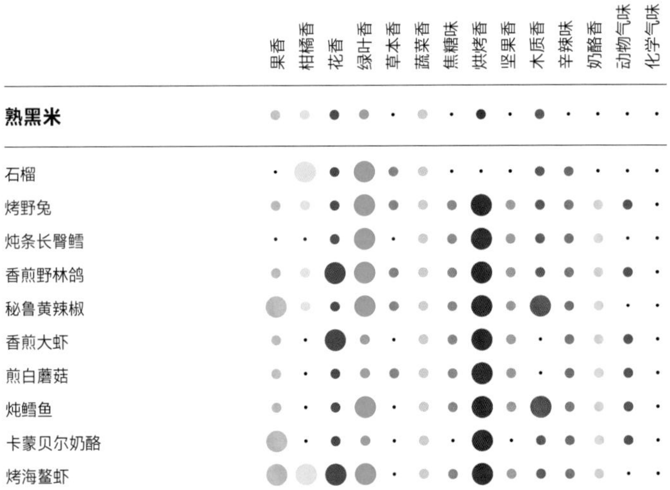

青瓜酸乳酪酱汁、烤布雷斯鸡鸡皮、榛子油、苍白茎藜籽、焦糖、熟黑米的食材搭配香气矩阵图。

经典菜品：**热月龙虾**

龙虾纵向对半切开，将龙虾尾肉和芥末、柠檬、白葡萄酒汁混合放入壳中。然后在龙虾上撒上大量的格鲁耶尔干酪，并放上烤架烤制即可出炉。虾肉弹牙、奶酪浓郁、完美融合。

经典搭配：**甲壳动物和白葡萄酒**

甲壳类动物甜度适宜，白葡萄酒（见第154页）酸味爽口清新，对比鲜明，可谓经典组合。至于是清冽果香还是浓郁醇厚则取决于酱汁。热月龙虾风味层次复杂，和浓郁的酒搭配相得益彰，可尝试霞多丽、澳大利亚雷司令或罗纳河谷白葡萄酒。

列头：果香 · 柑橘香 · 花香 · 绿叶香 · 草本香 · 蔬菜香 · 焦糖味 · 烘烤香 · 坚果香 · 木质香 · 辛辣味 · 奶酪香 · 动物气味 · 化学气味

皱叶欧芹

- 海苔片
- 煮龙虾尾
- 香煎野鸭
- 煮灰胡桃南瓜
- 蚕豆
- 香煎雉鸡
- 胡萝卜
- 多香果
- 桃
- 煎茶

灰胡桃南瓜泥

- 煮龙虾
- 熟扇贝王
- 韩式酱油
- 香煎野鸭
- 烤箱烤牛排
- 烤红甜椒
- 菠萝
- 葡萄柚
- 波本香草
- 加里格特草莓

香煎雉鸡

- 斯特拉樱桃
- 黑莓
- 日本网纹瓜
- 雪莲果
- 秘鲁米拉索尔辣椒
- 香煎大虾
- 葫芦巴叶
- 黄甜椒酱
- 煮蚕豆
- 甜西番果

烤碧根果

- 哈密瓜
- 炖鳕鱼
- 黑莓
- 烤小牛肉
- 启波特雷干辣椒
- 香煎鹿肉
- 煮青蟹
- 烤黄姑鲽
- 大蕉
- 爆米花

蜜瓜甜酒

- 香蕉
- 红菊苣
- 柠檬香天竺葵叶
- 烤飞蟹
- 烤野兔
- 熟蛤蜊
- 柠檬香蜂草
- 肉桂
- 柚子
- 鲜食蔷薇花瓣

煮竹笋

- 烤羔羊肉
- 煮青蟹
- 煮蚕豆
- 烤茄子
- 香煎猪大排
- 炖鳕鱼
- 海螯虾
- 粉蕉
- 戈贡佐拉奶酪
- 草莓

长相思白葡萄酒

长相思带有迷人的青草香和果香，甜度低而酸度足，这取决于生产时葡萄成熟度。

硫醇类可呈现出多种果香，而4-巯基-4-甲基-2-戊醇风格极端而独特，气味类似氨气。一些长相思酒中的这种化合物的浓度较其他酒要高，这也是为何有时其风味特征中带有猫尿这一描述语。

在法语中，"Sauvignon"意为"野生"，"Blanc"意为"白"，顾名思义，长相思最初是在法国波尔多地区发现的野生白葡萄品种。后来，长相思种植和生产逐渐从波尔多转移到卢瓦尔河谷桑塞尔地区，以产地重新命名，并荣获官方原产地控制命名（Appellation d'Origine Controlée，AOC）。该地区土壤富含石灰岩，使法定产区内葡萄酒咸香浓郁、酸度高而富含矿物质，备受青睐。

长相思葡萄酒口感清新爽口、风味宜人，因渐趋流行，生产逐渐遍布欧洲，并最终传至南非、智利、美国和新西兰，早在20世纪80年代就已声名远扬。

新西兰和澳大利亚出产的长相思往往口感丰润，辛辣芳香味鲜明，风味类似作热带水果或接骨木花香味。而故乡卢瓦尔河地区的葡萄酒也带有上述风味，但口感偏干，并带有更多矿物、燧石味和醋栗香。

酿制干型葡萄酒的长相思葡萄主要产自法国桑赛尔、普伊芙美和都兰、新西兰马尔伯勒、智利瓦尔帕莱索和美国加利福尼亚，其也用于生产法国餐后甜酒苏玳和巴尔萨克白葡萄酒。

法国长相思可与鲜切福瑞奶酪和清淡鱼类和海鲜拼盘组成经典搭配。而来自新西兰、澳大利亚、智利和美国的长相思甜度高、果香馥郁，适宜搭配辛辣味浓的食品，如泰国绿咖喱、蒜蓉大虾或亚洲风格海鲜，或加入芫荽、罗勒或薄荷等的菜肴。

茴香炖山羊酸奶

食物搭配公司的食谱

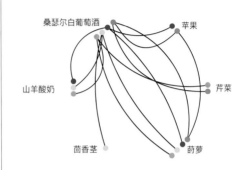

文森皮纳酒庄（Vincent Pinard）2014年出产的弗洛尔（Flores）白葡萄酒香气特征中带有绿叶香、果香、花香、辛辣味和意大利黑醋味，我们与侍酒师简·洛佩斯（Jane Lopes，见第156页）合作，将之与茴香茎同炖，并配上山羊酸奶和青苹果、芹菜和薄荷酱汁同食。首先，将茴香放入其自身汁液和融化黄油汤中炖煮，以增强大茴香味。然后将熟茴香放置在乳状山羊酸奶上方，再搭配由桑瑟尔白葡萄酒、芹菜（辛辣味）、苹果（酸味）制成的清爽果汁，并以新鲜胡椒薄荷和莳萝调味，最后淋入几滴特级初榨橄榄油，并饰以煎制芹菜叶、胡椒薄荷和马齿苋。

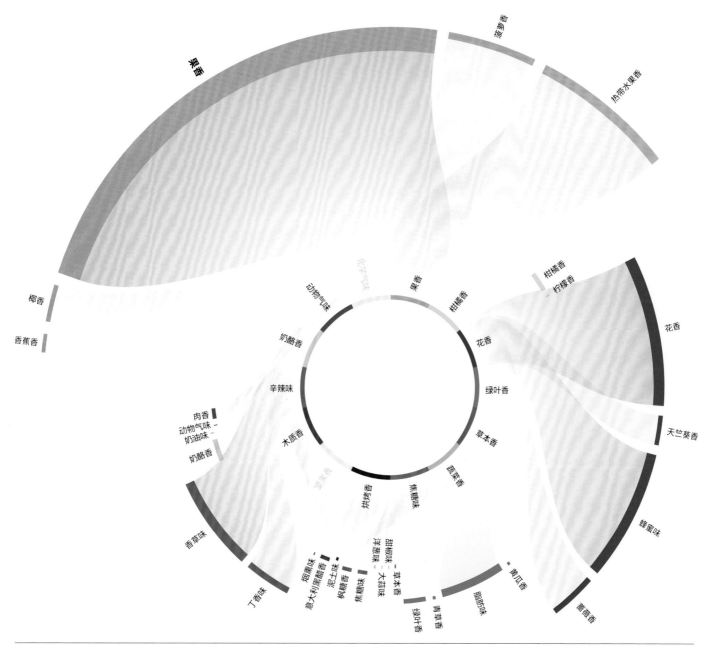

桑塞尔白葡萄酒的香气特征

桑塞尔白葡萄酒口感爽脆温和，独特的青草香源于化合物2-异丁基-3-甲氧基吡嗪，类似甜椒香。长相思中的硫醇大多具有果香，从百香果到葡萄柚、醋栗、黑加仑和番石榴不等。其经典搭配包括贝类和桑塞尔葡萄酒产区沙维尼奥勒圆形山羊奶酪（译者注：以高山山羊乳生产，口感丰富，兼具甜咸酸味和坚果香）。

桑塞尔白葡萄酒	果香	柑橘香	花香	绿叶香	草本香	蔬菜香	焦糖味	烘烤香	坚果香	木质香	辛辣味	奶酪香	动物气味	化学气味
白灼鱿鱼														
煮羊肉														
焦糖牛奶酱														
藏红花														
戈贡佐拉奶酪														
烤箱烤牛排														
烤扁桃仁片														
北极覆盆子														
熟切达奶酪														
煮疣梭子蟹														

第154页介绍的茴香炖菜其成功之处在于，长相思香气特征中的青苹果和莳萝都属绿叶香，类似苹果。

食谱搭配：长相思白葡萄酒、青苹果和莳萝

第154页介绍的茴香炖菜其成功之处在于，长相思香气特征中的青苹果和莳萝都属绿叶香，类似苹果。

潜在搭配：长相思和焦糖牛奶酱

焦糖牛奶酱是一种简易拉美甜点，慢炖甜牛奶使大部分水分蒸发，糖分焦糖化。浓稠金褐色酱汁带奶酪香、焦糖味浓郁，这一香气特征同样可见于长相思。

葡萄酒与食物的搭配

屡获殊荣的侍酒师简·洛佩斯在纽约顶级餐厅麦迪逊公园十一号（Eleven Madison Park）工作期间，曾与主厨丹尼尔·霍姆（Daniel Humm）密切合作。她如今在澳大利亚墨尔本阿提卡餐厅（Attica）担任侍酒师，该餐厅在2018年世界50最佳餐厅名列第20位。

食品和葡萄酒的搭配，有几项举世公认的基本法则，涉及葡萄酒风味四大基本要素：酒精/酒体、酸度、单宁和甜度。然而，仅凭葡萄酒香气采取"同类搭配"的理念有些武断。这让我想到，是否可能通过利用葡萄酒风味特征来补充菜肴风味，而非对其的模仿，从而提升整体用餐体验。以葡萄酒品鉴风味四大要素为出发点，大多数食物和葡萄酒搭配都遵循以下关键原则：

- 酒精/酒体：葡萄酒酒精含量高，会加重辣味。酒体重适宜搭配风味浓烈的食物，反之亦然。
- 酸度：葡萄酒酸度高，可与高酸度食物搭配，还可为油腻食物解腻，与咸味食物互补。
- 单宁：葡萄酒单宁含量高，不宜与咸味食物搭配，但可为油腻食物解腻。
- 甜度：葡萄酒甜度高，可平衡食物辛辣味；可与甜度弱于自身的甜点搭配；可搭配咸味食物（如苏玳或波特葡萄酒配蓝纹奶酪）；亦可搭配鹅肝酱等风味层次丰富的食物。

而风味呢？葡萄酒实际风味搭配的一般经验法则基于"同类搭配"哲学，例如，我们将橡木、黄油味葡萄酒与黄油酱汁搭配，或者将咸味葡萄酒与海鲜搭配。这种方法偏基础和主观，忽视了细微差别所在，而这正是食物搭配公司所擅长之处。为了更好了解食物搭配的科学原理，并将之运用到餐厅，我与食物搭配公司团队合作了一个食物和葡萄酒搭配项目。

澳大利亚青苹果汁	果香	柑橘香	花香	绿叶香	草本香	蔬菜味	焦糖味	烘烤香	坚果香	木质香	辛辣味	奶酪香	动物气味	化学气味
意大利香柠檬														
葡萄柚汁														
绿查特酒														
熟卡姆小麦														
豆浆														
开心果														
香煎培根														
番石榴														
帕达诺奶酪														
接骨木果														

莳萝	果香	柑橘香	花香	绿叶香	草本香	蔬菜味	焦糖味	烘烤香	坚果香	木质香	辛辣味	奶酪香	动物气味	化学气味
松子														
煮红鲻鱼														
鹿肉														
草莓														
甜西番果														
桃														
生蚝														
皱叶莴苣														
蚕豆														
昆布														

经典搭配：长相思白葡萄酒和鱿鱼

红葡萄酒常用于烹调前腌制野味，同理，可以用白葡萄酒腌制乌贼、大虾或鱼。还可在白葡萄酒腌汁中加入泰国皱皮柠檬叶、生姜、香茅和黑胡椒、芫荽籽等香料调味。

潜在搭配：长相思白葡萄酒、淡水小龙虾和番茄

番茄（见第158页）这种茄科植物酸度高，如何将葡萄酒和番茄搭配确实难度大。要使这一搭配可行，需寻找酸度相近的葡萄酒，长相思便极为合适。

长相思白葡萄酒的食材搭配

焦糖牛奶酱	果香	柑橘香	花香	绿叶香	草本香	蔬菜香	焦糖味	烘烤香	坚果香	木质香	辛辣味	奶酪香	动物气味	化学气味
覆盆子														
烤大雁														
烤多宝鱼														
烤腰果														
黑莓														
炖鳕鱼														
葡萄柚汁														
全麦饼干（消化饼干）														
大豆奶油														
布里欧修														

淡水小龙虾	果香	柑橘香	花香	绿叶香	草本香	蔬菜香	焦糖味	烘烤香	坚果香	木质香	辛辣味	奶酪香	动物气味	化学气味
番茄														
煎茶														
山羊奶酪														
烤兔肉														
古布阿苏果酱														
熟切达奶酪														
小麦面包														
熟卡姆小麦														
甜菜根脆片														
煮鲲鱼翅														

罗克福尔奶酪	果香	柑橘香	花香	绿叶香	草本香	蔬菜香	焦糖味	烘烤香	坚果香	木质香	辛辣味	奶酪香	动物气味	化学气味
牛奶巧克力														
豆腐														
鲜姜根														
雪莉酒														
长相思白葡萄酒														
煮面包蟹肉														
酸浆果														
香煎鹿肉														
荞麦蜜														
硬西打														

白灼鱿鱼	果香	柑橘香	花香	绿叶香	草本香	蔬菜香	焦糖味	烘烤香	坚果香	木质香	辛辣味	奶酪香	动物气味	化学气味
烤多宝鱼														
烤腰果														
茉莉花														
煮洋蓟														
卡琳达草莓														
干式熟成牛肉														
黑巧克力														
埃曼塔尔干酪														
干牛肝菌														
煎茶														

番茄

生番茄中清新的青草香和脂肪味源于2-异丁基噻唑和顺式-3-己烯醛。烹饪过程会生成二甲基硫醚，硫味会更加鲜明，这一风味不仅能在番茄泥中找到，同样也影响了熟卷心菜的风味特征。

番茄在植物学上被归类为浆果。果实在藤上成熟时，挥发性化合物逐渐形成，这一化合物同样出现于细胞被破坏时，例如切番茄时。番茄细胞破坏会使酶或氧分子将氨基酸转化为新的芳香分子。当温度低于12℃，番茄中负责生成某些主要芳香分子的酶会受到抑制，失去多达65%的风味。这也是为何番茄不宜放在冰箱中保存的原因。将番茄冰镇后，即使恢复到室温，也不能恢复原有香味。

据传，番茄起源于安第斯山脉地区，并一路流传至墨西哥，并为阿兹特克人所食用。在阿兹特克语中，番茄称为"tomatl"，意为"胖嘟嘟的果实"。番茄种子最早在16世纪由西班牙探险家引入欧洲。如今，传世番茄品种繁多，形状和大小各异，颜色从红色、橙色到黄色、绿色、紫色、棕色，甚至黑色不等。

如果用手指揉搓番茄的叶子或茎，你会发现其香气和番茄一样。它们都含有番茄碱，这是番茄生成的一种毒性生物碱，是天然的驱虫剂。随着番茄成熟，番茄碱会消失，但会留下番茄风味。在制作番茄酱时，可加入番茄茎叶增强风味，还可保留番茄皮和番茄籽来增加鲜味。如果小心翼翼地剥开焯水番茄皮，你会发现在果皮下方有一层薄薄的白色果肉，这正是鲜味源头所在。

- 从头开始制作番茄泥，只需将新鲜的成熟番茄打成泥，小火慢炖直至风味浓郁、酱汁浓稠。过滤掉皮和籽，将浓缩番茄泥装入干净罐中，并放入冰箱冷藏。下次需要做汤、炖菜和酱汁时便可随时取用。

- 番茄泥赋予汤羹浓郁鲜味，诀窍在于在加入汤中之前，先将番茄泥在烤箱中烤干，以降低其酸度。法式经典食谱棕色高汤首先要将蔬菜、骨头与番茄泥同烤或煎制，然后再做成美味汤汁，正是基于此原理。如果自己做汤，新鲜番茄当然是最佳之选。

- 若想棕色酱汁鲜味浓郁，可加入切碎的洋葱、大蒜和新番茄，连同番茄籽和番茄皮一同炒香，然后将汤汁倒在清炒的蔬菜上，最后收汁。

- 要想制作简易快捷的开胃菜，可将番茄泥与切碎的新鲜香草，如罗勒、龙蒿、牛至或虾夷葱和些许橄榄油混合，然后淋在烤面包片上。

- 沙克舒卡（Shakshouka，也叫北非蛋）是一道经典中东和北非的菜肴，鸡蛋在浓郁的番茄酱中煮熟，并以辣椒和孜然调味。

相关的香气特征：番茄泥

烹制番茄会使绿叶香醛类急剧减少，而焦糖味、花香、蔷薇香的β-大马酮和洋葱、辛辣丁香味增加。

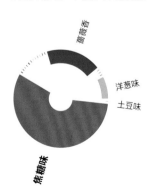

	果香	柑橘香	花香	绿叶香	草本香	蔬菜香	焦糖味	烘烤香	坚果香	木质味	辛辣味	奶酪味	动物气味	化学气味
番茄泥	●	●	●	●	●	●	●	●	●	●				●
烤欧洲海鲈	·	·	●	●	·	●	●	●	·	●	●	·	●	·
烤扇贝王	·	·	●	●	·	●	●	●	●	●	·	·	·	·
西班牙辣香肠	●	·	●	●	·	●	●	●	●	●	●	·	●	·
鳄梨	●	·	●	●	●	●	·	●	·	●	·	·	·	·
荔枝	●	●	●	●	·	●	●	●	·	●	·	·	·	·
烤猪五花	·	·	●	●	·	●	●	●	●	●	●	·	●	·
淡味酱油	·	·	●	●	·	●	●	●	●	●	●	●	·	·
葫芦巴叶	·	·	●	●	·	●	●	●	●	●	·	·	·	·
覆盆子	●	●	●	●	·	●	●	●	·	●	·	·	·	·
多香果	·	·	●	●	·	●	●	●	●	●	●	·	·	·

樱桃番茄

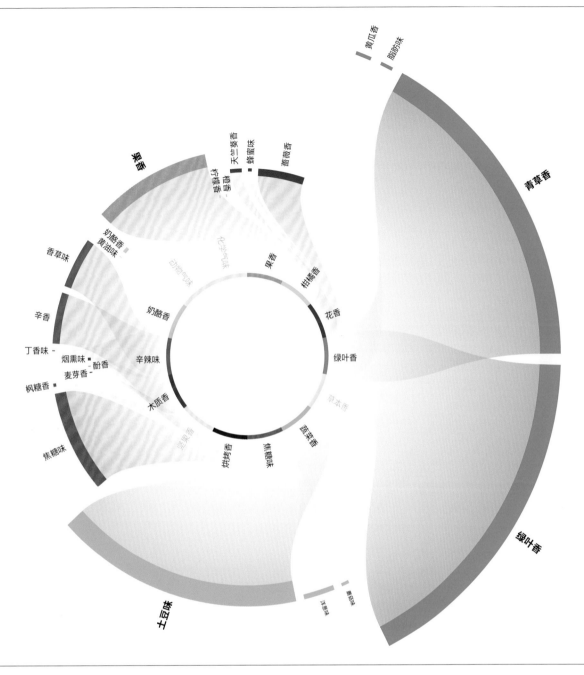

樱桃番茄的香气特征

新鲜成熟的番茄中绿叶香和青草芳香分子较多。此外，还包含一些果香、蔷薇香和蔬菜香以及少量焦糖味和奶油香，它们共同构成番茄的整体风味。

	果香	柑橘香	花香	绿叶香	草本香	蔬菜香	焦糖味	烘烤香	坚果香	木质香	辛辣味	奶酪香	动物气味	化学气味
樱桃番茄	●	●	●	●	●	·	●	●	·	●	●	●	·	·
柿子	·	●	●	●	·	●	●	●	·	●	·	·	·	·
琉璃苣	●	·	●	●	●	·	·	·	·	·	·	●	·	·
熟法国贻贝	·	●	●	●	●	·	●	●	·	●	·	●	·	·
烤羔羊肉	·	●	●	●	●	●	·	●	●	●	●	●	·	·
蔷薇果干	·	●	●	●	·	·	●	●	·	●	·	·	·	·
葡萄干	●	·	●	●	·	●	●	·	·	●	·	·	·	·
多宝鱼	●	·	●	●	·	●	●	·	·	●	·	●	·	·
番石榴	·	●	●	●	●	●	·	●	●	●	●	●	·	·
无花果干	·	●	●	●	●	●	·	·	·	·	·	·	·	·
扁桃仁	·	·	●	●	·	·	●	●	·	·	·	·	·	·

主厨搭配：番茄、食用大黄和旱金莲叶

旱金莲花和叶均可食用。从春季至初秋，中小型叶子均可采摘，赋予菜品胡椒和苦甜参半的风味，下文将要介绍的番茄佐虾仁就用到了旱金莲。

潜在搭配：樱桃番茄和柿子

柿子颜色从黄色到橙红色不等。它可像苹果一样生食，亦可制成干脯或加入甜品、沙拉和咖喱中。在韩国，熟柿子经发酵后制成柿子醋。柿子布丁是一道经典美式甜点，和英国圣诞布丁一样隔水蒸制。

番茄佐虾仁和食用大黄

食物搭配公司的食谱

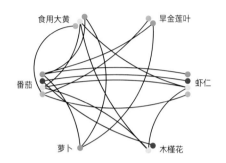

番茄酿虾仁沙拉（tomates aux crevettes 或 tomaat-garnaal）是经典的比利时菜品。在我们的这道解构食谱中，褐虾和樱桃番茄配上胡椒味的萝卜片和酸味的大黄一同食用。在冰镇番茄汤中注入木槿花的柑橘香，清爽可口，是一道夏日消暑佳品。

	果香	柑橘香	花香	绿叶香	草本香	蔬菜香	焦糖味	烘烤香	坚果香	木质香	辛辣味	奶酪香	动物气味	化学气味
食用大黄														
夏威夷果														
海胆														
海苔片														
柿子														
马鲁瓦耶奶酪														
煮鲑鱼														
山羊奶酪														
红茶														
多宝鱼														
荔枝														

	果香	柑橘香	花香	绿叶香	草本香	蔬菜香	焦糖味	烘烤香	坚果香	木质香	辛辣味	奶酪香	动物气味	化学气味
旱金莲叶														
意大利香柠檬														
云莓														
可颂														
茴香茎														
多香果														
牛奶巧克力														
烤羔羊肉														
香煎猪大排														
生蚝														
番石榴														

	果香	柑橘香	花香	绿叶香	草本香	蔬菜香	焦糖味	烘烤香	坚果香	木质香	辛辣味	奶酪香	动物气味	化学气味
柿子														
甜樱桃														
紫苏叶														
熟黑婆罗门参														
鸭儿芹														
香煎鸭胸														
烤小牛胸腺														
洋槐蜜														
熟荞麦面														
鲭鱼														
草菇														

经典菜品：卡普里沙拉（Caprese salad）

卡普里沙拉由切片番茄、马苏里拉奶酪和罗勒组成，淋上橄榄油，撒上盐即可食用。番茄清甜多汁，奶酪柔软香浓，入口难忘。

潜在搭配：番茄和蓝纹奶酪

要想在经典基础上推陈出新，可尝试在比萨底料上涂抹番茄酱，放上对半切开的樱桃番茄，并用碎蓝纹奶酪（见第162页）代替马苏里拉奶酪。最后在熟比萨上撒上新鲜芝麻菜叶，淋上橄榄油。

番茄和番茄泥的食材搭配

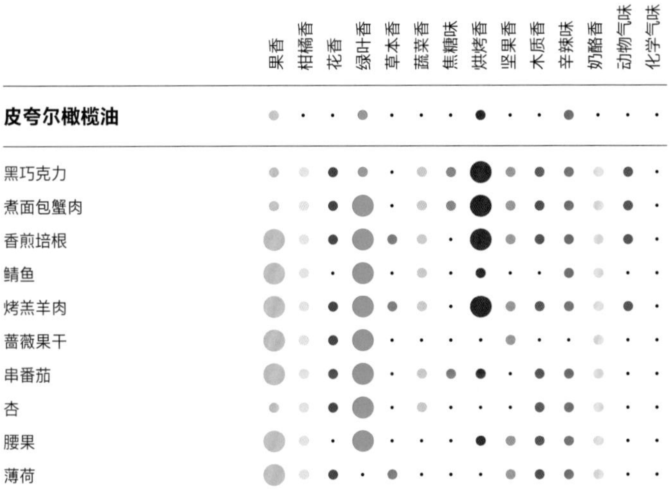

果香
柑橘香
花香
绿叶香
草本香
蔬菜香
焦糖味
烘烤香
坚果香
木质香
辛辣味
奶酪香
动物气味
化学气味
皮夸尔橄榄油
黑巧克力
煮面包蟹肉
香煎培根
鲭鱼
烤羔羊肉
蔷薇果干
串番茄
杏
腰果
薄荷

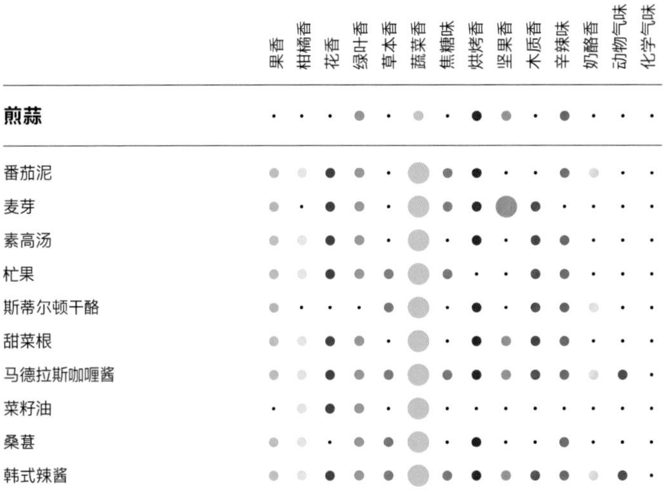

果香
柑橘香
花香
绿叶香
草本香
蔬菜香
焦糖味
烘烤香
坚果香
木质香
辛辣味
奶酪香
动物气味
化学气味
煎蒜
番茄泥
麦芽
素高汤
杧果
斯蒂尔顿干酪
甜菜根
马德拉斯咖喱酱
菜籽油
桑葚
韩式辣酱

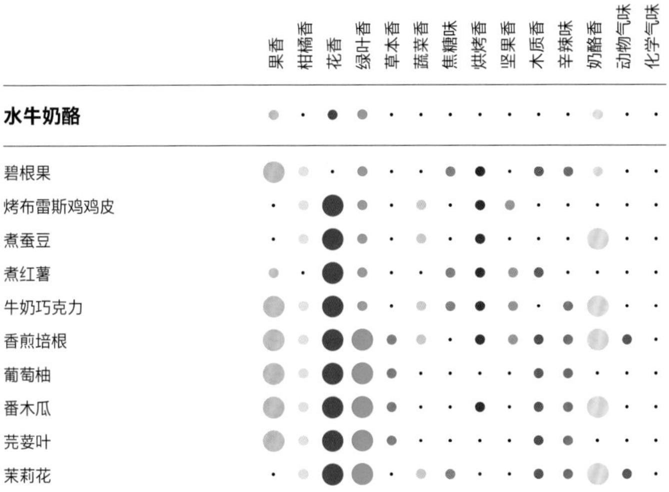

果香
柑橘香
花香
绿叶香
草本香
蔬菜香
焦糖味
烘烤香
坚果香
木质香
辛辣味
奶酪香
动物气味
化学气味
水牛奶酪
碧根果
烤布雷斯鸡鸡皮
煮蚕豆
煮红薯
牛奶巧克力
香煎培根
葡萄柚
番木瓜
芫荽叶
茉莉花

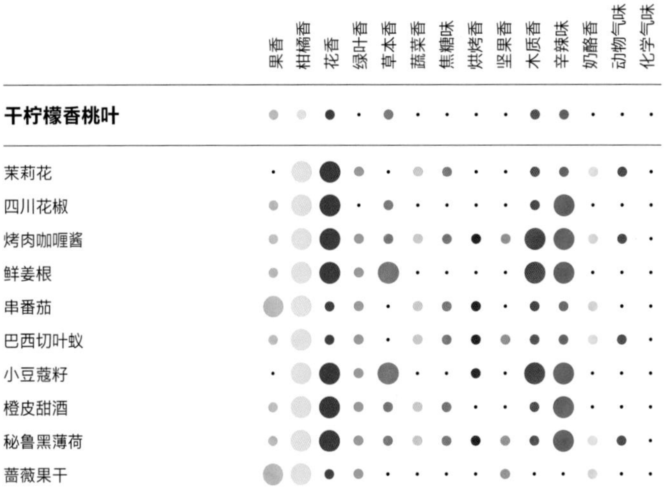

果香
柑橘香
花香
绿叶香
草本香
蔬菜香
焦糖味
烘烤香
坚果香
木质香
辛辣味
奶酪香
动物气味
化学气味
干柠檬香桃叶
茉莉花
四川花椒
烤肉咖喱酱
鲜姜根
串番茄
巴西切叶蚁
小豆蔻籽
橙皮甜酒
秘鲁黑薄荷
蔷薇果干

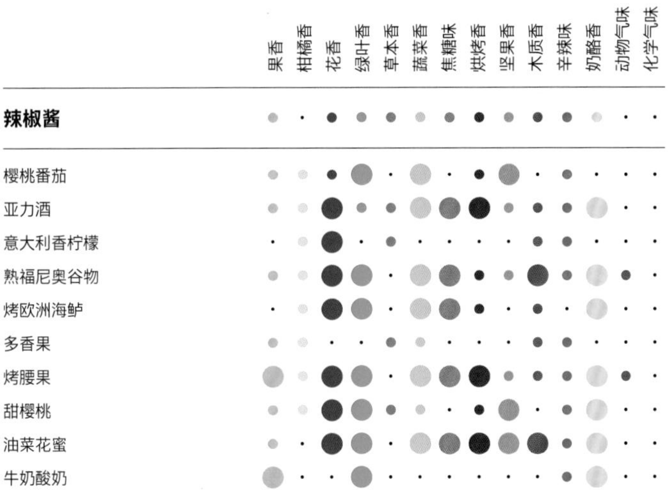

果香
柑橘香
花香
绿叶香
草本香
蔬菜香
焦糖味
烘烤香
坚果香
木质香
辛辣味
奶酪香
动物气味
化学气味
辣椒酱
樱桃番茄
亚力酒
意大利香柠檬
熟福尼奥谷物
烤欧洲海鲈
多香果
烤腰果
甜樱桃
油菜花蜜
牛奶酸奶

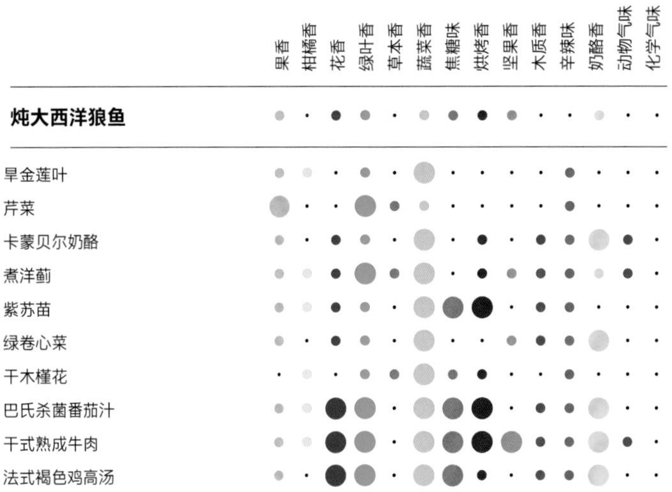

果香
柑橘香
花香
绿叶香
草本香
蔬菜香
焦糖味
烘烤香
坚果香
木质香
辛辣味
奶酪香
动物气味
化学气味
炖大西洋狼鱼
旱金莲叶
芹菜
卡蒙贝尔奶酪
煮洋蓟
紫苏苗
绿卷心菜
干木槿花
巴氏杀菌番茄汁
干式熟成牛肉
法式褐色鸡高汤

蓝纹奶酪

罗克福尔、戈贡佐拉和斯蒂尔顿等蓝纹奶酪芝香浓郁、奶油味和果香四溢。蓝纹奶酪外观呈大理石般蓝纹，由不同的青霉菌（生产抗生素青霉素的菌种）生成，青霉菌也是其独特"蓝纹"浓烈刺激风味的来源。

在通常情况下，牛（或羊）奶在凝结前接种了青霉菌孢子，使得霉菌在有氧环境下繁殖，但罗克福尔青霉菌则比较特殊，它是在凝乳被压制之前混入的。当周围环境中的氧气通过奶酪中的缝隙时，便为罗克福尔青霉菌提供了养料，在整个奶酪中形成了复杂的蓝色脉络。蓝色脉络越多，奶酪风味越浓。更软质的奶酪，如斯蒂尔顿、奥弗涅蓝和戈贡佐拉奶酪，则是接种了灰绿青霉菌，因此，其比罗克福尔奶酪风味更温和、甜美一些。

在大多数奶酪生产过程中，奶中的酶、凝乳酶、发酵剂和次生菌群都促进了蓝纹奶酪风味生成。但奶酪成熟过程中最关键的一步在不同品种特有芳香化合物的生成。2-戊酮、2-庚酮和2-壬酮等甲基酮是罗克福尔青霉菌代谢产物，因而只有在罗克福尔奶酪中才能找到。根据奶酪成熟度差异，罗克福尔奶酪气味从果香到香蕉香不等。

二甲基三硫醚是蓝纹奶酪整体风味中一种主要芳香化合物。这种洋葱味挥发物亦可见于巧克力、咖啡、法棍和黑蒜中。主厨赫斯顿·布鲁门塔尔曾经做了一个熔化巧克力熔岩蛋糕，将咖啡、罗克福尔和奥弗涅蓝奶酪注入其中，证明其风味相搭配。

蓝纹奶酪还含有少量正己酸乙酯化合物。这些酯类香气通常类似菠萝香或香蕉香，但处于较低浓度时，香气更类似奶香和芝香。啤酒和波特酒中也含有正己酸乙酯，这完美解释了波特酒和斯蒂尔顿干酪的经典搭配，以及啤酒和奶酪乃天作之合的缘故所在。

蓝纹奶酪和菠萝

相勋·德甘伯，时代气息餐厅，比利时

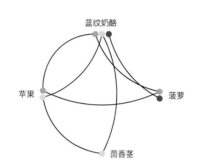

时代气息餐厅的相勋·德甘伯主厨基于化合物正己酸乙酯研发了一道菜品，这种酯类带有独特的菠萝香或香蕉香。他将蓝纹奶酪与菠萝果酱搭配，并配上苹果、茴香沙拉以及用苹果和梨制成的酱汁一同食用。

正己酸乙酯
除了蓝纹奶酪，这种酯类同样存在于啤酒和波特酒中。

蓝纹奶酪

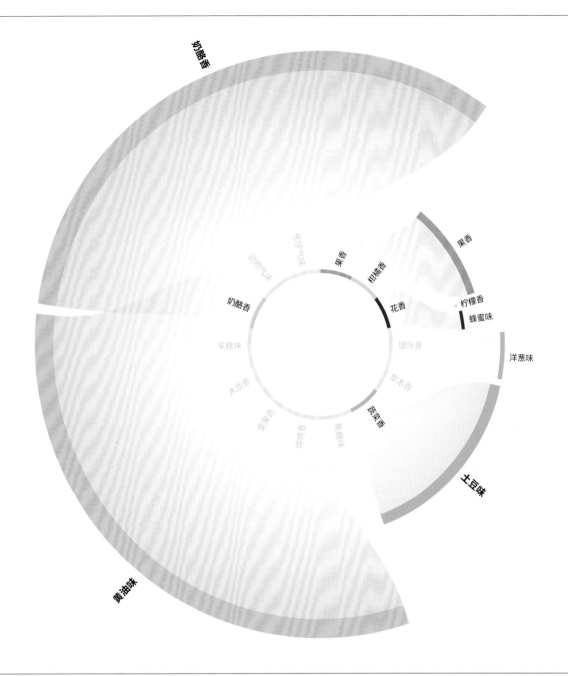

蓝纹奶酪的香气特征

蓝纹奶酪中的奶酪香和果香会随着成熟而愈渐浓郁，但奶酪一旦过熟，便会被丙酮尖锐的气味所掩盖，丙酮的气味就是我们熟悉的洗甲水味。

	果香	柑橘香	花香	绿叶香	草本香	蔬菜香	焦糖味	烘烤香	坚果香	木质香	辛辣味	奶酪香	动物气味	化学气味
蓝纹奶酪	●	●	●	·	·	●	·	·	·	·	·	·	·	·
牛奶巧克力	●	●	●	·	·	●	●	●	·	·	·	●	·	·
煎茶	●	●	●	●	·	●	●	·	·	·	·	·	·	·
可涂抹辣香肠	●	●	●	·	·	●	·	·	·	·	·	·	·	·
接骨木果	●	·	●	●	·	·	·	·	·	·	·	·	·	·
煮红薯	●	·	●	·	·	·	●	·	·	·	·	·	·	·
煮多佛鳎鱼	●	·	●	·	·	·	·	·	·	·	·	·	·	·
虾夷葱	●	·	●	●	·	·	·	·	·	·	·	·	·	·
绿芦笋	·	·	●	●	·	●	·	·	·	·	·	·	·	·
姜汁啤酒	●	·	●	●	·	●	·	·	·	·	·	●	·	·
秘鲁黑薄荷	●	●	●	●	·	·	·	·	·	·	·	●	·	·

经典搭配：蓝纹奶酪和波特酒

宝石红或年份波特酒的甜味可中和蓝纹奶酪中的辛辣和咸味。要想充分融合这两种食材，可用整个圆筒形斯蒂尔顿干酪来吸收一瓶波特酒。

经典菜品：考伯沙拉

经典美式考伯沙拉由切碎的生菜、鳄梨、番茄与块状罗克福尔奶酪、培根、鸡肉和煮鸡蛋混合而成，配上红酒醋同食，清爽开胃。

蓝纹奶酪的食材搭配

列（风味类别）：果香　柑橘香　花香　绿叶香　草本香　蔬菜香　焦糖味　烘烤香　坚果香　木质香　辛辣味　奶酪香　动物气味　化学气味

波特酒
- 昆布
- 蛋黄
- 烤大雁
- 卡蒙贝尔奶酪
- 烤猪肝
- 鲜食蔷薇花瓣
- 洋槐蜜
- 苹果
- 甜樱桃
- 水牛奶酪

全熟蛋
- 绿卷心菜
- 红茶
- 扁叶欧芹
- 巴西切叶蚁
- 黄甜椒酱
- 煮白芦笋
- 蓝纹奶酪
- 日式面包糠
- 烤细鳞绿鳍鱼
- 日式鱼露

味噌鱼
- 黑加仑
- 可可粉
- 斯蒂尔顿干酪
- 烤榛子
- 雪维菜
- 串番茄
- 甲壳高汤
- 粉蕉
- 熟扇贝王
- 山羊奶

栗子蜂蜜
- 香煎培根
- 日本清酒
- 椴树花
- 椰汁
- 酢橘
- 煮鲑鱼
- 奥弗涅蓝奶酪
- 金色巧克力
- 芫荽籽
- 南瓜子油

草莓酱
- 胡萝卜
- 烤大雁
- 鲜姜根
- 扁桃仁薄片
- 韩式大酱
- 碧根果
- 奶油奶酪
- 奥弗涅蓝奶酪
- 白吐司面包
- 杧果

番荔枝
- 黑加仑
- 烤多宝鱼
- 秘鲁黑薄荷
- 鲜薰衣草叶
- 巴西切叶蚁
- 葡萄柚
- 荔枝
- 香煎雉鸡
- 烤茎蓝
- 罗克福尔奶酪

经典搭配：蓝纹奶酪和牛排

牛排配上顺滑浓郁的罗克福尔奶酪，是蓝纹奶酪爱好者的美梦。

经典搭配：蓝纹奶酪和灰胡桃南瓜

试着在灰胡桃南瓜酱汁上撒上几片昂贝尔奶酪，或者制作一道昂贝尔奶酪焗灰胡桃南瓜（见第166页）。餐后再来点烤花生，南瓜软糯，奶酪香浓，花生香脆，回味无穷。

牛后腿肉

番荔枝 / 紫叶鼠尾草 / 大茴香籽 / 紫苏 / 多香果 / 蛇果 / 山桑子 / 煮豆角 / 烤红甜椒 / 西班牙柑橘蜂蜜

昂贝尔奶酪

煮灰胡桃南瓜 / 酸豆乳 / 库拉索橙酒 / 澳大利亚青苹果 / 摩洛血橙 / 波本威士忌 / 香蕉 / 香煎培根 / 烤花生 / 熟杜伦小麦意面

萨凯帕典藏朗姆酒

甜瓜 / 月桂叶 / 大高良姜 / 煎鸵鸟肉 / 草莓 / 番石榴 / 萨尔齐琼香肠 / 甘草 / 猕猴桃 / 罗克福尔奶酪

米克覆盆子

白吐司面包 / 鸽高汤 / 酪乳 / 烤甜菜根 / 扇贝王 / 黄瓜 / 百吉饼 / 盐渍樱花 / 洋槐蜜 / 罗克福尔奶酪

巴西李子

蜜瓜 / 熟贻贝 / 干甘菊 / 伊迪阿扎巴尔奶酪 / 干葛缕子叶 / 蓝纹奶酪 / 煮灰胡桃南瓜 / 生块根芹丝 / 煮鳕鱼片 / 烤野兔

乌鱼子

意大利辣香肠 / 煮茄子 / 牡蛎叶 / 鸽高汤 / 波兰蓝纹奶酪 / 夏松露 / 香煎野鸭 / 接骨木果汁 / 牛奶巧克力 / 烤花生

（图表列标题：果香、柑橘香、花香、绿叶香、草本香、蔬菜香、焦糖味、烘烤香、坚果香、木质香、辛辣味、奶酪香、动物气味、化学气味）

灰胡桃南瓜

灰胡桃南瓜富含 β-胡萝卜素，烹饪后，β-胡萝卜素会转化为 β-紫罗兰酮，赋予其独特紫罗兰香味。

很少有人意识到灰胡桃南瓜品种繁多，而仅有少数品种可供选择。灰胡桃南瓜果皮坚韧，果肉呈橙色，饱满致密，经蒸、炒、焗、烤或捣碎后，香甜软嫩。果皮经长时间烤制后亦可食用。种子亦然，经烤箱烘烤后，便可作为小零食。此外，灰胡桃南瓜营养价值丰富，含有大量健康消化纤维、维生素、矿物质和抗氧化的类胡萝卜素。

灰胡桃南瓜和其他瓜类均可能原产自中美洲或南美洲，完全成熟需炎热气候。灰胡桃南瓜的绿叶香、果香和橄榄油（见第168页）适宜搭配，用橄榄油烘烤可烘托焦糖风味，也是颇为常见的烹饪方式之一。

- 南非人在灰胡桃南瓜中塞入满满的菠菜和羊乳酪，搭配南非特色烤肉一同食用。
- 如果想制作素食版特大啃（turducken，一种将鸡塞进鸭再塞进火鸡一起烤的食物），可尝试将西葫芦塞入茄子，再将茄子塞入灰胡桃南瓜中。各类风味食材都可用于调味，如香菇、大蒜、洋葱、面包屑、欧芹、帕玛森干酪和枫糖浆等。
- 南瓜泥适合制作蛋糕、派，甚至是冰激凌。

灰胡桃南瓜佐香煎酸浆果鸭

食物搭配公司的食谱

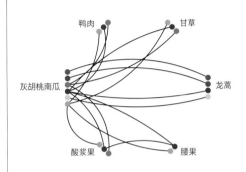

灰胡桃南瓜中的花香、柑橘香与橙子和酸浆果适配。橙子和酸浆果香气特征类似，在这道经典法式香煎橙汁鸭胸（duck à l'orange）的创新版本中，我们用酸浆果来代替橙子。但需要记住的是，烤鸭在烹饪过程中生成新烘烤香、焦糖味。酸浆果与灰胡桃南瓜、腰果共享蔬菜香（类似煮土豆），以及些许出乎意料的烤爆米花味。

首先将香煎鸭肉置于灰胡桃南瓜泥上，淋上用甘草根粉和褐小牛高汤制成的深色的大茴香味酱汁，再撒上香脆腰果碎，并以青柠皮和龙蒿调味，增添胡椒香味。最后将酸浆果放入加了八角的苹果汁中糖渍，再摆放上桌，赋予整道菜品辛辣的丁香尾韵。灰胡桃南瓜香甜软糯，酸浆果柑橘香调中和了鸭肉腥膻，清香甜美。

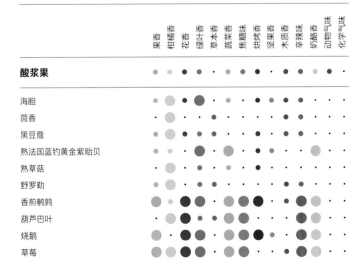

	果香	柑橘香	花香	绿叶香	草菜香	蔬菜香	焦糖味	烘烤香	坚果香	木质香	辛辣味	奶酪香	动物气味	化学气味
酸浆果		●	●	●	●		●		●					
海胆		●	●	●			●	●						
茴香		●	●											
黑豆蔻		●	●											
熟法国蓝钓黄金紫贻贝		●	●	●			●							
熟草菇		●	●				●							
野罗勒		●	●											
香煎鹌鹑	●	●	●	●	●	●	●	●						
葫芦巴叶		●	●	●	●		●							
烧鹅		●	●	●			●	●						
草莓	●	●	●	●	●	●	●	●						

煮灰胡桃南瓜

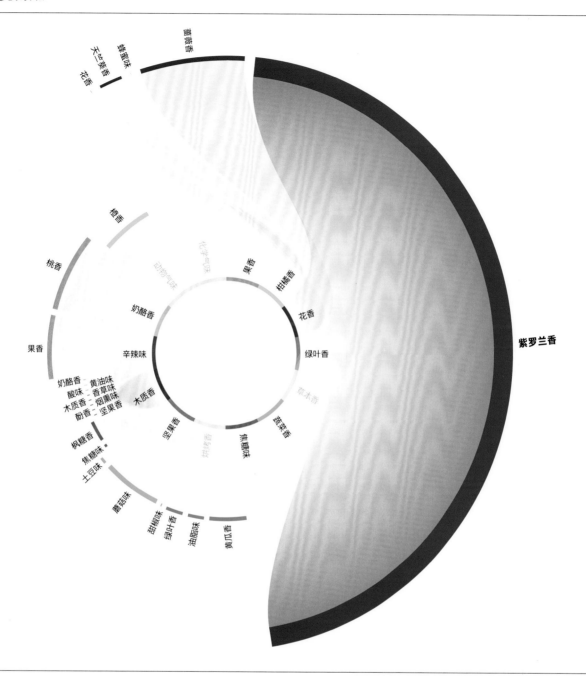

紫罗兰香

煮灰胡桃南瓜的香气特征

β-紫罗兰酮带有花香、紫罗兰香和果香，从热带水果到浆果不等。除了煮灰胡桃南瓜，这种芳香化合物还可见于其他富含 β-胡萝卜素的食材，如红薯、胡萝卜和橙皮南瓜。杏、食用大黄、大吉岭红茶、熟翡麦和熟豇豆中亦含有 β-紫罗兰酮。

	果香	柑橘香	花香	绿叶香	草本香	蔬菜香	焦糖味	烘烤香	坚果香	木质香	辛辣味	奶酪香	动物气味	化学气味
煮灰胡桃南瓜	●	●	●	●	•	•	•	•	•	•	•	•		
小叶生菜	•	•	•	•	●	•					•	●		•
清蒸多宝鱼	•	•	●	•	•	●		•				●	•	•
多肉江蓠藻	•	●	●	●	•	•		•	•	●	●	●		
煮芹菜	•	•	●	●	•	●	•	•		•	●	●		
富士苹果	●	•	•	•			•					•		
奎东茄	●	•	●	•	•	•	•					•		
干式熟成牛肉	●	•	●	•	•	●	●	●	●	●	●	•	•	•
熟切达奶酪	●	•	●	•	•	●	•	•	•	•	•		•	
韩式大酱	•	•	●	●	•	●	●	●	●	●	•	•		•
牛奶巧克力	•	•	●	●	•	●	•	•	●	•	•	●	•	•

橄榄油

橄榄油中的挥发性化合物受多种因素的共同作用，橄榄果的风土、品种和成熟度只是部分影响因素，而橄榄果贮藏方法同样起影响作用，储存时间越长，橄榄油中的醛类和酯类浓度就越低。

橄榄油中绝大部分挥发物形成于橄榄压榨和加工过程中，这一过程会释放大量的酶，并生成橄榄油理想风味。香气复杂的橄榄油酶活性高，而酶的活性又与脂肪酸氧化相关联。当酶开启氧化过程，橄榄油中的多不饱和脂肪酸先转化为醛类，再转化为醇类和酯类。这一化学氧化反应在与空气、光或其他发酵副产品接触时发生，并生成异味，也是我们常闻到变质油的味道。因而最好将橄榄油密封在深色玻璃瓶中，并远离热源。

自橄榄油从小亚细亚传播至世界各地，数千年来，橄榄油一直是地中海文化和美食核心。如今，橄榄油已进入千家万户，深受专业厨师和业余厨艺爱好者的青睐。西班牙是当今世界上最大的橄榄油生产国，意大利和希腊次之，还有一些国家也以橄榄油生产而闻名。

特级初榨橄榄油、初榨橄榄油和纯橄榄油

国际橄榄理事会（IOC）为欧洲共同体（EC，现称欧盟）内生产的初榨橄榄油制定了具体质量标准。初榨橄榄油仅采用机械或其他物理方法从果实中提取，不允许掺杂任何其他成分。橄榄油的分级也基于油酸浓度，油酸产生于脂肪转化为脂肪酸的过程中。初榨橄榄油油酸含量应低于2%，而特级初榨橄榄油则不应超过0.8%，其成为有益心脏健康的油类首选。

特级初榨橄榄油生产严格遵循标准。为达到国际橄榄理事会标准，首次冷榨橄榄产出金绿色橄榄油油酸含量不应超过1%，同时经质检确保橄榄油中无任何风味缺陷。酚类物质赋予单品种特级初榨橄榄油独特风味，以及略带苦涩的口感。在菜肴中淋入一滴优质特级初榨橄榄油，可带来绝妙的尾韵。

初榨橄榄油产生于油橄榄二次压榨，这种橄榄油未经精炼，油酸含量不超过2%，风味特征要稍逊于特级初榨橄榄油。

一般等级橄榄油或常称"纯粹"橄榄油，实则混合初榨橄榄油和精炼橄榄油（后者是通过高温和/或化学方法萃取），品质低下。纯橄榄油颜色极淡，类似稻草黄，烟点低，风味要大大逊色于初榨橄榄油和特级初榨橄榄油，也更适合烹饪。醛类赋予了这种混合油脂肪味和青草香。而品牌或是收获年份不同，纯橄榄油有时会带微妙蔬菜和果香，油酸含量在3%～4%。

相关的香气特征：哈拉里橄榄油

哈拉里橄榄油的青草香逊于阿尔贝吉纳橄榄油，但果香浓郁，还包含一些油炸和草本香。

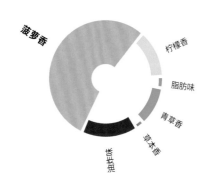

	果香	柑橘香	花香	绿叶香	草本香	蔬菜香	焦糖味	烘烤香	坚果香	木质香	辛辣味	奶酪香	动物气味	化学气味
哈拉里橄榄油	•	•	·	•	·	·	·	•	•	·	·	·	·	·
味醂（日本甜料酒）	●	·	•	●	·	•	·	·	·	·	·	·	·	·
木槿花	·	●	●	·	·	·	·	·	·	·	·	·	·	·
熟绿卷心菜	·	·	·	●	·	·	·	·	·	·	·	·	·	·
可涂抹辣香肠	·	·	·	·	●	●	·	·	·	·	·	·	·	·
阿让西梅	·	·	·	·	·	·	●	·	·	·	·	·	·	·
清蒸红鲷鱼	·	·	·	·	·	·	·	●	·	·	·	·	·	·
烤肉咖喱酱	·	·	·	·	·	·	·	●	·	·	·	·	·	·
阿方索杞果	·	·	·	·	·	·	·	·	●	·	·	·	·	·
苦橙皮	·	·	·	·	·	·	·	●	·	·	·	·	·	·
红茶	·	·	·	●	●	·	·	·	·	·	·	·	·	·

橄榄油

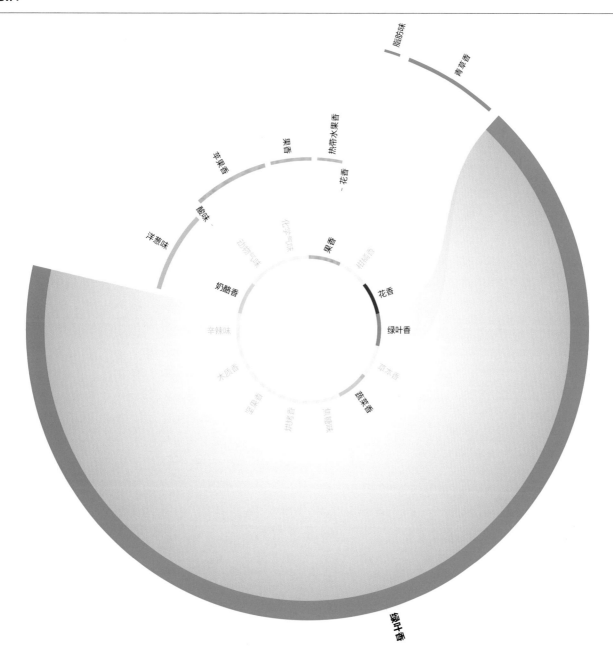

橄榄油的香气特征

橄榄油中醛类物质赋予其脂肪味和青草香，这一香气特征为橄榄油共有，而不同橄榄油风味各异，独特风味分析可见下文。

	果香	柑橘香	花香	绿叶香	草本香	蔬菜香	焦糖味	烘烤香	坚果香	木质香	辛辣味	奶酪香	动物气味	化学气味
橄榄油														
酱油膏														
布里欧修														
秘鲁黑辣椒														
芝麻菜														
鳄梨														
西冷牛排														
草莓番石榴														
熟黑婆罗门参														
烤黄盖鲽														
萝卜														

潜在搭配：橄榄油和香草

酸类和酚类在橄榄油和香草之间构筑联系。将香草荚连同种子一同浸泡在橄榄油中，然后将香草味橄榄油淋在水果、甜点和蔬菜上，譬如法式蔬菜沙拉（crudités，法式前菜，通常以蔬菜搭配蘸酱食用）。

潜在搭配：橄榄油和覆盆子

依据橄榄油品种不同，橄榄油和覆盆子之间芳香联系可包括果香、花香、绿叶香或柑橘香。覆盆子甜而不腻，可平衡橄榄油的油腻感。尝试在蛋糕或沙拉中同时加入橄榄油和覆盆子，或者在覆盆子汁和红酒醋做成的油醋汁中加入橄榄油，让酸味愈浓。

橄榄油的品种

170

阿尔贝吉纳初榨橄榄油的香气特征

阿尔贝吉纳初榨橄榄油带有硫味的蔬菜香，果香浓郁。阿尔贝吉纳橄榄在17世纪时被引入西班牙，目前是世界上广泛种植的橄榄品种之一。

阿尔贝吉纳初榨橄榄油	果香	柑橘香	花香	绿叶香	草本香	蔬菜香	焦糖味	烘烤香	坚果香	木质香	辛辣味	奶酪香	动物气味	化学气味
牛奶酸奶														
切达奶酪														
熟贻贝														
煮甜菜根														
水煮鸡胸排														
韩式大酱														
蔓越莓														
塔希提香草														
葡萄干														
米克覆盆子														

佛奥初榨橄榄油的香气特征

佛奥初榨橄榄油的绿叶香和柑橘香浓于阿尔贝吉纳初榨橄榄油，同时带有一丝烟熏味。这一品种主要来自意大利托斯卡纳地区。

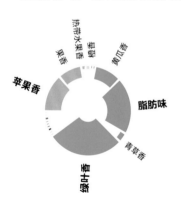

佛奥初榨橄榄油	果香	柑橘香	花香	绿叶香	草本香	蔬菜香	焦糖味	烘烤香	坚果香	木质香	辛辣味	奶酪香	动物气味	化学气味
帕达诺奶酪														
小豆蔻叶														
巴西切叶蚁														
煮花椰菜														
香煎肥肝														
巴约纳火腿														
鱼子酱														
豆角														
烤多佛鳎鱼														
草菇														

皮肖利初榨橄榄油的香气特征

相较阿尔贝吉纳或佛奥初榨橄榄油，皮肖利初榨橄榄油果香更为浓郁，而绿叶香稍淡，在摩洛哥最常见。

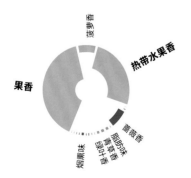

皮肖利初榨橄榄油	果香	柑橘香	花香	绿叶香	草本香	蔬菜香	焦糖味	烘烤香	坚果香	木质香	辛辣味	奶酪香	动物气味	化学气味
姬娜苹果														
昼花														
平菇														
煮鲣鱼翅														
烤羔羊菲力														
海胆														
鲜食蔷薇花瓣														
埃曼塔尔干酪														
甜瓜														
黄瓜														

潜在搭配：橄榄油和巧克力

橄榄油、巧克力和海盐是加泰罗尼亚传统美食组合：在面包片上淋上橄榄油，加入黑巧克力碎片，最后撒上粗粒海盐。甜点中同样有相似搭配，在巧克力慕斯中加入海盐和橄榄油，并配上薄烤面包片同食。

潜在搭配：橄榄油和磅蛋糕

磅蛋糕（见第172页搭配表格）在法语中被称为"四分之一蛋糕"（gateau quatre-quarts，重量为1/4磅，4种原料比例相同），是用同等重量的面粉、鸡蛋、糖和黄油制成。若想来个创新版本，试试用橄榄油代替黄油，或用其他食材来搭配磅蛋糕：加入桃或用榛子粉代替部分面粉。

为何油醋汁尝起来苦？

如果你曾用食物料理机或搅拌机制作加入特级初榨橄榄油的油醋汁，最终可能口感苦涩。特级初榨橄榄油中的酚类物质被脂肪酸包裹，无法自由进入液体中，而食物料理机的金属刀片将油中脂肪分子分解成小液滴，导致味道苦涩的多酚进入油醋汁乳液中。乳液越细腻（即油滴越细小），油醋汁越苦。

为了防止这些味道苦涩的多酚毁掉油醋汁，可尝试手动搅拌法。此外，还可先将醋与少量葡萄籽油或花生油（花生油）混合。在形成乳状液体后，加入特级初榨橄榄油并手动搅拌。另一种做法是使用纯橄榄油，虽然这样的油醋汁会失去许多原有的复杂风味，制作重口味的酱料，类似青酱时，可使用食物料理机，此时橄榄油中的苦味无法被轻易察觉。

橄榄油香橙米布丁

玛丽亚·何塞·圣罗曼（María José San Román），莫纳斯特雷尔餐厅（Monastrell），阿利坎特，西班牙

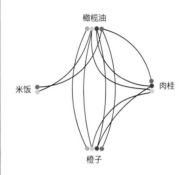

西班牙名厨玛丽亚·何塞·圣罗曼对西班牙传统食材无限热爱，并致力于传统美食创新。如若向她询问藏红花这种让人梦寐以求的食材，她会详细解释如何最大程度地提取这种来自拉曼萨地区深红色花朵的颜色和香味。在藏红花之外，阿利坎特石榴、橄榄油、面包和西班牙东部传统米饭都是她的拿手好菜。

在阿利坎特莫纳斯特雷尔餐厅，圣罗曼在米饭布丁中注入独特西班牙风味，用新鲜肉桂浸泡橙汁代替一半米饭烹调用水。她用无糖橙子酱来增添布丁甜度，并用特级阿尔贝吉纳初榨西班牙橄榄油来代替黄油，橄榄油中的柑橘香可烘托甜点的橙香。最后，圣罗曼在米布丁上撒上红糖，顶端放上焦糖布丁，并加入几块柑橘烘托风味。

经典搭配：橄榄油和醋

将橄榄油与醋、盐与胡椒的混合物以3：1的比例调和，便是一份最为简易而经典的油醋汁。还可添加芥末、辣根、龙蒿、虾夷葱或雪维菜等新鲜草本，或是一些切碎的小葱或红葱头，以及少许蜂蜜以增加甜味，或是一些辣椒或生姜以增添辣味。组合无限，任君挑选。

经典搭配：橄榄油和蘑菇

制作腌制蘑菇，首先将洗净、粗略切碎的蘑菇煎熟，并用盐和胡椒粉调味。然后将蘑菇转移到消毒罐中，再加入热橄榄油、醋和一些你喜欢的香草和香料，并放置冷却。盖上盖子密封，并放置2个月。

橄榄油的食材搭配

	果香	柑橘香	花香	绿叶香	草本香	蔬菜香	焦糖味	烘烤香	坚果香	木质香	辛辣味	奶酪香	动物气味	化学气味
陈年雪莉酒醋														
褐虾														
白切鸡														
现磨咖啡														
葫芦巴叶														
煮青蟹														
煮蚕豆														
炒蛋														
甜樱桃														
油桃														
北京烤鸭														

	果香	柑橘香	花香	绿叶香	草本香	蔬菜香	焦糖味	烘烤香	坚果香	木质香	辛辣味	奶酪香	动物气味	化学气味
平菇														
香煎培根														
烤羔羊肉														
烤箱烤土豆														
烤扇贝王														
煮龙虾														
炒蛋														
煮茄子														
蚕豆														
紫苏叶														
卡蒙贝尔奶酪														

	果香	柑橘香	花香	绿叶香	草本香	蔬菜香	焦糖味	烘烤香	坚果香	木质香	辛辣味	奶酪香	动物气味	化学气味
磅蛋糕														
督威（Duvel）啤酒														
桃														
白松露														
烤花生														
香煎培根														
草菇														
黑巧克力														
格鲁耶尔干酪														
榛子粉														
阿尔贝吉纳特级初榨橄榄油														

	果香	柑橘香	花香	绿叶香	草本香	蔬菜香	焦糖味	烘烤香	坚果香	木质香	辛辣味	奶酪香	动物气味	化学气味
香蕉泥														
日本网纹瓜														
紫叶鼠尾草														
茉莉花														
红甜椒粉														
意大利萨拉米香肠														
红茶														
阿尔贝吉纳特级初榨橄榄油														
煮豌豆														
水煮鸡胸排														
开心果														

	果香	柑橘香	花香	绿叶香	草本香	蔬菜香	焦糖味	烘烤香	坚果香	木质香	辛辣味	奶酪香	动物气味	化学气味
酱油膏														
佛奥初榨橄榄油														
秘鲁黄辣椒														
豌豆														
煮红薯														
甜菜根脆片														
香煎肥肝														
扁桃仁														
椰子														
烤蓝莓														
牛奶巧克力														

	果香	柑橘香	花香	绿叶香	草本香	蔬菜香	焦糖味	烘烤香	坚果香	木质香	辛辣味	奶酪香	动物气味	化学气味
斯特拉樱桃														
煮茄子														
鲜薰衣草叶														
番荔枝														
马鞭草														
粉红胡椒														
北京烤鸭														
接骨木果														
阿尔贝吉纳特级初榨橄榄油														
和牛														
煮鸡胸肉排														

经典搭配：橄榄油和鲑鱼

橄榄油不仅可用于腌制、香煎或油炸鱼类，还可以油封鲑鱼（译者注：油封指将食物浸泡在低温油中慢慢煮熟）：将鲑鱼片放在装有香料和草本香料的烤盘中，以橄榄油覆盖，并在50℃的烤箱中烘烤。同样手法也可用于处理肉类和蔬菜。

经典搭配：橄榄油和面包

多款意大利面包均用橄榄油制作，或将其加入面团中，或在烘烤前将其淋在表面（抑或两者兼有，如佛卡夏面包），也许还可以加入一些百里香、迷迭香和粗海盐。尽管经典黑麦酸面包（见第174页）不含任何橄榄油，其中绿叶香却将两种食材相关联。

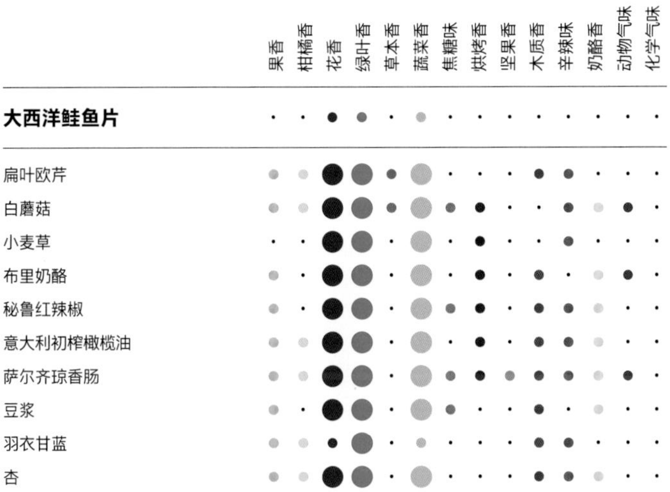
果香
柑橘香
花香
绿叶香
草本香
蔬菜香
焦糖味
烘烤香
坚果香
木质香
辛辣味
奶酪香
动物气味
化学气味
大西洋鲑鱼片
扁叶欧芹
白蘑菇
小麦草
布里奶酪
秘鲁红辣椒
意大利初榨橄榄油
萨尔齐琼香肠
豆浆
羽衣甘蓝
杏

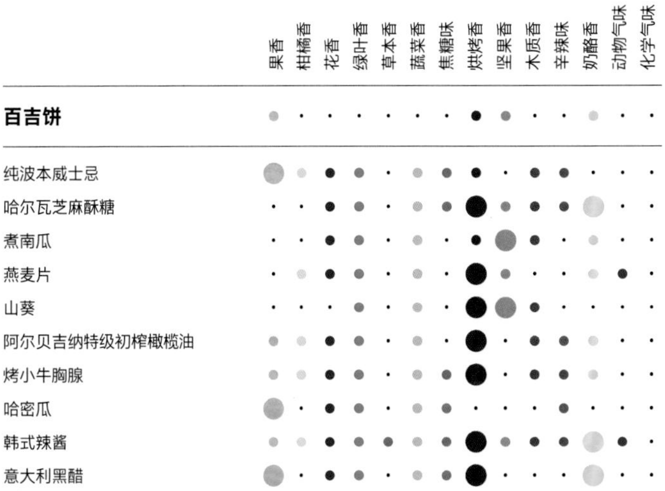
果香
柑橘香
花香
绿叶香
草本香
蔬菜香
焦糖味
烘烤香
坚果香
木质香
辛辣味
奶酪香
动物气味
化学气味
百吉饼
纯波本威士忌
哈尔瓦芝麻酥糖
煮南瓜
燕麦片
山葵
阿尔贝吉纳特级初榨橄榄油
烤小牛胸腺
哈密瓜
韩式辣酱
意大利黑醋

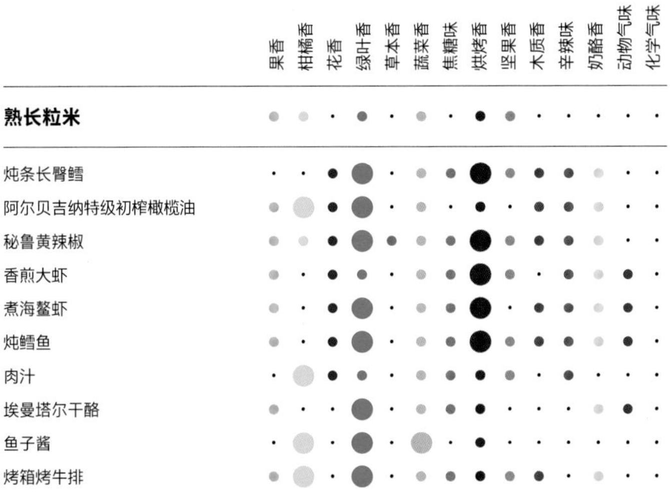
果香
柑橘香
花香
绿叶香
草本香
蔬菜香
焦糖味
烘烤香
坚果香
木质香
辛辣味
奶酪香
动物气味
化学气味
熟长粒米
炖条长臀鳕
阿尔贝吉纳特级初榨橄榄油
秘鲁黄辣椒
香煎大虾
煮海螯虾
炖鳕鱼
肉汁
埃曼塔尔干酪
鱼子酱
烤箱烤牛排

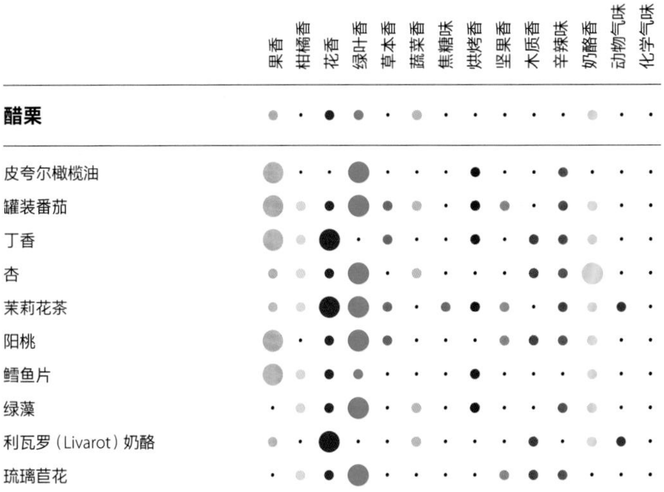
果香
柑橘香
花香
绿叶香
草本香
蔬菜香
焦糖味
烘烤香
坚果香
木质香
辛辣味
奶酪香
动物气味
化学气味
醋栗
皮夸尔橄榄油
罐装番茄
丁香
杏
茉莉花茶
阳桃
鳕鱼片
绿藻
利瓦罗（Livarot）奶酪
琉璃苣花

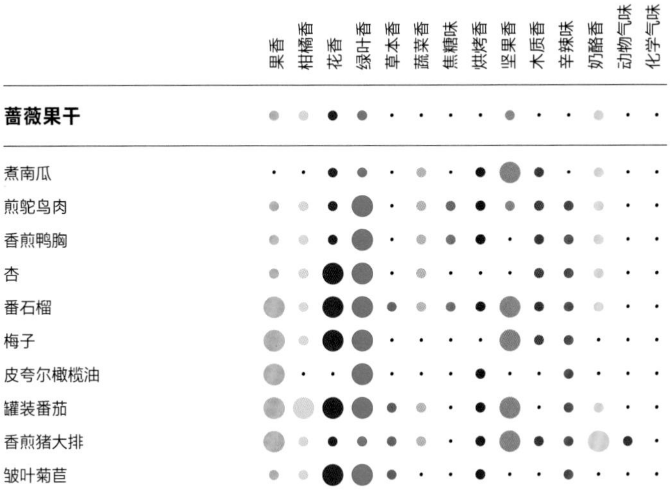
果香
柑橘香
花香
绿叶香
草本香
蔬菜香
焦糖味
烘烤香
坚果香
木质香
辛辣味
奶酪香
动物气味
化学气味
蔷薇果干
煮南瓜
煎鸵鸟肉
香煎鸭胸
杏
番石榴
梅子
皮夸尔橄榄油
罐装番茄
香煎猪大排
皱叶菊苣

黑麦酸面包

黑麦粉带有绿叶脂肪味，香气类似燕麦片。这种谷物风味浓郁，可整粒煮熟食用，也可蒸馏制成威士忌或伏特加，甚至还可用来酿造啤酒。

黑麦面粉中面筋含量低，又含有阿拉伯木聚糖，使面团厚重、黏稠，难以处理。为此许多面包师在黑麦粉中加入小麦粉，使面团更柔韧。即便在面包烘烤冷却后，黑麦中的阿拉伯木聚糖仍能保持面包柔软湿润。如果只用黑麦粉烘焙，则可加入发酵剂来改善这种深色面包的浓郁风味和口感。

酸酵头

所有酸面团都源于面粉和水简单混制的天然酸酵头，它能激活黑麦粉和周围环境中的微生物。在酸酵头发酵时，面粉中的淀粉酶将淀粉分解成葡萄糖和麦芽糖，然后由天然酵母和乳杆菌促成代谢。

温度和湿度同样会影响面包发酵。干燥、低温环境抑制酵母生长和细菌活性，产生的乙酸多于乳酸，从而使面包酸味浓郁。相反，潮湿、高温环境会促进细菌活性，同时减缓酵母生长，生成的乳酸多于乙酸，使酸面包果味香浓。这些挥发物会随着面团发酵而继续增多，因而面团发酵时间越长，风味越浓郁。

第一周，每日加入一些面粉和水来喂养酸酵头。天然酵母和乳杆菌会以其中的糖为食，形成稳定培养物，并作为发酵剂。在制作面团时，酸酵头用量应达到计划使用面粉总量的13%～25%。保留一部分面团作为第二天的酸酵头。重复最后一步，以保持酸酵头的新鲜度。

- 如果酸酵头不能从面粉和水中获取活性，则可尝试使用发酵水：将一些苹果碎块或未经处理的葡萄干浸泡在水中，盖上盖子并放于温暖的地方，每日搅拌通气。当液体开始发酵时，气泡会出现并增多。将等量发酵水和黑麦粉混合，让混合物静置醒发，并每日重复同样的步骤。一周左右后，酸酵头应该可以使用了。最初几个面包会带有葡萄干或苹果的甜香味，但一段时间后会消失。在剩余葡萄干或苹果酵头中加入一些面粉，可激活其活性。将酵头存放在冰箱里，每隔两三天喂养，以保持活性。

- 酸酵头可存放在相对凉爽、透气的环境中，既可促进健康酵母生长，又可抑制细菌活性。每周加入新面粉和水喂养酵头。

- 如果近期不打算烘焙新面包，只需将酸酵头冷冻。下一次制作面包时，提前一两天将面团从冷冻室中取出，并在冷藏室中放置。待完全解冻后，加入等量的面粉和水，让酸酵头发酵。

相关的香气特征：黑麦酸酵头

面团中原有一些挥发物，但绝大部分风味特征形成于乳杆菌和酵母发酵过程中。乳杆菌会产生奶酪香的丁酸和乙酸，使面包带有酸味。当乳杆菌中的氨基酸前体降解成醛类和酸类时，同样会生成带有脂肪味、黄油味和果香的香蕉芳香分子，以及些许硫味。酵母菌发酵生成醇类，香气从果香、蔷薇香、青草香到麦芽香不等。

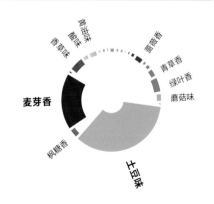

黑麦酸面包

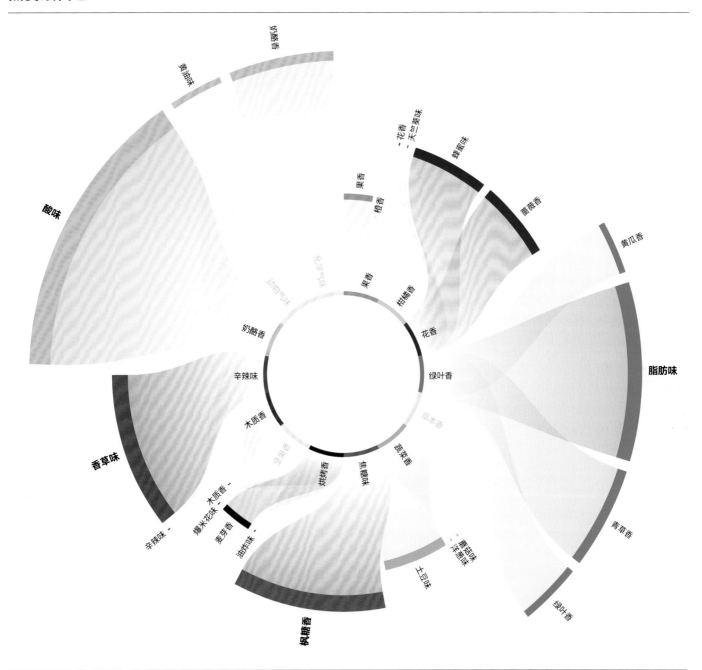

黑麦酸面包的香气特征

面包酥脆外壳的风味源自美拉德反应，而蓬松柔软的内馅风味则来自不饱和醛类，如2-壬烯醛和2,4-癸二烯醛。当面包变质时，这些脂类会氧化，浓度增加，形成异味。

	果香	柑橘香	花香	绿叶香	草本香	蔬菜香	焦糖味	烘烤香	坚果香	木质香	辛辣味	奶酪味	动物气味	化学气味
黑麦酸面包	·	·	●	●	·	●	●	●	·	●	·	●	·	·
佩德罗-希梅内斯雪莉酒	●	●	●	●	●	●	●	●	·	●	●	●		
亚洲梨	●	·	·	●	●	·	·	·	●	·	·	·		
厚皮菜	●	●	·	●	●	·	·	●	●	·	·	·		
紫甘蓝	·	·	·	●	●	●	·	●	·	●	●	●	●	·
花茶	·	·	·	●	●	·	·	●	·	·	·	·	·	
松子	·	·	●	●	·	·	·	●	·	●	·	·		
梨果仙人掌	·	·	●	●	●	·	·	·	·	·	·	●	·	
扁叶欧芹	·	·	●	●	●	●	·	·	·	·	·	·	·	
哈斯鳄梨	·	·	·	●	●	·	·	·	·	·	·	·		
蒸芜菁叶	·	·	●	●	·	●	·	●	●	·	●	●	●	

羊肉并非香草脆壳的唯一绝配，肋眼牛排搭配粗粒黑麦面包屑、黄油和欧芹混合物同样味美可口。

黑麦酸面包中重要的关键香气物质之一是正己醛，其带有绿叶青草香，同样是构成哈斯鳄梨的绿叶香。

176　黑麦酸面包风味如何形成？

　　面包风味在很大程度上由面包中酸面团的用量决定，而其他因素也起一定作用。在面团发酵过程中，面粉中的酶会引发脂类氧化，增添面包风味。这些挥发物带有脂肪味、黄瓜香和蘑菇味。随着酸面团进一步发酵，脂类氧化减少。在烘焙过程中，酶发生氧化反应并转化为新挥发性化合物，此时黄油或橄榄油等油脂加入会生成一系列新芳香分子前体物质。

　　面包面团中糖类和氨基酸也决定了烘焙过程中许多挥发性化合物的形成。黑麦粉和酸酵头相关芳香分子多存在于面包心中，而现烤面包的温暖烘烤芳香分子则集中于酥脆的面包皮。随着面包皮棕化，坚果、烘烤香的吡嗪、焦糖、枫糖香的呋喃和爆米花味的吡咯分子生成。这些美拉德和焦糖化反应的典型分子的生成与热量关联大，因而集中于面包皮而非面包心中。面包在烤箱中烤制时间越长，面包皮中风味挥发物就越多。

旧金山酸面包

　　天然酵母是所有酸酵头的关键成分，旧金山雾气缭绕，在此气候中孕育出一种特殊菌种，使旧金山酸面包口感独特香醇、富有嚼劲。

哈斯鳄梨

	果香	柑橘香	花香	绿叶香	草本香	蔬菜香	焦糖味	烘烤香	坚果香	木质香	辛辣味	奶酪香	动物气味	化学气味
石榴			●	●										
伊索特干辣椒			●	●										
煮豌豆				●										
牛奶巧克力			●	●										
野草莓			●	●	●									
煎甜菜根			●	●				●						
帕达诺奶酪	●		●	●										
黄瓜			●	●										
清蒸鲻鱼				●							●			
柠檬香蜂草			●	●										

芝麻菜

	果香	柑橘香	花香	绿叶香	草本香	蔬菜香	焦糖味	烘烤香	坚果香	木质香	辛辣味	奶酪香	动物气味	化学气味
葡萄			●	●	●									
香椿叶			●	●	●									
萝卜			●	●										
紫甘蓝			●	●							●			
黑麦酸面包			●	●										
布里奶酪			●	●										
莳萝			●	●										
煮羊肉			●	●										
番木瓜			●	●										
熟黑婆罗门参			●	●										

蒸羽衣甘蓝

	果香	柑橘香	花香	绿叶香	草本香	蔬菜香	焦糖味	烘烤香	坚果香	木质香	辛辣味	奶酪香	动物气味	化学气味
北京烤鸭	●		●	●										
水煮鸡胸排	●		●	●										
黑麦酸面包	●		●	●										
炒蛋	●		●	●										
烤羔羊肉	●		●	●										
树番茄	●		●	●										
樱桃番茄	●		●	●										
草莓	●		●	●										
伊索特干辣椒	●		●	●										
蔓越莓	●		●	●										

肋眼牛排

	果香	柑橘香	花香	绿叶香	草本香	蔬菜香	焦糖味	烘烤香	坚果香	木质香	辛辣味	奶酪香	动物气味	化学气味
黑橄榄	●		●	●	●				●		●	●		
半硬山羊奶酪	●		●	●										
旧金山酸面包	●		●	●				●						
哥伦比亚咖啡	●		●	●				●						
煮灰胡桃南瓜	●		●	●										
老抽	●		●	●			●	●		●				
雪维菜	●		●	●										
烤飞蟹	●		●	●			●	●						
秘鲁红辣椒	●		●	●							●			
蒜泥	●		●	●							●			

潜在搭配：黑麦酸面包和佩德罗-希梅内斯雪莉酒

黑麦酸面包和佩德罗-希梅内斯雪莉酒都经历发酵过程，并由此生成大量果香、花香和樱桃香调。在包含朗姆酒的食谱中，可尝试用佩德罗-希梅内斯雪莉酒来替换。它带有无花果干和葡萄干香、蜂蜜味、咖啡和巧克力风味，和面包布丁堪称天作之合。

经典搭配：黑麦酸面包和兰比克啤酒

在制作面包时，几乎可以用任何一种液体来代替水，从啤酒（见第178页）到果蔬汁。唯一需要注意的是液体酸度，酸度过高会抑制面团醒发。

酸面包的食材搭配

各图表气味分类栏（自左至右）：果香、柑橘香、花香、绿叶香、草本香、蔬菜香、焦糖味、烘烤香、坚果香、木质香、辛辣味、奶酪香、动物气味、化学气味

佩德罗-希梅内斯雪莉酒

- 煮大鳌虾
- 皱叶甘蓝
- 蒸芜菁叶
- 绵羊酸奶
- 盐渍沙丁鱼
- 干葛缕子叶
- 熟扇贝王
- 萨尔齐琼香肠
- 煮土豆
- 煮灰胡桃南瓜

南瓜子油

- 帕玛森干酪
- 熟法国蓝钓黄金紫贻贝
- 煮大龙虾
- 黑麦酸面包
- 熟翡麦
- 香煎鹿肉
- 西班牙辣香肠
- 烤茄子
- 烤箱烤土豆
- 罗望子

越橘

- 亚力酒
- 黑巧克力
- 奥弗涅蓝奶酪
- 陈年雪莉酒醋
- 黑麦酸面包
- 启波特雷干辣椒
- 山羊奶酪
- 日本酱油
- 食用大黄
- 茉莉花茶

臭橙

- 酸豆乳
- 穆纳叶
- 黑麦酸面包
- 摩洛哥初榨橄榄油
- 榛子
- 绿茶
- 南瓜
- 软薄荷穗叶
- 哥伦比亚咖啡
- 罗勒

炖柠檬鲽

- 比利时菊苣
- 厚皮菜
- 皱叶莴苣
- 烤栗子
- 棕虾
- 法式褐色鸡高汤
- 淡味切达奶酪
- 煮龙虾
- 黑麦面包丁
- 黄油

烟熏大西洋鲑鱼

- 香茅
- 烤榛子酱
- 烟熏红茶
- 烤肉咖喱酱
- 旧金山酸面包
- 蓝莓
- 煎甜菜根
- 陈年雪莉酒醋
- 塔希提香草
- 油菜花蜜

兰比克啤酒

兰比克啤酒采用干啤酒花和二次发酵工艺，带有独特的果香、酸味、木质香和花香。

兰比克啤酒是比利时特有的啤酒种类，根植于数个世纪的啤酒酿造传统。贵兹啤酒是兰比克的特殊种类，为达到风味平衡而融合不同阶段的啤酒。在瓶内加工过程中，以2∶1的比例将老兰比克和新兰比克啤酒混合，并生成天然香槟酒气泡，口感酸涩。

酿造兰比克啤酒首先将大麦或麦芽谷物煮沸，制成麦芽汁，然后将麦芽汁在无盖大桶中放置过夜。当酒香酵母和其他野生细菌进入麦芽汁时，微生物会将糖分转化为酒精。然后，麦汁被转移到透气的橡木桶中，继续自然发酵过程。与葡萄酒和雪莉酒生产类似，兰比克啤酒表面会形成一层薄酵母菌层，在西语中称为"velo de flor"（花之面纱），以避免氧化，同时消耗可用氧气、碳和甘油。最终酿造的啤酒颜色淡，类似稻草色，口感干爽，风味类似西打。

用于生产贵兹啤酒的兰比克啤酒一般装瓶并陈酿三年，然后再与尚未完全发酵的新酒混合。这些新酒陈酿时间为一年或更短，仍会保留一些糖分物质，在与老酒混合时会引发二次发酵。它们与布鲁塞尔和周边谐纳河谷原生天然酵母和细菌菌株相互作用，引发自发二次发酵过程。这种瓶内加工过程也会产生传统兰比克啤酒所不具备的高浓度碳酸。一经混制调配，一瓶品质上佳的贵兹啤酒可以存放20年之久。

为确保自然发酵进程中仅有酒香酵母属布鲁塞尔和兰比克菌株参与，兰比克啤酒仅在比利时帕杰坦伦地区生产，且只在每年10月至次年5月底气候凉爽时进行。每一瓶贵兹啤酒必须符合传统兰比克啤酒高级理事会（the High Council for Traditional Lambic Beers）定制标准，才能获得传统特产认证。

- 樱桃啤酒（Kriek）是颇负盛名的樱桃风味兰比克啤酒。在最正宗的版本中，将比利时原生酸樱桃（Schaarbeek cherries，产自比利时布鲁塞尔附近地区）整颗浸泡在兰比克啤酒中数月。在此期间，樱桃中的糖分会引发二次发酵。酿造啤酒风味复杂，果香浓郁，还带有扁桃仁香，口感更偏干爽而不甜。

比利时原生酸樱桃数量稀少，一些樱桃啤酒使用不同类型的樱桃或樱桃汁。有些版本仅在发酵结束时加入糖浆，使其芳香味美。

兰比克啤酒的食材搭配

全麦饼干	果香	柑橘香	花香	绿叶香	草本香	蔬菜香	焦糖味	烘烤香	坚果香	木质香	辛辣味	奶酪香	动物气味	化学气味
现磨过滤咖啡														
白蘑菇														
香煎鹌鹑														
韩式辣白菜														
香煎鸭胸														
煮褐虾														
烤肉咖喱酱														
可可粉														
烤野猪肉														
意大利香柠檬														

煮牛肉	果香	柑橘香	花香	绿叶香	草本香	蔬菜香	焦糖味	烘烤香	坚果香	木质香	辛辣味	奶酪香	动物气味	化学气味
肉桂														
干海蓬子														
烤榛子酱														
韩式辣酱														
煮大龙虾														
熟印度香米														
粉蕉														
葡萄干														
甜西番果														
干葛缕子叶														

兰比克啤酒

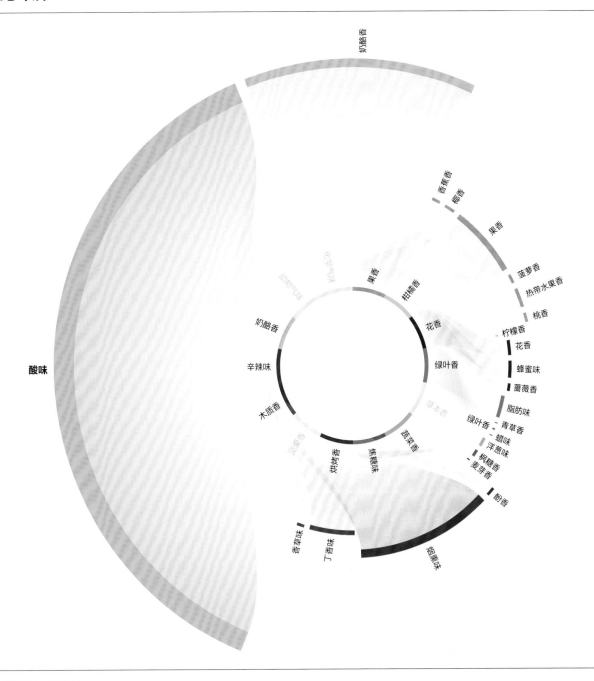

兰比克啤酒的香气特征

大多数传统啤酒使用新鲜啤酒花，以稳固质地，增添苦涩风味，而兰比克啤酒则采用干啤酒花酿造，奶酪香、橡木风味突出，而少了印度艾尔啤酒（India Pale Ale）中苦涩的啤酒花风味。兰比克啤酒中的香蕉等果香是发酵过程中的产物，同时伴随一些花香。柑橘香和蔷薇香来自啤酒花，而枫糖香和麦芽香则源自麦芽。桃香和椰香内酯可能源自麦芽、啤酒花或是发酵过程。兰比克啤酒与白肉搭配相得益彰，如鸡肉、火鸡肉，也可搭配小牛肉或猪肉（见下页）等，而甜面包、甜点和奶酪同样适配。樱桃啤酒等水果酿制兰比克啤酒则是奶酪蛋糕或浓郁果味甜点的绝妙搭档。

	果香	柑橘香	花香	绿叶香	草本香	蔬菜香	焦糖味	烘烤香	坚果香	木质香	辛辣味	奶酪香	动物气味	化学气味
兰比克啤酒	●	●	●	●	●	·	·	●	·	·	●	●	·	·
秘鲁红辣椒	●	·	●	●	·	●	●	●	●	●	●	●	·	·
煮牛肉	·	·	●	●	·	●	●	●	●	●	●	●	●	·
香煎白蘑菇	·	·	●	●	●	●	●	●	●	●	●	●	·	·
全麦饼干	·	·	●	●	·	●	●	●	·	·	●	●	·	·
炖大西洋狼鱼	·	·	●	●	·	●	●	●	●	●	●	●	·	·
杏脯	●	●	●	●	·	●	●	●	●	●	●	●	·	·
梅斯卡尔酒	●	●	●	●	·	●	●	●	●	●	●	●	·	·
接骨木果	●	●	●	●	·	●	●	●	·	·	●	●	·	·
烤肉咖喱酱	●	●	●	●	·	●	●	●	●	●	●	●	·	·
摩洛血橙汁	●	●	●	●	·	·	●	●	·	·	·	●	·	·

肉类

烤牛排和烤鸡胸肉风味差异显著，但生牛肉、鸡肉、猪肉和羊肉风味特征差异要远逊于人们的想象。所有生肉主要带有绿叶香芳香分子，味道温和平淡。

在老化和烹调过程中，各类化学反应会形成新的芳香分子，赋予牛肉、鸡肉、猪肉和羊肉等人们通常所联想的肉类的浓郁风味。当然，其他因素如品种、养殖、饮食、大理石纹理数量等，也会影响肉类风味。至于口感，动物特定肌肉活动量越大，所含胶原蛋白等结缔组织就会越多，肉质就更为坚韧而富有弹性，需要更长烹饪时间嫩化，如文火慢煨牛肉。

草饲肉VS谷饲肉

许多生肉都含有萜烯等芳香分子，它们来自动物食用的植物。草饲牛肉脂肪少，是健康首选，但谷饲牛肉则风味浓郁、鲜美可口。

市场上大部分牛肉都用谷物喂养，牧场饲养肉牛在屠宰前改吃少量干草，并添加大豆、玉米、啤酒麦芽及其他谷物。肉类肌内脂肪增多，形成大理石纹（译者注：大理石纹与肉类风味、嫩度相关，是判断肉类质量的重要标准）。当动物饮食富含谷物时，谷物中挥发性有机化合物会被吸收到动物的脂肪分子中。也就是说，肉类脂肪含量越多，所含芳香分子就越多，风味特征愈复杂。以和牛为例，等级或编号越高，牛肉大理石纹越密集。一些饕客为M12等级和牛（译者注：牛肉等级参照BMS牛肉大理石花纹通用标准，共分为12个等级，编号越高，品质越佳）价格不菲，其大理石纹分布细密，质地细腻香浓，风味浓郁。

一些生产商会在牲畜饲料中添加亚麻籽或橄榄油，以进一步提高肉类风味，如比利时特产橄榄杜洛克猪肉（Duroc d'Olives pork），饲养员在动物饲料中加入橄榄油，产出猪肉颜色深浓、风味浓郁、油香四溢。杜洛克猪肉中吸收了单不饱和油酸，相较其他品种更为软嫩多汁。

淡色肉与深色肉

浅色肉与深色肉之间的争论归根结底是动物肉类部位功能和不同肌肉群使用频率的问题。例如，鸡胸肉由白色肌肉纤维组成，可迅速收缩扩张，以应对突然运动。为此，纤维将储存糖原转化为能量燃料。鸡胸肉比腿肉更瘦，因为胸肌运动频率不高，所含脂肪酸也较少。脂肪酸是芳香分子前体物质，因而鸡腿肉风味更浓郁。

深色肉含有更多的结缔组织，源于长时间反复运动的肌肉群。这些肌肉需要氧气，以便将脂肪转化为能量，在这一过程中，某些蛋白质可协助运输氧气。这些蛋白质富含铁元素，使深色肉呈现出红色。肉中氧气和蛋白质越多，颜色也就越深。

年龄、养殖和饮食同样影响肉中蛋白质的含量，但一般而言，某一组肌肉锻炼频率越高，风味也越浓郁。西冷牛排较之于牛尾或猪大排较之于猪脸颊，风味和口感差异颇为显著。

肉的熟成

肉类风味会随着熟成而提升，某些生化反应在熟成过程中被触发，肉更为味美多汁。当酶开始削弱肌肉组织结构，肌肉更为软嫩时，肉中的蛋白质便被分解成氨基酸，而当脂肪转化为脂肪酸时，糖原亦转化为葡萄糖。这些物质构成其他类型芳香分子前体物质，并经由烧烤转化为新芳香分子，增添肉类风味。一块熟成牛排经烹制后，坚果味浓郁，肉香四溢，正是因为熟成过程。

当然，肉种类不同，熟成时间会有所差异。猪肉一般要熟成1周左右才能食用，而家禽仅从屠宰场到市场就能完成熟成。牛肉经4～6周熟成品质最佳，在此期间，肉中酶会分解，质地更为嫩滑。

肉类必须在气候控制环境中熟成，温度、湿度和含氧量都会直接影响牛肉风味。我们一般建议牛肉熟成时间不超过6周，否则会生成金属味和蓝纹奶酪味，这些会盖过诱人的肉香。

猪大排

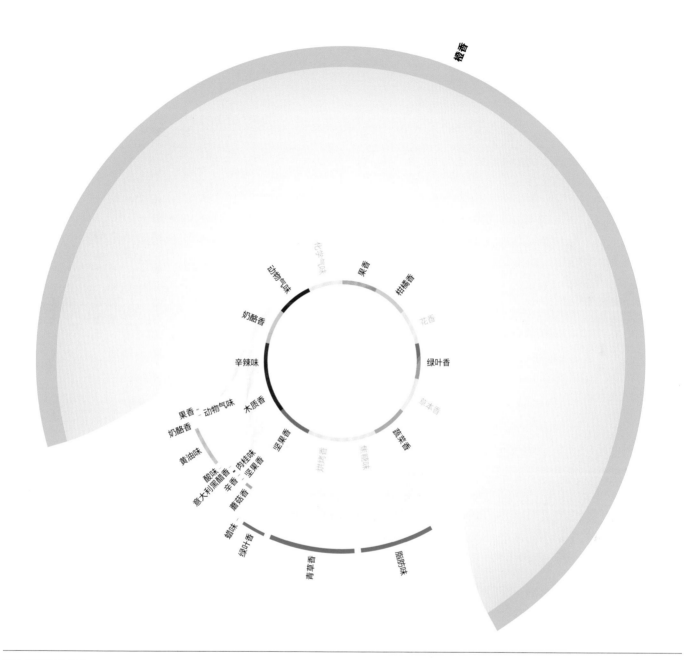

猪大排的香气特征

生猪肉的香气特征介于绿叶脂肪味和绿叶香蜡味之间。通常情况下，化合物辛醛和壬醛的基本香味为柑橘香。而在猪肉中，芳香分子由于浓度高，更多地呈现出绿叶香和蜡味。为增添风味，在烹饪前需将猪里脊肉排腌制至少1小时，潜在腌制原料可参照搭配表格。

	果香	柑橘香	花香	绿叶香	草本香	蔬菜香	焦糖味	烘烤香	坚果香	木质香	辛辣味	奶酪香	动物气味	化学气味
生猪大排	●	●	·	●	·	●	·	·	●	·	·	·	●	●
浓缩石榴酱	●	·	●	●	·	·	·	·	●	·	·	●	·	·
干樱花	·	●	●	·	·	·	·	·	●	·	·	·	·	·
鲜姜根	●	●	·	·	·	·	·	·	·	·	·	·	·	·
番茄	·	●	●	●	·	●	·	·	·	·	·	●	·	·
洋槐蜜	·	·	●	·	·	·	·	·	·	·	·	·	·	·
莳萝	●	●	●	●	●	●	·	·	·	·	·	·	·	·
日本酱油	●	·	●	·	·	·	·	·	·	·	·	●	·	·
味醂（日本甜料酒）	●	·	·	●	·	·	·	·	·	·	·	●	·	·
韩式大酱	●	·	·	·	·	·	·	·	·	·	·	●	·	·
柠檬皮屑	●	●	●	●	·	·	·	●	·	·	·	·	·	·

経典菜品：牛排和炸薯条

油炸土豆会激发美拉德反应（见第183页），生成一些与香煎牛排中相同的芳香分子。

经典搭配：牛肉和橄榄

法国南部卡马格地区名菜红酒炖牛肉（boeuf à la guardiane），传统上采用较坚韧部位的牛肉，在醇厚香浓红葡萄酒中加入黑橄榄和鳀鱼慢煨而成。

生牛肉、熟成牛肉、熟牛肉

生牛肉的香气特征

生牛肉的香气特征主要由绿叶香芳香分子构成，带有绿叶脂肪味和绿叶青草香。名菜鞑靼牛排（译者注：以新鲜碎牛肉与生鸡蛋等混制生食，保留牛肉原有风味）保留了生牛肉清新的风味。生牛肉中同样存在蔬菜香和奶酪香。

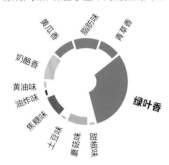

生牛肉	果香	柑橘香	花香	绿叶香	草本香	蔬菜香	焦糖味	烘烤香	坚果香	木质香	辛辣味	奶酪味	动物气味	化学气味
臭橙														
橙子														
蔓越莓														
木槿花														
碧根果														
酥油														
烟熏梨木														
大吉岭红茶														
蚕豆														
荔枝														

42天熟成牛肋骨的香气特征

随着牛肉熟成，香气特征随之改变，风味浓郁，类似牛肉高汤，并带有焦糖风味，近似熟牛肉味道。牛肉熟成时间越长，生成氧化组分就越多。

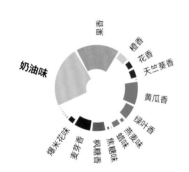

42天熟成牛肋骨	果香	柑橘香	花香	绿叶香	草本香	蔬菜香	焦糖味	烘烤香	坚果香	木质香	辛辣味	奶酪味	动物气味	化学气味
虾夷葱														
皮夸尔黑橄榄														
大虾														
农家切达奶酪														
熟荞麦														
莫利洛黑樱桃														
意大利香柠檬														
秘鲁黄辣椒														
煮灰胡桃南瓜														
白松露														

烤箱烤牛排的香气特征

相较在烤箱中烘烤，香煎牛排的焦糖味、烘烤香和坚果香更为浓郁。

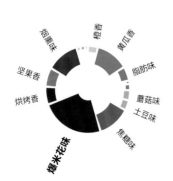

烤箱烤牛排	果香	柑橘香	花香	绿叶香	草本香	蔬菜香	焦糖味	烘烤香	坚果香	木质香	辛辣味	奶酪味	动物气味	化学气味
马德拉斯咖喱酱														
干海蓬子														
烤西葫芦														
鱼子酱														
白蘑菇														
全熟蛋黄														
墨西哥玉米饼														
酥油														
香茅														
炸薯条														

肉类风味

生肉中许多芳香分子是烹饪过程生成迷人风味的前体物质。在升温过程中，美拉德反应和焦糖化等化学反应生成许多新芳香分子。在煮、炖、煎、烧制或烤肉时，风味特征会迥然不同。

新芳香分子形成过程相当复杂。例如，在烹饪牛排时温度调高，会产生数百种新挥发性化合物。温度变化会直接影响芳香分子的数量和浓度。嫩煎牛排会生成不饱和醛和其他风味成分，而烤箱烤牛肉则含有高浓度烘烤香、坚果香化合物。

当烹制牛排时，肉中成分发生化学反应并形成中间体。随后随着烹饪时间增长，这些中间体会继续与其他降解产物发生反应，从而形成复杂挥发性化合物混合物，即生成我们所熟知的熟肉的独特香气。新芳香分子形成主要包括如下五个基本反应。

脂类氧化

脂类氧化在温度在150℃以下时发生，在形成人们通常联想到的牛肉的香气中作用重大。氧化速度部分取决于肉中脂肪酸的组成和浓度。在烹调过程中，这些脂肪酸会发生不同化学反应，形成所谓的中间体，而中间体又进一步反应，生成醛类和酮类等关键芳香族化合物。牛肉烹制温度在150℃以下时，还会生成 γ-内酯、醇类、烃类和酸类。然而，脂类氧化也是肉变质后腐败气味的来源。

硫胺素降解

维生素B（又称硫胺素）降解于温度在150℃以下时发生，生成洋葱味化合物，如硫醇、硫化物和二硫化物。即便在低浓度下，这些分子的香气也类似熟肉，因而构成牛肉香气的关键成分。

要想增强风味，同时保持肉质湿润多汁，可在传统烤箱中设置温度低于120℃，或在水浴中以52℃～55℃低温慢煮。蛋白质在特定温度下会发生变化，让烤箱温度保持在120℃以下，蛋白质就能保持湿润而不会完全变性，肉质软嫩多汁，风味鲜美。此外，窍门是在烹制最后阶段升温，让表面充分焦化褐变，赋予肉类美拉德反应的烘烤风味。

美拉德反应

当烹制温度达到约150℃以上时，会引发美拉德反应，生成诱人芳香分子。在烹调过程中，经由一系列化学反应，糖和氨基酸开始分解，美拉德反应速度急剧增加，高温度烹制肉类也因而更为鲜香可口。然而，美拉德反应也会在低温发生，如意大利烩饭。

烹制牛排时，首先要去除肉表面水分，以确保褐变反应充分。一些厨师将牛排用盐覆盖20～30分钟，正是为了吸干水分，使肉表面干燥，从而更好促成美拉德反应。

美拉德反应生成芳香分子，如乙醛可与斯特克勒尔反应降解产物相互作用，并生成全新挥发性化合物，如吡嗪、噻唑、硫醇和吡咯。

斯特克勒尔反应

肉类中氨基酸在烹制时会发生斯特克勒尔反应，作为美拉德反应的伴生反应，温度约为150℃时发生。反应时生成新型芳香分子斯特克勒尔醛和 α-氨基酮。例如，甲硫氨酸会生成甲硫基丙醛（一种斯特克勒尔醛），赋予肉类熟土豆香味。而甲硫基丙醛又会在长时间高温下分解，形成其他新含硫化合物。斯特克勒尔反应也是分解半胱氨酸的关键一步，这种氨基酸可生成活性化合物，赋予肉类独特风味。

焦糖化反应

在烹调过程中，当温度达到100℃时，肉中水分子蒸发，留下糖分子。随着肉类外部温度上升，当温度达到165℃时，糖类开始焦糖化，在肉表面形成一层迷人的红褐色外壳，伴随生成糠醛和呋喃酮等焦糖味气化合物。

此外，焦糖化反应还会生成更多芳香分子，如粪臭素，这种物质产生于哺乳动物消化道中，气味难闻。同时还有植物中常见的酚类和萜烯。这些芳香分子可能来自土壤微生物活动。

经典搭配：培根和绿扁豆

将绿扁豆与香煎培根一起烹制，赋予豆类诱人肉香，如再加入炖洋葱、韭葱和鲜番茄丁，整道菜会更为味美多汁、滋味丰富。

潜在搭配：培根和黑巧克力

培根中的烘烤香可与黑巧克力完美搭配，其中异戊醇甚至带有巧克力的香味。尝试将酥脆培根碎片与巧克力慕斯组合，巧克力香滑浓郁，培根酥脆可口。

184　烹饪生成芳香化合物

无论是烤牛排还是烤鸡肉，烹制任何肉类都会形成相同芳香分子，仅有速度和浓度差异。

糠醛、呋喃：甜味、焦香、果香、坚果香、焦糖味
呋喃酮：烘烤香、焦糖味、焦香
麦芽酚/异麦芽酚：焦糖味、甜味、果香、面包香、爆米花味
α-二羰基化合物：黄油味、焦香
噻吩：烘烤香、洋葱味或肉香
噻吩酮：爆米花味、坚果香
呋喃硫醇：焦香、硫味或肉香
其他含硫化合物：肉香、洋葱味
醛类：绿叶香、脂肪味、果香
吡嗪类：坚果香、烘烤香、泥土味、土豆味、爆米花味、绿叶香
恶唑啉、恶唑：木质香、霉味、绿叶香、坚果香、甜味、蔬菜香
噻唑啉、噻唑：绿叶香、蔬菜味、肉香、面包香、坚果香
吡咯、吡咯啉：焦糖味、甜味、玉米味、面包香
吡咯啶、吡啶：绿叶香、甜味、坚果香

腌制培根生成芳香化合物

猪肉质地和风味同时在腌制过程中发生改变。在腌制过程中，亚硝酸盐中离子与其他风味前体物质相互作用，生成亚硝胺，赋予培根和其他腌制肉类特有的腌制风味并使腌制肉呈淡粉色。培根中亚硝酸盐离子会抑制脂类氧化，导致醛类物质浓度大幅下降，同时吡嗪、呋喃、吡啶和吡咯等挥发性化合物数量大幅增加。

香煎培根的香气特征
煎制培根会在瘦肉组织和脂肪组织之间引发一系列化学反应，释放诱人香味。

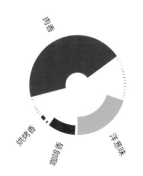

熏鸡配苹果、蚕豆

食物搭配公司的食谱

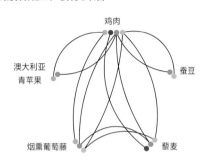

烟熏鸡胸肉可搭配蚕豆泥和清脆澳大利亚青苹果片。将鸡肉用白葡萄酒和橄榄油、柠檬汁和迷迭香腌制一夜，然后置于烤架上烟熏，使用葡萄藤木片，赋予鸡肉木质香、酚香、绿叶脂肪味和坚果混合香气。食用鸡胸肉时，撒上膨化藜麦，口感爽脆、风味迷人。

	果香	柑橘香	花香	绿叶香	草本香	蔬菜香	焦糖味	烘烤香	坚果香	木质香	辛辣香	奶酪香	动物气味	化学气味
香煎培根														
马鲁瓦耶奶酪														
香煎雉鸡														
煮芋头														
烤花生														
红茶														
绿扁豆														
黑巧克力														
煮鲑鱼														
素高汤														
煮去皮甜菜根														

经典菜品：白切鸡
将鸡肉放入肉汤中同煮，可吸收其他食材的风味，风味更有层次。

潜在搭配：鸡肉和甘草
参照下方的鸡胸排的潜在搭配，鸡肉和杏脯塔吉锅还可以有创新做法，用榛子来代替扁桃仁和甘草，深化风味层次。

鸡肉和羔羊肉

生鸡胸排的香气特征
生鸡肉富含醛类和酸类，赋予其青草香，而4-乙烯基愈创木酚分子（常用木质香描述）则使之带有细微的类似苹果的香味。在烹饪前，将肉排腌制至少30分钟，可增添风味。

生鸡胸排（已腌制）	果香	柑橘香	花香	绿叶香	草本香	蔬菜香	焦糖味	烘烤香	坚果香	木质香	辛辣香	奶酪香	动物气味	化学气味
榛子														
杏														
现磨过滤咖啡														
蔓越莓														
秘鲁黄辣椒														
陈年雪莉酒醋														
橘子皮														
椰子														
甘草														
薄荷														

煮鸡胸排的香气特征
烹调鸡肉时，绿叶香、黄瓜香的芳香分子增加，而青草香化合物减少。此外，还形成了新的蔬菜香的蘑菇味和洋葱味。

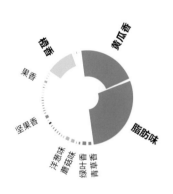

水煮鸡胸排	果香	柑橘香	花香	绿叶香	草本香	蔬菜香	焦糖味	烘烤香	坚果香	木质香	辛辣香	奶酪香	动物气味	化学气味
罗勒														
桂皮														
红茶														
番石榴														
无花果														
西瓜														
海苔片														
塔希提香草														
熟黑婆罗门参														
莳萝														

生羔羊肉的香气特征
羔羊肉含有青草香的醛类、酸类以及柑橘香的辛醛和壬醛，但其独特风味（在成年羊的肉中更为显著）主要源于二甲基硫醚，这是一种在黑松露中发现的含硫植物化合物。烹调前腌制羊肉，以增添风味。

生羔羊肉（已腌制）	果香	柑橘香	花香	绿叶香	草本香	蔬菜香	焦糖味	烘烤香	坚果香	木质香	辛辣香	奶酪香	动物气味	化学气味
昆布														
牛奶酸奶														
烤肉咖喱酱														
小豆蔻籽														
日本柚子														
橙皮														
干牛至														
泰国青椒														
意大利黑醋														
甜菜根汁														

经典菜品：**鲁宾三明治**（Reuben sandwich）

经典美式鲁宾三明治用黑麦面包制作，夹杂咸牛肉、瑞士奶酪、德国酸菜和俄罗斯调味酱（以辣根、红甜椒和香料制成的鸡尾酒酱）。

潜在搭配：**烤羔羊肉和德国酸菜**

德国酸菜在中东欧颇负盛名，用盐水将切成细丝的卷心菜腌制发酵而成。在波兰，酸菜馅波兰饺子（*pierogi*）是平安夜的传统美食。在法国阿尔萨斯，酸菜肉肠（*choucroute garnie*）由德国酸菜、土豆、烤猪肉和香肠烹制而成。

肉类食材的搭配

埃曼塔尔干酪	果香	柑橘香	花香	绿叶香	草本香	蔬菜香	焦糖味	烘烤香	坚果香	木质香	辛辣味	奶酪香	动物气味	化学气味
松饼														
刺松藻														
海鲷														
食用大黄														
番木瓜														
小叶生菜														
金橘皮														
烤南瓜子														
无花果干														
干式熟成牛肉														

德国酸菜	果香	柑橘香	花香	绿叶香	草本香	蔬菜香	焦糖味	烘烤香	坚果香	木质香	辛辣味	奶酪香	动物气味	化学气味
烤羔羊肉														
鲭鱼排														
番木瓜														
辣椒酱														
橘子皮														
水牛奶酪														
辣根														
班兰叶														
洛根莓														
烤开心果														

荞麦	果香	柑橘香	花香	绿叶香	草本香	蔬菜香	焦糖味	烘烤香	坚果香	木质香	辛辣味	奶酪香	动物气味	化学气味
烟熏红茶														
烤多佛鳎鱼														
牛肉														
展会梨														
鲜番茄汁														
芝麻哈尔瓦酥糖														
绿藻														
煮面包蟹肉														
香煎珍珠鸡														
哈瓦那青椒														

烤箱烤土豆	果香	柑橘香	花香	绿叶香	草本香	蔬菜香	焦糖味	烘烤香	坚果香	木质香	辛辣味	奶酪香	动物气味	化学气味
绿橄榄														
橙子														
抹茶														
芫荽叶														
煮甜玉米														
烤菱鲆														
烤开心果														
阿让西梅														
架烤牛肉														
煮茄子														

芜菁甘蓝	果香	柑橘香	花香	绿叶香	草本香	蔬菜香	焦糖味	烘烤香	坚果香	木质香	辛辣味	奶酪香	动物气味	化学气味
乌鱼子														
和牛														
西洋菜														
串番茄														
烤猪五花														
熟黑婆罗门参														
烤榛子酱														
鱼子酱														
烤褐虾														
粉蕉														

亚麻籽	果香	柑橘香	花香	绿叶香	草本香	蔬菜香	焦糖味	烘烤香	坚果香	木质香	辛辣味	奶酪香	动物气味	化学气味
覆盆子														
葡萄														
茄子														
哈瓦那红椒														
清蒸宽叶羽衣甘蓝														
沙丁鱼														
花生酱														
香煎培根														
草菇														
黑巧克力														

经典搭配：羊肉、墨西哥玉米饼和啤酒

如同所有烤肉，羔羊肉与墨西哥玉米饼共享烘烤香和坚果香。而啤酒则与玉米饼共享烘烤香、坚果香、果香和花香，是香辣羊肉塔可饼搭配不二之选。

潜在搭配：火鸡和可可甜酒

在墨西哥美食中，家禽肉和巧克力是经典搭配，如墨西哥辣酱烧鸡。可尝试用火鸡来代替普通鸡肉，并在巧克力酱汁中加入少量可可甜酒，使巧克力风味馥郁。

墨西哥玉米饼

食材	果香	柑橘香	花香	绿叶香	草本香	蔬菜香	焦糖味	烘烤香	坚果香	木质香	辛辣味	奶酪香	动物气味	化学气味
烤羔羊肉														
覆盆子														
红茶														
荔枝														
烤花生														
龙蒿														
黑豆蔻														
煎鸵鸟[注1]肉														
意大利萨拉米香肠														
肯塔基纯波本威士忌														

可可甜酒

食材	果香	柑橘香	花香	绿叶香	草本香	蔬菜香	焦糖味	烘烤香	坚果香	木质香	辛辣味	奶酪香	动物气味	化学气味
法式蔬菜沙拉														
黑麦面包														
煮火鸡														
豌豆														
烤褐虾														
金橘皮														
阿伯丁安格斯牛肉														
埃曼塔尔干酪														
黑莓														
香蕉														

智美蓝帽啤酒（比利时高度艾尔酒）

食材	果香	柑橘香	花香	绿叶香	草本香	蔬菜香	焦糖味	烘烤香	坚果香	木质香	辛辣味	奶酪香	动物气味	化学气味
墨西哥玉米饼														
波本威士忌														
油桃														
烤细鳞绿鳍鱼														
烤羔羊菲力														
橙汁														
煎鸵鸟肉														
梅酒														
佛奥初榨橄榄油														
秘鲁黑辣椒														

阿根廷青酱

食材	果香	柑橘香	花香	绿叶香	草本香	蔬菜香	焦糖味	烘烤香	坚果香	木质香	辛辣味	奶酪香	动物气味	化学气味
烤鸡														
韩式辣白菜														
哥伦比亚咖啡														
榛果酱														
荞麦蜜														
烤开心果														
煮土豆														
格鲁耶尔干酪														
素高汤														
烤苤蓝														

煮紫薯

食材	果香	柑橘香	花香	绿叶香	草本香	蔬菜香	焦糖味	烘烤香	坚果香	木质香	辛辣味	奶酪香	动物气味	化学气味
生蚝														
紫苏叶														
紫叶鼠尾草														
山桑子														
荔枝														
熟黑婆罗门参														
海螯虾														
李杏														
四川花椒														
烤羔羊肉														

野苣菜

食材	果香	柑橘香	花香	绿叶香	草本香	蔬菜香	焦糖味	烘烤香	坚果香	木质香	辛辣味	奶酪香	动物气味	化学气味
大蕉														
番石榴														
黄油														
水煮鸡胸排														
莳萝														
烤小牛胸腺														
油烤扁桃仁														
薄荷														
鲭鱼														
烤绿芦笋														

注1：驼鸟在我国是保护动物。

潜在搭配：培根和夏威夷果

香煎培根中含有一些坚果芳香分子，能与不同种类的坚果构筑联系，夏威夷果、核桃、榛子、栗子和花生（严格来说，花生可归为豆类）都可与其搭配。

经典搭配：肉类和烟熏苹果木

烟熏木常用于为肉类或鱼类增添风味，无论是以木材为燃料的烧烤抑或是食物烟熏炉。各类型食物都可熏制，从牛奶（烟熏风味冰激凌）到巧克力。如果想来一杯烟熏鸡尾酒，则可在杯中制造一些烟雾，然后封盖，让风味充分氤氲。

肉类的食材搭配

188

以下各表的列标题（香气分类）：果香、柑橘香、花香、绿叶香、草本香、蔬菜香、焦糖味、烘烤香、坚果香、木质香、辛辣味、奶酪香、动物气味、化学气味

夏威夷果

- 白萝卜
- 可可粉
- 煎甜菜根
- 双璜酱油
- 橘子
- 香煎培根
- 煮鲑鱼
- 巴约纳火腿
- 塔希提香草
- 韩式大酱

烟熏苹果木

- 草菇
- 圣摩奶酪
- 熟贻贝
- 褐虾
- 加里格特草莓
- 烤牛肉
- 豌豆
- 大蕉
- 阿方索杧果
- 香煎鸭胸

薰衣草蜂蜜

- 石榴
- 清蒸芥菜叶
- 煮柠檬鲽
- 意大利香柠檬
- 熟贻贝
- 草菇
- 紫甘蓝
- 香煎猪大排
- 荔枝
- 夏威夷果

樱桃白兰地

- 伊迪阿扎巴尔奶酪
- 煎甜菜根
- 澳大利亚青苹果汁
- 可可粉
- 煮面包蟹肉
- 烤猪五花
- 煎野林鸽
- 香煎大虾
- 杏
- 烤多佛鳎鱼

花饼藤的花

- 红甜椒
- 炖鳕鱼
- 黑橄榄
- 香煎肥肝
- 蜂蜜
- 烤羔羊肉
- 烤夏威夷果
- 甲壳高汤
- 白芦笋
- 布里欧修

零陵香豆

- 切达奶酪
- 西番莲（百香果）
- 草莓
- 黑蒜泥
- 马德拉斯咖喱酱
- 蓝莓
- 煮牛肉
- 煮面包蟹肉
- 牛奶巧克力
- 肉桂

经典搭配：香煎鹿肉和蘑菇

蘑菇的香气特征包含绿叶香和蘑菇味，煎制鹿肉会生成同种独特蘑菇芳香分子，而煎蘑菇又会生成烘烤香、坚果香和焦糖气味，让这两种食材之联系更趋紧密。

经典搭配：牛肉和黑松露

罗西尼牛排 (Tournedos Rossini) 以烤制布里欧修作底，结合菲力牛排和鹅肝，配以浓缩酱汁和黑松露 (见第190页)，软嫩多汁、鲜香味美。

	果香	柑橘香	花香	绿叶香	草本香	蔬菜香	焦糖味	烘烤香	坚果香	木质香	辛辣味	奶酪香	动物气味	化学气味
香煎白蘑菇														
毛豆														
斯特拉樱桃														
椰枣														
油桃														
煮面包蟹肉														
红甜椒汁														
炖鳕鱼														
香煎鹿肉														
马德拉斯咖喱酱														
酱油膏														

	果香	柑橘香	花香	绿叶香	草本香	蔬菜香	焦糖味	烘烤香	坚果香	木质香	辛辣味	奶酪香	动物气味	化学气味
夏松露														
甜菜根														
牛奶巧克力														
加里格特草莓														
煮牛肉														
米饭														
巴约纳火腿														
熟切达奶酪														
烤飞蟹														
白芦笋														
煮鳕鱼片														

	果香	柑橘香	花香	绿叶香	草本香	蔬菜香	焦糖味	烘烤香	坚果香	木质香	辛辣味	奶酪香	动物气味	化学气味
尚贝里味美思酒														
草菇														
柠檬香蜂草														
干甘菊														
干贝														
烟熏培根														
熟欧芹根														
烤茄子														
格里奥特酸樱桃														
草莓														
杧果														

	果香	柑橘香	花香	绿叶香	草本香	蔬菜香	焦糖味	烘烤香	坚果香	木质香	辛辣味	奶酪香	动物气味	化学气味
橙酒 (果酒)														
熟贻贝														
阿尔贝吉纳初榨橄榄油														
香煎鸡胸排														
蒜泥蛋黄酱														
煮大虾														
煮西蓝花														
小茴香														
姜泥														
烤猪五花														
雪维菜														

	果香	柑橘香	花香	绿叶香	草本香	蔬菜香	焦糖味	烘烤香	坚果香	木质香	辛辣味	奶酪香	动物气味	化学气味
梅子														
巴约纳火腿														
花椰菜														
茴藿香														
大豆味噌														
熟扇贝王														
昆布														
腌鳀鱼														
迷迭香														
烤羔羊肉														
桉树														

松露

松露吸收土壤中的微生物生成的硫酸盐，并通过一系列酶反应将之转化为二甲基硫醚和其他香气活性分子。二甲基硫醚所带的麝香气味是一种关键挥发性物质，吸引猎取松露的猪、犬寻到这些真菌的藏身之地（译者注：由于松露生长在地下，不易采集，人们多培养嗅觉敏锐的猪、犬来寻找松露）。

很少有食材能像松露一样备受追捧。松露这种季节性真菌外观并不显眼，但却拥有一批忠实拥趸，备受厨师和饕客喜爱。每年11月，白松露上市预示着松露季到来，其中名声在外的非阿尔巴白松露（tartufo bianco d'Alba）莫属，以其刺鼻的硫味而备受青睐，在拍卖会上价格不菲。随后上市的是常见的黑松露品种，法国佩里戈尔黑松露（Périgord）就恰逢新年之际上市。

各品种松露香气特征各异，由许多不同挥发性化合物组成，但少数化合物构成松露典型的香气。阿尔巴白松露香气浓郁却短暂，香气特征相较黑松露更为复杂，最好在食用前才将生松露刨片，以防止其脆弱挥发性化合物消散。硫化物二甲硫基甲烷是阿尔巴松露中主要的芳香分子之一，在室温下，它会转化为二甲基二硫醚，蒜味显著。

食品店中出售的松露油和产品均用合成材料制成，通常融合二甲硫基甲烷中的蒜味、二甲基硫醚中的洋葱味以及2-甲基丁醛中的狗骚味。佩里戈尔黑松露微妙的香气特征由数百种硫化物、醇类、酯类、酮类和醛类组成，带有独特的泥土味，挥发性极强，无法持久留香。

雄烯酮

人们对松露中芳香化合物的感知，与人类气味受体基因变异密切相关。如果你不明白为何松露季一直颇受推崇，那么你很可能无法感知雄烯酮这种松露中少量存在的信息素，或受基因影响倾向于讨厌它。

在2007年的一项研究中，美国研究人员探究了人类气味受体OR7D4中基因变异如何影响人们对这一源自男性激素睾酮中化学物质的感知。以猪为例，公猪雄烯酮中麝香的香气会引起母猪兴奋。而人类体味和尿液中同样包含雄烯酮。研究人员首先对人类嗅觉感知的400多个气味受体中的汗液化学物质进行了检测。然后对400名受试者进行DNA测序并调查询问，以确定气味受体OR7D4基因变异与受试者对雄烯酮的反应之间是否存在任何事实相关性。研究发现，有些人认为雄烯酮气味令人反感（汗味、尿味），另一些人认为它好闻（甜味、花香），还有些人则认为它没有气味。

只有35%的人疯狂地沉迷于松露的香气，而另外40%的人则认为它气味恶心，剩下25%的人则无法完全感知松露的气味。有些人对松露泥土味和麝香味高度敏感，完全无法理解为何有人会为了臭味浓郁的佩里戈尔黑松露和阿尔巴白松露一掷千金。

相关的香气特征：白松露

随着硫味的二甲硫基甲烷转化为蒜味二甲基二硫醚，伴随而来的还有烘烤香和奶酪香、辛辣味、坚果香以及鱼中发现的天竺葵花香化合物。

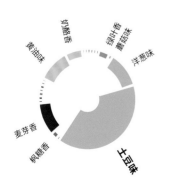

麦芽香　枫糖香　黄油味　奶酪香　绿叶香　蘑菇味　洋葱味　土豆味

	果香	柑橘香	花香	绿叶香	草本香	蔬菜香	焦糖味	烘烤香	坚果香	木质味	辛辣味	奶酪味	动物气味	化学气味
白松露		●	·	●	·	·	·	●	●	·	·	·	·	·
乌鱼子		●	·	●	·	·	●	●	●	·	·	·	·	·
布里欧修		●	·	●	·	·	●	●	●	·	·	·	·	·
煮豆角		·	·	●	●	●	●	●	●	·	·	·	·	·
小豆蔻籽		·	·	●	·	·	●	●	●	·	·	·	·	·
大吉岭红茶		●	●	●	●	●	●	●	●	●	·	●	·	·
水牛奶酪		·	·	●	·	·	●	·	·	·	·	●	·	·
肋眼牛排		·	·	●	·	●	●	●	●	●	·	·	·	·
鱼子酱		·	·	●	·	●	●	●	●	·	·	·	·	·
煮土豆		·	·	●	·	●	●	●	●	●	·	·	·	·
烤多佛鳎鱼		·	·	●	·	●	●	●	●	●	·	●	·	·

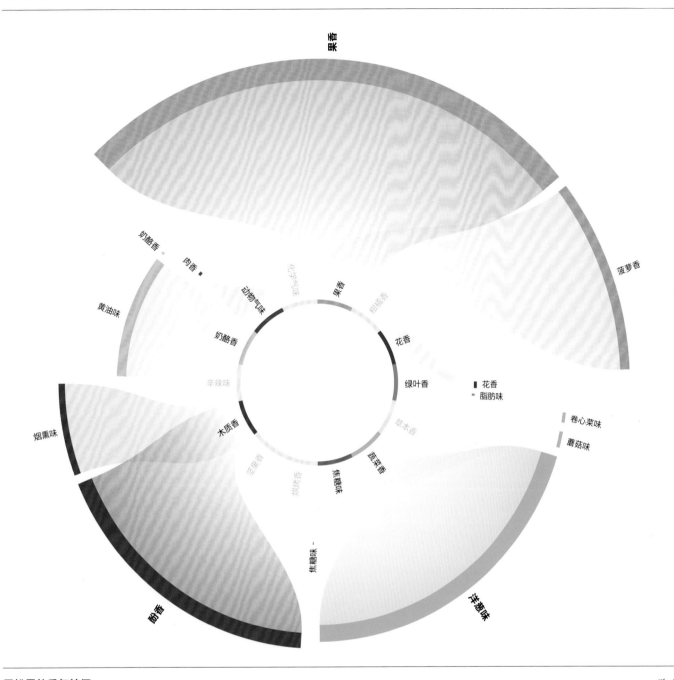

黑松露的香气特征

黑松露含有硫化物二甲基硫醚、二甲基二硫醚和二甲基三硫醚，它们赋予这种芳香真菌蒜味和熟卷心菜味。黑松露还含有辛辣味醛类，如2-甲基丁醛、异戊醛、2-甲基丁醇和异戊醇。此外，其他化合物使松露带有轻微果香和巧克力味。

	果香	柑橘香	花香	绿叶香	草本香	蔬菜香	焦糖味	烘烤香	坚果香	木质香	辛辣味	奶酪香	动物气味	化学气味
黑松露	●	·	●	●	·	●	·	·	●	·	●	·	●	·
甜瓜	●	●	●	·	·	·	·	·	·	·	·	·	·	·
无花果	●	·	●	●	·	·	·	·	●	●	·	·	·	·
白吐司面包	●	·	●	●	·	●	●	●	●	·	·	●	●	·
萨尔齐琼香肠	●	·	●	●	·	●	●	●	●	●	●	●	●	·
融化黄油	·	·	·	·	·	●	●	●	·	·	·	·	·	·
西冷牛排	·	·	●	●	●	●	●	●	●	●	·	·	·	·
淡味切达奶酪	·	·	·	·	·	●	●	●	●	●	·	●	●	·
全熟蛋黄	·	·	·	·	·	●	●	●	●	●	●	●	●	·
煮面包蟹	●	·	●	●	·	●	●	●	●	●	·	·	●	·
松饼	●	·	●	·	·	·	●	●	·	·	·	●	●	·

潜在搭配：白松露和菠萝蜜

菠萝蜜与无花果和面包果是近亲，在素食料理中颇受欢迎。它蛋白质的含量低，但由于质地而成为肉类绝佳的替代品，适宜与各类香料或烟熏味烧烤酱组合。菠萝蜜和白松露共享烘烤香、麦芽香、辛辣味以及热带水果香。

经典搭配：黑松露和奶酪

黑松露配卡蒙贝尔或布里奶酪是晚宴不二之选，而马苏里拉奶酪也适配。这两种食材共享蘑菇蔬菜香、菠萝香和花蜜香。

松露的食材搭配

软肉菠萝蜜	果香	柑橘香	花香	绿叶香	草本香	蔬菜香	焦糖味	烘烤香	坚果香	木质香	辛辣味	奶酪香	动物气味	化学气味
香蕉														
马苏里拉奶酪														
干味美思酒														
桃汁														
阿尔贝吉纳初榨橄榄油														
黑莓														
陈年雪莉酒醋														
白松露														
猪大排														
兰比克啤酒														

马苏里拉奶酪	果香	柑橘香	花香	绿叶香	草本香	蔬菜香	焦糖味	烘烤香	坚果香	木质香	辛辣味	奶酪香	动物气味	化学气味
奎东茄														
绿茶														
烤多佛鳎鱼														
巴约纳火腿														
菠萝														
红菊苣														
黑松露														
香煎肥肝														
番石榴														
鲜食蔷薇花瓣														

云莓	果香	柑橘香	花香	绿叶香	草本香	蔬菜香	焦糖味	烘烤香	坚果香	木质香	辛辣味	奶酪香	动物气味	化学气味
硬西打														
十年陈酿布尔马德拉酒														
黑松露														
接骨木果汁														
可可粉														
奥弗涅蓝奶酪														
烤羔羊菲力														
圣摩奶酪														
芥末														
鲜姜根														

人头马VSOP白兰地	果香	柑橘香	花香	绿叶香	草本香	蔬菜香	焦糖味	烘烤香	坚果香	木质香	辛辣味	奶酪香	动物气味	化学气味
和牛														
日式面包糠														
烤鲽鱼														
辣根泥														
萨尔齐琼香肠														
哈瓦那红椒														
干椰肉														
山羊奶酪														
煮灰胡桃南瓜														
夏松露														

香煎大虾	果香	柑橘香	花香	绿叶香	草本香	蔬菜香	焦糖味	烘烤香	坚果香	木质香	辛辣味	奶酪香	动物气味	化学气味
黑松露														
塞拉诺火腿														
青酱														
甜菜根														
百吉饼														
斯蒂尔顿干酪														
烤牛臀腰肉盖														
烤栗子														
台式鱼露														
干味美思酒														

塞拉诺火腿	果香	柑橘香	花香	绿叶香	草本香	蔬菜香	焦糖味	烘烤香	坚果香	木质香	辛辣味	奶酪香	动物气味	化学气味
黑樱桃利口酒														
中东芝麻酱														
法式褐色鸡高汤														
可可粉														
白松露														
马德拉斯咖喱酱														
香煎大虾														
烤羔羊肉														
格鲁耶尔干酪														
煮鲑鱼														

潜在搭配：黑松露和蜂蜜

黑松露和蜂蜜由花香构筑联系。将两者相结合，只需慢慢加热一些蜂蜜，加入一些松露，并静置10分钟，让香气充分融合。待冷却后过滤。松露味蜂蜜可搭配香草冰激凌或奶酪，风味奢华而迷人。

经典搭配：黑松露和炸薯条

英国国菜炸鱼薯条是将鱼置于面糊中油炸，生成蔬菜香、焦糖味和烘烤香，与炸薯条（见第194页）堪称绝配。而黑松露不仅与鳕鱼共享果香，还可将薯条提升到另一个层次：如果你喜欢比利时和荷兰的薯条蘸蛋黄酱的组合，黑松露蛋黄酱配薯条会为你带来意外之喜。

熟赤豆	果香	柑橘香	花香	绿叶香	草本香	蔬菜香	焦糖味	烘烤香	坚果香	木质香	辛辣味	奶酪香	动物气味	化学气味
可可粉	•	•	●	●	•	•	●	●	●	●	●	●	•	•
黑松露	●	•	●	●	•	•	●	●	•	●	●	•	•	•
启波特雷干辣椒	●	•	●	●	•	•	●	●	●	●	●	•	•	•
甲壳高汤	●	•	●	●	•	•	•	●	●	●	●	•	•	•
42天熟成牛肋骨	●	•	●	●	•	•	•	●	•	●	●	•	•	•
高良姜	•	•	●	●	•	•	•	●	•	●	●	•	•	•
橙色番茄	•	•	●	●	●	•	•	●	•	●	●	•	•	•
炒豆豉	•	•	●	●	•	●	●	●	●	●	●	•	•	•
意大利夏巴塔面包	•	•	●	●	•	•	●	●	●	●	•	•	•	•
烤黄盖鲽	•	•	●	●	•	•	•	●	•	●	•	•	•	•

鳕鱼片	果香	柑橘香	花香	绿叶香	草本香	蔬菜香	焦糖味	烘烤香	坚果香	木质香	辛辣味	奶酪香	动物气味	化学气味
波本威士忌	●	•	●	•	•	•	•	●	•	●	•	•	•	•
野蓝莓果酱	●	•	●	•	•	•	•	•	•	•	•	•	•	•
博斯科普苹果	●	•	●	•	•	•	•	•	•	•	•	•	•	•
甜西番果	●	•	●	•	•	•	•	•	•	•	•	•	•	•
黑松露	●	•	●	•	•	•	•	●	•	●	•	•	•	•
椰汁	●	•	●	•	•	•	•	●	•	•	•	•	•	•
烤花生	●	•	●	•	•	•	•	●	•	•	•	•	•	•
甜樱桃	●	•	●	•	•	•	•	•	•	•	•	•	•	•
韩式大酱	●	•	●	•	•	●	•	●	•	•	•	•	•	•
牛奶巧克力	●	•	●	•	•	•	•	●	•	•	•	•	•	•

花茶	果香	柑橘香	花香	绿叶香	草本香	蔬菜香	焦糖味	烘烤香	坚果香	木质香	辛辣味	奶酪香	动物气味	化学气味
大蕉	•	•	●	●	•	•	•	•	•	•	•	•	•	•
干腌火腿	•	•	●	●	•	•	•	•	•	•	•	•	•	•
紫苏叶	•	●	●	●	•	•	•	•	•	•	•	•	•	•
阿伯丁安格斯牛肉	•	•	●	●	•	•	•	•	•	•	•	•	•	•
白松露	●	•	●	●	•	•	•	•	•	•	•	•	•	•
甜樱桃	●	•	●	●	•	•	•	•	•	•	•	•	•	•
哈瓦那青椒	•	•	●	●	•	•	•	•	•	•	•	•	•	•
帕玛森奶酪	•	•	●	●	•	•	•	•	•	•	•	•	•	•
莲雾	•	•	●	●	•	•	•	•	•	•	•	•	•	•
熟贻贝	•	•	●	●	•	•	•	•	•	•	•	•	•	•

古布阿苏果酱	果香	柑橘香	花香	绿叶香	草本香	蔬菜香	焦糖味	烘烤香	坚果香	木质香	辛辣味	奶酪香	动物气味	化学气味
西冷牛排	•	•	●	●	•	●	•	●	•	●	•	•	•	•
黑松露	●	•	●	●	•	•	•	●	•	●	•	•	•	•
柠檬香蜂草	•	•	●	●	•	•	•	•	•	•	•	•	•	•
熟黑婆罗门参	•	•	●	●	•	●	•	•	•	•	•	•	•	•
巴西莓	●	•	●	●	•	•	●	●	•	•	•	•	•	•
土耳其咖啡	•	•	●	●	•	•	•	•	•	•	•	•	•	•
格鲁耶尔干酪	•	•	●	●	•	•	•	•	•	•	•	•	•	•
烤箱烤汉堡	●	•	●	●	•	●	●	●	•	●	•	•	•	•
烤兔肉	●	•	●	●	•	•	●	●	•	●	•	•	•	•
烤比目鱼	●	•	●	●	•	•	•	●	•	•	•	•	•	•

烤骨髓	果香	柑橘香	花香	绿叶香	草本香	蔬菜香	焦糖味	烘烤香	坚果香	木质香	辛辣味	奶酪香	动物气味	化学气味
黑松露	•	•	●	●	•	•	•	•	•	●	•	●	•	•
熟荞麦面	•	•	●	●	•	•	•	•	•	•	•	•	•	•
绿芦笋	•	•	●	●	•	•	•	•	•	•	•	•	•	•
烤海螯虾	•	•	●	●	•	•	•	●	•	•	•	•	•	•
烤鳐鱼翅	•	•	●	●	•	•	•	•	•	•	•	•	•	•
覆盆子	•	•	●	●	•	•	●	•	•	•	•	•	•	•
煮南瓜	•	•	●	●	•	•	•	•	•	•	•	•	•	•
烤肉咖喱酱	•	•	●	●	•	•	•	●	•	•	•	•	•	•
烤菊苣根	•	•	●	●	•	•	●	•	•	•	•	●	•	•
阿让西梅	•	•	●	●	•	•	●	•	•	•	•	•	•	•

烤小牛胸腺	果香	柑橘香	花香	绿叶香	草本香	蔬菜香	焦糖味	烘烤香	坚果香	木质香	辛辣味	奶酪香	动物气味	化学气味
蚝油	•	•	●	●	•	●	•	●	•	•	•	•	•	•
平菇	•	●	●	●	•	●	•	●	•	•	•	•	•	•
烤红鲻鱼	•	•	●	●	•	●	•	●	•	●	•	•	•	•
烤扁桃仁	•	•	●	●	•	•	•	●	●	•	•	•	•	•
干香蕉片	•	•	●	●	•	•	•	•	•	•	•	•	•	•
黑松露	●	•	●	●	•	●	●	●	•	●	●	•	•	•
烤栗子	•	•	●	●	•	•	●	●	•	•	•	•	•	•
李杏	•	•	●	●	•	•	•	●	•	•	•	•	•	•
浸煮鳟鱼	•	•	●	●	•	•	•	•	•	•	•	•	•	•
柠檬香蜂草	•	•	●	●	•	•	•	•	•	•	•	•	•	•

炸薯条

在热油中炸薯条，可使甲硫基丙醛的熟土豆味更为浓郁，并生成新的烘烤香和焦糖味。

土豆属茄科植物，不可生食。土豆的香气特征会因烹调方式不同而差异显著。生土豆含有2-异丙基-3-甲氧基吡嗪，赋予其泥土气味。熟土豆的独特气味源于特征影响化合物甲硫基丙醛，常见于煮制或烘烤土豆中。而烘烤引发美拉德反应，生成2-乙基-3-甲基吡嗪（带有泥土味和坚果香）和2-乙基-6-甲基吡嗪，后者气味类似黄油味和烤土豆味。在热油或动植物油中油炸土豆会将甲硫基丙醛转化为内酯气味的烷基恶唑和2,4-癸二烯醛，使炸薯条油香浓郁、酥脆可口。

马里斯派柏（Maris Piper）、卡拉（Cara）、西班牙阿格里亚（Spanish Agria）和爱德华王（King Edward）等土豆品种适合用于炸薯条。薯条大小和形状会极大影响到整体口感和外脆内酥的比例。传统炸薯条厚度约为5毫米，而火柴或鞋带薯条则更细，厚度约为3毫米，新鲜食用时更加酥脆（但冷却后容易湿软）。在英国，经典英式薯条通常厚度约15毫米，而牛排薯条厚度则达到约20毫米，这种类型薯条在美国通常连皮同炸。还有一种皱纹炸薯条，用波纹刀切割而成。波浪形使薯条表面更易与油接触，成品更为酥脆可口。

无论是用植物油或是牛油炸，任何一种吃薯条的方式都不会出错。比利时人喜欢用蛋黄酱或咖喱番茄酱搭配炸薯条，而美国人则可以用薯条蘸一切，从番茄酱、酪乳牧场沙拉酱到蒜泥蛋黄酱不等。辣酱奶酪薯条风靡全美，薯条上加入大块牛肉辣酱、香浓切达碎奶酪和洋葱丁。

- 在秘鲁，炸薯条是炒菜中（saltados）的重要配菜。最受欢迎的炒菜是炒牛肉（*lomo saltado*），深受中国风味影响，由腌制西冷牛排、洋葱、甜椒、番茄和炸薯条炒制而成，搭配白米饭同食。
- 肉汁奶酪薯条（Poutine）这道魁北克美食已走出魁北克，成为美食酒吧菜单上的热门菜品。在炸薯条上加奶酪凝乳，并淋上用鸡肉、火鸡或小牛肉制成的浅棕色滚烫肉汁，可在寒冷冬日中抚慰心灵。

煎炸背后的科学原理

了解完美炸薯条背后的科学原理，有助于烹制香脆金黄炸薯条。首先应寻找淀粉含量高、水分含量低的土豆，淀粉含量越高，薯条越容易外焦里嫩、轻盈蓬松。土豆最好不要存放在冰箱里，低温会将淀粉转化为糖分，导致薯条在热油中过快焦化。

然后将土豆去皮，切成条状，并用冷自来水冲洗，以去除多余淀粉。将薯条放入温度为70℃的水中焯水，预煮约30分钟。这样可确保土豆淀粉在油炸前熟透。强化薯条外表面的果胶生成酶，在70℃的温度下也会被激活。

再将薯条从水中取出，拍干后放入冰箱冷却。当残留水分蒸发后，淀粉颗粒会在薯条表面形成一层硬壳。

准备炸制薯条时，将食用油加热到150℃。在热油中炸薯条，直至外壳形成。当薯条外皮变酥脆时，内部的土豆淀粉亦会熟透。烹制完成后，将薯条从锅中取出，并摇晃以去除多余油分。然后再将油温升至180℃～190℃，复炸至表皮呈金黄色。

烹饪用油种类会影响薯条风味。植物油味道平淡温和，最常用于炸薯条。温度升高会使油氧化，并改变其中挥发性化合物浓度，且随着时间推移，(E,E)-2,4-癸二烯醛中的脂肪味会让位于正己醛中的油腻味。为了防止异味形成，需定期更换食用油。

炸薯条

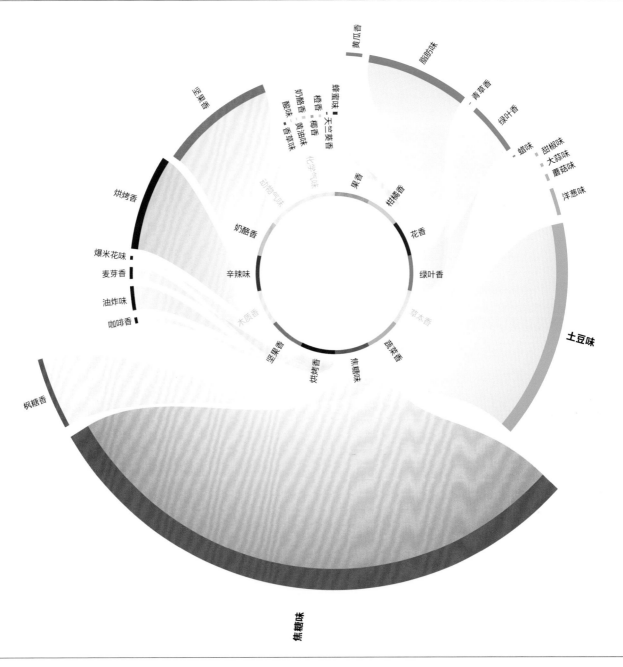

炸薯条的香气特征

土豆中含有甲硫基丙醛，香气类似熟土豆，并在油炸过程中浓度增加。与多种经由热处理的食材一样，薯条中大部分挥发性化合物来自糖类和脂类降解以及美拉德反应。在美拉德反应过程中，土豆中糖类焦糖化，使之带有可口的烘烤和焦糖风味。

	果香	柑橘香	花香	绿叶香	草本香	蔬菜香	焦糖味	烘烤香	坚果香	木质香	辛辣味	奶酪香	动物气味	化学气味
炸薯条														
浓奶油														
卡琳达草莓														
橙皮														
香菇														
日本网纹瓜														
炖黑线鳕														
可可粉														
蚕豆														
香煎雏鸡														
大豆味噌														

经典菜品：青口贝薯条（Moules frites）

青口贝薯条是法国小酒馆经典菜品。将青口贝用白葡萄酒与洋葱、芹菜和黑胡椒粗粒同煮，再搭配薯条食用，是一道下酒好菜。

潜在搭配：薯条和干牛肝菌

炸薯条通常用盐调味，但为何不尝试其他调味料，如伊索特干辣椒和干牛肝菌？薯条上的油有助于吸附调味料。调味薯条可配上一块上好的煎牛肉同食，这些食材共享蔬菜香、焦糖味、烘烤香和坚果香。

薯条的食材搭配

熟法国蓝钓黄金紫贻贝	果香	柑橘香	花香	绿叶香	草本香	蔬菜香	焦糖味	烘烤香	坚果香	木质香	辛辣味	奶酪香	动物气味	化学气味
西班牙辣香肠														
布里奶酪														
甜西番果														
日本网纹瓜														
烤羔羊肉														
炸薯条														
烤榛子														
伊索特干辣椒粉														
煮灰胡桃南瓜														
荔枝														

琉璃苣	果香	柑橘香	花香	绿叶香	草本香	蔬菜香	焦糖味	烘烤香	坚果香	木质香	辛辣味	奶酪香	动物气味	化学气味
辣椒酱														
干牛肝菌														
秘鲁黑辣椒														
煮青蟹														
腌黄瓜														
莫利洛黑樱桃														
鸡油菌														
炸薯条														
干式熟成牛肉														
杏														

西麦尔双料啤酒	果香	柑橘香	花香	绿叶香	草本香	蔬菜香	焦糖味	烘烤香	坚果香	木质香	辛辣味	奶酪香	动物气味	化学气味
榛子														
炸薯条														
帕玛森干酪														
芝麻哈尔瓦酥糖														
熟藜麦														
草莓														
巴氏杀菌番茄汁														
大吉岭红茶														
小豆蔻籽														
炖墨鱼														

红葱头	果香	柑橘香	花香	绿叶香	草本香	蔬菜香	焦糖味	烘烤香	坚果香	木质香	辛辣味	奶酪香	动物气味	化学气味
意大利夏巴塔面包														
现磨过滤咖啡														
班尼狄克丁香甜酒														
夏松露														
烤鸡														
烤飞蟹														
淡味切达奶酪														
油菜花蜜														
炸薯条														
韩式鱼露														

煮芹菜	果香	柑橘香	花香	绿叶香	草本香	蔬菜香	焦糖味	烘烤香	坚果香	木质香	辛辣味	奶酪香	动物气味	化学气味
意大利萨拉米香肠														
龙井茶														
炸薯条														
阿让西梅														
接骨木花														
百香果														
番石榴														
番木瓜														
香煎野鸭														
煮面包蟹肉														

班尼狄克丁香甜酒	果香	柑橘香	花香	绿叶香	草本香	蔬菜香	焦糖味	烘烤香	坚果香	木质香	辛辣味	奶酪香	动物气味	化学气味
巴西坚果														
西班牙辣香肠														
哈斯鳄梨														
巴约纳火腿														
柠檬香天竺葵叶														
枇杷														
煮海鳌虾														
干式熟成牛肉														
格鲁耶尔干酪														
红茶														

经典搭配：薯条和番茄酱

番茄酱和薯条共享焦糖味、奶酪香，而薯条咸香油浓，番茄酱酸甜可口，形成完美对比，让人无法抗拒。

潜在搭配：薯条和山羊奶酪

肉汁奶酪薯条的一个创新做法是在薯条中加入一些醋，增添酸味，风味类似英国炸鱼薯条，然后淋上山羊奶酪（见第198页）和牛肉汁。

番茄酱

果香 柑橘香 花香 绿叶香 草本香 蔬菜香 焦糖味 烘烤香 坚果香 木质香 辛辣味 奶酪香 动物气味 化学气味

- 香煎大虾
- 鲜姜根
- 鳗鱼汤
- 黄油饼干
- 炖柠檬鲽
- 香煎白蘑菇
- 甜瓜
- 烤细鳞绿鳍鱼
- 罗勒
- 肉桂

半硬山羊奶酪

- 萨尔齐琼香肠
- 伊比利亚火腿（黑标）
- 塔希提香草
- 炸薯条
- 番石榴
- 甜樱桃
- 洋槐蜜
- 番茄
- 煮洋蓟
- 阿方索杜果

烤箱烤汉堡

- 玛拉波斯草莓
- 伊索特干辣椒
- 煮豌豆
- 意大利萨拉米香肠
- 蛋黄酱
- 苦艾酒
- 意大利香柠檬
- 煮面包蟹肉
- 烟熏红茶
- 炸薯条

欧当归叶

- 黑巧克力
- 炸薯条
- 熟藜麦
- 香煎白蘑菇
- 普利茅斯金酒
- 龙蒿
- 青酱
- 块根芹
- 意大利香柠檬
- 熟黑婆罗门参

海鳌虾

- 番石榴
- 柠檬香蜂草
- 博斯科普苹果
- 意大利香柠檬
- 炸薯条
- 熟糙米
- 香煎雏鸡
- 大蕉
- 煮豆角
- 烤小牛胸腺

山羊奶酪

山羊奶酪比牛奶奶酪风味更鲜明、突出。鲜羊奶香味特征中挥发性化合物约有一半来自这种反刍动物的饲料。山羊是天生觅食者，家养山羊饮食比奶牛更多样化，饲料由干草、紫花苜蓿、青草和谷物组合而成。

新鲜山羊奶酪比陈年奶酪风味更加细腻。脂肪酸等水溶性化合物是新鲜奶酪风味的主要组成部分，短链和中链脂肪酸在低浓度下仍可感知。随着山羊奶酪成熟，酶随之老化，影响风味和口感。

山羊奶酪中绿叶青草香源于正己醛。其他醛类，如（E）-2-壬烯醛、（E,E）-2,4-壬二烯醛和（E,E）-2,4-癸二烯醛等带有黄瓜清香，由脂类氧化形成。桃香和椰香内酯使山羊奶酪口感甘甜，而奶酪香则来自乙酸、丁酸和己酸等酸类物质。此外，己酸还给新鲜山羊奶酪带来尖利的酸味。

相关的香气特征：山羊奶

相较牛奶纯正温和的风味，生山羊奶中的粪臭素和吲哚等化合物使其带有独特的脂肪蜡味和动物气味。

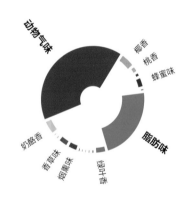

山羊奶的相关食材（香气特征：果香、柑橘香、花香、绿叶香、草本香、蔬菜香、焦糖味、烘烤香、坚果香、木质味、辛辣味、奶酪香、动物气味、化学气味）：

- 山羊奶
- 干腌火腿
- 羊肚菌
- 大吉岭红茶
- 架烤牛肋排
- 红甜椒粉
- 海茴香
- 干式熟成牛肉
- 多宝鱼
- 牡蛎叶
- 甘草

相关的香气特征：巴氏杀菌山羊奶

在巴氏杀菌过程中，生山羊奶中的浓烈动物气味分子几乎完全消失，取而代之的是内酯和醛类。

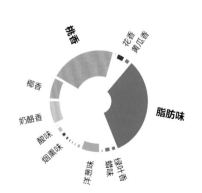

巴氏杀菌山羊奶的相关食材（香气特征：果香、柑橘香、花香、绿叶香、草本香、蔬菜香、焦糖味、烘烤香、坚果香、木质味、辛辣味、奶酪香、动物气味、化学气味）：

- 巴氏杀菌山羊奶
- 迷迭香蜂蜜
- 黑莓
- 百香果
- 腌鳀鱼
- 蔷薇果干
- 黑松露
- 红葡萄
- 肉桂
- 塞拉诺火腿
- 煮土豆

山羊奶酪

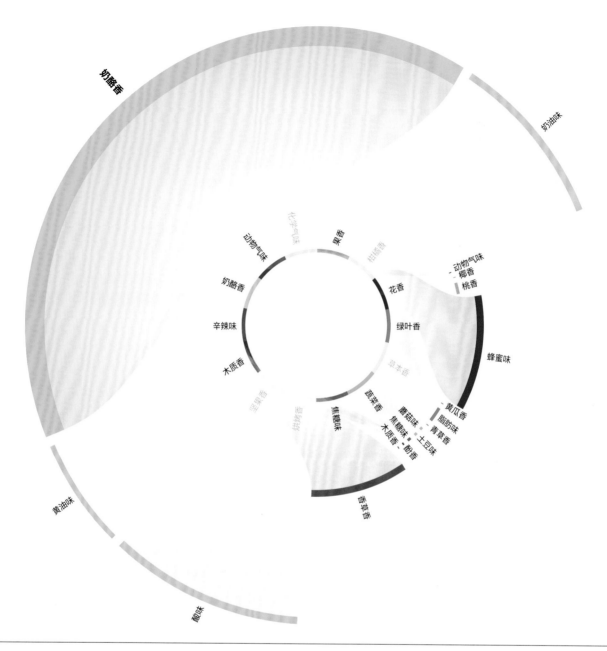

山羊奶酪的香气特征

山羊奶酪带有甘甜、绿叶青草香和黄瓜香，还含有少量焦糖味，是在巴氏杀菌过程中山羊奶中糖类降解后形成的。山羊奶酪中其他芳香分子还包括香草醛和甲硫基丙醛，香气类似熟土豆。

	果香	柑橘香	花香	绿叶香	草本香	蔬菜香	焦糖味	烘烤香	坚果香	木质香	辛辣味	奶酪香	动物气味	化学气味
山羊奶酪	●	·	●	●	·	●	●	·	·	·	·	●	·	·
金华火腿	●	·	●	●	●	●	·	●	·	●	·	●	●	·
蛇果	●	·	●	●	●	●	·	●	·	·	·	●	·	·
毛豆	·	·	●	●	●	●	·	●	·	·	·	●	·	·
小叶生菜	·	·	●	●	●	●	·	●	·	·	·	●	·	·
食用大黄	·	·	●	●	●	●	·	●	·	●	·	●	·	·
黑麦面包	·	·	●	●	●	●	●	●	·	·	·	●	·	·
干式熟成牛肉	●	·	●	●	●	●	●	●	●	●	●	●	·	·
炖大西洋狼鱼	●	·	●	●	●	●	●	●	●	●	●	●	·	·
白灼鱿鱼	·	·	●	●	·	●	●	●	·	●	·	●	·	·
黑蒜泥	·	·	●	●	·	●	●	●	●	●	·	●	·	·

山羊奶酪与羊奶的食材搭配

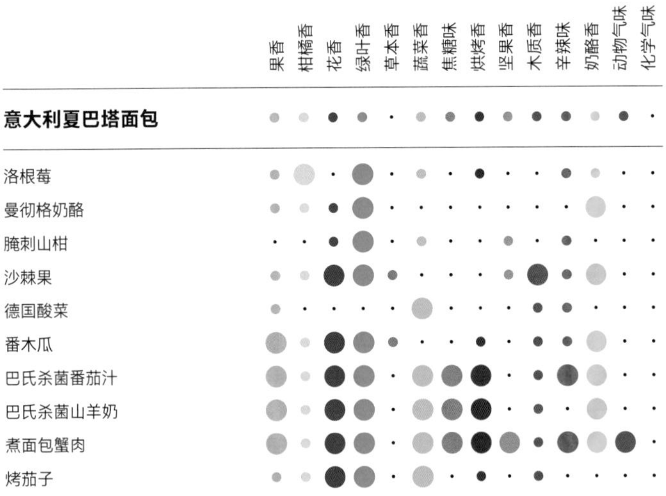

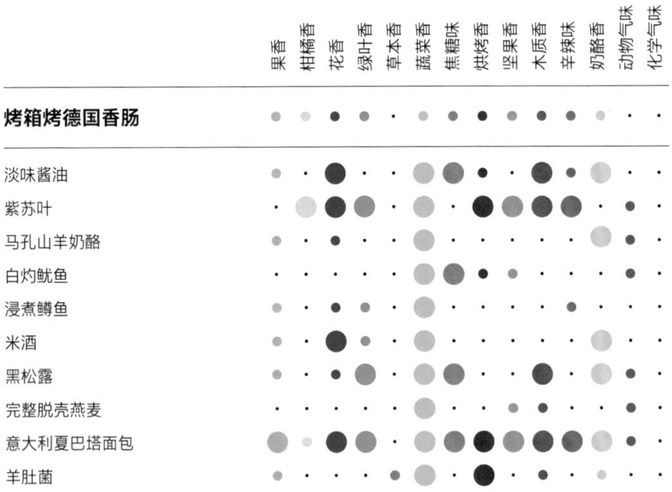

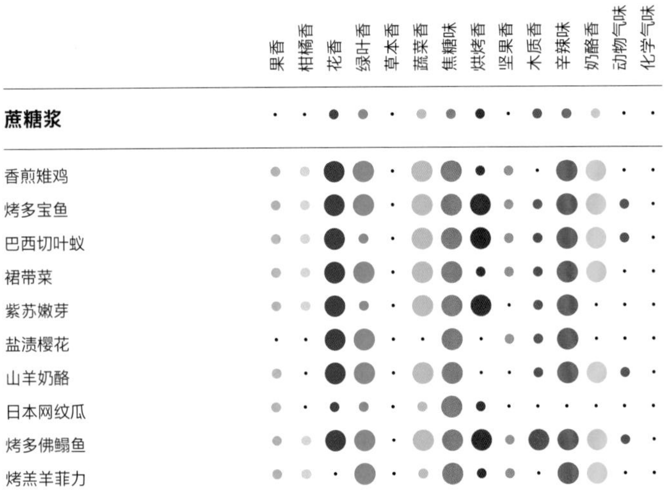

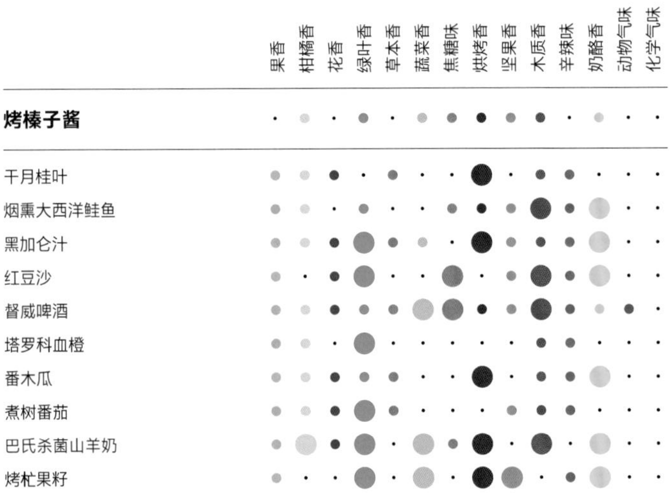

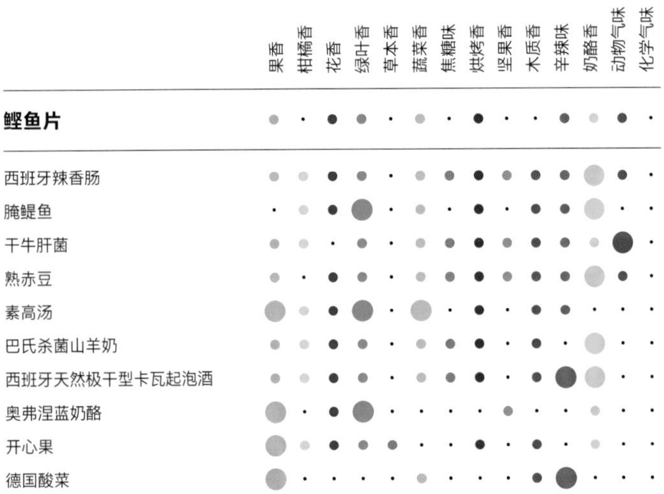

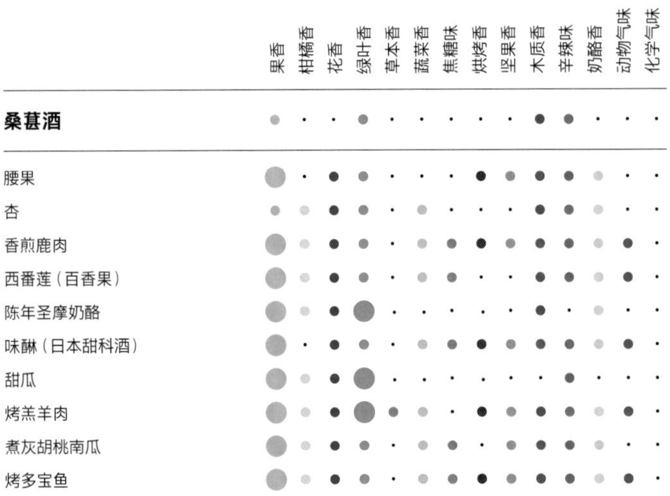

经典搭配：山羊奶酪、蜂蜜和烤面包

温热山羊奶酪、蜂蜜和新鲜百里香搭配烤面包片，是一道开胃佳品，亦可作蔬菜沙拉配菜。

潜在搭配：山羊奶酪和德国香肠

相较牛奶奶酪，山羊奶酪的蜡味和动物气味更浓郁。图灵根香肠是经典的德国香肠，以牛肉和猪肉混合制成，已有数百年历史。这种香肠用马郁兰和葛缕子调味，而鲜山羊奶酪含有奶油味的内酯、花蜜香、蔬菜香和蘑菇味，与图灵根香肠搭配相得益彰。

经典搭配：山羊奶酪和菠菜

希腊菠菜派（Spanakopita）将菠菜、希腊羊乳酪与新鲜香草（如莳萝、马郁兰、牛至和百里香）组合，用黄油酥皮作为薄脆外皮。

经典搭配：山羊奶酪和蓝莓

一盘奶酪、坚果配时令新鲜水果是经典的餐后小食。山羊奶酪中的花香和蜂蜜味同样可见于蓝莓（见第202页）和黑莓，而其绿叶香和青草香则与苹果、梨相搭配。奶酪中的内酯可与草莓、菠萝和杜果搭配。

熟菠菜	果香	柑橘香	花香	绿叶香	草本香	蔬菜香	焦糖味	烘烤香	坚果香	木质香	辛辣味	奶酪香	动物气味	化学气味
粉蕉														
多宝鱼														
豌豆														
煮土豆														
烤箱烤汉堡														
烤黄盖鲽														
烤榛子														
煮鳐鱼翅														
大豆奶油														
野蒜														

番木瓜	果香	柑橘香	花香	绿叶香	草本香	蔬菜香	焦糖味	烘烤香	坚果香	木质香	辛辣味	奶酪香	动物气味	化学气味
鸡油菌														
鲜姜根														
姜黄根														
小豆蔻叶														
李子														
香煎野鸭														
山羊奶酪														
莳萝														
番石榴														
葡萄														

红薯片	果香	柑橘香	花香	绿叶香	草本香	蔬菜香	焦糖味	烘烤香	坚果香	木质香	辛辣味	奶酪香	动物气味	化学气味
卡蒙贝尔奶酪														
覆盆子														
紫苏叶														
炒蛋														
硬西打														
罗勒														
山羊奶酪														
石榴汁														
现磨咖啡														
牛肉														

素高汤	果香	柑橘香	花香	绿叶香	草本香	蔬菜香	焦糖味	烘烤香	坚果香	木质香	辛辣味	奶酪香	动物气味	化学气味
煮甜菜根														
大酱														
山羊奶酪														
香煎培根														
小豆蔻籽														
甘夏蜜柑														
黑豆														
胡萝卜														
芫荽叶														
羽衣甘蓝														

全熟蛋黄	果香	柑橘香	花香	绿叶香	草本香	蔬菜香	焦糖味	烘烤香	坚果香	木质香	辛辣味	奶酪香	动物气味	化学气味
马孔山羊奶酪														
苹果醋														
皮夸尔黑橄榄														
黑松露														
生蚝														
石榴														
埃曼塔尔干酪														
黑麦面包丁														
煮土豆														
煮火腿														

蓝莓

蓝莓具有微妙的清甜果香，而蓝紫色花青素则带来健康抗氧化剂。蓝莓风味和品质最关键的影响因素在于收获时的成熟度，一旦果实被采摘，这两者都无法进一步提升。

消费者健康意识变强，开始关注摄入食物的营养成分，这推动了蓝莓等超级食品在全球风行。人们在早餐麦片、酸奶、奶昔、玛芬蛋糕等食品中加入蓝莓。蓝莓也以各种形式出售：新鲜、冷冻、干果或制成果汁、果酱和蜜饯。为了满足消费者需求，种植者已研发出了可以稳定轮作的欧洲蓝莓栽培品种，使当地超市全年都可供应这种富含抗氧化剂的蓝色小浆果。

这些健康浆果的抗氧化特性源自其蓝色花青素，它有助于抵消人体细胞中代谢产物。花青素的颜色从红橙色到蓝紫色不等，而深色蔬菜和水果，如蓝莓富含保健类的黄酮化合物。另有研究指出，蓝莓不仅有益于抗炎，与心血管健康之间也存在潜在关联。

蓝莓、海螯虾佐扁桃仁大蒜冷汤

食物搭配公司的食谱

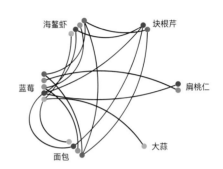

在这道菜谱中，在经典西班牙扁桃仁大蒜冷汤中加入酸甜的蓝莓作为点缀，带来清新风味。扁桃仁大蒜冷汤由扁桃仁、面包、大蒜、橄榄油和醋烹制而成，口感温和恬淡，与蒸海螯虾中的微妙甜味相得益彰。而炖块根芹带有坚果香，可使风味层次更趋丰富。

兔眼蓝莓	果香	柑橘香	花香	绿叶香	草本香	蔬菜香	焦糖味	烘烤香	坚果香	木质香	辛辣味	奶酪香	动物气味	化学气味
	•	•	•	•	•	•		•		•			•
油桃	•	•	•	•	•	•	•			•			•	
柠檬香蜂草	•	•	•	•	•		•				•			
罗勒	•		•	•	•					•	•	•		
干大马士革蔷薇花瓣	•	•	•	•	•	•	•			•				
哈瓦那红椒	•	•	•	•	•		•			•		•		
牛至	•		•	•	•	•			•	•				
鹰嘴豆泥	•		•	•	•	•	•		•	•	•			
清蒸多宝鱼	•	•	•	•	•	•			•					
灰胡桃南瓜泥	•		•	•	•	•			•	•				
萨尔齐琼香肠	•		•	•	•	•	•		•	•	•			

蓝莓醋	果香	柑橘香	花香	绿叶香	草本香	蔬菜香	焦糖味	烘烤香	坚果香	木质香	辛辣味	奶酪香	动物气味	化学气味
	•	•	•	•	•	•	•	•	•	•	•	•	•	•
日本酱油	•		•	•	•	•	•		•	•	•	•		
富士苹果	•	•	•	•	•					•				
烤开心果	•		•	•	•	•			•	•		•		
鳄梨	•		•	•	•	•			•	•				
干牛肝菌	•		•	•	•	•			•	•	•			
煎甜菜根	•		•	•	•	•	•		•	•	•			
烤栗子	•		•	•	•	•	•		•	•				
秘鲁黄辣椒	•	•	•	•	•	•			•	•	•			
煮面包蟹肉	•	•	•	•	•	•			•	•	•	•		
牛肉	•		•	•	•	•	•		•	•	•	•	•	

202

蓝莓

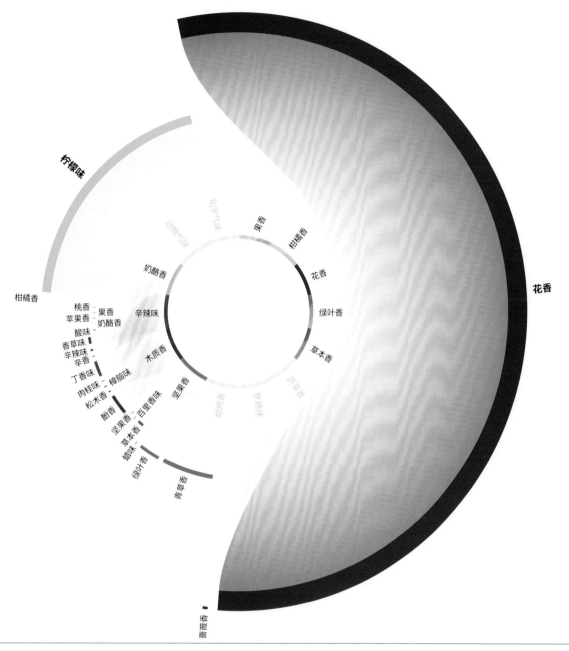

柠檬味

柑橘香

桃香
苹果香
酸味
香草味
辛辣味
辛香
丁香味
肉桂味 樟脑味
松木香
酚香
坚果香 百里香味
草味
绿叶香
青草香
蔷薇香

奶酪香
果香
奶酪香
辛辣味

木质香

坚果香

化学气味
动物气味
果香
柑橘香
花香
绿叶香
草本香
蔬菜香
烘烤味

花香

绿叶香

草本香

蓝莓的香气特征

蓝莓中的花香和柑橘香源自香叶醇和香茅醇分子。在这一浓度下，花香香叶醇分子带有细微果香，而香茅醇则增添柑橘香调。蓝莓中的花香、蔷薇香与荔枝、苹果、覆盆子、番茄和甜菜根搭配相得益彰，而其独特的柑橘香则与橙子、香茅、新鲜芫荽、月桂叶、秘鲁黑薄荷和某些金酒构成天然联系。

	果香	柑橘香	花香	绿叶香	草本香	蔬菜香	焦糖味	烘烤香	坚果香	木质香	辛辣味	奶酪香	动物气味	化学气味
蓝莓	·	·	●	●	·	●	·	·	·	●	●	·	·	·
现磨过滤咖啡	·	●	●	●	·	●	●	●	·	●	●	●	·	·
意大利夏巴塔面包	·	·	●	●	●	●	●	●	·	●	●	●	·	·
粉红佳人苹果	●	·	●	●	●	●	●	·	·	●	●	●	·	·
酢橘	·	●	●	●	·	·	·	·	·	·	·	·	·	·
马郁兰	·	·	●	●	●	·	·	·	·	·	·	·	·	·
蒸韭葱	·	·	●	●	·	·	·	·	·	·	·	·	·	·
诺托莫斯卡托葡萄酒	·	●	●	●	·	·	·	·	·	·	·	·	·	·
意大利萨拉米腊肠	·	·	·	·	·	●	●	·	●	●	●	●	·	·
烤葵花子	·	·	●	●	·	●	●	●	·	·	·	·	·	·
煮西蓝花	●	·	●	●	●	●	·	·	·	·	·	·	·	·

潜在搭配：蓝莓和葎草芽

葎草芽（啤酒花芽）是典型的比利时食材。葎草芽自1月到3月末可采摘，煎制后与水煮蛋和当地虾类一同食用。尝试用蓝莓代替柠檬汁，加入一点酸味丰富风味口感。

潜在搭配：蓝莓和烤鸡

要想搭配烤鸡，可用百里香和迷迭香等香草调味的红酒酱汁。在上桌前，在酱汁中加入一些新鲜蓝莓，带来北欧风情。

蓝莓的食材搭配

葎草芽（啤酒花芽）	果香	柑橘香	花香	绿叶香	草本香	蔬菜香	焦糖味	烘烤香	坚果香	木质香	辛辣味	奶酪香	动物气味	化学气味
波兰蓝纹奶酪														
黑巧克力														
白切鸡														
烤西葫芦														
和牛														
熟贻贝														
烤多宝鱼														
蓝莓														
烤肉咖喱酱														
香煎野林鸽														

烤鸡胸排	果香	柑橘香	花香	绿叶香	草本香	蔬菜香	焦糖味	烘烤香	坚果香	木质香	辛辣味	奶酪香	动物气味	化学气味
烤茄子														
洛根莓														
白蘑菇														
煮中华绒螯蟹														
秘鲁黑薄荷														
甜樱桃														
无花果干														
蓝丰（Bluecrop）蓝莓														
干葛缕子叶														
煮欧防风														

熟眉豆	果香	柑橘香	花香	绿叶香	草本香	蔬菜香	焦糖味	烘烤香	坚果香	木质香	辛辣味	奶酪香	动物气味	化学气味
熟黑婆罗门参														
圣丹尼火腿														
煮面包蟹肉														
蓝莓														
红茶														
布里欧修														
烤榛子														
雪维菜														
烟熏大西洋鲑鱼														
毛豆														

岩高兰浆果	果香	柑橘香	花香	绿叶香	草本香	蔬菜香	焦糖味	烘烤香	坚果香	木质香	辛辣味	奶酪香	动物气味	化学气味
展会梨														
梅酒														
蓝莓醋														
杏子白兰地														
烤多宝鱼														
猕猴桃														
橙皮甜酒														
芫荽叶														
肉豆蔻														
番茄酱														

盐渍樱花叶	果香	柑橘香	花香	绿叶香	草本香	蔬菜香	焦糖味	烘烤香	坚果香	木质香	辛辣味	奶酪香	动物气味	化学气味
烤箱烤土豆														
农家切达奶酪														
巴约纳火腿														
煮鲑鱼														
蓝莓														
黑巧克力														
樱桃番茄														
甜樱桃														
薄荷														
香煎肥肝														

干桉树叶	果香	柑橘香	花香	绿叶香	草本香	蔬菜香	焦糖味	烘烤香	坚果香	木质香	辛辣味	奶酪香	动物气味	化学气味
北京烤鸭														
香煎鹌鹑														
橘子皮														
素高汤														
胡萝卜														
秘鲁黄辣椒														
蓝莓														
摩洛血橙														
四川花椒														
罐装番茄														

潜在搭配：玛尔金酒、蓝莓和莳萝

蓝莓、莳萝、地中海风味的玛尔金酒共享多种芳香分子。调制简易鸡尾酒时，将蓝莓和莳萝加入装有糖和柠檬汁的玻璃酒杯中，一同碾碎。然后加入金酒，顶端加入苏打水或汤力水（译者注：气泡饮料，常加入烈性酒中调配）。

潜在搭配：蓝莓、菊苣和杏子

焦糖菊苣在冬季风味最佳，通常与野味同食，还可搭配蓝莓和各类水果。杏（见第206页）和蓝莓同样带有花香，与菊苣香气相关联。

玛尔金酒	果香	柑橘香	花香	绿叶香	草本香	蔬菜香	焦糖味	烘烤香	坚果香	木质香	辛辣味	奶酪香	动物气味	化学气味
炖鳕鱼														
煮褐虾														
接骨木果														
蓝莓														
架烤牛肉														
帕尔玛火腿														
卡蒙贝尔奶酪														
橙子														
莳萝														
柠檬香蜂草														

菊苣	果香	柑橘香	花香	绿叶香	草本香	蔬菜香	焦糖味	烘烤香	坚果香	木质香	辛辣味	奶酪香	动物气味	化学气味
鲜食蔷薇花瓣														
阿方索杧果														
泰国皱皮柠檬叶														
兔眼蓝莓														
杏														
煮树番茄														
煮西蓝花														
香煎培根														
烤箱烤牛排														
塔罗科血橙														

香蕉片	果香	柑橘香	花香	绿叶香	草本香	蔬菜香	焦糖味	烘烤香	坚果香	木质香	辛辣味	奶酪香	动物气味	化学气味
肯特杧果														
烤小牛胸腺														
帕尔玛火腿														
红甜椒														
黄瓜														
煮鲑鱼														
蜜瓜														
白巧克力														
十年玛尔维萨马德拉酒														
蓝莓														

开菲尔酸奶	果香	柑橘香	花香	绿叶香	草本香	蔬菜香	焦糖味	烘烤香	坚果香	木质香	辛辣味	奶酪香	动物气味	化学气味
梅子														
蓝莓														
西番莲（百香果）														
埃曼塔尔干酪														
烤羔羊肉														
番石榴														
煮灰胡桃南瓜														
葡萄柚														
甜樱桃														
融化黄油														

布莱特樱桃	果香	柑橘香	花香	绿叶香	草本香	蔬菜香	焦糖味	烘烤香	坚果香	木质香	辛辣味	奶酪香	动物气味	化学气味
烤海螯虾														
启波特雷干辣椒														
煮羊肉														
烟熏培根														
蓝丰蓝莓														
琉璃苣														
展会梨														
金盏花														
煮洋蓟														
鳄梨														

206 **杏和桃风味相似，但这种核果体型较小，含有更高浓度芳樟醇和苯甲醛。**

杏与其他夏季核果同为杏属蔷薇科成员。早前4000年前，中国就已开始种植杏和桃。后来，中国商人经由丝绸之路将杏带到了波斯和阿拉伯世界的其余地区。波斯人和阿拉伯人用这种香甜水果制作各种甜点，并加入咸味肉菜中作为点缀。随后，杏又流传至西班牙和欧洲各地摩尔人（译者注：中世纪伊比利亚半岛和西非的穆斯林居民）之间，颇受青睐。

如今，香甜可口的杏广泛分布于世界各地，它生长期短，但保质期亦短，娇嫩表皮容易擦伤，难以运输。因此，相较直接享用新鲜杏，它更常以干果（最适合作零食）、蜜饯、果酱和水果软糖的形式出售。

杏富含果胶，使之具有奶油口感，而果肉富含果胶，使杏干富有嚼劲。有些杏干经二氧化硫处理，以保持其鲜艳橙色，而未经过处理的杏干则会变成棕色，有点像煮熟了。

杏仁富含苯甲醛。在生产杏仁酒的过程中，将苦涩的果核压碎，以释放其中的坚果味和扁桃仁味的化合物。杏仁形似扁桃仁，也可用于制作杏仁糖膏（类似于扁桃仁糖膏），但不要尝试在家制作杏仁膏或扁桃仁膏，因为杏仁和扁桃仁都含有剧毒化合物——氢氰酸。

- 杏和奶制品天然相合，杏肉酸奶便是绝佳搭配。
- 杏味白兰地可由发酵杏汁制成，或由果肉和果核蒸馏而成。
- 摩洛哥塔吉锅常将鸡肉或羊肉与杏干、扁桃仁和鹰嘴豆组合。

杏的食材搭配

	果香	柑橘香	花香	绿叶香	草本香	蔬菜香	焦糖味	烘烤香	坚果香	木质香	辛辣味	奶酪香	动物气味	化学气味
黄李子白兰地														
杏														
百里香蜂蜜														
李杏														
奥弗涅蓝奶酪														
塞拉诺火腿														
罗勒														
烤栗子														
鲜薰衣草花														
煮海鳌虾														
四川花椒														

	果香	柑橘香	花香	绿叶香	草本香	蔬菜香	焦糖味	烘烤香	坚果香	木质香	辛辣味	奶酪香	动物气味	化学气味
鸡汤														
煮火腿														
杏														
古布阿苏果酱														
鱼子酱														
阿让西梅														
油菜花蜜														
红茶														
煮土豆														
烤榛子														
白蘑菇														

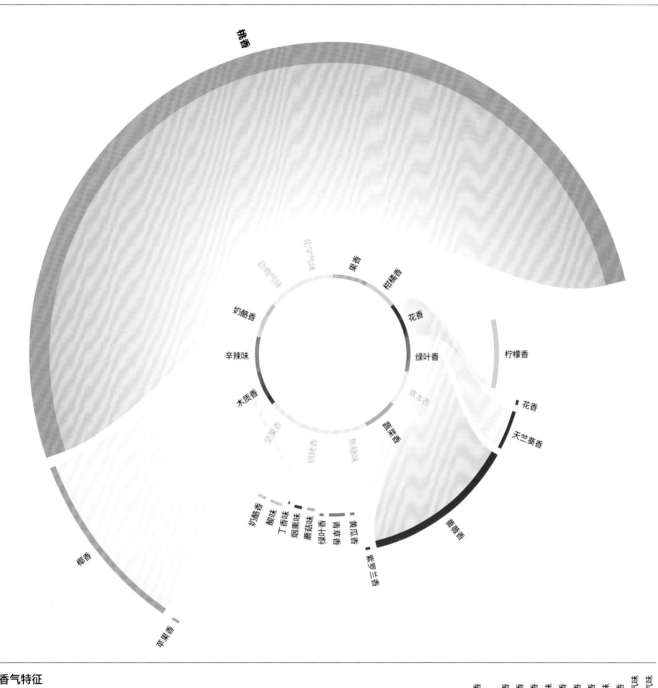

桃香

果香
柑橘香
花香
绿叶香
草本香
蔬菜香
焦糖味
烘烤香
坚果香
木质香
辛辣味
奶酪香
动物气味
化学气味

柠檬香
花香
天竺葵香
蔷薇香
紫罗兰香
草莓香
绿叶香
蘑菇香
烟熏味
丁香味
酸果味
奶酪香

椰香
苹果香

杏的香气特征

与桃相比，杏的香气特征中内酯比例更高，占据多半香气特征，带有桃香和椰香。杏中的蔷薇香和天竺葵香芳香化合物也多于桃。此外，杏中的柠檬香和花香为之与茉莉花（见第208页）等食材构筑芳香联系。

	果香	柑橘香	花香	绿叶香	草本香	蔬菜香	焦糖味	烘烤香	坚果香	木质香	辛辣香	奶酪香	动物气味	化学气味
杏														
煮榅桲														
野苣菜														
炖鳕鱼														
熟阿伯丁安格斯牛肉														
毛豆														
陈年圣摩奶酪														
大高良姜														
海岸葱														
香煎鸭胸														
煮土豆														

茉莉花

茉莉又称阿拉伯茉莉，据称原产于喜马拉雅山南部，后逐渐遍布印度全境并传至东南亚和热带、亚热带各地。茉莉花花色洁白，带有甜美麝香，清香淡雅，令人神往。茉莉花香气特征中一种关键芳香分子吲哚，亦常见于肝脏中。

吲哚的气味带有令人不悦的粪臭味和动物气味。在室温下，吲哚呈固体状态，自然存在于人类粪便中，由氨基酸色氨酸经细菌降解生成。然而在极低浓度下，它亦散发花香，构成各类花香和香水的组成成分。香水行业在香水和古龙水中加入自然萃取的茉莉花精油，吲哚含量通常为2.5%。

茉莉花中吲哚浓度高于其他任何原料，但要从茉莉花中提取香气，实际操作却十分困难。茉莉花开花时间仅有24小时，在此期间才能感知吲哚，而更复杂的是，一旦茉莉花接触到溶剂，花蕾就会停止释放吲哚。

在中国，早在南宋时期（1127—1279年），人们就已开始将茉莉清香注入茶中。从6月上旬至8月末，茉莉花被采摘并存放在阴凉处，直至傍晚开放。人们将芬芳的花朵铺在托盘上，交替铺上层层绿茶、乌龙茶、白茶，甚至是松散的红茶叶，让它们在夜间吸收茉莉花的甜美花香。第二天再更换新花朵，这样重复多次。让茶叶充分氤氲花香，品质升级。制作传统茉莉龙珠茶，需将绿茶或白茶的叶子蒸至柔软，然后动手将干枯茉莉花瓣与茶叶卷在一起，并用低温烘干。

- 茉莉花和肝脏组合是探究食物搭配之道的原生动力（见第9页）。主厨相劭·德甘伯在他的餐厅里将鹅肝慕斯与茉莉花凝胶相组合，鹅肝香浓顺滑，注入茉莉花清香，完美相融。

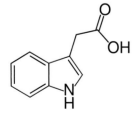

吲哚

吲哚是一种带有动物气味的基本成分。

茉莉花荔枝蛋白酥

长江桂子（Keiko Nagae），芳芳餐厅（Arôme），巴黎

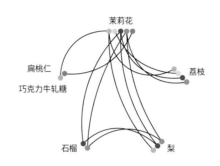

在幼年时一次巴黎家庭旅行中，长江桂子首次品尝到了漂浮之岛（œufs à la neige，由煮好的蛋白配英式奶油组成），这道经典法式甜点风味完全不同于与其在家乡东京的风味，让她至今难以忘怀。在法国蓝带餐饮学院（Le Cordon Bleu）获得蓝带西点文凭后，长江桂子进入行业内知名餐厅担任蛋糕师，从巴黎拉杜丽餐厅（译者注：Ladurée，巴黎著名高级甜点品牌）到伦敦皮埃尔·加涅尔所负责的Sketch西餐厅。如今，她创立糕点顾问公司芳芳，为众多国际客户提供咨询与合作。

长江桂子通悉东西方食材和烹饪技术，将东西风味与质地相融。在本食谱中，她从中国美食中汲取灵感，在精致的方块蛋白霜中完美平衡茉莉花茶和荔枝风味。在方块蛋白霜中注入轻盈茉莉花味慕斯，融入茉莉花甜迷人芳香。用勺子轻敲蛋白霜外衣，精心调制的芳香内馅便映入眼帘：梨子雪芭清凉爽口，上面点缀酸涩的石榴籽，茉莉花味慕斯中包裹着荔枝嗜喱和酥脆扁桃仁巧克力牛轧糖。最后将蛋白霜置于一层雪白粉状的橄榄油的上方，再配上茉莉奶油酱。

茉莉花

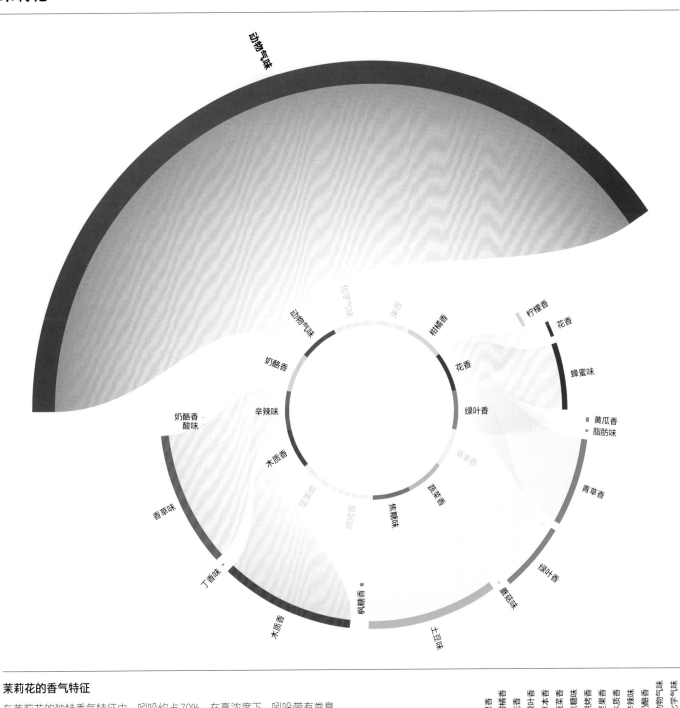

茉莉花的香气特征

在茉莉花的独特香气特征中，吲哚约占70%。在高浓度下，吲哚带有粪臭味，而在低浓度下则带有花香。茉莉花独特香气中的许多挥发性化合物都含有鲜明花香，乙酸苄酯带有茉莉花香，茉莉酮带有轻微茉莉花香，苯乙酸带有蜂蜜味的甜美花香和些许动物气味，而芳樟醇则具有花香、木质香和细微的柑橘香。

	果香	柑橘香	花香	绿叶香	草本香	蔬菜香	焦糖味	烘烤香	坚果香	木质香	辛辣味	奶酪香	动物气味	化学气味
茉莉花	·	○	●	●	●	·	○	○	·	●	●	●	●	·
干泰国皱皮柠檬叶	·	○	●	●	●	○	·	·	·	●	·	·	·	·
褐虾	·	·	○	○	●	●	○	●	·	●	·	·	·	·
煮土豆	·	·	●	●	●	●	●	●	○	●	○	○	○	·
熟扇贝王	·	·	●	●	●	●	●	●	○	●	·	○	○	·
煮龙虾	·	·	●	●	●	●	●	●	○	●	·	○	●	●
黄甜椒酱	·	○	●	●	●	●	●	●	●	●	·	●	●	·
甜瓜	·	○	●	●	●	○	○	○	·	●	·	○	·	·
雪维菜	·	○	●	●	●	●	●	●	○	●	·	●	●	·
哈登杜果	·	○	●	●	●	●	●	○	○	●	·	●	●	·
烤大雁	○	○	●	●	●	●	●	●	·	○	·	●	●	·

食谱搭配：茉莉花、荔枝和梨

在长江桂子的甜品（见第208页）中，这三种食材共享花香，而来源不同。茉莉花香味源于吲哚，而荔枝花香源自香叶醇和橙花醇（柑橘味花香调），而梨中的花香则来自β-大马酮，香气更接近梨香。

潜在搭配：茉莉花和菲奈特·布兰卡酒

菲奈特·布兰卡酒是一种苦味酒，即苦味药草酒，精选大黄、洋甘菊和藏红花等27种原料酿造而成。最早在19世纪中期，菲奈特作为一种滋补灵药流行，而如今通常作为餐后酒促进消化或加入鸡尾酒中饮用。此酒虽不曾有过当年号称的治疗霍乱之功效，但的确让人心情舒畅愉悦。

茉莉花的食材搭配

食材香气搭配图表，列头为：果香、柑橘香、花香、绿叶香、草本香、蔬菜香、焦糖味、烘烤香、坚果香、木质香、辛辣味、奶酪香、动物气味、化学气味

荔枝
- 红茶
- 白吐司面包
- 接骨木花
- 香煎猪大排
- 番石榴
- 巴氏杀菌番茄汁
- 意大利香柠檬
- 威廉姆梨
- 煮欧防风
- 干木槿花

利瓦罗奶酪
- 野生草莓
- 味醂（日本甜料酒）
- 杧果
- 茉莉花
- 波本香草
- 煮面包蟹肉
- 煮灰胡桃南瓜
- 甘草
- 烤羔羊肉
- 雪维菜

百里香蜂蜜
- 蜜瓜
- 百吉饼
- 草莓
- 鸡胸排
- 白芦笋
- 香煎野林鸽
- 韩式大酱
- 皮夸尔黑橄榄
- 茉莉花
- 豪达奶酪

菲奈特·布兰卡酒
- 蔓越莓
- 奶油生菜
- 煮土豆
- 腌黄瓜
- 柠檬香蜂草
- 罗马绵羊奶酪
- 生蚝
- 茉莉花
- 椰子
- 葫芦巴叶

巴约纳火腿
- 黄甜椒酱
- 秘鲁黑辣椒
- 煮龙虾尾
- 大吉岭红茶
- 木薯酱
- 竹荚鱼
- 茉莉花
- 绿橄榄
- 罐装椰奶
- 西番莲（百香果）

干平菇
- 烤鳐鱼翅
- 秘鲁红辣椒
- 甜西番果
- 烤苤蓝
- 意大利香柠檬
- 茉莉花
- 海苔片
- 香煎猪大排
- 烤扁桃仁
- 甜樱桃

潜在搭配：茉莉花和雪维菜

雪维菜又称山萝卜，在19世纪盛行一时，而今又因其可食用块茎而重新栽培。雪维菜收获季在7月至9月之间，但却被当作一种冬季蔬菜。在阴凉处存放数月后，其中淀粉会分解为糖类，甜味更浓。

潜在搭配：茉莉花和金酒

要在金酒（见第212页）中融入花香，可在瓶中加入一些新鲜茉莉花，然后静置，让花香充分氤氲。若想丰富花香层次，亦可尝试加入一些接骨木花枝。

雪维菜

果香・柑橘香・花香・绿叶香・草本香・蔬菜香・焦糖味・烘烤香・坚果香・木质香・辛辣味・奶酪香・动物气味・化学气味

	果香	柑橘香	花香	绿叶香	草本香	蔬菜香	焦糖味	烘烤香	坚果香	木质香	辛辣味	奶酪香	动物气味	化学气味
半硬山羊奶酪														
干平菇														
帕尔玛火腿														
蓝丰蓝莓														
烤栗子														
烤茎蓝														
土耳其咖啡														
茉莉花														
烤飞蟹														
烤野猪肉														

孟买蓝宝石东方金酒

	果香	柑橘香	花香	绿叶香	草本香	蔬菜香	焦糖味	烘烤香	坚果香	木质香	辛辣味	奶酪香	动物气味	化学气味
尖吻鲈														
牛奶巧克力														
盐渍鳕鱼干														
烤箱烤土豆														
蓝丰蓝莓														
裙带菜														
李杏														
茉莉花														
酸浆果														
芥末														

粉蕉

	果香	柑橘香	花香	绿叶香	草本香	蔬菜香	焦糖味	烘烤香	坚果香	木质香	辛辣味	奶酪香	动物气味	化学气味
农家切达奶酪														
干月桂叶														
甜菜根														
甘草														
茉莉花茶														
大高良姜														
干式熟成牛肉														
秘鲁红辣椒														
烤兔肉														
炖柠檬鲽														

花椰菜

	果香	柑橘香	花香	绿叶香	草本香	蔬菜香	焦糖味	烘烤香	坚果香	木质香	辛辣味	奶酪香	动物气味	化学气味
黑莓														
梅子														
荔枝														
熟贻贝														
熟单粒小麦														
煮柠檬鲽														
烤肉咖喱酱														
香煎鹌鹑														
茉莉花														
熟糙米														

金酒

伦敦干金酒经加入杜松子、芫荽籽、当归、鸢尾根和干橘子皮等植物药材后蒸馏而成，带来特有的松木香、花香、柑橘香、泥土气味、木质香和辛辣樟脑味。

早在17世纪，英国人便采用杜松子和当地植物共同蒸馏，酿成最古老的伦敦金酒。然而这种金酒口感粗糙，不够圆润，于是便加入糖来使口感柔和，这种加糖金酒即老汤姆金酒。

金酒以酒精含量为96%的中性谷物基酒，加入杜松子和各类芳香植物和香料，经二次蒸馏而成。杜松子的香气是金酒最显著的香气特征，而不同品牌会加入一定比例的芳香药材和原料，打造独特品牌特征，创造个性化表达。

金酒以其原料来源特殊性、产地和严格遵守传统生产方法而获地理标志认证。当今仅有西班牙马翁金酒和立陶宛维尔纽斯金酒享有这一认证。为维持这一地位，欧盟要求酿酒生产商在蒸馏过程中严格遵照预定植物药材比例，不允许添加任何其他成分。

伦敦干金酒代表金酒生产风格，而非指局限于伦敦出产。伦敦金酒仅加入水和少量甜味剂（每升成品含糖量不超过0.1克），此外不得添加任何人工着色剂、调味剂或额外成分，其风味完全源自谷物和天然植物原料酿造而成的中性基酒。伦敦金酒又可称伦敦干金酒。

番茄、绿茶、橄榄油金酒鸡尾酒

食物搭配公司的食谱

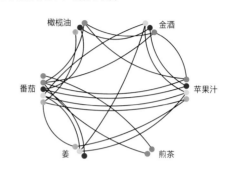

油和其他液体不易相融，调制此鸡尾酒的诀窍是将油加入另一成分中使之乳化，在本食谱中采用的是蛋清。首先将生姜浸泡在绿茶味糖浆中，然后将糖浆倒入鸡尾酒调制器中，同时加入番茄汁、金酒、蛋清、橄榄油和少许苹果汁以增添甜度，不停搅拌直至形成乳状液体，然后加入冰块。将混合物过滤到玻璃杯中，静置几秒后生成泡沫。

相关的香气特征：普利茅斯金酒

相较伦敦金酒，普利茅斯金酒加入了更多的根茎原料，泥土气味更浓而干爽程度趋弱。其香气特征中的松木香减少，而微妙的杜松子香、柑橘香和花香挥发性化合物增多。

	果香	柑橘香	花香	绿叶香	草本香	蔬菜香	焦糖味	烘烤香	坚果香	木质香	辛辣味	奶酪香	动物气味	化学气味
普利茅斯金酒	·	·	●	●	·	·	●	●	·	●	●	·	·	·
芫荽叶	·	·	●	●	●	●	·	·	·	●	●	·	·	·
开心果	·	·	●	●	●	·	·	●	·	●	●	·	·	·
香茅	·	·	●	●	·	·	·	·	·	●	●	·	·	·
鼠尾草	·	·	●	●	●	·	·	·	·	●	●	·	·	·
肉桂	·	·	●	●	·	·	·	●	·	●	●	·	·	·
印度长胡椒	·	·	●	·	·	·	●	●	·	●	●	·	·	·
葡萄柚	·	●	●	●	·	·	·	·	·	●	●	·	·	·
黑豆蔻	·	·	●	●	·	·	·	●	·	●	●	·	·	·
塞利姆胡椒	·	·	●	·	·	·	·	●	·	●	●	·	·	·
甘夏蜜柑	·	●	●	●	·	·	·	·	·	●	●	·	·	·

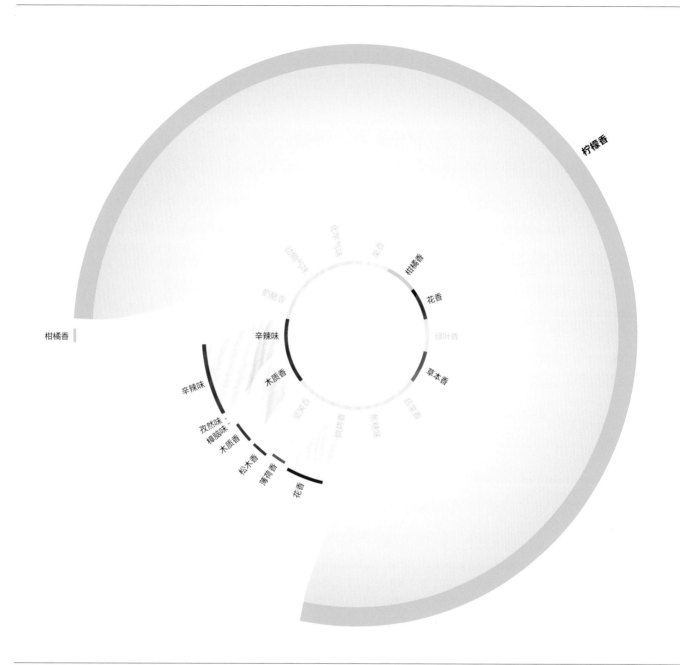

伦敦干金酒的香气特征

伦敦金酒在原基酒基础上加入天然植物和香料二次蒸馏，风味平衡。这款干金酒甜度低（每升成品中不得添加超过 0.1 克糖或添加剂），但香气复杂。伦敦干金酒中的松木香、花香、柑橘香和类似樟脑味的杜松子香鲜明，同时包含绿叶香、果香和烘烤香（如搭配表格所示）。其他典型成分如芫荽籽带来柑橘香、花香和辛辣味，欧白芷和鸢尾根赋予泥土气味、木质香、花香基调，而干橘子皮则带来柑橘香和绿叶脂肪味。

	果香	柑橘香	花香	绿叶香	草本香	蔬菜香	焦糖味	烘烤香	坚果香	木质香	辛辣味	奶酪香	动物气味	化学气味
伦敦干金酒	●	●	●	●	●	·	·	●	·	●	●	·	·	·
烤夏威夷果	●	●	●	●	·	·	·	●	·	●	●	·	·	·
熟法兰克福香肠	●	●	●	●	●	●	·	●	●	●	●	·	·	·
干式熟成牛肉	●	●	●	●	●	●	·	●	●	●	●	·	·	·
红薯片	·	●	●	●	●	·	·	·	·	●	●	·	·	·
熟单粒小麦	●	●	●	●	●	·	·	·	·	●	●	·	·	·
黑胡椒	●	●	●	●	●	·	·	·	·	●	●	·	·	·
鲜薰衣草花	●	●	●	●	●	·	·	·	·	●	●	·	·	·
金橘皮	●	●	●	●	●	·	·	·	·	●	●	·	·	·
芫荽籽	·	●	●	●	●	·	·	·	·	●	●	·	·	·
咖喱叶	●	●	●	●	●	·	·	·	·	●	●	·	·	·

潜在搭配：金酒和黑加仑叶

黑加仑叶富含维生素C和抗氧化剂，可制作草本茶。将叶子切碎并放入沸水中泡制15～20分钟，热饮或冷却后饮用均可。加糖的凉黑加仑叶茶可加入鸡尾酒中，作用类似调味糖浆。

食用金酒鸡尾酒

金橘、芫荽籽风味金酒冻是一款固态金酒鸡尾酒，可以给顾客带来无与伦比的味觉体验。在金酒中加水稀释，并加入明胶混合，放入盘中静置。将金酒冻切块，淋入金橘果酱，再撒上碎芫荽籽。这款鸡尾酒酸甜适中，可完美平衡金酒冻中酒精味。

荷兰金酒：低地国家的杜松子风味烈酒

　　荷兰金酒历史源远流长。在16世纪之前，比利时人和荷兰人就已开始生产麦芽酒，以黑麦、玉米和小麦粗炼蒸馏而成，带有烘烤香、麦芽香和绿叶香燕麦风味。后荷兰东印度贸易公司垄断香料贸易，酒厂很快便使用异国香料来改善荷兰金酒的风味。

　　杜松子在荷兰语中被称为"*jeneverbes*"，至今仍是荷兰金酒主要原料，此外还加入各类植物药材。在八十年战争（1568—1648年，即荷兰独立战争，荷兰清教徒为反抗西班牙统治而展开）和三十年战争（1619—1648年，欧洲近代史上第一场大规模国际战争，起因于政治与宗教之间的冲突）期间，荷兰盟友英国士兵发现了"荷兰勇气"金酒，并将之带回国。但直到1689年奥兰治国王威廉登上王位后，荷兰金酒才在英国迅速盛行，名称也从"jenever"演变为"genever"，最终缩略为"gin"。

荷兰金酒

	果香	柑橘香	花香	绿叶香	草本香	蔬菜香	焦糖味	烘烤香	坚果香	木质香	辛辣味	奶酪味	动物气味	化学气味
草莓														
烤箱烤培根														
粉红佳人苹果														
烤箱烤汉堡														
肉豆蔻														
绿胡椒														
迷迭香														
塔罗科血橙														
胡萝卜														
龙蒿														

杜松子

	果香	柑橘香	花香	绿叶香	草本香	蔬菜香	焦糖味	烘烤香	坚果香	木质香	辛辣味	奶酪味	动物气味	化学气味
石榴														
干葛缕子叶														
碧根果														
莳萝														
烤猪五花														
橘子														
荔枝														
葡萄														
香煎雉鸡														
秘鲁黄辣椒														

黑加仑叶

	果香	柑橘香	花香	绿叶香	草本香	蔬菜香	焦糖味	烘烤香	坚果香	木质香	辛辣味	奶酪味	动物气味	化学气味
青酱														
素高汤														
柠檬皮屑														
普利茅斯金酒														
迷迭香														
甘夏蜜柑														
八角														
大茴香籽														
香茅														
尚贝里味美思酒														

甘夏蜜柑

	果香	柑橘香	花香	绿叶香	草本香	蔬菜香	焦糖味	烘烤香	坚果香	木质香	辛辣味	奶酪味	动物气味	化学气味
牛奶巧克力														
烤开心果														
伊比利亚火腿（黑标）														
熟单粒小麦														
十年玛尔维萨马德拉酒														
桑葚														
伊比利亚猪猪油														
猕猴桃														
煮西蓝花														
沙丁鱼														

经典搭配：金酒和烤坚果

烤坚果佐鸡尾酒是绝佳组合。可尝试用香料（可选取与喜爱金酒适配品种）为坚果调味：先在坚果上外敷蛋白，然后与香料混合均匀，并放入烤箱中低温烘烤。

主厨搭配：金酒和橄榄

一位同事曾向我们发起挑战，即是否能用番茄汁、绿茶、生姜、橄榄油和金酒调制鸡尾酒。调制食谱可见于前文第212页。同样还可在金酒和饮料中加入几滴调味橄榄油，或直接在马丁尼酒中加入一两颗橄榄（见第216页）。

金酒的食材搭配

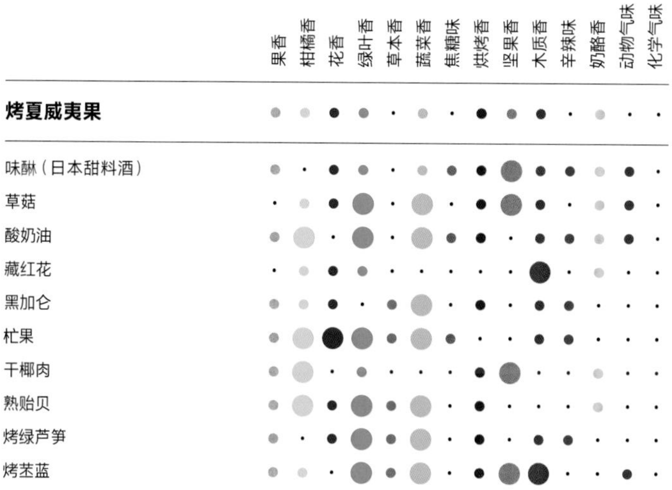

果香
柑橘香
花香
绿叶香
草本香
蔬菜香
焦糖味
烘烤香
坚果香
木质香
辛辣味
奶酪香
动物气味
化学气味
烤夏威夷果
味醂（日本甜料酒）
草菇
酸奶油
藏红花
黑加仑
杧果
干椰肉
熟贻贝
烤绿芦笋
烤苤蓝

果香
柑橘香
花香
绿叶香
草本香
蔬菜香
焦糖味
烘烤香
坚果香
木质香
辛辣味
奶酪香
动物气味
化学气味
坦彩（Tanche）初榨橄榄油
米兰萨拉米香肠
草莓番石榴
山羊肉
普利茅斯金酒
松子
斯蒂尔顿干酪
干葛缕子
雪维菜
鳕鱼片
海胆

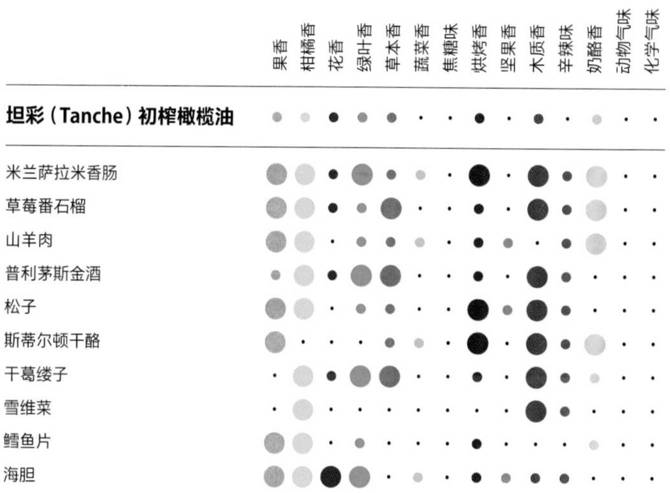

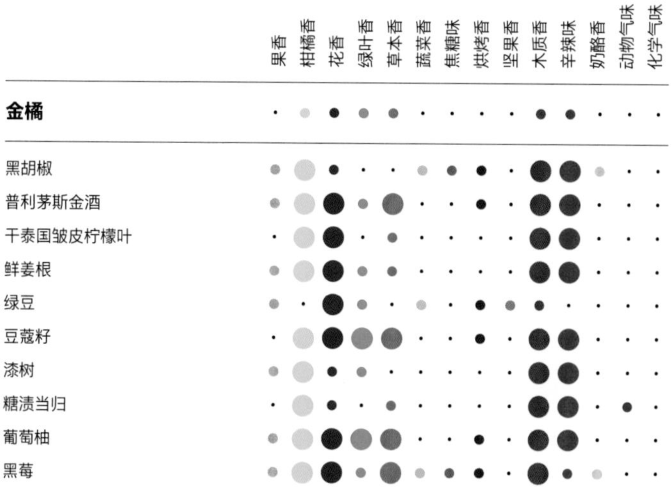

果香
柑橘香
花香
绿叶香
草本香
蔬菜香
焦糖味
烘烤香
坚果香
木质香
辛辣味
奶酪香
动物气味
化学气味
金橘
黑胡椒
普利茅斯金酒
干泰国皱皮柠檬叶
鲜姜根
绿豆
豆蔻籽
漆树
糖渍当归
葡萄柚
黑莓

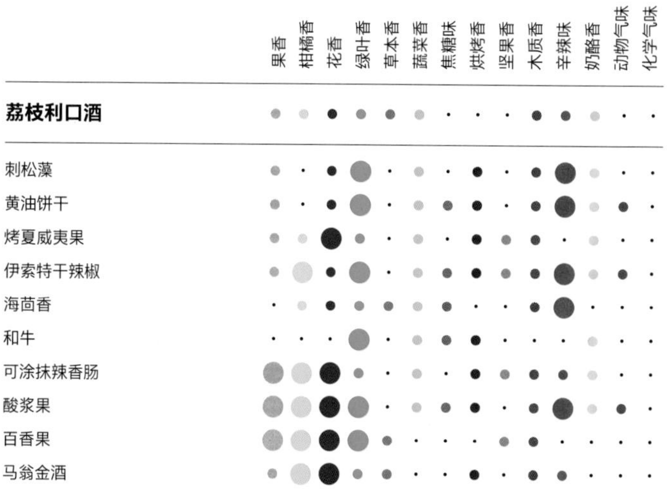

果香
柑橘香
花香
绿叶香
草本香
蔬菜香
焦糖味
烘烤香
坚果香
木质香
辛辣味
奶酪香
动物气味
化学气味
荔枝利口酒
刺松藻
黄油饼干
烤夏威夷果
伊索特干辣椒
海茴香
和牛
可涂抹辣香肠
酸浆果
百香果
马翁金酒

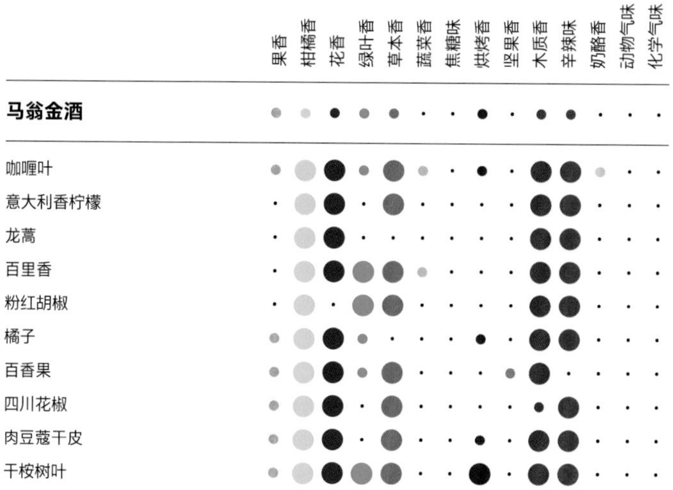

果香
柑橘香
花香
绿叶香
草本香
蔬菜香
焦糖味
烘烤香
坚果香
木质香
辛辣味
奶酪香
动物气味
化学气味
马翁金酒
咖喱叶
意大利香柠檬
龙蒿
百里香
粉红胡椒
橘子
百香果
四川花椒
肉豆蔻干皮
干桉树叶

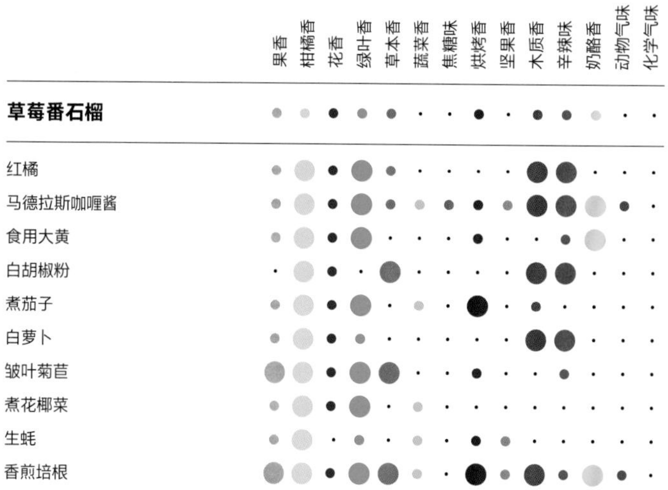

果香
柑橘香
花香
绿叶香
草本香
蔬菜香
焦糖味
烘烤香
坚果香
木质香
辛辣味
奶酪香
动物气味
化学气味
草莓番石榴
红橘
马德拉斯咖喱酱
食用大黄
白胡椒粉
煮茄子
白萝卜
皱叶菊苣
煮花椰菜
生蚝
香煎培根

黑橄榄

216　由于人们从不生食橄榄，所以对橄榄风味的感受，实则源于吃腌制佐餐橄榄，它的风味混合了这种核果的自身味道，以及细菌和酵母在发酵过程中生成的芳香分子。

绿橄榄为未完全成熟果实。随着果实渐趋成熟，颜色会由绿色转化为棕色、红紫色，最终变为黑色，并失去草本香和坚果香。

新鲜橄榄富含橄榄苦苷分子，口感极其苦涩，需经腌制适应人们口味。在发酵过程中，果实中的天然糖分转化为乳酸，浸出苦涩的橄榄苦苷和酚类物质，从而改善橄榄的口感、质地和风味。

作为已知的古老水果品种之一，橄榄历史可追溯至数千年前小亚细亚和地中海地区，远早于其成为古希腊和古罗马文化的代名词之前。由于不同文化对橄榄树果实和橄榄油需求各异，现在驯化橄榄栽培品种达数百种之多。一些最受欢迎的品种包括阿尔贝吉纳、卡拉马塔、曼萨尼亚、皮夸尔、卡斯特尔韦特拉诺、利古里亚、尼古斯和皮肖利橄榄。

食用橄榄和榨油用橄榄之间存在差异。例如，很受欢迎的榨油用的橄榄品种之一阿尔贝吉纳果香浓郁，质地温和，带有黄油般口感，是日常用油不二之选。

相较成熟黑橄榄，绿橄榄酸而苦涩，质地更坚硬，而其香气特征同黑橄榄一样受栽培品种和腌制工艺影响较大。

腌制橄榄通常有5种方式，而腌制时间长短往往决定橄榄价格。碱液腌制用时最短，常用于工业生产，但会使橄榄风味流失。盐水腌制和水腌耗时久，有时长达一年之久，但会保留橄榄果味，尼永橄榄中的果香就得以留存。干腌将过熟橄榄（通常用美加里基品种）放入盐中腌制，成品橄榄表皮发皱、咸香浓郁，通常用草本植物进一步增强风味。最后一种方法为自然发酵，有些橄榄会留在树上发酵，如克里特岛司罗巴橄榄（Thrubolea）。

一般而言，除却用盐水腌制，罐装坚硬的黑橄榄通常风味流失较多。这些橄榄通常处于半成熟阶段，经氧化处理或进一步加工使颜色变深。

- 经典希腊沙拉将黑橄榄与番茄、黄瓜、红洋葱、菲达奶酪、橄榄油和牛至相组合，口感清爽、香脆迷人。
- 在多种地中海菜肴中，人们将黑橄榄与橄榄油和柠檬搭配，但为何不尝试用各种柑橘类水果来代替柠檬呢？例如，意大利香柠檬（见第218页）与黑橄榄共享辛辣和樟脑的香气。

橄榄的食材搭配

	果香	柑橘香	花香	绿叶香	草本香	蔬菜香	焦糖味	烘烤香	坚果香	木质香	辛辣味	奶酪香	动物气味	化学气味
绿橄榄		·	●	●		·			·	●	●	·		
百香果	·	·	●	·		·			·	·	●	●		
肉豆蔻	·	·	●	·	·				·	●	●	·		
干小豆蔻	·	·	●	·	·				·	●	●	●		
秘鲁黄辣椒	·		●	·					·	●	●	·		
香茅	·	●	●	·	·				·	●	·			
孜然	·		●	·					·	●	●	·		
黑莓	·	·	●	·		·	·		·	·	·	·		
烤箱烤培根	·	·	●	·	·				·	·	·	·		
龙蒿	·	·	●	·					·	●	●	·		
杧果	·	·	●	·					·	●	●	·		

	果香	柑橘香	花香	绿叶香	草本香	蔬菜香	焦糖味	烘烤香	坚果香	木质香	辛辣味	奶酪香	动物气味	化学气味
人头马天醇XO特优香槟干邑白兰地	·	·	●	·	·		·	·	·	·	·	·		
黑麦面包	·	·	●	·	·		·	●	·	·	·	·		
番石榴汁	●	·	●	·	·				·	·	·	·		
煮榅桲	·	·	●	·	·				·	·	·	·		
海胆	·	·	●	·	·		·		·	·	·	·		
烤开心果	·	·	●	·	·		·	●	·	·	·	·		
拉古萨诺奶酪	·	·	●	·	·		·	·	·	·	·	●		
晒干的香蕉	·	·	●	·	·		·	·	·	·	●	·		
干洋甘菊	·	·	●	·	·		·	·	·	·	·	·		
杏	·	·	●	·	·		·	·	·	·	·	●		
皮夸尔黑橄榄	·	·	●	·	·		·	·	·	·	·	·		

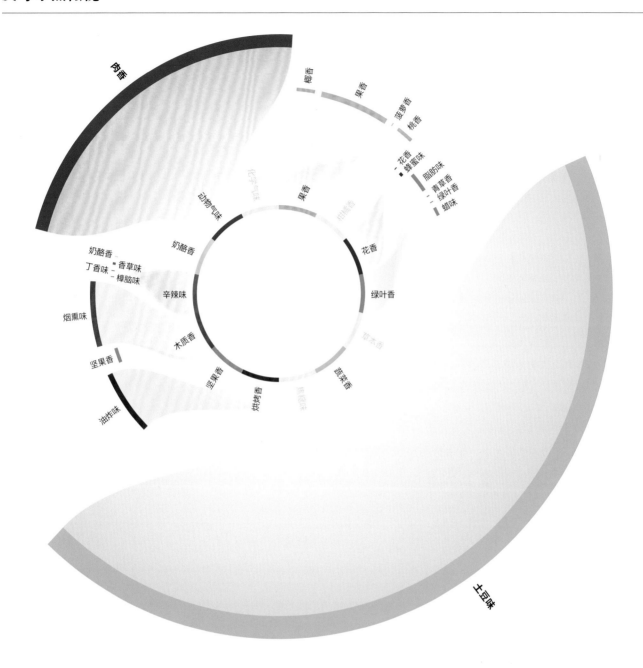

皮夸尔黑橄榄的香气特征

皮夸尔橄榄是一种摩洛哥黑橄榄，通常采用传统希腊方法腌制，放入盐和水中进行发酵，仅生成少量酸。随着绿橄榄走向成熟、颜色变黑，绿叶香大量流失，仅保留绿叶脂肪味和油炸味，而香气特征亦渐趋复杂。橄榄中新芳香分子生成，带来蔬菜土豆味和桃香。一些醛类分子包含绿叶香油炸味，赋予橄榄脂肪味，而硫的芳香分子具有咸香和腌制味。此外，皮夸尔橄榄中桃香分子中含有微妙的橄榄味。

	果香	柑橘香	花香	绿叶香	草本香	蔬菜香	焦糖味	烘烤香	坚果香	木质香	辛辣味	奶酪香	动物气味	化学气味
皮夸尔黑橄榄														
橙皮														
马苏里拉奶酪														
哈密瓜														
烤羔羊肉														
烤榛子														
香煎鹌鹑														
煮面包蟹														
老抽														
薄荷														
煮土豆														

意大利香柠檬

意大利香柠檬的柠檬橙香鲜明，而潜在的蔷薇香使香气特征更趋复杂。细嗅一番，还会有一些潜在草本香和松木香。新鲜的意大利香柠檬味酸而口感苦涩，种植通常为取其精油，鲜绿色表皮经冷压可提取清澈的黄绿色精油。意大利香柠檬精油常用于利口酒、香水和各类化妆品。

意大利香柠檬是苦橙杂交品种，一般不可生食，但在毛里求斯岛上，意大利香柠檬汁常作为提神饮料饮用。意大利香柠檬可为鸡尾酒、咸味菜和油醋汁增添迷人酸柑橘风味，此外，还可用于制作各式糕点、甜点。

最受欢迎的意大利香柠檬精油产自意大利南部卡拉布里亚沿海地区，并获欧盟特殊原产地名称保护（PDO）。在雷焦卡拉布里亚市，这种柑橘类水果还被用于生产餐后酒贝尔加米诺（Ⅱ Bergamino）和清新醒神的意大利香柠檬甜酒。

意大利香柠檬精油的味道与中国一些高端茶，尤其是佛手乌龙茶风味相似。在18世纪和19世纪，茶叶在欧洲日趋风行，一些茶叶经加入少许意大利香柠檬精油而更显独特。格雷伯爵茶可能正源于此做法，虽然亦有其他版本流传。其中一个版本称其是中国官员赠送给格雷伯爵二世（1830—1834年间担任英国首相）的礼物，后风行于英国。格雷伯爵和格雷夫人调制茶的其中一个配方流传至今，一般以中国或印度茶为基茶。

- 将方糖块沿着意大利香柠檬果皮擦拭，吸收其风味。随后将糖保存在密封罐中，以备需要时加入甜味菜中，增添轻微的柑橘香。
- 北美植物美国薄荷属亦可称意大利香柠檬，这种植物叶片芳香、气味温和，类似意大利香柠檬。美洲土著部落居民用叶片泡茶，称为奥斯威戈茶（oswego），用于治疗感冒、促进消化。美国薄荷为最常见的品种，其嫩叶在新鲜时或经干燥处理后，可加入饮品、鱼肉、鸡肉或沙拉中，增添温和的意大利香柠檬风味。
- 草本香味油醋汁调制只需将橄榄油、意大利香柠檬汁和甜菜根汁混合。意大利香柠檬的酸味可中和甜菜根（见第220页）中的泥土气味，清新爽口。

意大利香柠檬的食材搭配

	果香	柑橘香	花香	绿叶香	草本香	蔬菜香	焦糖味	烘烤香	坚果香	木质香	辛辣香	奶酪味	动物气味	化学气味
五味子浆果														
意大利香柠檬														
小豆蔻籽														
塔罗科血橙														
羽衣甘蓝														
开心果														
姜饼														
鲜薰衣草花														
荷兰金酒														
烤红薯														
燕麦粥														

	果香	柑橘香	花香	绿叶香	草本香	蔬菜香	焦糖味	烘烤香	坚果香	木质香	辛辣香	奶酪味	动物气味	化学气味
孟买蓝宝石金酒														
秘鲁米拉索尔辣椒														
烤飞蟹														
碧根果														
多肉江蓠藻														
干当归籽														
蓝莓醋														
哈登杜果														
藏红花														
意大利香柠檬														
意大利初榨橄榄油														

意大利香柠檬

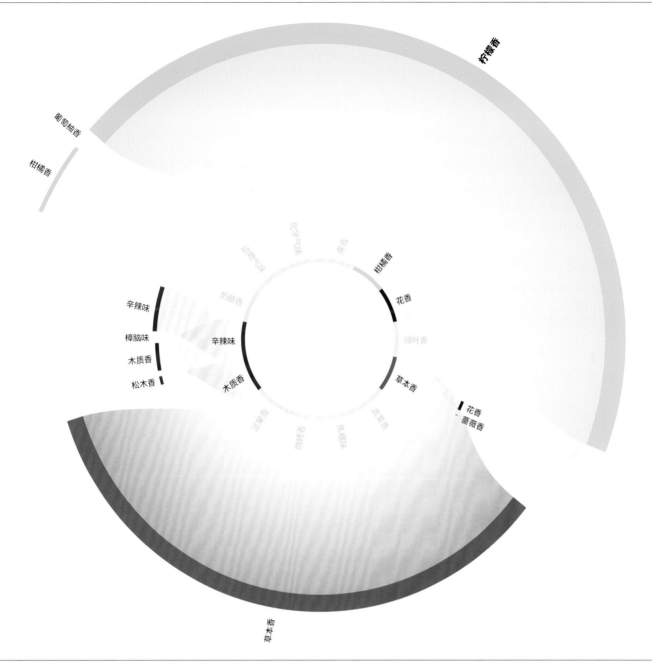

意大利香柠檬的香气特征

意大利香柠檬的香气特征类似青柠，共享柑橘香、松木香和花香，仅有浓度差异。意大利香柠檬中还含有香柏酮，为葡萄柚中的主要芳香分子之一。香柏酮同样可见于金橘皮和圣哲曼接骨木花利口酒。意大利香柠檬还和比利时风味白啤共享柑橘芫荽香。而其中花香、紫罗兰香又为意大利香柠檬和波本威士忌与杏之间构筑绝佳香气联系。新鲜意大利香柠檬可增强柠檬和橙子的温和风味，又让金橘和日本柚子风味的层次更趋复杂。此外，意大利香柠檬还可与罗勒、迷迭香、鼠尾草或百里香等新鲜草本植物搭配。这种芬芳型柑橘可与肉桂、肉豆蔻、孜然、小豆蔻［试想摩洛哥综合香料（ras-el-hanout）］八角等辛辣刺激的香料搭配，同时还可与生姜和香茅搭配。

	果香	柑橘香	花香	绿叶香	草本香	蔬菜香	焦糖味	烘烤香	坚果香	木质香	辛辣味	奶酪香	动物气味	化学气味
意大利香柠檬														
烤鸡胸排														
熟印度香米														
煮欧防风														
榛子														
烤奶酪蛋糕														
韩式辣酱														
清蒸鲥鱼														
煮树番茄														
葡萄干														
黑巧克力														

甜菜根

甜菜根中独特的泥土味源于土臭素芳香分子。土臭素由土壤中细菌释放，因而甜菜根的泥土味也会因生长土壤环境而有所差异。土臭素英文为"Geosmin"，该词由希腊语泥土（"γεω"，读音为"geo"）一词和气味（"όσμή"，读音为"osmí"）组合而来，类似夏日雨后扑面而来的泥土芬芳或者新挖的土壤的气味。

鲶鱼、鲤鱼和各类淡水鱼都含有土臭素，也是其泥泞气味的来源。甜菜根中土臭素这样的强烈刺激性芳香分子的香气识别阈值低，可立即被人感知。即便浓度低至万亿分之五，人类鼻子亦可感知这种土臭素的存在。也就是说，将1茶匙土臭素溶入200个奥运会规格泳池中，人们依然能觉察其气味。

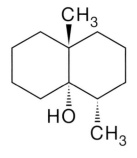

土臭素
一种带有鲜明泥土气味的有机化合物，夏日雨后易被感知。

甜菜根如何烹饪和食用

在处理红甜菜根时，手指和衣服上沾染污渍似乎不可避免，但仍有其他品种不会轻易染成鲜艳粉色。基奥贾甜菜根是意大利传统品种，切开后由核心向外呈粉色同心圆环状。这种甜菜根亦称"糖果甜菜根"，在不同品种中含糖量最高，在留存风味的同时又不失甜味。

颇负盛名的甜菜根菜肴之一是罗宋汤，盛行于俄罗斯和东欧。在各文化中，甜菜根通常腌制后作为调味品食用，但这种泥土味蔬菜同样可经蒸煮后去皮，温热即食（还可选择加入黄油）。烹制甜菜根可突出其微妙的甜味，通用于咸味菜和甜点中。煮甜菜根中的一些深色、麦芽芳香分子带有烤扁桃仁、巧克力，甚至微妙的果香，可与覆盆子、黑巧克力和意大利黑醋搭配，而其中柑橘香类似橙皮，为之与胡萝卜、新鲜芜菁和海鲈鱼构筑芳香联系。此外，辛辣丁香味则与罗勒和月桂叶相配。

果汁吧和健康食品超市大力宣传冷榨甜菜根汁的净化作用，并推广用甜菜根脆片来代替不太健康的薯片。甜菜根风味冰激凌或雪芭亦风味绝佳。

从根吃到茎：甜菜根

随着马西莫·博图拉（Massimo Bottura）和丹·巴伯尔等厨师倡导减少食物浪费，从根吃到茎的烹饪方式被更多餐厅接受，从油炸胡萝卜叶让口感酥脆，到用韭葱坚韧的外叶脱水磨粉增添风味。甜菜嫩芽的叶片比泥土味的根茎含有更多绿叶芳香分子，还带有些许硫味，类似洋葱和大蒜。鲜嫩的甜菜嫩芽味道微苦，加入新鲜沙拉中，色彩鲜艳明丽。成熟的甜菜嫩芽质地饱满、风味浓郁，可像菠菜一样炖、煮、蒸或炒制，甚至还可烘烤或油炸。

	果香	柑橘香	花香	绿叶香	草本香	蔬菜香	焦糖味	烘烤香	坚果香	木质香	辛辣味	奶酪香	动物气味	化学气味
甜菜嫩芽														
乔纳金苹果														
烤小牛胸腺														
草菇														
熟芜菜籽														
伊索特干辣椒														
马德拉斯咖喱酱														
意大利辣香肠														
香煎培根														
戈贡佐拉奶酪														
煮鲑鱼														

生甜菜根

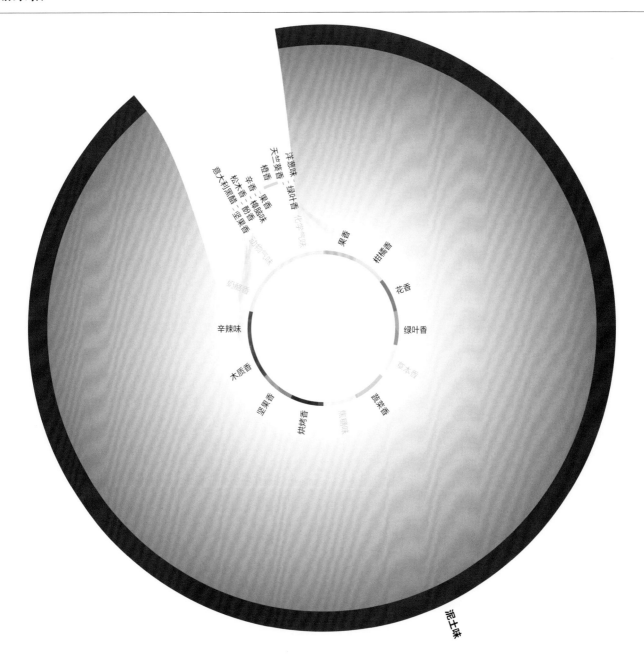

生甜菜根的香气特征

甜菜根的香气特征不仅仅包括土臭素。生甜菜根中还含有桃香和菠萝香的内酯，因而甜菜根沙拉可与山羊奶酪、布里奶酪或奥弗涅蓝奶酪搭配。甜菜根与杏和无花果搭配还可烘托其中的果香。甜菜根还带有蔷薇香，类似苹果。此外，其中的吡嗪则赋予其泥土味和霉味，胡萝卜、欧防风、藜麦和辣根也是不错的搭配选择。

	果香	柑橘香	花香	绿叶香	草本香	蔬菜香	焦糖味	烘烤香	坚果香	木质香	辛辣味	奶酪香	动物气味	化学气味
甜菜根	·	·	●	●	·	●	·	●	●	●	·	·	·	·
干樱花	·	·	●	·	·	·	·	·	●	·	·	·	·	·
烤对虾	·	·	●	●	●	·	·	·	·	·	·	·	·	·
百香果	·	·	●	·	·	·	·	·	●	●	·	·	·	·
伊比利亚火腿（黑标）	·	●	●	·	·	·	·	●	●	●	·	·	·	·
海胆	·	·	●	●	·	●	·	·	●	·	·	·	·	·
塔罗科血橙	·	·	·	●	●	·	·	·	●	●	·	·	·	·
豆浆	·	·	●	●	·	·	·	·	●	·	·	·	·	·
烟熏大西洋鲑鱼	·	·	●	·	·	·	·	●	●	●	●	·	·	·
夏松露	·	·	●	●	·	·	●	·	●	●	·	·	·	·
烤羔羊肉	·	·	●	●	●	●	●	●	●	●	·	·	·	·

煮甜菜根或烤甜菜根

要想保留鲜明的紫红色，煮甜菜根时无须事先去皮，否则其中的色素会溶于水。为了留存甜菜根风味，可连皮烘烤，或者在外层涂抹盐层后烤制，可让甜菜根在自身汁液中烤熟。

烤甜菜根脆片

可用烤箱烘烤薄甜菜根片来代替油炸。相较油炸脆片，烤制脆片的焦糖风味稍有流失（见下方香气特征）。

煮甜菜根的香气特征

煮制可突出甜菜根中甜味，而果香趋弱。同时焦糖味和香草味化合物含量增加，伴随更多深色、麦芽芳香分子和柑橘、辛辣风味。

洋葱味　甜椒味　爆米花味　泥土味　土豆味　焦糖味

煮甜菜根	果香	柑橘香	花香	绿叶香	草本香	蔬菜香	焦糖味	烘烤香	坚果香	木质香	辛辣味	奶酪香	动物气味	化学气味
绿茶														
黑莓														
牛奶巧克力														
香煎鸭胸														
熟荞麦面														
白芦笋														
烤菱鲆														
大虾														
味醂（日本甜料酒）														
架烤牛肋排														

烤甜菜根的香气特征

烤甜菜根与面包皮共享一些麦芽香和烘烤香。当生甜菜根中的泥土味减弱时，会生成新绿叶芳香分子，果香和柑橘橙香随之增加。

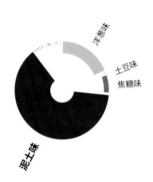

洋葱味　土豆味　焦糖味　泥土味

烤甜菜根	果香	柑橘香	花香	绿叶香	草本香	蔬菜香	焦糖味	烘烤香	坚果香	木质香	辛辣味	奶酪香	动物气味	化学气味
松茸														
煮青蟹														
卡琳达草莓														
黑巧克力														
全熟蛋														
腌鳀鱼														
萨拉米香肠														
香煎肥肝														
绿芦笋														
卡宴辣椒														

甜菜根脆片的香气特征

油炸使甜菜根吸收热油中的部分绿叶芳香分子，烘烤香随之增加。

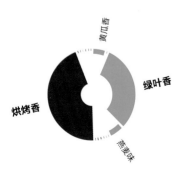

黄瓜香　绿叶香　烘烤香　煮麦味

甜菜根脆片	果香	柑橘香	花香	绿叶香	草本香	蔬菜香	焦糖味	烘烤香	坚果香	木质香	辛辣味	奶酪香	动物气味	化学气味
李子														
干伏牛花														
熟贻贝														
猪大排														
野生草莓														
榛子														
盐渍樱花														
龙舌兰酒														
红酒醋														
软质奶酪														

潜在搭配：甜菜根汁和伏特加

生甜菜根萃取物可加入果汁和奶昔中，同时还可加入鸡尾酒中，增添活力，甜菜根汁配伏特加也是不错的搭配。

食谱搭配：甜菜根和扇贝

如果你热爱水果冰沙，不妨试试甜菜根冰沙，可与生食扇贝（见下方食谱）同食。无独有偶，纽约传奇wd-50餐厅的糕点师就曾制作过甜菜根冰激凌，加入蜂蜜、山羊奶酪和烤开心果。

甜菜根冰沙佐扇贝、鱼子酱

食物搭配公司的食谱

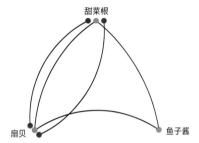

我们的这道甜菜根冰沙可作为生食扇贝的清爽配菜，生食扇贝只需用一点橄榄油、柠檬汁、盐和现磨黑胡椒调味。然后加入一滴红酒醋，就能减少冰沙中的泥土味，同时用酸味激发甜菜根的风味。最后加入一勺鱼子酱或其他类型的鱼子。

	果香	柑橘香	花香	绿叶香	草本香	蔬菜香	焦糖味	烘烤香	坚果香	木质香	辛辣味	奶酪香	动物气味	化学气味
扇贝王														
燕麦片														
橙皮														
粉蕉														
烤菊苣根														
漆树														
烤花生														
香煎鸭胸														
格鲁耶尔干酪														
刺松藻														
杏														

	果香	柑橘香	花香	绿叶香	草本香	蔬菜香	焦糖味	烘烤香	坚果香	木质香	辛辣味	奶酪香	动物气味	化学气味
纯谷物伏特加														
椰枣														
木槿花														
红橘														
烟熏大西洋鲑鱼														
烤甜菜根														
煮树番茄														
火龙果														
萨拉米香肠														
烤箱烤汉堡														
烤腰果														

	果香	柑橘香	花香	绿叶香	草本香	蔬菜香	焦糖味	烘烤香	坚果香	木质香	辛辣味	奶酪香	动物气味	化学气味
薯草花														
番茄														
大蕉														
白切鸡														
煮欧防风														
烤箱烤培根														
扁桃仁粉														
煮去皮甜菜根														
绿芦笋														
鹰嘴豆														
红橘														

经典组合：甜菜根和辣根

在波兰和乌克兰，磨碎的甜菜根与新鲜辣根组合成甜菜沙拉（wikła）这道开胃小菜，还可加入苹果、欧芹、丁香、葛缕子或是红酒来增添风味。

经典菜品：罗宋汤

罗宋汤是传统东欧汤羹，由红甜菜根、牛高汤、洋葱、胡萝卜和卷心菜炖煮而成，最后淋入酸奶油和柠檬汁，酸甜爽口。

甜菜根的食材搭配

香气类别（各表通用表头）：果香 · 柑橘香 · 花香 · 绿叶香 · 草本香 · 蔬菜香 · 焦糖味 · 烘烤香 · 坚果香 · 木质香 · 辛辣味 · 奶酪香 · 动物气味 · 化学气味

农家切达奶酪
- 粉蕉
- 老抽
- 荞麦蜜
- 覆盆子
- 番茄
- 牛肉
- 烟熏大西洋鲑鱼
- 煎甜菜根
- 黑加仑
- 椰子

咖喱叶
- 多肉江蓠藻
- 煮鳐鱼翅
- 杏脯
- 烤夏威夷果
- 西番莲（百香果）
- 香煎松茸
- 葡萄
- 煮去皮甜菜根
- 欧防风
- 香煎培根

熟菰米
- 炙烤羔羊肉
- 烤花生
- 煎甜菜根
- 葡萄干
- 羽衣甘蓝
- 清蒸鲷鱼
- 水煮鸡胸排
- 韭葱
- 紫苏叶
- 味醂（日本甜料酒）

烟米
- 萨尔齐琼香肠
- 芫荽叶
- 烤骨髓
- 烤多佛鳎鱼
- 炒蛋
- 烤猪五花
- 烤绿芦笋
- 苹果
- 香蕉
- 煎甜菜根

无花果
- 炙烤羔羊肉
- 煮树番茄
- 丁香
- 马焦罗洛半干型奶酪
- 香煎鸡胸排
- 烤花生
- 煮鲑鱼
- 熟蛤蜊
- 煎甜菜根
- 花椰菜

黄油饼干
- 马里昂黑莓
- 皮夸尔黑橄榄
- 煮芹菜
- 巴西莓
- 扁叶欧芹
- 碧根果
- 杏脯
- 煮甜菜根
- 薄荷
- 路易博士茶

现代菜品：甜菜根沙拉

甜菜根正日益风行，餐厅菜单上出现了烤甜菜根沙拉配焦糖核桃和山羊奶酪或菲达奶酪等菜品。酸味剂可对土臭素分子进行化学分解，因而在甜菜根沙拉中加入柠檬汁或醋，可消解泥土气味，清爽宜人。

潜在搭配：甜菜根和石榴

尝试用调味橄榄油调制醋汁搭配烤甜菜根、石榴（见第226页）沙拉，还可加入一些精油调味，例如，柠檬茶树带有独特的柠檬香和一些草本香和樟脑味。

香气类别（各表列标题）：果香、柑橘香、花香、绿叶香、草本香、蔬菜香、焦糖味、烘烤香、坚果香、木质香、辛辣香、奶酪香、动物气味、化学气味

菲达奶酪
- 烤榛子酱
- 草莓
- 和牛
- 烤羔羊肉
- 甘草
- 橘子皮
- 番木瓜
- 甜菜根
- 椰子
- 葫芦巴叶

米酒
- 熟法国蓝钓黄金紫贻贝
- 烤甜菜根
- 奎东茄
- 烤扇贝王
- 烤欧洲海鲈
- 烤褐虾
- 红甜椒
- 肋眼牛排
- 烤野猪肉
- 布里奶酪

多宝鱼
- 灰胡桃南瓜酱
- 秘鲁黑辣椒
- 红橘
- 烤甜菜根
- 木薯根酱
- 皮夸尔特级初榨橄榄油
- 黑麦面包丁
- 烤开心果
- 米饭
- 生蚝

柠檬花茶树（注：一种澳洲灌木）
- 熟翡麦
- 葡萄
- 石榴
- 煮去皮甜菜根
- 芫荽籽
- 蜜瓜甜酒
- 块根芹
- 蔷薇香天竺葵花
- 肉豆蔻干皮
- 欧芹根

牛高汤
- 绿藻
- 甜菜根脆片
- 烤欧洲海鲈
- 昆布
- 秘鲁黑薄荷
- 伊比利亚火腿（黑标）
- 褐虾
- 酸浆果
- 夏松露
- 现磨过滤咖啡

烤栗子
- 柚子
- 香煎鸡胸排
- 蓝莓
- 葡萄干
- 甜菜根
- 烟熏大西洋鲑鱼
- 烤乳鸽
- 烤箱烤土豆
- 胡萝卜
- 洋槐蜜

石榴

自古以来，石榴就在今伊朗地区种植，后传至地中海和印度北部地区。石榴籽红如宝石，其中植物调甜椒芳香分子带来微妙泥土气息。

早在番茄在伊朗美食中取得一席之位前，波斯人就经常在烹饪中用到石榴汁和浓缩石榴酱（pomegrante molasses），而今许多传统波斯食谱仍会用到石榴。

石榴色调鲜艳迷人，从淡粉色到宝石红不等，果肉鲜嫩多汁，加入菜肴中趣味横生，风味酸甜可口，因而大受欢迎。而其中的涩味则源于石榴皮苦素B等单宁物质。

浓缩石榴酱是经石榴汁浓缩而成的糖浆，质地浓稠、风味浓郁，在家中也能轻易上手。一些商店出售的版本可能会加入糖作为防腐剂，同时平衡石榴汁中天然的酸味。在调配油醋汁和调味品时，可尝试用浓缩石榴酱代替醋、蜂蜜或柠檬汁。

- 蔷薇牛奶饼（*Güllac*）是土耳其甜点，通常在斋月期间制作。人们将薄如纸片的乳片浸泡在甜牛奶中，并用蔷薇花露调味，再铺上核桃碎。最后，再撒上石榴籽和开心果碎，奶香浓郁。蔷薇牛奶饼也是巴克拉瓦（baklava）的前身。

- 穆罕马拉酱（*Muhammara*）源自叙利亚，在各类中东美食中应用广泛。它由烤红甜椒、核桃碎、面包屑、大蒜、孜然和橄榄油调配而成，并加入浓缩石榴酱增添酸味。

- 石榴酱炖鸡（*Fesenjān*）是伊朗炖菜，用鸡肉或鸭肉加入核桃碎同炖，并加入浓缩石榴酱增甜。

- 石榴籽粉是用浓缩石榴酱干燥制成的香料。这种淡褐色粉末在印度和波斯菜中常用，加入咖喱中增加辛辣味，或用于给肉类调味。另一种比较现代的产品是石榴汁粉，呈迷人的粉色，味道与石榴汁相似，可作为调味品使用，亦可加水饮用。

- 石榴糖浆（grenadine）不含酒精，多用于日出龙舌兰等鸡尾酒。它最初以石榴汁为原料制作，后来许多品牌转而选用更便宜的果汁或香料，仅有少数品牌保留原有做法。石榴糖浆口感酸甜、色调深红，风味迷人。

- 尝试在鹰嘴豆泥中加入一些石榴籽和孜然粉，这两种食材共享辛辣味和柑橘香。

相关的香气特征：浓缩石榴酱

浓缩石榴汁会导致主要芳香分子流失，而焦糖味枫糖香、花香和奶酪香酸味分子留存，赋予浓稠糖浆酸味。

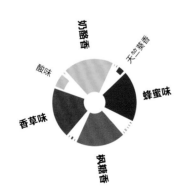

	果香	柑橘香	花香	绿叶香	草本香	蔬菜香	焦糖味	烘烤香	坚果香	木质香	辛辣味	奶酪香	动物气味	化学气味
浓缩石榴酱														
主教桥奶酪（Pont l'Evêque cheese）														
香煎鹿肉														
卡尔瓦多斯酒														
蚕豆														
烤扁桃仁片														
焦糖牛奶														
竹荚鱼														
番石榴														
浓味酱油														
大马士革蔷薇花瓣														

石榴汁

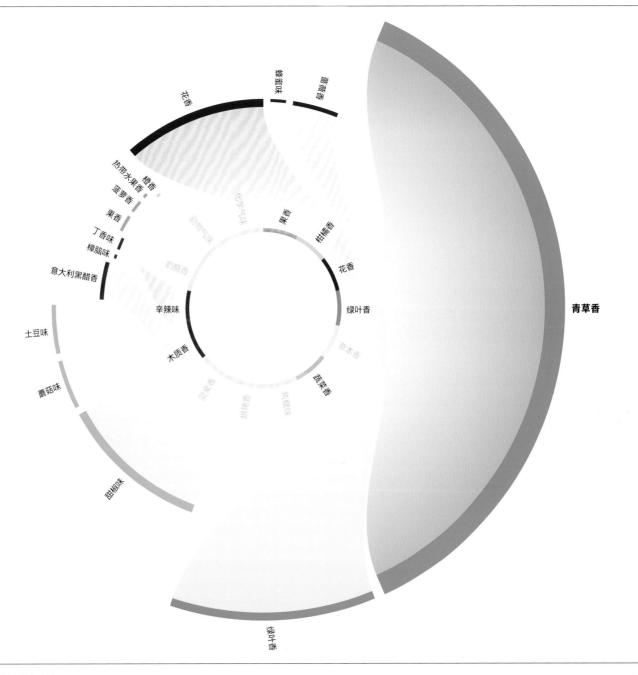

石榴汁的香气特征

石榴的香气淡，所含挥发性有机化合物浓度低，因而香气弱于其他芳香型水果。除了泥土味，石榴还带有木质松木香、花香、绿叶香和蔬菜香的土豆味。

	果香	柑橘香	花香	绿叶香	草木香	蔬菜香	焦糖味	烘烤香	坚果香	木质香	辛辣味	奶酪香	动物气味	化学气味
石榴汁	●	●	●	●	●	●				●	●	●		
烤茱蓝	●	●	●	●	●	●	●	●	●	●	●	●	●	●
牛奶巧克力	●	●	●	●	●	●	●	●	●	●	●	●	●	●
绿藻	●	●	●	●	●	●	●	●	●	●	●	●	●	●
煮鳕鱼片	●	●	●	●	●	●	●	●	●	●	●	●	●	●
扁桃仁	●	●	●	●	●	●	●	●	●	●	●	●	●	●
格鲁耶尔干酪	●	●	●	●	●	●	●	●	●	●	●	●	●	●
烤兔肉	●	●	●	●	●	●	●	●	●	●	●	●	●	●
巴约纳火腿	●	●	●	●	●	●	●	●	●	●	●	●	●	●
杜果	●	●	●	●	●	●	●	●	●	●	●	●	●	●
绿芦笋	●	●	●	●	●	●	●	●	●	●	●	●	●	●

孜然

在世界各地各类不同复合香辛料中都可见孜然身影。孜然易和葛缕子籽混淆，但其风味更浓郁而温暖。葛缕子籽相较孜然，颗粒更小而颜色更深，略带苦涩薄荷香和大茴香味。

孜然的历史源远流长，颇为传奇。在4世纪和5世纪，罗马美食家阿比修斯（Apicius）在《关于烹饪》（*De Re Coquinaria*）一书中总结各类食谱，其中许多菜品都需用到孜然和黑胡椒。这种泥土味香料的历史甚至可追溯至美索不达米亚文明，公元前3世纪，苏美尔人将孜然传播至古代世界各地。

虽然这种风味浓郁的香料来源未知，但各文化在其传播之中起的作用不容小觑。阿拉伯香料商人将孜然引入印度，并进一步流传至南亚。孜然后来又沿着丝绸之路进入中国，其烹饪和药用功能颇受重视，至今它仍是维吾尔族烹饪中的重要原料。腓尼基人将孜然从北非带伊比利亚半岛，由此传遍欧洲，并由早期西班牙殖民者作为珍贵货物运至新大陆。

- 格拉姆玛萨拉（Garam Masala）在印度菜中颇受重视，由孜然、小豆蔻、肉桂、芫荽籽、丁香、肉豆蔻干皮、月桂叶和黑、白胡椒制成。

- 巴哈拉特（*Baharat*）综合香料用途广泛，在中东地区常用于烤制烤肉类、海鲜和蔬菜。具体配方因家庭而异，但通常包括孜然、小豆蔻、芫荽籽、肉桂、丁香、肉豆蔻、辣椒粉和黑胡椒。土耳其巴哈拉特中会加入干薄荷，而北非则会加入干蔷薇花瓣。一些波斯湾附近的国家会加入藏红花和黑青柠干。

- 埃及杜卡香料（dukkah）由坚果和香料混合而成，酥脆可口，不只是一种复合香辛料。杜卡配方多样而不尽相同，从孜然、芫荽到芝麻籽、小茴香、黑胡椒和榛子，均磨碎后组成混合香料。

- 墨西哥辣椒肉酱是当地一种辣味炖菜，用洋葱、大蒜、番茄、辣椒、豆类和孜然牛肉烹制而成，通常搭配鳄梨色拉酱、酸奶油、切达奶酪和炸玉米片同食。

- 孜然和胡萝卜（见第230页）共享柑橘香，在将胡萝卜放入烤箱烘烤之前，可撒一些孜然。若想增添果香，则可搭配杜果莎莎酱同食，这两种食材共享松木香。

孜然的食材搭配

红橘皮	果香	柑橘香	花香	绿叶香	草本香	蔬菜香	焦糖味	烘烤香	坚果香	木质香	辛辣味	奶酪味	动物气味	化学气味
凯特杜果														
柠檬马鞭草														
纯谷物伏特加														
干杜松子														
黑胡椒粉														
南瓜														
夏香薄荷														
煎甜菜根														
孜然														
伊比利亚火腿（黑标）														

凯特杜果	果香	柑橘香	花香	绿叶香	草本香	蔬菜香	焦糖味	烘烤香	坚果香	木质香	辛辣味	奶酪味	动物气味	化学气味
串番茄														
白巧克力														
陈年雪莉酒醋														
香煎鹌鹑														
烤红薯														
烤鲽鱼														
白萝卜														
柚子														
杏														
干葛缕子叶														

孜然

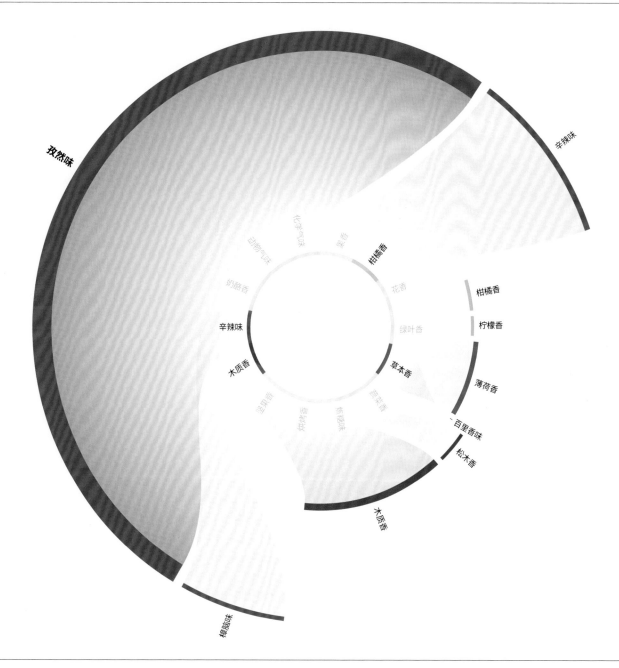

孜然的香气特征

孜然中温暖的泥土味源于辛辣化合物枯茗醛。萜烯增添木质香和松木香，柠檬烯带来柑橘香，而香芹酮则赋予薄荷香。此外，孜然还含有绿叶香和果香（如搭配表格所示）。在加入菜肴中之前，先将孜然在干燥的煎锅中轻微烘烤，以充分激发其浓郁香味。

	果香	柑橘香	花香	绿叶香	草本香	蔬菜香	焦糖味	烘烤香	坚果香	木质香	辛辣味	奶酪香	动物气味	化学气味
孜然	●	●	·	●	●	·	·	·	·	●	●	·	·	·
意大利辣香肠	●	·	●	·	·	·	·	●	·	●	●	·	·	·
杏	●	●	●	·	·	·	·	·	·	●	●	·	·	·
卡琳达草莓	●	●	●	·	·	·	·	·	·	●	●	·	·	·
烤箱烤汉堡	●	·	●	·	·	·	·	·	·	●	●	·	·	·
榛子	●	·	●	·	·	·	·	·	·	●	·	·	·	·
日本柚子	·	●	●	●	·	·	·	·	·	●	●	·	·	·
块根芹	·	●	●	·	·	·	·	·	·	●	●	·	·	·
杧果	·	●	●	·	●	·	·	·	·	●	●	·	·	·
煮茄子	·	●	●	·	·	·	·	·	·	●	●	·	·	·
百里香	·	●	●	●	●	·	·	·	·	●	●	·	·	·

胡萝卜

生胡萝卜含有高浓度的萜烯，这类芳香分子的香气从绿叶香、松木香和轻微胡萝卜味到果香和柑橘香不等。随着胡萝卜在地下逐步成熟，萜烯浓度下降，而胡萝卜素和β-紫罗兰酮开始生成。

胡萝卜含有2-仲丁基-3-甲氧基吡嗪，这种吡嗪的香气识别阈值极低，因而人们可以闻到生胡萝卜的香气，而难以识别某些生蔬菜香。烹调胡萝卜会导致β-紫罗兰酮分子数量大幅增加，激发这种根茎类蔬菜中的果香和花香。

人们认为橙色胡萝卜于16世纪或17世纪在荷兰首次得到栽培，而此前波斯和小亚细亚地区早有白色和紫色的野生品种。随着时间推移，育种者学会了驯化野生胡萝卜，以减少苦味，使甜味突出。白色、黄色、红色、紫色和黑色胡萝卜品种皆流传至今。

胡萝卜风味和质地受品种和收获季节的影响。一些品种的欧芹（胡萝卜近亲）香味显著，而另一些品种木质香浓郁。胡萝卜愈成熟，风味愈浓，但脆度却是愈早收获愈好。挑选时要避开体型大的胡萝卜，它们往往芯部坚硬而苦涩。若有必要，可去除芯部。

法国的调味蔬菜"mirepoix"在意大利称为"soffritto"，即将胡萝卜、洋葱和芹菜切碎制成，在许多欧洲食谱中作为基础调料。

胡萝卜中的天然甜味可通过烹饪特别是烤制手法增强，有些人还加入蜂蜜、枫糖浆或橙汁来进一步提高甜味。胡萝卜与各种香料尤为适配，包括芫荽、丁香、生姜、莳萝、薄荷和百里香。胡萝卜哈尔瓦（carrot halwa）这道传统印度菜就用小豆蔻为胡萝卜碎调味。

- 瑞士胡萝卜蛋糕（*Aargauer Rüeblitorte*）用扁桃仁粉制作，松软轻盈。最后外涂奶油层，并用扁桃仁糖膏制成胡萝卜进行装饰。在英美国家，胡萝卜蛋糕食谱一般加入葡萄干和坚果，并外涂甜奶油乳酪。
- 胡萝卜叶片可作为绿叶菜食用，可试试油炸胡萝卜叶。胡萝卜叶还可脱水后磨成绿色粉末，用于装饰。

相关的香气特征：生胡萝卜

生胡萝卜的香气以萜烯为主导，香气从绿叶香、松木香到果香、柑橘香不等，而β-紫罗兰酮则带有水果香、花香和紫罗兰香。

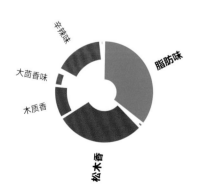

	果香	柑橘香	花香	绿叶香	草本香	蔬菜香	焦糖味	烘烤香	坚果香	木质香	辛辣味	奶酪香	动物气味	化学气味
生胡萝卜	·	●	·	●	·	·		·	·	●	·	●	·	·
煮西蓝花		●		●		●				·	·			
紫叶鼠尾草	·	●	●	●	●	·				●	●			
雷尼尔樱桃	●		●	·	·		●	●		●	·	·		·
葡萄干	●		●	·	·		●	·		·	·	·		
干牛肝菌	●		·	·	·		●	●	·	·	·			
葡萄柚皮	·	●	●	●	·		·		·	●	·	·		
鲜薰衣草叶	·	●	●	●	●		·		·	●	●	·		
茴香茎	·	·	●	●	·					●	●	·		
米兰萨拉米香肠	●	·	●	·	·		·			●	●	·		·
鲜姜根	●	●	●	●	●		·		·	●	●	·		

煮胡萝卜

花香

柑橘香
花香
绿叶香
草本香
蔬菜香
焦糖味
蔷薇香
紫罗兰香

黄瓜香
脂肪味
绿叶香
甜椒味
木质香
杉木香
橙香
柠檬香
丁香味
木质香
辛辣味
奶酪香
动物气味
化学气味
果香
坚果香
烘烤香

231

煮胡萝卜的香气特征

烹调胡萝卜完全改变其香气特征，几乎所有萜烯在烹饪过程中消失，取而代之的是 β-紫罗兰酮分子，因而煮胡萝卜比生胡萝卜花香更浓郁。熟胡萝卜中的绿叶香和脂肪味源于不饱和醛2-壬烯醛。

	果香	柑橘香	花香	绿叶香	草本香	蔬菜香	焦糖味	烘烤香	坚果香	木质香	辛辣味	奶酪香	动物气味	化学气味
煮胡萝卜	·	●	●	●	·	●	·	·	·	●	·	·	·	·
李子	●	●	●	●	●	·	·	●	·	●	●	·	·	·
罐装椰奶	●	●	·	·	·	·	·	·	·	●	·	·	·	·
生蚝	●	●	·	●	·	·	·	·	·	·	·	·	·	·
食用大黄	●	●	●	●	·	·	·	·	·	·	·	·	·	·
香煎珍珠鸡	●	●	●	●	●	·	●	·	·	·	·	·	·	·
百里香	·	●	●	●	·	·	·	·	·	●	●	·	·	·
香煎猪大排	●	●	●	●	●	·	·	·	·	·	·	·	·	·
接骨木果	●	●	●	●	·	·	·	·	·	·	·	·	·	·
秘鲁黑辣椒	●	●	●	●	·	·	·	·	·	●	●	·	·	·
西番莲（百香果）	●	●	●	●	·	·	●	●	·	●	●	·	·	·

经典组合：胡萝卜和葡萄干

奶炖红萝卜布丁（Gajar ka halwa）是印度的传统甜点。将胡萝卜擦丝放入牛奶、酥油、糖和水中，与葡萄干、开心果粉、扁桃仁和小豆蔻一同熬制而成。

潜在搭配：胡萝卜和佛手柑

佛手柑是一种芳香的枸橼品种，果实状如手指，因而得名。这种水果不含果汁或果肉，但果皮可为菜肴和饮料增添木质香、松木香、花香和柑橘香，肥厚果皮还可以制成蜜饯或干燥处理。

胡萝卜的食材搭配

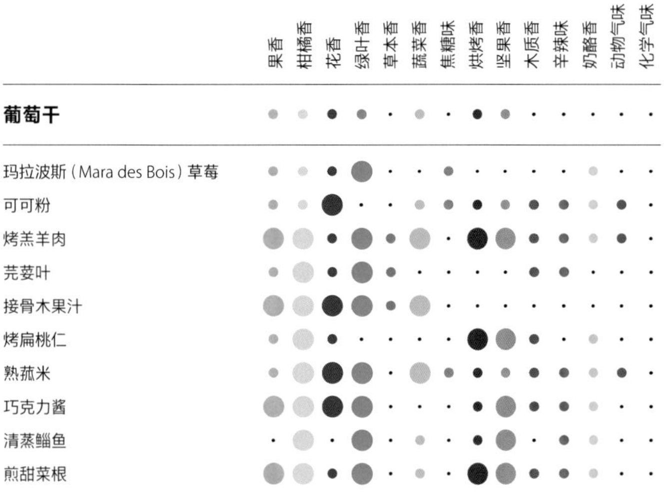

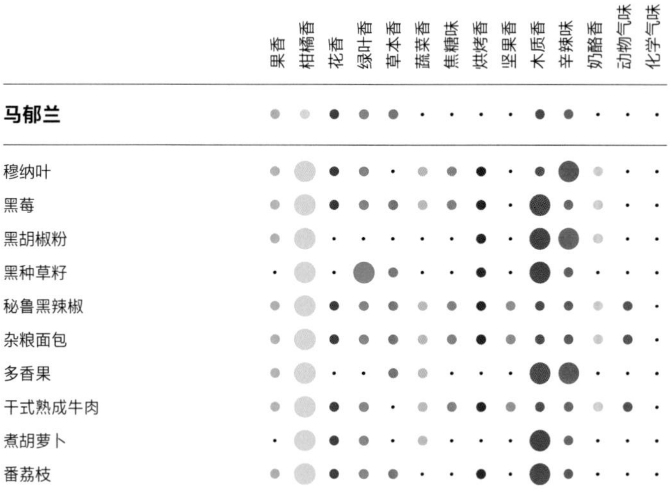

232

以下各表列出的香气类别（表头，自左至右）为：果香、柑橘香、花香、绿叶香、草本香、蔬菜香、焦糖味、烘烤香、坚果香、木质香、辛辣香、奶酪味、动物气味、化学气味。

葡萄干
- 玛拉波斯（Mara des Bois）草莓
- 可可粉
- 烤羔羊肉
- 芫荽叶
- 接骨木果汁
- 烤扁桃仁
- 熟菰米
- 巧克力酱
- 清蒸鲷鱼
- 煎甜菜根

马郁兰
- 穆纳叶
- 黑莓
- 黑胡椒粉
- 黑种草籽
- 秘鲁黑辣椒
- 杂粮面包
- 多香果
- 干式熟成牛肉
- 煮胡萝卜
- 番荔枝

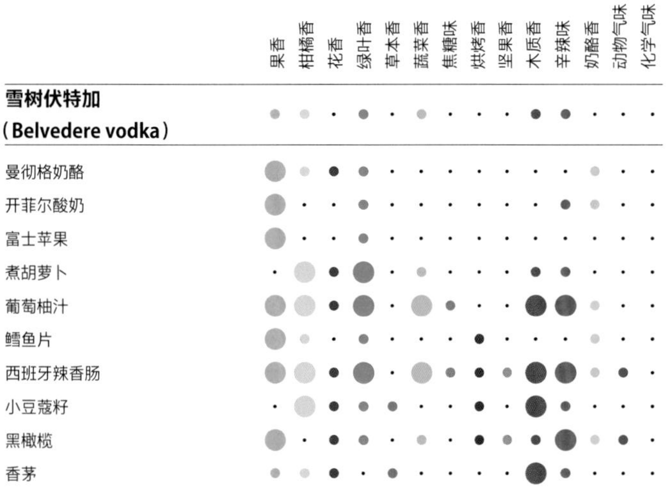

雪树伏特加（Belvedere vodka）
- 曼彻格奶酪
- 开菲尔酸奶
- 富士苹果
- 煮胡萝卜
- 葡萄柚汁
- 鳕鱼片
- 西班牙辣味香肠
- 小豆蔻籽
- 黑橄榄
- 香茅

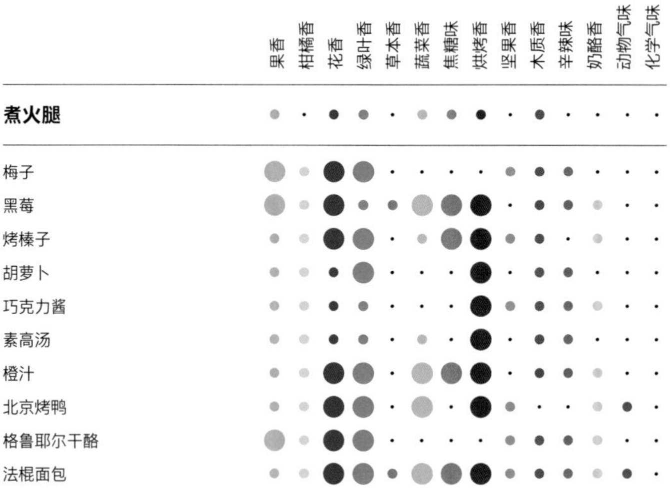

煮火腿
- 梅子
- 黑莓
- 烤榛子
- 胡萝卜
- 巧克力酱
- 素高汤
- 橙汁
- 北京烤鸭
- 格鲁耶尔干酪
- 法棍面包

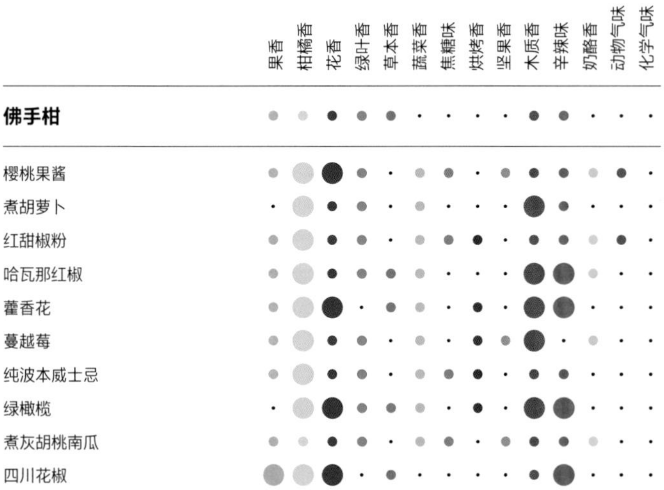

佛手柑
- 樱桃果酱
- 煮胡萝卜
- 红甜椒粉
- 哈瓦那红椒
- 藿香花
- 蔓越莓
- 纯波本威士忌
- 绿橄榄
- 煮灰胡桃南瓜
- 四川花椒

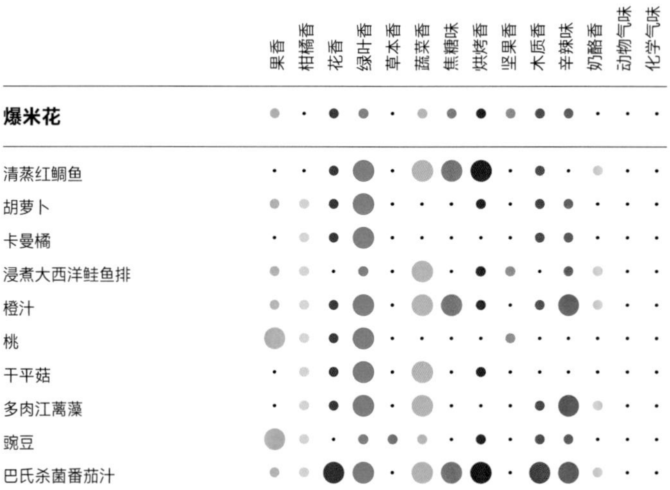

爆米花
- 清蒸红鲷鱼
- 胡萝卜
- 卡曼橘
- 浸煮大西洋鲑鱼排
- 橙汁
- 桃
- 干平菇
- 多肉江蓠藻
- 豌豆
- 巴氏杀菌番茄汁

潜在搭配：胡萝卜和芝麻

胡萝卜碎和芝麻在沙拉中特别适配柑橘香。当芝麻被烤熟，其中的柑橘香消失，脂肪味取而代之。芝麻和裙带菜是经典组合，因而胡萝卜碎亦可搭配海带沙拉。

潜在搭配：胡萝卜和橙子

在胡萝卜汤中加入橙汁，可激发其中的柑橘香，或在最后加入些新鲜橙皮（见第234页）。芫荽叶中同样含有柑橘香，可与浸煮鱼搭配。

The following charts plot flavor affinities across these aroma categories: 果香、柑橘香、花香、绿叶香、草本香、蔬菜香、焦糖味、烘烤香、坚果香、木质香、辛辣味、奶酪香、动物气味、化学气味.

芝麻
- 伊索特干辣椒
- 水牛奶酪
- 烤羔羊肉
- 黑莓
- 百里香
- 甜樱桃
- 煮胡萝卜
- 甘草
- 秘鲁黄辣椒
- 西番莲（百香果）

苦橙皮
- 皮夸尔黑橄榄
- 干莘澄茄果
- 烤绿芦笋
- 澳大利亚青苹果
- 香蕉
- 山羊奶
- 小豆蔻籽
- 接骨木花
- 胡萝卜
- 芫荽叶

西番莲（百香果）
- 李子罐头
- 草莓
- 煮青蟹
- 酥油
- 白芦笋
- 烤绿芦笋
- 煎茶
- 烤茄子
- 炙烤羔羊肉
- 秘鲁黑辣椒

木橘
- 韩式辣酱
- 日本酱油
- 丁香
- 肉桂
- 胡椒薄荷
- 黑莓
- 胡萝卜
- 肉豆蔻
- 煮面包蟹肉
- 烤箱烤培根

橙子

与柠檬、青柠和葡萄柚的香气特征不同，橙子的香气特征不是由特定单一的特征效应化合物决定，而是由柠檬烯和辛醛等化合物组合而成，并赋予橙子柑橘柠檬香、果香和松木香。

柠檬烯化合物名称源于柠檬，准确来说，来自柠檬皮，它含有高浓度柠檬烯芳香分子。柠檬烯可见于D-异构体和L-异构体，前者的香气类似橙子，而后者则偏向松木香。D-柠檬烯常见于柑橘类水果和各类植物精油中。

橙子据称原生于中国和印度，后传播至世界各地。今天，橙子销售量位居全球市场第二，居于香蕉和苹果之间。大部分商业橙子用于生产橙汁，但仍有数百种不同橙子品种，特征各不相同，如易剥皮、无籽、甜味或风味更浓。

橙子主要分为两大类：甜橙和苦橙。甜橙包括血橙和脐橙，适宜食用。常见的圆形栽培品种多用于榨汁，如瓦伦西亚橙。尽管甜橙随处可见，但其都由柚子和小橘子杂交而成，并非野生。

正如其名，苦橙味道较甜橙更苦涩。塞维利亚橙富含果胶，因而适合制作橘子酱和香橙鸭等菜肴。苦橙果皮和汁液常用于为芳香苦味剂和橙子利口酒调味，如库拉索酒、君度橙酒和柑曼怡。苦橙精油还常用于制作细腻的香熏。

并非所有橙子都呈橙色。在温带地区，橙皮中的叶绿素，即绿色果皮会随着天气转凉而变色（与秋季落叶颜色变化过程相似）；但在热带地区，叶绿素贯穿整个生长季节，因而成熟橙子表皮呈绿色，如越南和泰国橙子。

- 香橙糖浆（*Oranges à la Turque*）是在丁香味糖浆中浸泡上好橙皮（有时经蜜饯处理）。
- 香橙鸭是法国名菜，以烤鸭配上香浓橙汁食用，酸甜解腻。
- 经典伏特加橙汁鸡尾酒是将橙汁与伏特加按2:1比例混合，并加冰饮用。
- 日出龙舌兰，顾名思义以龙舌兰酒、橙汁和石榴糖浆调制而成，无须搅拌，以呈现日出的视觉效果。

相关的香气特征：橙皮

橙皮含有高浓度柠檬烯，因而相较果实而言，柑橘柠檬香、松木香更浓。与鲜橙果肉不同，橙皮带有绿叶香的脂肪味、蜡味和一些辛辣味的草本香。

	果香	柑橘香	花香	绿叶香	草本香	蔬菜香	焦糖味	烘烤香	坚果香	木质香	辛辣味	奶酪香	动物气味	化学气味
橙皮	●	●	●	●	●	●	·	·	·	●	●	·	·	·
羊肚菌	●	·	·	●	·	●	●	●	●	●	·	·	·	·
兔肉	●	●	●	●	·	·	·	●	·	●	·	·	·	·
鸡油菌	●	·	●	●	●	·	·	·	●	●	·	·	·	·
干高良姜	●	·	·	●	●	·	·	·	●	●	●	·	·	·
茴香	●	·	·	●	●	·	·	·	·	●	●	·	·	·
塔哈纳粉	●	·	·	●	●	·	●	·	·	●	·	·	·	·
烤栗子	·	·	·	●	·	·	●	●	●	●	·	·	·	·
烤黑豆蔻	●	●	·	●	●	●	·	●	●	●	●	·	·	·
盐渍鳕鱼干	·	·	·	●	·	●	·	·	·	●	·	·	·	·
海苔片	●	●	●	●	·	·	·	·	·	●	·	·	·	·

橙子

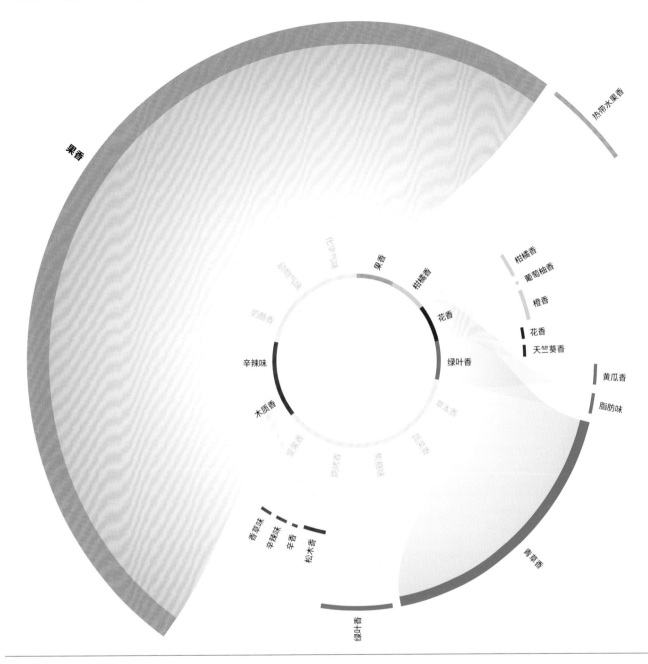

橙子的香气特征

橙子的香味并非由某一种特定挥发物决定，主要有果香味的酯类、绿叶香、青草香和橙香的醛类，辅以一些其他柑橘香、花香和松木香。橘子精油的特征来自化合物N-甲基邻氨基苯甲酸甲酯和百里酚。

	果香	柑橘香	花香	绿叶香	草本香	蔬菜香	焦糖味	烘烤香	坚果香	木质香	辛辣味	奶酪香	动物气味	化学气味
橙子	●	●	●	●	●	●	●	●	●	●	●	●	●	●
腌鳀鱼	·	●	●	●	·	●	·	●	●	·	●	·	·	·
莳萝籽	·	●	●	●	●	·	●	●	●	●	●	●	·	·
李子	●	●	●	●	·	·	●	●	●	●	●	·	·	·
烤布雷斯鸡鸡皮	·	●	●	●	·	·	●	●	·	●	●	·	·	·
煮块根芹	·	●	●	●	·	●	●	●	●	●	●	·	·	·
烤箱烤土豆	·	●	●	●	●	●	●	●	●	·	●	·	·	·
黑种草籽	·	●	●	●	·	·	●	●	●	●	●	●	·	·
藿香花	●	●	●	·	·	·	●	●	●	●	●	·	·	·
马斯卡彭奶酪	●	●	●	·	·	·	●	●	·	●	●	●	●	·
草莓番石榴	●	●	●	●	·	·	●	●	●	●	●	●	·	·

潜在搭配：橙子和蓝纹奶酪

尝试将蓝纹奶酪加入墨西哥牛肉卷饼中，使之带有墨西哥风味。在玉米饼中加入一些浓郁的波兰蓝纹奶酪，然后油炸至金黄酥脆。最后撒上一些黑巧克力碎，再搭配香橙蘸酱或果酱食用。

潜在搭配：血橙和参薯

参薯是块状根茎蔬菜，果肉呈淡紫色，因而亦称紫薯（注：此处紫薯是直译的英文名，华人更多称之为香芋），但注意不要与我们平常生活中的紫番薯混淆。菲律宾甜点大杂烩（Halo-halo）将刨冰与炼乳、甜红豆、椰子和水果组合，上面放1勺紫色参薯冰激凌。

橙子的食材搭配

	果香	柑橘香	花香	绿叶香	草本香	蔬菜香	焦糖味	烘烤香	坚果香	木质香	辛辣味	奶酪香	动物气味	化学气味
波兰蓝纹奶酪														
黑巧克力														
烤开心果														
韩式辣酱														
香煎野鸭														
菠萝														
甜瓜														
咖啡甜酒														
橙子														
甜樱桃														
烟熏大西洋鲑鱼片														

	果香	柑橘香	花香	绿叶香	草本香	蔬菜香	焦糖味	烘烤香	坚果香	木质香	辛辣味	奶酪香	动物气味	化学气味
参薯														
石榴														
桃金娘果														
蒸芜菁叶														
覆盆子														
伊比利亚火腿（黑标）														
番石榴														
迷迭香														
鼠尾草														
香煎猪大排														
塔罗科血橙														

	果香	柑橘香	花香	绿叶香	草本香	蔬菜香	焦糖味	烘烤香	坚果香	木质香	辛辣味	奶酪香	动物气味	化学气味
烤巴西坚果														
豌豆														
格鲁耶尔干酪														
橙子														
无花果干														
杏														
针叶樱桃														
多宝鱼														
蛇果														
猕猴桃														
腌鳗鱼														

	果香	柑橘香	花香	绿叶香	草本香	蔬菜香	焦糖味	烘烤香	坚果香	木质香	辛辣味	奶酪香	动物气味	化学气味
黑孜然														
烤箱烤汉堡														
干牛至														
意大利香柠檬														
八角														
咖喱叶														
柠檬香蜂草														
红橘														
意大利辣香肠														
橙皮														
扁叶欧芹														

	果香	柑橘香	花香	绿叶香	草本香	蔬菜香	焦糖味	烘烤香	坚果香	木质香	辛辣味	奶酪香	动物气味	化学气味
柠檬马鞭草														
甜西番果														
绿橄榄														
米克覆盆子														
参薯														
龙蒿														
姜黄根														
白萝卜														
橙子														
鹰嘴豆														
干高良姜														

	果香	柑橘香	花香	绿叶香	草本香	蔬菜香	焦糖味	烘烤香	坚果香	木质香	辛辣味	奶酪香	动物气味	化学气味
藿香花														
干裙带菜														
肯特杧果														
墨西哥玉米饼														
野生罗勒														
茴香														
熟藜麦														
香蕉														
煮树番茄														
烤黄盖鲽														
烤箱烤猪大排														

潜在搭配：橙子和中亚苦蒿

中亚苦蒿是生产苦艾酒的基本草本原料，亦常用于为苦味酒和各类饮料调味。它自带毒素，若大剂量服用，会引发抽搐，甚至可能致命。在中世纪，中亚苦蒿用于给蜂蜜酒调味。而在摩洛哥，中亚苦蒿亦称“sheba”，常加入绿茶同饮。

经典搭配：橙子和朗姆酒

迈泰鸡尾酒由朗姆酒（见第238页）、库拉索酒、扁桃仁糖浆和青柠汁调制而成，是20世纪50年代和60年代兴起的提基（译者注：提基是毛利神话中第一个被创造的男人，提基风格一般指热带风格饮料）主题酒吧和餐馆的产物。

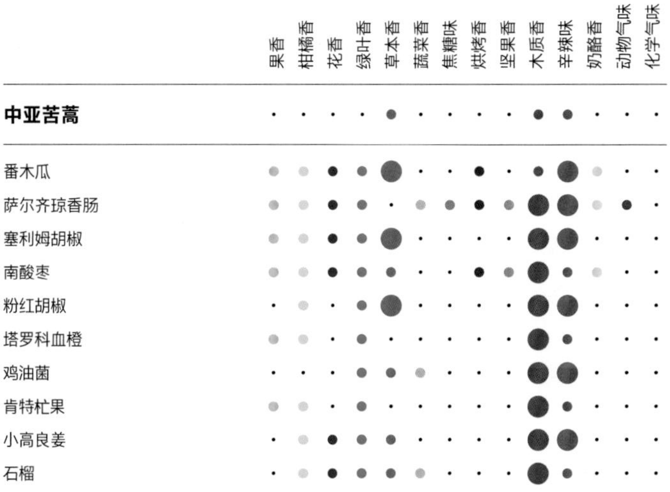
果香
柑橘香
花香
绿叶香
草本香
蔬菜香
焦糖味
烘烤香
坚果香
木质香
辛辣味
奶酪香
动物气味
化学气味
中亚苦蒿
番木瓜
萨尔齐琼香肠
塞利姆胡椒
南酸枣
粉红胡椒
塔罗科血橙
鸡油菌
肯特杧果
小高良姜
石榴

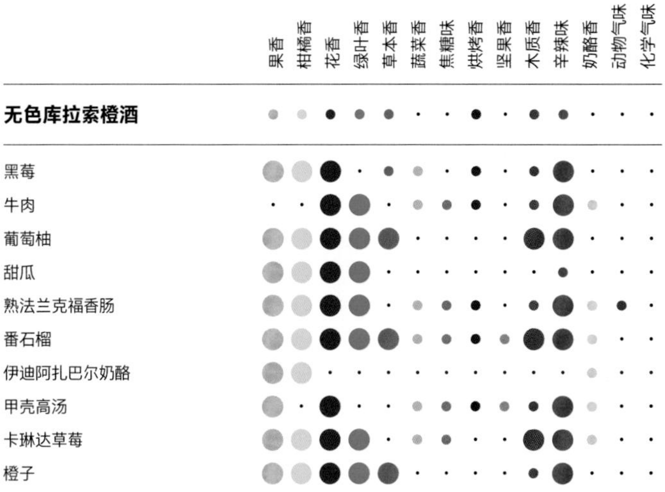
果香
柑橘香
花香
绿叶香
草本香
蔬菜香
焦糖味
烘烤香
坚果香
木质香
辛辣味
奶酪香
动物气味
化学气味
无色库拉索橙酒
黑莓
牛肉
葡萄柚
甜瓜
熟法兰克福香肠
番石榴
伊迪阿扎巴尔奶酪
甲壳高汤
卡琳达草莓
橙子

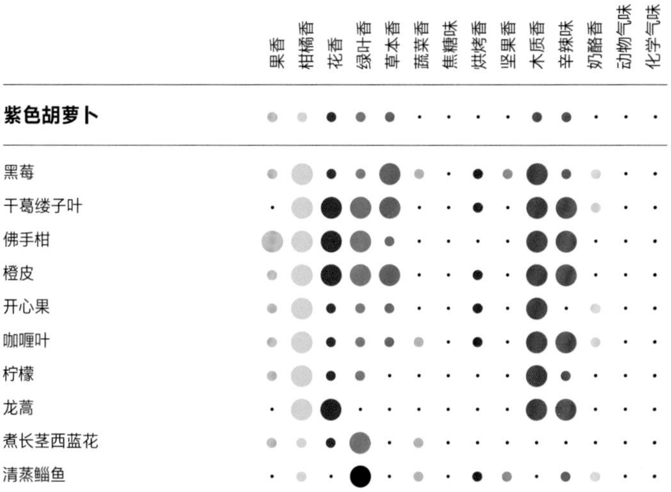
果香
柑橘香
花香
绿叶香
草本香
蔬菜香
焦糖味
烘烤香
坚果香
木质香
辛辣味
奶酪香
动物气味
化学气味
紫色胡萝卜
黑莓
干葛缕子叶
佛手柑
橙皮
开心果
咖喱叶
柠檬
龙蒿
煮长茎西蓝花
清蒸鲻鱼

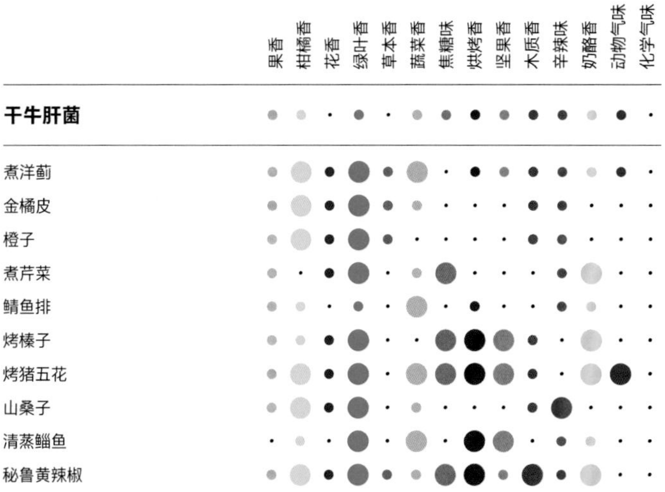
果香
柑橘香
花香
绿叶香
草本香
蔬菜香
焦糖味
烘烤香
坚果香
木质香
辛辣味
奶酪香
动物气味
化学气味
干牛肝菌
煮洋蓟
金橘皮
橙子
煮芹菜
鲭鱼排
烤榛子
烤猪五花
山桑子
清蒸鲻鱼
秘鲁黄辣椒

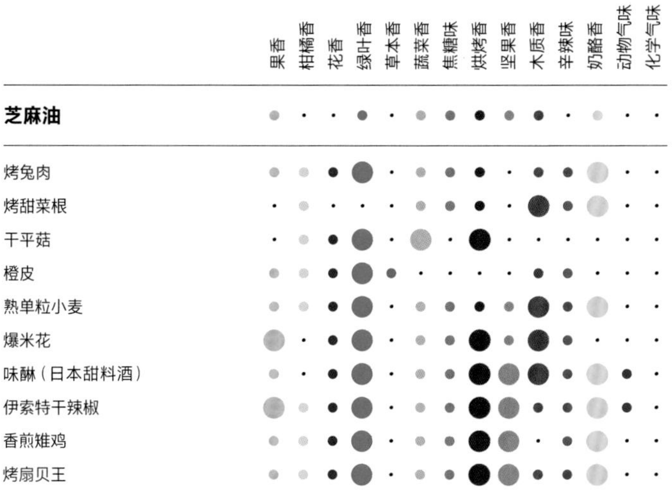
果香
柑橘香
花香
绿叶香
草本香
蔬菜香
焦糖味
烘烤香
坚果香
木质香
辛辣味
奶酪香
动物气味
化学气味
芝麻油
烤兔肉
烤甜菜根
干平菇
橙皮
熟单粒小麦
爆米花
味醂（日本甜料酒）
伊索特干辣椒
香煎雏鸡
烤扇贝王

朗姆酒

朗姆酒含有高浓度果香味的酯类，是各类鸡尾酒的首选原料。自由古巴鸡尾酒是用青柠汁朗姆酒加入可乐调兑而成；代基里酒是用淡朗姆酒、青柠汁和糖浆混调；而清爽的莫吉托酒则融合淡朗姆酒、青柠汁、苏打水、糖和新鲜薄荷。

朗姆酒历史复杂而悠久，可上溯至17世纪中期加勒比地区种植园首次种植的甘蔗。殖民者发现，在制糖出口返销至欧洲的过程中，伴随生成一种深色黏稠的糖浆副产品——糖蜜，可经发酵、蒸馏后酿成朗姆酒。

在发酵之前，糖浆首先经稀释至含糖量不超过10%；这可有效防止乙醇在所有糖类成功转化之前杀死添加裂殖酵母或其他野生酵母。随后将糖浆混合物发酵一周，或至乙醇含量达到6%～9%。朗姆酒风味中大部分挥发性物质生成于发酵过程，酒精氧化并转化为醛类，最终成为酸类。发酵时间长，朗姆酒基调更为顺滑，酒精浓度高，酸味更浓，果香味的酯类亦更多。含硫化合物则来自某些氨基酸。

一旦发酵基酒酒精浓度达标，液态混合物就会转移至壶式蒸馏锅内进行蒸馏。蒸馏过程更多影响成品朗姆酒中挥发性物质的总体浓度，而非芳香分子的生成。经蒸馏后，大多数朗姆酒酒精浓度将处于32%～45%。如今大多数大型朗姆酒生产商采用连续蒸馏工艺，而仍有一些手工酿酒商保留传统壶式蒸馏法，能富集更多挥发性物质，最适宜酿造深色、风味浓郁的朗姆酒。

酒经蒸馏后置于不锈钢罐或木桶中陈酿至少一年，以完善风味。波本酒桶赋予酒独特木质香和果香，因而深受酿酒商喜爱。随着朗姆酒陈酿，木材中挥发性化合物（颜色）渗入酒中，导致氧化反应发生，而香气特征日益复杂。

陈年朗姆酒在装瓶前需经融合，以确保整个批次风味一致。有时会在深色朗姆酒中加入焦糖来调整颜色，而浅色朗姆酒会进一步过滤以去除杂色。

- 香蕉福斯特（Bananas Foster）是新奥尔良经典美食：用朗姆酒点燃香蕉和香草冰激凌，并淋上由红糖、黄油和深色朗姆酒制成的肉桂味焦糖酱。
- 有人认为，多米尼加共和国特色药酒妈妈欢（Mama Juana）是一味灵丹妙药，它由深色朗姆酒、红葡萄酒、蜂蜜浸泡树皮、罗勒、丁香和八角泡制而成，可治愈一切疾病。
- 想要来上一杯提基风格饮品吗？法勒南会是个不错的选择。这种甜味糖浆由加勒比海深色朗姆酒、扁桃仁糖浆、生姜、青柠或香草、丁香和多香果等芳香草本植物调配而成。
- 热带风味菠萝汁朗姆酒是以淡朗姆酒、椰奶和菠萝汁（见第240页）调制而成。

相关的香气特征：陈年朗姆酒

朗姆酒在波本桶中陈酿会生成栎内酯、香草醛和愈创木酚化合物，同样可见于威士忌。同时，花香和苹果香的β-大马酮分子和塑造深色朗姆酒风味的木质香、椰香的栎内酯的数量随之增加。

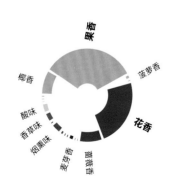

	果香	柑橘香	花香	绿叶香	草本香	蔬菜香	焦糖味	烘烤香	坚果香	木质香	辛辣味	奶酪香	动物气味	化学气味
陈年朗姆酒														
煮灰胡桃南瓜														
启波特雷干辣椒														
热贻贝														
烤绿芦笋														
薄荷														
豪达奶酪														
淡味酱油														
日本网纹瓜														
烤箱烤汉堡														
蔓越莓														

白朗姆酒

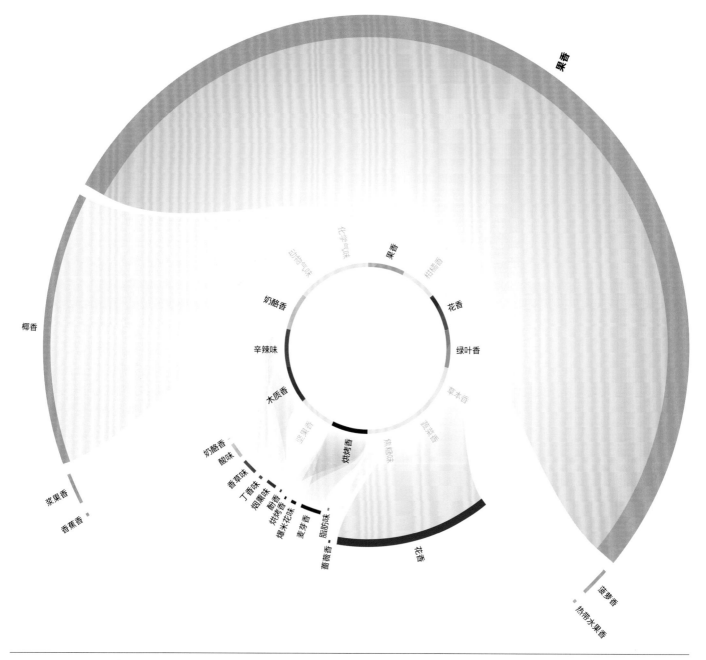

果香

化学气味　果香
动物气味　　　柑橘酯
奶酪香　　　　　花香
辛辣味　　　　　绿叶香
木质香　　　　　草木香
　　　　　　　蔬菜香
烘烤香　　　焦糖味

椰香

浆果香
香蕉香

奶酪香
酸味
香草味
丁香味
烟熏味　酚香
　　　　烘烤香
　　　爆米花香
　　麦芽香　脂肪味
蔷薇香　　　　　草莓香

滋味香
热带水果香

白朗姆酒的香气特征

白朗姆酒的香气特征一半由果香味的酯类构成，还含有醇类、酸类、醛类、酮类和酚类。在发酵过程中，裂殖酵母会生成脂肪酸，并转化为酯类。事实上，这种特殊酵母菌会生成大量酯类，将白朗姆酒与威士忌、龙舌兰酒和其他烈酒区分开来。

	果香	柑橘香	花香	绿叶香	草木香	蔬菜香	焦糖味	烘烤香	坚果香	木质香	辛辣味	奶酪香	动物气味	化学气味
白朗姆酒	●	·	●	●	·	·	·	●	·	●	●	·	·	·
云莓	●	·	●	●	●	·	·	·	·	●	●	●	·	·
哈斯鳄梨	●	·	●	●	·	·	·	●	·	·	·	·	·	·
秘鲁黑薄荷	●	·	●	●	·	·	·	●	●	●	●	·	·	·
煮大龙虾	·	·	●	·	·	·	·	●	·	·	●	·	·	·
葫芦巴叶	·	·	●	●	·	·	·	·	·	●	●	●	·	·
白切鸡	·	·	●	●	·	·	·	●	·	·	·	·	·	·
莲雾	·	·	●	●	·	·	·	·	·	●	●	·	·	·
格鲁耶尔干酪	·	·	●	●	·	·	·	·	·	·	●	●	·	●
烤黄盖鲽	●	●	●	●	·	·	·	●	·	●	●	●	●	●
梨	●	·	●	●	·	·	·	●	·	·	·	·	·	·

菠萝

新鲜菠萝中独特的菠萝香源于两种芳香化合物：酯类（尤其是异戊酸甲酯）和碳氢化合物［以（E,Z）-1,3,5-十一烷三烯和（E,E,Z）-1,3,5,8-十一烷四烯为代表］。菠萝呋喃酮是另一种主要芳香化合物，带有菠萝香和焦糖味，它使这种热带水果的甜味更为浓郁。

人们常认为菠萝与夏威夷关联紧密，但菠萝实则起源于巴西，并由此传至南美洲和加勒比地区。菠萝在19世纪时由西班牙人首次带到夏威夷。如今，哥斯达黎加、巴西和菲律宾是世界上最大的菠萝出口国。

克里斯托弗·哥伦布（Christopher Columbus）在一次新大陆之行后将菠萝引入西班牙宫廷。这种异域水果果实大，呈圆锥形，可供食用。叶上有硬刺，是凤梨科植物的典型特征，因而得名"菠萝"。对加勒比地区居民来说，菠萝象征欢迎，西班牙人传承了这一习俗，菠萝很快便作为一种热情好客的标志在欧洲风行开来。

菠萝含有一种被称为菠萝蛋白酶的蛋白消化酶，亦可见于生猕猴桃和番木瓜。在生吃大量菠萝后人们会感到酸痛不适，菠萝蛋白酶便是罪魁祸首，它们会使口腔中的敏感组织麻木。因而在用明胶制作甜点时，菠萝蛋白酶也会起干扰作用。为使其失活，需将新鲜菠萝汁在80℃的温度下煮制8分钟，亦可加入像辣椒这样的抑制剂，使得明胶顺利凝胶化。生菠萝汁还可腌制肉类，使肉柔软嫩滑。或在饱餐一顿后，吃几片生菠萝或猕猴桃可以帮助消化。

菠萝在储存期间不会继续成熟，在室温下几天内就会开始腐烂（在冰箱中大约一周）。因而在选购时尽量选择成熟度最佳的菠萝，但这绝非易事。菠萝皮的色调从棕色到金色、绿色不等，这取决于水果生长地和特定栽培品种，因而仅根据颜色不能很好判断成熟度。观察叶片更可靠，叶片应为绿色，没有下垂或变色迹象。轻轻按压果实，它应挺实微软。闻果实底部也是一个诀窍。成熟果实果香浓郁，不带酒味或霉味。

- 菠萝千层饼（*Pavê de Abacaxi*）是巴西点心，由饼干（通常用手指饼干）、炼乳、鸡蛋和新鲜菠萝制成。
- 丹板奇酒（*Tepache*）是墨西哥的发酵冷饮，由菠萝皮酿成，并以红糖或蔗糖以及少许肉桂增添甜味。

菠萝汁	果香	柑橘香	花香	绿叶香	草本香	蔬菜香	焦糖味	烘烤香	坚果味	木质香	辛辣味	奶酪香	动物气味	化学气味
烤鲽鱼														
秘鲁米拉索尔辣椒														
韩式酱油														
罗克福尔奶酪														
煎鸵鸟肉														
抹茶														
架烤牛肉														
香煎野鸭														
黑线鳕														
烤腰果														

菠萝果泥	果香	柑橘香	花香	绿叶香	草本香	蔬菜香	焦糖味	烘烤香	坚果味	木质香	辛辣味	奶酪香	动物气味	化学气味
烤欧洲海鲈														
哈拉里橄榄油														
软质奶酪														
盐渍沙丁鱼														
熟菠菜														
卡宴辣椒														
煮火鸡														
烤兔肉														
皇家姬娜苹果														
丰香草莓														

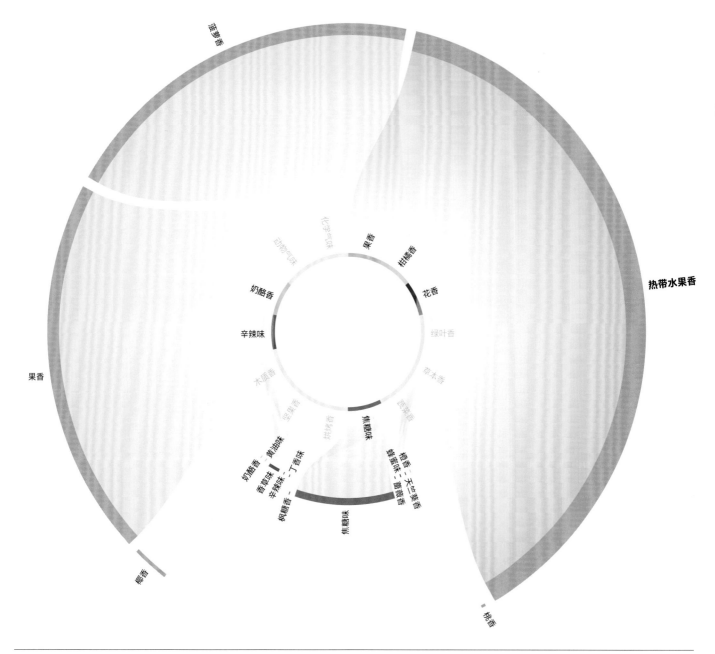

菠萝的香气特征

菠萝的香气特征中的一个主要成分为己酸烯丙酯，它亦用于制造人工菠萝香精。其他香气物质包括焦糖味的菠萝酮和果香味的酯类 2-甲基丁酸乙酯和 3-（甲硫基）丙酸乙酯，这些为菠萝热带水果香增添些许苹果香。在果香味的酯类和呋喃酮之外，新鲜菠萝还带有浓郁朗姆酒和椰香，由菠萝汁、椰奶和朗姆酒混合而成的果汁朗姆酒，热带气息浓郁。

	果香	柑橘香	花香	绿叶香	草本香	蔬果香	焦糖味	烘烤香	坚果香	木质香	辛辣味	奶酪香	动物气味	化学气味
菠萝	·	·	●	·			·			·		·		
多肉江蓠藻	·	·	●	·	·		·	·	·	·	●	●	·	
熟松茸	●	·	●	·	·	·	·	·	·	·	·	·		
大西洋鲑鱼片	·	·	●	·	·	·	·	·	·	·	·	·		
烤红薯	·	·	●	·	·	·	·	·	·	·	·	·		
烤对虾	●	·	●	·	·	·	·	·	·	·	·	·		
黑蒜泥	·	·	●	·	·	·	·	·	·	·	·	·	·	
红甜椒粉	·	·	●	·	·	·	·	·	·	·	·	●		
煮豌豆	·	·	●	·	·	·	·	·	·	·	·	·		
烤野猪肉	·	·	●	·	·	·	·	·	·	·	·	·		
芹菜叶	·	·	●	·	·	·	·	·	·	·	·	·		

潜在搭配：菠萝和鲑鱼

尝试将香煎鲑鱼蘸菠萝和番茄印度式酸辣酱食用。最后加入一些新鲜罗勒，为这道果味的酸甜酱带来胡椒香气。

潜在搭配：菠萝和野猪肉

煎或烤制野猪肉时，肉中的糖分会焦糖化，生成新芳香分子，其中就包括菠萝呋喃酮。菠萝香的酯类在野猪肉和菠萝之间构筑了另一道芳香联系。

菠萝的食材搭配

列标题（各表通用）：果香、柑橘香、花香、绿叶香、草本香、蔬菜香、焦糖味、烘烤香、坚果香、木质香、辛辣味、奶酪香、动物气味、化学气味

烤红鲷鱼
- 摩洛血橙
- 菠萝
- 罗克福尔奶酪
- 西班牙辣香肠
- 哥伦比亚咖啡
- 黄甜椒酱
- 雪维菜
- 黑蒜泥
- 干牛肝菌
- 炖墨鱼

烤野猪肉
- 白松露
- 加里格特草莓
- 灰胡桃南瓜泥
- 橙皮
- 多香果
- 可可粉
- 芥末
- 荔枝
- 韩式辣白菜
- 雪维菜

番石榴酒
- 木薯根酱
- 煮胡萝卜
- 绿芦笋
- 秘鲁黑辣椒
- 腰果
- 椰子
- 黑松露
- 阿让西梅
- 菠萝
- 帕达诺奶酪

白蘑菇
- 干樱花
- 接骨木果
- 零陵香豆
- 淡味酱油
- 鲜食蔷薇花瓣
- 菠萝
- 煎鸵鸟肉
- 扁桃仁
- 迷迭香
- 白切鸡

红菊苣
- 蓝莓
- 黑莓
- 哈登杜果
- 牛奶巧克力
- 马苏里拉奶酪
- 巴约纳火腿
- 菠萝
- 香瓜
- 大豆味噌
- 穆纳叶

石楠花蜜
- 十年陈酿布尔马德拉酒
- 碎牛肉
- 草莓
- 班兰叶
- 罗马绵羊奶酪
- 煮西蓝花
- 肉桂
- 龙蒿
- 大虾
- 菠萝

经典搭配：菠萝和奶酪

夏威夷乳酪三明治是在经典乳酪吐司中融入热带风情：在两片吐司上放上磨碎的奶酪和火腿片、贝夏梅尔调味酱和第戎芥末，顶端放置一块菠萝片。

潜在搭配：菠萝和大酱

大酱（见第244页）是韩国发酵豆酱。在发酵过程中，脂肪酸转化为酯类，其中一些带有菠萝香，亦在与菠萝的搭配中起到了关键作用。

伊迪阿扎巴尔奶酪	果香	柑橘香	花香	绿叶香	草本香	蔬菜香	焦糖味	烘烤香	坚果香	木质香	辛辣味	奶酪香	动物气味	化学气味
芥末		●	●											
浓味酱油	●		●											
牛奶巧克力	●	●												
酸浆果	●	●												
菠萝	●	●												
香煎培根	●	●										●		
黑加仑	●	●												
黑线鳕	●	●												
丁香	●	●						●						
煮鳕鱼片	●	●					●							

煮楹椁	果香	柑橘香	花香	绿叶香	草本香	蔬菜香	焦糖味	烘烤香	坚果香	木质香	辛辣味	奶酪香	动物气味	化学气味
杧果	●		●											
菠萝	●		●											
葡萄	●		●											
鲜食蔷薇花瓣			●											
覆盆子			●											
蜂蜜			●					●						
沙棘利口酒	●		●											
猴王47黑森林干金酒			●											
大酱	●		●											
拿破仑橘子利口酒			●					●						

熟贻贝	果香	柑橘香	花香	绿叶香	草本香	蔬菜香	焦糖味	烘烤香	坚果香	木质香	辛辣味	奶酪香	动物气味	化学气味
油桃	●													
秘鲁黑薄荷				●		●								
烤小牛肉					●									
粉红佳人苹果	●			●										
菠萝	●			●										
煮豆角				●										
香煎培根					●									
熟黑婆罗门参					●									
黑加仑	●													
煮鳕鱼片	●			●										

欧洲月桂叶	果香	柑橘香	花香	绿叶香	草本香	蔬菜香	焦糖味	烘烤香	坚果香	木质香	辛辣味	奶酪香	动物气味	化学气味
海苔片			●								●			
菠萝	●		●								●			
芹菜叶			●											
石榴	●		●											
韩式酱油	●		●								●			
秘鲁米拉索尔辣椒			●		●									
豪达奶酪			●									●		
干式熟成牛肉	●		●								●			
烤黄盖鲽			●					●			●			
烤兔肉	●		●											

腰果	果香	柑橘香	花香	绿叶香	草本香	蔬菜香	焦糖味	烘烤香	坚果香	木质香	辛辣味	奶酪香	动物气味	化学气味
日本网纹瓜	●			●		●								
香煎野林鸽			●	●										
煮龙虾			●											
甜西番果	●			●										
蔓越莓	●			●			●							
甜樱桃	●		●	●			●		●	●				
荞麦蜜	●		●				●							
菠萝	●			●										
小豆蔻籽	●		●				●							
戈贡佐拉奶酪	●						●							

烟熏樱桃木	果香	柑橘香	花香	绿叶香	草本香	蔬菜香	焦糖味	烘烤香	坚果香	木质香	辛辣味	奶酪香	动物气味	化学气味
绵羊酸奶	●		●									●		
香蕉片	●							●						
多宝鱼	●		●											
煮灰胡桃南瓜	●		●	●				●		●	●			
干式熟成牛肉	●		●								●			
菠萝	●		●	●										
融化黄油			●											
烤大雁	●		●											
扇贝王			●											
多肉江蓠藻			●	●								●		

大酱

大酱是传统的韩式食材，以豆酱发酵制成，带有奶酪香、焦糖味、花香和酚香化合物。

大酱风味浓郁，常用于制作各种调味品和浓郁酱料，或加入汤羹和炖菜中打底，韩式大酱汤（*doenjang jjigae*）就是以大酱为原料。大酱质地厚实，风味相较日本味噌更为复杂。

制作大酱首先需将大豆煮成糊，然后制成单个块状豆酱（*meju*），并经干燥直至形成浓厚的棕色砖块。然后将枯草芽孢杆菌、米曲霉或其他野生菌群注入豆酱中发酵，并悬挂晾晒14～90天不等，并在豆酱表面形成白色霉菌。

依照传统流程，豆酱随后被移入韩式透气的陶制缸（*jangdok*）中。在这些大型容器里装满盐水，密封并在户外陈酿，让豆酱的风味在独特的风土下自然滋生。经充分陈酿后，豆酱被分为两部分：首先将深色咸味液体过滤，并经单独陈酿制成韩式酱油，而剩余固体则留在陶器中经二次陈酿制成大酱，这一过程可长达三年之久。

在如今的韩国，大酱多经工业化生产，但传统手工造大酱历史悠久，仍有流传。市售大酱种类多样，颜色、风味和质地亦各不相同。陈酿时间久则颜色深，风味也更为浓郁，反之亦然。商业生产大酱亦加入谷物（如小麦和大麦），由豆酱和酒曲（见第298页酱油）混制而成。

韩式辣酱

韩式辣酱由豆酱制成，这种发酵豆酱由红椒、熟大豆和糯米或各类谷物制成。辣酱色调火红，常用作烹饪时调味，或置于桌旁以便随时加入石锅拌饭等菜肴中。辣酱风味浓郁，类似味噌，而辣酱中辛辣味和蔬菜香则源于红辣椒，并使之色调鲜艳。韩式辣酱香气特征多样，香气取决于使用的辣椒、谷物类型、发酵和陈酿条件。

相关的香气特征：韩式辣酱

红辣椒赋予韩式辣酱蔬菜香和类似甜椒的香气，同时相较大酱，辣酱的硫味更浓。美拉德和斯特克勒尔反应则生成新的麦芽香和土豆味化合物。

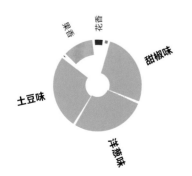

	果香	柑橘香	花香	绿叶香	草本香	蔬菜香	焦糖味	烘烤香	坚果香	木质香	辛辣味	奶酪味	动物气味	化学气味
韩式辣酱	●	·	●	●	·	·	·	●	·	·	·	·	·	·
和牛	·		●	●	·	·	●	●	·	·		·	·	
阿尔贝吉纳特级初榨橄榄油	●	●	●	●	·	·	●	●	●	●	·	·	·	
炸薯条	·	·	●	·	·	·	●	●	●	·	·	·	·	
覆盆子	●	·	●	●	·	·	·	●	●	·	·	·	·	
乌鱼子	·	·	●	·	·	·	●	·	·	·	·	·	·	
大蕉	●	·	●	●	·	·	●	●	●	·	·	·	·	
煮土豆	·	·	●	●	·	●	●	●	●	·	·	·	·	
布里奶酪	·	·	●	·	·	·	●	●	·	·	·	●	●	
烤野兔	·	·	●	●	·	·	●	●	●	·	●	·	●	
白芦笋	·	·	●	●	·	●	●	●	●	·	·	·	·	

大酱

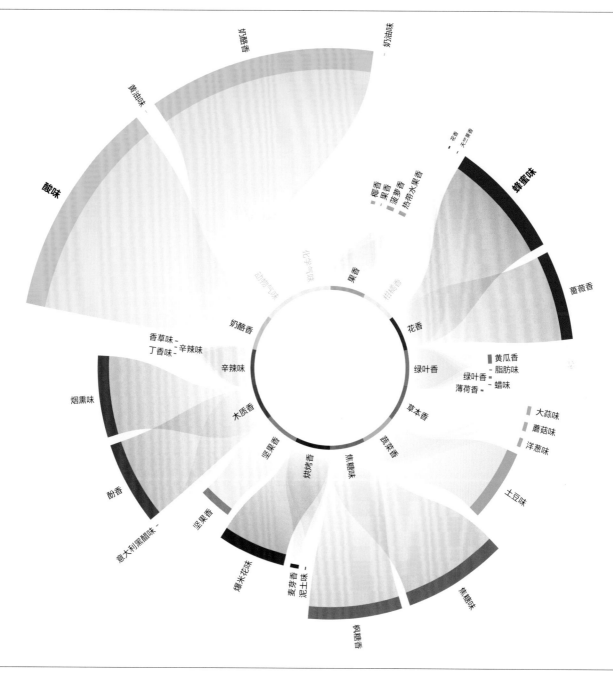

大酱的香气特征

大豆富含蛋白质和酶，酶可将某些蛋白质分解成糖类，并在豆类煮熟后焦糖化，形成焦糖芳香分子。烘烤香和坚果香也经由美拉德反应或细菌活动生成。酶反应和加热过程都将豆类中的木质素转化为新挥发物，具有烟熏味和酚香。在发酵过程中，大豆中的酶被转化为氨基酸、有机酸和脂肪酸，构成芳香化合物的前体物质。同各类大豆发酵产品类似，大酱的香气特征主要由奶酪香、酸味挥发物组成，形成于氨基酸转化为新芳香分子或前体物质的发酵过程中。而脂肪酸转化为新化合物时，亦会生成新的果香和花香香调，从而构成大酱复杂的香气特征。

	果香	柑橘香	花香	绿叶香	草本香	蔬菜香	焦糖香	烘烤香	坚果香	木质香	辛辣香	奶酪香	动物气味	化学气味
大酱	●	·	●	●	●	●	●	●	●	●	·	●	·	·
烤碧根果	●	·	●	●	●	·	●	●	●	●	·	●	·	·
蓝丰蓝莓	●	·	●	●	●	·	·	●	·	·	·	·	·	·
塞拉诺火腿	●	·	●	●	·	·	·	●	●	●	·	●	●	·
戈贡佐拉奶酪	●	·	●	●	·	·	●	●	●	●	·	●	●	·
皮夸尔特级初榨橄榄油	●	·	●	●	●	●	·	·	●	●	●	●	·	·
黑松露	●	·	·	●	●	●	·	●	●	●	·	●	●	·
干葛缕子叶	·	·	●	●	·	·	·	●	·	●	·	●	·	·
烤栗子	●	·	●	·	·	·	●	●	●	·	·	·	·	·
奶油	●	·	●	·	·	·	●	●	·	·	·	●	·	·
煮面包蟹肉	●	·	●	●	●	·	●	●	●	●	●	●	·	·

潜在搭配：大酱和葛缕子叶

葛缕子主要取其籽食用，而其叶亦可食。葛缕子叶味道微甜，带有温和的大茴香味，可用于为汤、炖菜或沙拉调味。

潜在搭配：韩式辣酱和福尼奥谷物

福尼奥是西非常见的栽培谷物，粒小而生长周期短，和大米或蒸粗麦粉一样作为主食。作为非洲最古老的谷物，福尼奥带有温和的坚果香，富含氨基酸和蛋白质，且不含麸质。它可加入沙拉和炖菜中，亦可用来煮粥和磨成面粉。

大酱和韩式辣酱的食材搭配

干葛缕子叶

- 切达奶酪
- 藏红花
- 烤黄盖鲽
- 烤猪五花
- 西番莲（百香果）
- 法棍面包
- 黑巧克力
- 清蒸多宝鱼
- 小叶生菜
- 日本柚子

熟福尼奥谷物

- 黑钻石黑莓
- 香茅
- 熟欧芹根
- 腌鳀鱼
- 格鲁耶尔干酪
- 烤羔羊肉
- 桃
- 韩式辣酱
- 黄油
- 深焙扁桃仁

马斯卡彭奶酪

- 烤绿芦笋
- 路易博士茶
- 香煎猪大排
- 烤花生
- 烤羔羊肉
- 菊苣
- 葡萄干
- 大酱
- 杏
- 煮树番茄

牛奶

- 煮西葫芦
- 煮竹笋
- 日本网纹瓜
- 熟牛排菌
- 蒜泥
- 熟切达奶酪
- 大酱
- 薄荷
- 煮面包蟹肉
- 香煎野林鸽

蓝丰蓝莓

- 蔓越莓汁
- 甜樱桃
- 牛奶巧克力
- 香煎鸡胸排
- 大酱
- 绿芦笋
- 淡味酱油
- 西麦尔双料啤酒
- 苏玳葡萄酒
- 绿卷心菜

西梅罐头

- 烤箱烤培根
- 多宝鱼
- 红茶
- 熟黑婆罗门参
- 香煎鸡胸排
- 煮树番茄
- 大酱
- 马斯卡彭奶酪
- 小白菜
- 煮欧防风

（各图表列标题：果香、柑橘香、花香、绿叶香、草本香、蔬菜香、焦糖味、烘烤香、坚果香、木质香、辛辣味、奶酪香、动物气味、化学气味）

潜在搭配：大酱和榴莲蜜

榴莲蜜产自东南亚，形似凌萝蜜，颜色从淡黄色到橙色不等，味道鲜甜。嫩榴莲蜜果常作为蔬菜食用，其味道近似凌萝蜜，但含有含硫化合物，因而常有一丝榴莲独特的香味。此外，榴莲蜜还可生食或烹煮。种子亦可食。

潜在搭配：大酱、欧防风和木薯

木薯面包（Casabe）是加勒比比美食。由未发酵的扁面包煎制而成。它成分简单，仅由磨碎的木薯粉（见第248页）和盐组成。有些版本中还加入磨碎甜的奶酪。此外还可尝试加入磨碎的防风草，并用大酱调味。欧防风略带鲜甜的坚果味，在甜品中完美适配，可加入至由木薯粉、鸡蛋、炼乳和椰奶制成的蛋糕中。

榴莲蜜

	水果	物酒	奶酪	干酪	肉酱	蔬菜	坚果	草本	香料	烟熏
大酱	•	•	•	•	•	•	•	•	•	•
烤小牛胸腺	●	●	●	•	●	•	•	●	●	●
煎珍珠鸡	●	●	●	•	●	•	●	•	●	●
意大利香柠檬	●	●	•	•	•	●	●	●	•	•
烤榛子酱	•	●	●	●	●	•	•	•	•	•
白松露	•	•	•	•	•	•	•	•	•	•
煮鳕鱼翅	•	•	•	•	•	•	•	•	●	•
烤菱鲆	•	•	●	•	•	•	•	•	•	•
大豆奶油	•	•	•	•	•	•	•	•	•	•
启波特雷干辣椒	●	●	●	●	•	•	•	•	●	●

烤绿芦笋

	水果	物酒	奶酪	干酪	肉酱	蔬菜	坚果	草本	香料	烟熏
桂皮	•	●	•	•	•	●	•	•	•	●
大酱	●	●	●	●	•	●	•	•	•	●
粉红胡椒	●	●	●	●	•	•	•	•	•	●
干平菇	•	●	●	●	•	•	•	•	•	•
杏	•	•	●	●	•	•	•	•	•	•
柠檬马鞭草	•	•	●	•	•	•	•	•	•	•
桑葚	•	●	●	•	●	•	•	•	•	•
现煮阿拉比卡咖啡	•	•	•	●	•	•	•	•	•	•
咖喱叶	•	•	•	•	•	•	•	•	•	•
水煮鸡胸排	●	●	●	●	●	●	•	•	●	●

煮欧防风

	水果	物酒	奶酪	干酪	肉酱	蔬菜	坚果	草本	香料	烟熏
咖喱叶	•	•	•	•	•	•	•	•	•	•
泰国普巧杜果干	•	•	•	•	•	●	●	•	•	•
干泰国蛋皮柠檬叶	•	•	•	•	•	•	●	•	•	•
阿让西梅	•	•	•	•	•	•	•	•	•	•
香煎鸡胸排	•	•	•	•	●	●	•	•	•	•
煮树番茄	•	•	•	•	●	●	•	•	•	•
草莓	•	•	•	•	●	•	●	•	•	•
大酱	•	•	•	•	•	•	•	•	•	•
清蒸鲭鱼	•	•	•	•	•	•	•	•	•	•
夏威夷果	•	•	•	•	•	•	●	•	•	•

煮树番茄

	水果	物酒	奶酪	干酪	肉酱	蔬菜	坚果	草本	香料	烟熏
韩式辣酱	●	●	●	●	●	●	●	●	●	●
香煎大虾	●	●	●	●	●	●	●	●	●	●
红甜椒粉	●	●	●	●	●	●	•	●	•	●
甜菜眼脆片	●	●	●	●	●	●	●	●	●	●
伊比利亚火腿（黑标）	●	●	●	●	●	●	•	●	●	●
百香果	●	●	●	●	●	●	●	●	●	●
甘草	●	●	●	●	●	●	●	●	●	●
香煎培根	●	●	●	●	●	●	•	●	●	●
鲭鱼	●	●	●	●	●	●	●	●	●	●
马斯卡彭奶酪	●	●	●	●	●	●	●	●	●	●

斯蒂尔顿干酪

	水果	物酒	奶酪	干酪	肉酱	蔬菜	坚果	草本	香料	烟熏
苏代葡萄酒	●	●	●	●	●	●	●	●	●	●
大酱	●	●	●	●	●	●	•	●	●	●
哈密瓜	•	•	•	●	●	●	•	•	•	•
西麦尔双科啤酒	●	●	●	●	●	●	●	●	●	●
年糕	•	•	•	•	•	•	•	•	•	•
扁桃仁	●	●	●	●	●	●	●	●	●	●
布里欧修	●	●	●	●	●	●	●	●	●	●
乌鱼子	•	•	●	●	●	●	●	●	●	●
大蕉	•	•	•	•	•	•	•	•	•	•
覆盆子	●	●	●	●	●	●	●	●	●	●

精渍杏脯

	水果	物酒	奶酪	干酪	肉酱	蔬菜	坚果	草本	香料	烟熏
韩式辣酱	•	•	•	•	•	•	•	•	•	•
烤多宝鱼	●	●	•	•	•	•	•	•	•	•
芹菜叶	•	•	•	•	•	•	•	•	•	•
烤榛子酱	•	•	•	•	•	●	•	●	•	•
富士苹果	•	•	•	•	•	•	•	●	•	•
烤羔羊肉	•	•	●	●	•	•	•	●	•	•
香煎猪大排	•	•	●	●	•	•	•	●	•	•
煎甜菜根	•	•	●	●	•	•	•	●	•	•
小豆蔻籽	•	•	•	●	•	•	•	●	●	•
水牛奶酪	•	•	•	●	•	•	•	●	•	•

木薯

可食用块茎木薯是非洲和南美洲人民的主食，当然，它同样盛行于东南亚一些地区。甜木薯四季皆可收获，是大米和玉米之后第三大食物热量来源。木薯富含蛋白质、复合碳水化合物和各类营养物质，对许多人来说，它是重要的生存作物。

木薯烹制手法多样，煮、蒸、磨粉或炸制，每种文化都有独特的方法。木薯根果肉富含淀粉，经干燥和加工制成木薯淀粉，在一些文化中可以替代小麦粉。木薯淀粉常用于为酱汁增稠，或作为基础食材加入面包、饼干、布丁和甜点等各类食品中。

生木薯纤维状根部含有致命氰化物，因而处理时须多加小心。在烹调时应采用正确手法，并适当延长时间，以中和毒素，然后才能食用。

在一些国家，木薯叶可炖制或煮汤。与木薯根一样，这些辛辣叶片须煮熟以中和毒性。木薯叶青草香浓郁，并略带柑橘橙香。刚果人在炖鸡中加入木薯叶、洋葱、番茄和棕榈仁。

- 木薯布丁是用干木薯片或珍珠加入甜牛奶、奶油或椰奶慢熬而成，通常加入香草调味，冷热皆可食。
- 木薯蛋糕（*Bojo*）是苏里南（译者注：南美东北部国家，国土面积小）的甜点蛋糕，以新鲜木薯碎和椰奶制成，并用朗姆酒和肉桂调味，口感浓郁且无面粉添加。在庆祝活动中，常搭配鲜奶油同食。

奈博亚（Naiboa）——重构木薯

卡洛斯·彭特（Karlos Ponte），更高餐厅（Taller），哥本哈根，丹麦

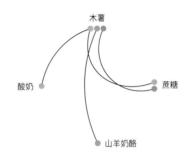

在哥本哈根更高餐厅，委内瑞拉厨师卡洛斯·彭特通过现代主义视角探索，重构家乡风味和传统烹饪方法，迅速成为北欧餐饮界最具创造力的厨师新秀。

从鸡尾酒、开胃菜到主菜和甜点，彭特的菜单上的每一道菜都蕴含丰富的文化意蕴。就如同大树不断扎根深入，彭特亦赋予委内瑞拉不同地区文化传统以新的生命活力。在更高餐厅，每道传统菜肴经现代手法加工，风味、口感和质地焕然一新，开拓了全新的现代美食分支。

没有一种食材比木薯更适合代表委内瑞拉美食。更高团队采用甜味和苦味木薯，经多种手法烹制，蒸、烤、炖、煎或是发酵。

奈博亚是委内瑞拉传统甜点，由木薯面包（以木薯根为原料）制成，并浇上融化的红糖（未经提纯的蔗糖），最后在顶端放上新鲜奶酪。奈博亚风靡各地，许多路边摊都有售卖。彭特制作的奈博亚以甜木薯制成冰激凌为特色，顶部搭配山羊奶酪泡沫和酸奶碎片，并搭配炸甜玉米粒同食，口感酥脆。

煮木薯

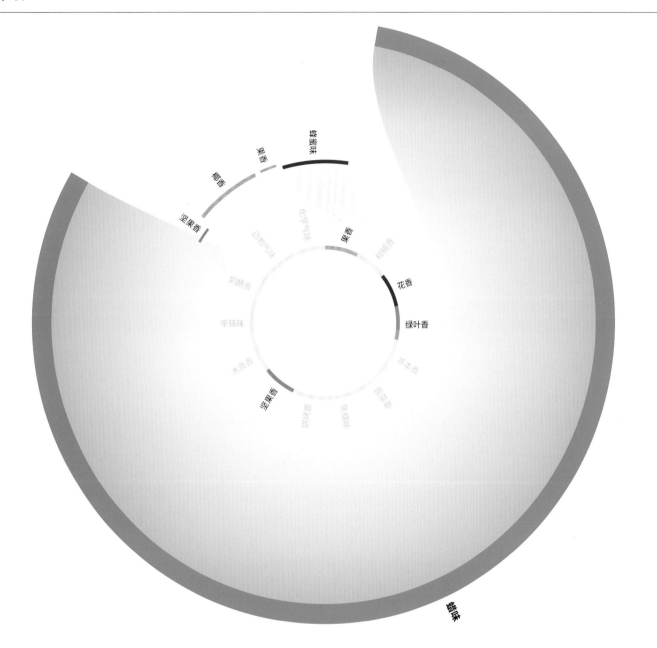

煮木薯的香气特征

生的甜木薯根的香气分析显示，木薯含有绿叶青草香、果香和柑橘橙香化合物。漫长的烹饪过程不仅中和了其中毒性氰化物分子，还改变了熟木薯的香气特征，绿叶香蜡味趋浓，并带有细微的果香和椰香。

	果香	柑橘香	花香	绿叶香	草本香	蔬菜香	焦糖味	烘烤香	坚果香	木质香	辛辣香	奶酪香	动物气味	化学气味
煮木薯	●	·	●	●	·	·	·	·	●	·	·	·	·	·
白萝卜	●	●	●	⬤	·	·	·	·	●	●	·	·	·	·
柠檬香蜂草	●	●	⬤	●	·	·	·	·	●	●	·	·	·	·
烤羔羊肉	●	●	⬤	●	●	●	·	·	⬤	●	●	●	●	·
烤火鸡	●	●	⬤	●	●	·	●	●	●	●	·	·	·	·
多宝鱼	●	●	●	●	·	·	·	·	●	●	·	·	·	·
酱油膏	●	●	●	●	·	·	●	●	●	·	·	·	·	·
葡萄干	●	●	●	●	·	·	●	●	⬤	●	·	·	·	·
杏	●	●	●	●	·	·	·	·	●	●	·	·	·	·
桂皮	·	●	⬤	●	·	·	●	·	●	●	⬤	·	·	●
无花果	●	●	●	●	●	·	●	●	⬤	●	·	·	·	·

潜在搭配：木薯根酱和甜椒

在更高餐厅，主厨卡洛斯·彭特将木薯根酱制成凝胶，覆盖在海螯虾的上方，并加入甜椒泥、蚕豆、膨化藜麦和虾头制成的奶油，最后用柠檬香的绿色草本粉装饰。

潜在搭配：木薯根酱和哥伦比亚咖啡

烤咖啡豆会生成各种美拉德反应产物，从木质香、酚香和蔬菜香土豆味到辛辣丁香味和香草味、烤爆米花味以及焦糖味枫糖香化合物，而煮制木薯根酱时亦会产生类似的香味。

250 木薯根酱

在委内瑞拉，原住民用编织彩带来挤压并排出磨碎木薯根中的汁液。这种乳状淡黄色液体随后被煮制数小时，以中和致命氰化物，并变成深棕色酱汁亚热（yare）。亚热酱可直接食用，或加入辣椒和亚马孙蚂蚁制成的库马克酱（Kumache），这种酱汁在委内瑞拉库玛拉卡帕镇（Kumarakapay）常用于烤鸡调料。

在加工木薯粉的过程中，将木薯毒性液体副产品变为可食用的食物后，巴西人同样将生成的酱汁作为木薯根酱的调味品。

- 木薯根酱是巴西名菜木薯酱汁鸭（*pato no tucupi*）的关键原料，将鸭肉在木薯根酱、大蒜、千日菊、酸模、月桂叶和新鲜青柠汁调味的汤汁中慢炖而成，并与菊苣和米饭一同食用。

相关的香气特征：木薯根酱

烹煮使木薯中的果香分子减少，而绿叶香分子浓度上升，同时伴随熟土豆味、蘑菇味、焦糖味、枫糖香和花香。

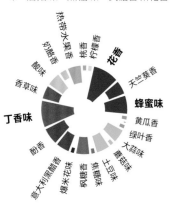

	果香	柑橘香	花香	绿叶香	草本香	蔬菜香	焦糖味	烘烤香	坚果香	木质香	辛辣味	奶酪味	动物气味	化学气味
木薯根酱														
红茶														
烤红甜椒														
烤绿芦笋														
番石榴														
烤羔羊菲力														
哥伦比亚咖啡														
烤腰果														
煮面包蟹肉														
煮洋蓟														
裙带菜														

	果香	柑橘香	花香	绿叶香	草本香	蔬菜香	焦糖味	烘烤香	坚果香	木质香	辛辣味	奶酪味	动物气味	化学气味
华盛顿脐橙														
穆纳穗叶														
西番莲（百香果）														
帕玛森奶酪														
秘鲁黄辣椒														
烤肉咖喱酱														
阿尔贝吉纳初榨橄榄油														
木薯根酱														
健力士特别出口烈性啤酒														
马德拉斯咖喱酱														
达斯莱克斯特草莓														

	果香	柑橘香	花香	绿叶香	草本香	蔬菜香	焦糖味	烘烤香	坚果香	木质香	辛辣味	奶酪味	动物气味	化学气味
哥伦比亚咖啡														
甜樱桃														
大酱														
紫苏														
大茴香籽														
煮土豆														
玛尔金酒														
烤红甜椒														
腰果														
烤小牛肉														
沙棘果														

潜在搭配：木薯和柠檬香蜂草

椰子奶油羹（Khanom Man Sampalang）是泰式甜点，由木薯碎、椰奶和糖浆蒸制而成，口感软嫩香甜。学学土耳其软糖的做法，尝试用柠檬香蜂草代替泰国班兰叶调味。

经典搭配：木薯和大蕉

木薯和大蕉（见第252页）共享绿叶香和青草香。富富（Foutou/ foufou）是象牙海岸（译者注：即西非科特迪瓦共和国）的流行菜品，由盐渍大蕉碎和木薯混合而成，再揉搓成丸，并搭配由鱼肉、茄子、辣椒和秋葵制成的辣酱同食。富富还有甜味版本，加入桂皮并与杏子酱同食。

木薯的食材搭配

柠檬香蜂草

列标题：果香、柑橘香、花香、绿叶香、草本香、蔬菜香、焦糖味、烘烤香、坚果香、木质香、辛辣味、奶酪香、动物气味、化学气味

- 释迦果
- 香煎鹿肉
- 烤绿芦笋
- 白芦笋
- 烤欧洲海鲈
- 柠檬皮屑
- 阿方索杜果
- 甜樱桃
- 香煎鸭胸
- 蔓越莓

木薯片

列标题：果香、柑橘香、花香、绿叶香、草本香、蔬菜香、焦糖味、烘烤香、坚果香、木质香、辛辣味、奶酪香、动物气味、化学气味

- 蜂蜜
- 红茶
- 煮土豆
- 煮紫薯
- 卢卡斯梨
- 百吉饼
- 番茄
- 烤茄子
- 烤兔肉
- 烤白芥末籽

熟扇贝王

列标题：果香、柑橘香、花香、绿叶香、草本香、蔬菜香、焦糖味、烘烤香、坚果香、木质香、辛辣味、奶酪香、动物气味、化学气味

- 薄荷
- 秘鲁米拉索尔辣椒
- 煮木薯
- 黑松露
- 胡萝卜
- 煮法国土豆
- 水煮鸡胸排
- 黄瓜
- 哈登杜果
- 牛奶巧克力

干式熟成牛肉

列标题：果香、柑橘香、花香、绿叶香、草本香、蔬菜香、焦糖味、烘烤香、坚果香、木质香、辛辣味、奶酪香、动物气味、化学气味

- 煮木薯
- 煮红鲷鱼
- 兔眼蓝莓
- 树番茄
- 卡宴辣椒
- 柚子
- 墨西哥玉米饼
- 煮面包蟹肉
- 草莓
- 葫芦巴叶

大蕉

大蕉与近亲香芽蕉（见第340页）特征相似，但成熟大蕉比香蕉风味更温和，口感香甜，适用于甜点。

大蕉中淀粉含量高而糖类较少，食用前通常须经烹饪，比如油炸、烘烤、炙烤或碾碎成泥。大蕉富含淀粉，在果实未成熟时便达到顶峰，这使得大蕉在多国成为主食。而随着果实成熟，果皮由绿色变为黄色，最终近乎黑色，内部淀粉则转化为糖类。大蕉通常未成熟便可出售，但任何生长阶段皆可食用。黑皮大蕉风味浓郁，果香味相较香蕉更为馥郁，又不会过于甜腻。

- 在拉丁美洲，大蕉被加入各式汤羹中。波多黎各大蕉汤（sopa de platano）将大蒜、洋葱、番茄和辣椒混炒，后加入切碎的大蕉和蔬菜汤烹煮，并用甜椒粉、孜然、芫荽籽、黑胡椒和胭脂树籽油（译者注：萃取自胭脂树种子，常作为食用色素，为食物添加特有风味）调味。最后用新鲜鳄梨、碎欧芹、腌制辣椒酱和帕玛森干酪加以装饰，并搭配面包同食。

- 大蕉丸子汤（Caldo de bolas de verde）是厄瓜多尔一种牛肉汤羹，由大块甜玉米、木薯和青大蕉泥饺子（内馅为碎牛肉、甜椒和豌豆）煮制，并用孜然粉调味。此外还加入柑橘香的青柠、辣椒酱、腌制红洋葱和新鲜芫荽增添风味。
- 秘鲁大蕉茶（Chapo）热饮由煮熟的大蕉与肉桂、丁香和糖混调而成。
- 在拉美和加勒比海地区，未成熟的青色大蕉常用于制作炸大蕉饼（tostones），通常经两次油炸。首先将大蕉去皮并切成厚片，在热油中炸至金色后取出。然后将大蕉片压平并回锅复炸至金褐色，并用厨房纸沥油。最后用大蒜或辣椒粉和盐调味，若想来点甜食则可加入糖和盐。
- 在制作甜味炸大蕉饼时，在糖中加入一些小豆蔻籽（见第254页），可带来樟脑味和柑橘香调，口感清爽。

大蕉的食材搭配

大蕉叶	果香	柑橘香	花香	绿叶香	草本香	蔬菜香	焦糖味	烘烤香	坚果香	木质香	辛辣味	奶酪香	动物气味	化学气味
榛子														
西班牙辣香肠														
煮豌豆														
竹荚鱼														
秘鲁黑辣椒														
香煎野林鸽														
戈贡佐拉奶酪														
煮茄子														
平菇														
烤褐虾														

棕榈糖	果香	柑橘香	花香	绿叶香	草本香	蔬菜香	焦糖味	烘烤香	坚果香	木质香	辛辣味	奶酪香	动物气味	化学气味
大蕉														
西番莲（百香果）														
烤花生														
清蒸鲻鱼														
香煎猪大排														
干牛肝菌														
甜菜根														
干木槿花														
马斯卡彭奶酪														
大酱														

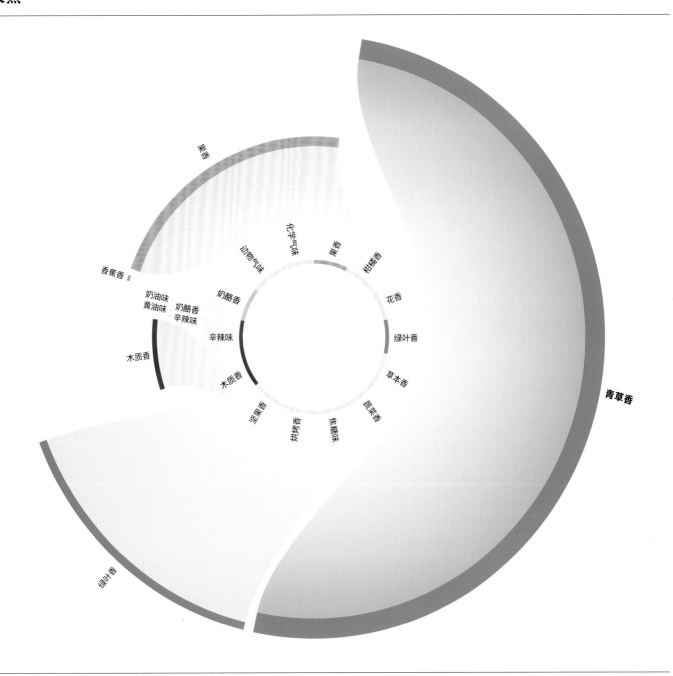

大蕉的香气特征

大蕉和香蕉的香气特征（见第341页）相近而又不完全相同，这一点从香气特征中可见端倪。大蕉中缺乏赋予香蕉果香的酯类物质，而含有更多绿叶香和一些辛辣丁香味化合物。

	果香	柑橘香	花香	绿叶香	草本香	蔬菜香	焦糖味	烘烤香	坚果香	木质香	辛辣味	奶酪香	动物气味	化学气味
大蕉														
大酱														
雪维菜														
芜菁叶														
茉莉花														
白切鸡														
香煎培根														
雪莉酒醋														
斯蒂尔顿干酪														
烤绿芦笋														
油烤扁桃仁														

小豆蔻

绿色小豆蔻是世界第三昂贵的香料，仅次于藏红花和香草荚。它富含精油，其中包括微量柠檬香和薄荷香芳香分子。黑色小豆蔻带有更多柑橘香和木质松木香，樟脑风味趋弱。

在印度、斯里兰卡和中东地区，小豆蔻都是厨房里一种不可或缺的香料。它原产于印度和印度尼西亚，最常用的是绿豆蔻（*Elettaria cardamomum*）。这种绿豆蔻属于姜科家族，可直接取完整果荚或研磨后使用，常用于糕点、综合香料、印度香饭和咖喱等各类食物中。黑豆蔻荚颗粒大，经明火烘烤干燥而带有烟熏味，可为蔬菜和肉类菜肴增香添色。商店中出售的豆蔻粉常由黑豆蔻加工而成。

小豆蔻用途不限于辣味和咸味菜肴，小豆蔻籽亦可使甜点和饮料更为甜蜜。小豆蔻经漂白后刺激性气味减弱，适宜制作糕点和甜食。

许多菜谱会加入完整的小豆蔻荚，但其味道类似肥皂，因而一般在上菜前丢弃。若食谱中需要用到小豆蔻粉，最好即用即磨，因为赋予小豆蔻独特风味的刺激气味的精油极易挥发。

要手工研磨小豆蔻籽，首先需在煎锅中轻烤豆荚，以增强风味。然后在研钵捣碎豆蔻放出种子，并丢弃外壳。小豆蔻籽质地坚硬，手动研磨难以磨成粉末，这时就需要用到电动研磨机。当然也可简单研磨整个豆荚，并过滤掉其中的木质碎片，但豆蔻粉风味就会流失许多。

- 芬兰甜面包（*pulla*）或瑞典肉桂卷（*bulle*）是一种用编织手法制作的甜点面包，常用小豆蔻调味并撒上葡萄干和扁桃仁片。
- 在中东，小豆蔻常用于为大米、茶和咖啡增香调味。
- 小豆蔻与肉桂、八角、肉豆蔻、丁香、小茴香、黑胡椒共同泡制成印度茶。
- 小豆蔻是加拉姆玛萨拉和各类玛萨拉综合辛香料主要原料之一（译者注：玛萨拉调料由多种香料混合而成，盛行于南亚）。
- 波斯鹰嘴豆饼干（*Nan-e nokhodchi*）由蔷薇花露、小豆蔻和开心果粉制成。

黑色小豆蔻	果香	柑橘香	花香	绿叶香	草本香	蔬菜香	焦糖味	烘烤香	坚果香	木质香	辛辣味	奶酪香	动物气味	化学气味
血橙汁		●	●	●				●		●	●			●
熟绿扁豆		●	●	●			●	●						
高良姜		●	●	●						●	●			
马黛茶		●	●	●			●	●		●				
褐虾			●	●						●	●			●
熟欧芹根		●	●					●		●	●			
松子		●	●	●			●	●		●				
达斯莱克特草莓		●	●	●			●			●	●			
咖喱叶		●	●	●			●	●		●	●			
素高汤	●	●	●				●		●	●	●			

小豆蔻叶	果香	柑橘香	花香	绿叶香	草本香	蔬菜香	焦糖味	烘烤香	坚果香	木质香	辛辣味	奶酪香	动物气味	化学气味
帕玛森奶酪		●	●	●		●			●		●	●		●
煮南瓜		●	●				●		●					
烤葵花子		●	●	●		●			●					
烤火鸡		●	●	●					●		●			
乌鱼子		●	●	●					●		●	●		
红毛丹		●	●	●					●		●			
烤骨髓		●	●	●					●	●	●			
姜泥		●	●	●		●	●		●	●	●			
哥伦比亚咖啡		●	●	●			●	●	●	●	●			
白吐司面包		●	●	●			●	●	●	●	●			

小豆蔻籽

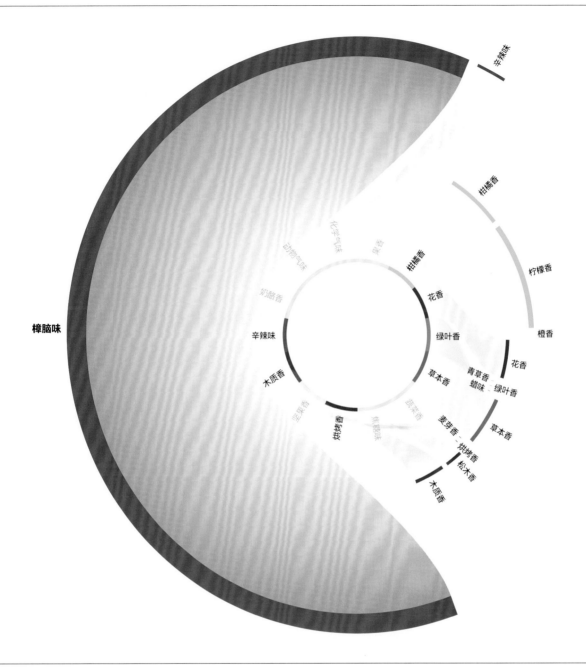

小豆蔻籽的香气特征

小豆蔻中的樟脑气味赋予其轻微薄荷香,为之与香茅、蓝莓、猕猴桃、茴香和黑橄榄构筑芳香联系。此外,小豆蔻籽中的柑橘香、柠檬香和橙香分子亦使之可与苦橙、葡萄柚皮、四川花椒、香茅、秘鲁黑薄荷、枸杞和番茄等食材相联系。

	果香	柑橘香	花香	绿叶香	草本香	蔬菜香	焦糖味	烘烤香	坚果香	木质香	辛辣味	奶酪香	动物气味	化学气味
小豆蔻籽	·	·	●	●	·	·	·	●	·	●	·	·	·	·
迷迭香	·	●	●	·	●	·	·	·	●	●	·	·	·	·
茉莉花茶	·	●	●	·	●	·	·	●	·	·	·	·	·	·
煎饼	·	·	●	·	·	·	·	●	·	·	·	·	·	·
煮红鲻鱼	·	·	●	●	●	·	·	●	·	·	·	·	·	·
烤茄子	·	·	●	●	·	·	·	●	·	·	·	·	·	·
蛇果	·	·	●	●	·	·	·	·	·	·	·	·	·	·
胡萝卜	·	·	●	●	●	·	·	●	·	●	●	·	·	·
柚子	·	·	●	●	·	·	·	●	·	●	●	·	·	·
香煎培根	·	·	●	●	·	·	·	●	·	●	●	·	·	·
烤扁桃仁	·	·	●	·	·	·	·	●	·	●	●	·	·	·

潜在搭配：小豆蔻和金盏花

金盏花和孔雀草的花朵都可作为沙拉和菜品装饰，妙趣横生。这些橙色花瓣过去常代替藏红花，为奶酪、黄油和各类食品着色。

潜在搭配：小豆蔻、白波特酒和汤力水

在葡萄牙杜罗河谷，白波特酒搭配汤力水是富有地方特色的"金汤力"。白波特酒和汤力水共享花香，且与小豆蔻中的柑橘香相搭配。

小豆蔻的食材搭配

256

孔雀草	果香	柑橘香	花香	绿叶香	草本香	蔬菜香	焦糖味	烘烤香	坚果香	木质香	辛辣味	奶酪香	动物气味	化学气味
煎茶														
黑加仑叶														
米克覆盆子														
黑色小豆蔻														
素高汤														
杏脯														
青椒														
熟蛤蜊														
马鲁瓦耶奶酪														
烤羔羊肉														

特干白波特酒	果香	柑橘香	花香	绿叶香	草本香	蔬菜香	焦糖味	烘烤香	坚果香	木质香	辛辣味	奶酪香	动物气味	化学气味
草菇														
中国鱼露														
弗洛尔代吉亚山羊奶酪														
煮茄子														
煮树番茄														
黑色小豆蔻														
干大马士革蔷薇花瓣														
龙蒿														
黑胡椒粉														
龙眼														

蔓越莓汁	果香	柑橘香	花香	绿叶香	草本香	蔬菜香	焦糖味	烘烤香	坚果香	木质香	辛辣味	奶酪香	动物气味	化学气味
淡味酱油														
香煎猪大排														
小豆蔻籽														
香煎鸡胸排														
红茶														
牛奶巧克力														
煮鲑鱼														
罗勒														
迷迭香														
芫荽叶														

汤力水	果香	柑橘香	花香	绿叶香	草本香	蔬菜香	焦糖味	烘烤香	坚果香	木质香	辛辣味	奶酪香	动物气味	化学气味
烤碧根果														
番荔枝														
煮块根芹														
清蒸多宝鱼														
肉豆蔻干皮														
烟熏大西洋鲑鱼														
日本网纹瓜														
粉红佳人苹果														
香煎鹿肉														
小豆蔻籽														

小牛高汤	果香	柑橘香	花香	绿叶香	草本香	蔬菜香	焦糖味	烘烤香	坚果香	木质香	辛辣味	奶酪香	动物气味	化学气味
雪莲果														
秘鲁黄辣椒														
日本柚子果酱														
烤肉咖喱酱														
烤绿芦笋														
煮青蟹														
肉豆蔻														
绿胡椒														
龙蒿														
小豆蔻籽														

煮耶路撒冷洋蓟	果香	柑橘香	花香	绿叶香	草本香	蔬菜香	焦糖味	烘烤香	坚果香	木质香	辛辣味	奶酪香	动物气味	化学气味
红橘														
南酸枣														
烤肉咖喱酱														
芹菜叶														
迷迭香														
小豆蔻籽														
西班牙辣香肠														
煮茄子														
漆树														
白萝卜														

潜在搭配：小豆蔻和烤牛臀腰肉盖

混合香料哈瓦伊（hawayij）由小豆蔻、孜然、黑胡椒和姜黄粉组成，有时还会加入丁香和肉桂等其他香料。在也门，哈瓦伊主要加入汤羹和炖菜中，同样也可用于给牛肉调味。

潜在搭配：小豆蔻、珍珠鸡和油桃

香煎珍珠鸡中的绿叶青草香和桃香的内酯与油桃香气相搭配。油桃或桃（见第258页）放入小豆蔻、肉桂和各类香料调味糖浆中略微煮制，可搭配珍珠鸡同食。

香气类别（列）：果香、柑橘香、花香、绿叶香、草本香、蔬菜香、焦糖味、烘烤香、坚果香、木质香、辛辣味、奶酪香、动物气味、化学气味

烤牛臀腰肉盖

- 熟单粒小麦
- 布里欧修
- 红薯片
- 亚麻籽
- 扁桃仁
- 乌鱼子
- 水牛奶酪
- 草菇
- 马德拉斯咖喱酱
- 小豆蔻籽

香煎珍珠鸡

- 薰衣草蜂蜜
- 肉桂
- 格鲁耶尔干酪
- 黄瓜
- 马德拉斯咖喱酱
- 鱼子酱
- 水牛奶酪
- 小豆蔻籽
- 蓝丰蓝莓
- 油桃

香茅利口酒

- 大虾
- 白蘑菇
- 绿卷心菜
- 烤鹅
- 达斯莱克特草莓
- 香煎猪大排
- 小豆蔻籽
- 荔枝
- 碧根果
- 沙丁鱼

茴香茶

- 荔枝
- 烤黑色小豆蔻
- 阿方索杜果
- 清蒸芥菜叶
- 红橘
- 猕猴桃
- 牛奶巧克力
- 罗勒
- 黑加仑
- 肉桂

橙花

- 烤黑色小豆蔻
- 泰国皱皮柠檬
- 秘鲁黑薄荷
- 牛奶巧克力
- 煎甜菜根
- 留兰香
- 胡萝卜
- 黄油
- 茴香茎
- 熟蛤蜊

烤南瓜子

- 煮龙虾
- 香煎鸡胸排
- 香煎鸭胸
- 鳄梨
- 烤茭蓝
- 蔓越莓
- 乌鱼子
- 小豆蔻籽
- 青椒
- 黄瓜

桃

与大多数水果不同，桃中的酯类相对较少，而多含桃香和奶油味内酯。

一般而言，桃等水果正当成熟和应季时芳香分子浓度高。北半球气候温和，桃、油桃、李杏、李子和各类芳香甜美的有核水果自6月到10月初皆可享用。人们将果肉易与果核分离的核果称为离核，因便于食用而较为常见，而黏核的水果虽难与果核分割，味道却毫不逊色。

有人喜爱油桃光滑的蜡质表皮，而对毛桃毛茸茸的表皮无感，但在大多数情况下，毛桃和油桃区别仅在于表皮。两者在成熟时果皮均呈深红色，果肉为黄色或白色，口感或紧实或柔软。桃的种类多达数百种，但白桃实则比黄桃更常见。白桃口感柔软甜美，长久以来在亚洲广受喜爱，约7500年前在中国跨湖桥文化（译者注：中国长江中下游地区早期文化，距今约7000—8000年，位于浙江杭州，文化面貌独特）中经首次驯化栽培。

要给桃去皮，首先须用尖刀在水果末端表皮上划出十字形标记，然后将桃在沸水中浸泡约30秒，并用勺子捞出，然后小心剥皮。整桃最适用此剥皮法。

白桃和黄桃看似差别不大，实则不然。白桃往往比黄桃更甜美多汁，香气也更浓郁。白桃味道清雅，烹调时易碎，因而最好生食。

黄桃吃起来味道更浓郁，切碎或切片后往往能维持形状。未完全成熟的黄桃口感略带酸涩。因而在烘焙或烤制菜品中，黄桃通常为上佳之选。

- 蜜桃梅尔芭（Melba）由法国厨界传奇奥古斯特·埃斯科菲耶（Auguste Escoffier）为迎接澳大利亚女高音歌唱家内莉·梅尔芭（Nellie Melba）而发明，其香甜可口，完美融合视觉与味蕾享受。制作时先将桃子放入水中煮制，并佐以香草冰激凌，最后淋入覆盆子果酱。
- 1948年，威尼斯哈里酒吧（Harry's Bar）创始人朱塞佩·希普利亚尼（Giuseppe Cipriani）首创贝里尼鸡尾酒（Bellini），将新鲜白桃果酱与普罗塞克起泡酒以1∶2的比例调配而成（译者注：贝里尼鸡尾酒独特的桃粉色调让朱塞佩联想到文艺复兴时期艺术家贝里尼所使用的华丽色调，因而得名）。

桃汁	果香	柑橘香	花香	绿叶香	草本香	蔬菜香	焦糖味	烘烤香	坚果香	木质香	辛辣味	奶酪味	动物气味	化学气味
塔罗科血橙														
澳大利亚青苹果														
白萝卜														
椰子														
番石榴														
帕玛森奶酪														
接骨木花														
黑莓														
绿胡椒														
龙蒿														

桃子利口酒	果香	柑橘香	花香	绿叶香	草本香	蔬菜香	焦糖味	烘烤香	坚果香	木质香	辛辣味	奶酪味	动物气味	化学气味
淡味切达奶酪														
烤多佛鳎鱼														
绿芦笋														
泰国皱皮柠檬叶														
阿方索杧果														
姜泥														
熟糯米														
黑莓														
香蕉														
黑橄榄														

桃

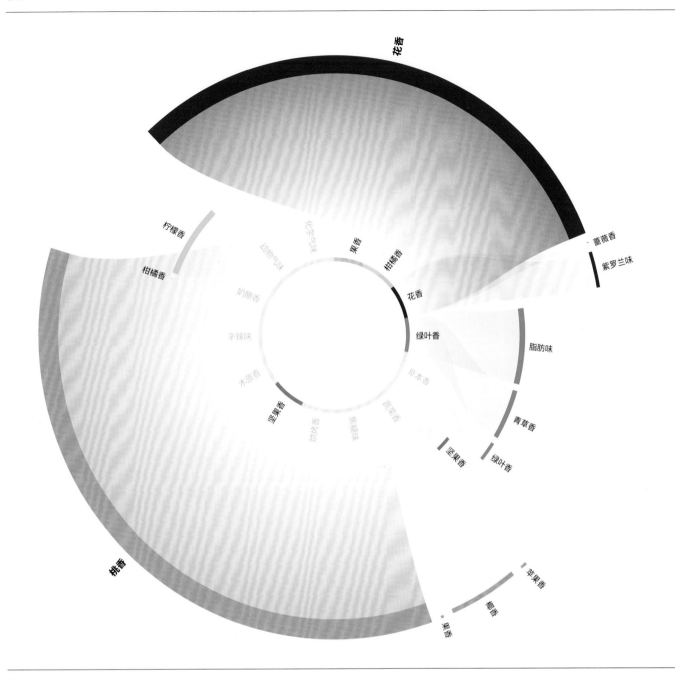

桃的香气特征

桃的香气特征中含有极高浓度的奶油味挥发物，因而这种夏日核果适宜与酸奶和香草冰激凌等富含内酯的乳制品搭配。根据浓度差异，内酯闻起来类似奶油味、桃香或椰香。桃中的花香近似果香。

	果香	柑橘香	花香	绿叶香	草本香	蔬菜香	焦糖味	烘烤香	坚果香	木质香	辛辣味	奶酪香	动物气味	化学气味
桃	●	●	●	●	·	·	·	·	●	·	·	·	·	·
龙蒿	·	●	●	·	·	·	·	·	●	·	●	●	·	·
台湾产鱼露	·	●	●	·	·	·	·	●	●	·	·	●	·	·
皮夸尔特级初榨橄榄油	●	●	●	●	·	·	·	●	●	●	·	·	·	·
皮夸尔黑橄榄	●	·	●	●	·	·	·	·	●	●	·	·	·	·
罐装番茄	●	●	●	●	·	·	●	·	●	●	·	·	·	·
柠檬香蜂草	●	●	●	●	·	·	·	·	●	·	·	·	·	·
莳萝	●	●	●	●	●	·	·	·	●	·	·	·	·	·
帕玛森奶酪	●	●	●	●	·	·	·	●	●	·	·	●	·	·
熟面包蟹肉	●	●	●	●	·	·	·	●	●	·	·	●	·	·
香煎培根	●	●	●	●	·	·	·	●	●	●	·	·	·	·

潜在搭配：桃和橄榄油

桃和阿尔贝吉纳橄榄油同含苯甲醛（见第26页），这种芳香分子构成扁桃仁香味的主要成分。要制作不含麸质的蜜桃挞，可用扁桃仁粉代替面粉，并用橄榄油代替黄油，使面团更湿润。

潜在搭配：桃和冬瓜

冬瓜原产于亚洲热带地区，储存时间可达数月之久，当季节性蔬菜匮乏时，可随时加入汤、炖菜、炒菜和咖喱中。在中国，糖冬瓜是新年的传统美食，也在烘焙中作为馅料，如加入老婆饼中。

桃和油桃的食材搭配

气味类别（列）：果香　柑橘香　花香　绿叶香　草本香　蔬菜香　焦糖味　烘烤香　坚果香　木质香　辛辣香　奶酪香　动物气味　化学气味

阿尔贝吉纳橄榄油
- 鳕鱼片
- 绿藻
- 番木瓜
- 干牛肝菌
- 甜樱桃
- 桃
- 香煎鸡胸排
- 芫荽叶
- 戈贡佐拉奶酪
- 煮树番茄

奶油糖果利口酒
- 意大利香柠檬
- 黑巧克力
- 烤细鳞绿鳍鱼
- 桃
- 烤扁桃仁片
- 南酸枣
- 煮树番茄
- 香煎鸡胸排
- 布里欧修
- 熟黑婆罗门参

煎鸵鸟肉
- 桃
- 阿让西梅
- 煮西蓝花
- 松子
- 黑莓
- 熟印度香米
- 荔枝
- 干牛肝菌
- 葫芦巴叶
- 秘鲁红辣椒

冬瓜
- 烤箱烤培根
- 伊索特干辣椒
- 紫苏叶
- 煎鸵鸟肉
- 裙带菜
- 格鲁耶尔干酪
- 哈密瓜
- 桃
- 清蒸羽衣甘蓝
- 鲭鱼排

枇杷
- 意大利苦杏酒（Amaretto）
- 樱桃番茄
- 阿让西梅
- 煮树番茄
- 接骨木花
- 苦艾酒
- 杏子白兰地
- 干樱花
- 鳄梨
- 桃

欧防风
- 八角
- 干洋甘菊
- 油桃
- 烤羔羊肉
- 甜樱桃
- 肉豆蔻
- 开心果
- 龙蒿
- 橘子
- 四川花椒

潜在搭配：桃和莳萝

莳萝中的大茴香籽味与桃搭配相得益彰。将莳萝泡制桃子雪芭搭配香草糖浆浸制苹果片，风味更为完善，或是在莳萝、苹果中注入糖浆作为雪芭基底，由于苹果中含有果胶，可使风味浓郁、口感丰富。经过滤后混合桃子糖浆和碎莳萝。

经典搭配：桃和奶制品

桃和各类水果同含桃香和椰香内酯，其同样可见于坚果和牛奶、奶酪和酸奶（见第262页）等奶制品中。要给经典组合来点改变，尝试在桃子酸奶中加入干的圣丹尼火腿碎，它与两种原料共享果香和绿叶香。

松针	果香	柑橘香	花香	绿叶香	草本香	蔬菜香	焦糖味	烘烤香	坚果香	木质香	辛辣味	奶酪香	动物气味	化学气味
莳萝														
干黑葛缕子籽														
覆盆子														
桃														
生块根芹丝														
绿橄榄														
米兰萨拉米香肠														
香煎培根														
扁桃仁														
煮青蟹														

圣丹尼火腿	果香	柑橘香	花香	绿叶香	草本香	蔬菜香	焦糖味	烘烤香	坚果香	木质香	辛辣味	奶酪香	动物气味	化学气味
白吐司面包														
桃														
百吉饼														
熟意面														
牛肉清汤														
熟印度香米														
塔希提香草														
熟斯佩尔特小麦														
烤苤蓝														
开菲尔酸奶														

芹菜	果香	柑橘香	花香	绿叶香	草本香	蔬菜香	焦糖味	烘烤香	坚果香	木质香	辛辣味	奶酪香	动物气味	化学气味
意大利香柠檬														
覆盆子														
莳萝														
红菊苣														
哈密瓜														
桃														
煮面包蟹肉														
炖黑线鳕														
煮豆角														
煮南瓜														

清蒸多宝鱼	果香	柑橘香	花香	绿叶香	草本香	蔬菜香	焦糖味	烘烤香	坚果香	木质香	辛辣味	奶酪香	动物气味	化学气味
曼彻格奶酪														
煮蚕豆														
虾夷葱														
干葛缕子叶														
紫甘蓝														
桃														
干平菇														
葡萄干														
陈年雪莉酒醋														
大酱														

腰果苹果汁	果香	柑橘香	花香	绿叶香	草本香	蔬菜香	焦糖味	烘烤香	坚果香	木质香	辛辣味	奶酪香	动物气味	化学气味
炒蛋														
石榴														
烤火鸡														
香煎鸭胸														
甜樱桃														
桃														
马苏里拉奶酪														
紫叶菊苣														
巴约纳火腿														
蜜瓜														

酸奶

酸奶由牛奶经细菌发酵而制成，由多种复杂挥发性有机化合物组合而成。有些化合物已存在于牛奶中，而另一些则形成于发酵过程中，此时乳脂、乳糖和柠檬酸盐转化为新的奶油味、奶酪香、黄油味和果香、苹果香芳香分子。

　　牛奶中的乳糖为保加利亚乳杆菌和嗜热链球菌的繁殖提供了养料，它们会使牛奶中的蛋白质变性，使酸奶质地光滑细腻。人类小肠中天然含有乳糖酶，因而婴儿能够将乳糖分解成单糖。然而，成年人患乳糖不耐受症比例约为65%，在某些文化中这一比例甚至更高。这时酸奶便可发挥作用，将乳糖转化为乳酸，可让牛奶更易消化。

　　"酸奶"（yogurt）一词源于土耳其语词根"yog"，意为浓缩或强化。据传，在中东和中亚地区，早期新石器时代文明偶然发现如何用山羊奶或绵羊奶发酵而得到酸奶。如今，商业化生产酸奶多由牛奶制成，但仍有山羊奶、绵羊奶、水牛奶，甚至牦牛或骆驼奶制成酸奶出售。

　　凝固型酸奶（set yogurts）盛行于法国和巴尔干地区，生产过程中未经搅拌，因而乳清基本分离，质地厚实坚硬。希腊酸奶中大部分乳清（赋予酸奶酸味）经过滤处理，成品比普通酸奶更细腻而香甜，脂肪和蛋白质含量亦更高。

- 冰岛风味酸奶（Skyr）与希腊酸奶相似，在发酵时同时采用凝乳酶和细菌培养物，被归类为奶酪。开菲尔严格而言也不算酸奶，因为它是用酵母和乳杆菌发酵而成的牛奶制品。发酵酪乳在乳杆菌之外还加入噬柠檬酸明串珠菌，生成高浓度双乙酰，风味更似黄油。

- 浓缩酸奶（Labneh）是中东传统酸奶，同样可与橄榄油、中东综合香料（译者注：Za'atar，通常由百里香、小茴香、芫荽、芝麻、漆树和盐混制而成）、芝麻和干漆木混合制成调味品。

- 酸奶、黄瓜和新鲜草本制成的蘸酱和调味汁风行世界各地，如印度青瓜酸奶酱、希腊酸奶黄瓜酱（tzatziki）和土耳其青瓜酸乳酪酱汁（cacik）。而巴尔干地区的酸奶汤（tarator）中会加入切碎的核桃，黎巴嫩和叙利亚地区则加入芝麻酱。若想要咸味青瓜酸乳酪酱汁，则可加入一些裙带菜，非常适宜搭配煮制的或香煎的鱼肉同食。

酸奶、红椒和白萝卜苗

食物搭配公司的食谱

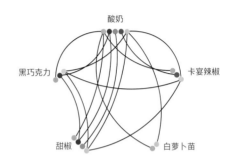

　　在甜点上桌之前，来上一道清新味蕾小点心，带来绝妙味觉之享。首先提前备好黑巧克力棒并放置过夜。然后制作慕斯馅料，在酸奶中加入一小撮卡宴辣椒，打发至质地轻盈。并将烤红甜椒切成尽可能细的小细丁，然后将其轻轻加入慕斯中。最后将烤红甜椒慕斯注入黑巧克力棒中，并用新鲜白萝卜苗加以装饰。酸奶中的酸味可平衡黑巧克力的甜苦口感，而白萝卜苗的辛辣味又可进一步烘托整体风味。

牛奶酸奶

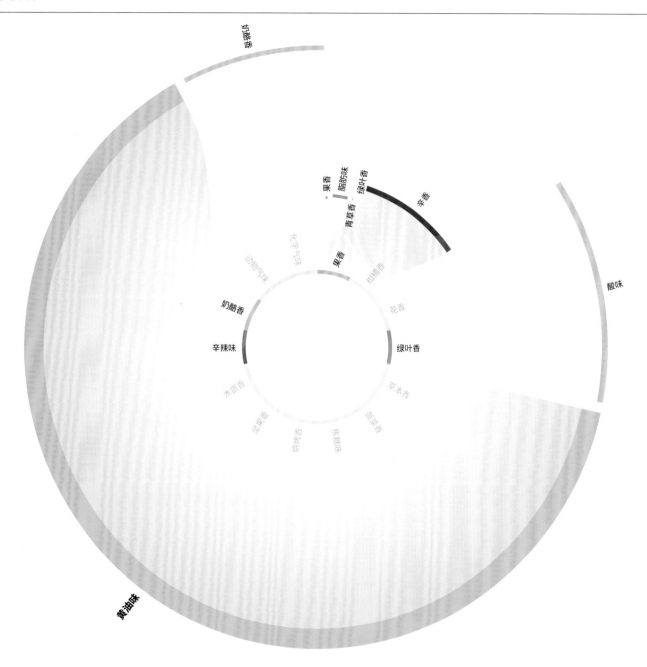

牛奶酸奶的香气特征

酸奶的独特风味源于三种挥发性化合物。双乙酰味道类似黄油、奶油和牛奶，而丙酮则带有黄油香味和细微奶油酸奶味。这两种芳香分子同样构成黄油的独特味道。乙醛赋予果香和青苹果香，而绿叶香和青草香则在酸奶和海藻等食材间构筑芳香联系（见第264页）。

	果香	柑橘香	花香	绿叶香	草本香	蔬菜香	焦糖味	烘烤香	坚果香	木质香	辛辣味	奶酪香	动物气味	化学气味
牛奶酸奶	●	·	·	●	·	·	·	·	·	·	·	●	·	·
烤对虾	●	·	·	●	·	·	●	·	·	·	●	·	●	·
乌鱼子	●	·	·	●	·	·	●	·	·	·	●	●	·	·
熟法国蓝钓黄金紫贻贝	●	·	·	●	·	·	●	·	●	·	●	·	·	·
熟意面	●	·	·	●	·	·	●	·	·	·	·	·	·	·
葎草芽（啤酒花芽）	●	·	●	●	·	·	●	·	·	·	·	·	·	·
山羊奶酪	·	·	·	●	·	·	·	·	·	·	●	●	·	·
牛奶巧克力	●	·	·	●	·	·	●	·	·	·	·	●	·	·
草莓	●	·	·	●	·	·	●	·	·	·	·	·	●	·
草菇	·	·	·	●	·	·	●	·	·	·	●	·	·	·
烤开心果	●	·	·	●	·	·	●	·	·	·	·	●	·	·

海藻

人们普遍认为海藻是未来可持续的食物来源。在亚洲，海带已成为餐桌主食，而许多西方人只能接受在寿司中加入海藻。然而，无论人们是否意识到此点，海藻产品都已进入许多消费者的饮食习惯之中。

卡拉胶等食品稳定剂常用于冰激凌和各类商业乳制品、婴儿配方奶粉、某些啤酒品牌和宠物食品中。源自红藻的琼脂可作为明胶的素食替代品（译者注：素食者、特殊道德或宗教信仰人群不想依赖明胶这种动物性来源材料，因而需要素食替代品）。

近年来，西班牙波尔图-穆尼奥斯公司（Porto-Muiños）致力于将这些"海洋蔬菜"引入美食界。正如该公司创始人安东尼奥·穆尼奥斯（Antonio Muinos）所说："人们之所以不吃海藻，主要原因在于他们从未想去吃，也不知该怎么吃。"在一次研究考察中，食物搭配公司与波尔图-穆尼奥斯公司携手对不同种类的海藻进行分析，包括绿藻、胡椒红藻和西班牙加利西亚海岸的多肉江蓠藻（*Gracilaria carnosa*，一种红藻）。在熟知不同品种海藻香气特征后，我们最终得出了海藻适配的食材，以及如何在烹饪中让海藻得到最佳利用的方法。

裙带菜

日式味噌汤中漂浮的丝般柔滑、深绿色方块状的海藻便是裙带菜。裙带菜分为干燥和盐渍两大类，其富含多不饱和脂肪酸，带有草本香和金属味。裙带菜咸味鲜明，可让菜肴即刻鲜香浓郁。

裙带菜、蚕豆佐鲑鱼

食物搭配公司的食谱

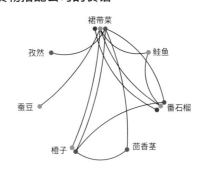

首先将干裙带菜放入冷水中泡开，并切成一口大小。然后用黄油煸炒蚕豆，并加入盐和胡椒粉调味。再将茴香茎放入素高汤中炖煮至刚刚变软。随后将蚕豆和裙带菜叠放在茴香茎之上，并用茴香叶装饰，以增添茴香味。最后搭配平锅烧鲑鱼同食，并淋上番石榴汁加以装饰，加入孜然粉调味，烘托出其与蚕豆间的辛辣味和柑橘香的联系。

相关的香气特征：裙带菜

相较我们分析的其他种类海藻，裙带菜中的脂肪酸赋予其更多绿叶香。裙带菜口感微甜，质地细腻，加入汤羹、新鲜食用或略微腌制都是不错的选择。

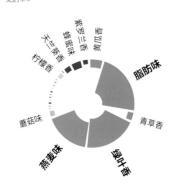

	果香	柑橘香	花香	绿叶香	草本香	蔬菜香	焦糖味	烘烤香	坚果香	木质香	辛辣味	奶酪香	动物气味	化学气味
裙带菜														
粥（燕麦粥）														
西麦尔双料啤酒														
姜汁啤酒														
煮洋蓟														
意大利香柠檬														
杂粮面包														
老抽														
塔罗科血橙														
猕猴桃														
清蒸芥菜														

绿藻

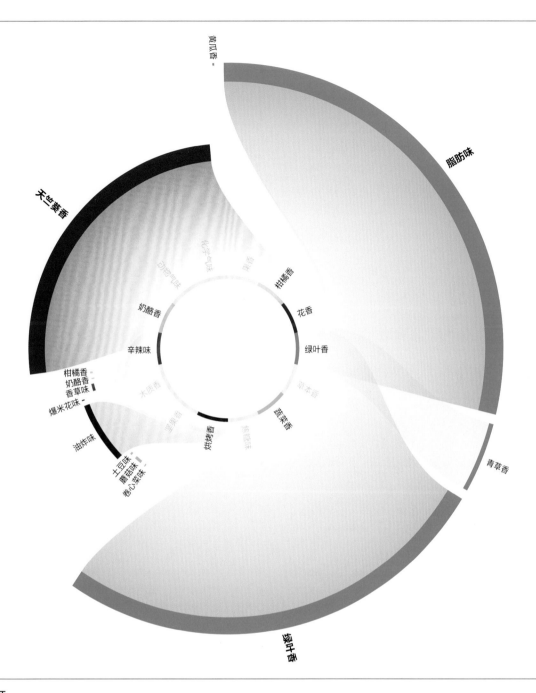

绿藻的香气特征

醛类和环氧化物赋予海藻海洋气息，类似鱼类中草本香和金属味。海藻还含有紫罗兰香和天竺葵香，同样可见于鱼类中，而含量相对较少。

	果香	柑橘香	花香	绿叶香	草本香	蔬菜香	焦糖味	烘烤香	坚果香	木质香	辛辣味	奶酪香	动物气味	化学气味
绿藻	·	·	●	●	·	·	·	●	·	·	●	·	·	·
葎草芽（啤酒花芽）	·	·	●	●	●	●	●	●	●	●	●	·	·	·
烤黄盖鲽	·	·	●	●	·	●	●	●	·	●	●	●	·	·
烤多佛鳎鱼	·	·	●	●	●	●	●	●	●	●	●	·	·	·
小麦面包	·	·	●	●	·	●	●	●	●	●	●	●	·	·
巴氏杀菌山羊奶	·	·	●	●	·	●	●	●	·	·	●	·	·	·
农家切达奶酪	·	·	●	●	·	·	●	●	·	·	●	●	·	·
覆盆子泥	·	·	●	●	·	·	●	●	·	●	●	●	·	·
利木赞牛肉	·	·	●	●	·	·	·	●	·	·	●	·	·	·
甜菜根脆片	·	·	●	●	·	●	●	●	·	●	●	●	·	·
漆树	·	·	●	●	·	·	·	●	·	●	●	·	·	·

潜在搭配：海藻和炸薯条

干海苔片中的天然咸味可用于给炸薯条或烤土豆调味，或是在最喜爱的蛋黄酱配方中加入一些干海藻。

经典搭配：海藻佐米饭

日式香松（Furikake）是干燥综合调料，通常由烤海苔、鲣鱼片和烤芝麻组合而成。它种类繁多，还可加入紫苏叶和脱水蛋（译者注：为便于运输保鲜而对鸡蛋进行干燥处理）等各类食材。香松常搭配白米饭同食，亦与蔬菜、鱼或爆米花等各类美食适配。

海藻的种类

266

胡椒红藻的香气特征

胡椒红藻主要是咸香风味，带有一点点松露的气息，同时与其他藻类一样，它带有独特的海洋气息和刺激，类似胡椒的风味，适宜与葡萄柚、樱桃番茄、蚕豆和皮夸尔橄榄油搭配。

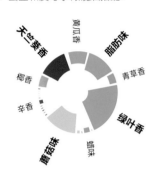

胡椒红藻	果香	柑橘香	花香	绿叶香	草本香	蔬菜香	焦糖味	烘烤香	坚果香	木质香	辛辣香	奶酪香	动物气味	化学气味
现煮过滤咖啡														
褐小牛肉汤														
牛肉清汤														
鸽高汤														
旧金山酸面包														
熟糙米														
野苣菜														
烤绿芦笋														
生蛋黄														
毛豆														

刺松藻的香气特征

除了绿叶脂肪味、油炸味和些许天竺葵香，刺松藻还含有烘烤芳香分子，适合与樱桃番茄、黑橄榄、伊索特干辣椒、芝麻酱和熟鸡肉搭配。

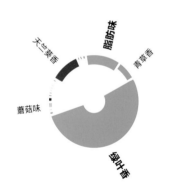

刺松藻	果香	柑橘香	花香	绿叶香	草本香	蔬菜香	焦糖味	烘烤香	坚果香	木质香	辛辣香	奶酪香	动物气味	化学气味
香煎鹌鹑														
旧金山酸面包														
炸薯条														
黄瓜														
煮土豆														
香煎鸭胸														
甲壳高汤														
菠萝														
牛奶														
卡蒙贝尔奶酪														

多肉江蓠藻的香气特征

多肉江蓠藻中的天竺葵香浓郁，同样可见于黑莓、布里奶酪、秘鲁黑辣椒、鹿肉、龙虾和豆浆。此外，其中的柑橘香和花香亦可与苹果、蓝莓、柚子、大茴香籽和榛子搭配。

多肉江蓠藻	果香	柑橘香	花香	绿叶香	草本香	蔬菜香	焦糖味	烘烤香	坚果香	木质香	辛辣香	奶酪香	动物气味	化学气味
香煎鸭胸														
烤肉咖喱酱														
烤小牛胸腺														
香茅														
甜樱桃														
接骨木果														
香煎白蘑菇														
白松露														
戈贡佐拉奶酪														
白巧克力														

潜在搭配：昆布和芦笋

出汁（Dashi）是日本料理中的基本食材。制作出汁首先须将昆布在水中浸泡一夜，然后在热水中熬煮，再加入干鲣鱼片（或干香菇）同煮，静置片刻后用细筛过滤，色清味香。出汁是海带豆腐汤的完美基底，还可加入熟芦笋增添些许西方风情。

经典搭配：海带和黄瓜

日本渍物（Sunomono）以裙带菜和黄瓜薄片（见第268页）制成，并用米醋、酱油、糖和盐简单调味，最后撒上烤芝麻即可一同食用。

海藻的食材搭配

胡椒红藻

　　胡椒红藻表皮深红，形似蕨类，口感辛辣而鲜美可口，在厨界享有"海中松露"之誉。胡椒红藻源自不列颠群岛西海岸，它曾是苏格兰人的主食，而今进入慢食协会美味方舟项目（译者注：美味方舟项目记录了那些濒临灭绝的美味和独特食物）目录。这种红藻精致脆弱，同样生长于北大西洋和太平洋岩石遍布的海岸线上。

　　为保存松露的风味，胡椒红藻一般用盐水而非淡水冲洗，其香气特征也因生长地、气候和季节而有所差异。胡椒红藻多以片状或粉状干燥品出售，用作调味品，但新鲜全叶的红藻亦可加入沙拉中生食或经油煎食用，同样味美可口。

刺松藻

　　刺松藻是一种绿藻，因其海绵质地称之"海绵草"。刺松藻细枝上覆有密集银色的细小绒毛，因而亦称为"天鹅绒角"。

多肉江蓠藻

　　多肉江蓠藻表皮呈红褐色，质地坚硬而富有嚼劲，略带黏性。它味道清新浓郁，常直接生食或轻微烹调即可食用。

绿芦笋

	果香	柑橘香	花香	绿叶香	草本香	蔬菜香	焦糖味	烘烤香	坚果香	木质香	辛辣味	奶酪香	动物气味	化学气味
鸡油菌														
紫苏叶														
薰衣草蜂蜜														
昆布														
巴氏杀菌山羊奶														
干式熟成牛肉														
麦金托什红苹果														
核桃														
烤布雷斯鸡鸡皮														
葡萄干														

糖渍橙皮

	果香	柑橘香	花香	绿叶香	草本香	蔬菜香	焦糖味	烘烤香	坚果香	木质香	辛辣味	奶酪香	动物气味	化学气味
桃														
多肉江蓠藻														
柠檬伏特加														
莫利洛黑樱桃														
漆树														
海胆														
南瓜														
橙花水														
酸奶油														
雪莉醋														

大虾

	果香	柑橘香	花香	绿叶香	草本香	蔬菜香	焦糖味	烘烤香	坚果香	木质香	辛辣味	奶酪香	动物气味	化学气味
意大利夏巴塔面包														
大吉岭红茶														
现煮过滤咖啡														
熟藜麦														
意大利香柠檬														
烤肉咖喱酱														
阿方索杧果														
刺松藻														
塔希提香草														
香煎秋葵														

烤野兔

	果香	柑橘香	花香	绿叶香	草本香	蔬菜香	焦糖味	烘烤香	坚果香	木质香	辛辣味	奶酪香	动物气味	化学气味
裙带菜														
多肉江蓠藻														
秘鲁黑薄荷														
烤扇贝王														
黑莓														
煮面包蟹肉														
菠萝														
红甜椒酱														
韩式辣酱														
秘鲁黄辣椒														

黄瓜

大多数人们所联想到的黄瓜香味，都形成于切割黄瓜时发生的酶反应过程中。完整黄瓜所含芳香分子相对较少，当切黄瓜时，受损细胞膜中的不饱和脂肪酸才会暴露在氧气中，引发酶促氧化反应，并产生带有黄瓜独特香味的醛类。

黄瓜与番茄和玉米在植物学上同属水果，但它通常当作蔬菜食用。当今世上现存数百种黄瓜栽培品种，可分为两大类：用于腌制的黄瓜和切片生食的黄瓜。

早在3000年前，黄瓜就已在印度得到栽培。与当今熟知黄瓜品种不同的是，早期黄瓜含有大量葫芦素，味道苦涩。随着黄瓜进一步栽培，它逐渐传至地中海、亚洲部分地区、欧洲并最终到北美。据传，西班牙人最早开始在美洲种植黄瓜。据考于1494年，克里斯托弗·哥伦布（Christopher Columbus）将黄瓜引入夏威夷。

大多数商业栽培切片黄瓜表皮光滑。相比之下，露地栽培黄瓜表皮偏硬、味苦而带刺，因而在食用前宜先剥皮。若黄瓜含籽，则可先掏出。在使用前对黄瓜片进行盐渍和沥干处理，可烘托其清淡的细致风味，同时还可防止多余汁液渗入奶油酱中。

- 黄瓜常用于沙拉或冷汤等凉菜中，但烹调后也同样美味。只需将黄瓜块白灼或简单用黄油炒制，再搭配鸡肉和鱼肉，清香鲜美。黄瓜还可塞入馅料中或烤制食用。
- 一份简易的北欧黄瓜沙拉由黄瓜和红洋葱薄片组成，并加入橄榄油、醋、新鲜莳萝和欧芹拌匀，清凉爽口。
- 腌制小黄瓜在英国、澳大利亚和新西兰等国又称酸黄瓜。酸黄瓜是小型腌菜，味辣，通常搭配冷肉食用，或切碎后加入蛋黄沙司中。
- 腌黄瓜有时可加入比利时火腿奶酪三明治中，将法棍切成两半，并涂上黄油和蛋黄酱，上铺一层火腿、奶酪、番茄片、熟鸡蛋、卷心莴苣和黄瓜。
- 莳萝籽是腌制盐水中的关键原料，再加入月桂叶、芫荽籽和黑胡椒。新鲜莳萝与黄瓜共享绿叶香，与黑胡椒（见第270页）共享木质香，这又为月桂叶和芫荽籽构筑了芳香联系。

黄瓜的食材搭配

腌黄瓜	果香	柑橘香	花香	绿叶香	草本香	蔬菜香	焦糖味	烘烤香	坚果香	木质香	辛辣味	奶酪香	动物气味	化学气味
秘鲁红辣椒														
干牛肝菌														
白巧克力														
烤箱烤培根														
杧果														
甜樱桃														
干式熟成牛肉														
熟切达奶酪														
橙子														
煮鳕鱼片														

鹰嘴豆泥	果香	柑橘香	花香	绿叶香	草本香	蔬菜香	焦糖味	烘烤香	坚果香	木质香	辛辣味	奶酪香	动物气味	化学气味
哈登杜果														
半硬质山羊奶酪														
黄瓜														
柿子														
清蒸芥菜														
烤箱烤汉堡														
烤小牛胸腺														
烤腰果														
煮鲑鱼														
蔓越莓														

黄瓜

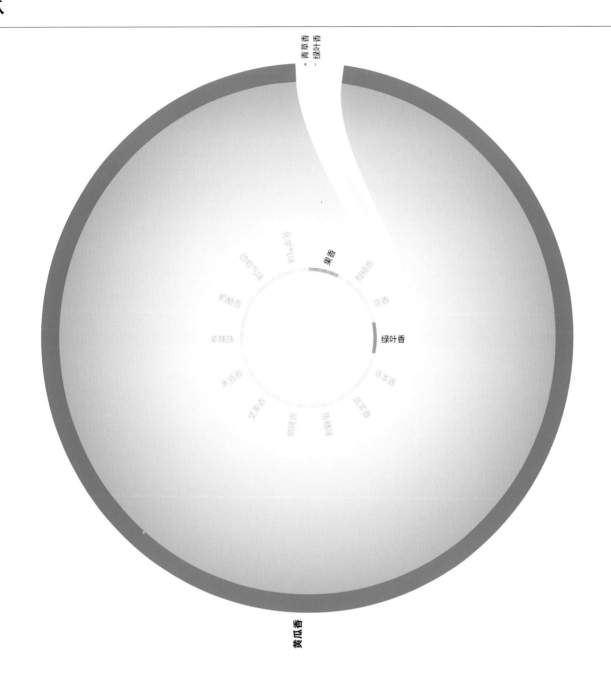

黄瓜的香气特征

黄瓜的香气特征主要由（E,Z）-2,6-壬二烯醛和（E）-2-壬烯醛两种主要醛类组成。前者黄瓜香明显，因而亦称为"黄瓜醛"，而后者则带有更多绿叶香的脂肪味。

	果香	柑橘香	花香	绿叶香	草本香	蔬菜香	焦糖味	烘烤香	坚果香	木质香	辛辣味	奶酪香	动物气味	化学气味
黄瓜	●	·	·	●	·	·	·	·	·	·	·	·	·	·
米克覆盆子	●	·	●	⬤	·	·	●	·	●	●	·	·	·	·
布里奶酪	●	·	●	⬤	·	·	·	●	·	●	·	●	·	·
黑巧克力	●	·	●	⬤	·	·	●	●	●	●	·	·	·	·
煮鲑鱼	⬤	·	·	●	·	·	·	·	·	·	·	·	·	·
甜樱桃	●	·	·	⬤	·	·	·	·	·	·	·	·	·	·
煮鳕鱼片	●	·	·	⬤	·	·	·	·	·	·	·	·	·	·
香煎猪大排	●	·	●	⬤	·	·	●	●	●	·	·	·	·	·
烤肉咖喱酱	●	·	●	⬤	·	·	●	●	●	●	·	·	·	·
甜瓜	●	·	·	⬤	·	·	·	·	·	·	·	·	·	·
香煎鸭胸	●	·	●	⬤	·	·	●	●	●	·	·	·	·	·

黑胡椒

黑胡椒、白胡椒、绿胡椒和红胡椒都采自同一种原生于印度的开花藤本植物：胡椒（*Piper nigrum*），而它们仅在采摘和加工方式上有所差异，以获取每个品种的独特风味。胡椒辛辣味源于胡椒碱这种刺激的气味化合物。

黑胡椒由未完全成熟的绿色浆果加工而成。浆果在热水中烫煮，高温会破坏细胞壁，从而加速褐化过程。然后浆果经日晒（或烤箱烘烤）氧化，果皮逐渐变成深棕色或黑色并收缩、起皱。干燥黑胡椒仍带完整表皮，因而柑橘香、花香和木质香浓郁。白胡椒生产需将红胡椒装袋入水浸泡，微生物活动会分解外壳。红胡椒是由完全成熟的红色胡椒经干燥处理制成。

粉红胡椒虽称胡椒，实则和胡椒属关系不大。这些粉红色小浆果出自秘鲁和巴西胡椒树，是腰果家族的近亲。粉红胡椒味道与黑胡椒相似，但更趋柔和，它含有高浓度挥发性化合物，暴露在空气中时会快速消散。

一旦接触光线，胡椒的风味就会消散，胡椒碱会转化为异胡椒脂碱这种无味化合物。因此，整颗胡椒最宜存放在密闭容器中，避光避热，而胡椒一旦经研磨，香气便开始消散，因而宜在使用前研磨。

- 经典法式黑椒牛排以研磨黑胡椒粒包裹香煎菲力牛排，配上奶油白兰地酱和炸薯条，牛排软嫩，奶香醇厚。
- 黑椒奶酪意面只需在熟意面中加入上好橄榄油、黄油、黑胡椒和一小撮细磨罗马绵羊奶酪拌匀。
- "*Bo Luc Lac*" 在越南语中意为"骰子牛肉"，将嫩牛肉块用蚝油、甜酱油、鱼露和糖腌制，然后与洋葱和粗磨柬埔寨贡布胡椒一同放入芝麻油中速煎，并搭配新鲜番茄一同食用。

相关的香气特征：绿胡椒

与黑胡椒相比，绿胡椒含有更多的绿叶香和草本香，常见于泰国菜和其他亚洲国家的菜肴中。这些未成熟浆果极易腐烂，通常用醋或盐水腌制保存，或以冻干的形式出售。

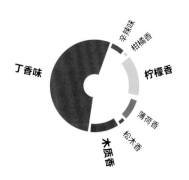

	果香	柑橘香	花香	绿叶香	草本香	蔬菜香	焦糖香	烘烤香	坚果香	木质香	辛辣味	奶酪味	动物气味	化学气味
绿胡椒														
马翁金酒														
肉豆蔻														
甘夏蜜柑														
鲜薰衣草花														
胡萝卜														
金橘皮														
块根芹														
小牛肉高汤														
煮青豆														
烤箱烤培根														

黑胡椒

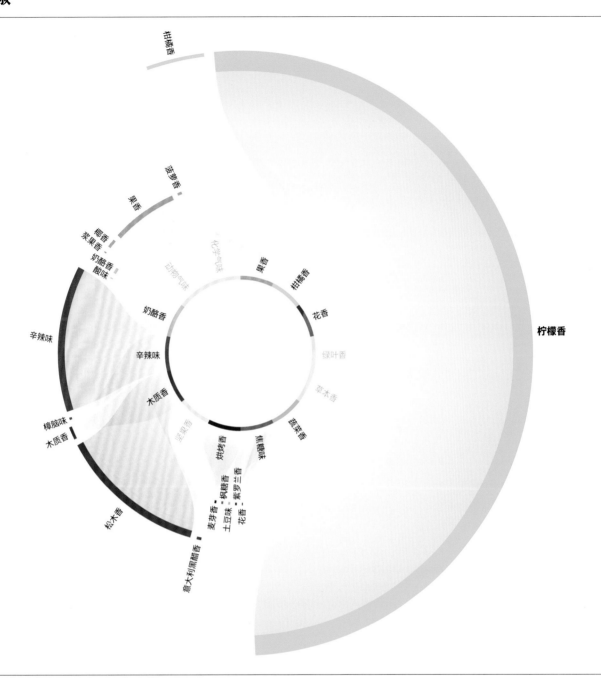

柠檬香

黑胡椒的香气特征

辣椒的辣度来自辣椒素，而胡椒则含有辛辣的气味化合物胡椒碱，可为菜肴甚至甜点增添辛辣味。如今黑胡椒广泛种植于印度、印度尼西亚、马达加斯加和巴西等热带地区。在不同品种的黑胡椒中，原产于印度西南部马拉巴尔海岸的代利杰里胡椒以其明亮、辛辣和复杂风味而广受欢迎。黑胡椒一经研磨，其中的花香会渐趋消散。

	果香	柑橘香	花香	绿叶香	草本香	蔬菜香	焦糖味	烘烤香	坚果香	木质香	辛辣味	奶酪香	动物气味	化学气味
黑胡椒	·	·	●	·	·	●	●	●	·	●	●	●	·	·
亚力酒	●	●	●	●	·	●	●	●	●	●	●	●	·	·
生姜	·	●	●	●	·	·	·	·	●	●	●	·	·	·
格鲁耶尔干酪	·	●	●	●	·	·	·	·	·	●	●	·	·	·
香煎鹿肉	●	●	●	●	·	·	●	●	·	●	●	●	·	·
甲壳高汤	●	●	●	·	·	·	●	●	·	●	●	·	·	·
茴香茎	·	●	●	●	·	·	·	·	·	●	●	·	·	·
意大利香柠檬	·	●	●	·	·	·	●	●	·	●	●	·	·	·
烤羔羊肉	·	●	●	●	·	·	·	●	·	●	●	●	·	·
酱油	·	·	●	●	·	·	●	●	·	●	●	·	·	·
草莓	●	●	●	·	·	·	·	·	·	●	●	●	·	·

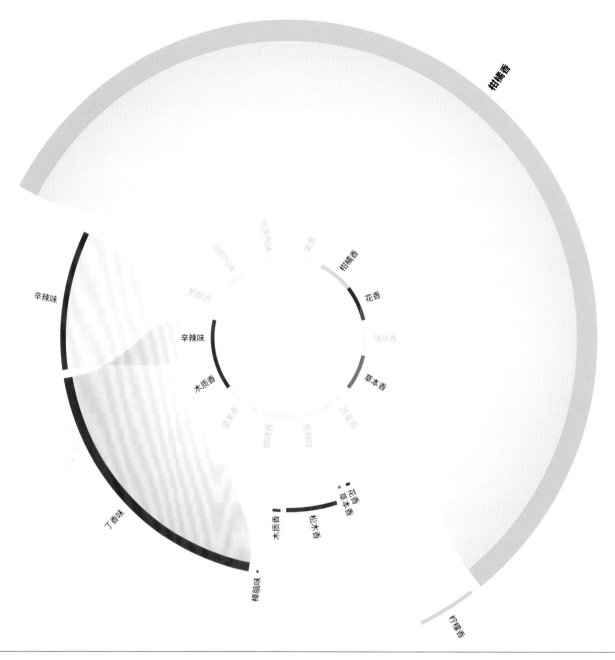

白胡椒的香气特征

白胡椒聚集了辛辣味和松木香，相较黑胡椒更辣而香味偏淡。在加工时若胡椒被浸泡在静水而非活水中，则可能会形成吲哚等分子，从而生成腐烂、奶酪和粪便般的异味。研磨白胡椒会使辛辣丁香味更浓郁，而一些柑橘香和松木香则被新草本香分子所取代，同时花香浓度亦会增加。

	果香	柑橘香	花香	绿叶香	草本香	蔬菜香	焦糖味	烘烤香	坚果香	木质香	辛辣味	奶酪香	动物气味	化学气味
白胡椒	·	○	●	·	●	·		·	·	●	●	·		·
伦敦干金酒	●	●	●	●	●	·		·	●	●	●	·		·
罗勒	·	●	●	·	●				·	●	●	·		
开心果	·	●	●	·	·			·	·	●	●	·		·
青酱	·	●	●	●	●				·	●	●	·		·
欧防风	·	●	●	·	·			·	·	●	●	·		
橘子	·	●	●	·	·				·	●	●	·		
煮去皮甜菜根	·	●	●	·	·			·	·	●	●	·		·
羽衣甘蓝	·	●	●	·	·			·	·	●	●	·		·
葡萄	·	●	●	·	·			·	·	●	●	·		
熟翡麦	·	●	●	·	●			·	·	●	●	●		·

潜在搭配：白胡椒、橘子和格鲁耶尔干酪

橘子果酱可作为格鲁耶尔干酪的配菜，并撒上一些现磨白胡椒，它与柑橘类水果共享柑橘香、木质香和辛辣味。

经典搭配：草莓和黑胡椒

草莓和黑胡椒同含柑橘香和柠檬香，促成了这一经典搭配。在增添辛辣味之外，胡椒还可烘托草莓的甜香风味。

胡椒的食材搭配

以下各表的香气/风味列依次为：果香、柑橘香、花香、绿叶香、草本香、蔬菜香、焦糖味、烘烤香、坚果香、木质香、辛辣味、奶酪香、动物气味、化学气味。

橘子

食材	果香	柑橘香	花香	绿叶香	草本香	蔬菜香	焦糖味	烘烤香	坚果香	木质香	辛辣味	奶酪香	动物气味	化学气味
炒小白菜														
酸奶油														
熟黑米饭														
炒蛋														
菜籽油														
烤鸡														
鱼子酱														
格鲁耶尔干酪														
皮夸尔黑橄榄														
羔羊肉														

玛拉波斯草莓

食材	果香	柑橘香	花香	绿叶香	草本香	蔬菜香	焦糖味	烘烤香	坚果香	木质香	辛辣味	奶酪香	动物气味	化学气味
煮欧防风														
秘鲁米拉索尔辣椒														
黑胡椒														
黑巧克力														
孟买蓝宝石东方金酒														
秘鲁黑薄荷														
日本酱油														
黑麦酸面包														
蚕豆														
肉桂														

留兰香

食材	果香	柑橘香	花香	绿叶香	草本香	蔬菜香	焦糖味	烘烤香	坚果香	木质香	辛辣味	奶酪香	动物气味	化学气味
烤鸡胸排														
鳄梨														
粉红胡椒														
烤火鸡														
漆树														
姜黄根														
烤箱烤土豆														
茴香茎														
黑加仑														
煮蚕豆														

卡姆果

食材	果香	柑橘香	花香	绿叶香	草本香	蔬菜香	焦糖味	烘烤香	坚果香	木质香	辛辣味	奶酪香	动物气味	化学气味
紫苏叶														
黑莓														
柚子														
绿胡椒														
漆树														
萨尔齐琼香肠														
伊比利亚火腿（黑标）														
甜菜根														
煮洋蓟														
煮青蟹														

煮豌豆

食材	果香	柑橘香	花香	绿叶香	草本香	蔬菜香	焦糖味	烘烤香	坚果香	木质香	辛辣味	奶酪香	动物气味	化学气味
香煎猪大排														
柠檬皮屑														
核桃														
扁叶欧芹														
油桃														
黑胡椒														
胡萝卜														
生蚝														
马斯卡彭奶酪														
黑线鳕														

蚝油

食材	果香	柑橘香	花香	绿叶香	草本香	蔬菜香	焦糖味	烘烤香	坚果香	木质香	辛辣味	奶酪香	动物气味	化学气味
香煎肥肝														
桑葚														
烤白吐司														
番茄泥														
黑胡椒														
熟卡姆小麦														
牛奶酸奶														
启波特雷干辣椒														
炸土豆片														
红甜椒汁														

潜在搭配：黑胡椒和干节莎草

节莎草是在亚马孙雨林中发现的一种芳香根茎，过去只用于化妆品行业，但圣保罗的D.O.M.餐厅的主厨亚历克斯·阿塔拉另辟蹊径，将之引入厨界，将节莎草与香蕉、柠檬结合在一起，再与白巧克力搭配，并可用于给巴西卡皮利亚鸡尾酒调味。

潜在搭配：黑胡椒和普拉藤果

普拉藤果（bacuri）需待果实完全成熟，从树上落下时才能采收。在巴西现已消亡的图皮语中，"ba"意为"掉落"，"curi"意为"早期"。普拉藤果原产于亚马孙雨林，果实圆球形，果皮厚而呈黄色，白色果肉芳香四溢，口感酸甜。普拉藤果可生食，亦可用于制作饮料、果酱和雪芭。

胡椒的食材搭配

干节莎草

列：果香　柑橘香　花香　绿叶香　草本香　蔬菜香　焦糖味　烘烤香　坚果香　木质香　辛辣味　奶酪香　动物气味　化学气味

行：绿胡椒、块根芹、葡萄柚、胡萝卜、芫荽籽、干葛缕子叶、煮甜菜根、绿橄榄、酸浆果、熟翡麦

普拉藤果

行：黑胡椒、姜泥、茉莉花茶、牛后腿肉、秘鲁黑辣椒、泰国皱皮柠檬叶、烤猪五花、小豆蔻籽、日本柚子、煮紫薯

干欧白芷根

行：黑胡椒、胡萝卜、甘夏蜜柑、马翁金酒、塞利姆胡椒、葛缕子籽、荔枝、夏香薄荷、核桃、欧洲海鲈

李杏

行：酪乳、烘焙阿拉比卡咖啡豆、秘鲁黑薄荷、牛高汤、西番莲（百香果）、红橘、烤箱烤培根、帕达诺奶酪、绿胡椒、煮褐虾

印度月桂叶

行：烘烤黑豆蔻、摩洛血橙、肉豆蔻、茴香茎、欧防风、黑豆、熟意面、秘鲁黑辣椒、烤箱烤培根、黑胡椒

多香果

行：熟印度香米、中东芝麻酱、煮豌豆、烤野猪肉、茴香草、黑巧克力、绿胡椒、夏香薄荷、罗勒、烟熏大西洋鲑鱼

潜在搭配：黑胡椒和千日菊

草本植物千日菊的黄花又称金纽扣，在口中会产生强烈刺痛和清凉感觉，带有果香、柑橘香和草本香。千日菊在过去被用作草药，常用于治疗牙痛，如今也用于食品工业，作为口香糖调味剂。千日菊叶子可生食，或与大蒜、辣椒一同加入炖菜中。

经典搭配：黑胡椒和萨尔齐琼香肠

西班牙萨尔齐琼香肠类似意大利萨拉米香肠，只需用盐和黑胡椒简单调味，让腌制猪肉（见第276页）风味占据主导。

千日菊

	果香	柑橘香	花香	绿叶香	草本香	蔬菜香	焦糖味	烘烤香	坚果香	木质香	辛辣味	奶酪香	动物气味	化学气味
西番莲（百香果）														
索伦托柠檬														
阿方索杜果														
日本柚子														
黑孜然														
葡萄柚														
白胡椒														
萨尔齐琼香肠														
番木瓜														
煮佛手瓜														

烤箱烤培根

	果香	柑橘香	花香	绿叶香	草本香	蔬菜香	焦糖味	烘烤香	坚果香	木质香	辛辣味	奶酪香	动物气味	化学气味
清蒸宽叶羽衣甘蓝														
红酒醋														
哈瓦那青椒														
蒸芜菁叶														
煮欧防风														
李子罐头														
欧当归叶														
干葛缕子根														
野生草莓														
煮佛手瓜														

红加仑

	果香	柑橘香	花香	绿叶香	草本香	蔬菜香	焦糖味	烘烤香	坚果香	木质香	辛辣味	奶酪香	动物气味	化学气味
西麦尔三料啤酒														
葡萄柚														
百里香														
煮面包蟹肉														
帕玛森奶酪														
蓝莓														
粉蕉														
扁桃仁榛子果仁酱														
黑胡椒														
火龙果														

芹菜叶

	果香	柑橘香	花香	绿叶香	草本香	蔬菜香	焦糖味	烘烤香	坚果香	木质香	辛辣味	奶酪香	动物气味	化学气味
莲雾														
茄子														
抹茶														
奇异莓														
烤细鳞绿鳍鱼														
小豆蔻籽														
葡萄柚														
芫荽籽														
绿胡椒														
香煎培根														

伊比利亚火腿

伊比利亚火腿中的醛类带来复杂的果香、坚果香、肉香和柑橘香，而焦糖味和枫糖香呋喃则使风味更圆润醇厚。

相传，伊比利亚猪只需盐、空气和时间便可升级为黑标橡果级伊比利亚火腿（译者注：西班牙伊比利亚质量准则将伊比利亚火腿依次分为黑标、红标、绿标和白标四个等级），当然，腌制工艺也同样重要。橡果级伊比利亚火腿的独特风味源于其特殊的品种特性、橡果饮食习惯和代代相传的传统腌制工艺，远非塞拉诺火腿或市场常见的谷饲普通级伊比利亚火腿所能比拟。

黑标火腿发酵和腌制过程可长达三年甚至五六年之久，以让蛋白质和脂肪酸拥有充足降解时间，并生成新的芳香分子。伊比利亚猪的高油酸天然饮食由青草、草本植物和橡果组成，因而富含抗氧化剂和不饱和脂肪酸，肉嫩油滑、风味馥郁，远甚塞拉诺火腿或低级伊比利亚火腿。

在育肥期（montanera），纯种伊比利亚猪被放入西班牙西南部和葡萄牙南部受保护的德埃萨（dehesa，一种人造混林农业）中，在软象木林、橡木林中自行觅食橡子。伊比利亚猪在经历2个育肥期后才会被屠宰，以确保最佳的风味品质。到冬季结束时，纯种猪每天最多可食用10千克橡子，体重将翻倍。

黑标橡果级伊比利亚火腿风味源自其祖传伊比利亚血统、天然饮食和在德埃萨林地自由漫步得到的充分锻炼。生产红标中级伊比利亚火腿并不是采用传统品种猪与黑标猪遵循的相同觅食和喂养计划，且腌制时长一般为3年左右。谷饲林地散养普通级伊比利亚火腿（Jamón Ibérico cebo de campo）以绿标辨别，用谷物和橡子混合喂养。

西班牙家庭一般自己宰猪，有选择地拆分部位，并将余留部位用于制作辣味香肠、萨尔齐琼香肠和血肠，以满足一年之需。肥美猪腿依据重量在海盐中腌制约一周，以去除水分，春夏时节火腿会流失一半水分。

随后将火腿冲洗干净，并悬挂于气候控制冷藏库中晾晒一两个月，让肉在腌制时吸收盐分。火腿随后被转移到干燥空间，利用自然通风风干6个月～1年。相较塞拉诺火腿，橡果级火腿油脂丰润，肌肉中夹杂肥厚的白色脂肪条纹，需要更长的腌制和干燥时间，以让脂肪完全融入肌肉纤维。在火腿干燥的进程中，蛋白质和脂肪发生降解，让位于新的芳香分子，并赋予这种顶级火腿复杂的风味。火腿在自然通风地窖中熟化至少三年，地中海温带微风和特有的微生物菌群赋予其独特风味。为检测成熟度，训练有素的检测师将骨针刺入每根火腿，以检查颜色和香味是否合格。

伊比利亚火腿最宜在室温下食用（21℃～23℃），此时口感柔嫩多汁。传统上，一般将火腿手工切成薄片生食。有些人喜欢不加任何佐料，以品味独特的坚果、青草和草本芳香。不过就风味而言，火腿与多种食物相得益彰，包括花生、菊苣和无花果等，但应避免酸味水果掩盖火腿独特风味。卡瓦或香槟等干型起泡白葡萄酒、雪莉酒和清酒都是搭配火腿的上上之选。火腿鲜嫩，酒浓香醇厚，水乳交融。

- 伊比利亚火腿指腌制猪后腿，但亦有同种工艺腌制前腿出售。前腿体积小巧，一般作为伊比利亚肩肉火腿出售。它适用于同种质量标准系统，黑标表示最高品质。后腿和前腿之间风味差异部分原因在于前腿脂肪比更高，同时成熟期也往往较短。

- 为制作番茄面包（pan con tomate），需将大蒜涂抹在烤酥的法棍上，并放上新鲜磨碎的番茄和几片伊比利亚火腿薄片，然后淋上特级初榨橄榄油。

伊比利亚火腿

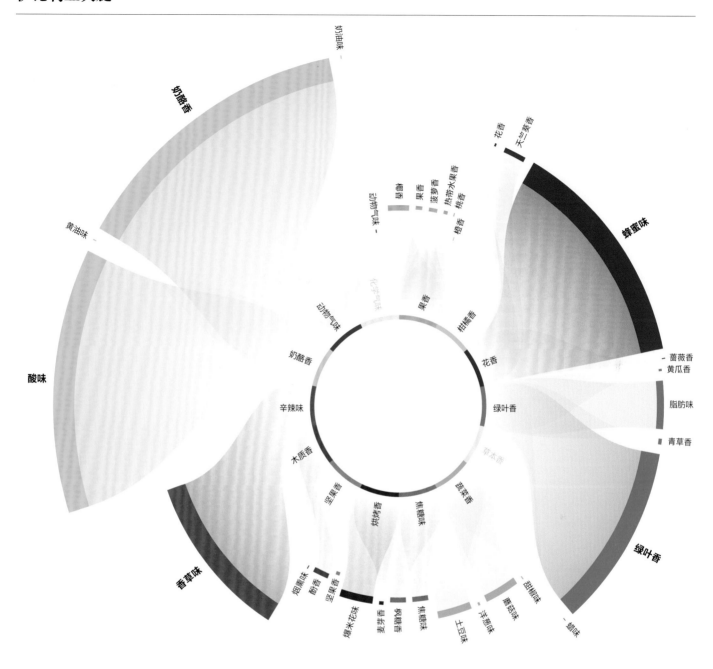

277

伊比利亚火腿的香气特征

美拉德反应通常与升温有关，但也可在低温下触发。在伊比利亚火腿腌制过程中，水分子蒸发使肉中的糖分子与氨基酸相互作用，从而生成坚果香的苯甲醛分子和呋喃，赋予火腿枫糖香和焦糖味。熟化过程中同样生成2-甲基丁醛和异戊醛等分子，赋予伊比利亚火腿果香、坚果香和肉香，使之与各类食材适宜搭配。而醛分子则为火腿肉香增添一丝果香和柑橘香。

	果香	柑橘香	花香	绿叶香	草本香	蔬菜香	焦糖香	烘烤香	坚果香	木质香	辛辣香	奶酪香	动物气味	化学气味
伊比利亚火腿	·	·	●	●	·	·	·	●	●	·	·	●	●	·
煮冬瓜	·	·	●	●	·	·	·	●	·	·	·	·	·	·
哈瓦那红椒	·	·	●	●	·	·	·	·	·	·	·	·	·	·
煮红薯	·	·	●	●	·	·	·	●	·	·	·	·	·	·
青柠皮	·	·	●	●	·	·	·	·	·	·	·	·	·	·
椪柑（中国蜜橘）	●	·	●	●	·	·	·	·	·	·	·	·	·	·
梨果仙人掌	·	·	●	●	·	·	·	·	·	·	·	·	·	·
番茄酱	·	·	●	●	·	·	·	●	·	·	·	●	·	·
芫荽叶	·	·	●	●	·	·	·	·	·	·	·	·	·	·
油桃	●	·	●	●	·	·	·	·	·	·	·	·	·	·
紫苏叶	·	·	●	●	●	·	●	●	●	·	●	·	●	·

经典搭配：雪莉酒和伊比利亚火腿

菲诺雪莉酒酸度低而时有苦味，伊比利亚火腿脂肪层口感微甜，形成了迷人对比。这两者作为西班牙经典组合，共享烘烤香、果香和奶酪香。

经典搭配：伊比利亚火腿和烤花生

坚果的不同风味主要源于烘烤过程中生成的美拉德反应派生吡嗪。花生含有坚果香2,5-二甲基吡嗪和2-甲氧基-5-甲基吡嗪，带有烘烤香和坚果香，并为之与伊比利亚火腿构建芳香联系。此外，二者还共享绿叶香、柑橘香和果香。

伊比利亚火腿的食材搭配

菲诺雪莉酒

- 杏子
- 埃曼塔尔干酪
- 香煎鸡胸肉
- 烟熏梨木
- 秘鲁黄辣椒
- 荞麦蜜
- 腰果
- 蔓越莓
- 烤野兔
- 牛奶巧克力

烤花生

- 虾夷葱
- 煮龙虾尾
- 灰胡桃南瓜泥
- 豪达奶酪
- 炖大西洋狼鱼
- 烤羔羊肉
- 黑巧克力
- 伊比利亚火腿（黑标）
- 椰子
- 黑蒜泥

路易博士茶

- 马斯卡彭奶酪
- 煮胡萝卜
- 香煎鹿肉
- 桂皮
- 干海蓬子
- 杜松
- 熟切达奶酪
- 现煮过滤咖啡
- 烤飞蟹
- 伊比利亚火腿（黑标）

薄荷香油

- 煮欧防风
- 草菇
- 煮块根芹
- 熟印度香米
- 迷迭香
- 多香果
- 番石榴
- 咖喱叶
- 煮青蟹
- 伊比利亚火腿（黑标）

烧酒

- 帕玛森奶酪
- 伊比利亚火腿（黑标）
- 黑松露
- 香蕉
- 番石榴
- 荔枝
- 香煎培根
- 红茶
- 秘鲁黄辣椒
- 淡味切达奶酪

鼠尾草

- 香煎鹿肉
- 伊比利亚火腿（黑标）
- 葎草芽（啤酒花芽）
- 炒蛋
- 葡萄柚
- 柠檬香蜂草
- 荔枝
- 蓝莓
- 鳄梨
- 煮洋蓟

潜在搭配：伊比利亚火腿和古布阿苏果

古布阿苏果是亚马孙雨林中古布阿苏果树的果实。它是可可近亲，种子可像可可豆一样经加工制成巧克力般糖果。古布阿苏果白色果肉口感类似巧克力和热带水果混合，带有杧果、菠萝和百香果风味，常用于制作甜食和果汁。

经典搭配：火腿、意面和帕玛森奶酪

意面、伊比利亚火腿和帕玛森奶酪（见第280页）共享果香、柑橘香和绿叶香。三者搭配制作成奶酪通心粉，无须添加奶酪酱，而仅需上撒帕玛森奶酪碎。

古布阿苏果

柱子
马德拉斯咖喱酱
秘鲁黑辣椒
阿尔贝吉纳特级初榨橄榄油
山羊奶
橙子
伊比利亚火腿（黑标）
烤多宝鱼
肋眼牛排
煮灰胡桃南瓜

熟意面

丁香
煎泰国青椒
鲭鱼排
鸭儿芹
沙棘果
烤扁桃仁
伊比利亚火腿（黑标）
紫苏叶
罗勒
南瓜

熟奶油生菜

清蒸宽叶羽衣甘蓝
烤夏威夷果
罐装番茄
煮鲑鱼
烤甘蓝
伊比利亚火腿（黑标）
斯蒂尔顿干酪
甜菜根
杧果
黑加仑

日本网纹瓜

炒蛋
莳萝
伊比利亚火腿（黑标）
熟糙米
深焙扁桃仁
鳕鱼片
西番莲（百香果）
杧果
葡萄
香煎猪大排

烤欧洲海鲈

大蕉
烤南瓜子
香煎肥肝
洋葱
五味子浆果
奶油生菜
塞拉诺火腿
花生酱
薄荷
柠檬香蜂草

唇萼薄荷

半糖渍柠檬皮
烤肉咖喱酱
橙皮
开心果仁酱
块根芹
伊比利亚火腿（黑标）
香煎猪大排
南瓜
羽衣甘蓝
生蚝

（各图表列标题：果香、柑橘香、花香、绿叶香、草本香、蔬菜香、焦糖味、烘烤香、坚果香、木质香、辛辣味、奶酪香、动物气味、化学气味）

帕玛森奶酪

帕玛森奶酪仅限帕尔马、艾米利亚-罗马涅大区和摩德纳、曼图亚和博洛尼亚等周边省份一些手工乳制品厂生产，其坚果香、果香馥郁，质地酥脆而自带颗粒感，受原产地名称保护认证（DOP），让众多爱好者为之痴迷。根据法律规定，正统帕玛森奶酪仅包含新鲜牛奶、小牛凝乳酶、发酵乳清和盐，而不含任何添加剂或防腐剂。这种典型的意大利奶酪的生产原料、制作工艺和传统成熟过程均遵循严格规定。

奶酪生产自牛奶开始。在波河和雷诺河两岸分布有4000多个受保护牧场，牛群仅食用青草、干草或当地天然饲料。每日经两次挤奶，并在收集后两小时内送到当地认证的奶酪店。随后将牛奶倒入大桶静置一晚，以让固液分离。固体升至表面，待第二天早上撇去。然后将促酵剂乳清和凝乳酶加入过滤牛奶中，并加热至55℃使牛奶凝结。

一旦凝乳在底部沉淀，奶酪块就会分为两部分，并被转移到钢制模具中。一轮帕玛森奶酪（译者注：奶酪形似轮状，因而以"轮"为单位）含有550升牛奶。每轮奶酪带有独特标志号，并印有清晰的"Parmigiano-Reggiano"字样、生产年月以及奶酪制造商编号。

经过几日沉淀后，奶酪浸渍于盐水中20～25天，让咸香充分浸润。然后，奶酪被转移至陈酿室，并经历至少12个月成熟期。专业奶酪制造商会持续关注奶酪成熟进程，并时常为奶酪翻面。随着奶酪渐趋干燥，它们会逐渐硬化，并形成自然外壳。

熟成12个月后，认证检测员会对淡黄色奶酪进行测试和抽样，以确定结晶的不足之处。奶酪只有符合帕玛森奶酪协会严格标准，才会印上可识别原产地保护认证标志，而未合格奶酪会被丢弃，或在出售前去除此前印记，以防与真正产品相混淆。

商店里常见的"年轻"奶酪切角都只熟成了12个月，它们适合磨碎后加入意面沙拉或汤中，增添奶酪味坚果香。18个月熟成帕玛森奶酪奶香更浓郁，并标上红印和"vecchio"一词，意为"老化"。奶酪香气在第22个月时才达到和谐状态。每一口都浸润着乳酸钙晶体咸香，奶酪香、麦芽香、烘烤香、坚果香和果香等复杂风味回味悠长，这种奶酪带有银色印记。帕玛森奶酪素来享有奶酪之王的美誉，而奶酪之王的黄金标准非特级成熟型莫属（stravecchio），熟成时间为30个月或更久。特级成熟奶酪成熟期愈长，谷氨酸浓度就愈高，每一小口都是咸鲜风味的美妙享受。如果有幸享有一块特级成熟奶酪，请尽情享用，不要磨碎，尽量搭配开胃酒一同享用。

- 意大利人将帕玛森奶酪磨碎加入意面、意式烩饭和意大利面豆汤（pasta e fagioli）中。意大利奶酪主要分为两大品种：帕玛森奶酪和帕达诺奶酪，后者为少数几种主要用于磨碎的硬质奶酪。它的制作过程与帕玛森奶酪相似，但允许在奶牛饮食中加入青贮饲料，熟成期至少为9个月。与帕玛森奶酪相比，它的奶香更为浓郁而咸味偏淡。

- 许多食谱会用罗马绵羊奶酪来替代帕玛森奶酪，而两者实则差异显著。罗马绵羊奶酪由母羊奶制成，风味更为浓郁。相较帕玛森奶酪而言，其香气更偏坚果香和草本香，适合单独食用或与配上青柠或蜂蜜。

	果香	柑橘香	花香	绿叶香	草本香	蔬菜香	焦糖味	烘烤香	坚果香	木质香	辛辣味	奶酪香	动物气味	化学气味
罗马绵羊奶酪														
榛子														
鹿肉														
烤羔羊菲力														
秘鲁黑辣椒														
黑松露														
烤多佛鳎鱼														
兰比克啤酒														
青柠皮														
红毛丹														
波本香草														

帕玛森奶酪

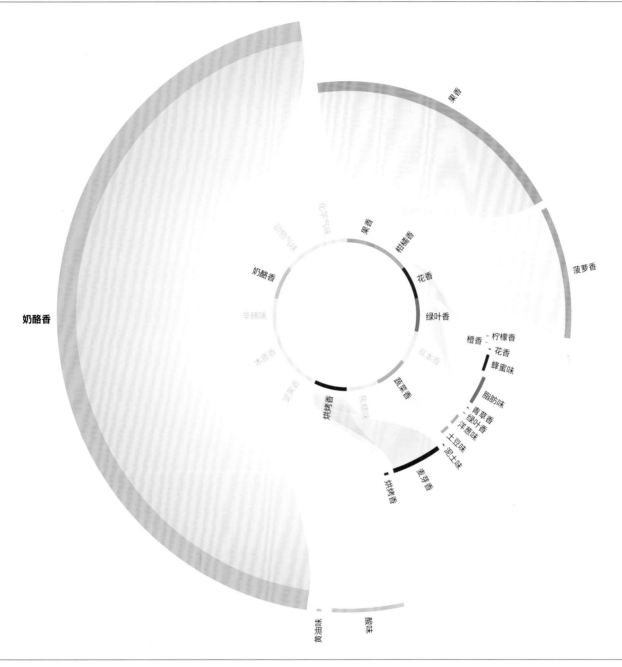

帕玛森奶酪的香气特征

帕玛森奶酪风味复杂，带有奶酪香、麦芽香、烘烤坚果和果香。新鲜奶酪凝乳通常风味平淡，只有在熟成过程中，它们才会发展出特有的香味化合物，形成独特的风味。随着奶酪渐趋成熟，牛奶中的酶、凝乳酶、发酵剂培养物和环境中的菌群部分受到时间和温度影响，发生一系列化学反应，并开始降解牛奶蛋白质、脂肪和碳水化合物。帕玛森奶酪的浓郁奶酪香源于熟成过程生成的乙酸、丁酸和己酸，而吡嗪则带来烘烤的坚果香气。酯类作用同样至关重要，赋予其令人称道的果香。麦芽香的异戊醛更丰富了奶酪的复杂的香气特征。

	果香	柑橘香	花香	绿叶香	草本香	蔬菜香	焦糖味	烘烤香	坚果香	木质香	辛辣味	奶酪香	动物气味	化学气味
帕玛森奶酪	·	·	●	●	·	·	·	●	·	·	·	●	·	·
油烤扁桃仁	●	●	●	·	·	·	·	●	●	·	·	·	·	●
红茶	●	●	●	●	·	·	●	●	●	●	·	·	·	·
草莓	●	·	●	●	·	·	●	·	·	·	·	·	·	·
巴约纳火腿	●	·	●	·	·	·	●	●	·	·	·	●	●	·
蔓越莓	●	·	●	●	·	·	·	●	·	·	·	·	·	·
尖吻鲈	·	·	●	●	●	●	·	●	·	·	·	·	·	·
蜂蜜	●	·	●	●	·	·	·	●	●	·	·	·	·	·
哈登杜果	●	·	●	●	·	·	·	●	●	·	·	·	·	·
烤鸡	●	·	●	·	·	·	●	●	·	·	·	·	·	·
煮南瓜	●	·	●	●	·	●	●	●	·	·	·	·	·	●

潜在搭配：帕玛森奶酪和苹果醋

帕玛森奶酪一个经典搭配是淋上意大利黑醋，其奶酪咸香与意大利黑醋的酸甜风味对比鲜明。而要想烘托奶酪中的果香，则可尝试搭配苹果酱和苹果醋。

经典搭配：帕玛森奶酪和面包

美式恺撒沙拉将新鲜罗曼生菜和酥脆面包片放入由柠檬汁、橄榄油、蛋黄、鳀鱼、第戎芥末、伍斯特郡酱和大蒜制成调味料中拌匀，最后再撒入大量的帕玛森奶酪碎。

帕玛森奶酪的食材搭配

苹果醋	果香	柑橘香	花香	绿叶香	草本香	蔬菜香	焦糖味	烘烤香	坚果香	木质香	辛辣味	奶酪香	动物气味	化学气味
番荔枝														
帕玛森奶酪														
熟贻贝														
香煎猪大排														
乌鱼子														
煮甜菜根														
黑加仑														
白蘑菇														
扁桃仁														
烤兔肉														

小麦面包	果香	柑橘香	花香	绿叶香	草本香	蔬菜香	焦糖味	烘烤香	坚果香	木质香	辛辣味	奶酪香	动物气味	化学气味
日式鱼露														
煮白芦笋														
烤夏威夷果														
半硬质山羊奶酪														
金色巧克力														
煮西蓝花														
亚麻籽														
帕玛森奶酪														
西班牙辣香肠														
哈密瓜														

百香果利口酒	果香	柑橘香	花香	绿叶香	草本香	蔬菜香	焦糖味	烘烤香	坚果香	木质香	辛辣味	奶酪香	动物气味	化学气味
煮面包蟹肉														
红烧鳕鱼														
欧洲海鲈														
煮豆角														
马德拉斯咖喱酱														
苹果														
葡萄														
黑加仑														
番木瓜														
帕玛森奶酪														

白芦笋	果香	柑橘香	花香	绿叶香	草本香	蔬菜香	焦糖味	烘烤香	坚果香	木质香	辛辣味	奶酪香	动物气味	化学气味
煮欧防风														
马里昂黑莓														
香煎猪大排														
熟糙米														
扁桃仁														
煮去皮甜菜根														
煎茶														
荞麦蜜														
烤羔羊肉														
帕玛森奶酪														

未过滤雪树伏特加	果香	柑橘香	花香	绿叶香	草本香	蔬菜香	焦糖味	烘烤香	坚果香	木质香	辛辣味	奶酪香	动物气味	化学气味
煮豌豆														
柠檬														
鹰嘴豆														
核桃														
熟贻贝														
漆树														
白萝卜														
香蕉														
帕达诺奶酪														
伊比利亚火腿（黑标）														

干月桂叶	果香	柑橘香	花香	绿叶香	草本香	蔬菜香	焦糖味	烘烤香	坚果香	木质香	辛辣味	奶酪香	动物气味	化学气味
烤猪肝														
帕玛森奶酪														
大豆味噌														
黑松露														
香煎大虾														
香茅														
烤茭蓝														
干牛肝菌														
哈密瓜														
巴西切叶蚁														

潜在搭配：帕玛森奶酪和蓬莱蕉

蓬莱蕉是龟背竹的果实，原产于潮湿的热带森林，也是一种室内盆栽植物。蓬莱蕉亦称墨西哥面包果，甜香宜人，口感类似菠萝、香蕉和菠萝蜜的混合。

经典搭配：帕玛森奶酪和赤霞珠葡萄酒

奶酪和葡萄酒质地和风味对比鲜明，为搭配的不二之选。如果将帕玛森奶酪搭配赤霞珠葡萄酒（见第284页），最好寻找酒体适中、果味浓郁、单宁柔和的品种，当然赤霞珠与梅洛融合口感更佳。

蓬莱蕉	果香	柑橘香	花香	绿叶香	草本香	蔬菜香	焦糖味	烘烤香	坚果香	木质香	辛辣味	奶酪香	动物气味	化学气味
韩式辣酱														
皮肖利初榨橄榄油														
蓝莓														
甜瓜														
煮面包蟹肉														
帕玛森奶酪														
煮灰胡桃南瓜														
架烤牛肉														
巴约纳火腿														
马苏里拉奶酪														

黑加仑	果香	柑橘香	花香	绿叶香	草本香	蔬菜香	焦糖味	烘烤香	坚果香	木质香	辛辣味	奶酪香	动物气味	化学气味
西班牙天然极干型卡瓦起泡酒														
帕玛森奶酪														
橙子														
小豆蔻籽														
薄荷														
鼠尾草														
沙丁鱼														
烤猪肝														
甘菊														
炖条长臀鳕														

巴西坚果	果香	柑橘香	花香	绿叶香	草本香	蔬菜香	焦糖味	烘烤香	坚果香	木质香	辛辣味	奶酪香	动物气味	化学气味
意大利萨拉米香肠														
绿芦笋														
煮牛肉														
炒蛋														
甜瓜														
伊索特干辣椒														
李子														
煮去皮甜菜根														
帕玛森奶酪														
鳄梨														

奶油生菜	果香	柑橘香	花香	绿叶香	草本香	蔬菜香	焦糖味	烘烤香	坚果香	木质香	辛辣味	奶酪香	动物气味	化学气味
味醂（日本甜料酒）														
旧金山酸面包														
秘鲁黑薄荷														
烤欧洲海鲈														
煮柠檬鲽														
秘鲁红辣椒														
帕玛森奶酪														
烤羔羊肉														
西冷牛排														
牛奶酸奶														

烤扇贝王	果香	柑橘香	花香	绿叶香	草本香	蔬菜香	焦糖味	烘烤香	坚果香	木质香	辛辣味	奶酪香	动物气味	化学气味
泰国普巧杞果干														
咖喱草														
煮块根芹														
中东芝麻酱														
多肉江蓠藻														
日本网纹瓜														
帕玛森奶酪														
干式熟成牛肉														
黑橄榄														
展会梨														

长茎西蓝花	果香	柑橘香	花香	绿叶香	草本香	蔬菜香	焦糖味	烘烤香	坚果香	木质香	辛辣味	奶酪香	动物气味	化学气味
煮洋蓟														
正山小种														
烟熏大西洋鲑鱼														
接骨木果														
塔希提香草														
熟白冰柱萝卜														
李杏														
炖猪肉汤														
莳萝														
帕玛森奶酪														

赤霞珠葡萄酒

赤霞珠葡萄酒中的甲氧基吡嗪带有果香、浆果般的香味、草本香和甜椒风味。

赤霞珠是种植最为广泛的酿酒葡萄品种，主要产区为法国波尔多、智利和其他一些国家。这种葡萄色深、皮厚，在阳光充足时，在砾石土壤中最适宜生长，但对多种不同风土、气候亦有极强适应性。

赤霞珠葡萄酒酒香浓郁、酒体饱满、风味复杂且芳香馥郁。随着年轻葡萄日趋成熟并最终被采摘和压榨，新的芳香子开始形成，并在葡萄酒发酵过程中发生转化。以上因素都会塑造杯中葡萄酒的复杂风味。

温暖地区酿造的赤霞珠葡萄酒和凉爽地区酿造的风味差异显著，而这将对食物搭配成功与否会造成影响。

凉爽地区种植的葡萄由于未完全成熟，含有最高甲氧基吡嗪含量，因而青甜椒风味显著。这些地区的葡萄酒与西葫芦、茄子或豌豆等蔬菜搭配相得益彰。一些葡萄酒还可能有显著薄荷风味，与羊肉或时鲜土豆搭配亦是不错的选择。

若葡萄在酿酒前已完全成熟（如加利福尼亚或智利种植葡萄），果香会更趋浓郁，并可能有轻微桉树味。这些葡萄酒可与风味强烈的食材搭配，如焦糖洋葱、黑巧克力或黑胡椒。同时，

风味强劲的橡木桶陈酿葡萄酒含高单宁，与甜菜根、核桃或辣香肠等泥土气味的食材实乃天作之合。葡萄酒陈酿在烟熏橡木桶中，会生成芳香分子2-巯甲基呋喃和2-甲基-3-呋喃硫醇，前者带有烘烤咖啡味，而后者则带有熟肉香。

- 赤霞珠葡萄酒富含单宁而酸度高，可中和煎制、烘烤红肉的丰富风味，如羊肉、干式熟成牛肉或汉堡等。这些红葡萄酒也为咸味炖菜、红酒调味菜肴或鲜味浓郁蘑菇提供美妙的味觉对比。
- 用赤霞珠制作的红葱头葡萄酒酱汁佐膈肌脚牛排[注1]和炸薯条，可以用同种葡萄酒佐餐。这是一种经典的法式红葡萄酒酱，用百里香和月桂叶调味，在红葡萄酒中熬煮炒红葱头，然后加入褐色小牛高汤并收汁。
- 红酒烩辣香肠是一道经典的西班牙小食。两种食材均经发酵过程，而并非所有共同的芳香分子都源自发酵。西班牙辣香肠（见第286页）中的甜椒味源自西班牙烟熏红椒粉，而赤霞珠的甜椒味则源自葡萄。

注1：法语写作"onglet"，膈肌也就是常说的横膈膜，"onglet"是横隔膜靠近脊椎的部位，叫作隔肌脚。

西拉桃红葡萄酒	果香	柑橘香	花香	绿叶香	草本香	蔬菜香	焦糖味	烘烤香	坚果香	木质香	辛辣味	奶酪香	动物气味	化学气味
红甜椒粉														
香煎鹿肉														
烤野猪肉														
烤多宝鱼														
穆纳叶														
巴氏杀菌番茄汁														
荔枝														
红茶														
格鲁耶尔干酪														
梨														

红酒醋	果香	柑橘香	花香	绿叶香	草本香	蔬菜香	焦糖味	烘烤香	坚果香	木质香	辛辣味	奶酪香	动物气味	化学气味
橙子														
牛奶巧克力														
覆盆子														
煮南瓜														
烤鲽鱼														
哈密瓜														
扇贝王														
香煎培根														
高斯蓝纹奶酪														
水煮鸡胸排														

赤霞珠葡萄酒

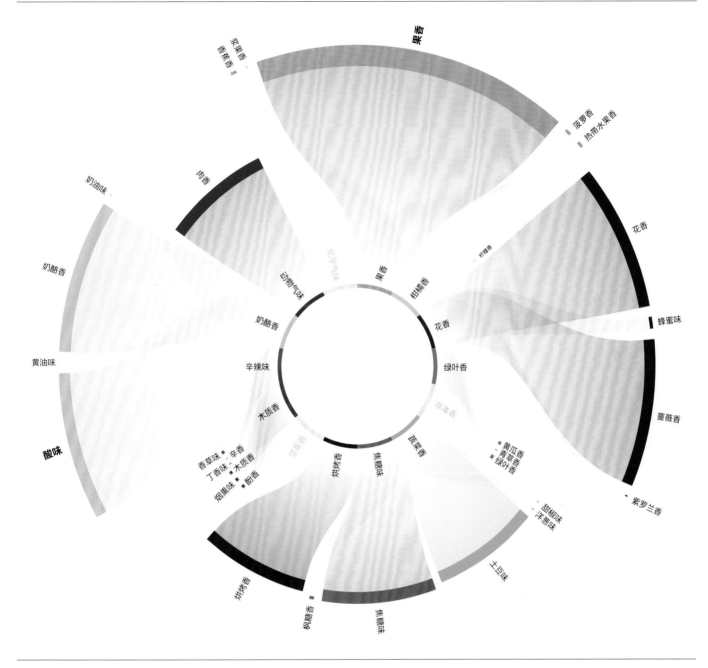

赤霞珠葡萄酒的香气特征

赤霞珠葡萄酒含有有机化合物甲氧基吡嗪，使之带有轻微咸味。然而，过量2-异丁基-3-甲氧基吡嗪化合物会使风味转化，类似蔬菜香和甜椒味。2-甲氧基-4-乙烯基酚则带有轻微的白胡椒味道。年轻、未成熟葡萄含有高浓度吡嗪。用最佳品质的赤霞珠酿造的年轻葡萄酒颜色深沉，风味复杂而浓郁，带有黑莓、黑加仑果酒、黑樱桃、博伊森莓、蓝莓和巧克力风味，到成熟时则会散发烟草味、松露味、雪松木味、泥土味、铅笔味和皮革味。

赤霞珠在橡木桶中陈酿会生成香草味、椰香和木质香。赤霞珠常与梅洛混酿，二者风味特征非常相似，仅在甜椒味上存在差异。

	果香	柑橘香	花香	绿叶香	草本香	蔬菜香	焦糖味	烘烤香	坚果香	木质香	辛辣味	奶酪香	动物气味	化学气味
赤霞珠葡萄酒														
佛手柑														
现煮阿拉比卡咖啡														
接骨木花														
烤肉咖喱酱														
蚕豆														
煎茶														
辣椒酱														
覆盆子														
葫芦巴叶														
烟熏大西洋鲑鱼														

西班牙辣香肠

在西班牙，按传统，家庭会使用猪宰杀后余留的肥瘦肉末制作辣香肠。粗切肉末用盐和烟熏红椒粉调味，后者带有酚香和红椒风味，赋予香肠鲜艳的深红色和烟熏风味。

西班牙各地的辣香肠会加入其他配料，如大蒜、草本香料，有时还会加入辣椒和白葡萄酒。调味猪肉被塞入肠衣中，并先进行发酵和熏制，随后干腌数周。腌制的西班牙辣香肠风味绝佳，可切成薄片后像萨拉米香肠一样食用，而生香肠亦可炙烤、香煎甚至烘烤后食用。

烟熏红甜椒粉决定了西班牙辣香肠风味是偏甜还是偏辣，而这取决于香肠的特定产区。

一些品种香肠最适合单独食用，而那些高脂肪含量香肠则适合在烹饪中使用。辣香肠口味辛辣、烟熏风味、肉香浓郁，可广泛用于提升温和食材的风味，包括鸡蛋、蚕豆、虾、鸡肉和土豆等。此外，还可尝试用其咸香中和甜味菜品，如苹果、梨或蜂蜜。在使用前需去除肠衣。辣香肠还可与酒体饱满的红葡萄酒如赤霞珠或里奥哈同享。

- 猪肉辣香肠（Sobrassada）来自巴利阿里群岛，这种腌制香肠的风味与辣香肠相似，而质地完全不同。它有时亦称为"可涂抹辣香肠"，质地柔软，呈浓厚糊状。猪肉辣香肠一般可加入其他菜肴调味，或如同肉酱一样涂抹，品质最佳的香肠采用马略卡岛本地的黑猪制作。

- 萨尔齐琼香肠外形类似意大利萨拉米香肠，在调味时未使用辣香肠中使用的烟熏红椒粉，而采用黑胡椒和肉豆蔻等香料。这种干腌香肠在西班牙最受欢迎，一般以橡果饲养的伊比利亚猪为原料，带有轻微坚果风味。在食用时，通常切片或剁碎。

墨西哥辣香肠

墨西哥辣香肠是西班牙辣香肠的近亲，但口味更辣、调味更重。在腌制时，在碎猪肉中加入辣椒、草本香料、香料，并用醋代替白葡萄酒调味，随后腌制过夜或一周，以让风味滋长。墨西哥辣香肠可装入肠衣后售卖，或直接以松散混合物的形式，按重量出售。

在墨西哥辣香肠加入塔可饼、玉米挞饼（*sopes*）、肉馅饼（*empanadas*）或玉米饼都可带来绝妙享受，亦可作为早餐主食，搭配炒鸡蛋或煎土豆和热玉米烙饼同食。在煎制时，首先须将辣香肠剥去肠衣，然后放入热油锅中煎制，再用餐叉将其碾成小块。

猪肉辣香肠	果香	柑橘香	花香	绿叶香	草本香	蔬菜香	焦糖味	烘烤香	坚果香	木质香	辛辣味	奶酪香	动物气味	化学气味
秘鲁黄辣椒														
煎茶														
香煎雉鸡														
烤细鳞绿鳍鱼														
烤腰果														
杜果														
煮小龙虾														
意大利夏巴塔面包														
十年陈酿布尔马德拉酒														
黑巧克力														

萨尔齐琼香肠	果香	柑橘香	花香	绿叶香	草本香	蔬菜香	焦糖味	烘烤香	坚果香	木质香	辛辣味	奶酪香	动物气味	化学气味
甜味美思酒														
大蕉														
健力士生啤														
煮面包蟹肉														
烤多佛鳎鱼														
番石榴														
阿尔贝吉纳特级初榨橄榄油														
肉豆蔻														
马翁金酒														
罗勒														

西班牙辣香肠

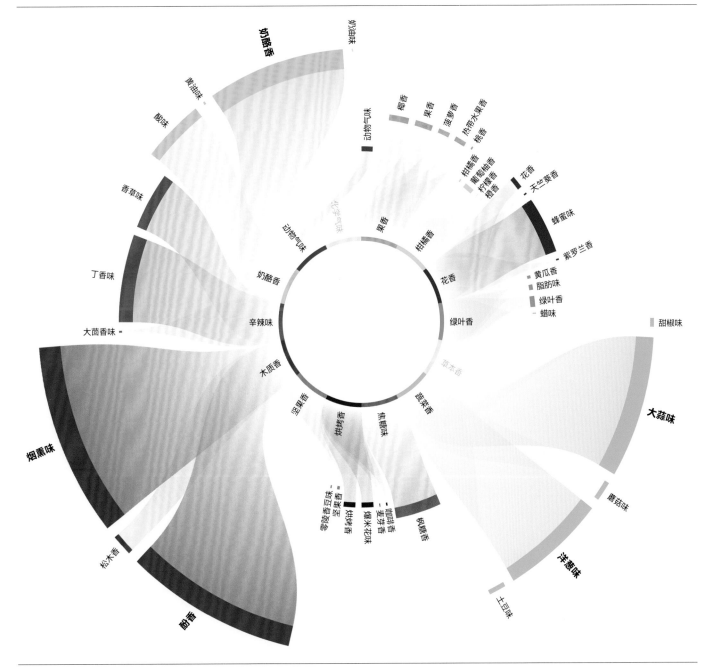

西班牙辣香肠的香气特征

辣香肠中丰富的调料构成其大部分香气特征，这不足为奇。在西班牙辣香肠中，烟熏红甜椒粉赋予肉类浓郁烟熏味、酚香、绿叶香和蔬菜甜椒风味。同时，其中烘烤香隐含轻微肉香，而大蒜和洋葱等食材则会带来硫的芳香分子。

西班牙香肠还带有酸味、果香和花香，均源于发酵过程和脂类降解，而果桃香和椰香的内酯则可能源自烟熏过程或脂质氧化。

	果香	柑橘香	花香	绿叶香	草本香	蔬菜香	焦糖味	烘烤香	坚果香	木质香	辛辣味	奶酪香	动物气味	化学气味
西班牙辣香肠	●	·	●	●	·	●	·	●	·	●	●	●	·	·
蒜泥蛋黄酱	●	·	●	●	●	●	●	·	·	·	●	●	·	·
布莱特樱桃	·	·	●	●	·	·	●	·	●	·	●	·	·	·
皮斯科酒	·	·	●	●	·	·	·	·	●	·	●	·	·	·
曼彻格奶酪	●	·	●	●	·	·	●	·	·	·	●	●	·	·
盐渍樱花叶	·	·	●	·	·	·	·	●	·	●	●	·	·	·
烤兔肉	●	●	●	·	·	●	●	●	●	●	●	●	·	·
煮佛手瓜	●	·	●	·	·	·	·	·	·	·	·	·	·	·
野生草莓	●	·	●	·	·	·	●	·	·	·	●	·	·	·
煮西蓝花	·	·	●	●	·	·	·	·	·	·	·	·	·	·
茴藿香	●	·	●	●	·	●	·	●	·	·	●	●	·	·

经典菜品：阿斯图里亚斯炖菜（Fabada）和山区乱炖（cocido montanés）

阿斯图里亚斯炖菜用蚕豆、血肠、西班牙辣香肠、猪肩肉、培根、洋葱、大蒜、藏红花和烟熏红椒粉炖制，而山区乱炖则是坎塔布里亚地区的版本，用宽叶羽衣甘蓝和大米慢炖而成。

潜在搭配：辣香肠和茴藿香

茴藿香是薄荷家族紫色开花草本植物，叶片柔软，带有大茴香味，可加入沙拉或果汁、茶等饮料中。

西班牙辣香肠的食材搭配

各表气味类别（列）：果香、柑橘香、花香、绿叶香、草本香、蔬菜香、焦糖味、烘烤香、坚果香、木质香、辛辣味、奶酪香、动物气味、化学气味

清蒸宽叶羽衣甘蓝
- 菠萝
- 草菇
- 熟奶油生菜
- 亚洲梨
- 煎蒜
- 酪乳
- 雪莉酒醋
- 浓缩石榴酱
- 奶油
- 盐渍沙丁鱼

茴藿香
- 小牛肉汤
- 甘草
- 青柠
- 绿卷心菜
- 泰式红咖喱酱
- 红甜椒
- 香煎培根
- 南酸枣
- 烤苤蓝
- 牛奶巧克力

小叶生菜
- 干葛缕子叶
- 煮龙虾
- 煮蚕豆
- 酱油膏
- 烤鲽鱼
- 西班牙辣香肠
- 煮南瓜
- 干式熟成牛肉
- 核桃
- 牛角包

东方美人茶（白毫乌龙茶）
- 马鲁瓦耶奶酪
- 莳萝
- 可涂抹辣香肠
- 酱油膏
- 烤猪五花
- 煮面包蟹肉
- 烤茄子
- 覆盆子
- 葫芦巴叶
- 褐虾

米酒醋
- 番石榴
- 水牛奶酪
- 烤野猪肉
- 香蕉
- 荔枝
- 熟扇贝王
- 西班牙辣香肠
- 白芦笋
- 煮红鲻鱼
- 熟松茸

烤葵花子
- 烤鸡
- 烤多佛鳎鱼
- 阿方索杮果
- 西班牙辣香肠
- 白芦笋
- 椰子
- 干牛肝菌
- 酸面包
- 羽衣甘蓝
- 四季橘皮

经典搭配：西班牙辣香肠和曼彻格奶酪

西班牙辣香肠和曼彻格奶酪共享果香、绿叶西班牙脂肪味和奶酪香。曼彻格奶酪甜咸适中、坚果风味浓郁、略带酸味，与肥美、辛辣、烟熏风味的西班牙辣香肠乃天作之合。

潜在搭配：波本威士忌泡制西班牙辣香肠

西班牙辣香肠浸制波本威士忌可丰富鸡尾酒的层次，尝试用此法调上一杯曼哈顿鸡尾酒。将新鲜、未腌制西班牙辣香肠放入烤箱中烘烤，然后用波本酒（见第290页）去除烤盘的余留肉渣。将香肠波本酒混合物放置冷却，让风味浸润，随后倒入碗中并冷藏，如此脂肪层便会分离，易于舀出。

列表表头（各图表通用）：果香　柑橘香　花香　绿叶香　草本香　蔬菜香　焦糖味　烘烤香　坚果香　木质香　辛辣味　奶酪香　动物气味　化学气味

曼彻格奶酪

- 西班牙辣香肠
- 爱尔桑塔草莓
- 核桃
- 杏
- 熟单粒小麦
- 丁香
- 澳大利亚青苹果
- 甘草
- 椰子
- 杧果

阿蒙提拉多（Amontillado）雪莉酒

- 烤箱烤培根
- 韩式辣白菜
- 西班牙辣香肠
- 胡椒薄荷
- 巴西切叶蚁
- 绿茶
- 芥末
- 现煮过滤咖啡
- 香蕉
- 帕达诺奶酪

梅塔莎五星白兰地（Metaxa 5 Star brandy）

- 煮灰胡桃南瓜
- 红甜椒酱
- 西班牙辣香肠
- 哈登杧果
- 蛇果
- 马鲁瓦耶奶酪
- 烤小牛肉
- 百里香
- 烤火鸡
- 甜瓜

野薄荷

- 意大利辣香肠
- 粉红胡椒
- 黑蒜泥
- 煮欧防风
- 意大利香柠檬
- 孜然
- 桃金娘果
- 番木瓜
- 水牛奶酪
- 多香果

烤开心果

- 大西洋鲑鱼片
- 西班牙辣香肠
- 腌黄瓜
- 荞麦蜜
- 奶油生菜
- 青椒
- 淡味切达奶酪
- 烤箱烤培根
- 酥油
- 烤茄子

熟卡姆小麦

- 桉树
- 波本香草
- 百里香
- 可涂抹辣香肠
- 菲达奶酪
- 日本柚子
- 烤黑芝麻
- 青酱
- 橘子皮
- 四川花椒

波本威士忌

波本威士忌在烟熏橡木桶中陈酿，后者对其香气特征的形成功不可没。依据法律规定，正品波本威士忌含有51%以上的玉米，辅以黑麦、大麦或小麦、大麦组合，而大多数生产商通常加入60%～86%的玉米。在威士忌中加入小麦和大麦后口味偏甜而口感细腻，而黑麦威士忌由玉米、黑麦和大麦酿成，口感偏辣。

自18世纪中期以来，肯塔基州一直是美国波本威士忌的生产基地。早期美国农民用玉米和谷物蒸馏威士忌，这样比直接售卖谷物获利更多。肯塔基州气候环境理想、仓廪丰足、水中不含铁，当今美国95%的波本威士忌仍在肯塔基州生产。

为制作"酸麦芽浆"（sour mash），需将磨碎谷物与水和前一次蒸馏剩余的麦芽浆混合，然后加入新酵母，使混合物发酵。市场上大多数美国威士忌均经二次蒸馏，酒精含量在65%～80%。

人们所联想的波本威士忌风味大多形成于陈酿过程中。美国法律规定，波本威士忌必须在全新烟熏橡木桶中陈酿至少2年，从而浸染橡木桶的焦糖色调和风味。纯波本威士忌陈酿时间少于4年就必须在酒标上标出陈酿时间。若未列出酒龄，则意味陈酿时间在4年以上。

橡木桶由约45%纤维素、30%木质素、15%半纤维素和10%油糖等可萃取挥发物组成。蒸馏起初酒液清澈，在温暖月份中逐渐渗入橡木桶中，吸收其味道和色调，并生成更多单宁，而后温度下降，琥珀色酒液又会随着橡木桶收缩而析出。在这一过程中，亦会发生氧化反应，周围空气进入橡木桶，并生成新风味。

依据当地气候和木材品质，受到蒸发影响，酒厂威士忌净损失至少为2%，亦即所谓的"天使份额"。

- 在美国，波本威士忌常用于调味，包括碧根果挞、烤肉酱以及波本淋面火腿等主菜。

苏格兰威士忌VS波本威士忌

苏格兰威士忌带有烟熏味、泥煤味和果香，风味特征往往比波本威士忌更复杂多变。苏格拉威士忌多在旧橡木桶、雪莉酒桶或葡萄酒桶中陈酿。苏格兰气候凉爽、潮湿，因而所需陈酿时间更长。根据法律规定，苏格兰威士忌须陈酿至少3年，而大多数生产商一般允许威士忌陈酿更长时间，20年陈酿苏格兰威士忌亦并非罕见。而出于多种因素，波本威士忌陈酿时间比苏格兰威士忌短。美国酿酒厂使用全新烟熏橡木桶，相较旧橡木桶，它能带来更多风味物质，从而缩短陈酿时间。此外，肯塔基州气候干燥，威士忌蒸发速度更快，酒液浓缩速度也更快。

野火鸡波本威士忌	果香	柑橘香	花香	绿叶香	草本香	蔬菜香	焦糖味	烘烤香	坚果香	木质香	辛辣味	奶酪味	动物气味	化学气味
白松露														
香煎猪大排														
塔希提香草														
黑莓														
蜜瓜														
煮鳕鱼片														
刺松藻														
香蕉														
山葵														
香煎培根														

苏格兰威士忌	果香	柑橘香	花香	绿叶香	草本香	蔬菜香	焦糖味	烘烤香	坚果香	木质香	辛辣味	奶酪味	动物气味	化学气味
薄荷														
香煎鹿肉														
黑巧克力														
澳大利亚青苹果														
西番莲（百香果）														
意大利萨拉米香肠														
烤多佛鳎鱼														
布里奶酪														
草莓														
红茶														

肯塔基纯波本威士忌

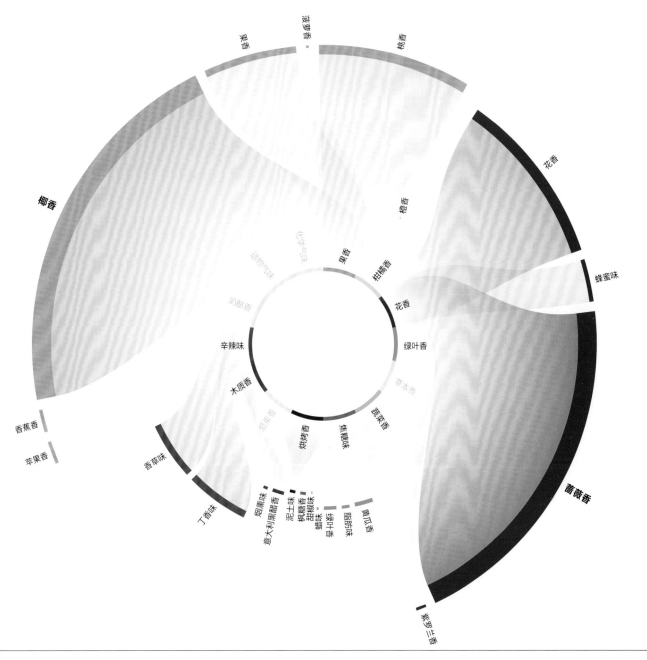

肯塔基纯波本威士忌的香气特征

波本威士忌的香气特征包含多种香气物质，如苹果香的β-大马酮、丁香味的丁香酚和椰香味的内酯。威士忌在橡木桶中陈年时，美拉德反应使其脂质转化为内酯、醛和酸。威士忌内酯（亦称栎内酯）和各类萃取物大量形成，数量偏少时，这些内酯的香气类似甜香和橡木味，而随着浓度增加，甜度增加，同时会带有椰香。橡木桶中的纤维素、半纤维素和木质素会生成一些酚类化合物，赋予波本酒显著的甜味、烟熏味和香草味。波本威士忌口感甜美、果香浓郁、略微辛辣，可与多种香气复杂的食材搭配，从酱油到榴梿（见第292页）不等。

肯塔基纯波本威士忌	果香	柑橘香	花香	绿叶香	草本香	蔬菜香	焦糖味	烘烤香	坚果香	木质香	辛辣味	奶酪香	动物气味	化学气味
蛇果														
开菲尔酸奶														
肉豆蔻														
小高良姜														
烤榛子														
甘草														
格鲁耶尔干酪														
浓味酱油														
百里香蜂蜜														
烤箱烤牛排														

榴梿

榴梿产自东南亚，体形硕大，香气特征异常复杂，同时带有果香和有机硫化合物，以其独特难闻的甜香而臭名远扬。依据品种和成熟度不同，榴梿香气可从气味温和到浓烈至令人生厌不等，甚至可能让整个房间遭难。

榴梿风评不一，爱之者赞其宜人果香，带有一丝坚果香与扁桃仁香，而怨之者恨其腐烂的洋葱味、煤气味、松节油味。

与百香果和各类热带水果相似，榴梿亦会散发出浓烈硫化物气味。榴梿成熟度越高，气味就越甜腻难闻，这是由于其中一些有机硫化合物，即硫醇能够在无氧状态下发生氧化。榴梿外壳带刺、体型如篮球大小，在成熟过程中果肉变软为浓郁的奶油状，而刺鼻洋葱味亦会更加强烈。

榴梿品种多样，果肉颜色也从近乎全白到淡黄色、橙色不等。它富含纤维素、维生素B、维生素C以及锰、钾、铜和铁等矿物质。此外，它还含有人体必需氨基酸色氨酸，其更常见于肉类和鸡蛋中。

"榴梿"一名源于马来语"durio"，意为"刺"。带刺外壳虽不能食用，但据说揉搓内层可有效去除取果肉时残留的气味。如若手边没有榴梿外壳，黄瓜、柠檬或小苏打也是不错的选择。

新鲜榴梿不好储存，但果肉可以冷冻、干燥或制成果酱。榴梿在东南亚颇受欢迎，新鲜、烹制、蜜饯甚至发酵后，均可用于制作甜咸菜品。

榴梿的硫味强烈，似乎很难与其他成分搭配。而事实上，它可与荔枝、香蕉和生姜等热带风味浓郁的食材搭配，或者鳄梨等奶油质地食材也是上佳之选。咸味菜品亦是榴梿的绝佳拍档，一些中餐馆菜单上就少不了榴梿比萨和榴梿汉堡。

- 与泰国杜果糯米饭类似，榴梿糯米饭（serawa durian）这种甜点口味搭配甜美，以榴梿果肉和椰奶制成，并用班兰叶调味，与黏稠的香米一同食用。
- 试试做椰子和班兰味松饼，塞入饱满甜蜜的榴梿奶油。

榴梿的食材搭配

塔罗科血橙	果香	柑橘香	花香	绿叶香	草本香	蔬菜香	焦糖味	烘烤香	坚果香	木质香	辛辣味	奶酪味	动物气味	化学气味
金枕头榴梿														
绿芦笋														
黑加仑酒														
烤奶酪蛋糕														
烤猪五花														
番茄酱														
杜果														
开心果														
苦艾酒														
椰汁														

卡尔瓦多斯酒	果香	柑橘香	花香	绿叶香	草本香	蔬菜香	焦糖味	烘烤香	坚果香	木质香	辛辣味	奶酪味	动物气味	化学气味
金枕榴梿														
紫苏叶														
姜汁汽水														
阿尔贝吉纳初榨橄榄油														
煮树番茄														
熟法兰克福香肠														
干木槿花														
橙皮														
绿荨麻酒														
奇异莓														

金枕榴梿

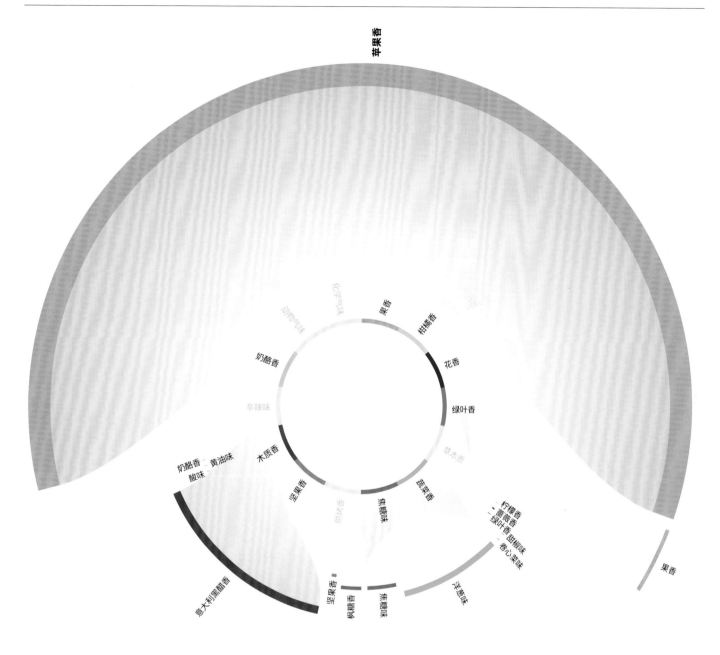

金枕榴梿的香气特征

这种独特热带水果的香气特征尤为复杂，由44种不同香气化合物组成，包括果香分子、硫化氢（臭鸡蛋味）和乙硫醇（烂洋葱味）分子。市场所售大多数榴梿为金枕榴梿，呈奶油质地而风味醇厚，备受青睐。可尝试用冷萃咖啡来搭配榴梿甜点。与热咖啡相比（见第294页），冷萃咖啡烘烤香较少，而果香、花香馥郁，与榴梿中果香、焦糖味更适配。

	果香	柑橘香	花香	绿叶香	草本香	蔬菜香	焦糖味	烘烤香	坚果香	木质香	辛辣味	奶酪香	动物气味	化学气味
金枕榴梿	·	·	●	●	●	●	●	●	●	●	·	·	●	·
橄榄油	●	·	·	·	·	·	·	●	·	●	·	●	·	·
人参果	●	·	●	●	●	·	●	·	·	·	·	·	●	·
马鲁瓦耶奶酪	●	·	●	·	·	·	●	·	·	·	·	●	●	·
烤苤蓝	·	●	·	·	·	·	●	●	·	·	·	·	·	·
泡泡果	●	·	●	·	·	·	●	·	·	·	·	●	·	·
卡尔瓦多斯酒	●	·	·	●	·	·	●	·	·	·	·	●	·	·
意大利萨拉米香肠	·	·	·	·	·	·	●	·	·	●	●	·	·	·
烤箱烤牛排	·	·	·	·	·	·	●	●	·	·	●	·	·	·
绿芦笋	·	·	·	●	●	●	·	●	·	·	·	·	·	·
桑葚	●	·	●	·	·	·	●	●	·	·	·	·	·	·

咖啡

近期分析表明，现煮过滤咖啡的香气特征源自1000多种不同芳香分子。这一数字看似很大，但这些挥发性化合物中仅有30～40种香气活性值足够高，从而让人类感知。我们在一杯咖啡中所享受的不同风味，实则与某些主要芳香分子的浓度和阈值相关。

咖啡风味常以原产地和品种描述，但其风味相关挥发性化合物实则源自咖啡豆的加工过程。其中最关键步骤为：（生）咖啡果发酵、绿咖啡豆烘烤以及用热水萃取，最后一步由咖啡师自行决定。

在烘焙之前，绿咖啡豆带有绿叶香、泥土味。未成熟的咖啡豆会造成香味缺失。为防止贮藏期间产生异味，绿咖啡豆水分含量应低于12%。潮湿和长期贮藏均会生成异味。

基因、土壤、气候和栽培技术也在一定程度上构成烘焙咖啡的香气特征。它们会影响咖啡果中非挥发性化合物组成，转而影响咖啡豆干燥和烘焙时不同类型挥发性化合物的浓度。

咖啡豆中挥发性成分显著增加发生在烘烤过程中。当烤炉内温度达到170℃时，坚果芳香分子开始形成，而当内部温度攀升至190℃时，类似咖啡的芳香开始生成，而直到220℃～230℃，咖啡豆才真正呈现出其特有烘焙的咖啡风味。

轻度烘焙生成甜味、可可和坚果香味化合物，当接近中度烘焙时，香味愈为复杂。单一产地咖啡最宜采用中度烘焙，从而突出咖啡豆地区的风味。深焙会使以上所有风味消失，而带有烧焦味、辛辣刺激及近乎酸味。

在现煮咖啡整体风味体验中，人们通常忽视研磨咖啡豆这一影响因素。一方面，它使萃取过程中表面接触变多，而同时让可用挥发物浓度急速上升。一般推荐使用磨盘式磨豆机，它可让颗粒大小一致，从而使萃取更均匀，不至于如同刀片式磨豆机一般使咖啡过多接触热量。需要记住的是，在研磨过程中生成任何热量都会影响咖啡的风味。

相关的香气特征：烘焙罗布斯塔咖啡豆

罗布斯塔咖啡豆的香气特征不如阿拉比卡咖啡豆微妙，其以烘烤风味为主，类似黑咖啡，剩余风味则由不同焦糖味、木质香、奶酪香、果香和花香分子组成。

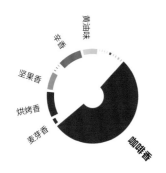

	果香	柑橘香	花香	绿叶香	草本香	蔬菜香	焦糖味	烘烤香	坚果香	木质香	辛辣味	奶酪香	动物气味	化学气味
烘焙罗布斯塔咖啡豆	·	·	·	·	·	·	·	·	·	·	·	·	·	·
博斯科普苹果	●	·	●	●	●	·	●	·	·	·	·	·	·	·
鹿肉	·	·	●	●	·	·	·	●	●	●	·	·	●	●
牛后腿肉	·	·	●	●	·	·	·	●	●	●	·	·	●	●
烤扁桃仁片	·	·	●	●	·	·	●	●	●	●	●	·	·	·
西班牙天然极干型卡瓦起泡酒	●	●	●	●	·	·	●	●	●	●	●	·	·	·
烤羔羊肉	·	·	●	●	·	·	●	●	●	●	●	●	●	·
香煎培根	·	·	●	●	·	·	●	●	●	●	●	●	●	·
炸薯条	·	·	●	●	·	·	●	●	●	●	●	●	●	·
干牛肝菌	·	·	●	●	·	·	●	●	●	●	●	●	●	●
黑巧克力	·	·	●	●	·	·	●	●	●	●	●	●	●	·

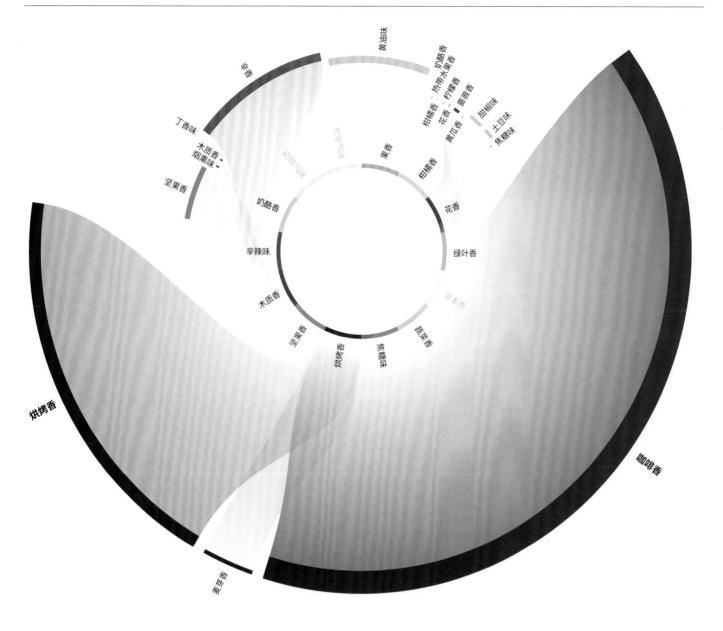

烘焙阿拉比卡咖啡豆的香气特征

阿拉比卡咖啡相较罗布斯塔咖啡口味偏甜，风味温和而平衡。两者的关键香气分子相同，仅有浓度差异。阿拉比卡咖啡香气特征的65%由烘烤香构成。在这一烘烤香中，30%的芳香分子带有普通烘烤香，65%的香气类似咖啡，另外5%为麦芽香。在阿拉比卡剩余的香味中，10%类似黄油，而余留则是一系列辛辣、果香、柑橘香和绿叶香。现煮咖啡的风味源自特征主导化合物2-糠基硫醇。主要的香气物质，如摩卡式甜香的乙基糠基二硫醚和咸味、肉香味的糠基硫醇（通常也称作咖啡硫醇），亦可促成烘焙阿拉比卡咖啡复杂的风味。

	果香	柑橘香	花香	绿叶香	草本香	蔬菜香	焦糖味	烘烤香	坚果香	木质香	辛辣味	奶酪香	动物气味	化学气味
烘焙阿拉比卡咖啡豆	·	·	●	●	·	●	·	●	●	·	·	·	·	·
白巧克力	·	●	●	●	·	·	●	●	●	●	●	●	·	·
红甜椒粉	·	●	·	●	·	·	●	●	·	●	·	·	·	·
枫糖浆	·	·	·	·	·	·	●	●	·	·	·	·	·	·
熟荞麦面	·	·	·	●	·	·	·	●	·	·	·	·	·	·
乔纳金苹果	·	·	●	●	·	·	·	●	·	·	·	·	·	·
煮龙虾尾	·	·	●	●	·	●	·	●	●	·	●	●	·	·
洋槐蜜	·	·	●	●	·	·	●	●	·	●	·	·	·	·
雪莲果	·	·	●	·	·	·	●	·	·	·	·	·	·	·
海岸葱	·	●	●	●	·	●	●	●	·	·	●	·	·	·
炖大西洋狼鱼	·	·	●	●	·	●	·	●	●	·	●	·	·	·

296

咖啡素酱汁

食物搭配公司的食谱

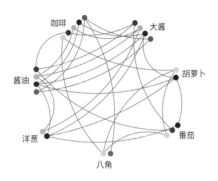

咖啡和褐色小牛肉汤的香气分析表明，粘在锅底的棕色肉块与新鲜咖啡中共享多种焦糖味、奶酪黄油味，甚至是果香分子。

这让我们自然联想到咖啡是否可以作为牛肉高汤的素食替代。而事实证明，仅需快速几步，晨间咖啡就可变为浓郁的酱汁。在没有牛肉高汤的情况下，制作可口的褐色酱汁的关键在于加入其他鲜味食材，如酱油或韩式大酱。

要制作素酱汁，首先须烹炒胡萝卜、洋葱和大蒜，然后加入月桂叶和一枝百里香。炒至蔬菜变为褐色，并加入番茄丁搅拌。随后加入红葡萄酒，稀释锅底结块，并加入八角、韩式大酱、酱油和咖啡。咖啡和牛肉汤中相同的香味极为不稳定，烹制15分钟后就会挥发，因而需采用现煮咖啡，以减少主要芳香分子的流失。转至中小火慢炖至所需浓度，然后过滤，并重开大火。若有需要，还可加入些许黄油。

如果你发现离了肉就不会做酱汁了，那就先在锅中煎上几片培根吧！

相关的香气特征：现煮过滤咖啡

咖啡粉的香气特征为烘烤香、坚果香和花香，而现煮咖啡则更类似焦糖味和枫糖香，其中的酚香类似木质香、丁香味和细微的黄油味。

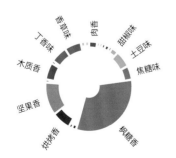

	果香	柑橘香	花香	绿叶香	草本香	蔬菜香	焦糖味	烘烤香	坚果香	木质香	辛辣味	奶酪香	动物气味	化学气味
现煮过滤咖啡	●	●		●	·	·	●	●	●	·	·	·	·	·
斯蒂尔顿干酪	●	·	·	·	·	·	·	●	·	·	·	·	●	·
架烤牛肉	●	·	·	·	·	●	●	●	●	●	·	·	·	·
黑松露	●	·	·	·	·	·	●	●	·	·	·	●	●	●
北极覆盆子	●	●	●	●	·	●	●	●	·	·	·	·	·	·
樱桃番茄	●	·	●	●	●	●	●	●	·	·	·	·	·	·
玉米黑粉菌	·	·	●	●	●	●	●	●	●	·	·	●	·	·
牛轧糖	·	·	●	·	·	●	●	●	●	·	·	·	·	·
榛子油	·	·	●	●	●	●	●	●	●	●	·	·	·	·
烤绿芦笋	·	·	●	●	●	●	●	●	●	·	·	·	·	·
零陵香豆	·	·	●	·	·	●	●	●	●	●	●	·	·	·

潜在搭配：阿拉比卡咖啡和洋槐蜜

蜂蜜可代替糖增加咖啡甜度。蜂蜜含有矿物质、维生素和抗氧化剂，而且对血糖水平影响较小，比精制糖更甜，因而咖啡中只需加入少量蜂蜜。

潜在搭配：咖啡和酱油

我们在素酱汁（见第296页）中加入咖啡以增添鲜味，但同样可用酱油（见第298页）代替。如同咖啡和巧克力一般，酱油也含有发酵和美拉德反应生成的芳香分子。

咖啡的食材搭配

香气类别（列）：果香　柑橘香　花香　绿叶香　草本香　蔬菜香　焦糖味　烘烤香　坚果香　木质香　辛辣味　奶酪香　动物气味　化学气味

洋槐蜜
- 绵羊酸奶
- 番茄
- 阿尔贝吉纳橄榄油
- 软质奶酪
- 伊比利亚火腿（黑标）
- 黑巧克力
- 甜樱桃
- 扁桃仁
- 烤小牛胸腺
- 韩式鱼露

豆豉
- 香煎珍珠鸡
- 红甜椒粉
- 帕玛森奶酪
- 香煎鸭胸
- 伊索特干辣椒
- 草莓
- 现煮阿拉比卡咖啡
- 烟熏大西洋鲑鱼
- 塔希提香草
- 煎甜菜根

炒辣椒酱
- 石榴汁
- 熟翡麦
- 清蒸鲻鱼
- 伊索特干辣椒
- 烘焙罗布斯塔咖啡豆
- 香煎鹌鹑
- 煮花椰菜
- 烤腰果
- 白巧克力
- 味醂（日本甜料酒）

阳桃
- 雪维菜
- 扁叶欧芹
- 煮胡萝卜
- 现磨咖啡
- 猕猴桃
- 戈贡佐拉奶酪
- 鲜食蔷薇花瓣
- 煮树番茄
- 烤多宝鱼
- 西班牙辣香肠

荞麦面包
- 煮南瓜
- 烘焙阿拉比卡咖啡豆
- 水牛奶酪
- 马德拉斯咖喱酱
- 巴约纳火腿
- 卡蒙贝尔奶酪
- 扁桃仁茶
- 草莓酱
- 奶油奶酪
- 蜂蜜

发芽鹰嘴豆
- 哥伦比亚咖啡
- 白吐司面包
- 炖猪肉汤
- 熟斯佩尔特小麦
- 农家切达奶酪
- 炖鳕鱼
- 菜籽油
- 虹鳟鱼
- 秘鲁红辣椒
- 秘鲁黑薄荷

酱油

酱油香气特征复杂，源自原料的品质和漫长的酿造过程。酱油这种调味品在亚洲美食中至关重要，任何库存充足的餐厅或家庭厨房都少不了酱油这种深色的咸味调味料。

通常认为酱油起源于2000多年前的中国，并传至亚洲大部分地区。传统酱油酿造过程至少需要数星期，但一些现代工厂只需几天便可完成生产。它们用酸水解植物蛋白代替细菌培养物，如此一来速度更快，但酱油香气复杂性也大大降低。

酱油的品种多达数百种，差异源自其所用的确切原料、发酵过程和酿造地区。每种酱油都有其独特的风味特征，有些酱油口感偏咸。

在中国烹饪中，最常见酱油品种为生抽和老抽。老抽是一种浓色酱油，会加入糖蜜或焦糖增甜。在日本料理中还有双璜酱油（saishikomi shoyu，二次发酵产品，原料以浓味酱油取代盐水）、白酱油（shiro shoyu，原料中含有高比例小麦，颜色极淡）和溜酱油（tamari，通常只由大豆、水和盐制成的蘸酱，不含小麦，适合无麸质饮食人群）。

传统酱油是如何酿造的

传统酱油由不超过4种基本原料自然酿造而成：大豆、小麦、水和盐。将碾碎大豆和烘烤小麦与水混合，煮至谷物变软。随后将混合物冷却至27℃，后注入米曲霉或酱油曲霉，并放置3天，让微生物生长，由此生成大豆、小麦和霉菌混合物，称作酱油曲（shoyu koji）。

酱油曲被转移到大型发酵桶中，并加入盐水和乳杆菌（一种细菌，可将糖分解为乳酸），以生成主要发酵物——酱醪（moromi）。酱醪经放置发酵至少数月，一些专业手工品牌亦可长达数年。在这一发酵过程中，随着乳酸和蛋白质分解为肽和氨基酸，酱醪中的淀粉亦转化为酒精。

由此生成红褐色酱汁经过滤并澄清数天，然后对生酱油进行巴氏杀菌并装瓶。巴氏杀菌使酱油中酶活性停止，以稳定酱油的色、香、味。

双璜酱油	果香	柑橘香	花香	绿叶香	草本香	蔬菜香	焦糖味	烘烤香	坚果香	木质香	辛辣味	奶酪味	动物气味	化学气味
雷尼尔樱桃														
山羊奶酪														
煮块根芹														
鲜食蔷薇花瓣														
哥伦比亚咖啡														
70%可可含量黑巧克力														
意大利萨拉米香肠														
煮灰胡桃南瓜														
炸薯条														
秘鲁黄辣椒														

韩式酱油	果香	柑橘香	花香	绿叶香	草本香	蔬菜香	焦糖味	烘烤香	坚果香	木质香	辛辣味	奶酪味	动物气味	化学气味
生蚝														
浸煮鳟鱼														
夏松露														
葫芦巴叶														
煮羊肉														
阿方索杞果														
榛子果仁酱														
布里欧修														
荔枝														
覆盆子														

日本酱油

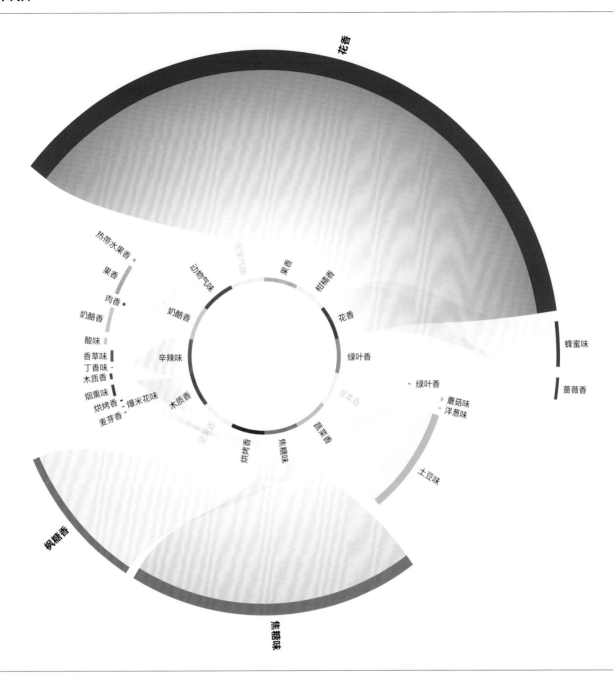

日本酱油的香气特征

特定酱油的风味独特、香气特征复杂，这不仅仅由原料决定。在酿造过程的第一阶段，加热大豆和小麦浆液会生成新的焦味糖、枫糖香的呋喃。发酵生成花香、果香味的酯类，而小麦中的木质素糖降解为酚类物质，赋予酱油木质香、轻微烟熏味。吡嗪类（烘烤香）也是酱油中重要的挥发物。当用酱油烹调时，芳香分子会增加。美拉德反应使某些分子浓度急剧上升，包括2-乙酰基-1-吡咯啉、葫芦巴内酯和2-乙基-3,5-二甲基吡嗪和奶酪香的酸类。

	果香	柑橘香	花香	绿叶香	草本香	蔬菜香	焦糖味	烘烤香	坚果香	木质香	辛辣味	奶酪香	动物气味	化学气味
日本酱油	●	·	●	·	·	●	·	●	·	·	·	·	·	·
沙丁鱼	·		·	·		●								
皱叶甘蓝	·		·	·		●								
龙卡尔奶酪	·		●	·		·						●		
熟贻贝	●	·	●	●	·	·								
石榴	·	·	●	·	·									
番石榴	●	●	●	●		·		·						
多香果	·	·	●	·	·			·		●	●	·	·	·
干式熟成牛肉	●	·	●	●	·	·	●	●	●	●	●	●	●	·
红甜椒粉	·	·	●	●	·	·	●	●	●	●	●	●	●	·
可可粉	·	·	●	●	·	·	●	●	●	●	●	●	●	·

经典搭配：酱油和蜂蜜

在亚洲烹饪中，酱油常与甜味物质相平衡，通常搭配糖，而蜂蜜与酱油共享芳香分子，同样适配。调制腌制鸡肉或火鸡的简单腌料，只需将酱油、蜂蜜与橄榄油和柠檬汁混合，便可以融入所有的主要风味：鲜、咸、甜、油香和酸一应俱全。

潜在搭配：酱油和龙卡尔奶酪

龙卡尔奶酪源自西班牙巴斯克地区，享受原产地名称保护（PDO），每年12月至7月期间用生绵羊奶制作。龙卡尔奶酪质地紧实而略带颗粒感，咸甜适中，黄油风味浓郁，略带辣味。

酱油的食材搭配

列（香气类别）：果香　柑橘香　花香　绿叶香　草本香　蔬菜香　焦糖味　烘烤香　坚果香　木质香　辛辣味　奶酪香　动物气味　化学气味

蜂蜜
沙丁鱼／奶油奶酪／烤鳐鱼翅／香蕉干／香煎培根／油烤扁桃仁／香煎肥肝／烤苤蓝／日本酱油／煮南瓜

龙卡尔奶酪
白蘑菇／炙烤羔羊肉／干椰肉／雪莉酒醋／和牛／炒辣椒酱／越橘／萝卜／牛至／烤开心果

熟黑豆
十年陈酿布尔马德拉酒／甲壳高汤／法式褐色鸡高汤／双璜酱油／煮火腿／水牛奶酪／百香果酱／秘鲁黄辣椒／白蘑菇／紫苏苗

衣扎拉（Izarra）绿色利口酒
黑加仑／清蒸多宝鱼／煮白芦笋／浓味酱油／罗勒／海螯虾／秘鲁米拉索尔辣椒／肉桂／萨尔齐琼香肠／黑松露

香煎鹿肉
熟黑婆罗门参／干平菇／梨／鲜食蔷薇花瓣／路易博士茶／律草芽（啤酒花芽）／荞麦蜜／双璜酱油／香煎大虾／秘鲁红辣椒

燕麦饮料
酱油膏／干伏牛花／薄荷／烤汉堡／黄油饼干／草莓／煮土豆／秘鲁黄辣椒／烤野兔／展会梨

潜在搭配：酱油和黑巧克力

酱油和巧克力这一组合看似奇特，但确实可行。在制作巧克力蛋糕、慕斯或果仁糖时，我们通常会加入一小撮盐，带出黑巧克力中的甜香，减少苦味，还可尝试加入几滴酱油代替。

经典搭配：酱油和卷心菜

生卷心菜中刺激的辣根味源自化合物异硫氰酸烯丙酯，其同样可见于山葵和芥菜籽油。酱油和卷心菜共享蔬菜香中的土豆味和蘑菇味。在炒卷心菜时加入辣椒、姜和酱油，使口味辛辣而带有柠檬香。

下表各列香气类别（从左至右）：果香、柑橘香、花香、绿叶香、草本香、蔬菜香、焦糖味、烘烤香、坚果香、木质香、辛辣味、奶酪香、动物气味、化学气味。

哈密瓜
- 巴西莓
- 切达奶酪
- 藏红花
- 熟黑婆罗门参
- 黑巧克力
- 塔希提香草
- 芥末
- 苹果
- 桃
- 老抽

皱叶甘蓝
- 洋蓟泥
- 韭葱
- 茄子
- 烤甜菜根
- 蔓越莓
- 哈瓦那红椒
- 阿尔贝吉纳橄榄油
- 莲雾
- 烤鸡胸排
- 毛豆

梅斯卡尔酒
- 烤芝麻
- 炖柠檬鲽
- 日本酱油
- 杧果
- 罗勒
- 肉桂
- 黑巧克力
- 葡萄
- 茴香茎
- 烤羔羊菲力

白叶黑橄榄
- 架烤牛肋排
- 淡味酱油
- 干贝
- 煮块根芹
- 浸煮鳟鱼
- 巴西莓
- 烟熏大西洋鲑鱼
- 柚子
- 鳕鱼子
- 格鲁耶尔干酪

波罗伏洛干酪
- 百香果
- 梅子
- 塔罗科血橙
- 葫芦巴叶
- 橘子皮
- 启波特雷干辣椒
- 清蒸芥菜
- 草菇
- 牛奶巧克力
- 日本酱油

沙丁鱼
- 全麦面包
- 肯塔基纯波本威士忌
- 秘鲁黑辣椒
- 日本酱油
- 熟贻贝
- 生蚝
- 罐装番茄
- 煮南瓜
- 巴氏杀菌山羊奶
- 香煎培根

韩式泡菜

泡菜的风味可因不同品牌、种类、甚至不同批次而差异显著，这取决于使用原料、温度、湿度以及周围环境等其他因素。

数千年来，泡菜一直在韩国饮食中作为主菜，辅以饭馔（banchan）等各式小菜同食。泡菜品种达数百种，原料多样，由黄瓜、萝卜、韭葱，甚至生蟹等各种食材制成，具体食材又取决于地区和季节性。如今在西方国家菜单上，泡菜和各类发酵食品亦非罕见。

韩式辣白菜是最受欢迎的泡菜。各家做法不尽相同，但最基本的都须加入大白菜、韩式辣椒粉（gochugaru）、腌萝卜、大蒜、小葱和盐，还可加入各类调料调味，包括腌虾酱、姜、胡萝卜、洋葱、韭菜、水芹菜、熟米饭、鱼或沙鳗酱，让辣白菜的风味更趋浓郁。

韩式泡菜中每种食材均可让香气特征更趋复杂。在韩式辣白菜中，大白菜多含卷心菜和洋葱味分子。发酵后洋葱味仍然突出，但这些芳香分子浓度却急剧下降。乳杆菌将大白菜中的糖（碳水化合物）转化为乳酸、乙酸、乙醇和甘露醇，进一步丰富了辣白菜的复杂风味，同时还会生成二氧化碳，使辣白菜更爽口。随着泡菜渐趋成熟，乳杆菌将持续发酵，因而成熟泡菜酸味会更尖利。

制作口味上佳泡菜的关键在于，在盐和乳杆菌之间取得微妙平衡。含盐量处于2%～3%，将有效抑制不良细菌滋长，从而创造一个酸性环境，以让乳杆菌在发酵进程中产生更多乳酸。

温度同样影响发酵速度。周围环境越温暖潮湿，泡菜发酵速度就越快。在制冷技术发明之前，泡菜一般置于地下，储存在泡菜坛子（onggi）中，从而保持温度相对凉爽而恒定。如今，市面上已有特定的泡菜冰箱，用于在发酵过程中保持温度恒定。泡菜发酵温度保持在10℃～21℃，乳杆菌便有足够时间发挥魔力。

泡菜佐大酱腌鹅肝

姜珉求，混搭餐厅（Mingles），首尔，韩国

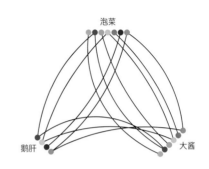

混搭餐厅坐落于首尔热闹非凡的清潭洞区，自2014年开业以来，吸引着全球各地食客。餐厅主厨姜珉求深受日本、西班牙和法国饮食文化影响，致力于对传统韩食（hansik）的创新，使混搭餐厅于2015年跻身"亚洲50最佳餐厅"榜单，并同时获得"最佳新上榜餐厅奖"。餐厅在2016年被授予米其林一星荣誉，并于2019年升为米其林二星。

正如其名混搭，姜大厨致力于将传统韩食与世界各地不同食材相融合。泡菜佐大酱腌鹅肝便完美融合了东西方风味，用水泡菜（一种微辣的白色泡菜）包裹大酱腌制鹅肝。

韩式辣白菜

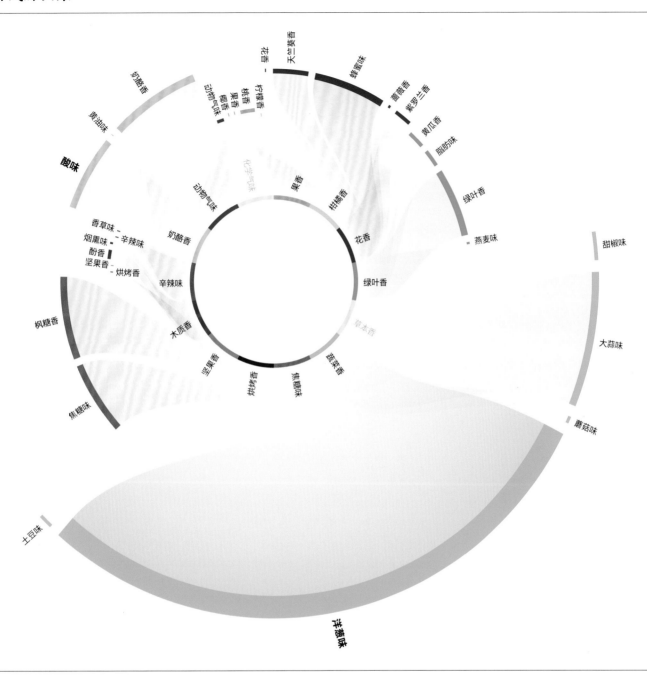

韩式辣白菜的香气特征

卷心菜中的洋葱味在辣白菜中极为鲜明，而辛辣味韩式辣椒粉则带来辣度和细微甜椒味。姜带来柑橘香、花香。腌虾酱赋予其烘烤香，而发酵改变了这些芳香分子的浓度。一些被新的芳香分子取代，如蔬菜香中土豆味的甲硫基丙醛、奶酪香的丁酸和黄油味双乙酰。

腌虾酱和鱼露富含氨基酸，可促使生成乳杆菌和乳酸。各类食材中糖和淀粉推动了发酵过程，有助于平衡泡菜的酸辣两味，同时调和强烈的大蒜气味。

	果香	柑橘香	花香	绿叶香	草本香	蔬菜香	焦糖味	烘烤香	坚果香	木质香	辛辣味	奶酪香	动物气味	化学气味
韩式辣白菜	●	●	●	●	·	●	●	●	●	·	●	●	·	·
烤鸡	●	●	·	·	·	●	·	●	·	·	·	·	·	·
小酸模	●	·	●	●	·	●	·	●	·	·	·	●	·	·
甜瓜	●	·	●	●	·	●	·	·	·	·	·	·	·	·
梨	●	·	●	●	·	·	·	·	·	·	·	·	·	·
乌鱼子	·	·	●	●	·	●	·	·	·	·	·	·	●	·
莳萝	·	·	●	●	●	●	●	●	·	●	·	·	·	·
哥伦比亚咖啡	·	●	●	●	·	●	●	●	●	●	●	●	·	·
烤野猪肉	·	●	●	●	·	●	●	●	●	●	●	·	·	·
柠檬香蜂草	·	●	●	●	·	●	·	●	·	·	·	●	·	·
香煎大虾	●	·	●	●	●	●	●	●	●	●	●	●	●	●

泡菜和帕尔马火腿共享烘烤香。相较腌制猪肉，这种肉香分子在腌制卷心菜中呈现更多绿叶香和蔬菜香。

根据食谱不同，磨碎的亚洲梨有时可作为泡菜的一种原料。而由于亚洲梨并不常见，其他品种的梨亦可用作替代。煎上或蒸上一块鱼肉或鸡肉，然后搭配泡菜和香甜多汁的梨肉同食。水果酸甜可口，泡菜辛辣刺激，对比鲜明。

304 如何制作韩式辣白菜

制作韩式辣白菜，首先将大白菜切成两半，冲洗干净后在各层菜叶之间大量撒盐，以去除大白菜中的多余水分（叶片较厚的两端宜多盐）。腌制2小时，每半小时翻动一下。

同时准备好辣白菜腌酱。准备一个大碗，将冷米粥或熟米饭与大蒜末、姜末、洋葱碎、腌虾酱、韩式辣椒粉和鱼露或沙鳗酱放入其中混合。充分搅拌至原料成糊状，然后再加入萝卜片、胡萝卜片、小葱、韭菜和水芹菜。

大白菜腌制完成后，便将冲洗干净以去除多余盐分。将白菜纵向切成四等份，并去掉菜心。多甩动叶片以去除水分。

戴上塑料手套，把辣白菜腌酱均匀涂在叶片上，确保不遗漏每一层。然后卷起叶片并转移至带盖玻璃罐或塑料容器中，在室温下（数值见第302页）储存。根据温度和湿度条件，泡菜应在两天后开始发酵。一旦开始发酵，应立即将泡菜转移至冰箱中，以减缓发酵进程。发酵过程中生成有机酸和游离氨基酸会赋予泡菜独特风味。虾或沙鳗常用于发酵泡菜，而生蚝同样可加快发酵进程。

- 在韩餐中，烤五花肉佐辣白菜组合尤为经典。薄薄的五花肉片与洋葱和蘑菇同烤，然后和泡菜、腌萝卜裹入生菜或新鲜紫苏叶中，口感清爽而又鲜嫩多汁。
- 泡菜锅（*Kimchi jjigae*）是一种辣味炖菜，以熟透的泡菜、猪肩肉、韩式辣椒粉、韩式辣酱、鳀鱼汤、芝麻油、豆腐和小葱炖制而成。

韩式辣白菜的食材搭配

帕尔玛火腿	果香	柑橘香	花香	绿叶香	草本香	蔬菜香	焦糖味	烘烤香	坚果香	木质香	辛辣味	奶酪香	动物气味	化学气味
煮芹菜														
抹茶														
韩式辣白菜														
番木瓜														
巴氏杀菌山羊奶														
肯塔基纯波本威士忌														
煎鸵鸟肉														
架烤牛肉														
烤花生														
法棍面包														

亚洲梨	果香	柑橘香	花香	绿叶香	草本香	蔬菜香	焦糖味	烘烤香	坚果香	木质香	辛辣味	奶酪香	动物气味	化学气味
甜味美思酒														
西班牙辣香肠														
酸浆果														
油桃														
蔓越莓														
山羊奶														
野生草莓														
葡萄														
蓝莓														
陈年雪莉酒醋														

主厨搭配：泡菜和鹅肝

在首尔混搭餐厅（见第302页），主厨姜珉求将泡菜和大酱等韩国传统食材与鹅肝等他国食材搭配。

经典搭配：泡菜和芝麻

泡菜和芝麻（见第306页）在柑橘柠檬香之外并未有共同的芳香分子，但烘烤芝麻可加强双方的香味联系，从而带出许多泡菜中常见的分子，从木质香、烟熏味到蔬菜香、绿叶香、坚果香和蜂蜜味花香。

辣白菜的食材搭配

列（共15列）：果香 / 柑橘香 / 花香 / 绿叶香 / 草本香 / 蔬菜香 / 焦糖味 / 烘烤香 / 坚果香 / 木质香 / 辛辣味 / 奶酪香 / 动物气味 / 化学气味

香煎肥肝

食材	果香	柑橘香	花香	绿叶香	草本香	蔬菜香	焦糖味	烘烤香	坚果香	木质香	辛辣味	奶酪香	动物气味	化学气味
甜瓜	●	•	●	•	•	•	•	•	•	•	•			•
红薯片	•	•	●	•	•	●	•	●	•	•	•			•
烤甜菜根	•	•	●	•	•	•	•	●	•	•	•			•
葡萄柚	●	•	●	•	•	•	•	•	•	•	•			•
黑巧克力	•	•	●	•	•	•	●	●	•	•	•			•
烤夏威夷果	•	•	●	•	•	•	•	●	•	•	•			•
酱油膏	•	•	●	•	•	•	●	●	●	•	•			•
扁桃仁	●	•	●	•	•	•	•	●	●	•	•			•
烤苤蓝	●	•	●	•	•	•	•	●	●	•	•			•
绿茶	•	•	●	●	•	•	•	•	•	•	•			•

萝卜

食材	果香	柑橘香	花香	绿叶香	草本香	蔬菜香	焦糖味	烘烤香	坚果香	木质香	辛辣味	奶酪香	动物气味	化学气味
韩式辣白菜	•	•	•	•	•	●	•	•	•	•	•			•
波罗伏洛干酪	•	•	•	●	•	•	•	•	•	•	•			•
烤鸡	•	•	•	•	•	•	•	●	•	•	•			•
烤开心果	•	•	•	•	•	●	•	●	•	•	•			•
巴约纳火腿	•	•	•	•	•	•	•	●	•	•	•			•
煮鲑鱼	•	•	•	•	•	•	•	●	•	•	•			•
生蚝	•	•	•	•	•	•	•	●	•	•	•			•
花椰菜	•	•	•	•	•	•	•	•	•	•	•			•
芝麻菜	•	•	•	•	•	●	•	•	•	•	•			•
番石榴	•	•	●	•	•	•	•	•	•	•	•			•

煮羊肉

食材	果香	柑橘香	花香	绿叶香	草本香	蔬菜香	焦糖味	烘烤香	坚果香	木质香	辛辣味	奶酪香	动物气味	化学气味
多肉江蓠藻	•	•	●	●	•	•	•	•	•	•	•			•
脆饼	•	•	●	•	•	•	●	●	•	•	•			•
西番莲（百香果）	•	•	●	•	•	•	●	●	•	•	•			•
煮褐虾	•	•	●	•	•	•	•	●	•	•	•			•
韩式辣白菜	•	•	●	•	•	•	•	•	•	•	•			•
香煎白蘑菇	•	•	●	•	•	•	•	●	•	•	•			•
煮蚕豆	•	•	●	•	•	•	•	●	•	•	•			•
煮青蟹	•	•	●	•	•	•	●	●	•	•	•			•
大蕉	•	•	●	•	•	•	•	●	•	•	•			•
红甜椒粉	•	•	●	•	•	•	•	●	•	•	•			•

绿卷心菜

食材	果香	柑橘香	花香	绿叶香	草本香	蔬菜香	焦糖味	烘烤香	坚果香	木质香	辛辣味	奶酪香	动物气味	化学气味
茴藿香	•	•	●	•	•	•	•	•	•	•	•			•
甘草	•	•	•	●	•	•	•	•	•	●	•			•
爆米花	•	•	•	•	•	●	•	●	•	•	•			•
豆豉	•	•	•	•	•	•	•	●	•	●	•			•
芝麻哈尔瓦酥糖	•	•	•	•	•	•	•	●	●	•	•			•
烟米	•	•	•	•	•	•	•	●	•	•	•			•
哈密瓜	●	•	●	•	•	•	•	•	•	•	•			•
猪油	•	•	•	•	•	•	•	•	•	•	•			•
蓝莓	•	•	●	•	•	•	•	•	•	•	•			•
日式面包糠	●	•	●	•	•	•	•	●	•	•	•			•

炖小斑猫鲨

食材	果香	柑橘香	花香	绿叶香	草本香	蔬菜香	焦糖味	烘烤香	坚果香	木质香	辛辣味	奶酪香	动物气味	化学气味
菖蒲根	•	•	●	•	•	•	•	•	•	●	•			●
辣椒酱	•	•	●	●	•	●	•	●	•	●	•			•
粉蕉	•	●	●	●	•	•	●	●	•	●	•			•
牛奶酸奶	•	•	●	•	•	•	•	•	•	•	•			•
牛肉	•	●	●	•	•	•	●	●	•	●	•			●
草莓	•	•	●	•	•	•	•	•	•	•	•			•
罗勒	•	•	●	●	•	•	•	•	•	●	•			•
刺松藻	•	●	●	•	•	•	•	•	•	●	•			•
煮海螯虾	•	•	●	•	•	●	•	●	•	●	•			•
韩式辣白菜	•	•	●	●	•	●	•	•	•	•	•			•

小酸模

食材	果香	柑橘香	花香	绿叶香	草本香	蔬菜香	焦糖味	烘烤香	坚果香	木质香	辛辣味	奶酪香	动物气味	化学气味
香煎野鸭	●	•	●	●	•	●	●	●	•	●	•			•
甜味美思酒	●	•	●	•	•	•	•	•	•	•	•			•
葡萄柚汁	•	•	●	•	•	•	●	•	•	•	•			•
山葵	•	•	●	•	•	•	•	•	•	•	•			•
白巧克力	•	•	●	•	•	•	●	●	•	•	•			•
日本毛豆	•	•	●	•	•	•	•	●	•	•	•			•
韩式辣白菜	•	•	●	●	•	•	•	•	•	•	•			•
黑蒜泥	•	•	●	•	•	•	•	●	•	•	•			•
鸭儿芹	•	•	●	•	•	•	•	•	•	•	•			•
烤黄盖鲽	•	•	●	•	•	•	•	●	•	•	•			•

芝麻

生芝麻香气特征为木质香、草本香和柑橘香。然而，芝麻常经烤制或用于烘焙食品，从而改变了其风味，更多呈现出坚果香、烘烤香和焦糖味。

芝麻是古老的油料作物之一，至今仍有种植。芝麻源自非洲，颗粒细小，古时在亚洲、中东地区广泛使用，传至印度后首次得到驯化栽培。芝麻来自胡麻属植物，为多叶草本，开白色、粉色或黄色管状花。这种植物极为耐旱，遍布热带地区，甚至可见于其他植物难以生长的地区。芝麻存在相关野生品种，但仅栽培品用作商业化种植。

芝麻的豆荚呈绿色，形似秋葵。当内部成串的种子完全发育成熟时后，豆荚就会裂开。依据栽培品种不同，芝麻颜色多样，从金色到棕褐色、褐色、淡红色或灰色不等，而白芝麻和黑芝麻为最常见的品种。

直接取自植物的芝麻带有一层薄棕色外表皮，称之为外壳。大多数芝麻去壳后出售，但仍有未去壳芝麻出售，有时会贴上"天然"的标签。未去壳芝麻略带苦味，风味更复杂，质地亦偏脆、硬，常用于日本各式食谱中。

- 芝麻可用作面包和饼干装饰，增添额外风味。
- 芝麻和芝麻油广泛用于日本、中国和韩国的烹调中，甜咸食品皆宜。
- 在中东美食中，烘烤芝麻经去壳后磨成奶油质地的芝麻酱，是鹰嘴豆泥、茄泥酱（baba ghanoush）和哈尔瓦酥糖的关键原料。芝麻酱亦可作蘸料或酱汁。

芝麻哈尔瓦酥糖

芝麻哈尔瓦酥糖是一种以芝麻酱为原料制成的甜食，源自地中海东部和巴尔干地区，但这种简易甜食在世界各地均有不同版本。在制作哈尔瓦酥糖时，首先将糖和蜂蜜加热到118℃，直至混合物质地柔韧。随后将芝麻酱加入甜味混合物中，并转移至模具中放置凝固。根据芝麻酱和糖之间的比例，哈尔瓦酥糖块质地多样，柔软、黏稠或酥脆皆有可能。在哈尔瓦基础版本上，还可加入其他食材，如开心果、可可粉、巧克力、香草或橙汁。

相关的香气特征: 芝麻哈尔瓦酥糖

芝麻哈尔瓦酥糖用芝麻酱制作，因而与烤芝麻共享多种芳香分子。添加蜂蜜带来额外烘烤麦芽香和花香，而高浓度的枫糖香、焦糖味和香草味使口感更为香甜。

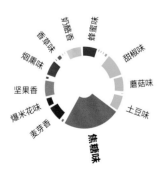

	果香	柑橘香	花香	绿叶香	草本香	蔬菜香	焦糖味	烘烤香	坚果香	木质香	辛辣香	奶酪香	动物气味	化学气味
芝麻哈尔瓦酥糖	·	·	●	●	●	·	●	●	●	●	·	●	·	·
日本网纹瓜	●	·	●	●	●	●	●	⬤	·	●	·	·	·	·
北极覆盆子	●	·	●	●	·	·	●	●	·	●	·	●	·	·
金巴利酒	●	●	●	●	·	·	●	●	·	●	●	·	·	·
煎茶	●	·	●	●	●	●	●	●	●	●	·	·	·	·
樱桃番茄	●	●	●	●	●	●	●	●	·	·	·	·	·	·
樱桃白兰地	●	·	●	●	·	·	●	●	·	●	·	·	·	·
煎鱿鱼	·	·	●	●	·	·	●	⬤	●	●	·	·	●	·
罗望子	●	·	●	●	·	·	●	●	●	●	·	·	·	·
烤栗子	●	·	●	●	·	·	⬤	●	●	●	·	·	·	·
薄荷	●	·	●	●	·	·	●	●	·	⬤	⬤	·	·	·

烤芝麻

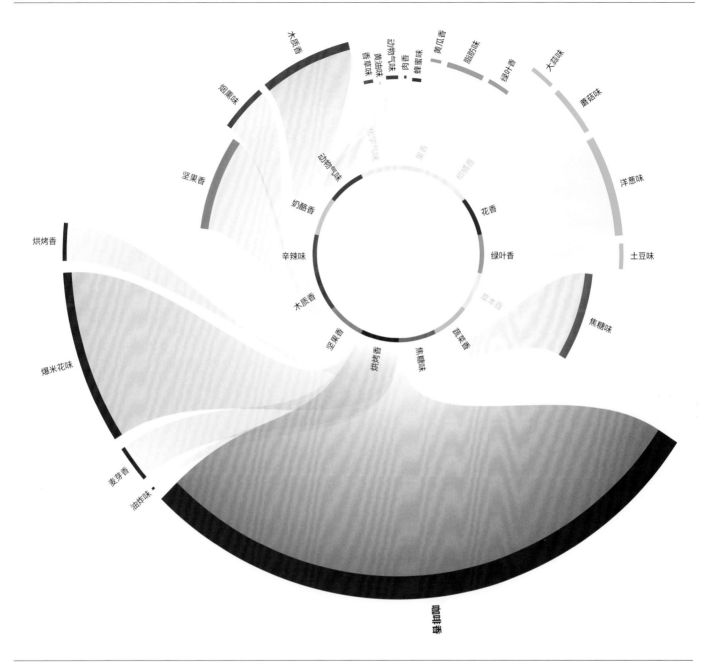

烤芝麻的香气特征

生芝麻的香气为木质香、草本香和柑橘香。然而，烘烤芝麻却能完全改变其风味，更多呈现出烘烤香和坚果香。在新生成的坚果香、木质香和蘑菇味分子之外，美拉德反应还可产生烘烤香、麦芽香，让人想到咖啡、炸薯条或爆米花。焦糖化带来焦糖甜香，而斯特克勒尔反应则产生土豆、洋葱和大蒜的气味。

	果香	柑橘香	花香	绿叶香	草本香	蔬菜香	焦糖味	烘烤香	坚果香	木质香	辛辣味	奶酪香	动物气味	化学气味
烤芝麻	·	·	●	●	·	·	●	●	●	●	·	·	·	·
胡萝卜	●	●	●	●	●	●	●	●	●	●	●	●	·	·
伊比利亚火腿（黑标）	●	●	●	●	●	●	●	●	●	●	●	●	●	●
桃	·	●	●	●	·	·	·	●	●	·	·	·	·	·
烟熏大西洋鲑鱼	·	·	●	●	·	●	●	●	●	●	●	●	●	·
紫苏叶	·	·	●	●	●	●	●	●	●	●	●	●	●	●
煮茄子	·	·	●	●	·	●	●	●	●	●	●	·	·	·
和牛	·	·	●	●	●	●	●	●	●	●	●	●	●	·
烤鲽鱼	·	·	●	●	·	●	●	●	●	●	●	●	●	·
煮豆角	·	·	●	●	●	●	●	●	●	●	●	·	·	·
熟贻贝	·	·	●	●	·	●	●	●	●	●	●	●	·	·

经典菜品：茄泥酱

这种黎凡特地区烟熏味的蘸酱是将烧焦茄子肉与芝麻酱、柠檬汁、橄榄油和大蒜组合而成，带有烟熏味。最后撒上烤芝麻，口感会更为酥脆。将茄子烤至黑色绵软，会生成许多新蔬菜香，与烤芝麻香味类似。

经典搭配：羽衣甘蓝和芝麻

羽衣甘蓝、芝麻和老抽共享花蜜香。为充分利用这种芳香联系，可尝试用甘蓝碎叶搭配酱油、米醋、大蒜、植物油和芝麻油制成油醋汁，最后再撒上芝麻。

芝麻、哈尔瓦酥糖和芝麻酱的食材搭配

Flavor pairing chart with aroma columns: 果香、柑橘香、花香、绿叶香、草本香、蔬菜香、焦糖味、烘烤香、坚果香、木质香、辛辣味、奶酪香、动物气味、化学气味

茄子
- 意大利萨拉米香肠
- 雷尼尔樱桃
- 海胆
- 烤火鸡
- 煮去皮甜菜根
- 猪大排
- 巴西莓
- 干爪哇长胡椒
- 煮鲑鱼
- 橙子

羽衣甘蓝
- 西拉桃红葡萄酒
- 煮欧防风
- 煮木薯
- 罗望子
- 拉古萨诺奶酪
- 烤芝麻
- 香煎猪大排
- 甜樱桃
- 芫荽叶
- 煮鲑鱼

意大利萨拉米香肠
- 芝麻哈尔瓦酥糖
- 奶油生菜
- 烟米
- 萝卜
- 厚皮菜
- 芜菁
- 博斯科普苹果
- 花生酱
- 鸭儿芹
- 展会梨

熟斯佩耳特小麦
- 油菜花蜜
- 煮灰胡桃南瓜
- 烤肉咖喱酱
- 鳄梨酱
- 炖条长臀鳕
- 农家切达酪
- 熟欧芹根
- 烤芝麻
- 小酸模
- 香煎鸭胸

煮西蓝花
- 无花果干
- 棕榈糖
- 烤欧洲海鲈
- 芝麻酱
- 韩式辣酱
- 小牛肉浓汤
- 牛奶
- 木槿花
- 烟熏大西洋鲑鱼
- 秘鲁红辣椒

薄荷
- 芝麻酱
- 烤欧洲海鲈
- 秘鲁米拉索尔辣椒
- 白巧克力
- 豌豆
- 八角
- 番石榴
- 烤羔羊肉
- 绿茶
- 覆盆子

潜在搭配：烤芝麻和紫苏叶

紫苏为薄荷家族一员，叶子呈绿色或紫色。在日本，紫色紫苏多用于加入梅干（umeboshi，咸味腌制水果）中以丰富色彩。紫苏叶还可加入沙拉、汤或寿司中。紫苏叶带有薄荷香和轻微的大茴香味，亚洲风味莫吉托也许是个不错的搭配。

经典搭配：芝麻和杜果

烤芝麻和杜果（见第310页）共享花蜜香、木质香和焦糖味。这一组合常见于各式菜肴，经典泰国杜果糯米饭辅以烤芝麻，而酥脆芝麻鸡亦多配杜果酱同食。

	果香	柑橘香	花香	绿叶香	草本香	蔬菜香	焦糖味	烘烤香	坚果香	木质香	辛辣味	奶酪香	动物气味	化学气味
紫苏叶														
台式鱼露														
胡椒薄荷														
菜籽油														
奇异莓														
牛角包														
红葡萄														
切达奶酪														
鸡胸排														
亚力酒														
牛奶巧克力														

	果香	柑橘香	花香	绿叶香	草本香	蔬菜香	焦糖味	烘烤香	坚果香	木质香	辛辣味	奶酪香	动物气味	化学气味
杜果酱														
芝麻														
野生意大利香柠檬花														
中国柠檬皮屑														
大豆														
椰枣														
木槿花														
新鲜薰衣草叶														
咖喱叶														
浸煮大西洋鲑鱼排														
烤猪五花														

	果香	柑橘香	花香	绿叶香	草本香	蔬菜香	焦糖味	烘烤香	坚果香	木质香	辛辣味	奶酪香	动物气味	化学气味
炖鳕鱼														
芝麻油														
罗望子														
煮竹笋														
杏														
炸薯条														
哈密瓜														
橙酒（果酒）														
哥伦比亚咖啡														
烟熏樱桃木														
酸奶油														

	果香	柑橘香	花香	绿叶香	草本香	蔬菜香	焦糖味	烘烤香	坚果香	木质香	辛辣味	奶酪香	动物气味	化学气味
黑钻石黑莓														
百香果														
桃														
红茶														
芫荽叶														
胡萝卜														
龙蒿														
芝麻哈尔瓦酥糖														
香煎珍珠鸡														
香煎鹌鹑														
甜菜根														

	果香	柑橘香	花香	绿叶香	草本香	蔬菜香	焦糖味	烘烤香	坚果香	木质香	辛辣味	奶酪香	动物气味	化学气味
西麦尔三料啤酒														
芝麻酱														
熟翡麦														
海螯虾														
意大利茴香酒														
黄灯笼椒酱														
烤腰果														
烤黑芝麻														
烘焙阿拉比卡咖啡豆														
韭葱														
牛至														

杧果

杧果栽培品种多达数百种，青皮肯特和黄皮哈登杧果皆于20世纪早期在佛罗里达州首次种植，而橙皮阿方索杧果则是印度杧果中公认最为香甜可口的品种。

在世界范围内，约有90个国家种植了数百个杧果品种，因而难以概括这种流行的热带水果的典型风味。不同类型的香气特征各异：根据栽培品种，杧果风味从果味、柑橘香到椰香、桃香、花香和松木香不等。阿方索和哈登杧果花香、紫罗兰香味馥郁，而一些品种则可能富含柑橘香。

杧果和毒藤、腰果和开心果同属漆树科家族成员。至少约4000年前，野生杧果品种在印度缅甸地区首次得到培育。而今仅杧果属就有约50个已知品种，颜色从绿色、淡黄色到淡红色不等，并通常略带紫色、粉色、橙黄色或红色。

杧果的黄色果肉甜美多汁，常加入冰沙、雪芭或各式甜点中，而未成熟的酸杧果可用于腌制和酸辣酱中。

要测试杧果的成熟度，可取果实最窄一端向下按压。若果肉轻微变形，则杧果可食。要想获得浓郁的杧果风味（例如用于蜜饯），则可考虑使用泡水的杧果干代替新鲜杧果。

- 杧果粉（Amchoor）是未成熟的杧果经去皮、晒干后磨制而成。作为柑橘香调味品，杧果粉果香浓郁，同时亦可代替柠檬汁作嫩肉剂。此外，杧果粉还常与孜然、生姜和薄荷一同调制印度夏日清爽饮品孜然水（jal jeera）。
- 在印度和巴基斯坦，新鲜杧果常与酪乳和糖混合制成杧果酸奶饮（mango lassis）。
- 在泰国美食中，青杧果切成薄片后，用盐、鱼露、青柠汁和辣椒调味，作为沙拉生食。

马德拉斯咖喱杧果冰糕佐红薯慕斯

食物搭配公司的食谱

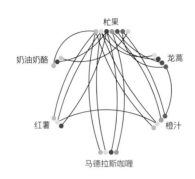

马德拉斯咖喱酱由孜然、咖喱粉、辣椒、大蒜、姜黄根、生姜和其他香辛料混制而成，其中最主要的原料为咖喱叶，带来辛辣、青柠风味。马德拉斯咖喱发明于英式咖喱屋中，带有杧果中相似的木质香和柑橘香。在这道甜品中，马德拉斯咖喱和杧果雪芭对某些人来说风味过于浓郁，而鲜榨橙汁可让整体风味更趋柔和。

红薯与马德拉斯咖喱和杧果共享花香、紫罗兰香，因而同样适配。将红薯和奶油奶酪混打成泥，直到质地柔顺醇和。将红薯混合物倒入打发浓奶油中，然后让慕斯静置凝固。马德拉斯咖喱和杧果冰沙可与红薯慕斯搭配，最后点缀以澳大利亚青苹果和龙蒿糖浆，增添胡椒及大茴香风味。

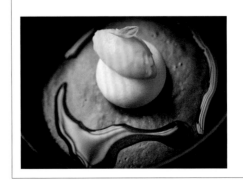

杧果

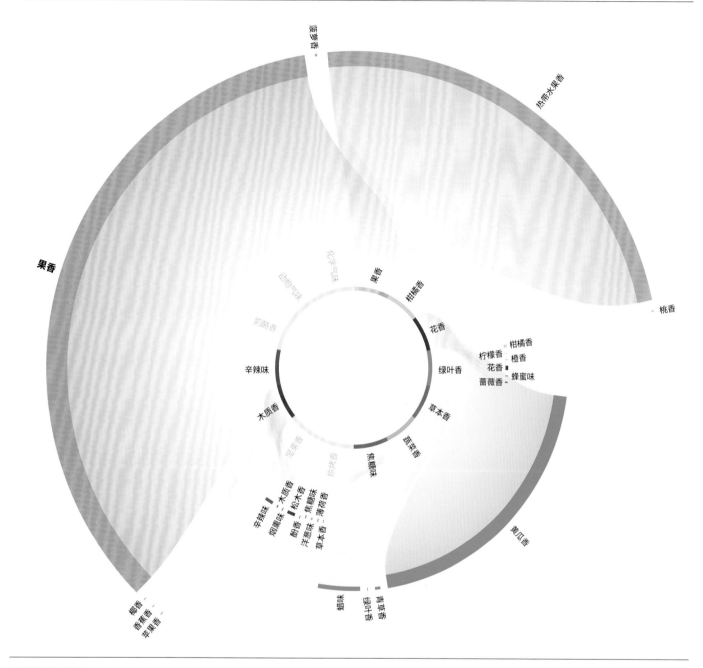

杧果的香气特征

不同杧果品种包含一些共同的芳香化合物，而浓度不同。杧果中酯类化合物气味从果香、苹果香到热带菠萝香或香蕉香不等。而其中 α-蒎烯所带的松木香味在果核周围的纤维状果肉中尤为鲜明。内酯亦常见于杧果中：在阿方索杧果中，内酯的香气更偏椰香，而在哈登杧果中则偏桃香。

	果香	柑橘香	花香	绿叶香	草本香	蔬菜香	焦糖味	烘烤香	坚果香	木质香	辛辣味	奶酪香	动物气味	化学气味
杧果	●	●	●	●	●	●	●	●	●	●	●	●	·	·
小豆蔻叶	●	·	●	●	·	·	·	·	·	●	●	●	·	·
煮欧防风	●	·	●	●	●	·	●	·	●	●	·	·	·	·
藏红花	·	●	●	●	●	●	●	·	·	●	·	·	·	·
红茶	●	●	●	●	●	●	●	●	●	●	●	·	·	·
格鲁耶尔干酪	●	●	●	●	●	●	●	·	·	●	·	●	·	·
清蒸多宝鱼	·	·	●	·	·	·	·	·	●	●	●	·	·	·
清蒸芥菜	·	·	●	●	●	●	·	·	·	●	●	·	·	·
芝麻酱	·	·	●	●	●	●	●	●	●	●	·	·	·	·
干式熟成牛肉	●	·	●	●	●	●	●	●	●	●	●	·	·	·
罐装番茄	●	●	●	●	●	●	·	●	·	●	●	·	·	·

食谱搭配：杜果和马德拉斯咖喱

杜果与新鲜马德拉斯咖喱酱中的果味完美适配。制作简易杜果咖喱，只需略微炒制一些洋葱和大蒜，然后加入咖喱酱搅拌，并烹煮数分钟。然后加入水、椰浆和杜果块，并用青柠汁调味，也可再加一些辣椒，然后慢煨。这道咖喱口感甜美、辛辣、质地顺滑，极为下饭。

潜在搭配：杜果和罐装番茄

制作最简易的番茄酱，首先用橄榄油软化大蒜和洋葱，然后加入罐装番茄，慢煨45分钟收汁。随后用盐和胡椒粉调味，并加入切碎的杜果增添果香，可与鸡肉或香煎鲑鱼同食，或搭配比萨。

杜果的食材搭配

各图表的列标题（从左至右）：果香、柑橘香、花香、绿叶香、草本香、蔬菜香、焦糖味、烘烤香、坚果香、木质香、辛辣味、奶酪香、动物气味、化学气味

马德拉斯咖喱酱
- 埃曼塔尔干酪
- 肉桂
- 香煎鹌鹑
- 柠檬香桃干
- 煮洋蓟
- 炖大西洋狼鱼
- 柚子
- 烤猪五花
- 覆盆子
- 煮面包蟹肉

罐装番茄
- 李子罐头
- 肉桂叶
- 腌刺山柑
- 枇杷
- 烤乳鸽
- 无花果
- 盐渍樱花
- 干椰肉
- 浸煮鳟鱼
- 覆盆子

炙烤羔羊肉
- 哈密瓜
- 刺松藻
- 秘鲁米拉索尔辣椒
- 佩德罗-希梅内斯雪莉酒
- 云莓
- 阿方索杜果
- 苹果
- 烤黑芝麻
- 紫苏叶
- 丁香

蜜树茶
- 昆布
- 牛肉高汤
- 西葫芦
- 煮面包蟹肉
- 绿芦笋
- 菊苣
- 熟藜麦
- 大吉岭红茶
- 阿方索杜果
- 罐装番茄

海茴香
- 烤葵花子
- 松子
- 熟蛤蜊
- 烤羔羊肉
- 煮耶路撒冷洋蓟
- 大西洋鲑鱼片
- 干式熟成牛肉
- 哈登杜果
- 格鲁耶尔干酪
- 烤小牛胸腺

罗马诺干酪
- 泰国杜果
- 浓奶油
- 覆盆子
- 烘焙阿拉比卡咖啡豆
- 扇贝王
- 烟熏大西洋鲑鱼
- 苦橙皮
- 炸薯条
- 云莓
- 荞麦蜜

潜在搭配：杜果和藏红花

可尝试在杜果酸奶饮中加入一些藏红花丝，风味丰富而且颜色更趋鲜艳。

潜在搭配：杜果和意大利黑醋

将杜果片、红洋葱和野苣菜（又称羊莴苣）组合而成快手沙拉，然后淋上橄榄油和意大利黑醋（见第314页）。不论是意大利摩德纳黑醋或是经济的商用黑醋都与新鲜杜果共享花香和蜂蜜味。

藏红花	果香	柑橘香	花香	绿叶香	草本香	蔬菜香	焦糖味	烘烤香	坚果香	木质香	辛辣香	奶酪香	动物气味	化学气味
秘鲁黑辣椒														
红甜椒粉														
现磨咖啡														
烤箱烤培根														
龙蒿														
百香果														
烤箱烤土豆														
熟绿扁豆														
烤多宝鱼														
摩洛血橙														

雪莉酒醋	果香	柑橘香	花香	绿叶香	草本香	蔬菜香	焦糖味	烘烤香	坚果香	木质香	辛辣香	奶酪香	动物气味	化学气味
杜果														
熟藜麦														
烤羔羊肉														
牛角包														
皮夸尔黑橄榄														
煮灰胡桃南瓜														
巴氏杀菌山羊奶														
接骨木果														
大蕉														
苹果														

圣哲曼接骨木花利口酒	果香	柑橘香	花香	绿叶香	草本香	蔬菜香	焦糖味	烘烤香	坚果香	木质香	辛辣香	奶酪香	动物气味	化学气味
鸭儿芹														
大西洋鲑鱼片														
帕尔玛火腿														
葡萄														
柿子														
西冷牛排														
阿方索杜果														
半硬质山羊奶酪														
香煎鹿肉														
秘鲁黄辣椒														

欧芹籽	果香	柑橘香	花香	绿叶香	草本香	蔬菜香	焦糖味	烘烤香	坚果香	木质香	辛辣香	奶酪香	动物气味	化学气味
阿方索杜果														
山桑子														
紫叶鼠尾草														
桉树叶茶														
胡椒薄荷														
鳄梨														
甜菜根														
柑橘														
番木瓜														
鲜姜根														

杏子白兰地	果香	柑橘香	花香	绿叶香	草本香	蔬菜香	焦糖味	烘烤香	坚果香	木质香	辛辣香	奶酪香	动物气味	化学气味
绿卷心菜														
洋槐蜜														
煮红薯														
腰果														
北京烤鸭														
大豆味噌														
鳕鱼片														
杜果														
水牛奶酪														
烤多宝鱼														

花生酱	果香	柑橘香	花香	绿叶香	草本香	蔬菜香	焦糖味	烘烤香	坚果香	木质香	辛辣香	奶酪香	动物气味	化学气味
绿卷心菜														
尖吻鲈														
和牛														
波本威士忌														
阿方索杜果														
健力士生啤														
意大利夏巴塔面包														
草菇														
磅蛋糕														
亚麻籽														

意大利黑醋

对传统意大利黑醋的分析显示，芳香分子主要为醋味乙酸芳香分子。此外，发酵过程中亦生成黑醋味分子，奶酪香、酸味鲜明。

长久以来，传统意大利黑醋一直是意大利人的骄傲。雷焦艾米利亚和摩德纳两地生产商遵循严格规定，以获原产地保护认证（D.O.P）。当地晚熟的蓝布鲁斯科（Lambrusco）或特雷比奥罗（Trebbiano）葡萄品种才可用于制作葡萄浓缩汁（Mosto），经熬煮后发酵3周，再放入以橡木、栗木、桑木、樱桃木、白蜡木和杜松木等木材制成的木桶中，经过至少12年陈酿。这套木桶体积依次变小，醋龄也依次增大。每年都会从最小酒桶中取出部分陈酿时间最长的醋装瓶，并以较大酒桶中年轻的醋填充，依次进行。这个过程在生产线上一直循环往复，直至最大酒桶重新装入新醋化的葡萄浓缩汁。

类似于优质雪莉酒和波特酒索雷拉陈酿工艺（译者注：solera process，指逐步混合不同陈酿年份酒水原液，使酒液陈酿时间逐渐增加，可减少不同年份之间的差异，保证品质稳定），醋在水分经由木桶木板蒸发过程中渐趋浓缩。当醋依次转入不同木桶时，会吸收不同木材的香气，风味特征也更为复杂。酿造过程完成后，由专家品醋师组成生产联合会将对醋龄进行评定：陈酿12年的意大利黑醋以红色盖子封顶，称为"优质醋"（affinato）；陈酿15～20年用银色盖子封顶，称为"陈醋"（vecchio）；陈酿超过25年以金色盖子封顶，称为"特陈醋"（extra vecchio）。当然，意大利黑醋的生产工艺过程使得无法确定其实际年龄，因而以上皆为近似值。

- 在帕玛森奶酪薄片上淋上数滴传统意大利黑醋，简直是绝妙之享。
- 意大利人习惯将特陈醋（陈酿25年以上的意大利黑醋）作为开胃酒和消化酒享用。
- 非手工、大规模生产的摩德纳黑醋其价格远低于传统手工雷焦艾米利亚和摩德纳黑醋，但同样与沙拉醋汁和各式菜肴适配。

相关的香气特征：商用意大利黑醋

商用意大利黑醋通常由葡萄酒醋、熟葡萄汁和焦糖色素混合而成，相较传统黑醋，其焦糖味、奶酪酸味和花香更为浓郁。

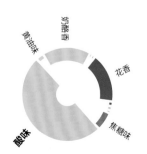

	果香	柑橘香	花香	绿叶香	草本香	蔬菜香	焦糖味	烘烤香	坚果香	木质香	辛辣味	奶酪香	动物气味	化学气味
意大利黑醋	●	·	●	·	·	·	●	·	·	·	·	●		
塔希提香草	●	·	●	●	●	·	●	●	●	·	·	·	·	·
紫苏叶	·	·	●	●	·	●	●	●	●	·	·	·	·	·
北京烤鸭	·	·	●	●	·	●	●	●	●	●	·	●	·	·
大虾	●	·	●	●	·	●	●	●	●	●	·	●	·	·
辣根泥	·	·	●	●	●	●	●	●	●	·	●	·	·	·
草莓	●	·	●	●	·	·	●	●	●	·	·	·	·	·
煮鲑鱼	·	·	●	●	·	●	●	●	●	·	·	●	·	·
深焙扁桃仁	·	·	●	●	·	●	●	●	●	●	·	●	·	·
红茶	·	·	●	●	·	●	●	●	●	●	·	●	·	·
奶油奶酪	·	·	●	●	·	●	●	●	●	·	·	●	·	·

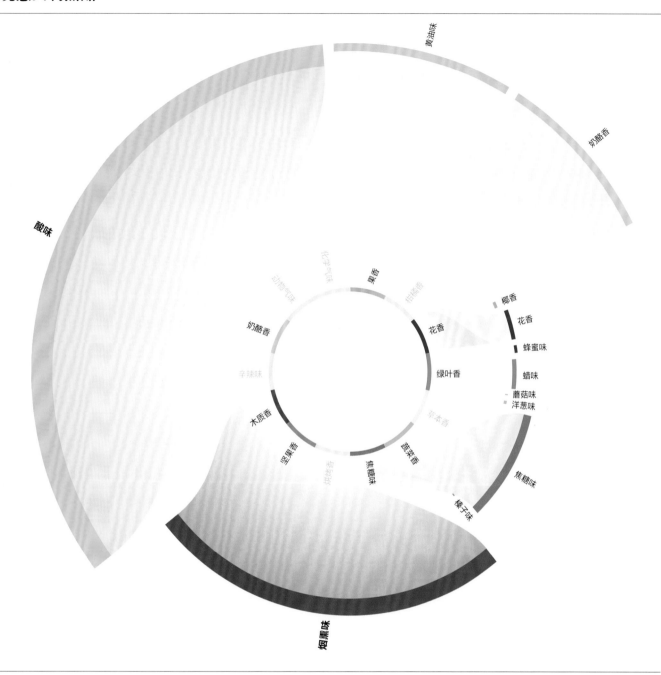

传统意大利黑醋的香气特征

对传统意大利黑醋的分析显示，芳香分子主要为醋味的乙酸芳香分子。此外，发酵过程亦生成黑醋味分子，奶酪香、酸味鲜明。烹煮葡萄汁会生成焦糖味，这种主要芳香化合物形成于发酵过程之前，会产生一些奶酪酸味。而当意大利黑醋依次放入不同木桶中陈酿时，吸收了不同木材中的烟熏味，香气特征亦更趋复杂。传统意大利黑醋的陈酿过程赋予其轻微的烟熏风味，为之与芦笋、甜菜根、黑巧克力和帕玛森奶酪等食材构筑了芳香联系。

	果香	柑橘香	花香	绿叶香	草本香	蔬菜香	焦糖味	烘烤香	坚果香	木质香	辛辣味	奶酪香	动物气味	化学气味
传统意大利黑醋	·	·	●	●	·	·	●	·	·	·	·	●	·	·
红葡萄	●	●	●	●	●	●	·	●	·	·	·	·	·	·
巴西切叶蚁	●	●	●	●	●	●	●	·	·	●	·	●	●	·
红薯	·	·	●	●	●	●	●	·	·	·	·	●	·	·
可涂抹辣香肠	●	●	●	●	●	●	●	●	·	●	·	●	·	·
烟熏大西洋鲑鱼片	·	·	●	●	●	·	·	·	·	●	●	·	·	·
可可粉	·	·	●	●	·	●	●	·	·	●	·	●	·	·
薄荷	·	·	●	●	●	·	·	·	·	●	●	·	·	·
老抽	·	·	●	●	·	●	●	●	·	●	·	●	·	·
熟切达奶酪	·	·	●	●	·	●	●	·	·	·	·	●	●	·
熟黑婆罗门参	·	·	●	●	●	●	●	·	·	●	·	●	·	·

经典搭配：意大利黑醋和草莓

在新鲜草莓上淋入几滴特陈意大利黑醋，将风味完美融合。黑醋风味酸甜适宜，与草莓甜香对比鲜明，烘托其甜味，并带出草莓中的柑橘香和花香。

经典搭配：意大利黑醋、橄榄油和面包

有人认为将面包配上一小碟橄榄油和意大利黑醋是典型的意大利风味，而另一些人则认为这是美式做法。无论出处如何，这一搭配都是经典的美食之享。

意大利黑醋的食材搭配

表头（风味维度）：果香 柑橘香 花香 绿叶香 草本香 蔬菜香 焦糖味 烘烤香 坚果香 木质香 辛辣味 奶酪香 动物气味 化学气味

加里格特草莓

- 陈年雪莉酒醋
- 黑樱桃利口酒
- 皮夸尔黑橄榄
- 熟藜麦
- 酪乳
- 煮豌豆
- 淡味切达奶酪
- 新鲜番茄汁
- 猕猴桃
- 白巧克力

小麦面包丁

- 传统意大利黑醋
- 哈瓦那青椒
- 烤甜菜根
- 芥末
- 烤红薯
- 橙皮
- 红橘
- 草莓
- 小豆蔻籽
- 熟眉豆

雅文邑白兰地

- 牛奶巧克力
- 熟切达奶酪
- 韩式辣酱
- 扁桃仁榛子果仁酱
- 法棍面包
- 梅子
- 熟藜麦
- 椰汁
- 意大利黑醋
- 香蕉

松饼

- 烤飞蟹
- 秘鲁红辣椒
- 中东芝麻酱
- 意大利黑醋
- 老抽
- 煮龙虾
- 大吉岭红茶
- 波罗伏洛干酪
- 葫芦巴叶
- 干牛肝菌

李子

- 红甜椒粉
- 陈年雪莉酒醋
- 烤红薯
- 烤腰果
- 烤箱烤牛排
- 鱼子酱
- 格鲁耶尔干酪
- 菊苣
- 黄瓜
- 清蒸鲻鱼

马鲁瓦耶奶酪

- 草莓
- 甜西番果
- 蜜瓜甜酒
- 意大利黑醋
- 烤野兔
- 菠萝
- 鲜食蔷薇花瓣
- 伊比利亚火腿（黑标）
- 烤多宝鱼
- 熟蛤蜊

潜在搭配：意大利黑醋和针叶樱桃

针叶樱桃外形似樱桃，多汁，皮红而肉黄，原产于中南美洲。它富含维生素C和高抗氧化物，享有"超级食品"之誉，常以榨汁享用。

经典搭配：意大利黑醋和豆角

在新鲜烹炒或煎制蔬菜上淋入几滴意大利黑醋，口感清爽。豆角（见第318页）和意大利黑醋共享一些蔬菜蘑菇味和奶酪酸味。

针叶樱桃

	果香	柑橘香	花香	绿叶香	草本香	蔬菜香	焦糖味	烘烤香	坚果香	木质香	辛辣味	奶酪香	动物气味	化学气味
马斯卡彭奶酪														
香茅														
烤夏威夷果														
哈密瓜														
香煎培根														
煎甜菜根														
烤羔羊肉														
皮夸尔黑橄榄														
意大利香醋														
牛奶巧克力														

比利时白啤酒

	果香	柑橘香	花香	绿叶香	草本香	蔬菜香	焦糖味	烘烤香	坚果香	木质香	辛辣味	奶酪香	动物气味	化学气味
马德拉斯咖喱酱														
草莓汁														
扁桃仁薄片														
杂粮面包														
西班牙辣香肠														
意大利黑醋														
炖柠檬鲽														
煮灰胡桃南瓜														
烤鲽鱼														
煮豆角														

曼加巴果（mangaba fruit）

	果香	柑橘香	花香	绿叶香	草本香	蔬菜香	焦糖味	烘烤香	坚果香	木质香	辛辣味	奶酪香	动物气味	化学气味
鹿肉														
桂皮														
黑胡椒粉														
草莓														
意大利黑醋														
黑巧克力														
葡萄干														
甘草														
香煎野林鸽														
水牛奶酪														

卷心菜嫩叶

	果香	柑橘香	花香	绿叶香	草本香	蔬菜香	焦糖味	烘烤香	坚果香	木质香	辛辣味	奶酪香	动物气味	化学气味
马焦罗洛（Majorero）半干型奶酪														
煮鳕鱼片														
意大利黑醋														
烤扇贝王														
香煎巴伐利亚香肠														
秘鲁黑辣椒														
现煮阿拉比卡咖啡														
香煎白蘑菇														
全熟蛋黄														
塔希提香草														

豆角

吡嗪类物质赋予生豆角泥土味、绿叶香，这种香气会因任何形式的热处理而改变。

无论是四季豆（string beans）、菜豆（French beans）、芸豆（snap beans）或扁豆（haricots verts），它们本质上都是可食用豆荚，其形细长，两旁带有纤维质地的荚丝。如今商业化种植豆角品种已无须在食用前去除荚丝。

豆类颜色、形状和大小各异。嫩绿的菜豆深受厨师喜爱；意大利罗马豆扁平宽大；蜡豆颜色淡黄；各类蔓生菜豆中，长豇豆色调鲜红，而紫豆角则富含花青素。

豆角为普通菜豆的后代，这种蔓生植物原产于墨西哥和秘鲁，至今仍可在野外觅见踪迹。豆角有据可循的种植史可追溯至数千年前，迁徙者将豆角传至中美洲和北美洲，而后，葡萄牙殖民者在16世纪将之引入非洲和欧洲，如今它已成为全球大部分地区重要的粮食作物。

人们通常所联想的豆角实际上是未成熟的豆荚。如果任其成熟，内部种子会膨胀，外壳变干而不能食用。成熟豆角风味、颜色和大小差异巨大，这取决于栽培品种。像是腰豆（kidney beans）、笛豆（flageolet beans）、斑豆（pinto beans）、黑豆、波罗蒂豆（borlotti beans）和意大利白豆（cannellini beans），这些普通豆类都迥然不同。

然而，还有一些常见豆类形似豆角，但却不易引发联想，包括荷包豆（runner beans）和原生于亚洲的蚕豆等。

豆角和各式豆类同含化学物质——凝集素（具体为植物血凝素），其让害虫对叶片和豆荚生厌。然而，若未经充分烹煮（需达到100℃，从而破坏凝集素），人类食用亦会中毒。植物血凝素的含量因栽培品种而异：红腰豆含量高，因而食用前须浸泡和烹煮；而豆角仅含微量植物血凝素。许多人食用生豆角无任何不良反应，但仍有证据表明，有些人对豆角高度敏感，一份生豆角可在短短数小时内引发严重的食物中毒。

- 我们可通过弯折豆荚来测试豆角的品质，新鲜柔软的豆角更易折断。

- 对许多美国人来说，若没有焗烤青豆（green bean casserole）就不叫感恩节。该菜肴是将青豆放入奶油蘑菇浓汤中焗烤，上面放酥脆炸洋葱。

- 试试用日本天妇罗面糊炸豆角，并用少许咖喱粉与盐混合调制蘸酱，挤上新鲜柠檬汁。

- 在比利时，经典的列日土豆沙拉（Liégeoise salad）是将熟豆角、煮土豆、香煎培根、半熟鸡蛋和红葱头加入法式油醋汁中拌匀而成。

煮豆角

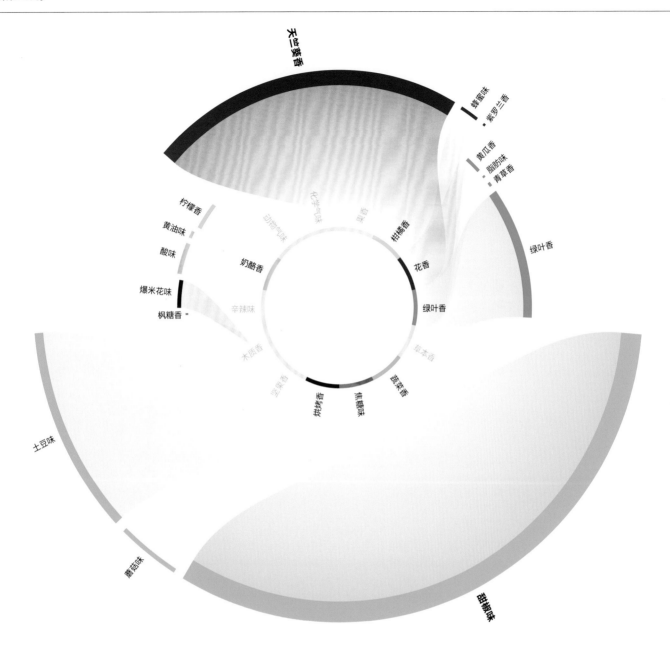

天竺葵香

蜂蜜味
紫罗兰香
黄瓜香
脂肪味
青草香
绿叶香

柠檬香
黄油味
酸味
爆米花味
枫糖香

柑橘香
花香
绿叶香
草本香
蔬菜香
焦糖味

化学气味
果香
奶酪香
辛辣味
木质香
坚果香
烘烤

土豆味
蘑菇味

甜椒味

煮豆角的香气特征

生豆角中的绿叶香、豆类和泥土味源于吡嗪类物质。绿叶香、蘑菇味和天竺葵香分子进一步丰富了香气特征。生豆角和熟豆角风味差距甚小。热处理使得拥有绿叶青草香的（Z）-3-己烯醛、黄瓜味（E,Z）-2,6-壬二烯醛挥发性化合物和1-戊烯-3-酮（使生豆角带刺激性）的浓度降低。烹饪使鲜度流失，同时生成甲硫基丙醛，带有熟土豆味。

	果香	柑橘香	花香	绿叶香	草本香	蔬菜香	焦糖味	烘烤香	坚果香	木质香	辛辣味	奶酪香	动物气味	化学气味
煮豆角	·	·	●	●	·	·	·	·	·	·	·	·	·	·
巴氏杀菌番茄汁	·	·	●	●	·	●	●	●	●	·	·	●	·	●
旧金山酸面包	·	·	●	●	●	●	●	●	·	·	·	·	·	·
大吉岭红茶	·	·	●	●	●	●	●	·	·	·	·	·	·	·
黄瓜	·	·	●	●	·	·	·	·	·	·	·	·	·	·
紫苏叶	·	·	●	●	●	·	·	●	·	·	·	·	·	·
意大利香柠檬	·	●	●	●	·	·	·	·	·	·	·	·	·	·
烤肉咖喱酱	·	·	●	●	●	●	●	●	●	·	·	·	·	·
香煎鸭胸	·	·	●	●	·	●	●	●	·	·	·	·	·	·
橙汁	·	●	●	●	·	·	●	●	·	·	·	·	·	·
皮夸尔特级初榨橄榄油	·	·	●	●	●	·	·	·	·	·	·	·	·	·

经典搭配：熟豆角和橄榄油

熟豆角和橄榄油共享大量绿叶香，因此拥有许多共同的绿叶香分子，如脂肪味、黄瓜香和青草香。两种原料均经加工处理，因而亦带有蔬菜蘑菇味和土豆味分子。

潜在搭配：熟豆角和斗篷草叶

斗篷草嫩绿叶片可如莴苣一般用于沙拉，或像菠菜一样烹调，而干叶则可用于制作花茶。斗篷草可消炎止血，长久以来一直被草药专家用于促进消化、调节月经和缓解胃疼痉挛。

豆角的食材搭配

皮夸尔特级初榨橄榄油	果香	柑橘香	花香	绿叶香	草本香	蔬菜香	焦糖味	烘烤香	坚果香	木质香	辛辣味	奶酪香	动物气味	化学气味
	·	·	●	·	·	·		●	·	●	·			
花椰菜	●	●	·	·			·		·	●				
烤甜菜根	·	●	·		·	●	·			●	●	●		
曼彻格奶酪	●	·	·	●					·	·	·	·		
红甜椒酱	·	·	·	·	·	·	●	·	·	●	·			
柠檬皮屑	·	●	·	●	·		·			·	·			
罐装椰奶	·	·	·	●		·	·			·	·	●		
酸樱桃	·	·	●	●	·	·	·		·	·	●	·		
欧洲海鲈	·	·	●	●	●	·			·	·		·		
干式熟成牛肉	●	●	●	·	·	·	●	·	●	●	·	·		
蚕豆	·	·	●	●	·	·	·			·	●			

斗篷草叶	果香	柑橘香	花香	绿叶香	草本香	蔬菜香	焦糖味	烘烤香	坚果香	木质香	辛辣味	奶酪香	动物气味	化学气味
	·	·	●	·	·	·			·	●	·			
白萝卜	●	●	·	·					·	·				
塔罗科血橙	·	●	·	·			·			·	●			
哈密瓜	●	·	·	●		·				·	·			
漆树	·	·	·	·		·	·			●	●			
胡萝卜	·	●	·	●	·		·			●	●			
帕达诺奶酪	·	·	·	·		●	·		·	·	·	·		
煮豆角	·	·	●	●	·	·	·			·	·			
煮鳕鱼片	·	·	·	●	·	·				·		·		
烤箱烤培根	·	·	·	·	·	·	●	·	·	●	·			
薄荷	·	·	●	·	·	·				·	●	●		

甜味美思酒	果香	柑橘香	花香	绿叶香	草本香	蔬菜香	焦糖味	烘烤香	坚果香	木质香	辛辣味	奶酪香	动物气味	化学气味
	·	·	●	·	·	·			·	·	·			
黑莓	●	●	●	●	·	·	·			●	●			
碧根果	·	·	●	●	·	·	·		·	·	·			
豆角	·	·	●	●	·	·	·			·	·			
茉莉花茶	·	·	●	●	·	·				●	·			
腌葡萄叶	·	·	●	●	·	·	·			·	·			
日本网纹瓜	●	·	●	●		·				·	·			
香煎雉鸡	·	·	●	●	·	·	·	·	·	·	·			
瓦什寒（Vacherin）奶酪	·	·	·	·		·	·		·	·	·	·		
罗勒	·	·	●	●	·	·	·			·	●			
黑巧克力	●	●	●	●	·	·	●	·	·	●	●			

小牛肉浓汤	果香	柑橘香	花香	绿叶香	草本香	蔬菜香	焦糖味	烘烤香	坚果香	木质香	辛辣味	奶酪香	动物气味	化学气味
	·	·	●	·	·	·	·		·	·	·			
煮紫薯	·	·	●	●	·	·	●			·	·			
煮蚕豆	·	·	●	●	·	·	·			·	·			
桂皮	·	·	●	·	·	·				·	·			
胜利草莓	·	·	·	●	·	●	·		·	●	·			
熟松茸	·	·	·	●	·	·	·		·	●	●			
百香果	●	·	·	·	·	·				·	·			
熟糙米	·	·	●	●	·	●	●	·	·	●	·			
阿方索杧果	●	·	●	●	·	·	·			·	·			
黑蒜泥	·	·	●	●	·	·	·		·	·	·			
香煎鹿肉	·	·	●	●	●	·	·	·	·	●	·		·	

清蒸芥菜	果香	柑橘香	花香	绿叶香	草本香	蔬菜香	焦糖味	烘烤香	坚果香	木质香	辛辣味	奶酪香	动物气味	化学气味
	·	·	·	●	·	·			·	·	·	·		
绿扁豆	·	·	●	●	·	·	●			·	·			
多肉江蓠藻	·	·	·	●	·	·	·			·	·			
蛇果	·	·	●	●	·	·	·			·	·			
干腌火腿	·	·	·	●	·	·	·	·	·	·	·			
干平菇	·	·	·	●	·	·	·		·	·	·			
薰衣草蜂蜜	·	·	·	●	·	·	·			·	·			
奶油	·	·	·	●		·	·		·	·	·			
煮洋蓟	·	·	●	●	·	·	·			·	·			
煮豆角	·	·	●	●	·	·	·			·	·			
烤西葫芦	·	·	●	●	·	·	·			·	·			

煮茄子	果香	柑橘香	花香	绿叶香	草本香	蔬菜香	焦糖味	烘烤香	坚果香	木质香	辛辣味	奶酪香	动物气味	化学气味
	·	·	·	●	·	·	·		·	·	·			
炖墨鱼	·	·	·	·	·	●	·			·	·			
烤箱烤里脊肉排	·	·	·	·	·	●	·		·	·	·			
褐虾	·	·	·	●	·	·	●	·	·	·	·			
煮豆角	·	·	●	●	·	●	●		·	·	·			
罗望子	·	·	●	●	·	·	·			●	·			
小豆蔻籽	·	●	·	●	·	·	·			●	·			
煮蚕豆	·	·	●	●	·	·	·			·	·			
烤鸡	·	·	·	·	·	●	·	·	·	·	·			
牡蛎叶	·	·	●	●	·	·	·			·	·			
熟切达奶酪	·	·	·	●	●	·	·		·	·	·	·		

潜在搭配：豆角和旧金山酸面包

在加利福尼亚，酸面包起源可以追溯至19世纪40年代末的淘金热。矿工们使用天然酵母制作面包，甚至在夜晚搂着它入睡，以确保酵母在寒冷的夜晚存活下来。旧金山一位面包师将当地酸面包酵母与法式面包相结合，制作出的面包风味归功于在该市发现的特殊细菌。

经典菜品：豆角、土豆青酱意面

在热那亚青酱的故乡利古里亚，罗勒青酱最传统的享用方法是与意面（见第322页）、土豆和豆角同食。意面最佳宜采用当地特色的螺旋形特飞面（trofie）。

旧金山酸面包

香气类别：果香、柑橘香、花香、绿叶香、草本香、蔬菜香、焦糖味、烘烤香、坚果香、木质香、辛辣味、奶酪香、动物气味、化学气味

- 大蕉
- 鲜姜根
- 烟熏大西洋鲑鱼
- 奶油生菜
- 大茴香籽
- 黑胡椒
- 开心果
- 煮红鲻鱼
- 牛至
- 生蚝

炸土豆片

- 扇贝王
- 炖墨鱼
- 红肉苹果
- 葎草芽（啤酒花芽）
- 格鲁耶尔干酪
- 皮夸尔特级初榨橄榄油
- 昂贝尔（Ambert）奶酪
- 香煎鸡胸排
- 紫甘蓝
- 煮豆角

油菜花

- 毛豆
- 老抽
- 浓奶油
- 山羊奶酪
- 桉树蜜
- 塔希提香草
- 煮蚕豆
- 烟熏大西洋鲑鱼
- 香煎雉鸡
- 秘鲁红辣椒

盐渍沙丁鱼

- 夏松露
- 熟翡麦
- 山羊奶酪
- 古布阿苏果酱
- 煮灰胡桃南瓜
- 煮豆角
- 烤西葫芦
- 草莓
- 熟黑婆罗门参
- 干葛缕子叶

红豆沙

- 曼彻格（Manchego）奶酪
- 烤开心果
- 凯特杏果
- 豆角
- 黑加仑
- 干牛肝菌
- 干式熟成牛肉
- 可可粉
- 大吉岭红茶
- 陈年雪莉酒醋

杜伦小麦意面

意面通常将杜伦小麦粉或粗粒小麦粉与水、鸡蛋混合制成未发酵面团，然后挤压成特定形状。当烹制意面时，杜伦小麦中许多果香被绿叶香、青草香醛类所取代。

在拉丁语中，"durum"意为"硬"，杜伦小麦是小麦属里最硬质的物种。这种黄色面粉质地细腻，蛋白质含量高，使千层面（lasagne）或细面条（spaghetti）等面条坚韧而富有弹性。粗粒小麦粉质地粗糙，多用于制作硬面条，可经长时间煮制而不变形。根据食谱所需面条种类，还可将杜伦小麦与较软的面粉（如小麦粉）相结合，制作更有弹性的面团。例如，在制作意式小方饺时，可将杜伦小麦粉与小麦粉按3∶1比例混合。

意面形状、大小似乎纷繁复杂。资料显示新鲜或干意面至少有300种。长条形包括宽面（fettuccine）、细面条和天使细面（capellini）；较短类型包括粗通心粉（rigatoni）、尖管通心粉（penne）、螺旋意面（fusilli）和马卡罗尼通心粉（maccheroni）；而小粒意面包括珍珠面（fregola）、米粒面（orzo）和胡椒面（*acini di pepe*）。鲜意面包括传统宽面（pappardelle）或手绢意面（mandilli di seta）。此外，各地区还包含多类鲜为人知的意面品种。

意大利面包含三种基本形状：短意面，包含所有小型意面；长意面，可为线状或片状；以及带馅意面。名称中带"*rigate*"则意味着带棱角，而"*lisce*"意为"光滑"。

各种形状的意面皆为搭配特定酱料，其中多种酱料为意大利的特产。意面多为世代相传，而如今有些形状仅为工业生产。例如，现代挤压工艺可制造复杂的三维形意面，擅长吸附酱汁，如螺旋意面和暖气片意面（因形似老式暖气片而得名）。在20世纪80年代，德劳瑞恩（DeLorean car）汽车设计师乔治·朱吉罗（Giorgetto Giugiaro）精心设计了一款意面，其波浪状的结构让人联想到汹涌海浪，可最大程度吸附酱汁。设计者将之命名为"marille"，但其不规则的形状让它难以均匀受热烹调，因而从未被大众所接受。

在制作意面时，面粉的选择起着关键作用。无论采用杜伦小麦还是粗粒小麦粉，高品质是关键，面粉中挥发性成分对意面风味厥功至伟。

- 许多经典意面用料甚少。番茄辣酱（arrabbiata sauce）常搭配斜切通心粉同食，由番茄、橄榄油、大蒜和干辣椒片制成。基础青酱由新鲜罗勒、大蒜、松子、橄榄油和帕玛森或罗马绵羊奶酪制成。

- 面粉中的醇类极易溶于水，因而煮意面需要大量水。适宜的比例为1升水配100克意面。

相关的香气特征：杜伦小麦

杜伦小麦果香鲜明，带有细微的柑橘香、草本香和蘑菇味。某些品种还可能含有奶油味或坚果香。

帕内迪阿尔塔穆拉（Pane di Altamura）——杜伦小麦制作的手工面包

在意大利普利亚地区，一些手工面包店使用当地种植的杜伦小麦面粉、酵母、海盐和当地水来制作帕内迪阿尔塔穆拉面包。这种面包风味独特、外皮厚实酥脆、内部柔软耐嚼，与水牛奶酪、帕玛森奶酪和橄榄油等意大利产品共享原产地保护认证，其也是唯一获此殊荣的面包品种。

熟杜伦小麦意面

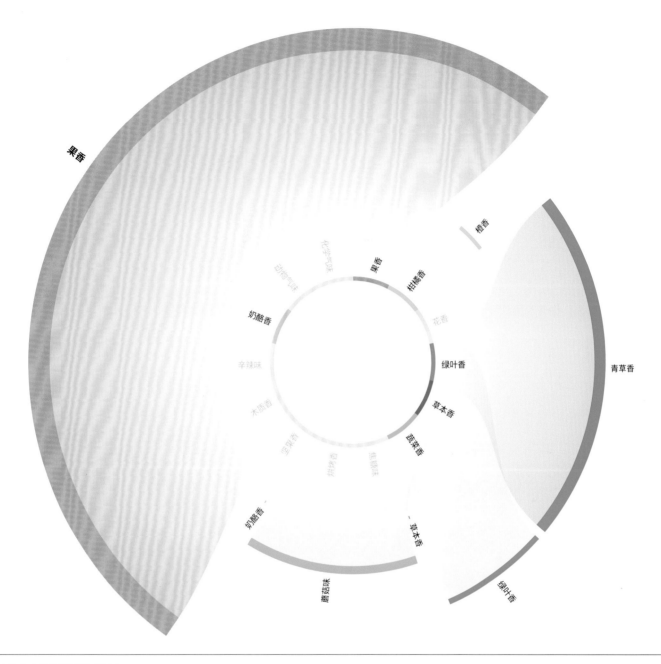

熟杜伦小麦意面的香气特征

制作面团时会引发脂肪酸降解和氧化，而烹调意面会生成新的挥发性化合物。与杜伦小麦相比，熟意面含有更多绿叶青草香醛类。随着意面中的醇类溶于水中，果香味的酯类和烘烤香分子的数量开始下降。熟意面同样包含有花香和辛辣味（如搭配表格所示）。

熟杜伦小麦意面	果香	柑橘香	花香	绿叶香	草本香	蔬菜香	焦糖味	烘烤香	坚果香	木质香	辛辣味	奶酪香	动物气味	化学气味
水煮鸡胸排	●	●		●	·	●		●	·			·	●	·
巴鲁坚果干	·	●	·	●		·		●	·	·	·	●	●	·
煮柠檬鲽	·	·	·	●	●	·		●	·	·	·	·	●	·
煮土豆	·	·	·	●	·	·		·	·	·	·	·	·	·
草菇	·		·	●	·	●		·	·	·	·	·	·	·
和牛	·		·	●	·	·		·	·	·	·	·	·	·
烤欧洲海鲈	·	·	·	●	·	·		●	·	·	·	·	·	·
绿卷心菜	●		·	●	·	·		·	·	·	·	·	·	·
烤箱烤汉堡	·		·	●	·	·		·	·	·	·	·	·	·
小白菜	●	·	·	●	·	·		·	·	·	·	·	·	·

經典菜品：奶油培根意面
這款簡單易做的意大利經典菜品由培根、蛋黃、羅馬綿羊奶酪和現磨黑胡椒烹制而成。

潛在搭配：意面和檸檬鰈
煮檸檬鰈和熟意面由綠葉青草香和蔬菜蘑菇味相聯結。如需一份快速易上手食譜，請將數塊煮檸檬鰈、魚湯、檸檬皮屑和碎歐芹與熟意面混拌，淋上橄欖油即可食用。

意面的食材搭配

324

炒蛋	果香	柑橘香	花香	綠葉香	草本香	蔬菜香	焦糖味	烘烤香	堅果香	木質香	辛辣味	奶酪香	動物氣味	化學氣味
煮海螯蝦														
煮花椰菜														
洋蔥														
辣椒醬														
埃曼塔爾干酪														
考克斯黃蘋果														
黑麥面包丁														
小麥面包														
紫蘇苗														
芫荽籽														

煮檸檬鰈	果香	柑橘香	花香	綠葉香	草本香	蔬菜香	焦糖味	烘烤香	堅果香	木質香	辛辣味	奶酪香	動物氣味	化學氣味
李杏														
花椰菜														
椰棗														
芫荽葉														
日本柚子														
法式蔬菜沙拉														
腰果蘋果汁														
塞拉諾火腿														
罐裝番茄														
煮灰胡桃南瓜														

鴨兒芹	果香	柑橘香	花香	綠葉香	草本香	蔬菜香	焦糖味	烘烤香	堅果香	木質香	辛辣味	奶酪香	動物氣味	化學氣味
熟意面														
香煎鹿肉														
香煎鴨胸														
煮豌豆														
芹菜葉														
烤扁桃仁														
泰國皺皮檸檬葉														
哈密瓜														
刺松藻														
蘋果醬														

釋迦果	果香	柑橘香	花香	綠葉香	草本香	蔬菜香	焦糖味	烘烤香	堅果香	木質香	辛辣味	奶酪香	動物氣味	化學氣味
煮歐防風														
黑莓														
蒸蕪菁葉														
煮鱈魚片														
羅勒														
芫荽籽														
多香果														
香煎培根														
歐芹根														
熟意面														

溫州蜜柑皮屑	果香	柑橘香	花香	綠葉香	草本香	蔬菜香	焦糖味	烘烤香	堅果香	木質香	辛辣味	奶酪香	動物氣味	化學氣味
石榴														
泰國皺皮檸檬葉														
芹菜葉														
黑麥酸面包														
湯力水														
榛子														
番石榴														
熟意面														
綠茶														
芫荽葉														

甘草	果香	柑橘香	花香	綠葉香	草本香	蔬菜香	焦糖味	烘烤香	堅果香	木質香	辛辣味	奶酪香	動物氣味	化學氣味
草莓														
黃油														
奧弗涅藍奶酪														
烤羔羊肉														
接骨木果汁														
梅斯卡爾酒														
油烤扁桃仁														
展會梨														
熟意面														
蒔蘿														

经典菜品：鲜贝意面

鲜贝意面以蛤蜊、大蒜、黑胡椒和新鲜欧芹烹制而成，在意大利南部也会用罗勒和番茄。

经典搭配：意大利面和洋蓟

熟意大利面和洋蓟（见第326页）因果香和绿叶香相联结。只需加入柠檬皮屑和碎欧芹，或加入菠菜、绿芦笋或草菇，便可丰富菜品的风味，刺山柑、黑橄榄或青橄榄亦为不错的选择。最后以现磨黑胡椒收尾。

熟蛤蜊

	果香	柑橘香	花香	绿叶香	草本香	蔬菜香	焦糖味	烘烤香	坚果香	木质香	辛辣香	奶酪香	动物气味	化学气味
芹菜叶														
烤红薯														
秘鲁红辣椒														
烤腰果														
黑莓														
可可粉														
绿茶														
烤鸡														
番石榴														
小白菜														

草菇

	果香	柑橘香	花香	绿叶香	草本香	蔬菜香	焦糖味	烘烤香	坚果香	木质香	辛辣香	奶酪香	动物气味	化学气味
肉桂														
石榴汁														
洛根莓														
煮中华绒螯蟹														
烤夏威夷果														
干式熟成牛肉														
烤茄子														
荔枝														
蒸韭葱														
香煎鸭胸														

桉树蜜

	果香	柑橘香	花香	绿叶香	草本香	蔬菜香	焦糖味	烘烤香	坚果香	木质香	辛辣香	奶酪香	动物气味	化学气味
烤火鸡														
熟意面														
北京烤鸭														
雷尼尔樱桃														
煮花椰菜														
胡萝卜														
炒小白菜														
烤开心果														
淡水龙虾														
煮大龙虾														

丁香

	果香	柑橘香	花香	绿叶香	草本香	蔬菜香	焦糖味	烘烤香	坚果香	木质香	辛辣香	奶酪香	动物气味	化学气味
清蒸多宝鱼														
烤骨髓														
泰国皱皮柠檬叶														
无花果														
戈贡佐拉奶酪														
香蕉														
熟意面														
煮洋蓟														
烤羔羊肉														
针叶樱桃														

洋蓟

生洋蓟香气特征尤为复杂，由绿叶香、草本香、木质香、蘑菇味、果香、花香蔷薇香和细微的辛辣丁香味组成，而烹制会带来额外的烘烤和焦糖风味。

　　洋蓟据称起源于西西里岛，可追溯至公元前8世纪的古典时期，希腊人和罗马人首次种植了当今球蓟（即法国洋蓟）的一个野生、带刺品种。中世纪时，阿拉伯人发现，这种不规则洋蓟的可食用花蕾味道可口，并将之传入西班牙南部。花蕾包括花心和叶部分，叶亦称苞叶。阿拉伯文洋蓟"*al-karsufa*"亦发展为西语"*alcachofa*"。自此，洋蓟逐步风靡伊比利亚半岛和西欧各地。据传凯瑟琳·德·美第奇（Catherine de Medici）在16世纪将意大利洋蓟引入法国宫廷，而最终在18世纪漂洋过海去到美国。

　　洋蓟长久以来被当作一种助兴药，这一想法源于希腊传说。宙斯被年轻漂亮的人类女子辛娜拉（Cynara）着迷，便提拔她作女神。一天辛娜拉回到人间探望母亲，宙斯知道后便惩罚了辛娜拉，将她贬回凡间，变作一株带刺洋蓟，洋蓟拉丁学名"*Cynara scolymus*"，正源于此传说。辛娜拉的故事在后世又进一步发展，1948年，另一位美人诺玛·珍·贝克（Norma Jeane Baker，即玛丽莲·梦露）在加利福尼亚州一个农业节上成为首位洋蓟女王。

　　有两种与洋蓟关联不大的植物因相似风味特征亦以洋蓟为名，即耶路撒冷洋蓟（即菊芋）和中国洋蓟（宝塔菜）。这两种植物中可食用部分均为块茎根部。

- 西娜尔利口酒（Cynar）产自意大利，口感苦甜交融，由洋蓟叶和其他植物萃取而成。西娜尔与黑麦威士忌和甜味美思酒等食材结合时，会带来愉悦的复杂风味，为尼克罗尼酒带来西娜尔酒美妙苦味的转折。

鸡油菌洋蓟汤

食物搭配公司的食谱

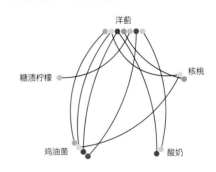

　　鸡油菌洋蓟汤的灵感源于法式洋蓟酿肉（Provencal artichauts à la barigoule），这道经典春季佳肴将嫩洋蓟心放入橄榄油、白葡萄酒、水、蔬菜和草本香料中炖制。特级初榨橄榄油中的油香有助于缓和洋蓟的苦味和胡萝卜、洋葱的甜味。

　　首先在大锅中烹炒洋葱、大蒜、胡萝卜、芹菜、韭葱、月桂叶和百里香。随后加入洋蓟心、白葡萄酒和素高汤，并炖至蔬菜变软。然后加入橄榄油和鳀鱼以代替盐。将以上混合物煮至光滑细腻。在食用洋蓟汤时，加入一勺酸奶、核桃碎和糖渍柠檬皮，以增添一丝柑橘味甜香。最后加入炒鸡油菌。

洋蓟

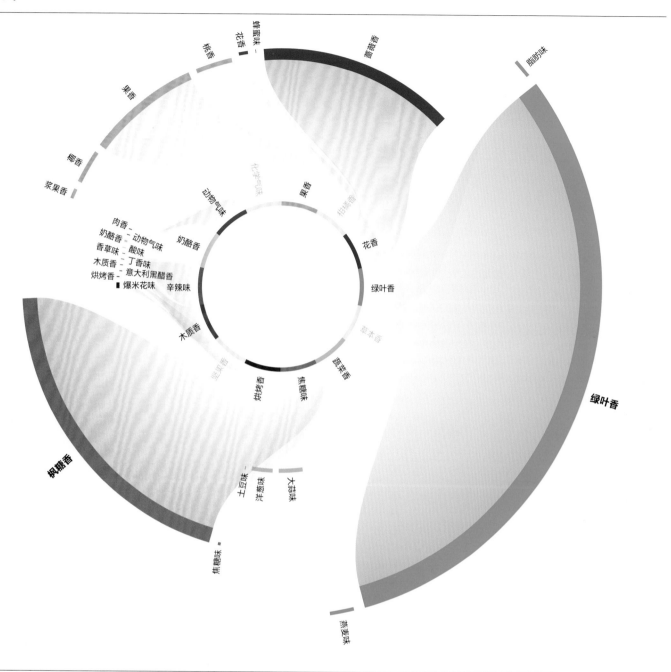

洋蓟的香气特征

熟洋蓟中的花香带有果香和细微的柑橘香，因而搭配数滴新鲜柠檬汁或浓郁葡萄酒醋，风味尤为鲜美。洋蓟中的果香化合物同样可见于啤酒和某些海鲜中，如鳕鱼、多佛鳎鱼、大虾、螃蟹和贻贝。烹调洋蓟所形成的烘烤和焦糖芳香分子使之可与各类油炸或烘烤的食材搭配，如红茶、咖啡、法棍面包、意大利夏巴塔面包、香煎培根或肋眼牛排。

	果香	柑橘香	花香	绿叶香	草本香	蔬菜香	焦糖味	烘烤香	坚果香	木质香	辛辣味	奶酪香	动物气味	化学气味
煮洋蓟	●	·	●	●	·	●	●	●	·	●	●	●	●	●
白吐司面包	●	·	●	●	·	●	●	●	·	●	●	●	●	●
牛肉	·	·	●	●	●	●	●	●	●	●	●	●	●	●
黑莓	●	●	●	●	·	●	●	●	·	●	●	●	●	●
巴氏杀菌番茄汁	●	●	●	●	·	●	●	●	●	●	●	●	●	●
煎茶	●	·	●	●	●	●	●	●	·	●	●	●	●	●
杂粮面包	●	●	●	●	·	●	●	●	●	●	●	●	●	●
裙带菜	●	·	●	●	●	●	●	●	·	●	●	●	●	●
煮面包蟹肉	●	●	●	●	·	●	●	●	●	●	●	●	●	·
水牛奶酪	●	●	●	·	·	●	●	·	·	●	●	●	·	●
熟糙米	·	·	●	●	●	●	●	●	●	●	●	●	●	·

食谱搭配：洋蓟、蜜饯柠檬皮和鸡油菌

糖渍柠檬皮赋予洋蓟汤（见第326页）柑橘香和细微的甜味。最后加入炒鸡油菌和核桃碎可增添趣味性，坚果香和泥土味丰富了风味层次。

经典菜品：西西里式洋蓟（Carciofi alla trapanese）

传统西西里美食中的西西里式洋蓟是将面包屑、帕玛森奶酪或罗马绵羊奶酪、大蒜、欧芹、橄榄油和白葡萄酒塞入洋蓟后炖制而成。

洋蓟的食材搭配

糖渍柠檬皮

- 哈瓦那青椒
- 石榴汁
- 羽衣甘蓝
- 熟黑婆罗门参
- 煮花椰菜
- 帕玛森奶酪
- 熟绿扁豆
- 煮红鲷鱼
- 桂皮
- 罗勒

全麦面包

- 沙丁鱼
- 梅斯卡尔酒
- 熟贻贝
- 鱼子酱
- 哈密瓜
- 烤鲽鱼
- 烤火鸡
- 白巧克力
- 现煮过滤咖啡
- 萨尔齐琼香肠

鸡油菌

- 黑莓
- 雪莲果
- 海茴香
- 红橘
- 芫荽叶
- 迷迭香
- 煮去皮甜菜根
- 烤褐虾
- 烤绿芦笋
- 大高良姜

马里昂黑莓

- 阿方索杧果
- 烤肉咖喱酱
- 大吉岭红茶
- 烤野兔
- 石榴汁
- 黑樱桃利口酒
- 燕麦饮料
- 香煎白蘑菇
- 韩式辣酱
- 秘鲁米拉索尔辣椒

酸奶油

- 煮芹菜
- 串番茄
- 绿卷心菜
- 煮洋蓟
- 烟熏培根
- 格鲁耶尔干酪
- 熟贻贝
- 黄瓜
- 杧果
- 煮鲑鱼

意大利苦杏酒

- 白巧克力
- 清蒸芥菜
- 薰衣草蜂蜜
- 烤栗子
- 生蚝
- 干腌火腿
- 雪莲果
- 阿让西梅
- 煮洋蓟
- 烤猪五花

列标题（各表相同）：果香、柑橘香、花香、绿叶香、草本香、蔬菜香、焦糖味、烘烤香、坚果香、木质香、辛辣味、奶酪香、动物气味、化学气味

经典搭配：洋蓟和架烤牛肉

切片牛排（Tagliata of beef）以切片的架烤牛肉配上混制沙拉叶，并用柠檬汁和橄榄油调味而成。混制沙拉叶通常由芝麻菜和帕玛森奶酪沙拉组成。若想尝试不同风味，则可加入煎洋蓟，并用樱桃木烤制牛肉。

潜在搭配：洋蓟、鳐鱼翅和榛子

熟洋蓟包含一些烘烤香，同样可见于烤榛子中（见第330页），而洋蓟中的爆米花味分子也存在于煮鳐鱼翅中。为充分利用这些芳香联系，可在烤箱中烤鱼，并上覆一层榛子，最后搭配炒洋蓟同食。

香气类别（列）：果香　柑橘香　花香　绿叶香　草本香　蔬菜香　焦糖味　烘烤香　坚果香　木质香　辛辣味　奶酪香　动物气味　化学气味

架烤肋眼牛排
- 烤西葫芦
- 百里香
- 鲜食蔷薇花瓣
- 加里格特草莓
- 红甜椒粉
- 琉璃苣花
- 烟熏樱桃木
- 黄瓜
- 煮洋蓟
- 龙蒿

煮鳐鱼翅
- 藏红花
- 煮榅桲
- 麦芽
- 樱桃白兰地
- 烘焙罗布斯塔咖啡豆
- 杏
- 煮洋蓟
- 煮面包蟹肉
- 烤榛子
- 煮蚕豆

苹果酒
- 椰子
- 弗洛尔代吉亚山羊奶酪
- 斯派库鲁斯饼干
- 牛至
- 香煎秋葵
- 秘鲁黑辣椒
- 北京烤鸭
- 煮洋蓟
- 干木槿花
- 烟熏大西洋鲑鱼

扁桃仁茶
- 油桃
- 煮面包蟹肉
- 干式熟成牛肉
- 烤黄盖鲽
- 大蕉
- 煮洋蓟
- 白巧克力
- 烤肉咖喱酱
- 烤猪五花
- 熟印度香米

榛子

生榛子带有绿叶香、甜椒香，而其坚果香和独特的榛子味则源自酮类芳香分子。

榛子的食用方式多样，可生食、烘烤或混制成酱享用。如今榛子可加入各式甜咸佳肴中，或常为咖啡调味。

像大多数坚果一样，榛子脂肪含量极高，因而若不及时冷藏、冷冻，便会快速变味。要恢复原味，只需在烤箱中加热数分钟便可蒸发水分。

榛子是榛属植物的果实。市面出售的榛子通常为原产于欧亚的欧榛（*Corylus avellana*）的栽培种，其特征是部分覆盖薄绿色外壳。随着坚果渐趋成熟，外壳会变为棕色。大果榛（*Corylus maxima*）不太常见，其外壳可延伸至完全覆盖内部果仁，果仁较小，呈不标准的球形。

新鲜榛子和大果榛口感清脆多汁、风味甜美温和。肯特郡榛子几乎都是以这种青涩状态出售。

成熟后，榛子质地更为紧实，风味也随之发展。烘焙坚果改变其香气化合物，使之带有浓郁鲜明的坚果风味。

带皮榛子微苦，但去皮十分简易。在锅中注入一半水并煮沸。加入2～3大勺小苏打，然后加入带皮生榛子，焯水4分钟。沥干后放入冷水中浸泡，便可轻易去掉外皮。

- 19世纪初，榛果巧克力（Gianduja）诞生于意大利北部，当时为弥补拿破仑战争期间可可短缺，都灵巧克力商开始将巧克力与皮埃蒙特地区种植榛子粉混合，以弥补供应不足。到了19世纪60年代，烤榛子酱和可可的甜味混合物被命名为榛子巧克力（*cioccolato di Gianduja*），这一名称源自都灵和皮埃蒙特喜剧中红面小丑人物吉安杜佳（Gianduja）。

- 第二次世界大战结束时，可可再次供应不足，意大利巧克力制造商皮特罗·费列罗（Pietro Ferrero）开始生产榛子棒（Pasta Gianduja），可切片后放在面包上吃。他接着开发了一种更柔软、可涂抹版本的榛果酱（Supercrema Gianduja），后重新命名为"Nutella"（能多益，"nut"代表榛子，"ella"取自意大利语后缀"甜的"）。

相关的香气特征：烤榛子

烤榛子使酮类浓度增加，并形成其他芳香分子，如吡嗪、呋喃、碱和醛类，赋予这种坚果独特的榛子味。

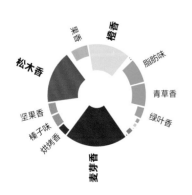

	果香	柑橘香	花香	绿叶香	草本香	蔬菜香	焦糖味	烘烤香	坚果香	木质味	辛辣味	奶酪味	动物气味	化学气味
烤榛子														
煮鲳鱼翅														
伊迪阿扎巴尔奶酪														
黑橄榄														
花椰菜														
熟大豆														
柠檬皮屑														
烤羔羊肉														
巴约纳火腿														
和牛														
烤菊苣根														

榛子

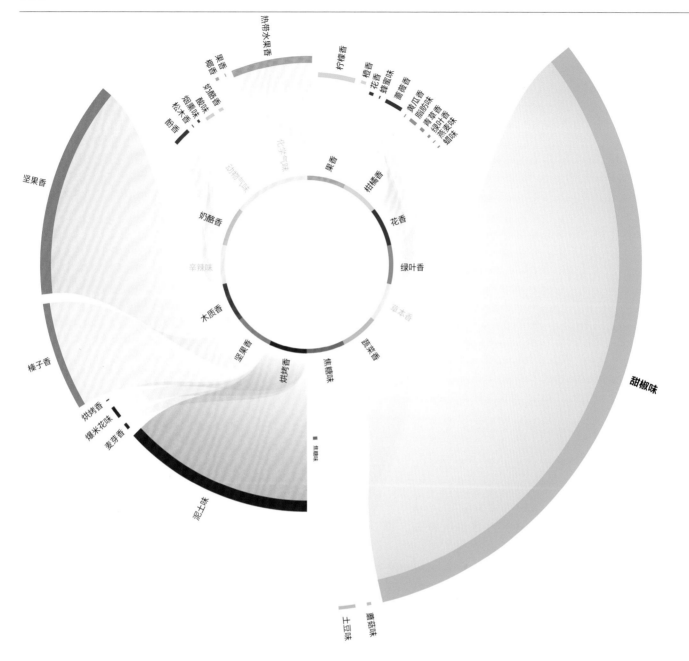

热带水果香 柠檬香 橙香 花香 蜂蜜香 蔷薇香 黄瓜防味 脂肪香 青草香 绿叶香 燕麦味 蜡味
果香 奶酪香 椰香 松木香 酸味 焦糖味 即香
坚果香
榛子香
烘烤香 爆米花味 麦芽香
泥土味

化学气味 动物气味 果香 柑橘香 花香 绿叶香
奶酪香
辛辣味 草本香
木质香 蔬菜香
坚果香 焦糖味
烘烤香
焦糖味

蘑菇味 土豆味

甜椒味

榛子的香气特征

榛子含有特征效应化合物榛子酮。生榛子带有蔬菜甜椒味和微量的吡嗪类芳香分子。

	果香	柑橘香	花香	绿叶香	草本香	蔬菜香	焦糖味	烘烤香	坚果香	木质香	辛辣味	奶酪香	动物气味	化学气味
榛子														
马鲁瓦耶奶酪														
干枸杞														
绿茶														
煮西葫芦														
烤箱烤牛排														
鲭鱼														
蔓越莓														
刺松藻														
熟藜麦														
熟蛤蜊														

潜在搭配：烤榛子和烤菊苣根

将烤菊苣根磨碎后用热水冲泡，风味与咖啡相似，而坚果香和木质香更为浓郁。19世纪初，法国人开始将咖啡与菊苣混合，以让咖啡豆这种昂贵供给更为持久。榛子风味与咖啡相得益彰，菊苣亦然。

潜在搭配：榛子和西葫芦

各种原料均可用于制作青酱风味酱汁。将西葫芦和豌豆混合（或采用不同的草本植物）可替代罗勒，榛子可替代松子。本款榛子和西葫芦青酱可与意面、煎西葫芦和帕玛森或罗马绵羊奶酪同享。

榛子的食材搭配

烤菊苣根	果香	柑橘香	花香	绿叶香	草本香	蔬菜香	焦糖味	烘烤香	坚果香	木质香	辛辣味	奶酪香	动物气味	化学气味
清蒸多宝鱼														
竹荚鱼														
马苏里拉奶酪														
荔枝														
抹茶														
煮紫薯														
鲜食蔷薇花瓣														
甘达火腿														
干式熟成牛肉														
炒小白菜														

煮西葫芦	果香	柑橘香	花香	绿叶香	草本香	蔬菜香	焦糖味	烘烤香	坚果香	木质香	辛辣味	奶酪香	动物气味	化学气味
烤榛子														
葡萄干														
猕猴桃														
香煎珍珠鸡														
红茶														
柠檬香蜂草														
韩式鱼露														
香煎肥肝														
熟贻贝														
橙子														

法棍面包	果香	柑橘香	花香	绿叶香	草本香	蔬菜香	焦糖味	烘烤香	坚果香	木质香	辛辣味	奶酪香	动物气味	化学气味
榛子果仁酱														
意大利香柠檬														
煎茶														
班兰叶														
盐渍沙丁鱼														
紫苏叶														
大西洋鲑鱼片														
煮豆角														
淡水龙虾														
南瓜子油														

枫糖浆	果香	柑橘香	花香	绿叶香	草本香	蔬菜香	焦糖味	烘烤香	坚果香	木质香	辛辣味	奶酪香	动物气味	化学气味
覆盆子														
烤榛子酱														
炸薯条														
干式熟成牛肉														
阿方索杧果														
煮灰胡桃南瓜														
老抽														
鲜奶油奶酪														
香煎野鸭														
红甜椒粉														

泥煤风味威士忌	果香	柑橘香	花香	绿叶香	草本香	蔬菜香	焦糖味	烘烤香	坚果香	木质香	辛辣味	奶酪香	动物气味	化学气味
椰汁														
烤榛子														
烤绿芦笋														
烤多佛鳎鱼														
巴约纳火腿														
香煎鸭胸														
橙色番茄														
蔓越莓														
葡萄														
煮鲑鱼														

指橙	果香	柑橘香	花香	绿叶香	草本香	蔬菜香	焦糖味	烘烤香	坚果香	木质香	辛辣味	奶酪香	动物气味	化学气味
榛子														
煮鳕鱼片														
煎甜菜根														
接骨木果汁														
柠檬伏特加														
黑巧克力														
水牛奶酪														
羽衣甘蓝														
多香果														
肉豆蔻														

潜在搭配：榛子和树蒿

树蒿是一种芳香开花植物，原生于地中海地区。在非洲北部，其银色芳香的叶子常加入薄荷茶中，这种植物长久以来亦可作药用。

潜在搭配：榛子和奶酪

坚果和奶酪素来是经典搭配，这些食材共享蔬菜香和奶酪香，榛子酥脆（核桃或扁桃仁），布里奶酪（见第334页）等奶酪柔软细腻，质地对比鲜明。

	果香	柑橘香	花香	绿叶香	草本香	蔬菜香	焦糖味	烘烤香	坚果香	木质香	辛辣香	奶酪香	动物气味	化学气味
树艾														
姜泥														
鲜薰衣草花														
榛子														
甜菜根														
米兰萨拉米香肠														
干欧白芷根														
葡萄柚皮														
鳄梨														
荔枝														
油桃														

	果香	柑橘香	花香	绿叶香	草本香	蔬菜香	焦糖味	烘烤香	坚果香	木质香	辛辣香	奶酪香	动物气味	化学气味
马焦罗洛半干型奶酪														
加里格特草莓														
日本网纹瓜														
煮榅桲														
羊肚菌														
烤大雁														
香煎鹌鹑														
梅子														
煮面包蟹肉														
香蕉														
烤榛子														

	果香	柑橘香	花香	绿叶香	草本香	蔬菜香	焦糖味	烘烤香	坚果香	木质香	辛辣香	奶酪香	动物气味	化学气味
烤洋葱														
黑麦面包丁														
西班牙天然极干型卡瓦起泡酒														
蜂蜜														
肉桂														
葡萄干														
甜菜根														
豆浆														
双璜酱油														
磅蛋糕														
烤榛子														

	果香	柑橘香	花香	绿叶香	草本香	蔬菜香	焦糖味	烘烤香	坚果香	木质香	辛辣香	奶酪香	动物气味	化学气味
豆浆														
香煎鹿肉														
煎茶														
路易博士茶														
烤细鳞绿鳍鱼														
香煎雉鸡														
西番莲（百香果）														
烤茄子														
蚕豆														
黑巧克力														
榛子果仁酱														

	果香	柑橘香	花香	绿叶香	草本香	蔬菜香	焦糖味	烘烤香	坚果香	木质香	辛辣香	奶酪香	动物气味	化学气味
煮芋头														
榛子果仁酱														
接骨木果														
香芽蕉														
烤大雁														
秘鲁黄辣椒														
黑巧克力														
烤野猪肉														
烤飞蟹														
白芦笋														
烤黄盖鲽														

布里奶酪

布里奶酪由外向内渐趋成熟，霉菌首先在奶酪表面逐步蔓延，形成一层外皮，而后这层活性外皮开始分解内部的脂肪和蛋白质，将固体转化为乳脂状。奶酪成熟时间愈长，质地愈软。

莫城布里奶酪（Brie de Meaux）和默伦布里奶酪（Brie de Melun）两种手工奶酪皆由生牛奶制成，享有法国政府原产地命名保护标志（AOC）。各类不同软质成熟的布里奶酪在世界各地皆有生产、销售。大多数奶酪以全脂或半脱脂牛奶制作，在37℃下经短暂巴氏杀菌处理。牛奶冷却后，再加入凝乳酶和一些发酵剂菌，使乳糖发酵，形成乳酸，从而增加混合物酸度。随着酶凝结，牛奶中的蛋白质形成凝乳，并转移到无菌模具中，沥干水分静置约一天。奶酪一旦达成足够硬度，便会加入盐和卡蒙贝尔青霉菌，并在气候控制环境中陈化至少4周。

奶酪中的短链酸（3-甲基丁酸等）和中链脂肪酸（己酸等）共同构成基础的奶酪风味。用牛奶制成的软质成熟奶酪风味由蘑菇味1-辛烯-3-醇、2-苯乙醇和乙酸苯乙酯等特征化合物决定。

布里奶酪与一些法国软质奶酪带有相同的白霉外皮。最相似的便属卡蒙贝尔奶酪，以诺曼底辽阔牧场放养的诺曼底牛原奶制成。与布里奶酪不同，卡蒙贝尔奶酪通常整块出售（平均直径仅为10厘米，而轮状布里奶酪尺寸更大），成熟后风味粗犷而浓郁。圣马塞兰奶酪（Saint-Marcellin）产自法国伊泽尔地区，类似小型布里奶酪，带有坚果和酵母风味，内部稀软而风味浓重。

19世纪末，布里亚-萨瓦兰奶酪（Brillat-Savarin）作为一种高级甜点奶酪而研制出来。20世纪30年代，它以法国著名美食家让·安泰尔姆·布里亚-萨瓦兰（Jean Anthelme Brillat-Savarin）命名。这种奶酪脂肪含量约为40%，质地绵密丝滑，松露香气与淡淡酸味相平衡，因而原称之为"美食家之爱"（Délice des gourmets）。

- 法国松露花皮软奶酪（Brie aux truffes）这一经典搭配将整块莫城布里奶酪切成两半，夹入混合了马斯卡彭奶酪和黑松露碎的鲜奶油。
- 在诺曼底，布里奶酪焗土豆（gratin de pommes de terre au Brie）与经典法式奶香焗烤土豆做法相似，而用布里奶酪取代埃曼塔尔格鲁耶尔干酪，与土豆、大蒜、浓奶油和肉豆蔻搭配。

卡蒙贝尔奶酪	果香	柑橘香	花香	绿叶香	草本香	蔬菜香	焦糖味	烘烤香	坚果香	木质香	辛辣香	奶酪香	动物气味	化学气味
巴西切叶蚁														
苏玳葡萄酒														
木薯根酱														
姜汁汽水														
橙汁														
粥（燕麦粥）														
爆米花														
毛豆														
黑麦面包														
鲜奶油奶酪														

弗洛尔代吉亚山羊奶酪	果香	柑橘香	花香	绿叶香	草本香	蔬菜香	焦糖味	烘烤香	坚果香	木质香	辛辣香	奶酪香	动物气味	化学气味
荞麦蜜														
巧克力酱														
葡萄干														
皮夸尔特级初榨橄榄油														
煮龙虾														
烤榛子														
健力士特别出口烈性啤酒														
红毛丹														
煮灰胡桃南瓜														
烤箱烤培根														

布里奶酪

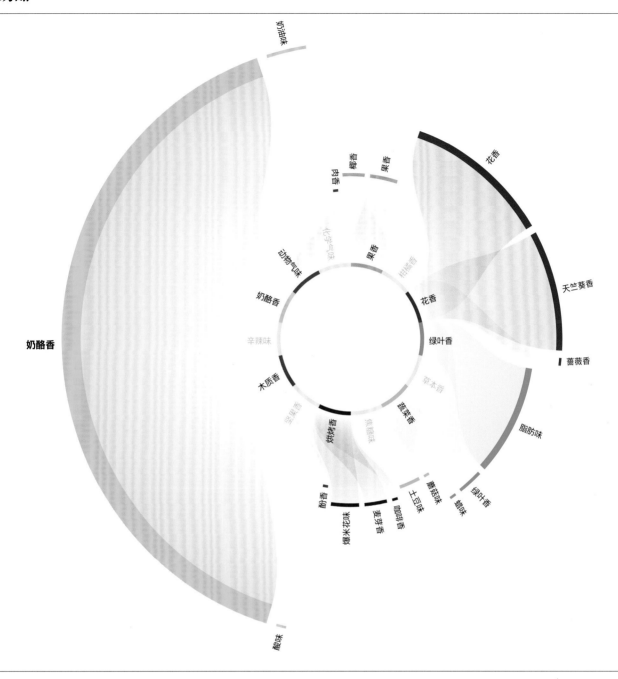

布里奶酪的香气特征

乳脂中的乳糖、脂质（脂肪酸）分解和酪蛋白决定布里奶酪的关键香气特征。而其他因素，如使用的牛奶类型和成熟过程中各类变化也会影响奶酪的香气特征。

在布里奶酪成熟的过程中，随着卡蒙贝尔青霉菌扩散形成表皮，乳酸开始分解，会生成蘑菇味。布里奶酪的香气描述用语包括奶酪香、蘑菇味、熟土豆味和麦芽香。

	果香	柑橘香	花香	绿叶香	草本香	蔬菜香	焦糖味	烘烤香	坚果香	木质香	辛辣味	奶酪香	动物气味	化学气味
布里奶酪	●	·	●	●	·	●	·	●	●	·	·	●	·	·
香茅	●	·	●	·	·	·	·	●	·	·	·	·	·	·
多佛鳎鱼	●	·	●	●	·	●	·	●	·	·	·	●	·	·
白吐司面包	●	·	●	●	·	·	·	●	·	·	·	·	·	·
北京烤鸭	●	·	●	·	·	·	·	●	·	·	·	●	·	·
番木瓜	●	·	●	●	·	·	·	●	·	·	·	●	·	·
皱叶欧芹	·	·	●	●	·	·	·	·	·	·	·	·	·	·
丁香	●	·	●	·	·	·	·	●	·	·	·	·	·	·
日本柚子	·	·	●	●	·	·	·	·	·	·	·	·	·	·
鼠尾草	·	·	●	·	·	·	·	·	·	·	·	·	·	·
四川花椒	●	·	●	●	·	·	·	●	·	·	·	·	·	·

潜在搭配：布里奶酪和奎东茄

奎东茄又称露露果，原产自南美洲西北部，香气特征为热带水果香和菠萝香，并带有木质酚香和细微的草本香、薄荷香。在用于饮料（果汁、水、糖混合）外，奎东茄还可用于制作果酱、冰激凌和糖浆或酿酒（奎东茄酒）。

潜在搭配：卡蒙贝尔奶酪和阿让西梅

卡蒙贝尔冰激凌可能不太常见，但绝对值得一试，它在与阿让西梅搭配时风味尤佳。将西梅在雅文邑白兰地（美妙组合）中泡制，然后切成小块，并拌入卡蒙贝尔冰激凌中。

布里奶酪和卡蒙贝尔奶酪的食材搭配

奎东茄	果香	柑橘香	花香	绿叶香	草本香	蔬菜香	焦糖味	烘烤香	坚果香	木质香	辛辣香	奶酪味	动物气味	化学气味
酱油膏														
布里奶酪														
柿子														
野蒜														
辣椒酱														
煮榅桲														
奶油生菜														
煎鸵鸟肉														
炖墨鱼														
熟贻贝														

阿让西梅	果香	柑橘香	花香	绿叶香	草本香	蔬菜香	焦糖味	烘烤香	坚果香	木质香	辛辣香	奶酪味	动物气味	化学气味
海苔片														
卡蒙贝尔奶酪														
烤兔肉														
柠檬皮屑														
抹茶														
葡萄柚														
鸡汤														
紫甘蓝														
烤榛子														
意大利夏巴塔面包														

奶油	果香	柑橘香	花香	绿叶香	草本香	蔬菜香	焦糖味	烘烤香	坚果香	木质香	辛辣香	奶酪味	动物气味	化学气味
椰子														
葡萄干														
哈登杜果														
可可粉														
卡蒙贝尔奶酪														
香煎培根														
扁桃仁														
布里欧修														
覆盆子														
荞麦蜜														

熟香米	果香	柑橘香	花香	绿叶香	草本香	蔬菜香	焦糖味	烘烤香	坚果香	木质香	辛辣香	奶酪味	动物气味	化学气味
杧果														
荔枝														
虹鳟鱼														
烤榛子														
烤细鳞绿鳍鱼														
布里奶酪														
白烟米														
青蟹														
桑葚														
煮火腿														

菖蒲根	果香	柑橘香	花香	绿叶香	草本香	蔬菜香	焦糖味	烘烤香	坚果香	木质香	辛辣香	奶酪味	动物气味	化学气味
山羊奶酪														
牛奶酸奶														
草莓														
切达奶酪														
布里奶酪														
椰汁														
扁叶欧芹														
覆盆子汁														
草菇														
鲜薰衣草花														

欧洲海鲈	果香	柑橘香	花香	绿叶香	草本香	蔬菜香	焦糖味	烘烤香	坚果香	木质香	辛辣香	奶酪味	动物气味	化学气味
秘鲁红辣椒														
烟熏葡萄藤														
布里奶酪														
肯特杧果														
琉璃苣花														
鲲鱼汤														
酪乳														
双璜酱油														
山羊奶酪														
小麦面包														

潜在搭配：布里奶酪和穆纳叶

穆纳叶这一草本植物形似薄荷，生长于秘鲁寒冷高原，主要用于调味，如加入浓虾汤（chupe，一种炖菜）、汤羹或酱汁中。它还具有药用价值，可用于制作茶和药酒。

潜在搭配：布里奶酪和覆盆子

布里奶酪和覆盆子（见第338页）共享多种芳香联系，即樱桃味、花香、蜂蜜味和焦糖味。布里奶酪奶香浓郁、覆盆子酸甜可口，可形成完美配比。

穆纳叶

列：果香 · 柑橘香 · 花香 · 绿叶香 · 草本香 · 蔬菜香 · 焦糖味 · 烘烤香 · 坚果香 · 木质香 · 辛辣味 · 奶酪香 · 动物气味 · 化学气味

- 卡蒙贝尔奶酪
- 烤南瓜子
- 煮羊肉
- 黄瓜
- 煎饼
- 烤牛肉
- 烤栗子
- 四川花椒
- 香瓜
- 生蚝

格里欧汀酒渍樱桃

列：果香 · 柑橘香 · 花香 · 绿叶香 · 草本香 · 蔬菜香 · 焦糖味 · 烘烤香 · 坚果香 · 木质香 · 辛辣味 · 奶酪香 · 动物气味 · 化学气味

- 黑松露
- 烤开心果
- 海螯虾
- 布里奶酪
- 老抽
- 煮火腿
- 龙蒿
- 肉桂
- 烤肉咖喱酱
- 秘鲁黑辣椒

昙花

列：果香 · 柑橘香 · 花香 · 绿叶香 · 草本香 · 蔬菜香 · 焦糖味 · 烘烤香 · 坚果香 · 木质香 · 辛辣味 · 奶酪香 · 动物气味 · 化学气味

- 香煎鸭胸
- 皮夸尔黑橄榄
- 煮鳕鱼片
- 香煎鹌鹑
- 多肉江蓠藻
- 香菇
- 红甜椒粉
- 布里奶酪
- 抱子甘蓝
- 煮花椰菜

黑樱桃利口酒

列：果香 · 柑橘香 · 花香 · 绿叶香 · 草本香 · 蔬菜香 · 焦糖味 · 烘烤香 · 坚果香 · 木质香 · 辛辣味 · 奶酪香 · 动物气味 · 化学气味

- 香蕉干
- 梨
- 梅斯卡尔酒
- 布里奶酪
- 黑蒜泥
- 阳桃
- 紫苏
- 烤兔肉
- 薄荷
- 干牛肝菌

覆盆子

覆盆子属蔷薇科，酸甜可口、果香宜人，可为饮料和甜咸佳肴带来愉悦的花香。

覆盆子最早在中世纪欧洲得到栽培，适宜寒冷气候环境。覆盆子大量生长于花园灌木丛中，或在美国西北太平洋地区、加拿大和欧洲森林中自然生长。人们习惯于将覆盆子当作田地作物，而这种林地产物常与草莓、黑莓和黑加仑一起被誉为"森林之果"。

野生覆盆子相较栽培品种果实小，而果肉少，但仍甜香馥郁。在史前洞穴中发现的覆盆子灌木表明，人类享用覆盆子已达数千年之久。人类自17世纪开始种植覆盆子，到20世纪种植规模进一步扩大。覆盆子果实通常为红色，但亦有栽培品种的果实为黄色、金色、紫色，甚至黑色。黄覆盆子通常最甜。原产于北美洲的黑覆盆子，虽与欧洲红覆盆子为近亲，但风味独特，与黑莓不同之处在于浆果内部核与果肉分离。

欧洲覆盆子拉丁文学名"*Rubus idaeus*"（意为艾达的荆棘丛）起源于希腊神话。据传覆盆子原为白色，当时仙女艾达是年轻的神祇宙斯的女仆之一，她在外出采摘覆盆子时刺伤了手指，血液将覆盆子染成了鲜红色。

覆盆子应在成熟后采摘，未成熟的果实不会经贮藏而成熟。它们还极易碰伤，因而须小心处理并尽快使用。

覆盆子常与甜品相关联，但在番茄酱、调味品和沙拉中加入覆盆子亦可为肉类和鱼类带来丰富口感。覆盆子汁同样可作为调味品或饮料，将覆盆子冲洗干净后慢慢加热至沸腾，然后用果汁过滤袋过滤。

冷冻覆盆子可作为冷饮或鸡尾酒中冰块的绝佳替代品。冷冻时应将整颗果实在托盘上分散开来，以防止结团。水果受损后在使用前均可捣碎并过滤。

- 洛根莓是覆盆子和黑莓的杂交品种。果实大而多汁，口感略微酸涩。1979年又研发出更为香甜的泰莓，风味绝佳，但因难以种植而未实现商业化量产。博伊森莓是覆盆子、黑莓和洛根莓杂交品种。与覆盆子不同，所有杂交品种中都保留了果核。
- 覆盆子奶酪蛋糕证明，覆盆子与乳制品天然亲近。它们还为布朗尼蛋糕和各式巧克力甜点带来特殊的风味。
- 香博（Chambord）是覆盆子和干邑酿成的利口酒，并用香草、橘子皮和蜂蜜调味。
- 覆盆子和香蕉（见第340页）之间芳香联系强，共享果香、柑橘香、绿叶香、辛辣味和奶酪香。可尝试用覆盆子酱代替枫糖浆搭配香蕉松饼。

托乐米覆盆子

	果香	柑橘香	花香	绿叶香	草本香	蔬菜香	焦糖味	烘烤香	坚果香	木质香	辛辣味	奶酪香	动物气味	化学气味
烤野兔														
石榴汁														
皮夸尔黑橄榄														
香煎鹿肉														
桃														
龙蒿														
现煮过滤咖啡														
胡萝卜														
墨西哥玉米饼														
罗望子														

北极覆盆子

	果香	柑橘香	花香	绿叶香	草本香	蔬菜香	焦糖味	烘烤香	坚果香	木质香	辛辣味	奶酪香	动物气味	化学气味
芝麻哈尔瓦酥糖														
红甜椒粉														
秘鲁黄辣椒														
烤鲽鱼														
烤小牛胸腺														
杂粮面包														
斯派库鲁斯饼干														
埃曼塔尔干酪														
巴氏杀菌番茄汁														
黑蒜泥														

覆盆子

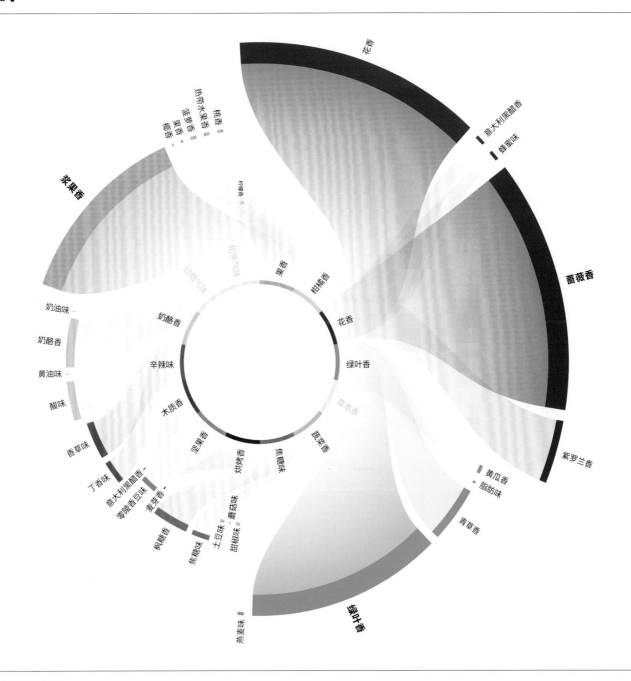

覆盆子的香气特征

覆盆子香气特征大部分由花香（花香、蔷薇香和紫罗兰香）分子组成，同样可见于蓝莓、黑莓、西瓜、胡萝卜、绿芦笋、扁桃仁、红茶和绿茶中。酮类物质赋予这些红色小浆果成熟覆盆子香味。黑莓和蔓越莓也含有覆盆子香味的酮。覆盆子与核果、奶酪、酪乳、干邑白兰地和朗姆酒共享椰子、桃一类的果香，而其柑橘香同样存在于百香果、鲜芫荽、香茅、马鞭草、泰国皱皮柠檬叶、秘鲁黑薄荷、姜以及橙子、青柠和日本柚子等柑橘类水果中。覆盆子中的丁香辛辣味意味着其可与新鲜罗勒、月桂叶、秘鲁米拉索尔辣椒、肉桂、衫布卡茴香酒和干邑白兰地搭配。覆盆子中的青草香则与杏、苹果、鳄梨、洋蓟和茄子香气相通。

	果香	柑橘香	花香	绿叶香	草本香	蔬菜香	焦糖味	烘烤香	坚果香	木质香	辛辣香	奶酪香	动物气味	化学气味
覆盆子	·	·	●	●	·	·	·	●	·	·	●	·		·
小酸模	●	·	●	●	·	●	·	●	·	·	●	·	·	
八角	·	●	●	·	·	·	●	·	·	●	●	·		
韩式辣酱	●	·	●	●	·	●	●	●	·	●	●	●	·	
烤小牛肉	●	·	●	●	·	●	●	●	●	●	●	●	●	·
煎鸵鸟肉	●	·	●	●	·	●	●	●	●	●	●	●	●	
鲭鱼	●	·	●	●	·	●	·	●	●	·	●	●	●	
烤海螯虾	●	·	●	●	·	●	●	●	●	●	●	●	●	
烤细鳞绿鳍鱼	·	·	●	●	·	●	·	●	●	●	●	●	●	
黑麦面包丁	·	·	●	●	·	●	●	●	·	●	●	●	·	
布瑞本苹果	●	·	●	●	●	·	·	●	·	·	●	●	·	

香蕉

在决定香蕉风味的42种不同芳香分子中，化合物乙酸异戊酯的味道最接近实际风味，但其果香、过熟香蕉味更为浓郁。乙酸异戊酯常用于制作香蕉味食品。

早在公元前5000年，人类就在巴布亚新几内亚首次栽培香蕉。当今世存1000多个不同香蕉品种，但市面所售品种的44%都为香芽蕉（也叫卡文迪什香蕉）。1834年，英国德文郡第六代公爵威廉·卡文迪什（William Cavendish）的园丁长在德比郡查兹沃斯庄园首次栽培香芽蕉。但直到20世纪50年代疾病使大米七（Gros Michel）栽培品种灭绝，香芽蕉才取而代之，成为世界上最受欢迎的水果。如今，香芽蕉已成为继大米、小麦和牛奶之后世界上第四大最具价值的经济作物。

香芽蕉产量高，包装便捷独立，理所当然地成为世界上商业化程度最高的水果。香蕉不仅仅是一种早餐食品、健康午后点心、甜点，对于全世界许多食物得不到保障的人来说，更是一种重要而营养丰富的能量来源。

不幸的是，香芽蕉的全球供应可能面临威胁。人们发现了一种新巴拿马病菌（大麦克品种灭绝的罪魁祸首），可在香蕉种植园中迅速蔓延。新抗病栽培品种也在研发之中。

- 美式香蕉船将三勺香草、巧克力和草莓冰激凌夹在两半香蕉之间，淋上热巧克力、草莓和菠萝糖浆。最后加入鲜奶油、坚果碎和马拉斯奇诺甜樱桃来完成这款豪华的冰激凌圣代。
- 马来西亚乌达（otak-otak）先在鱼肉和蟹肉中加入椰奶，并用辣椒、香茅、泰国皱皮柠檬叶和姜黄调味，最后以香蕉叶包裹。
- 在萨尔瓦多，塔马利粽（Salvadoran tamales）也用香蕉叶包裹，用玉米面制成，内馅塞入鸡丝、熟鸡蛋、鹰嘴豆、土豆、刺山柑和辣味红酱。

香蕉蛋糕配焦糖牛奶冰激凌

食物搭配公司的食谱

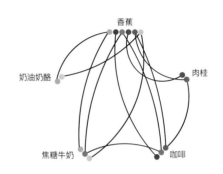

这款香蕉蛋糕带有温暖的生姜和肉桂香调，与焦糖牛奶风味冰激凌相得益彰。为平衡甜味、丰富风味层次，我们将哥伦比亚咖啡注入冰激凌基底中。

首先将香蕉蛋糕与焦糖牛奶冰激凌一同端上桌，再淋入少许甜美的咖啡焦糖。新鲜咖啡粉制成的咖啡碎增加了松脆的口感。然后，再加入数滴丝滑的奶油奶酪慕斯，完善风味层次，更添诱人奶香。新鲜香蕉片果香浓郁、清爽宜人，与甜点烘烤、焦糖风味完美互补。

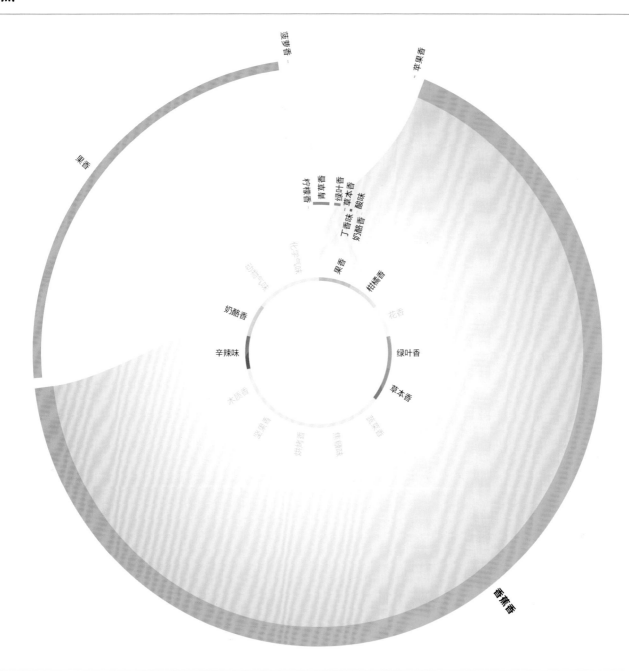

香蕉的香气特征

乙酸异戊酯带有果香和成熟的香蕉味，而其他化合物，如丁香酚的香气类似丁香，给新鲜香蕉带来整体的果香、绿叶香、辛辣味或奶酪香。香蕉中的奶酪酸味口感多汁，类似酸奶、酸面包、泡菜、伊比利亚火腿和韩式大酱等发酵产品的风味。焦糖枫香分子赋予香蕉可感知的甜味。随着香蕉皮开始褐化，香蕉中挥发性化合物的浓度随之增加。

	果香	柑橘香	花香	绿叶香	草本香	蔬菜香	焦糖味	烘烤香	坚果香	木质香	辛辣味	奶酪香	动物气味	化学气味
香蕉	•	•	•	●	●	•	•	•	•	•	●	●	•	•
桉树蜜	•	•	•	⬤	•	•	•	•	●	•	•	●	●	•
干牛肝菌	•	•	•	●	•	•	•	•	•	•	●	●	●	●
芫荽叶	•	•	•	⬤	⬤	•	•	•	•	•	•	•	•	•
烤飞蟹	•	•	•	●	•	•	•	•	•	•	●	⬤	●	•
烤黄盖鲽	•	•	•	●	•	•	•	•	•	•	•	●	●	•
戈贡佐拉奶酪	●	●	•	●	•	•	•	•	•	•	•	●	•	•
紫叶鼠尾草	•	•	•	⬤	•	•	•	•	•	•	●	•	•	•
香煎猪大排	●	•	•	●	●	•	•	•	•	•	●	●	●	•
香煎鹌鹑	•	•	•	●	•	•	•	•	•	•	●	⬤	●	•
煮树番茄	•	●	•	●	●	•	•	•	•	•	•	●	•	•

潜在搭配：香蕉和奶酪

香芽蕉和圣摩奶酪共享2-庚醇（果香、柑橘香、花香）和3-甲基-1-丁醇（果香、细微香蕉香）芳香化合物。试试山羊奶酪搭配焦糖香蕉奶酪蛋糕，或在法棍面包上放上奶油奶酪和香蕉，淋上蜂蜜，最后撒上辣椒或鲜芫荽。

香蕉干

整条的香蕉干，亦称香蕉帕萨，质地类似葡萄干，可像各类熟悉的干果一样食用：作为零食、切碎后加入酸奶搅拌、混入自制格兰诺拉麦片或沙拉中。

香蕉的食材搭配

342

	果香	柑橘香	花香	绿叶香	草本香	蔬菜香	焦糖味	烘烤香	坚果香	木质香	辛辣味	奶酪香	动物气味	化学气味
香芽蕉	•	•	·	•	·	·	·	·	·	·	·	•	·	·
煮洋蓟	•	·	•	•	·	·	·	·	·	·	•	•	·	·
烤黄盖鲽	·	·	·	•	·	·	·	·	·	·	·	·	·	·
芫荽叶	•	·	·	•	•	·	·	·	·	·	·	·	·	·
烤红甜椒	·	·	•	·	·	·	·	·	·	·	·	·	·	·
水煮鸡胸排	•	·	•	•	·	·	·	·	·	·	·	·	·	·
雪莉酒醋	·	·	·	•	•	•	·	·	·	·	·	·	·	·
陈年圣摩奶酪	•	·	•	·	·	·	·	·	·	·	·	·	·	·
熟黑婆罗门参	•	·	•	·	·	·	·	·	·	·	•	·	·	·
烤骨髓	·	·	•	·	·	·	·	·	·	·	·	·	·	·
味醂（日本甜料酒）	•	·	•	·	·	·	·	·	·	·	·	•	·	·

	果香	柑橘香	花香	绿叶香	草本香	蔬菜香	焦糖味	烘烤香	坚果香	木质香	辛辣味	奶酪香	动物气味	化学气味
香蕉干	•	•	·	•	·	·	•	·	·	·	·	·	·	·
紫叶鼠尾草	·	·	•	•	·	·	·	·	·	·	·	·	·	·
扁桃仁茶	·	·	·	•	·	·	•	•	·	·	·	·	·	·
白蘑菇	·	·	·	•	·	·	·	·	·	·	·	·	·	·
烟熏大西洋鲑鱼	·	·	·	•	·	·	·	·	·	·	•	·	·	·
香煎珍珠鸡	·	·	·	•	·	·	·	·	·	·	·	·	·	·
烤肉咖喱酱	·	·	·	·	·	·	·	·	·	·	·	·	·	·
西班牙天然极干型卡瓦起泡酒	•	·	•	·	·	·	·	·	·	·	·	·	·	·
雪莉酒醋	•	·	•	·	·	·	·	·	·	·	·	·	·	·
波本香草	·	·	·	·	·	·	·	·	·	·	•	·	·	·
煮树番茄	•	·	•	·	·	·	·	·	·	·	·	•	·	·

	果香	柑橘香	花香	绿叶香	草本香	蔬菜香	焦糖味	烘烤香	坚果香	木质香	辛辣味	奶酪香	动物气味	化学气味
主教桥奶酪	•	·	•	•	·	·	·	·	·	·	·	•	·	·
双璜酱油	•	·	•	·	·	·	·	·	·	·	·	•	·	·
烤欧洲海鲈	·	·	•	·	·	·	·	·	·	·	·	·	·	·
粉蕉	•	·	•	•	·	·	·	·	·	·	·	·	·	·
启波特雷干辣椒	•	·	●	·	·	·	·	·	·	·	•	·	·	·
路易博士茶	·	·	●	·	·	·	·	·	·	·	·	·	·	·
可可粉	•	·	●	·	·	·	·	·	·	·	·	·	·	·
皮夸尔黑橄榄	·	·	●	·	·	·	·	·	·	·	·	·	·	·
薄荷	•	·	●	·	·	·	·	·	·	·	·	·	·	·
香煎培根	•	·	·	·	·	·	·	·	·	·	·	·	·	·
丁香	•	·	·	·	·	·	·	·	·	·	·	·	·	·

	果香	柑橘香	花香	绿叶香	草本香	蔬菜香	焦糖味	烘烤香	坚果香	木质香	辛辣味	奶酪香	动物气味	化学气味
紫叶鼠尾草	·	·	•	•	·	·	·	·	·	·	·	·	·	·
巴西李子	•	·	•	·	·	·	·	·	·	•	·	·	·	·
天堂椒	·	●	·	·	·	·	·	·	·	·	·	·	·	·
烤南瓜子	·	·	·	•	·	·	·	·	·	·	·	·	·	·
黄瓜	·	·	·	•	·	·	·	·	·	·	·	·	·	·
熟贻贝	·	·	·	·	·	·	·	·	·	·	·	·	·	·
漆树	·	·	·	·	·	·	·	·	·	·	•	•	·	·
蛇果	•	·	·	·	·	·	·	·	·	·	·	·	·	·
草莓番石榴	•	·	•	•	·	·	·	·	·	·	•	•	·	·
香蕉泥	·	·	·	•	·	·	·	·	·	·	·	·	·	·
多宝鱼	•	·	●	·	·	·	·	·	·	·	·	·	·	·

	果香	柑橘香	花香	绿叶香	草本香	蔬菜香	焦糖味	烘烤香	坚果香	木质香	辛辣味	奶酪香	动物气味	化学气味
盐渍鳕鱼干	•	·	•	·	·	·	·	·	·	·	·	·	·	·
山葵	·	·	•	●	·	·	·	·	·	·	·	·	·	·
香蕉片	•	·	•	·	·	·	·	·	·	·	·	·	·	·
白巧克力	•	·	·	·	·	·	·	·	·	·	·	·	·	·
煮龙虾	·	·	•	·	·	·	·	·	·	·	·	·	·	·
绿茶	•	•	●	•	·	·	·	•	·	·	·	·	·	·
海茴香	·	·	·	•	·	·	·	·	·	·	·	·	·	·
韩式辣白菜	·	·	•	·	·	·	·	·	·	·	·	·	·	·
香茅	·	·	·	•	·	·	·	·	·	·	·	·	·	·
番石榴	●	•	•	•	·	·	•	•	·	·	•	•	·	·
昂贝尔奶酪	·	·	·	•	·	·	•	•	·	·	·	·	·	·

	果香	柑橘香	花香	绿叶香	草本香	蔬菜香	焦糖味	烘烤香	坚果香	木质香	辛辣味	奶酪香	动物气味	化学气味
桑葚	•	·	·	•	·	·	·	·	·	·	·	·	·	·
香蕉	●	·	•	●	·	·	·	·	·	·	·	·	·	·
戈贡佐拉奶酪	●	·	•	·	·	·	·	·	·	·	●	·	·	·
杧果	●	●	•	•	·	·	·	•	·	·	·	·	·	·
香煎鸡胸排	●	·	•	•	·	·	•	•	·	·	●	·	·	·
巴约纳火腿	●	·	•	·	·	·	·	·	·	·	●	·	·	·
煮龙虾尾	●	·	·	·	·	·	·	·	·	·	·	·	·	·
杂粮面包	●	·	·	•	·	·	·	•	·	·	●	·	·	·
西番莲（百香果）	●	·	·	·	·	·	·	·	·	·	·	·	·	·
韩式辣白菜	●	·	•	·	·	·	·	·	·	·	·	·	·	·
绿橄榄	●	·	·	•	·	·	·	·	·	·	·	·	·	·

潜在搭配：香蕉和干大马士革蔷薇花瓣

中东美食常常用到蔷薇花瓣，如土耳其软糖（Turkish delight）、北非哈里萨辣酱（rose harissa）或摩洛哥综合香料。蔷薇花露赋予蛋糕、布丁和冰激凌花香，常加入木槿花茶中。

潜在搭配：香蕉和扁桃仁

过了最佳食用期的香蕉宜用于制作香蕉面包。许多香蕉面包食谱中都含有扁桃仁粉，但想要风味更佳，可尝试加入新鲜樱桃碎。樱桃和扁桃仁（见第344页）都含化合物苯甲醛，为搭配上佳之选。

干大马士革蔷薇花瓣	果香	柑橘香	花香	绿叶香	草本香	蔬菜香	焦糖味	烘烤香	坚果香	木质香	辛辣味	奶酪香	动物气味	化学气味
	•	•	●	•	•	•	•	•	•	•	•	•		
粉蕉	•	•	◐	•	•	•		•	•		●			
浓味酱油	•	•	●	•	•	•	•	•	•	•	•	•		
烤开心果	•	•	●	•	•	•	•	•	◐	•	•	•		
哈密瓜	◐	•	●	•	•	•	•	•	•	•	•	•		
熟糙米	•	•	●	•	•	•	•	◐	•	•	•	•		
香煎鹿肉	•	•	●	•	•	•	•	•	•	•	•	•		
柚子	•	◐	●	•	•	•	•	•	•	•	•	•		
荔枝	•	•	●	•	•	•	•	•	•	•	•	•		
红茶	•	•	◐	•	•	•	•	•	•	•	•	•		
烤黄盖鲽	•	•	●	•	•	•	•	•	•	•	•	•		

烤黄盖鲽	果香	柑橘香	花香	绿叶香	草本香	蔬菜香	焦糖味	烘烤香	坚果香	木质香	辛辣味	奶酪香	动物气味	化学气味
	◐	•	●	•	◐	•	•	•	•	•	•	•	•	•
清蒸宽叶羽衣甘蓝	•	•	•	◐	•	◐	•	•	•	•	•	◐		
小叶生菜	•	•	•	◐	•	◐	•	•	•	•	•	•		
香芽蕉	•	•	•	◐	•	•	•	•	•	•	•	•		
卡宴辣椒	•	•	•	•	◐	•	•	•	•	•	•	•		
干葛缕子叶	•	•	•	◐	●	•	•	•	•	•	◐	•		
红酒醋	•	•	•	•	•	•	•	•	•	•	•	•		
核桃	•	•	●	●	◐	•	◐	●	•	●	◐	◐		
奶油	•	•	•	•	•	•	◐	•	•	•	•	◐		
西葫芦	•	•	•	●	•	•	•	●	•	•	•	•		
绵羊酸奶	•	•	◐	●	•	•	◐	•	•	◐	•	◐		

大豆味噌	果香	柑橘香	花香	绿叶香	草本香	蔬菜香	焦糖味	烘烤香	坚果香	木质香	辛辣味	奶酪香	动物气味	化学气味
	◐	•	•	•	•	•	•	•	•	•	•	•	•	
农家切达奶酪	◐	•	•	◐	•	●	•	•	•	•	•	•		
澳大利亚青苹果	◐	•	•	•	•	◐	•	•	•	•	•	•		
烤甜菜根	•	•	•	•	•	●	◐	•	•	•	•	•		
灰胡桃南瓜泥	•	•	•	◐	•	◐	◐	•	•	•	•	•		
煮洋蓟	•	•	•	•	•	●	•	•	•	•	•	•		
蜂蜜	◐	•	◐	•	•	•	●	•	•	•	•	•		
烤羔羊肉	•	•	•	•	•	◐	●	◐	•	•	•	•		
烤榛子酱	•	•	•	•	•	◐	●	●	•	•	◐	•		
粉蕉	◐	•	◐	•	•	•	●	•	•	•	◐	•		
蔓越莓	◐	•	•	•	•	•	●	•	•	•	•	•		

拉宾斯樱桃	果香	柑橘香	花香	绿叶香	草本香	蔬菜香	焦糖味	烘烤香	坚果香	木质香	辛辣味	奶酪香	动物气味	化学气味
	◐	•	●	◐	•	•	•	•	•	•	•	•		
四川花椒	•	◐	•	◐	•	•	•	•	•	•	•	•		
夏香薄荷	•	•	•	◐	◐	•	•	•	•	•	•	•		
多香果	•	•	•	◐	•	•	•	•	•	•	◐	•		
大茴香籽	•	•	•	◐	•	•	•	•	•	•	●	•		
香蕉泥	•	•	•	◐	•	•	●	•	◐	•	•	•		
煮鲑鱼	•	•	•	◐	•	◐	•	●	●	•	•	•		
烤鸡	•	◐	•	◐	•	◐	◐	◐	•	•	•	•		
扁桃仁	•	◐	•	◐	•	•	◐	◐	•	•	•	•		
茴香茎	•	◐	•	◐	•	•	•	•	•	•	•	•		
杧果	◐	•	●	•	•	•	◐	•	•	•	●	•		

科拉蒂橄榄油	果香	柑橘香	花香	绿叶香	草本香	蔬菜香	焦糖味	烘烤香	坚果香	木质香	辛辣味	奶酪香	动物气味	化学气味
	◐	•	•	◐	•	•	•	•	•	•	•	•		
扁叶欧芹	•	•	◐	●	•	◐	•	•	•	•	•	•		
覆盆子	◐	•	◐	●	•	•	•	•	•	•	•	•		
葡萄	◐	•	◐	◐	•	•	•	•	•	•	•	•		
清蒸宽叶羽衣甘蓝	•	•	•	●	•	◐	•	•	•	•	•	•		
香煎鹌鹑	◐	•	•	◐	•	•	•	●	•	•	•	•		
扁桃仁	◐	•	•	◐	•	•	•	◐	•	•	•	•		
煮鲑鱼	◐	•	•	◐	•	◐	•	◐	•	•	•	•		
秘鲁黄辣椒	◐	•	•	◐	•	•	•	•	•	•	•	•		
香蕉	◐	•	◐	•	•	•	•	•	•	•	◐	•		
乌鱼子	•	•	•	◐	•	•	•	●	•	•	•	•		

扁桃仁

扁桃仁（又指巴旦木）富含抗氧化剂、多酚、蛋白质、单不饱和脂肪和纤维。可食用品种应为甜扁桃仁，而非苦扁桃仁，后者多用于萃取纯扁桃仁精。

严格来说，扁桃仁是种子而非坚果仁，为绒毛青果的内核。这种青果为桃和杏的近亲，外部绿色果肉部分在加工过程中被去除，再敲开中间的硬壳，露出内部的扁桃仁。

自收获时刻起，扁桃仁香气特征便开始转变。首先，将扁桃仁从树上摇下，并自然干燥。然后，将之送往脱壳设备，通过滚筒去除果壳和树枝、石头等任何杂物。再根据扁桃仁大小进行分类。为生产去皮扁桃仁，同样需要剥去褐色外皮，通常先经温水处理，使其软化。这一过程会引起一些化学反应，赋予扁桃仁蔬菜香，如蘑菇味、熟土豆味、烤爆米花味和焦糖风味。

扁桃仁中大部分芳香化合物形成于生物合成和酶降解过程中。而收获时触发脂质氧化，会生成其他新芳香分子。扁桃仁富含不饱和脂肪，极易氧化，因而氧化副产品构成生扁桃仁的大部分风味。扁桃仁中脂质氧化一般发生在室温下。温度极为关键，扁桃仁和各类坚果最宜真空密封或冷冻在密封袋中，以防止变质。

相关的香气特征：干焙扁桃仁

扁桃仁中的苯甲醛化合物会随烘烤减少，并生成新的挥发物，类似有着坚果香的吡嗪。随着温度升高，还会产生呋喃和吡咯。

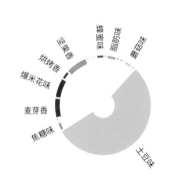

干焙扁桃仁	果香	柑橘香	花香	绿叶香	草本香	蔬菜香	焦糖味	烘烤香	坚果香	木质香	辛辣味	奶酪香	动物气味	化学气味
格鲁耶尔干酪														
香煎鹿肉														
无糖可可粉														
现煮过滤咖啡														
绿芦笋														
烤多宝鱼														
熟苔麸谷粒														
杏														
莳萝														
覆盆子														

相关的香气特征：油烤扁桃仁

当扁桃仁加油烘烤时，会形成更多分子。油温度较高，导致糖类进一步降解（生成更多焦糖味），并发生美拉德反应（更多烘烤坚果香）。

油烤扁桃仁	果香	柑橘香	花香	绿叶香	草本香	蔬菜香	焦糖味	烘烤香	坚果香	木质香	辛辣味	奶酪香	动物气味	化学气味
牛后腿肉														
炖条长臀鳕														
香煎野鸭														
烤花生														
椰汁														
帕马森奶酪														
荔枝														
甜樱桃														
香芽蕉														
白芦笋														

扁桃仁

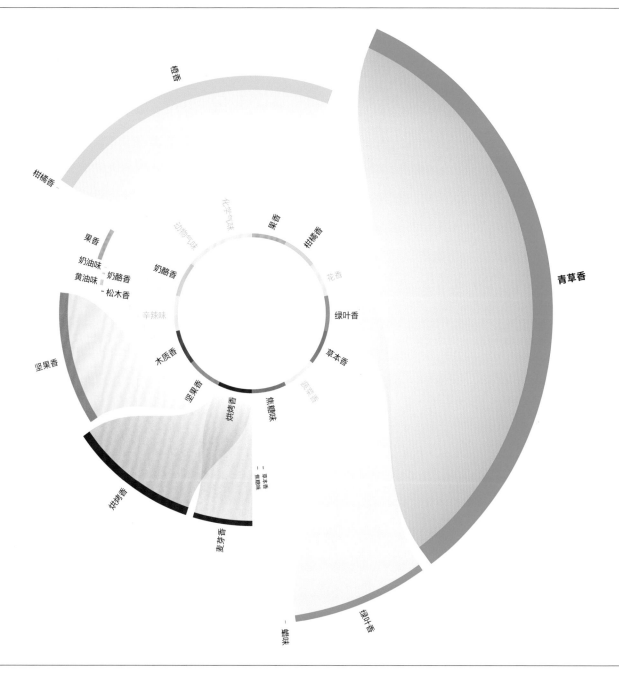

扁桃仁的香气特征

苯甲醛是生扁桃仁中的主要芳香物质。在不同浓度下，苯甲醛的香气类似樱桃或扁桃仁。在咸味菜肴中，这种风味特征化合物带有浓郁的扁桃仁香，而在甜点中则更似樱桃。扁桃仁香的苯甲醛分子同样存在于巧克力和桃中。其他醛类，如正己醛更多带有绿叶青草香和细微的脂肪味，亦有助于形成生扁桃仁的坚果香和蜡味。

	果香	柑橘香	花香	绿叶香	草本香	蔬菜香	焦糖味	烘烤香	坚果香	木质香	辛辣味	奶酪香	动物气味	化学气味
扁桃仁														
秘鲁黑辣椒														
红茶														
煎甜菜根														
水牛奶酪														
芥末														
北京烤鸭														
香煎肥肝														
小豆蔻籽														
薄荷														
苹果														

潜在搭配：扁桃仁和黑种草籽

在印度和中东美食中，黑种草籽常用作香料，味苦而辛辣。它还带有草本香和辛辣味，与咖喱、豆类和蔬菜极为搭配。这些黑色小籽同样可用于为面包调味，如印度烤饼。

潜在搭配：扁桃仁和鸭子

煎制鸭胸时，美拉德反应会生成新烘烤芳香分子，其中一些同样可见于烤扁桃仁。

扁桃仁分为两种不同类型，一种为软壳（如加利福尼亚品种），另一种为硬壳，如南欧产扁桃仁。不同品种的扁桃仁大小、形状和风味差异显著，其中以意大利皮祖塔扁桃仁（Pizzuta）和中东马姆拉扁桃仁（Mamra）最受珍视。

甜扁桃仁常作为零食生食或烘烤，颇受欢迎。此外，这些低卡路里核果还有多种烹饪用途。它可为咸味菜肴增添坚果香和酥脆口感，亦常见于各式甜点，如扁桃仁牛轧糖、蜂蜜扁桃仁糖（turrón）、意大利糖衣扁桃仁（dragée）、伊朗糖衣扁桃仁（noghl）、法国马卡龙等。人们最爱用扁桃仁制作扁桃仁糖膏，以糖浆、糖和扁桃仁碎制成。

- 法式奶冻（Blancmange）起源于波斯，原为鸡肉、扁桃仁和大米慢煮而成。后来又加入扁桃仁奶、蔷薇花露和糖，最终演变为用模具定型的冰镇甜点，在加勒比地区仍颇受欢迎。
- 扁桃仁酒是意大利产深色甜扁桃仁利口酒，常加入甜点和鸡尾酒。不同品牌会采用扁桃仁香精、扁桃仁油、草本和其他植物进行调味。

扁桃仁精

人们常误认为纯扁桃仁精萃取自甜扁桃仁中，实则从苦扁桃仁精油中蒸馏而成。苦扁桃仁含有高浓度苯甲醛，这种香气物质同样可从杏核和樱桃核中提取，因而有时可作替代。其他来源还包括苹果、李子、桃、桂皮，甚至月桂叶。

苦扁桃仁含有苦味成分扁桃苷（也存在于苹果籽、桃和李子果核中）和野黑樱苷（也存在于桃和黑樱桃果核中）。接触水会使扁桃杏仁中的酶分解杏仁苷和野黑樱苷，将之转化为苯甲醛、葡萄糖和氰化氢，因此苦扁桃仁具有毒性（甜扁桃仁缺乏转化所需酶，因而不易生成苯甲醛）。纯扁桃仁精经蒸馏以去除氰化物，并与水和酒精结合。纯苦扁桃仁精生产成本极高，因而大多数"天然"扁桃仁精还含有扁桃仁油或各类核果油。

苯甲醛
这种有机化合物含有特有的类似扁桃仁的香味。

黑种草籽	果香	柑橘香	花香	绿叶香	草本香	蔬菜香	焦糖味	烘烤香	坚果香	木质香	辛辣味	奶酪味	动物气味	化学气味
甘草	•	•	•	•	•		•		•	•	•			•
香煎培根	•	•	•	•	•		•	•	•	•	•			•
土荆芥	•	•	•	•	•		•		•	•	•			•
石榴	•	•	•	•	•		•		•	•	•			•
马郁兰	•	•	•	•	•		•		•	•	•			•
白芦笋	•	•	•	•	•		•		•	•	•			•
扁桃仁	•	•	•	•	•		•		•	•	•			•
鸡油菌	•	•	•	•	•		•		•	•	•			•
西班牙辣香肠	•	•	•	•	•		•	•	•	•	•			•
斑豆	•	•	•	•	•		•		•	•	•			•

香煎野鸭	果香	柑橘香	花香	绿叶香	草本香	蔬菜香	焦糖味	烘烤香	坚果香	木质香	辛辣味	奶酪味	动物气味	化学气味
深焙扁桃仁	•	•	•	•	•	•	•	•	•	•	•	•	•	•
干洋甘菊	•	•	•	•	•	•	•	•	•	•	•	•	•	•
葡萄	•	•	•	•	•	•	•	•	•	•	•	•	•	•
熟糙米	•	•	•	•	•	•	•	•	•	•	•	•	•	•
煮龙虾尾	•	•	•	•	•	•	•	•	•	•	•	•	•	•
香茅	•	•	•	•	•	•	•	•	•	•	•	•	•	•
烤褐虾	•	•	•	•	•	•	•	•	•	•	•	•	•	•
番石榴	•	•	•	•	•	•	•	•	•	•	•	•	•	•
烟熏梨木	•	•	•	•	•	•	•	•	•	•	•	•	•	•
腌黄瓜	•	•	•	•	•	•	•	•	•	•	•	•	•	•

経典搭配: 扁桃仁和黑莓

烤扁桃仁和黑莓共享烘烤香和木质香，适宜搭配。在烹制松饼时，可以尝试用扁桃仁粉代替部分面粉，并与黑莓果酱一同食用。

扁桃仁和梨

在法国美食中，扁桃仁和梨（见第348页）为经典组合，如法式洋梨扁桃仁挞（pear and frangipane tart），或海莲梨（Poire Belle Hélène）。梨百丽这道甜点始创于1864年，由煮梨搭配香草冰激凌和巧克力酱，最后加上烤扁桃仁片。

扁桃仁的食材搭配

黑莓	果香	柑橘香	花香	绿叶香	草本香	蔬菜香	焦糖味	烘烤香	坚果香	木质香	辛辣味	奶酪香	动物气味	化学气味
格鲁耶尔干酪														
番石榴														
香煎猪大排														
烤扁桃仁														
甜瓜														
鲜薰衣草花														
枇杷														
印度藏茴香籽														
煎饼														
海胆														

威廉姆梨	果香	柑橘香	花香	绿叶香	草本香	蔬菜香	焦糖味	烘烤香	坚果香	木质香	辛辣味	奶酪香	动物气味	化学气味
黑莓														
柚子														
橙皮甜酒														
亚力酒														
弗洛尔代吉亚山羊奶酪														
草莓														
兰比克啤酒														
羽衣甘蓝														
杏脯														
扁桃仁薄片														

沙棘利口酒	果香	柑橘香	花香	绿叶香	草本香	蔬菜香	焦糖味	烘烤香	坚果香	木质香	辛辣味	奶酪香	动物气味	化学气味
平菇														
昼花														
浸煮鳟鱼														
酱油膏														
蜜瓜														
萝卜														
香煎珍珠鸡														
扁桃仁														
塔罗科血橙														
黄瓜														

10年陈酿布尔马德拉酒	果香	柑橘香	花香	绿叶香	草本香	蔬菜香	焦糖味	烘烤香	坚果香	木质香	辛辣味	奶酪香	动物气味	化学气味
牛至														
熟印度香米														
红橘														
绿卷心菜														
意大利萨拉米香肠														
深焙扁桃仁														
山羊奶酪														
皮夸尔黑橄榄														
烤羔羊肉														
番石榴														

干洋甘菊	果香	柑橘香	花香	绿叶香	草本香	蔬菜香	焦糖味	烘烤香	坚果香	木质香	辛辣味	奶酪香	动物气味	化学气味
香蕉														
荔枝														
梨														
黄油														
肉豆蔻														
草莓														
番石榴														
针叶樱桃														
油烤扁桃仁														
香煎培根														

梨

大多数品种的梨都带有果香、花香、绿叶香、辛辣味，甚至奶酪芳香分子。癸二烯酸乙酯亦称"梨酯"，在梨的风味特征中尤为突出，并随着果实成熟而更为鲜明。梨的具体香气类型和描述语因品种而异，取决于各自芳香分子的浓度。

在18世纪之前，大多数梨质地脆而紧实，有沙砾感，与当今亚洲梨相似。由于选择性育种，而今欧洲传统品种口感柔软多汁。

要判断娇嫩的梨何时可食用并不容易，有时耐心等待成熟时，它却熟透烂掉了，就更令人失望了。梨会产生乙烯气体，加速由内向外的成熟过程，因此当外皮变色、触感柔软时，可能已过最佳赏味期。

与苹果不同，梨子只有从树上采摘后才会成熟。采摘后有个熟化步骤，需将梨置于温度为–1℃的环境下冷藏，以启动成熟过程。紧实的未成熟梨最宜放置于室温下成熟。只需轻轻按压茎部周围的区域，便可探知是否可以食用。可食用梨一般略带弹性。

秋冬季为梨的收获季节，常搭配野味、作装饰或用于甜点。

- 梨与柠檬皮、芳香调料（如肉桂、丁香和香草）在红葡萄酒中煨制，为经典的秋日甜点。

迪龙多梨（Durondeau pear）的香气特征

在我们考察的3种不同的欧洲梨品种中，迪龙多梨特征不甚突出，香气特征描述用语为焦糖味、苹果香、柑橘香和蘑菇味。

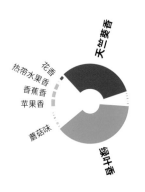

	果香	柑橘香	花香	绿叶香	草本香	蔬菜香	焦糖味	烘烤香	坚果香	木质香	辛辣味	奶酪气味	动物气味	化学气味
迪龙多梨														
油菜花														
清蒸多宝鱼														
欧当归叶														
架烤牛肋排														
斯派库鲁斯饼干														
番茄														
波本威士忌														
腌制藤叶														
百香果汁														
干木槿花														

卢卡斯梨（Lucas pear）的香气特征

与展会梨和迪龙多梨相比，卢卡斯梨果香最为浓郁，柑橘、苹果香馥郁，还带有细微的脂肪味、花香、辛辣味和焦糖枫糖香。

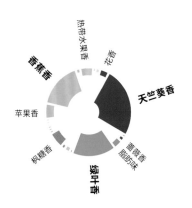

	果香	柑橘香	花香	绿叶香	草本香	蔬菜香	焦糖味	烘烤香	坚果香	木质香	辛辣味	奶酪气味	动物气味	化学气味
卢卡斯梨														
杏汁														
欧当归叶														
烟熏大西洋鲑鱼														
绿藻														
丁香														
生蚝														
君度酒														
大吉岭红茶														
意大利香柠檬														
阿方索杧果														

展会梨

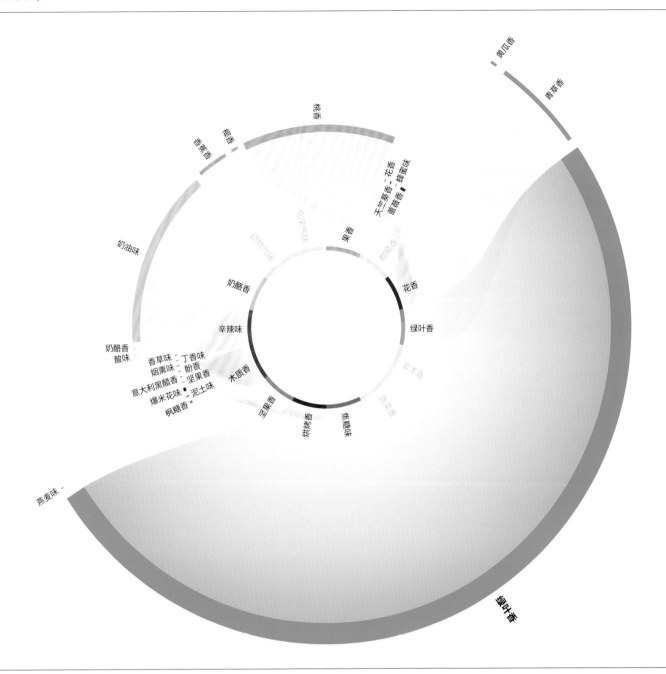

展会梨的香气特征

与卢卡斯梨或迪龙多梨相比，展会梨更具热带风味，其香气包含蜂蜜味、蔷薇香、绿叶青草香、烘烤香、坚果香和烟熏味的酚香。

	果香	柑橘香	花香	绿叶香	草本香	蔬菜香	焦糖味	烘烤香	坚果香	木质香	辛辣味	奶酪香	动物气味	化学气味
展会梨														
桂皮														
炼乳														
橙子														
烤小牛肉														
椰枣														
水牛奶酪														
番木瓜														
蓝莓醋														
烤红薯														
巴氏杀菌番茄汁														

经典搭配：迪龙多梨和斯派库鲁斯饼干（speculoos biscuit）

斯派库鲁斯饼干是一种加了香料的酥饼，还有一类可用来作涂抹用。该饼干风靡于比利时、卢森堡和荷兰。迪龙多梨和斯派库鲁斯饼干共含丁香酚，香气类似于丁香，同样存在于肉桂、肉豆蔻和生姜中，以上食材均为斯派库鲁斯饼干综合香料中的典型成分。

潜在搭配：梨和玉米黑粉菌

玉米黑粉菌实际上为一种植物疾病，由致病真菌引发，会感染玉米。在墨西哥，受感染玉米穗上出现的虫瘿被当作美食，在当地被称为"huitlacoche"。当加热时，灰色真菌会变成黑色，因而其享有墨西哥松露之誉。

梨的食材搭配

斯派库鲁斯饼干 — 烤欧洲海鲈、红甜椒粉、琉璃苣苗、鸽高汤、斯特拉樱桃、伊索特干辣椒、北京烤鸭、人头马天醇XO特优香槟干邑白兰地、阿方索杧果、姜泥

玉米黑粉菌 — 烤野猪肉、葡萄干、格鲁耶尔干酪、烤腰果、烤小牛胸腺、胡萝卜、展会梨、生蚝、煮灰胡桃南瓜、烤黄盖鲽

柚子 — 牛膝草、干芹菜籽、熟绿扁豆、海胆、野接骨木果、欧当归叶、褐虾、海茴香、威廉姆梨、熟黑婆罗门参

戈贡佐拉奶酪 — 素高汤、西冷牛排、玛拉波斯草莓、小豆蔻籽、烤牛臀排腰肉盖、熟卡姆小麦、西班牙辣香肠、绿扁豆、黑松露、展会梨

油菜花蜜 — 夏香薄荷、煮榅桲、藏红花、茴香、葡萄柚、梨、海苔片、牛至、甲壳高汤、干式熟成牛肉

抹茶 — 雪莉酒醋、野生草莓、梨、香煎培根、水牛奶酪、清蒸多宝鱼、青椒、熟黑婆罗门参、扁桃仁、蓝莓

各列香气分类：果香、柑橘香、花香、绿叶香、草本香、蔬菜香、焦糖味、烘烤香、坚果香、木质香、辛辣味、奶酪香、动物气味、化学气味

潜在搭配：梨和香槟果（babaco）

香槟果是一种亚热带水果，与番木瓜相似，可生食或榨汁。香槟果无籽，外皮可食，香味包括草莓香、猕猴桃香、菠萝香和番木瓜香。香槟果主要种植于厄瓜多尔，在新西兰、北加利福尼亚州和欧洲一些地区亦有种植。

潜在搭配：梨和鳄梨

正己醛带有绿叶青草香，并隐含有苹果香、梨香，可见于梨和鳄梨中（见第352页）。这两种食材可加入奶昔中，或为鳄梨酱增添果香，或加入鸡肉、嫩菠菜叶和核桃沙拉中。

351

香槟果	果香	柑橘香	花香	绿叶香	草本香	蔬菜香	焦糖味	烘烤香	坚果香	木质香	辛辣味	奶酪香	动物气味	化学气味
烤多宝鱼														
切达奶酪														
梨														
油桃														
烤野兔														
西班牙辣香肠														
腰果														
蓝莓醋														
味醂（日本甜料酒）														
煮鳕鱼片														

紫甘蓝	果香	柑橘香	花香	绿叶香	草本香	蔬菜香	焦糖味	烘烤香	坚果香	木质香	辛辣味	奶酪香	动物气味	化学气味
烤欧洲海鲈														
红酒醋														
橙汁														
鹿肉														
展会梨														
小叶生菜														
烤鲽鱼														
软质奶酪														
粉蕉														
卡宴辣椒														

意大利茴香酒	果香	柑橘香	花香	绿叶香	草本香	蔬菜香	焦糖味	烘烤香	坚果香	木质香	辛辣味	奶酪香	动物气味	化学气味
灰胡桃南瓜泥														
烤野兔														
蔓越莓														
黑莓														
荔枝														
盐渍樱花														
展会梨														
哈瓦那红椒														
韩式辣酱														
熟翡麦														

烤海螯虾	果香	柑橘香	花香	绿叶香	草本香	蔬菜香	焦糖味	烘烤香	坚果香	木质香	辛辣味	奶酪香	动物气味	化学气味
卡宴辣椒														
卢卡斯梨														
煮蚕豆														
可可碎														
大西洋鲑鱼片														
烤野兔														
烤红甜椒														
皮夸尔特级初榨橄榄油														
鸡油菌														
清蒸宽叶羽衣甘蓝														

曼萨尼亚橄榄	果香	柑橘香	花香	绿叶香	草本香	蔬菜香	焦糖味	烘烤香	坚果香	木质香	辛辣味	奶酪香	动物气味	化学气味
夏香薄荷														
煮榅桲														
藏红花														
香煎白蘑菇														
葡萄柚														
梨														
海苔片														
牛至														
甲壳高汤														
干式熟成牛肉														

鳄梨

鳄梨风味特征差异显著，取决于季节和栽培品种。氧化反应生成的脂肪醛是鳄梨中的主要芳香化合物，因而含油量在鳄梨整体风味中亦至关重要。

鳄梨原产于墨西哥，可追溯至公元前7000年，自19世纪末开始在加利福尼亚州进行商业化种植。近年来，这种健康超级水果的消费量急剧上升，部分原因可归功于鳄梨吐司走红。

两种最常见的鳄梨品种为富尔特（Fuerte）和哈斯（Hass）。富尔特果皮光滑呈亮绿色，哈斯果皮呈紫黑色，略带纹理，形似鳄鱼表皮，因而得名为"鳄梨"。还有一种新奇的小鳄梨鸡尾酒富尔特（Cocktail Fuerte），不含核。

鳄梨常应用在冷盘中，但也可用于烘焙、焗烤。它香味细腻，有时或带回甘，成熟后尤为明显，因而在甜食中往往与风味浓郁的菜品结合。

鳄梨的含油量极高，成熟后带有黄油般的质地。然而，有些鳄梨可能会纤维过多。这种纤维并无害处，但会有碍观瞻，会对鳄梨酱等需要将鳄梨切片或磨碎的菜品造成麻烦。纤维的出现可能出自品种的缘故（如斯图尔特鳄梨），也可能受季节影响。哈斯鳄梨在收获季早期纤维较多，加利福尼亚州哈斯鳄梨一般在1月进入收获期，而秘鲁鳄梨则多从4月开始。

鳄梨果肉接触空气通常会变褐，因而需要用酸味调料维持淡绿色泽。仍有一些品种在空气中不会变色，如澳大利亚最常见的栽培品种之一谢泼德鳄梨，是预加工菜品的不二之选。

- 在越南、印度尼西亚、巴西和菲律宾，鳄梨常用于牛奶、糖或巧克力糖浆制成的甜点奶昔中。在摩洛哥，人们还会加入橙花水。

鳄梨佐辣椒、卡姆果

维尔吉利奥·马丁内兹（Virgilio Martínez），中央餐厅（Central）；利马，秘鲁

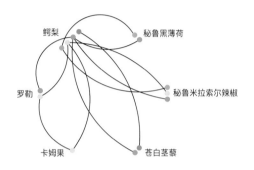

在秘鲁，新一代厨师将现代主义烹饪手法运用于传统、本土食材，而利马中央餐厅的主厨维尔吉利奥·马丁内兹正是这一烹饪运动的领军人物。

在探寻如何对秘鲁可食用物种进行分类的旅程中，马丁内兹创建了烹饪文化研究所"Mater Iniciativa"，与成员合作，在全国生态区寻找未知食材，并以这些宝贵食材为中心设计餐厅品味菜单。他最近在利马巴兰科大区建成了一个综合建筑群，集中央餐厅、"Mater Iniciativa"研究所和菜园为一体，着手开展未来项目。

在中央餐厅，马丁内兹在亚马逊鳄梨上淋上亮黄色的秘鲁米拉索尔辣椒酱，然后放入烤箱烤制。鳄梨带有奶油香，搭配辣味秘鲁红辣椒和卡姆果（味酸、富含抗氧化剂，同样生长于雨林）制成的酱汁同食。最后在顶端撒上深紫色苋菜叶、苦味秘鲁黑薄荷、甜罗勒花和酥脆的苍白茎藜籽。

鳄梨

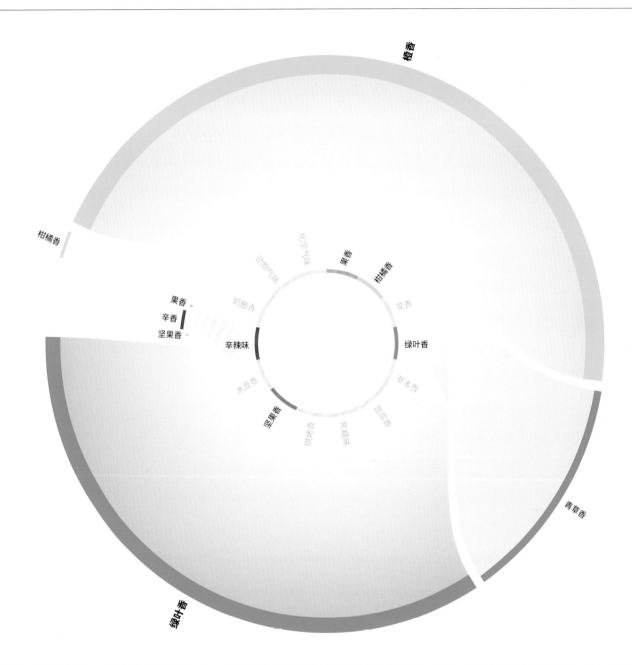

鳄梨的香气特征

未成熟的青鳄梨带有绿叶青草香。随着它们走向成熟，醛类逐渐为果香味的酯类所取代，成熟鳄梨中含有高浓度的香蕉味分子。鳄梨中的坚果香为之与香煎牛肉、法棍面包和巧克力构筑了芳香联系，因而全素巧克力慕斯亦可加入鳄梨中。

	果香	柑橘香	花香	绿叶香	草本香	蔬菜香	焦糖味	烘烤香	坚果香	木质香	辛辣味	奶酪香	动物气味	化学气味
鳄梨	●	●	·	●	·	·	·	·	●	·	·	·	·	·
可涂抹辣香肠	●	●	●	●	●	·	●	●	●	●	●	·	·	·
熟草菇	·	●	·	●	·	·	·	●	·	·	·	·	·	·
花椰菜	·	●	·	●	·	·	·	●	·	·	·	·	·	·
干牛肝菌	·	●	·	●	·	·	·	●	·	·	·	·	·	·
鳕鱼片	·	●	·	●	·	·	·	·	·	·	·	·	·	·
泰国皱皮柠檬叶	·	●	●	●	●	·	·	·	·	·	·	·	·	·
香蕉	●	●	●	●	·	·	·	·	·	·	·	·	·	·
夏松露	·	●	·	●	·	·	·	·	·	·	·	·	·	·
甜樱桃	●	●	●	●	·	·	·	·	●	●	●	·	·	·
伊比利亚火腿（黑标）	●	●	●	●	·	·	·	·	·	·	·	·	·	·

潜在搭配：鳄梨和蜗牛子酱

经典菜品：鳄梨酱

墨西哥鳄梨酱是用来搭配炸玉米片的蘸酱，一般将成熟鳄梨与洋葱、番茄、青柠汁、芫荽和新鲜辣椒在研钵中捣碎而成。

鳄梨和蜗牛子酱

蜗牛子（卵）酱又称白鱼子酱，可像鲟鱼子酱或鲑鱼卵一般食用。一只大灰蜗牛（Gros Gris snail）每年仅产卵4克，价格高达每千克2000欧元。获取蜗牛卵后，便会放入盐之花（fleur de sel，法国顶级海盐）盐渍，有时还会进行巴氏杀菌。

鳄梨的食材搭配

354

鳄梨酱

	鱼肉与贝类	肉类与动物肝脏	奶酪类	去壳种子	西蓝花	菌菇类	绿色蔬菜	根茎类蔬菜	甜瓜类	草本植物	花类	韭葱类	果类
炸土豆片	•	•	○	●	●	•	●	●	•	•	●	○	•
扁叶欧芹	•	•	•	●	●	●	●	●	○	•	●	•	
香芽蕉	•	•		•	●	•	•	•	•	•	•	•	
法棍面包	○	•	•	●	●	●	●	●	•	●	●	●	●
煮褐虾	•	•	•	●	●	●	●	•	•	●	●	●	●
罗勒	•	•	•	●	●	●	●	●	•	●	●	●	•
卡曼橘	•	•		●	●	●	○	●	•	•	●	●	•
越南鱼露	•	•	•	●	●	●	●	●	•	●	●	●	•
农家切达奶酪	•	•	○	●	●	•	•	•		•	●	•	•
烤箱烤汉堡	•	•	•	●	●	●	●	●	•	●	●	●	●

碎牛肉

	鱼肉与贝类	肉类与动物肝脏	奶酪类	去壳种子	西蓝花	菌菇类	绿色蔬菜	根茎类蔬菜	甜瓜类	草本植物	花类	韭葱类	果类
农家切达奶酪	•	•	•	•		•	•	•		●	•	•	•
墨西哥玉米饼	•	•	○	●	●	●	●	●	○	●	●	●	•
哈斯鳄梨	•	•	○	●	●	●	●	●	○	●	●	●	•
熟绿豆	•	•	•	•	•	●	•	•		●	●	•	•
芝麻菜	•	•	•	●	●	•	•	•		●	●	•	•
鲜姜根	•	•	•	•	•	•	•	•		●	•	•	•
新鲜芳美菜	•	•	•	•	•	•	•	•	•	●	•	•	
韩式泡菜	•	•	•	●	●	•	•	•		●	●	•	•
浓缩石榴酱	•	•	○	●	●	•	•	○		●	●	•	•
奇亚籽	•	•	○	●	●	•	•	•		•	•	●	•

法式蔬菜沙拉

	鱼肉与贝类	肉类与动物肝脏	奶酪类	去壳种子	西蓝花	菌菇类	绿色蔬菜	根茎类蔬菜	甜瓜类	草本植物	花类	韭葱类	果类
佩德罗-希梅内斯雪莉酒	•	•	•	●	●	●	●	•		●	•	•	•
串番茄	•	•	•	●	●	●	●	●		●	•	●	•
烤菱鲆	•	•	•	●	●	●	●	●		●	•	●	•
淡味切达奶酪	•	•	•	●	●	•	•	●	○	●	•	•	•
酸浆果	•	•	•	●	●	●	•	•		●	•	•	•
曼彻格奶酪	•	•	•	•	•	•	•	•		●	•	•	•
鳄梨	•	•	•	●	●	•	•	●		●	•	•	•
煮牛肉	•	•	•	●	●	●	•	●		●	•	●	•
煮去皮甜菜根	•	•	•	●	●	•	•	●		●	•	•	•
牛奶酸奶	•	•	○	●	●	•	•	•		●	•	•	•

蜗牛子酱

	鱼肉与贝类	肉类与动物肝脏	奶酪类	去壳种子	西蓝花	菌菇类	绿色蔬菜	根茎类蔬菜	甜瓜类	草本植物	花类	韭葱类	果类
干枸杞	•	•	○	•		•	•	●	•	●	●	●	•
梅子	•	•	○	•		•	●	•	•	●	●	●	
炒蛋	•	•	•	●	●	•	●	●	•	●	●	●	●
黑加仑	•	•	•	●	●	●	●	●	•	●	●	●	●
帕达诺奶酪	•	•	•	●	●	●	●	•	•	●	●	●	●
南瓜	•	•	•	●	●	●	●	●	•	●	●	●	•
留兰香	•	•	•	●	●	●	●	•	•	●	●	●	•
煎甜菜根	•	•	●	●	●	●	●	●	•	●	●	●	•
煮鳕鱼片	•	•	●	●	●	●	●	●	•	●	●	●	•
鳄梨	•	•	○	•		•	•	•	•	●	•	●	•

山楂果

	鱼肉与贝类	肉类与动物肝脏	奶酪类	去壳种子	西蓝花	菌菇类	绿色蔬菜	根茎类蔬菜	甜瓜类	草本植物	花类	韭葱类	果类
香煎鸡胸排	•	•	○	●	●	•	•	•		●	•	•	•
阿让西梅	•	•	○	●	●	●	•	•		●	•	•	•
梅斯卡尔酒	•	•	○	●	●	●	•	•		●	●	•	•
意大利苦杏酒	•	•	•	●	●	•	•	•		●	•	•	•
樱桃番茄	•	•	•	●	●	•	•	•		●	●	•	•
烤红薯	•	•	•	●	●	•	•	●		●	●	•	•
干樱花	•	•	•	•	•	•	•	●		●	•	•	•
圣哲曼接骨木花利口酒	•	•	•	●	●	•	•	•		●	●	•	•
鳄梨	•	•	○	●	●	•	•	•		●	•	●	•
塔希提香草	•	•	○	●	●	•	•	•		●	•	•	•

皮斯科酒

	鱼肉与贝类	肉类与动物肝脏	奶酪类	去壳种子	西蓝花	菌菇类	绿色蔬菜	根茎类蔬菜	甜瓜类	草本植物	花类	韭葱类	果类
尚贝里味美思酒	•	•	●	●	●	•	•	●		●	●	●	●
煮南瓜	•	•	●	●	●	•	•	●		●	●	●	•
鹿肉	•	•	●	●	●	•	•	●		●	●	●	•
黑胡椒	•	•	●	●	●	•	•	●		●	●	●	•
格鲁耶尔干酪	•	•	●	●	●	•	•	●		●	●	●	●
粉蕉	•	•	●	●	●	•	•	•		●	●	●	•
鳄梨	•	•	●	●	●	•	•	●		●	●	●	•
苹果汁	•	•	○	●	●	•	•	•		●	●	●	•
接骨木花	•	•	○	●	●	•	•	●		●	●	●	●
肉桂	•	•	●	●	●	•	•	●		●	●	●	●

潜在搭配：鳄梨和菲油果

菲油果又称菠萝番石榴，原产于南美洲，盛行于新西兰，在那里，各种菲油果产品随处可见，从酸奶、冰激凌到酸辣酱和伏特加。这种小型绿色水果甜香鲜明，类似菠萝、苹果和薄荷，可尝试搭配奶昔。

经典搭配：鳄梨和柑橘

在鳄梨上洒上柠檬汁可以防止变色，而柑橘清爽的果酸味同样可中和其油腻感。若想在经典比利时鸡尾酒虾（Belgian prawn cocktail）基础上来点创意，可在生菜上放上蟹肉，淋上奶油鸡尾酒酱（以蛋黄酱、番茄酱制成），并用鳄梨片和葡萄柚片（见第356页）装饰。两者共享绿叶香、辛辣味、木质香和柑橘香。

355

菲油果 — 果香 柑橘香 花香 绿叶香 草本香 蔬菜香 焦糖味 烘烤香 坚果香 木质香 辛辣味 奶酪香 动物气味 化学气味

- 紫叶鼠尾草
- 糖渍柠檬皮
- 食用大黄
- 布瑞本苹果
- 煮面包蟹肉
- 野生草莓
- 罗克福尔奶酪
- 生蚝
- 鳄梨
- 烤羔羊菲力

橙汁 — 果香 柑橘香 花香 绿叶香 草本香 蔬菜香 焦糖味 烘烤香 坚果香 木质香 辛辣味 奶酪香 动物气味 化学气味

- 开菲尔酸奶
- 欧芹根
- 哈斯鳄梨
- 野罗勒
- 咖喱叶
- 干牛肝菌
- 葡萄柚
- 香煎鸭胸
- 香煎猪大排
- 烤黄盖鲽

蜜瓜 — 果香 柑橘香 花香 绿叶香 草本香 蔬菜香 焦糖味 烘烤香 坚果香 木质香 辛辣味 奶酪香 动物气味 化学气味

- 煮褐虾
- 盐渍樱花
- 马苏里拉奶酪
- 大蕉
- 烤菱鲆
- 鳄梨
- 烤羔羊肉
- 布里欧修
- 椰子
- 薄荷

煎饼 — 果香 柑橘香 花香 绿叶香 草本香 蔬菜香 焦糖味 烘烤香 坚果香 木质香 辛辣味 奶酪香 动物气味 化学气味

- 启波特雷干辣椒
- 桃
- 胡萝卜
- 绿卷心菜
- 烤黑芝麻
- 西番莲（百香果）
- 大茴香籽
- 熟法国蓝钓黄金紫贻贝
- 茴香茎
- 鳄梨

人参果 — 果香 柑橘香 花香 绿叶香 草本香 蔬菜香 焦糖味 烘烤香 坚果香 木质香 辛辣味 奶酪香 动物气味 化学气味

- 香煎培根
- 富士苹果
- 鳄梨
- 鹰嘴豆泥
- 红茶
- 戈贡佐拉奶酪
- 柠檬皮屑
- 烤羔羊肉
- 蔓越莓
- 腌鳗鱼

葡萄柚

根据不同栽培品种，葡萄柚果肉颜色从白、黄、粉到红不等，且风味各异，酸、苦、甜皆有。

葡萄柚早期的历史可追溯至18世纪的南美巴巴多斯岛，柚子和甜橙的杂交品种起源于此，随后传至加勒比海各地，并最终引入美国。葡萄柚风味绝佳，一度被戏称为"禁果"，其拉丁学名"*Citrus x paradisi*"（天堂之果）正暗喻了其与伊甸园的关联。

甜橙和柚子杂交如何发生尚未可知，两者为近亲，因而很可能是自然发生。巴巴多斯岛为亚热带气候，适合柑橘生长，橙子在此种植已达数百年之久。据称，航海家查多克船长（Captain Chaddock）在16世纪时将柚子（原产于东南亚）种子带到巴巴多斯，此地出产柚子便以之为名，称作"shaddocks"。

19世纪时，葡萄柚被引入美国佛罗里达州，当地至今仍为主产地，而后中国的葡萄柚产量又超越美国，位居全球首位。

葡萄柚因果实如葡萄成串垂吊于树，因而得名，每串果实可多达20个。葡萄柚表皮金黄，但内部果肉颜色从淡黄到深粉不等，取决于番茄红素的含量。与柠檬或青柠相比，葡萄柚甜度、苦度更甚，而不同品种的葡萄柚酸度差异极大。一般而言，果肉越红，味道就越甜。葡萄柚果皮富含果胶，是有效的胶凝剂。

葡萄柚独特的风味源于葡萄柚硫醇分子。同时，从内部白色海绵状柚皮中提取的化学物质柚皮苷常用于为巧克力、奎宁水和冰增添苦味，而柚皮苷酶商业上多用于去除果汁中苦味。

- 在哥斯达黎加阿拉胡埃拉省，葡萄柚被掏出果肉后放入小苏打中熬煮，以中和苦味。然后放入肉桂和丁香甜酱中浸泡，并填入焦糖牛奶或焦糖酱（*cajeta*，用山羊奶制成的墨西哥焦糖酱）。

- 海地的葡萄柚果酱（*confiture de chadèque*）是添加香料的果酱，在其中加入肉桂、大茴香，有时还包括姜或扁桃仁精。

相关的香气特征：葡萄柚皮

葡萄柚皮富含葡萄柚和柑橘芳香分子，因而其葡萄柚的香味相较果肉更为浓郁。它辛辣味偏少，而多带有木质香、松木香、清爽草本香、薄荷香。

柑橘香 · 葡萄柚香 · 薄荷香 · 木质香 · 辛辣味

	果香	柑橘香	花香	绿叶香	草本香	蔬菜香	焦糖味	烘烤香	坚果香	木质香	辛辣味	奶酪香	动物气味	化学气味
葡萄柚皮	·	●		●	●			·		●	●		●	·
干泰国皱皮柠檬叶		·	●	●	●					●	●			
伊比利亚火腿（黑标）	●	●	·	●	·	·	●	●	·		·			·
黑种草籽	·	·	●	●	●			·	·	●	●		·	·
熟单粒小麦		·	●	●		·	●	·	·	·		·	·	·
秘鲁黑薄荷	·	·	●	●	●				·	●	●			·
梨干	●	●	●	●		·	·	·		·	·		·	·
黑胡椒		●	●	●	·			·	·	●	●		·	·
迷迭香	·	●	●	●	●			·	·	●	●		·	·
普利茅斯金酒	·	●	●	●	·			·	·	●	●		·	·
杜松	●	●	●	●	·			·	·	●	●		·	·

葡萄柚

葡萄柚的香气特征

葡萄柚含两种微量风味特征影响化合物：香气分子诺卡酮和1-对孟烯-8-硫醇，这种类单萜化合物常称为"葡萄柚硫醇"。两类物质带有显著的葡萄柚香，构成大部分葡萄柚整体风味，当然仍有柠檬烯和芳樟醇等柑橘类芳香分子存在。葡萄柚硫醇的香气感知阈值低至万亿分之十，使葡萄柚汁口感清爽。

	果香	柑橘香	花香	绿叶香	草本香	蔬菜香	焦糖味	烘烤香	坚果香	木质香	辛辣香	奶酪香	动物气味	化学气味
葡萄柚	·	·	●	●	·	·				·	·			·
莳萝籽	·	·	·	●						·	·			
腌刺山柑	·	·	●	●	·	·				·	●	·	·	
萝卜	·	·	·	●	·					·	·			
芜菁	·	·	·	●	●	·				·	·			
高良姜	·	·	●	●	·					●	●	·		
山竹	·	·	●	·	·					·	·			
欧当归叶	·	·	●	●	●	·				●	●	·		
樱桃番茄	·	·	●	●	·					·	·			
香煎肥肝	·	·	●	·	·			·		·	·			
芫荽籽	·	·	●	●	●	·				·	●			

经典搭配：葡萄柚和樱桃

在经典的帕洛玛鸡尾酒基础上来点创新，可用樱桃利口酒代替龙舌兰糖浆，并用龙舌兰酒、青柠汁和葡萄柚汁加冰摇匀。再加入苏打水，用一片葡萄柚、一颗新鲜樱桃和一枝迷迭香装饰。

潜在搭配：葡萄柚和诺丽果

诺丽果原产于东南亚和澳大拉西亚（包括澳大利亚、新西兰和太平洋西南岛屿），味道辛辣苦涩，生食、熟食皆宜，常榨汁。诺丽果用途多样，可尝试制作奶昔，为花生酱增添果香，或切成大块放入苹果醋中浸泡，制成诺丽果醋。

葡萄柚的食材搭配

雷尼尔樱桃	果香	柑橘香	花香	绿叶香	草本香	蔬菜香	焦糖味	烘烤香	坚果香	木质香	辛辣味	奶酪香	动物气味	化学气味
乌鱼子														
烤菱鲆														
韭葱														
烤褐虾														
烤菊苣根														
西冷牛排														
烤栗子														
番石榴														
葡萄柚														
薄荷														

诺丽果	果香	柑橘香	花香	绿叶香	草本香	蔬菜香	焦糖味	烘烤香	坚果香	木质香	辛辣味	奶酪香	动物气味	化学气味
埃曼塔尔干酪														
杧果														
百香果汁														
葡萄														
格拉巴酒														
番木瓜														
萨尔齐琼香肠														
葡萄柚汁														
烤羔羊菲力														
阿蒙提拉多雪莉酒														

秘鲁米拉索尔辣椒	果香	柑橘香	花香	绿叶香	草本香	蔬菜香	焦糖味	烘烤香	坚果香	木质香	辛辣味	奶酪香	动物气味	化学气味
香煎鸭胸														
可涂抹辣香肠														
棕榈糖														
干牛肝菌														
草莓酱														
烤飞蟹														
水牛奶酪														
煮洋蓟														
葡萄柚														
橘子皮														

马孔山羊奶酪	果香	柑橘香	花香	绿叶香	草本香	蔬菜香	焦糖味	烘烤香	坚果香	木质香	辛辣味	奶酪香	动物气味	化学气味
香煎鸭胸														
葡萄柚														
全麦面包														
香煎珍珠鸡														
奎东茄														
白芦笋														
夏松露														
牡蛎叶														
雪维菜														
煮青蟹														

波本威士忌	果香	柑橘香	花香	绿叶香	草本香	蔬菜香	焦糖味	烘烤香	坚果香	木质香	辛辣味	奶酪香	动物气味	化学气味
葡萄柚														
干木槿花														
藏红花														
腌鳀鱼														
煮块根芹														
石榴														
龙蒿														
红橘														
烤羔羊菲力														
无花果干														

姜黄根	果香	柑橘香	花香	绿叶香	草本香	蔬菜香	焦糖味	烘烤香	坚果香	木质香	辛辣味	奶酪香	动物气味	化学气味
罗勒														
迷迭香														
干牛至														
柠檬马鞭草														
小豆蔻籽														
芫荽叶														
干味美思酒														
甜菜根汁														
葡萄柚皮														
多香果														

潜在搭配：葡萄柚和山竹

山竹享有"水果皇后"之誉，是一种小型热带水果，果皮厚而紫，白色果肉芳香多汁，甜美果香与荔枝和桃相似。

潜在搭配：葡萄柚和红茶

葡萄柚和红茶（见第360页）乃天作之合，葡萄柚中每种香气类型都可在红茶中找到对应香气。为充分利用这两者的果香、花香、柑橘香、绿叶香、草本香、木质香和辛辣味联系，可将它们加入一杯冰茶中，或在热红茶中加入一些干葡萄柚片。

各香气类型列（果香、柑橘香、花香、绿叶香、草本香、蔬菜香、焦糖味、烘烤香、坚果香、木质香、辛辣味、奶酪香、动物气味、化学气味）

山竹

- 油桃
- 香蕉
- 扁叶欧芹
- 野生草莓
- 曼萨尼亚橄榄油
- 兰比克啤酒
- 葡萄干
- 梅子
- 哈密瓜
- 生蚝

克莱门氏小橘子皮油

- 浓味酱油
- 哈密瓜
- 开心果
- 烤羔羊肉
- 芫荽叶
- 红茶
- 香煎培根
- 杧果
- 芫荽籽
- 葡萄柚

芜菁

- 烤箱烤汉堡
- 黑加仑
- 芜菁叶
- 水煮鸡
- 富士苹果
- 葡萄柚
- 多宝鱼
- 猕猴桃
- 青椒
- 黄瓜

苋菜籽

- 芫荽叶
- 白蘑菇
- 胡萝卜
- 熟赤豆
- 煮龙虾
- 烤火鸡
- 白松露
- 葡萄柚汁
- 红烩牛肉汁
- 油烤扁桃仁

南酸枣

- 煮南瓜
- 干樱花
- 烤肉咖喱酱
- 煮面包蟹肉
- 葡萄柚
- 帕达诺奶酪
- 澳大利亚青苹果汁
- 香煎猪大排
- 青柠
- 海胆

金盏花

- 鼠尾草
- 海茴香
- 鲜薰衣草叶
- 小豆蔻籽
- 肉豆蔻
- 干月桂叶
- 葡萄柚
- 番木瓜
- 黑莓
- 鸡油菌

茶

茶叶含有甙类、类胡萝卜素和脂类，是芳香分子的前体物质，与制茶时氧化和美拉德反应中形成的其他挥发物一同构成每种茶叶的特色风味。氨基酸茶氨酸可刺激味觉受体，接受鲜味。接触阳光会使茶氨酸转化为苦味多酚类物质，因此阴凉处生长的茶叶咸香愈浓。

近年来，顾客注重养生，茶的主流消费市场愈益扩大，出现了抹茶拿铁、冰绿茶等新兴茶类。然而，纯正的茶必须包含从原产于中国的常绿灌木茶树（*Camellia sinensis*）或阿萨姆变种（*C.s. var.assamica*，注：或者叫普洱茶变种，但不应与普洱茶商品混淆）上采摘的茶叶。在茶文化中，不含茶树叶或普洱茶叶，而由不含咖啡因的草本茶或由其他植物或水果制成的茶液，称作花草茶。

纯正的茶分为六大类：白茶、绿茶、黄茶、乌龙茶、黑茶和红茶。具体制茶法和氧化程度决定关键风味差异。每一口茶都是风土人情、匠心独运的再现，关乎茶叶何时采摘，制茶时应如何锤炼理想风味。

氧化作用从茶叶采摘伊始。芳香分子是类胡萝卜素经由酶作用或非酶性降解（比如接触阳光、热氧化或自身发生）形成。只有当茶叶萎凋，氧化性黄烷醇存在时，类胡萝卜素才会降解，并生成 β-紫罗兰酮和 β-大马酮等新的芳香分子。

甙类由不同芳香分子与单糖结合而成。茶叶一经采摘，便开启萎凋进程，再经揉捻。受损茶叶从植物细胞中释放出酶，分解糖类，释放可用分子，并形成芳樟醇和苯乙醇等新芳香化合物，或是苦涩酚类化合物转化为人们所喜爱的复杂、浓郁茶香。

不饱和脂肪酸，如亚油酸为醛类（正己醛）和醇类（己醇）等前体物质。脂类生成芳香分子方式与类胡萝卜素方式相同。

为降低酶活性，茶叶常经蒸制或轻微烘烤。随着温度升高、美拉德反应发生，会生成呋喃、吡嗪、吡啶和吡咯等新的烘烤香、坚果味等芳香分子。而氨基酸转化生成斯特克勒尔醛类和含硫化合物。名茶中国龙井茶传统上以手工在热锅中烤制，直至嫩叶干燥。这一炒茶过程使得煎茶中大多数的典型绿叶青草香分子被烘烤斯特克勒尔醛和香豆素所取代，后者带有坚果香。当新鲜茶叶通过炒锅表面时，在锅边轻微按压，茶叶中水分流失并平展开来。质量一般的茶叶一般使用滚筒干燥以增加产量。

顶级日本新茶采自春茶的第一波嫩芽，每年仅生长数周，数量有限，极为难得，而煎茶则采摘自茶树芽下方头两三片嫩叶。茶叶在潮湿空气分散，以保持新鲜度并减缓氧化进程。随后经蒸制30秒～2分钟，以中断氧化过程，留存颜色与风味。

红茶主要生长于中国、印度和斯里兰卡，茶叶经过数小时萎凋、揉捻和发酵，以促进深入氧化，从而使红茶风味相较浅色茶叶更为馥郁。氧化反应构成红茶绝大多数风味，但红茶仍保留了新鲜茶叶中的绿调芳香分子。红茶中的柑橘香则与柠檬相搭配。

大吉岭红茶暗含绿叶香、脂肪味和黄瓜风味，此外还包含燕麦味、微弱的烟熏味和一些烘烤焦糖味。大吉岭红茶风味细腻，带有蜂蜜、紫罗兰花香和柑橘橙香。在红茶之外，亦有大吉岭绿茶或乌龙茶可供选择。

乌龙茶介于绿茶和红茶之间。茶叶采摘后经部分氧化，并轻微萎凋、揉捻，再经发酵。根据不同制茶工艺，一杯乌龙茶颜色可从淡金色到深红琥珀色不等，不同品种茶之间的香气特征亦差异显著。

中国煎茶

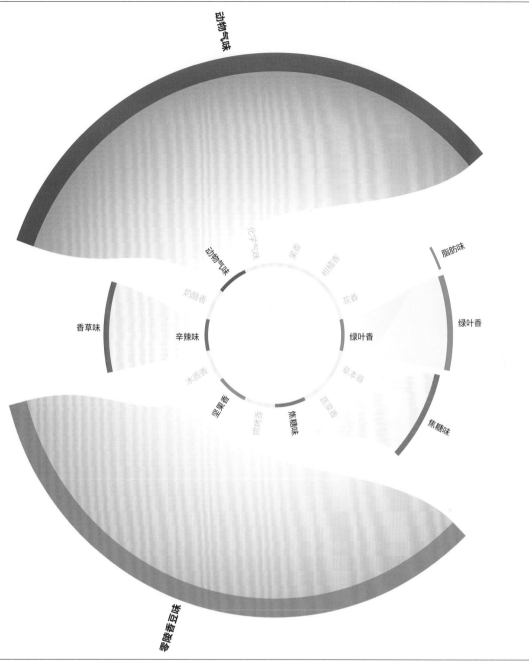

动物气味 / 动物气味 / 化学气味 / 果和 / 柑橘香 / 奶酪香 / 花香 / 脂肪味 / 香草味 / 辛辣味 / 绿叶香 / 绿叶香 / 木质香 / 草本香 / 坚果香 / 焦糖味 / 烘烤香 / 蔬菜香 / 焦糖味 / 零陵香豆味

中国煎茶的香气特征

名品煎茶应具有新鲜的绿叶香，并由甜美焦糖味加以完善。在中国煎茶中，零陵香豆更类似绿叶香、干草味，而非坚果香。中国煎茶的香气特征中还含有少部分吲哚分子，为细腻绿茶注入持久花香。在高浓度下，吲哚带有肉香，同样可见于鱿鱼、虾、炸虾和熟蛤蜊。因此，不妨用上等煎茶代替葡萄酒与贝类搭配。

	果香	柑橘香	花香	绿叶香	草本香	蔬菜香	焦糖味	烘烤香	坚果香	木质香	辛辣味	奶酪香	动物气味	化学气味
中国煎茶	•	•	•	•	•				•		•		•	•
竹荚鱼	•	•	•	•	•	•		•						
秘鲁黄辣椒	•	•	•	•	•	•	•	•	•	•	•	•		•
奇异莓	•	•	•	•	•	•	•	•		•	•			•
黑蒜泥	•	•	•	•	•	•	•	•	•	•	•	•	•	•
干式熟成牛肉	•	•	•	•	•	•	•	•	•	•	•	•	•	
香煎野林鸽	•	•	•	•	•	•	•	•	•	•	•	•	•	
烤多佛鳎鱼	•	•	•	•	•	•	•	•	•	•	•			
埃曼塔尔干酪	•	•	•	•	•	•	•	•	•	•	•	•	•	
黑巧克力	•	•	•	•	•	•	•	•	•	•	•		•	•
粉红佳人苹果	•	•	•	•	•	•	•	•	•	•	•		•	•

经典搭配：大吉岭红茶佐培根

培根与茶乃天作之合，任何享用过经典全英式早餐的人都深有感受。英式早餐以培根、香肠、烤番茄、煎蘑菇和鸡蛋配上黄油吐司，再泡上一杯牛奶红茶。

大吉岭茶的种类

"大吉岭"并非指某种特定茶叶，而指茶叶生长地——印度西孟加拉邦金谷山区的茂盛茶树种植园。大吉岭红茶最为常见，但亦有大吉岭绿茶或乌龙茶。

大叶乌龙茶的香气特征

红茶含有新柑橘香、果香、蔷薇花香和紫罗兰香（来自 β-大马酮和 β-紫罗兰酮分子），同时包含一些烘烤香、坚果香和焦糖味。

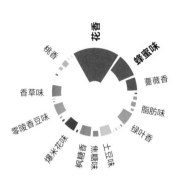

大叶乌龙茶	果香	柑橘香	花香	绿叶香	草本香	蔬菜香	焦糖味	烘烤香	坚果香	木质香	辛辣香	奶酪香	动物气味	化学气味
昙花														
阳桃														
熟绿卷心菜														
全熟蛋														
干牛肝菌														
多香果														
夏威夷果														
烤肉咖喱酱														
煮面包蟹肉														
香煎鸭胸														

龙井茶的香气特征

在烘烤香、坚果香、香豆素干草味之外，龙井茶相较绿茶，花蜜香和酚香更为浓郁，还含有一些麦芽香、土豆味化合物。

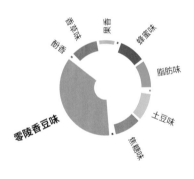

龙井茶	果香	柑橘香	花香	绿叶香	草本香	蔬菜香	焦糖味	烘烤香	坚果香	木质香	辛辣香	奶酪香	动物气味	化学气味
秘鲁黑薄荷														
扇贝王														
熟菠菜														
烤大雁														
秘鲁米拉索尔辣椒														
帕玛森奶酪														
水煮鸡胸排														
番石榴														
炖大西洋狼鱼														
煮灰胡桃南瓜														

大吉岭红茶的香气特征

此处分析为大吉岭红茶，带有花香、蜂蜜味和柑橘香，其桃香和椰香味的内酯与展会梨、黑莓和甜瓜十分相配。

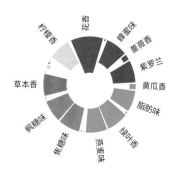

大吉岭红茶	果香	柑橘香	花香	绿叶香	草本香	蔬菜香	焦糖味	烘烤香	坚果香	木质香	辛辣香	奶酪香	动物气味	化学气味
哈瓦那红椒														
紫苏														
梅子														
咖喱草														
食用大黄														
葡萄														
可可粉														
甲壳高汤														
香煎雉鸡														
烤箱烤培根														

潜在搭配：乌龙茶和昼花

昼花又称海无花果，属多肉植物，据称原产于非洲南部，同样可见于南美、新西兰和西班牙。昼花生长于沿海沙丘、河口和路边，果实可腌制或制成酸辣酱，肉质叶片亦可食。

搭配食谱：红茶和番石榴

番石榴果肉颜色从米白到深粉不等，口感酸甜。在拉丁美洲，番石榴常用于制作不含酒精的清凉冷饮（agua fresca），将果肉、水、糖和花或番石榴籽混合。番石榴富含果胶，可用于制作蜜饯、果酱和啫喱，但也常撒上一小撮盐、胡椒、卡宴辣椒粉或综合香料后生食。

番石榴	果香	柑橘香	花香	绿叶香	草本香	蔬菜香	焦糖味	烘烤香	坚果香	木质香	辛辣味	奶酪香	动物气味	化学气味
炖墨鱼														
茉莉花														
腌鳀鱼														
炖黑线鳕														
烤羔羊肉														
香煎培根														
生蚝														
莳萝														
煎甜菜根														
昆布														

龙蒿	果香	柑橘香	花香	绿叶香	草本香	蔬菜香	焦糖味	烘烤香	坚果香	木质香	辛辣味	奶酪香	动物气味	化学气味
红甜椒														
豪达奶酪														
秘鲁米拉索尔辣椒														
甘达火腿														
烤扇贝王														
烤小牛肉														
烤野兔														
炖墨鱼														
煮洋蓟														
百香果汁														

363

红茶佐番石榴马卡龙

食物搭配公司的食谱

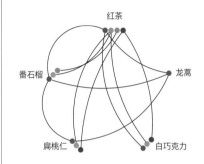

蛋清中90%由水组成，可通过混合调味水与蛋白粉，为马卡龙制作风味蛋白霜。制作马卡龙时，用蛋白粉、扁桃仁粉和浓红茶制作蛋白霜。然后将番石榴酱混入白巧克力酱中，并加入龙蒿碎制作馅料，辛辣的大茴香味和樟脑味可使口感清爽。

潜在搭配：红茶和桃金娘果

桃金娘果的味道有如杜松子和迷迭香的混合，附带一些松树和桉树味。蓝黑色浆果带有苦涩、单宁回味，可在食谱中代替杜松子。

经典搭配：茶和饼干

大吉岭红茶中的烘烤香、麦芽香和奶酪香让人想到蛋糕或饼干。茶叶中的麦芽香的异戊醛也是巧克力中的主要香味，因而巧克力豆亦可加入饼干面团中。

茶的食材搭配

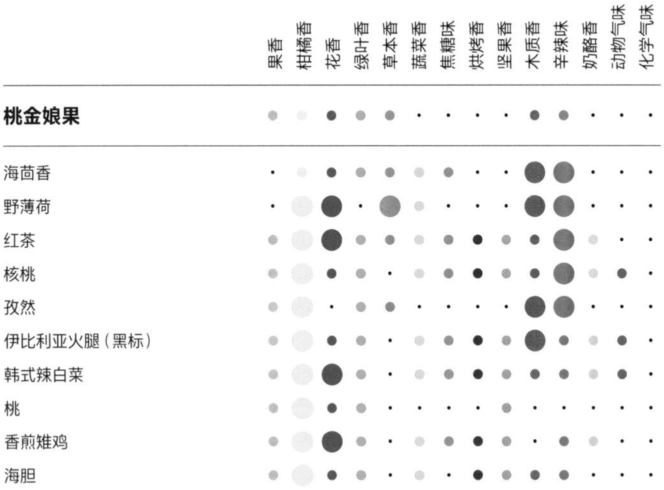
果香
柑橘香
花香
绿叶香
草本香
蔬菜香
焦糖味
烘烤香
坚果香
木质香
辛辣味
奶酪香
动物气味
化学气味
桃金娘果
海茴香
野薄荷
红茶
核桃
孜然
伊比利亚火腿（黑标）
韩式辣白菜
桃
香煎雉鸡
海胆

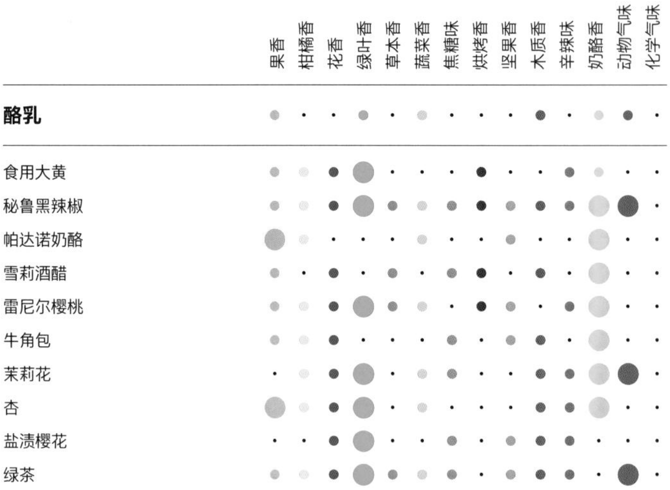
果香
柑橘香
花香
绿叶香
草本香
蔬菜香
焦糖味
烘烤香
坚果香
木质香
辛辣味
奶酪香
动物气味
化学气味
酪乳
食用大黄
秘鲁黑辣椒
帕达诺奶酪
雪莉酒醋
雷尼尔樱桃
牛角包
茉莉花
杏
盐渍樱花
绿茶

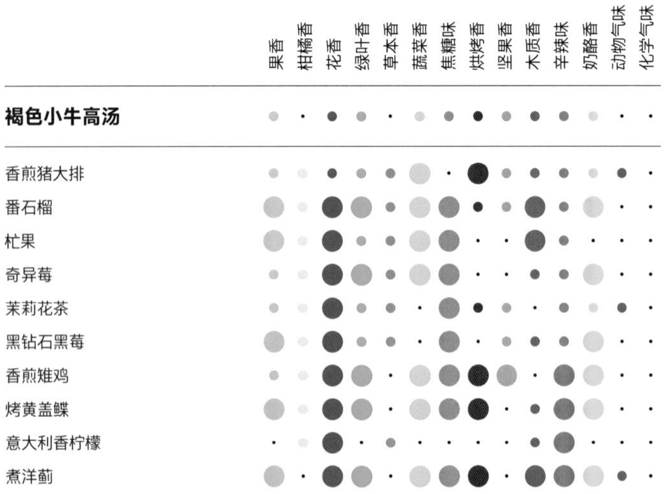
果香
柑橘香
花香
绿叶香
草本香
蔬菜香
焦糖味
烘烤香
坚果香
木质香
辛辣味
奶酪香
动物气味
化学气味
褐色小牛高汤
香煎猪大排
番石榴
杧果
奇异莓
茉莉花茶
黑钻石黑莓
香煎雉鸡
烤黄盖鲽
意大利香柠檬
煮洋蓟

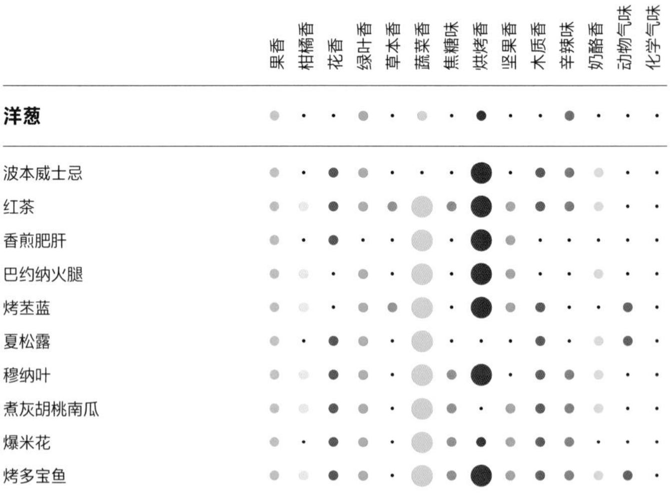
果香
柑橘香
花香
绿叶香
草本香
蔬菜香
焦糖味
烘烤香
坚果香
木质香
辛辣味
奶酪香
动物气味
化学气味
洋葱
波本威士忌
红茶
香煎肥肝
巴约纳火腿
烤苤蓝
夏松露
穆纳叶
煮灰胡桃南瓜
爆米花
烤多宝鱼

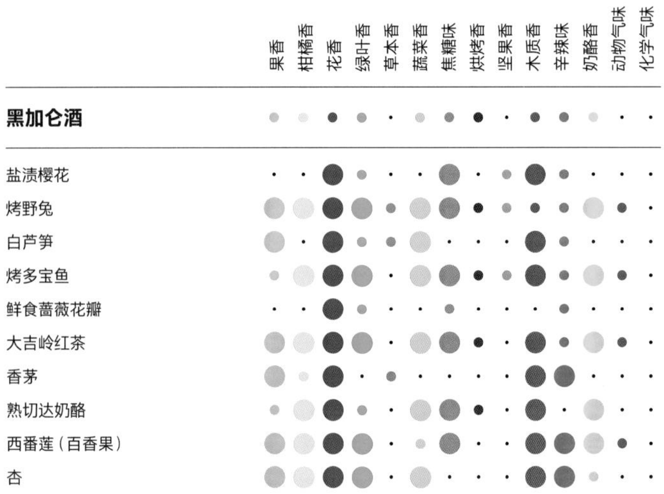
果香
柑橘香
花香
绿叶香
草本香
蔬菜香
焦糖味
烘烤香
坚果香
木质香
辛辣味
奶酪香
动物气味
化学气味
黑加仑酒
盐渍樱花
烤野兔
白芦笋
烤多宝鱼
鲜食蔷薇花瓣
大吉岭红茶
香茅
熟切达奶酪
西番莲（百香果）
杏

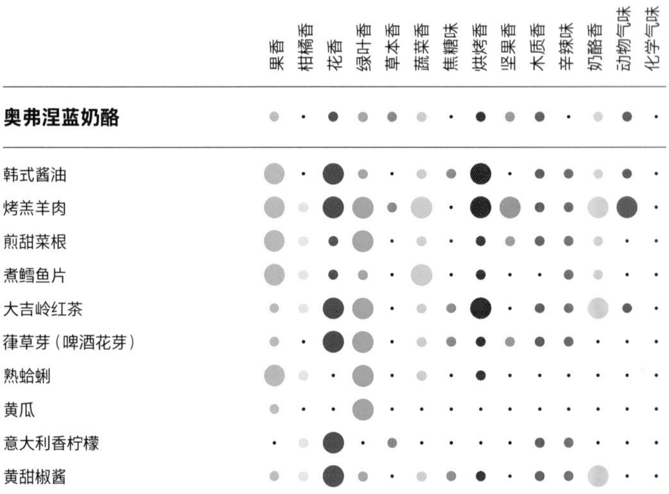
果香
柑橘香
花香
绿叶香
草本香
蔬菜香
焦糖味
烘烤香
坚果香
木质香
辛辣味
奶酪香
动物气味
化学气味
奥弗涅蓝奶酪
韩式酱油
烤羔羊肉
煎甜菜根
煮鳕鱼片
大吉岭红茶
葎草芽（啤酒花芽）
熟蛤蜊
黄瓜
意大利香柠檬
黄甜椒酱

潜在搭配：正山小种和金巧克力

金巧克力是白巧克力的衍生物，最早由一位法国巧克力师在糕点课上偶然研发。白巧克力在双层蒸锅中放置时间过长，导致巧克力中一些糖分焦化，成品颜色略深，风味特征更复杂。

潜在搭配：正山小种和接骨木花

五六月接骨木开花时，采摘一些花冠并烘干。接骨木干花（见第366页）可与正山小种混合，制成调味茶。

	果香	柑橘香	花香	绿叶香	草本香	蔬菜香	焦糖味	烘烤香	坚果香	木质香	辛辣味	奶酪香	动物气味	化学气味
巧克力豆饼干														
大吉岭红茶														
灰胡桃南瓜泥														
野蓝莓果酱														
健力士生啤														
塔希提香草														
姜泥														
香煎猪大排														
巴约纳火腿														
巴西莓														
鹰嘴豆泥														

	果香	柑橘香	花香	绿叶香	草本香	蔬菜香	焦糖味	烘烤香	坚果香	木质香	辛辣味	奶酪香	动物气味	化学气味
正山小种														
马里昂黑莓														
罗勒														
接骨木花														
石楠花蜜														
小豆蔻籽														
桃														
金色巧克力														
香茅														
烤大雁														
烤奶酪蛋糕														

	果香	柑橘香	花香	绿叶香	草本香	蔬菜香	焦糖味	烘烤香	坚果香	木质香	辛辣味	奶酪香	动物气味	化学气味
香煎斑尾林鸽														
烟熏樱桃木														
蔷薇香天竺葵花														
咖喱叶														
零陵香豆														
干伏牛花														
煎茶														
意大利香柠檬														
马德拉斯咖喱酱														
煮洋蓟														
杜果														

	果香	柑橘香	花香	绿叶香	草本香	蔬菜香	焦糖味	烘烤香	坚果香	木质香	辛辣味	奶酪香	动物气味	化学气味
巴氏杀菌番茄汁														
台式鱼露														
鳕鱼片														
红橘														
黑加仑														
煮木薯														
甜菜根														
橙皮														
干式熟成牛肉														
生块根芹丝														
红茶														

	果香	柑橘香	花香	绿叶香	草本香	蔬菜香	焦糖味	烘烤香	坚果香	木质香	辛辣味	奶酪香	动物气味	化学气味
柠檬伏特加														
番石榴														
红茶														
巴约纳火腿														
展会梨														
鲜食蔷薇花瓣														
煮面包蟹肉														
伊索特干辣椒														
煮土豆														
柚子														
水牛奶酪														

	果香	柑橘香	花香	绿叶香	草本香	蔬菜香	焦糖味	烘烤香	坚果香	木质香	辛辣味	奶酪香	动物气味	化学气味
干味美思酒														
大吉岭红茶														
番茄青酱														
帕玛森奶酪														
烤黄盖鲽														
猕猴桃														
伊比利亚火腿（黑标）														
哥伦比亚咖啡														
煮鳕鱼片														
香煎野鸭														
黑莓														

接骨木花

春末夏初，接骨木花开正茂，遍布欧洲乡村。接骨木细小娇嫩的白花必须小心以手工采摘，以防止含有绝大部分独特香味的花粉掉落。接骨木花粉同样赋予接骨木花酒和盛行的圣杰曼接骨木花利口酒以可爱的金色。

夏末花落后，数百个紫黑色小接骨木果便映入眼帘。这些香气浓郁的小浆果与接骨木花香气特征相同，常用于治疗感冒、流感。

接骨木花带有细腻的柠檬香与蔷薇香，可与白葡萄酒，特别是起泡白葡萄酒搭配。一种清爽的夏季鸡尾酒将圣杰曼接骨木花利口酒与香槟和苏打水按3∶2∶1的比例混合。

最早的接骨木花酒可以追溯至罗马时期，当时的食谱传承至今，将新鲜采摘的花朵浸渍在糖浆中，加入一些柠檬汁、柠檬片或柠檬酸。柠檬酸可保存糖浆，并以酸味平衡甜味。糖浆放置沉淀数周或数月后，再过滤并加入水、气泡水、汤力水、苏打水或金酒稀释，成为清爽夏季饮料。

在英国，还有一种温和的酒精饮料接骨木花香槟。制作时将6朵新鲜接骨木花冠和2片切片柠檬放入4.5升水中浸渍数天，然后用薄纱布过滤，并加入750克砂糖和2大勺白葡萄酒醋。糖溶解后，将液体倒入干净塑料瓶中。在上方轻轻盖上盖子，不要拧紧，天然酵母会让糖发酵并开始起泡。大约2周后，气泡的形成会减慢，这时可拧紧盖子。再放置两天，便可得到轻度碳酸饮料，可做绝佳开胃酒。

- 圣杰曼接骨木花利口酒以接骨木花为基础酿制，声名远扬。与接骨木花相似，这种利口酒带有花香、蔷薇香和浓郁的果香、热带水果香。圣杰曼接骨木花利口酒由霞多丽和佳美葡萄混合酿成，赋予其果香。
- 要制作油炸接骨木花馅饼，先将接骨木花的花枝蘸上薄天妇罗面糊，然后油炸。再撒上一层薄冰糖，然后与水果沙拉或酪乳冰激凌同食。
- 接骨木花常与甜食和甜酒相关联。然而，其风味特征使之成为与生蚝（见第368页）搭配的不二之选，两者共享绿叶香、柑橘香，因而都与柠檬相配。

接骨木花的食材搭配

香槟	果香	柑橘香	花香	绿叶香	草本香	蔬菜香	焦糖味	烘烤香	坚果香	木质香	辛辣味	奶酪香	动物气味	化学气味
	•	·	•	•	·	·	•	•	·	•	·	•	·	·
接骨木花	●	·	●	•	•	·	•	·	·	·	·	·	·	·
威廉姆梨	●	·	·	•	·	·	·	•	·	•	·	·	·	·
帕达诺奶酪	•	·	·	·	•	·	·	•	·	·	·	•	·	·
杜果	●	·	●	•	•	·	·	·	●	•	·	●	·	·
开心果	•	·	·	•	·	·	·	·	•	·	·	·	·	·
味醂（日本甜料酒）	●	·	•	●	•	·	•	·	•	·	·	•	·	·
无花果	●	·	·	•	·	·	·	•	·	·	·	·	·	·
秘鲁黄辣椒	●	·	•	●	•	·	·	·	·	●	·	•	·	·
香煎培根	•	·	·	•	·	·	·	•	·	·	·	●	·	·
猕猴桃	●	·	●	•	·	·	·	·	·	·	·	·	·	·

橘子皮	果香	柑橘香	花香	绿叶香	草本香	蔬菜香	焦糖味	烘烤香	坚果香	木质香	辛辣味	奶酪香	动物气味	化学气味
	•	·	•	•	·	·	•	•	·	•	·	·	·	·
煮欧防风	•	·	•	•	·	·	·	·	·	●	·	•	·	·
熟长粒米	•	·	·	•	·	·	·	·	·	•	·	·	·	·
煮鳕鱼片	•	·	·	•	·	·	·	•	·	·	·	●	·	·
树番茄	•	·	·	•	·	·	·	·	·	●	·	·	·	·
海鲷	•	·	·	•	·	·	·	·	·	•	·	·	·	·
葡萄干	•	·	·	•	·	·	·	•	·	·	·	·	·	·
甜菜根脆片	•	·	●	•	·	·	·	·	·	•	·	·	·	·
干木槿花	•	·	·	•	·	·	·	·	·	•	·	·	·	·
烤榛子	•	·	·	•	·	·	·	•	·	·	·	·	·	·
大酱	•	·	·	•	·	·	·	●	·	·	·	·	·	·

接骨木花

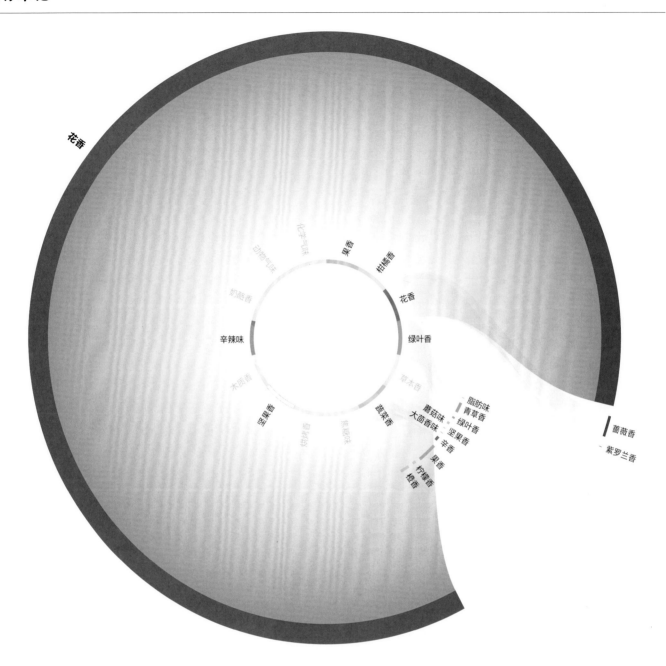

接骨木花的香气特征

接骨木花香甜美醉人，带有独特的花果香、清爽柠檬香和青草香基调。它的主要花香源于两种特殊化合物：顺式玫瑰醚和 β-大马酮，前者具有独特花香和蔷薇香基调，而后者带有蔷薇香和果香、苹果味基调，而 3-甲基-1-丁醇的存在则烘托出果香。

	果香	柑橘香	花香	绿叶香	草本香	蔬菜香	焦糖味	烘烤香	坚果香	木质香	辛辣味	奶酪香	动物气味	化学气味
接骨木花	●	●	●	●	·	●	·	·	●	●	●	●	·	·
橘子皮	●	●	●	●	·	·	·	●	●	●	●	·	·	·
大虾	●	●	●	●	·	●	●	●	●	●	●	●	●	·
高良姜	●	●	●	●	·	●	·	●	●	●	●	·	·	·
平菇	·	·	●	●	·	●	●	●	●	●	●	·	·	·
番石榴	●	●	●	●	·	●	●	●	●	●	●	·	·	·
松子	●	·	●	●	·	●	●	●	●	●	●	·	·	·
烤箱烤土豆	●	●	●	●	·	●	●	●	●	●	●	·	·	·
黑豆	●	●	●	●	·	●	●	●	●	●	●	·	·	·
荔枝	●	●	●	●	·	·	·	●	●	●	●	·	·	·
杏	●	●	●	●	·	●	·	●	●	●	●	·	·	·

生蚝

低温可使生蚝（又称牡蛎）储存糖原，秋冬季更为香甜。

几千年来，生蚝一直为海滨人们所享用，遍布世界各地。在北欧，据称月份里有"r"的时节才能享用生蚝（从9月到4月底），这些月份为一年中最冷的时候，在现代制冷技术发明之前这一说法都颇为合理。而如今，人们一年四季都可享用美味生蚝。挑选时只需寻找外壳紧闭、未损坏的活生蚝。敲击时，声音应较为低沉。

在过去，人们仅食用当地生蚝，而如今的选择更为广泛，偏好更为明显，不仅可选特定品种，生长水域、方式和时间亦可供选择。以上因素均可影响生蚝的大小、颜色和风味，品蚝老饕们对生蚝知识了如指掌，如同最好的品酒师一般。几乎所有商业用生蚝都可归为五个物种，若有其他差异则纯粹是环境因素：欧洲扁蚝或贝隆生蚝（*Ostrea edulis*）；太平洋生蚝（*Magallana gigas*），原产于日本太平洋沿岸，现广泛培育于世界各地；熊本生蚝（*Magallana sikamea*），原产于日本西南部；东方生蚝（*Crassostrea virginica*），原产于北美大西洋沿岸和墨西哥湾；奥林匹亚生蚝（*Ostrea lurida*），原产于北美太平洋沿岸。

新鲜生蚝可作节日晚餐或鸡尾酒会的完美前菜，特别是在冬季假日。

- 蚝油是一种常见亚洲调味品。在炖生蚝（廉价品牌常用生蚝调味剂）基础上混入淀粉与糖，制出浓郁、厚重鲜美的酱汁，可作腌汁或蘸酱。酱汁带有复杂的鲜味，但不含新鲜生蚝中清新的蔬菜或海洋气息。

- 白灼生蚝和菠菜配上奶油慕斯或香槟酱，充分利用了两者之间蔬菜洋葱味和果香联系。
- 洛克菲勒生蚝（Oysters Rockefeller）是新奥尔良的经典生蚝，将生蚝放在半边壳中，菠菜用碎饼干或面包屑增稠，以药草之圣茴香酒（Herbsaint）或潘诺茴香酒（Pernod）调味，然后铺在生蚝上焗烤。
- 蚵仔煎（*O á chian*）是台湾夜市流行街头小吃，小贩们将红薯和木薯淀粉加水调和而成粉浆，然后煎制生蚝，倒入面糊，再放入鸡蛋、莴苣叶和葱。最后淋上由番茄酱、甜椒酱，有时还有花生酱制成的甜蜜浓稠的酱汁。

牡蛎叶

海滨紫草（*Mertensia maritima*）生长于加拿大、苏格兰、挪威和冰岛岩石海岸肥沃土壤中，银绿色叶片自春到秋均可采摘。海滨紫草带有咸香、海洋香气，类似生蚝，因此得名，为厨师们垂涎。它还带有花香，因而餐厅菜单上有时会出现鞑靼牛肉与牡蛎叶的组合。

相关的香气特征：牡蛎叶

鲜嫩牡蛎叶富含蘑菇味和天竺葵香分子，而其花香可与苹果、洋蓟、蚕豆、姜或生牛肉搭配。

	果香	柑橘香	花香	绿叶香	草本香	蔬菜香	焦糖味	烘烤香	坚果香	木质香	辛辣味	奶酪味	动物气味	化学气味
牡蛎叶	·	·	●	●	·	●								
橙子	●	●	●	●	·	·								
烤鸡胸排	·	·	●	●	●	●	●	●	●					
油桃	●	●	●	●	·	·								
清蒸多宝鱼	·	·	●	●	●	●	·							
无花果干	●	·	●	●	●	●								
泰国普巧杞果干	●	·	●	●	●									
桂皮	·	·	●	●	●		·				●			
熟意面	·	·	●	●	·	●	·	●	●					
煮茄子	·	·	●	●	●	●	●							
蚕豆	·	·	●	●	●	●	·							

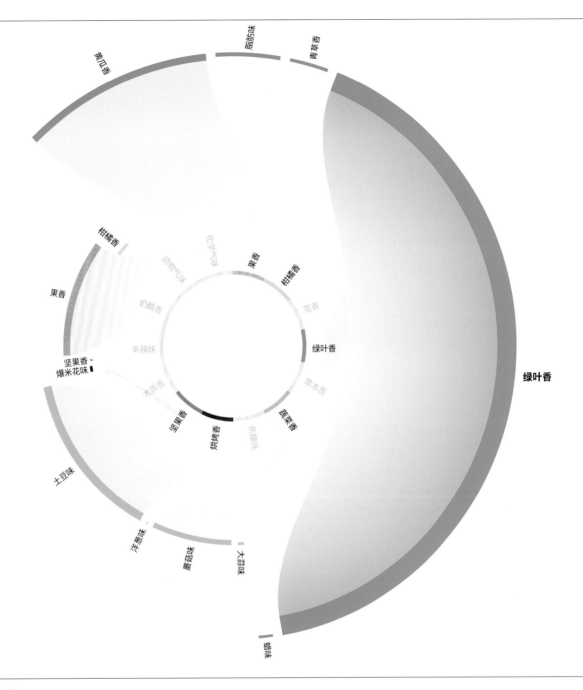

生蚝

生蚝的香气特征

法国沿海地区收获的大多数生蚝由日本生蚝幼体培育。对这些养殖太平洋生蚝进行的香气分析显示，在明显的海洋香气之外，还含有高浓度新鲜绿叶青草香和黄瓜芳香分子，但这还并非全部：生蚝香气特征复杂，还包括果香、柑橘香和一些烤爆米花味分子。我们还发现了蔬菜土豆味和蘑菇味，这对生食生蚝整体风味体验极为关键。

	果香	柑橘香	花香	绿叶香	草木香	蔬菜香	焦糖味	烘烤香	坚果香	木质香	辛辣味	奶酪香	动物气味	化学气味
生蚝														
鹿肉														
煮树番茄														
白巧克力														
烤鲽鱼														
煮茄子														
煮青蟹														
昆布														
莳萝														
红茶														
猕猴桃汁														

经典搭配：生蚝和柠檬汁

在法国，生蚝这种双壳软体动物一般以半壳盛放，配上柠檬汁或经典的红酒醋汁（mignonette），以醋、红葱头碎和黑胡椒粒调制而成。

潜在搭配：生蚝、甜樱桃和蔷薇花瓣

生蚝中的绿叶香、柑橘香和坚果香为之与甜樱桃产生了芳香联系。樱桃中一些蔷薇花香同样可见于蔷薇花瓣，而这两者共享的绿叶青草香进一步增强了这一芳香关联，可尝试用蔷薇味樱桃果冻搭配生蚝。

生蚝和牡蛎叶的食材搭配

The aroma categories (columns) for all charts below are:
果香 | 柑橘香 | 花香 | 绿叶香 | 草本香 | 蔬菜香 | 焦糖味 | 烘烤香 | 坚果香 | 木质香 | 辛辣味 | 奶酪香 | 动物气味 | 化学气味

柠檬汁
- 白巧克力
- 哈密瓜
- 菠萝
- 牡蛎叶
- 百里香
- 胡萝卜
- 煮去皮甜菜根
- 生蚝
- 香煎培根
- 烤羔羊肉

甜樱桃
- 秘鲁红辣椒
- 鲜食蔷薇花瓣
- 烤飞蟹
- 雪维菜
- 烤蒜泥
- 香煎猪大排
- 蔓越莓
- 桂皮
- 伊比利亚火腿（黑标）
- 生蚝

干枸杞
- 煎茶
- 拿破仑橘子利口酒
- 熟卡姆小麦
- 零陵香豆
- 干草
- 羊肚菌
- 蚕豆
- 牡蛎叶
- 煮中华绒螯蟹
- 烤茄子

煮中华绒螯蟹
- 哥伦比亚咖啡
- 蚕豆
- 白蘑菇
- 烤箱烤牛排
- 牡蛎叶
- 烤箱烤土豆
- 熟印度香米
- 烤鸡胸排
- 罗勒
- 戈贡佐拉奶酪

柠檬酒
- 白酱油
- 石楠花蜜
- 云莓
- 哈密瓜
- 戈贡佐拉奶酪
- 黑巧克力
- 烤肉咖喱酱
- 煮面包蟹肉
- 生蚝
- 金华火腿

鳕鱼子
- 帕达诺奶酪
- 烤褐虾
- 烤茄子
- 煮蚕豆
- 生蚝
- 煮土豆
- 烤兔肉
- 荔枝
- 巴约纳火腿
- 燕麦片

370

潜在搭配：生蚝和昆布

生食生蚝风味佳，而用黄油煎制同样味美。为增添海洋风味，可使用昆布味黄油，昆布和生蚝共享多种绿叶香。首先在研钵研磨干昆布，然后过筛。将昆布粉与柔软的无盐黄油混合，大块昆布可保留用于煎鱼或牛肉。

潜在搭配：生蚝和油桃

生蚝和珍珠密不可分。为制作可食用珍珠，将果汁（如油桃）与琼脂粉混合，每100毫升果汁配1.5克琼脂。将油桃汁混合物煮沸，然后静置冷却。然后将一碗植物油放入冰箱中冷冻。用注射器将少量油桃汁混合物滴入冷凝油中。随后从油中取出油桃珍珠并冲洗干净。最后便可将油桃珍珠放在生蚝或其蔬菜替代品如牡蛎叶上食用。

香气类别（各表列标题）：果香　柑橘香　花香　绿叶香　草本香　蔬菜香　焦糖味　烘烤香　坚果香　木质香　辛辣味　奶酪香　动物气味　化学气味

香煎鸡胸排

- 小叶生菜
- 桑葚
- 梨
- 大酱
- 煮树番茄
- 核桃
- 昆布
- 生蚝
- 熟蛤蜊
- 蒸羽衣甘蓝

油桃

- 雪莉酒醋
- 绿茶
- 香煎野鸭
- 烤菱鲆
- 味醂（日本甜料酒）
- 山葵
- 覆盆子
- 胡萝卜
- 马德拉斯咖喱酱
- 芫荽叶

蒸韭葱

- 海鲷
- 香煎鸡胸排
- 黑豆
- 核桃
- 生蚝
- 香煎培根
- 草菇
- 大蕉
- 烤开心果
- 烤箱烤汉堡

无花果干

- 熟翡麦
- 鸽高汤
- 熟黑婆罗门参
- 波本威士忌
- 豌豆
- 伊比利亚猪油
- 椰子
- 海茴香
- 皮夸尔黑橄榄
- 煮胡萝卜

食材索引

注：粗字体页码表示此食材的主要搭配表格。

375

参考文献　　鸣谢

1. Rozin, P; ' The selection of foods by rats, humans and other animals ', in Rosenblatt, JS; Hinde, RA; Shaw, E and Beer, C (Eds), *Advances in the Study of Behavior*, Vol. 6, 1976, pp21–76
2. Bushdid, C; Magnasco, MO; Vosshall, L B; Keller, A; ' Humans Can Discriminate More than 1 Trillion Olfactory Stimuli ', *Science*, 21 March 2014, pp1370–1372
3. Peng, Y; Gillis-Smith, S; Jin, H; Tränkner, D; Ryba, NJ P; Zuker, CS; ' Sweet and bitter taste in the brain of awake behaving animals ', *Nature*, 26 November 2015, pp512–515
4. University of British Columbia, ' Stressed out? Try smelling our partner 's shirt ', *Science Daily*, https://www.sciencedaily.com/releases/2018/01/180104120247.htm, 4 January 2018
5. McGann, JP; ' Poor human olfaction is a 19th-century myth ', *Science*, 12 May 2017
6. Handwerk, Brian, ' In some ways, your sense of smell is actually better than a dog's ', Smithsonian.com, 22 May 2017
7. ' Gas Chromatography or the Human Nose – Which Smells Better? ', *Chromatography Today*, 27 October 2014
8. Secundo, L; Snitz, K; Weissler, K; Pinchover, L; Shoenfeld, Y; Loewenthal, R; Agmon-Levin, N; Frumin,I; Bar-Zvi, D; Shushan, S and Sobel, N; ' Individual olfactory perception reveals meaningful nonolfactory genetic information ', *Proceedings of the National Academy of Sciences of the United States*, 22 June 2015
9. Thomas-Danguin, T; Sinding, C; Romagny, S; El Mountassir, F; Atanasova, B; Le Berre, E; Le Bon, A-M and Coureaud, G; ' The perception of odor objects in everyday life: a review on the processing of odor mixtures ', *Frontiers in Psychology*, 2 June 2014
10. Meister, M; ' On the dimensionality of odor space ', *eLife*, 7 July 2015
11. Berlayne, D; ' Novelty, Complexity and Hedonic Value ', *Attention, Perception, & Psychophysics*, September 1970, Volume 8, Issue 5, pp279–286
12. Post, R, ' The beauty of Unity-in-Variety: Studies on the multisensory aesthetic appreciation of product designs ', TU Delft, 2016

图片提供鸣谢

安德烈·巴拉诺夫斯基（Andre Baranowski）
　第50页
艾丽莎·柯南（Alisa Connan）
　第11页
让-皮埃尔·加布里埃尔（Jean-Pierre Gabriel）
　第8、40页
克里斯·维勒格尔斯（Kris Vlegels）第68页、84页、103页、112页、151页、154页、160页、166页、184页、202页、212页、223页、262页、264页、310页、326页、340页、363页
所有其他图片均由各主厨和/或餐厅提供。

出版商鸣谢

衷心感谢苏珊娜·布斯（Susanna Booth）、劳拉·格拉德温（Laura Gladwin）、大卫·霍金斯（David Hawkins）、埃拉·麦克莱恩（Ella Mclean）、乔·默里（Jo Murray）和吉利恩·诺思科特·莱尔斯（Gillian Northcott Liles）为本书所做的贡献。

作者鸣谢

衷心感谢卡梅莉亚·谢（Camellia Tse）以批判性眼光对本书进行编辑，使之通俗易懂
——克里斯·维勒格尔斯，我们的首席摄影师以图片完美再现厨艺创作
——加姆特·迪克斯特休伊斯（Garmt Dijksterhuis）为第12页和第24页所做的贡献。
——食物搭配公司团队，食物搭配公司今日成就离不开团队的支持。

食物搭配公司简介

贝纳尔·拉鲁斯、彼得·库克魁特和约翰·朗根比克三人秉持互补食材共享关键芳香化合物的理念，于2009年成立食物搭配公司（Foodpairing）。如今，全世界140个国家的50多万名厨师、侍酒师、咖啡师、生产商和各大品牌基于食物搭配的香气联系科技，研发独特风味组合。

食物搭配公司现运营世界上最大的风味数据库，数据库中的所有风味源自3000多种全球各地不同食材。公司内部专业食品科学家团队采用气相色谱-质谱分析法（GC-MS），分析并确定从苹果到巴西切叶蚁等各类食材独特香气特征。专利算法则可从无数种可能中算出最佳的食材搭配。

www.foodpairing.com

作者简介

贝纳尔·拉鲁斯
公司创办人，主管研发与战略合作

贝纳尔·拉鲁斯拥有生物工程、知识产权双硕士学位。职业生涯初期，他在几家食品公司监督食品研发，随后进入全球企业担任顾问，建立食品创新流程。他对食品创新秉持科学态度，为如今担任食物搭配公司研发主管奠定了坚实基础。他同时主管战略合作。

彼得·库克魁特
公司创办人，主管餐饮

彼得·库克魁特曾在比利时克赖斯豪特姆（Kruishoutem）米其林三星餐厅Hof van Cleve担任名厨彼得·戈森斯（Peter Goossens）的副手，使自身的传统厨艺得到磨炼，同时他深入研究分子美食，并荣获侍酒大师认证。他随后成为安特卫普酒店Kasteel Withof餐厅的主厨，并荣获米其林一星。2005年，库克魁特成为比利时前途无量的厨艺之星。如今，他通过食物搭配科学强化厨艺，将基础食材转化为诱人的风味组合，在香气、风味和质地之间实现了平衡。

约翰·朗根比克
公司创办人，主管业务拓展

企业家约翰·朗根比克横跨食品科技、创新和可持续发展多个领域。凭借其工业设计技术背景，约翰运用产品开发和商业管理专业知识，创立了食物搭配公司等领先时代的新创公司。